2022
최신판

위험물기능사 필기

권혁서 · 배극윤

머리말
Preface

위험물을 취급하는 기업 및 환경에서는 「위험물안전관리법」에 의거 위험물을 관리할 수 있는 안전관리자를 배치해야 합니다. 이에 따라 위험물의 제조 및 저장하는 취급소에서 각 유별 위험물 규모에 따라 위험물과 시설물을 점검하고, 일반 작업자를 지시 감독하며 재해 발생 시 응급조치와 안전관리 업무를 수행하는 안전관리자의 수요가 늘고 있고 위험물기능사 시험을 준비하는 수험생들 또한 증가하고 있는 가운데 지난 10여 년간 출제되었던 모든 문제를 분석하여 최소한의 시간 투자로 위험물기능사를 보다 쉽게 취득할 수 있도록 하는 데 초점을 두어 본서를 집필하게 되었습니다.

이 책의 특징

1. 최신 출제경향에 맞추어 내용을 체계적으로 구성하였습니다.
2. 이론과 기출문제의 순서를 일원화시켜 수험생이 가장 쉽게 접근할 수 있도록 고안하였습니다.
3. 각 단원별 예상문제와 친절한 해설로 이론에서 다루었던 개념을 확실히 다질 수 있도록 하였습니다.
4. 모든 기출문제에 쉽고 자세한 해설을 담아 비전공자일지라도 쉽게 접근할 수 있도록 하였습니다.
5. CBT 대비 모의고사를 자세한 해설과 함께 수록하여 CBT 필기시험 전에 실력을 점검 · 확인할 수 있도록 하였습니다.

학교, 산업체, 학원, 온라인 등에서 강의를 하며 쌓아온 노하우와 자료를 최대한 살려 누구나 쉽게 접근할 수 있는 교재가 되도록 애쓴 결과물을 내놓으려는 지금, 부족하고 아쉬움이 없지 않으나 선학들의 애정어린 관심과 성원을 부탁드리며, 시험 준비를 위해 애쓰시는 모든 수험생들에게 이 책이 부디 좋은 길잡이가 되어 주길 기원합니다.

끝으로 이 책이 완성되기까지 물심양면으로 도와주신 주경야독 윤동기 대표님 이하 모든 식구들, 도서출판 예문사 식구들께 감사의 마음을 전합니다.

저자 씀

출제기준

직무분야	화학	중직무분야	위험물	자격종목	위험물기능사	적용기간	2020. 1. 1~2024. 12. 31

• 직무내용 : 위험물을 저장 · 취급 · 제조하는 제조소등에서 위험물을 안전하게 저장 · 취급 · 제조하고 일반 작업자를 지시 감독하며, 각 설비에 대한 점검과 재해 발생 시 응급조치 등의 안전관리 업무를 수행하는 직무이다.

필기검정방법	객관식	문제수	60	시험시간	1시간

필기 과목명	출제 문제수	주요항목	세부항목	세세항목
화재 예방과 소화 방법, 위험물의 화학적 성질 및 취급	60	1. 화재 예방 및 소화 방법	1. 화학의 이해	1. 물질의 상태 및 성질 2. 화학의 기초법칙 3. 유기, 무기화합물의 특성
			2. 화재 및 소화	1. 연소이론 2. 소화이론 3. 폭발의 종류 및 특성 4. 화재의 분류 및 특성
			3. 화재 예방 및 소화 방법	1. 위험물의 화재 예방 2. 위험물의 화재 발생 시 조치 방법
		2. 소화약제 및 소화기	1. 소화약제	1. 소화약제의 종류 2. 소화약제별 소화원리 및 효과
			2. 소화기	1. 소화기의 종류 및 특성 2. 소화기별 원리 및 사용법
		3. 소방시설의 설치 및 운영	1. 소화설비의 설치 및 운영	1. 소화설비의 종류 및 특성 2. 소화설비 설치 기준 3. 위험물별 소화설비의 적응성 4. 소화설비 사용법
			2. 경보 및 피난설비의 설치기준	1. 경보설비 종류 및 특징 2. 경보설비 설치 기준 3. 피난설비의 설치기준
		4. 위험물의 종류 및 성질	1. 제1류 위험물	1. 제1류 위험물의 종류 2. 제1류 위험물의 성질 3. 제1류 위험물의 위험성 4. 제1류 위험물의 화재 예방 및 진압 대책

필기 과목명	출제 문제수	주요항목	세부항목	세세항목
			2. 제2류 위험물	1. 제2류 위험물의 종류 2. 제2류 위험물의 성질 3. 제2류 위험물의 위험성 4. 제2류 위험물의 화재 예방 및 진압 대책
			3. 제3류 위험물	1. 제3류 위험물의 종류 2. 제3류 위험물의 성질 3. 제3류 위험물의 위험성 4. 제3류 위험물의 화재 예방 및 진압 대책
			4. 제4류 위험물	1. 제4류 위험물의 종류 2. 제4류 위험물의 성질 3. 제4류 위험물의 위험성 4. 제4류 위험물의 화재 예방 및 진압 대책
			5. 제5류 위험물	1. 제5류 위험물의 종류 2. 제5류 위험물의 성질 3. 제5류 위험물의 위험성 4. 제5류 위험물의 화재 예방 및 진압 대책
			6. 제6류 위험물	1. 제6류 위험물의 종류 2. 제6류 위험물의 성질 3. 제6류 위험물의 위험성 4. 제6류 위험물의 화재예방 및 진압 대책
		5. 위험물안전 관리 기준	1. 위험물 저장 · 취급 · 운반 · 운송기준	1. 위험물의 저장기준 2. 위험물의 취급기준 3. 위험물의 운반기준 4. 위험물의 운송기준
		6. 기술기준	1. 제조소등의 위치구조설비기준	1. 제조소의 위치구조설비기준 2. 옥내저장소의 위치구조 설비기준 3. 옥외탱크저장소의 위치구조설비기준 4. 옥내탱크저장소의 위치구조설비기준 5. 지하탱크저장소의 위치구조설비기준 6. 간이탱크저장소의 위치구조설비기준 7. 이동탱크저장소의 위치구조설비기준

필기 과목명	출제 문제수	주요항목	세부항목	세세항목
				8. 옥외저장소의 위치구조설비기준 9. 암반탱크저장소의 위치구조설비기준 10. 주유취급소의 위치구조설비기준 11. 판매취급소의 위치구조설비기준 12. 이송취급소의 위치구조설비기준 13. 일반취급소의 위치구조설비기준
			2. 제조소등의 소화설비, 경보설비 및 피난설비기준	1. 제조소등의 소화난이도등급 및 그에 따른 소화설비 2. 위험물의 성질에 따른 소화설비의 적응성 3. 소요단위 및 능력단위 산정법 4. 옥내소화전의 설치기준 5. 옥외소화전의 설치기준 6. 스프링클러의 설치기준 7. 물분무소화설비의 설치기준 8. 포소화설비의 설치기준 9. 불활성가스 소화설비의 설치기준 10. 할로겐화물소화설비의 설치기준 11. 분말소화설비의 설치기준 12. 수동식소화기의 설치기준 13. 경보설비의 설치기준 14. 피난설비의 설치기준
		7. 위험물안전관리법상 행정사항	1. 제조소등 설치 및 후속절차	1. 제조소등 허가 2. 제조소등 완공검사 3. 탱크안전성능검사 4. 제조소등 지위승계 5. 제조소등 용도폐지
			2. 행정처분	1. 제조소등 사용정지, 허가취소 2. 과징금처분

필기 과목명	출제 문제수	주요항목	세부항목	세세항목
			3. 안전관리 사항	1. 유지 · 관리 2. 예방규정 3. 정기점검 4. 정기검사 5. 자체소방대
			4. 행정감독	1. 출입 검사 2. 각종 행정명령 3. 벌금 및 과태료

이 책의 특징

본문 중간 중간 예제문제를 삽입해 확실한 기본 개념 다지기

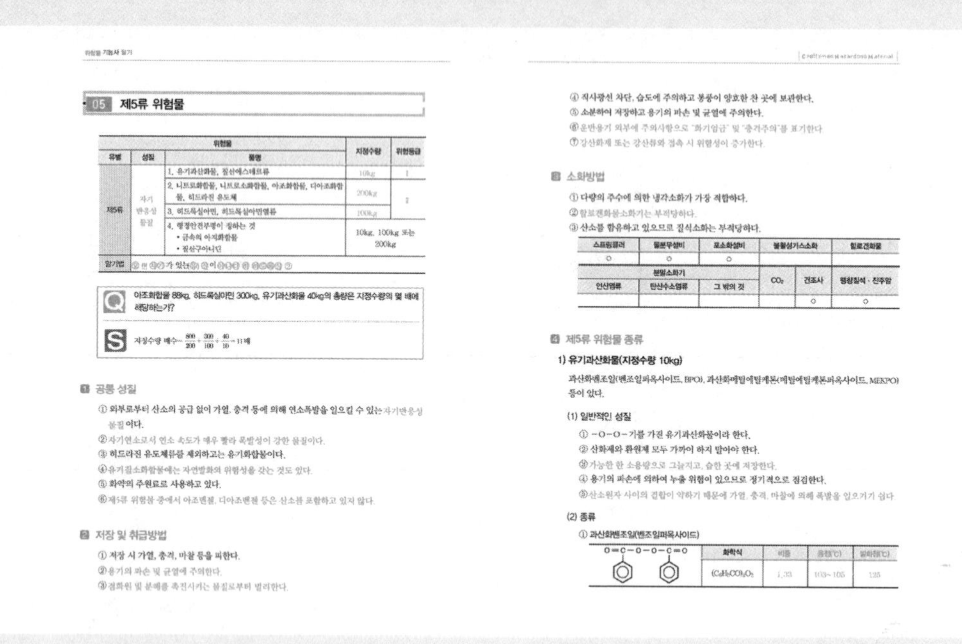
위험물 기능사 필기

05 제5류 위험물

위험물			지정수량	위험등급
유별	성질	품명		
제5류	자기반응성 물질	1. 유기과산화물, 질산에스테르류	10kg	I
		2. 니트로화합물, 니트로소화합물, 아조화합물, 디아조화합물, 히드라진 유도체	200kg	II
		3. 히드록실아민, 히드록실아민염류	100kg	
		4. 행정안전부령이 정하는 것 • 금속의 아지화합물 • 질산구아니딘	10kg, 100kg 또는 200kg	
암기법	[illegible]			

Q 아조화합물 88kg, 히드록실아민 300kg, 유기과산화물 40kg의 총량은 지정수량의 몇 배에 해당하는가?

S 지정수량 배수 $= \frac{800}{200} + \frac{300}{100} + \frac{40}{10} = 11$배

1 공통 성질

① 외부로부터 산소의 공급 없이 가열, 충격 등에 의해 연소폭발을 일으킬 수 있는 자기반응성 물질이다.
② 자기연소로서 연소 속도가 매우 빨라 폭발성이 강한 물질이다.
③ 히드라진 유도체류를 제외하고는 유기화합물이다.
④ 유기질소화합물에는 자연발화의 위험성을 갖는 것도 있다.
⑤ 화약의 주원료로 사용하고 있다.
⑥ 제5류 위험물 중에서 아조벤젠, 디아조벤젠 등은 산소를 포함하고 있지 않다.

2 저장 및 취급방법

① 저장 시 가열, 충격, 마찰 등을 피한다.
② 용기의 파손 및 균열에 주의한다.
③ 점화원 및 분해를 촉진시키는 물질로부터 멀리한다.

Craftsman Hazardous Material

④ 직사광선 차단, 습도에 주의하고 통풍이 양호한 찬 곳에 보관한다.
⑤ 소분하여 저장하고 용기의 파손 및 균열에 주의한다.
⑥ 운반용기 외부에 주의사항으로 "화기엄금" 및 "충격주의"를 표기한다.
⑦ 강산화제 또는 강산류와 접촉 시 위험성이 증가한다.

3 소화방법

① 다량의 주수에 의한 냉각소화가 가장 적합하다.
② 할로겐화물소화기는 부적당하다.
③ 산소를 함유하고 있으므로 질식소화는 부적당하다.

스프링클러	물분무설비	포소화설비	불활성가스소화		할로겐화물
○	○	○			
분말소화기			CO_2	건조사	팽창질석·진주암
인산염류	탄산수소염류	그 밖의 것			
				○	○

4 제5류 위험물 종류

1) 유기과산화물(지정수량 10kg)

과산화벤조일(벤조일퍼옥사이드, BPO), 과산화메틸에틸케톤(메틸에틸케톤퍼옥사이드, MEKPO) 등이 있다.

(1) 일반적인 성질
① -O-O-기를 가진 유기과산화물이라 한다.
② 산화제와 환원제 모두 가까이 하지 말아야 한다.
③ 가능한 한 소용량으로 그늘지고, 습한 곳에 저장한다.
④ 용기의 파손에 의하여 누출 위험이 있으므로 정기적으로 점검한다.
⑤ 산소원자 사이의 결합이 약하기 때문에 가열, 충격, 마찰에 의해 폭발을 일으키기 쉽다.

(2) 종류
① 과산화벤조일(벤조일퍼옥사이드)

O=C-O-O-C=O	화학식	비중	융점(℃)	발화점(℃)
	$(C_6H_5CO)_2O_2$	1.33	103~105	125

이론과 기출문제 순서의 일원화로 누구나 쉽게 접근하는 데 효과적

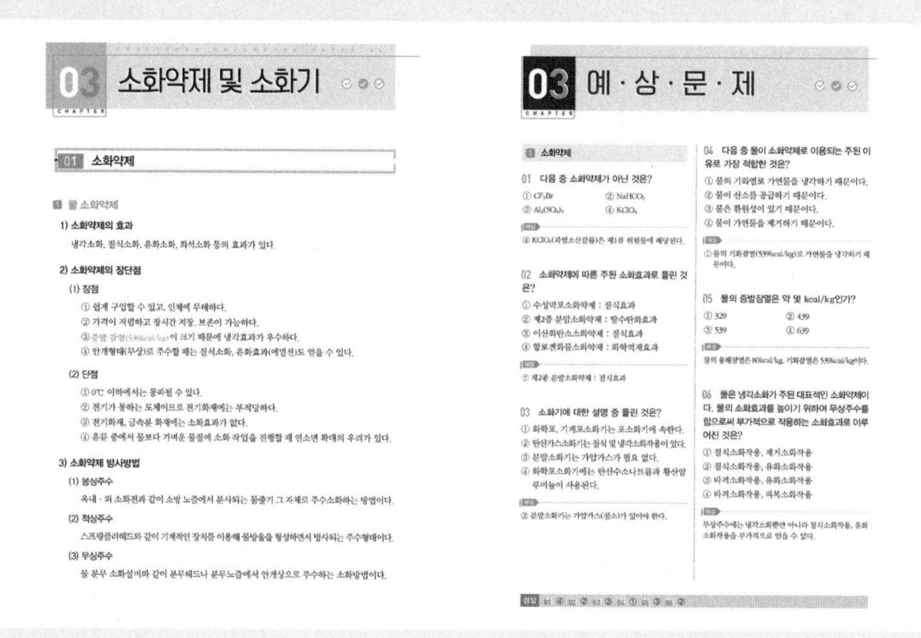
CHAPTER 03 소화약제 및 소화기

01 소화약제

1 물 소화약제

1) 소화약제의 효과

냉각소화, 질식소화, 유화소화, 희석소화 등의 효과가 있다.

2) 소화약제의 장단점

(1) 장점
① 쉽게 구입할 수 있고, 인체에 무해하다.
② 가격이 저렴하고 장시간 저장, 보존이 가능하다.
③ 증발 잠열(539kcal/kg)이 크기 때문에 냉각효과가 우수하다.
④ 안개형태(무상)로 주수할 때는 질식소화, 유화효과(에멀션)도 얻을 수 있다.

(2) 단점
① 0℃ 이하에서는 동파될 수 있다.
② 전기가 통하는 도체이므로 전기화재에는 부적당하다.
③ 전기화재, 금속분 화재에는 소화효과가 없다.
④ 유류 중에서 물보다 가벼운 물질에 소화 작업을 진행할 때 연소면 확대의 우려가 있다.

3) 소화약제 방사방법

(1) 봉상주수
옥내·외 소화전과 같이 소방 노즐에서 분사되는 물줄기 그 자체로 주수소화하는 방법이다.

(2) 적상주수
스프링클러헤드와 같이 기계적인 장치를 이용해 물방울을 형성하면서 방사되는 주수형태이다.

(3) 무상주수
물 분무 소화설비와 같이 분무헤드나 분무노즐에서 안개상으로 주수하는 소화방법이다.

CHAPTER 03 예·상·문·제

1 소화약제

01 다음 중 소화약제가 아닌 것은?
① CF_3Br ② $NaHCO_3$
③ $Al_2(SO_4)_3$ ④ $KClO_4$

해설 ④ $KClO_4$(과염소산칼륨)은 제1류 위험물에 해당된다.

02 소화약제에 따른 주된 소화효과로 틀린 것은?
① 수성막포소화약제 : 질식효과
② 제2종 분말소화약제 : 탈수탄화효과
③ 이산화탄소소화약제 : 질식효과
④ 할로겐화물소화약제 : 화학억제효과

해설 ② 제2종 분말소화약제 : 질식효과

03 소화기에 대한 설명 중 틀린 것은?
① 화학포, 기계포소화기는 포소화기에 속한다.
② 탄산가스소화기는 질식 및 냉각소화작용이 있다.
③ 분말소화기는 가압가스가 필요 없다.
④ 화학포소화기에는 탄산수소나트륨과 황산알루미늄이 사용된다.

해설 ③ 분말소화기는 가압가스(질소)가 있어야 한다.

04 다음 중 물이 소화약제로 이용되는 주된 이유로 가장 적합한 것은?
① 물의 기화열로 가연물을 냉각하기 때문이다.
② 물이 산소를 공급하기 때문이다.
③ 물은 환원성이 있기 때문이다.
④ 물이 가연물을 제거하기 때문이다.

해설 ① 물의 기화잠열(539kcal/kg)로 가연물을 냉각하기 때문이다.

05 물의 증발잠열은 약 몇 kcal/kg인가?
① 329 ② 439
③ 539 ④ 639

해설 물의 융해잠열은 80kcal/kg, 기화잠열은 539kcal/kg이다.

06 물은 냉각소화가 주된 대표적인 소화약제이다. 물의 소화효과를 높이기 위하여 무상주수를 함으로써 부가적으로 작용하는 소화효과로 이루어진 것은?
① 질식소화작용, 제거소화작용
② 질식소화작용, 유화소화작용
③ 타격소화작용, 유화소화작용
④ 타격소화작용, 피복소화작용

해설 무상주수에는 냉각소화뿐만 아니라 질식소화작용, 유화소화작용을 부가적으로 얻을 수 있다.

정답 01 ④ 02 ② 03 ③ 04 ① 05 ③ 06 ②

올 100% 기출문제에 대한 자세한 해설 수록에 따라 비전공자도 이해가 쏙쏙

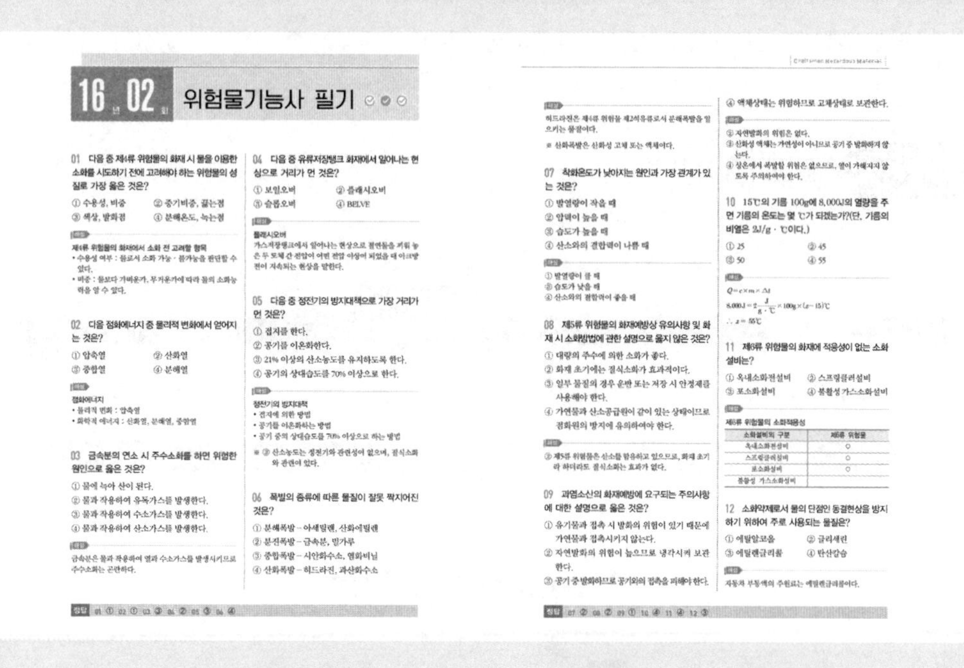

16년 02회 위험물기능사 필기

01 다음 중 제4류 위험물의 화재 시 물을 이용한 소화를 시도하기 전에 고려해야 하는 위험물의 성질로 가장 옳은 것은?

① 수용성, 비중 ② 증기비중, 끓는점
③ 색상, 발화점 ④ 분해온도, 녹는점

해설
제4류 위험물의 화재에서 소화 전 고려할 항목
• 수용성 여부 : 물로서 소화 가능 · 불가능을 판단할 수 있다.
• 비중 : 물보다 가벼운가, 무거운가에 따라 물의 소화능력을 알 수 있다.

02 다음 점화에너지 중 물리적 변화에서 얻어지는 것은?

① 압축열 ② 산화열
③ 중합열 ④ 분해열

해설
점화에너지
• 물리적 변화 : 압축열
• 화학적 에너지 : 산화열, 분해열, 중합열

03 금속분의 연소 시 주수소화를 하면 위험한 원인으로 옳은 것은?

① 물에 녹아 산이 된다.
② 물과 작용하여 유독가스를 발생한다.
③ 물과 작용하여 수소가스를 발생한다.
④ 물과 작용하여 산소가스를 발생한다.

해설
금속분은 물과 작용하여 열과 수소가스를 발생시키므로 주수소화는 곤란하다.

04 다음 중 유류저장탱크 화재에서 일어나는 현상으로 거리가 먼 것은?

① 보일오버 ② 플래시오버
③ 슬롭오버 ④ BLEVE

해설
플래시오버
[illegible]

05 다음 중 정전기의 방지대책으로 가장 거리가 먼 것은?

① 접지를 한다.
② 공기를 이온화한다.
③ 21% 이상의 산소농도를 유지하도록 한다.
④ 공기의 상대습도를 70% 이상으로 한다.

해설
정전기의 방지대책
• 접지에 의한 방법
• 공기를 이온화하는 방법
• 공기 중의 상대습도를 70% 이상으로 하는 방법
※ ③ 산소농도는 정전기와 관련성이 없으며, 질식소화와 관련이 있다.

06 폭발의 종류에 따른 물질이 잘못 짝지어진 것은?

① 분해폭발 – 아세틸렌, 산화에틸렌
② 분진폭발 – 금속분, 밀가루
③ 중합폭발 – 시안화수소, 염화비닐
④ 산화폭발 – 히드라진, 과산화수소

정답 01 ① 02 ① 03 ③ 04 ② 05 ③ 06 ④

Craftsman Hazardous Material

해설
히드라진은 제4류 위험물 제2석유류로서 분해폭발을 일으키는 물질이다.
※ 산화폭발은 산화성 고체 또는 액체이다.

07 착화온도가 낮아지는 원인과 가장 관계가 있는 것은?

① 발열량이 작을 때
② 압력이 높을 때
③ 습도가 높을 때
④ 산소와의 결합력이 나쁠 때

해설
① 발열량이 클 때
③ 습도가 낮을 때
④ 산소와의 결합력이 좋을 때

08 제5류 위험물의 화재예방상 유의사항 및 화재 시 소화방법에 관한 설명으로 옳지 않은 것은?

① 대량의 주수에 의한 소화가 좋다.
② 화재 초기에는 질식소화가 효과적이다.
③ 일부 물질의 경우 운반 또는 저장 시 안정제를 사용해야 한다.
④ 가연물과 산소공급원이 같이 있는 상태이므로 점화원의 방지에 유의하여야 한다.

해설
② 제5류 위험물은 산소를 함유하고 있으므로, 화재 초기라 하더라도 질식소화는 효과가 없다.

09 과염소산의 화재예방에 요구되는 주의사항에 대한 설명으로 옳은 것은?

① 유기물과 접촉 시 발화의 위험이 있기 때문에 가연물과 접촉시키지 않는다.
② 자연발화의 위험이 높으므로 냉각시켜 보관한다.
③ 공기 중 발화하므로 공기와의 접촉을 피해야 한다.
④ 액체상태는 위험하므로 고체상태로 보관한다.

해설
② 자연발화의 위험은 없다.
③ 산화성 액체는 가연성이 아니므로 공기 중 발화하지 않는다.
④ 상온에서 폭발할 위험은 없으므로, 열이 가해지지 않도록 주의하여야 한다.

10 15℃의 기름 100g에 8,000J의 열량을 주면 기름의 온도는 몇 ℃가 되겠는가?(단, 기름의 비열은 2J/g · ℃이다.)

① 25 ② 45
③ 50 ④ 55

해설
$Q = c \times m \times \Delta t$
$8{,}000\text{J} = 2\dfrac{\text{J}}{\text{g} \cdot ℃} \times 100\text{g} \times (x - 15)℃$
$\therefore x = 55℃$

11 제6류 위험물의 화재에 적응성이 없는 소화설비는?

① 옥내소화전설비 ② 스프링클러설비
③ 포소화설비 ④ 불활성 가스소화설비

해설
제6류 위험물의 소화적응성

소화설비의 구분	제6류 위험물
옥내소화전설비	○
스프링클러설비	○
포소화설비	○
불활성 가스소화설비	

12 소화약제로서 물의 단점인 동결현상을 방지하기 위하여 주로 사용되는 물질은?

① 에틸알코올 ② 글리세린
③ 에틸렌글리콜 ④ 탄산칼슘

해설
자동차 부동액의 주원료는 에틸렌글리콜이다.

정답 07 ② 08 ② 09 ① 10 ④ 11 ④ 12 ③

CBT 대비 모의고사를 실어 시험 보기 전 실력 점검에 완벽 활용

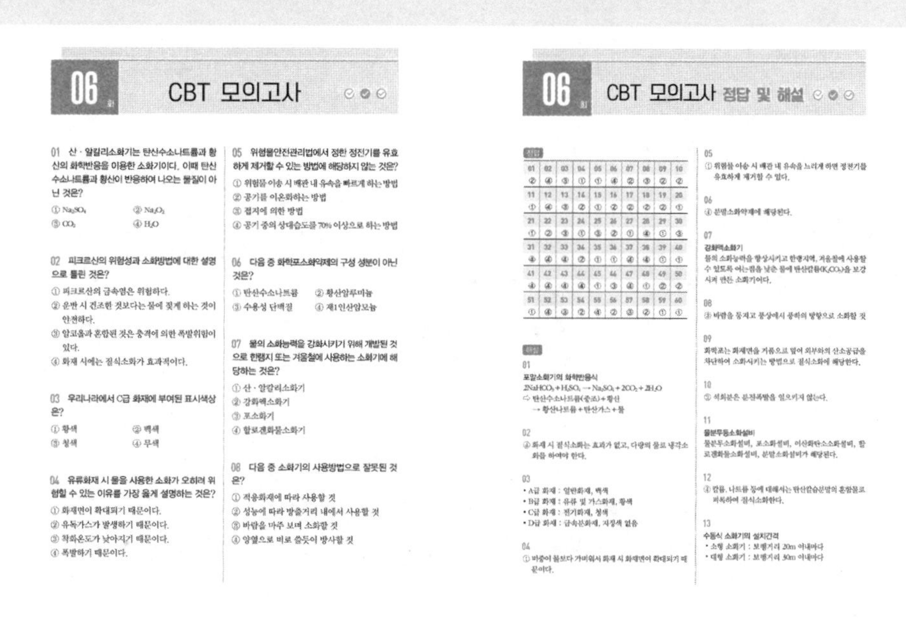

06회 CBT 모의고사

01 산 · 알칼리소화기는 탄산수소나트륨과 황산의 화학반응을 이용한 소화기이다. 이때 탄산수소나트륨과 황산이 반응하여 나오는 물질이 아닌 것은?

① Na_2SO_4 ② Na_2O_2
③ CO_2 ④ H_2O

02 피크르산의 위험성과 소화방법에 대한 설명으로 틀린 것은?

① 피크르산의 금속염은 위험하다.
② 운반 시 건조한 것보다는 물에 젖게 하는 것이 안전하다.
③ 알코올과 혼합된 것은 충격에 의한 폭발위험이 있다.
④ 화재 시에는 질식소화가 효과적이다.

03 우리나라에서 C급 화재에 부여된 표시색상은?

① 황색 ② 백색
③ 청색 ④ 무색

04 유류화재 시 물을 사용한 소화가 오히려 위험할 수 있는 이유를 가장 옳게 설명하는 것은?

① 화재면이 확대되기 때문이다.
② 유독가스가 발생하기 때문이다.
③ 착화온도가 낮아지기 때문이다.
④ 폭발하기 때문이다.

05 위험물안전관리법에서 정한 정전기를 유효하게 제거할 수 있는 방법에 해당하지 않는 것은?

① 위험물 이송 시 배관 내 유속을 빠르게 하는 방법
② 공기를 이온화하는 방법
③ 접지에 의한 방법
④ 공기 중의 상대습도를 70% 이상으로 하는 방법

06 다음 중 화학포소화약제의 구성 성분이 아닌 것은?

① 탄산수소나트륨 ② 황산알루미늄
③ 수용성 단백질 ④ 제1인산암모늄

07 물의 소화능력을 강화시키기 위해 개발된 것으로 한랭지 또는 겨울철에 사용하는 소화기에 해당하는 것은?

① 산 · 알칼리소화기
② 강화액소화기
③ 포소화기
④ 할로겐화물소화기

08 다음 중 소화기의 사용방법으로 잘못된 것은?

① 적응화재에 따라 사용할 것
② 성능에 따라 방출거리 내에서 사용할 것
③ 바람을 마주 보며 소화할 것
④ 양옆으로 비로 쓸듯이 방사할 것

06회 CBT 모의고사 정답 및 해설

정답

01	02	03	04	05	06	07	08	09	10
②	④	③	①	①	④	②	③	②	②
11	12	13	14	15	16	17	18	19	20
①	④	③	②	①	②	②	②	②	①
21	22	23	24	25	26	27	28	29	30
①	②	③	①	③	②	①	④	①	③
31	32	33	34	35	36	37	38	39	40
④	④	④	②	①	①	④	④	①	①
41	42	43	44	45	46	47	48	49	50
④	④	④	④	①	③	④	①	②	②
51	52	53	54	55	56	57	58	59	60
①	④	③	②	④	②	③	②	①	①

해설

01
포말소화기의 화학반응식
$2NaHCO_3 + H_2SO_4 \rightarrow Na_2SO_4 + 2CO_2 + 2H_2O$
⇨ 탄산수소나트륨(중조) + 황산
→ 황산나트륨 + 탄산가스 + 물

02
④ 화재 시 질식소화는 효과가 없고, 다량의 물로 냉각소화를 하여야 한다.

03
• A급 화재 : 일반화재, 백색
• B급 화재 : 유류 및 가스화재, 황색
• C급 화재 : 전기화재, 청색
• D급 화재 : 금속분화재, 지정색 없음

04
① 비중이 물보다 가벼워서 화재 시 화재면이 확대되기 때문이다.

05
① 위험물 이송 시 배관 내 유속을 느리게 하면 정전기를 유효하게 제거할 수 있다.

06
④ 분말소화약제에 해당된다.

07
강화액소화기
물의 소화능력을 향상시키고 한랭지역, 겨울철에 사용할 수 있도록 어는점을 낮춘 물에 탄산칼륨(K_2CO_3)을 보강시켜 만든 소화기이다.

08
③ 바람을 등지고 풍상에서 풍하의 방향으로 소화할 것

09
화학포는 화재면을 거품으로 덮어 외부와의 산소공급을 차단하여 소화시키는 방법으로 질식소화에 해당한다.

10
③ 석회분은 분진폭발을 일으키지 않는다.

11
물분무등소화설비
물분무소화설비, 포소화설비, 이산화탄소소화설비, 할로겐화물소화설비, 분말소화설비가 해당된다.

12
③ 칼륨, 나트륨 등에 대해서는 탄산칼슘분말의 혼합물로 피복하여 질식소화한다.

13
수동식 소화기의 설치간격
• 소형 소화기 : 보행거리 20m 이내마다
• 대형 소화기 : 보행거리 30m 이내마다

시험정보 Information CBT 모의고사 이용 가이드

- 인터넷에서 [예문사]를 검색하여 홈페이지에 접속합니다.
- PC, 휴대폰, 태블릿 등을 이용해 사용이 가능합니다.

STEP 1 회원가입 하기

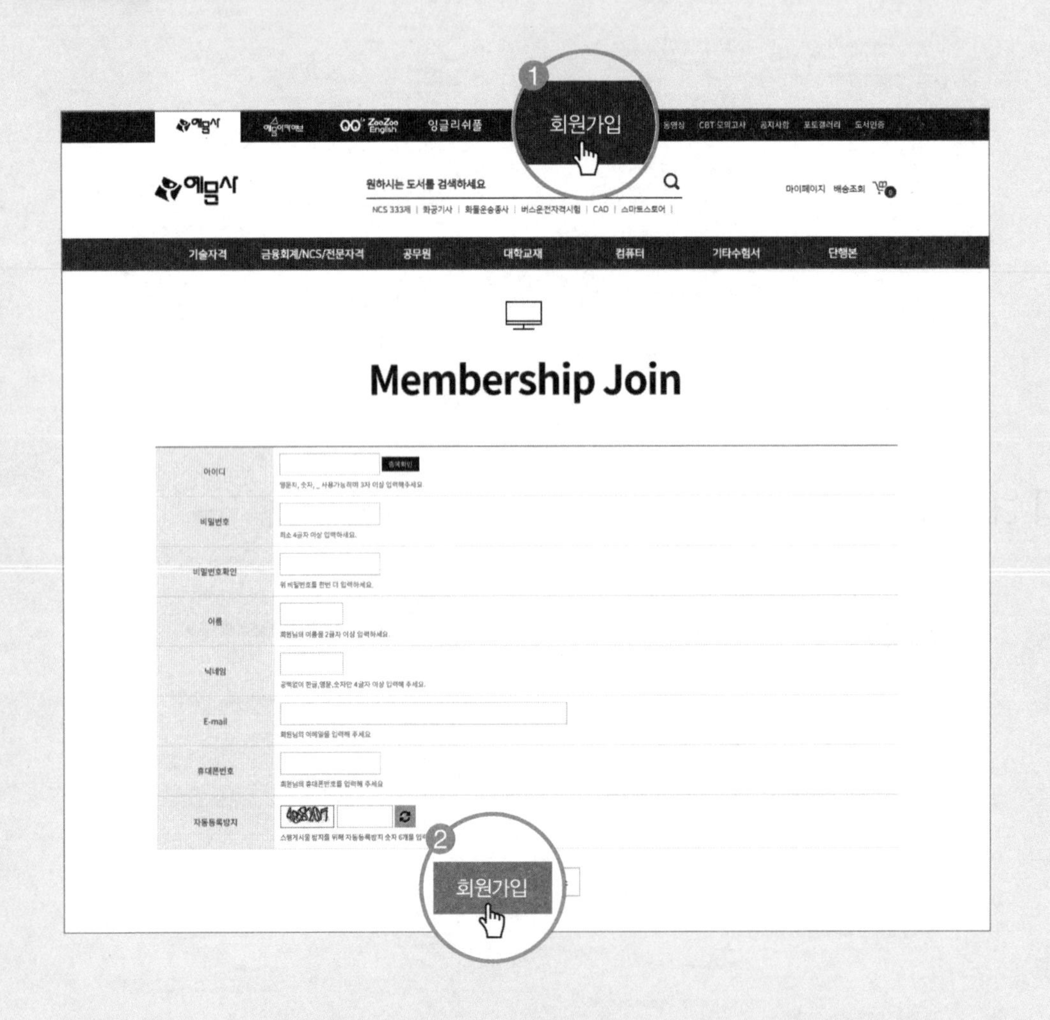

1. 메인 화면 상단의 [회원가입] 버튼을 누르면 가입 화면으로 이동합니다.
2. 입력을 완료하고 아래의 [회원가입] 버튼을 누르면 **인증절차 없이 바로 가입**이 됩니다.

STEP 2 시리얼 번호 확인 및 등록

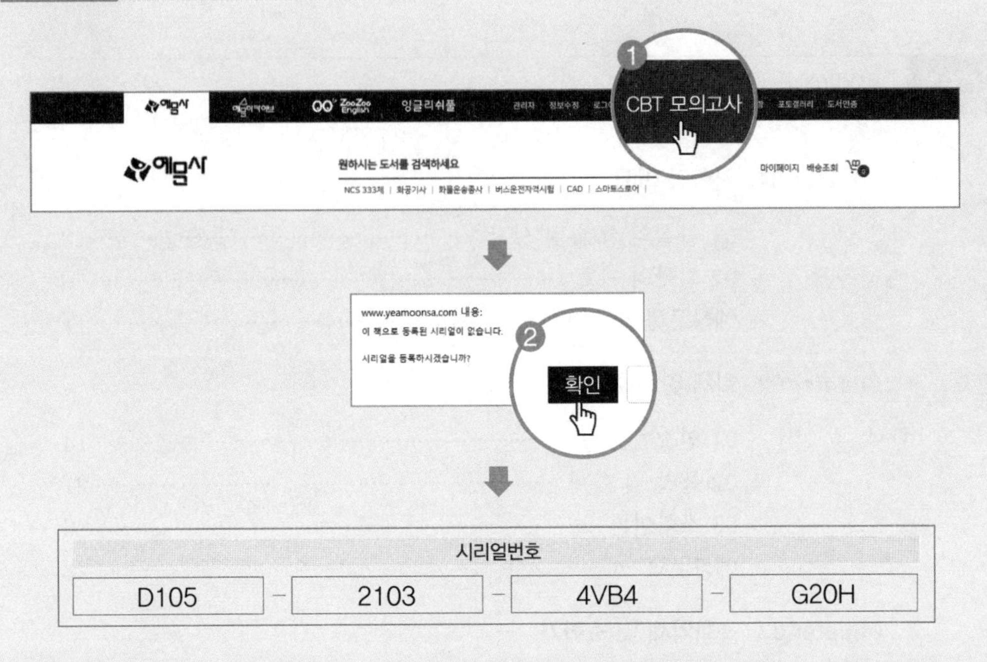

1. 로그인 후 메인 화면 상단의 [CBT 모의고사]를 누른 다음 **수강할 강좌를 선택**합니다.
2. 시리얼 등록 안내 팝업창이 뜨면 [확인]을 누른 뒤 **시리얼 번호를 입력**합니다.

STEP 3 등록 후 사용하기

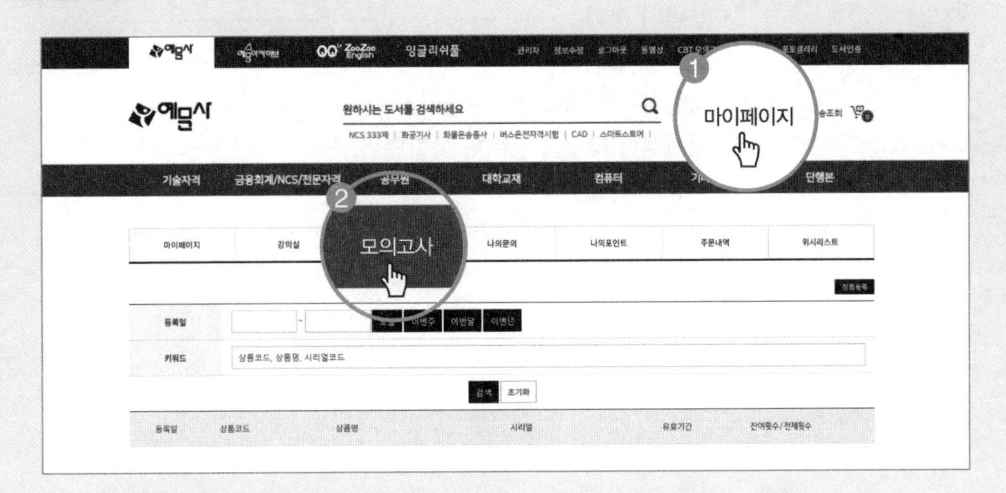

1. 시리얼 번호 입력 후 [마이페이지]를 클릭합니다.
2. 등록된 CBT 모의고사는 [모의고사]에서 확인할 수 있습니다.

차례
Contents

Part 01 화재예방 및 소화방법

Part 02 위험물의 성질 및 취급

차례
Contents

Part 03 과년도 기출문제

Part 04 CBT 모의고사

원소 주기율표

주기 \ 족	1A	2A	3A	4A	5A	6A	7A	8	8	8	1B	2B	3B	4B	5B	6B	7B	0
1	1 H 1.008 수소																	2 He 4.0 헬륨
2	3 Li 6.9 리튬	4 Be 9.0 베릴륨											5 B 10.8 붕소	6 C 12.011 탄소	7 N 14.0 질소	8 O 15.999 산소	9 F 19.0 플루오르	10 Ne 20.2 네온
3	11 Na 23.0 나트륨	12 Mg 24.3 마그네슘											13 Al 27.0 알루미늄	14 Si 28.1 규소	15 P 31.0 인	16 S 32.1 황	17 Cl 35.5 염소	18 Ar 39.9 아르곤
4	19 K 39.1 칼륨	20 Ca 40.1 칼슘	21 Sc 45.0 스칸듐	22 Ti 47.9 티탄	23 V 51.0 바나듐	24 Cr 52.0 크롬	25 Mn 54.9 망간	26 Fe 55.8 철	27 Co 58.9 코발트	28 Ni 58.7 니켈	29 Cu 63.5 구리	30 Zn 65.4 아연	31 Ga 69.7 갈륨	32 Ge 72.6 게르마늄	33 As 74.9 비소	34 Se 79.0 셀렌	35 Br 79.9 브롬	36 Kr 83.8 크립톤
5	37 Rb 85.5 루비듐	38 Sr 87.6 스트론튬	39 Y 88.9 이트륨	40 Zr 91.2 지르코늄	41 Nb 92.9 니오브	42 Mo 95.9 몰리브덴	43 Tc 99* 테크네튬	44 Ru 101.1 루테늄	45 Rh 102.9 로듐	46 Pd 106.4 팔라듐	47 Ag 107.9 은	48 Cd 112.4 카드뮴	49 In 114.8 인듐	50 Sn 118.7 주석	51 Sb 121.8 안티몬	52 Te 127.6 텔루르	53 I 126.9 요오드	54 Xe 131.3 크세논
6	55 Cs 132.9 세슘	56 Ba 137.3 바륨	57~71 La~Lu 란타니드	72 Hf 178.5 하프늄	73 Ta 180.9 탄탈	74 W 183.9 텅스텐	75 Re 186.2 레늄	76 Os 190.2 오스뮴	77 Ir 192.2 이리듐	78 Pt 195.1 백금	79 Au 197.0 금	80 Hg 200.6 수은	81 Tl 204.4 탈륨	82 Pb 207.2 납	83 Bi 209.0 비스무트	84 Po [209]* 폴로늄	85 At [210]* 아스타틴	86 Rn [222]* 라돈
7	87 Fr [223] 프랑슘	88 Ra [226] 라듐	89~103 Ac~Lr 악티니드															
	알칼리 금속	알칼리 토금속																비활성 기체

— 전형원소 — 전이원소

의 원소 —— 비금속
의 원소 —— 금속
밑줄은 양쪽성 원소

원소기호의 왼쪽 위 숫자는 원자 번호, 아래의 숫자는 1961년의 만국 원자량(소수둘째 자리를 반올림)
[ ]안의 숫자는 가장 안정한 동위 원소의 질량수,
*는 가장 잘 알려진 동위원소의 질량수

란타니드	57 La 138.9 란탄	58 Ce 140.0 세륨	59 Pr 140.9 프라세오디뮴	60 Nd 144 네오디뮴	61 Pm 145* 프로메튬	62 Sm 150.4 사마륨	63 Eu 152.0 유로퓸	64 Gd 157.3 가돌리늄	65 Tb 158.9 테르븀	66 Dy 162.5 디스프로슘	67 Ho 164.3 홀뮴	68 Er 167.3 에르븀	69 Tm 168.9 툴륨	70 Yb 173.0 루테튬	71 Lu 175.0 루테튬
악티니드	89 Ac [227]* 악티늄	90 Th 232.0 토륨	91 Pa [231]* 프로악티늄	92 U 238.0 우라늄	93 Np [237]* 넵투늄	94 Pu [244]* 플루토늄	95 Am [243]* 아메리슘	96 Cm [247]* 퀴륨	97 Bk [249]* 버클륨	98 Cf [251]* 칼리포르늄	99 Es [254]* 아이시타이늄	100 Fm [253]* 페르뮴	101 Md [256]* 멘델레븀	102 No [254]* 노벨륨	103 Lr [257]* 로렌슘

PART 01

화재예방 및 소화방법

01 CHAPTER 화학의 이해

01 물질의 상태 및 성질

1 물체의 특성

① **물체** : 질량을 갖고 공간을 차지하는 대상을 말한다.
② **물질** : 물체를 이루고 있는 재료를 말한다.

2 물질의 분류

① **순물질** : 물리적 성질이 일정하다.
② **혼합물** : 물리적 성질이 일정하지 않다.

▼ 물질의 분류

구분		종류
순물질	단체(홑원소 물질)	산소, 탄소, 수소, 나트륨 등
	화합물	물, 이산화탄소, 염화나트륨 등
혼합물	균일 혼합물	소금물, 설탕물, 사이다, 공기 등
	불균일 혼합물	흙탕물, 암석, 과일주스 등

3 물질의 변화

① **물리적 변화** : 물질의 상태만 바뀌는 변화이다.
예 물이 얼음이 되거나, 수증기로 변화하는 것, 철로 만든 머리핀이 구부러지는 것

② **화학적 변화** : 물질 자체가 변화하여 새로운 물질로 변화되는 것을 말한다.
예 철이 녹스는 것, 석회동굴이 생성되는 것

4 열 관련 사항

1) 열 관련 용어정리

① 비열 : 어떤 물질 1g의 온도 1℃만큼 올리는 데 필요한 열량이다.

예 물의 비열 : 1kcal/kg℃

② **현열** : 물질의 상태 변화 없이 온도 변화에만 필요한 열량이다.

③ **잠열** : 온도 변화 없는 물질의 상태 변화 시 필요한 열량이다.

예 물의 기화잠열(증발잠열) : 539kcal/kg, 얼음의 융해잠열 : 80kcal/kg

④ **열량** : 물질의 온도를 올리기 위해 필요한 열의 양이다.

$$Q = c \times m \times \Delta t$$

여기서, Q : 열량, c : 비열, m : 질량, Δt : 온도의 차

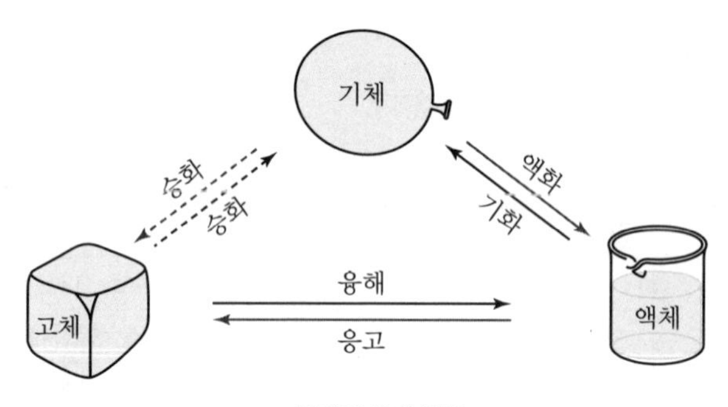

▲ 물질의 상태 변화

15℃의 기름 100g에 8,000J의 열량을 주면 기름의 온도는 몇 ℃가 되겠는가?(단, 기름의 비열은 2J/g℃이다.)

$Q = c \times m \times \Delta t$

$8{,}000\text{J} = 2\dfrac{\text{J}}{\text{g℃}} \times 100\text{g} \times (x - 15)\text{℃}$

$\therefore\ x = 55\text{℃}$

2) 열의 이동원리

① 전도(Conduction) : 물질을 통하여 접촉하고 있는 두 물체 사이에 열이 이동하는 것이다(고체의 경우).

예 두 물체에 열을 가하면, 나무막대보다 쇠막대가 같은 거리임에도 더 빨리 뜨거워진다.

② 대류(Convection) : 열을 가진 물질 자체가 이동하면서 열을 이동시키는 것이다(액체, 기체의 경우).

예 해풍과 육풍이 일어나는 원리

③ 복사(Radiation) : 전도 또는 대류와 다른 방식으로 직접 열이 전달되는 것이다(태양열).

예 더러운 눈이 빨리 녹는 현상

20℃의 물 100kg이 100℃ 수증기로 증발하면 최대 몇 kcal의 열량을 흡수할 수 있는가?

① 540 ② 7,800
③ 62,000 ④ 108,000

• 현열 : $Q = c \times m \times \Delta t = 1 \times 100 \times (100-20) = 8,000$
• 기화잠열 : $Q = m \times 539\text{kcal/kg} = 100 \times 539 = 53,900$
$\therefore 53,900 + 8,000 = 61,900\text{kcal}$

/정답/ ③

열의 이동원리 중 복사에 관한 예로 적당하지 않은 것은?

① 그늘이 시원한 이유
② 더러운 눈이 빨리 녹는 현상
③ 보온병 내부를 거울벽으로 만드는 것
④ 해풍과 육풍이 일어나는 원리

④는 대류에 관한 예이다.

/정답/ ④

02 화학의 기초

1 원소의 주기율표

주기 \ 족	1	2	3	4	5	6	7	8	9	10	11	12	13	14	15	16	17	18
1	H																	He
2	Li	Be											B	C	N	O	F	Ne
3	Na	Mg											Al	Si	P	S	Cl	Ar
4	K	Ca						Fe		Ni	Cu	Zn					Br	
5	Rb	Sr									Ag	Cd					I	
6	Cs	Ba																
7	Fr	Ra																

1족 : 알칼리 금속　　2족 : 알칼리 토금속　　17족 : 할로겐 원소　　18족 : 불활성기체

1) 족과 주기

① 족 : 주기율표의 세로줄로서 같은 족 원소는 화학적 성질이 같다(1～18족).

② 주기 : 주기율표의 가로줄이다(1～7주기).

2) 원소의 분류

① 금속 원소 : 전자를 잃기 쉬운 원소를 말한다.

② 비금속 원소 : 전자를 얻기 쉬운 원소를 말한다.

3) 원자량

탄소 원자의 질량을 12로 정하고, 이 값을 기준으로 비교한 다른 원자의 상대적 질량값이다.

① 원자번호가 짝수일 때 : 원자량＝원자번호 × 2(예 O＝8 × 2＝16)

② 원자번호가 홀수일 때 : 원자량＝원자번호 × 2＋1(예 Al＝13 × 2＋1＝27)

③ 예외 원소

원소	원자번호	원자량
H(수소)	1	1
N(질소)	7	14
Cl(염소)	17	35.5

4) 분자량

분자를 구성하는 모든 원자들의 원자량을 합한 상대적 질량값이다.

예 H_2O(물) : $1 \times 2 + 16 = 18$

CO_2(이산화탄소) : $12 + (16 \times 2) = 44$

CH_3COCH_3(아세톤) : $12 + (1 \times 3) + 12 + 16 + 12 + (1 \times 3) = 58$

5) 몰(Mole)

화학에서 원자, 분자, 이온, 전자 등을 다루는 단위로서 화학 반응식을 설명할 때 유용하게 쓰인다.

① 모든 물질 1mol = 부피 22.4L = 분자량 Mg = 6.02×10^{23}개(0℃ 1atm)

② CO_2(이산화탄소)인 경우

- 1mol = 부피 22.4L = 분자량 44g(0℃ 1atm)
- 1kmol = 부피 22.4m^3 = 분자량 44kg(0℃ 1atm)
- $2H_2 + O_2 \rightarrow 2H_2O$란 : (2mol의 수소 분자) + (1mol의 산소 분자) = (2mol의 물 분자)

6) 보일 – 샤를의 법칙

일정량 기체의 부피는 절대온도에 비례하고, 압력에 반비례한다는 법칙이다.

$$\frac{P_1 V_1}{T_1} = \frac{P_2 V_2}{T_2}$$

여기서, T : 절대온도(K), P : 압력(atm), V : 부피(L)

7) 이상기체 상태방정식

$$PV = nRT = \frac{W}{M} RT$$

여기서, T : 절대온도(K), P : 압력(atm), V : 부피(L)

$n = \frac{W}{M}$: 몰수, M : 분자량(g/mol), W : 질량(g)

액화 이산화탄소 1kg이 25℃, 2atm의 공기 중으로 방출되었을 때 방출된 기체상의 이산화탄소의 부피는 약 몇 L가 되는가?

$PV = \frac{W}{M} RT$ ⇨ $V = \frac{W}{PM} RT = \frac{1{,}000\text{g} \times 0.082 \times (273 + 25)}{2 \times 44} = 277.7 = 278\text{L}$

1몰의 이황화탄소와 고온의 물이 반응하여 생성되는 유독한 기체물질의 부피는 표준상태에서 얼마인가? (최근 2)

$CS_2 + 2H_2O \rightarrow 2H_2S + CO_2$

1몰의 이황화탄소가 물과 반응하여 2몰의 황화수소를 생성시킨다.

∴ 표준상태에서 물질 1몰은 부피가 22.4L이므로, 2×22.4=44.8L

8) 밀도와 비중

① 밀도 : 입자들이 정해진 공간에 얼마나 밀집되어 있는지를 나타내는 척도이다.

$$\text{밀도} = \frac{\text{질량}}{\text{부피}} = \frac{M}{V}(\text{g/mL 또는 kg/L})$$

0.99atm, 55℃에서 이산화탄소의 밀도는 약 몇 g/L인가? (최근 2)

- 분자량(질량)=44g
- $V = \frac{W}{PM}RT = \frac{44 \times 0.082 \times (273+55)}{0.99 \times 44} = 27.17$

$\therefore \text{밀도} = \frac{\text{질량}}{\text{부피}} = \frac{44\text{g}}{27.17\text{L}} = 1.62$

② 비중 : 물질의 질량이 물보다 얼마나 무거운지를 나타내는 척도이다(단위 없음).

9) 증기밀도와 증기비중

① 증기밀도 : 질량을 부피로 나눈 값으로, 다음의 공식으로 구할 수 있다.

$$\text{증기밀도} = \frac{PM}{RT} = \frac{\text{분자량}}{22.4}(\text{g/L})$$

다음 중 증기의 밀도가 가장 큰 것은?

① 디에틸에테르 ② 벤젠
③ 가솔린(옥탄 100%) ④ 에틸알코올

분자량이 큰 물질일수록 밀도가 크므로, 보기에서는 가솔린이 정답이 된다.

/정답/ ③

② 증기비중 : 발생한 증기가 공기보다 얼마나 무거운지를 나타내는 척도이다.

$$증기비중 = \frac{물질의\ 분자량}{공기의\ 분자량} = \frac{분자량}{29.0}$$

할론 1301의 증기 비중은?(단, 불소의 원자량은 19, 브롬의 원자량은 80, 염소의 원자량은 35.5이고 공기의 분자량은 29이다.)

할론 1301 : CF_3Br

$$\therefore\ 증기비중 = \frac{1301의\ 분자량}{공기의\ 분자량} = \frac{12+(19\times3)+80}{29} = 5.14$$

2 탄화수소계 화합물

1) 지방족(사슬족)

① 구조식으로 표현하였을 때 사슬형으로 연결되어 있는 물질을 의미한다.

② 디에틸에테르($C_2H_5OC_2H_5$), 아세트알데히드(CH_3CHO), 산화프로필렌(CH_3CHOCH_2) 등이 있다.

▲ 아세트알데히드의 구조식

2) 방향족(벤젠족)

① 구조식으로 표현하였을 때 고리형으로 연결되어 있는 물질을 의미한다.

② 벤젠(C_6H_6), 톨루엔($C_6H_5CH_3$), 트리니트로톨루엔[TNT, $C_6H_2CH_3(NO_2)_3$] 등이 있다.

▲ 트리니트로톨루엔의 구조식

3) 알칸(C_nH_{2n+2} : 메탄계 탄화수소)

이름	분자식	이름	분자식	이름	분자식
메탄	CH_4	프로판	C_3H_8	펜탄	C_5H_{12}
에탄	C_2H_6	부탄	C_4H_{10}	헥산	C_6H_{14}

4) 알킬기(C_nH_{2n+1} : 메탄계 탄화수소)

이름	분자식	예	이름	분자식	예
메틸	CH_3	질산메틸(CH_3NO_3)	프로필	C_3H_7	프로필알코올(C_3H_7OH)
에틸	C_2H_5	질산에틸($C_2H_5NO_3$)	부틸	C_4H_9	부틸알코올(C_4H_9OH)

5) 알켄(C_nH_{2n} : 에틸렌계 탄화수소)

대표적인 물질로는 에틸렌(C_2H_4)이 있으며, 에텐이라고도 한다.

6) 알킨(C_nH_{2n-2} : 아세틸렌계 탄화수소)

대표적인 물질로는 아세틸렌(C_2H_2)이 있으며, 에틴이라고도 한다.

▼ 작용기에 의한 분류

일반식	이름	예
R-OH	알코올	메탄올(CH_3OH), 에탄올(C_2H_5OH)
R-O-R	에테르	디에틸에테르($C_2H_5OC_2H_5$)
R-CHO	알데히드	아세트알데히드(CH_3CHO)
R-CO	케톤	아세톤(CH_3COCH_3)
R-COOH	카르복시산	포름산(HCOOH), 초산(CH_3COOH)
R-COO-R′	에스테르	의산메틸($HCOOCH_3$), 초산에틸($CH_3COOC_2H_5$)

에테르의 일반식으로 옳은 것은?

① ROR　② RCHO
③ RCOR　④ RCOOH

① 에테르, ② 알데히드, ③ 케톤, ④ 카르복실

/정답/ ①

01 CHAPTER 예 · 상 · 문 · 제

1 물질의 상태 및 성질

01 메탄 1g이 완전연소할 때 발생하는 이산화탄소는 몇 g인가?

① 1.25　② 2.75
③ 14　④ 44

해설

$CH_4 + 2O_2 \rightarrow CO_2 + 2H_2O$
메탄(1g) : 이산화탄소(xg) = 16 : 44
$\therefore x = \frac{44}{16} = 2.75$g

2 화학의 기초

02 화학포의 소화약제인 탄산수소나트륨 6몰이 반응하여 생성되는 이산화탄소는 표준상태에서 최대 몇 L인가?

① 22.4　② 44.8
③ 89.6　④ 134.4

해설

$6NaHCO_3 + Al_2(SO_4)_3 \cdot 18H_2O$
$\rightarrow 3Na_2SO_4 + 2Al(OH)_3 + 6CO_2 + 18H_2O$
탄산수소나트륨 6몰이 반응하여 생성되는 이산화탄소는 6몰이다.
$\therefore 6 \times 22.4 = 134.4$L

03 소화기 속에 압축된 이산화탄소 1.1kg을 표준상태에서 분사하였다. 이산화탄소의 부피는 몇 m^3가 되는가? (최근 1)

① 0.56　② 5.6
③ 11.2　④ 24.6

해설

$PV = \frac{W}{M}RT$

$V = \frac{W}{PM}RT = \frac{1.1\text{kg} \times 0.082 \times 273}{1 \times 44} = 0.560\text{m}^3$

04 다음과 같은 반응에서 $5m^3$의 탄산가스를 만드는 데 필요한 탄산수소나트륨의 양은 약 몇 kg인가?(단, 표준상태이고 나트륨의 원자량은 23이다.)

$2NaHCO_3 \rightarrow Na_2CO_3 + CO_2 + H_2O$

① 18.75　② 37.5
③ 56.25　④ 75

해설

$2NaHCO_3 \rightarrow Na_2CO_3 + CO_2 + H_2O$
$NaHCO_3$($x$kg) : CO_2($5m^3$) = (2 × 84kg) : ($22.4m^3$)
$\therefore x = 37.5$kg

05 과산화나트륨 78g과 충분한 양의 물이 반응하여 생성되는 기체의 종류와 생성량을 옳게 나타낸 것은? (최근 1)

① 수소, 1g
② 산소, 16g
③ 수소, 2g
④ 산소, 32g

해설

$Na_2O_2 + H_2O \rightarrow 2NaOH + \frac{1}{2}O_2 \uparrow$

∴ 산소의 $\frac{1}{2}$몰의 질량은 16g이다.

정답 01 ② 02 ④ 03 ① 04 ② 05 ②

06 2몰의 브롬산칼륨이 모두 열분해되어 생긴 산소의 양은 2기압 27℃에서 약 몇 L인가? (최근 1)

① 32.42 ② 36.92
③ 41.34 ④ 45.64

해설

$2KBrO_3 \rightarrow 2KBr + 3O_2$

$PV = \frac{W}{M}RT$

$V = \frac{W}{PM}RT = \frac{32g \times 0.082 \times (273+27)}{2 \times 32} \times 3 = 36.90L$

07 수소화나트륨 240g과 충분한 물이 완전히 반응하였을 때 발생하는 수소의 부피는?(단, 표준상태를 가정하여 나트륨의 원자량은 23이다.) (최근 1)

① 22.4L ② 224L
③ $22.4m^3$ ④ $224m^3$

해설

$NaH + H_2O \rightarrow NaOH + H_2$

$PV = \frac{W}{M}RT$

$V = \frac{W}{PM}RT = \frac{240g \times 0.082 \times (273)}{1 \times 24} = 223.9 = 224L$

08 다음 반응식과 같이 벤젠 1kg이 연소할 때 발생하는 CO_2의 양은 약 몇 m^3인가?(단, 27℃, 750mmHg 기준이다.)

$C_6H_6 + 7.5O_2 \rightarrow 6CO_2 + 3H_2O$

① 0.72 ② 1.22
③ 1.92 ④ 2.42

해설

$PV = \frac{W}{M}RT$

$V = \frac{W}{PM}RT = \frac{1kg \times 0.082 \times (273+27)}{\frac{750}{760} \times 78} \times 6 = 1.918m^3$

09 벤젠 1몰을 충분한 산소가 공급되는 표준상태에서 완전연소시켰을 때 발생하는 이산화탄소의 양은 몇 L인가?

① 22.4 ② 134.4
③ 168.8 ④ 224.0

해설

$C_6H_6 + \frac{15}{2}O_2 \rightarrow 6CO_2 + 3H_2O$

$\therefore 6 \times 22.4L = 134.4L$

10 1몰의 에틸알코올이 완전연소하였을 때 생성되는 이산화탄소는 몇 몰인가?

① 1몰 ② 2몰
③ 3몰 ④ 4몰

해설

$C_2H_5OH + 3O_2 \rightarrow 2CO_2 + 3H_2O$

∴ 1몰의 에틸알코올 완전연소 시 2몰의 이산화탄소와 2몰의 물이 생성된다.

11 다음 중 증기비중이 가장 큰 것은?

① 벤젠
② 등유
③ 메틸알코올
④ 에테르

해설

증기비중 $= \frac{\text{물질의 분자량}}{\text{공기의 분자량}} = \frac{M}{29}$

① $C_6H_6 = \frac{78}{29} = 2.69$

② 약 4.5

③ $CH_3OH = \frac{32}{29} = 1.10$

④ $C_2H_5OC_2H_5 = \frac{74}{29} = 2.55$

정답 06 ② 07 ② 08 ③ 09 ② 10 ② 11 ②

12 다음 중 벤젠 증기의 비중에 가장 가까운 값은?

① 0.7　　② 0.9
③ 2.7　　④ 3.9

해설

- 벤젠 C_6H_6 분자량 $=(6\times12)+(6\times1)=78$
- 증기비중 $=\dfrac{\text{성분기체의 분자량}}{\text{공기의 평균분자량}}=\dfrac{78}{29}=2.69$

13 이황화탄소 기체는 수소 기체보다 20℃ 1기압에서 몇 배 더 무거운가? (최근 1)

① 11　　② 22
③ 32　　④ 38

해설

- $CS_2=16+(2\times32)=76$, $H_2=2$

$\therefore \dfrac{\text{이황화탄소의 분자량}}{\text{수소의 분자량}}=\dfrac{76}{2}=38$배

※ 온도와 기압은 같은 조건이므로, 무시해도 된다.

14 탄소 80%, 수소 14%, 황 6%인 물질 1kg이 완전연소하기 위해 필요한 이론공기량은 약 몇 kg인가?(단, 공기 중 산소는 23(중량)%이다.)

① 3.31　　② 7.05
③ 11.62　　④ 14.39

해설

- $C+O_2 \rightarrow CO_2$: $x=\dfrac{0.8\times1}{12}\times32=2.13\text{kg}$
- $H_2+\dfrac{1}{2}O_2 \rightarrow H_2O$: $x=\dfrac{0.14\times1}{2}\times\dfrac{32}{2}=1.12\text{kg}$
- $S+O_2 \rightarrow SO_2$: $x=\dfrac{0.06\times1}{32}\times32=0.06\text{kg}$

$\therefore$ 공기량 $=\dfrac{2.13+1.12+0.06}{0.23}=14.39\text{kg}$

정답 12 ③ 13 ④ 14 ④

CRAFTSMAN HAZARDOUS MATERIAL

CHAPTER 02 화재 및 소화

01 연소이론

1 연소의 정의

① 물질이 발열과 빛을 동반하는 급격한 산화현상이다.

② 가연성 물질이 산소(산소공급원)와 결합하여 새로운 물질을 발생시키는 것이다.

1) 완전연소

① 산소가 충분한 상태에서 가연성분이 완전히 연소된 것으로 연소 후 가연성분이 없다.

예 $C + O_2 \rightarrow CO_2$

② 완전연소의 조건

- 열진도율이 작은 것
- 충분한 산소가 있을 것
- 산소와 친화력이 좋은 것
- 산소와의 접촉 면적이 큰 것일수록

2) 불완전연소

① 산소가 부족한 상태에서 가연성분이 불완전하게 산화되는 연소로서 연소된 후에도 가연성분이 남아 있다.

예 $C + O_2 \rightarrow CO + \frac{1}{2}O_2 \rightarrow CO_2$

② 불완전연소의 조건

- 산소공급원이 부족할 때
- 환기, 배기가 불충분할 때
- 가스 조성이 맞지 않을 때
- 주위의 온도, 연소실의 온도가 너무 낮을 때

2 연소의 조건

연소가 일어나기 위해서는 연소의 3요소가 반드시 구비되어야 한다. 이 중 하나라도 구비되지 않으면 연소는 일어나지 않는다.

① 연소의 3요소 : 가연물 + 산소공급원 + 점화원

② **연소의 4요소** : 가연물 + 산소공급원 + 점화원 + 연쇄반응

1) 가연물

고체, 액체, 기체를 통틀어 연소되기 쉬운 물질이다.

예 목재, 플라스틱, 금속, 비금속, 수소 등

(1) 가연물이 될 수 있는 조건

① 표면적이 넓을 것

② 열전도율이 작을 것

③ 활성화에너지가 작을 것

④ 산소와 친화력이 좋을 것

⑤ 발열량이 클 것

⑥ 산화반응의 활성이 클 것

(2) 가연물이 될 수 없는 조건

① 주기율표의 O족 원소(He, Ne, Ar)

② 이미 산화반응이 완결된 산화물(CO_2, P_2O_5)

③ **흡열반응 물질** : 질소(N_2) 또는 질소산화물(NOx)

질소가 가연물이 될 수 없는 이유를 가장 옳게 설명한 것은?

① 산소와 산화반응을 하지 않기 때문이다.

② 산소와 산화반응을 하지만 흡열반응을 하기 때문이다.

③ 산소와 환원반응을 하지 않기 때문이다.

④ 산소와 환원반응을 하지만 발열반응을 하기 때문이다.

② 산소와 산화반응을 하지만 흡열반응을 하기 때문이다.

/정답/ ②

2) 산소공급원(조연성 물질)

① 공기(산소)
② 산화성 고체(제1류 위험물), 산화성 액체(제6류 위험물)
③ 가연성 물질 자체 내에 다량의 산소를 함유하고 있는 물질(제5류 위험물)

3) 점화원

① 물리적 변화 : 단열압축열 등
② 화학적 변화 : 산화열, 중합열, 분해열 등
③ 화기 : 전기불꽃, 정전기 불꽃, 마찰 및 충격에 의한 불꽃 등

$$\text{전기불꽃에 따른 에너지}(E) : E=\frac{1}{2}QV=\frac{1}{2}CV^2$$

여기서, Q : 전기량, V : 방전전압, C : 전기용량

정전기 방지방법

- 접지할 것
- 공기를 이온화할 것
- 공기 중의 상대습도를 70% 이상으로 할 것

다음 중 연소의 3요소를 모두 갖춘 것은?

① 휘발유+공기+수소
② 적린+수소+성냥불
③ 성냥불+황+염소산암모늄
④ 알코올+수소+염소산암모늄

성냥불(점화원)+휘발유, 수소, 적린, 황, 알코올(가연물)+공기, 염소산암모늄(산소공급원)

/정답/ ③

전기불꽃에 의한 에너지식을 옳게 나타낸 것은?(단, E는 전기불꽃 에너지, C는 전기용량, Q는 전기량, V는 방전전압이다.)

① $E=\frac{1}{2}QV$
② $E=\frac{1}{2}QV^2$
③ $E=\frac{1}{2}CV$
④ $E=\frac{1}{2}VQ^2$

전기불꽃에 의한 에너지 $E=\frac{1}{2}QV=\frac{1}{2}CV^2$ (단, $Q=CV$)

/정답/ ①

정전기를 제거할 수 있는 방법을 적으시오. (최근 4)

- 상대습도를 70% 이상 높이는 방법
- 공기를 이온화하는 방법
- 접지에 의한 방법
- 제전기 설치에 의한 방법

3 연소의 형태

1) 고체의 연소

① 표면연소 : 목탄(숯), 코크스, 금속분 등의 연소

② 분해연소 : 석탄, 종이, 목재, 섬유, 플라스틱 등의 연소

③ 증발연소 : 나프탈렌, 장뇌, 유황, 양초(파라핀) 등의 연소

④ 자기연소 : 제5류 위험물(니트로글리세린, 니트로셀룰로오스, 질산에스테르류) 등의 연소

2) 액체의 연소

① 증발연소 : 알코올, 에테르 등과 같은 가연성 액체가 열에 의해 발생한 증기의 연소(액면연소)

② 액적연소 : 점도가 높은 벙커C유와 같은 액체가 입자를 안개 모양으로 분출하여 연소(분무연소)

3) 기체의 연소

① 발염연소 : 불꽃은 있으나 불티가 없는 연소(불꽃연소)

② 확산연소 : 수소, 아세틸렌 등과 같은 가연성 가스의 연소

다음 중 주된 연소형태가 분해연소인 것은?

① 목탄 ② 나트륨
③ 석탄 ④ 에테르

①, ② 표면연소, ③ 분해연소, ④ 증발연소

/정답/ ③

4 연소의 제반사항

1) 인화점

① 가연성 물질에 점화원을 접촉시켰을 때 불이 붙는 최저온도이다.
② 가연물을 가열할 때 가연성 증기가 연소범위 하한에 달하는 최저온도이다.
③ 인화점이 낮을수록 인화의 위험이 크다.

2) 착화점(착화온도 = 발화점 = 발화온도)

① 가연물을 가열할 때 점화원 없이 가열된 열만을 가지고 스스로 연소가 시작되는 최저온도이다.
② 발화점이 낮은 물질일수록 위험성이 크다.
③ 발화점과 인화점은 서로 연관관계가 작다.

착화점이 낮아지는 조건

- 압력이 클 때
- 발열량이 클 때
- 화학적 활성도가 클 때
- 산소와 친화력이 클 때

다음 중 발화점이 낮아지는 경우는?

① 화학적 활성도가 낮을 때 ② 발열량이 클 때
③ 산소와 친화력이 나쁠 때 ④ CO_2와 친화력이 높을 때

① 화학적 활성도가 클 때
③ 산소와 친화력이 좋을 때
④ CO_2와 친화력이 낮을 때

/정답/ ②

3) 연소점

점화원을 제거하더라도 계속 탈 수 있는 온도로서 대략 인화점보다 5～10℃ 높은 온도를 말한다.

4) 연소범위(연소한계 = 가연범위 = 가연한계 = 폭발범위 = 폭발한계)

가연성 가스가 공기 중에 존재할 때 폭발할 수 있는 농도의 범위를 의미하는 것으로 농도가 진한 쪽을 폭발상한계, 농도가 묽은 쪽을 폭발하한계라 한다.
예를 들어, 가솔린의 연소범위가 1.4～7.6%라는 것은 가솔린이 1.4%이고 공기가 98.6%인 조건에서부터 가솔린이 7.6%, 공기가 92.4%인 조건 사이에서 연소가 일어난다는 의미이다.

▼ 중요 가스의 공기 중 폭발범위(상온, 101325Pa에서)

가스	하한계	상한계	가스	하한계	상한계
수소(H_2)	4.0	75.0	벤젠(C_6H_6)	1.4	7.1
메탄(CH_4)	5	15	톨루엔(C_7H_8)	1.4	6.7
에탄(C_2H_6)	3.0	12.5	메틸알코올(CH_4O)	6.0	36.0
아세틸렌(C_2H_2)	2.5	81.0	에틸알코올(C_2H_6O)	3.3	19
에틸에테르($C_2H_5OC_2H_5$)	1.9	48.0	산화프로필렌(C_3H_6O)	2.5	38.5
아세트알데히드(CH_3CHO)	4.1	57.0	아세톤(CH_3COCH_3)	2.5	12.8

✔ 위험도의 정의

위험도란 폭발 가능성을 표시한 수치로서 그 값이 클수록 폭발의 위험성이 크다는 것을 의미한다.

위험도 $H = \frac{U-L}{L}$ (단, U : 폭발상한, L : 폭발하한)

아세톤의 위험도를 구하면 얼마인가?(단, 아세톤의 연소범위는 2~13vol%이다.)

① 0.846　② 1.23
③ 5.5　④ 7.5

위험도 $H = \frac{U-L}{L} = \frac{13-2}{2} = 5.5$

/정답/ ③

5) 고온체의 색깔과 온도

① 담암적색 : 522℃　② 암적색 : 700℃　③ 적색 : 850℃
④ 휘적색 : 950℃　⑤ 황적색 : 1,100℃　⑥ 백적색 : 1,300℃
⑦ 휘백색 : 1,500℃

다음 고온체의 색깔을 낮은 온도부터 옳게 나열한 것은?

① 암적색 < 황적색 < 백적색 < 휘적색　② 휘적색 < 백적색 < 황적색 < 암적색
③ 휘적색 < 암적색 < 황적색 < 백적색　④ 암적색 < 휘적색 < 황적색 < 백적색

암적색(700℃) < 휘적색(950℃) < 황적색(1,100℃) < 백적색(1,300℃)

/정답/ ④

6) 자연발화

(1) 자연발화의 형태

① 산화열에 의한 발화 : 석탄, 건성유 등
② 흡착열에 의한 발화 : 목탄, 활성탄 등
③ 발효열에 의한 발화 : 퇴비, 먼지 속 미생물 등
④ 분해열에 의한 발화 : 셀룰로이드, 니트로셀룰로오스 등
⑤ 중합열에 의한 발화 : 시안화수소, 산화에틸렌, 염화비닐 등

니트로셀룰로오스의 자연발화는 일반적으로 무엇에서 기인한 것인가?

① 산화열 ② 중합열
③ 흡착열 ④ 분해열

분해열에 의한 발화 : 니트로셀룰로오스, 셀룰로이드 등

/정답/ ④

(2) 자연발화에 영향을 주는 인자

① 수분 ② 열전도율 ③ 열의 축적
④ 퇴적방법 ⑤ 발열량 ⑥ 공기의 유동

(3) 자연발화의 발생 조건

① 주위의 온도가 높을 것 ② 열전도율이 낮을 것
③ 발열량이 클 것 ④ 표면적이 넓을 것

(4) 자연발화 방지법

① 통풍을 잘 시킬 것 ② 주위 온도를 낮출 것
③ 수분량이 적당하지 않도록 할 것 ④ 퇴적 및 수납 시 열이 쌓이지 않게 할 것

자연발화를 방지하기 위한 방법으로 옳지 않은 것은?

① 습도를 가능한 한 높게 유지한다.
② 열 축적을 방지한다.
③ 저장실의 온도를 낮춘다.
④ 정촉매 작용을 하는 물질을 피한다.

① 습도를 낮게 할 것(수분량이 적당하지 않도록 할 것)

/정답/ ①

02 폭발 및 화재

1 폭발의 정의

가연성 기체 또는 액체 열의 발생속도가 열의 일산속도를 상회하는 현상을 폭발이라 한다.

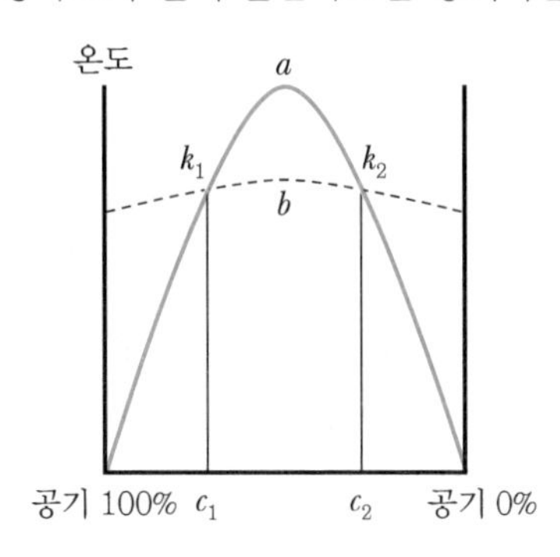

여기서, a : 열의 발생속도, b : 열의 일산속도
$c_1 \sim c_2$: 연소 범위(폭발 범위), k_1, k_2 : 착화온도

위의 그래프는 폭발 시험에서 가연성 기체 또는 액체를 밀폐된 측정용기에 넣어 가열할 때 열의 발생속도 a는 열의 일산속도 b와의 경계점 k_1 이상에서는 폭발이 일어난다.

2 폭발의 유형

1) 분해폭발

아세틸렌, 산화에틸렌, 에틸렌, 히드라진, 제5류 위험물(자기분해성 고체류) 등과 같이 분해하면서 폭발하는 현상을 말한다.

2) 중합폭발

염화비닐, 시안화수소와 같이 일정 온도와 압력으로 반응이 진행되어 분자량이 큰 중합체가 되어 폭발하는 현상을 말한다.

3) 산화폭발

가스가 공기 중에서 누설 또는 인화성 액체 탱크에 공기가 유입되어 탱크 내에 점화원이 유입되어 폭발하는 현상을 말한다.

4) 분진폭발

① 가연성 고체가 미세한 분말상태로 공기 중에 부유한 상태로 점화원이 존재하면 폭발하는 현상을 말한다.

② **종류** : 농산물(밀가루, 전분, 솜가루, 담배가루, 커피가루 등), 광물질(철분, 마그네슘분, 알루미늄분, 아연분 등)

③ 분진폭발을 일으키지 않는 물질 : 모래, 생석회, 시멘트분말 등

3 폭굉(Detonation)

1) 폭굉

① 폭발이 격렬한 경우로서 음속(340m/sec)보다도 화염전파속도가 더 큰 경우로, 이때 파면선단에 충격파라고 하는 솟구치는 압력파가 발생하여 격렬한 파괴작용을 일으키는 현상이다.

② 폭발범위 내의 어떤 특정농도범위에서는 연소의 속도가 폭발에 비해 수 배~수천 배에 달하는 현상이다.

2) 폭연

폭발범위 내의 어떤 특정 농도범위에서는 연소의 속도가 폭발에 비해 수백 내지 수천 배에 달하는 현상이다.

① **정상연소 시 전하는 전파속도(연소파)** : 0.1~10m/sec

② **폭굉 시 전하는 전파속도(폭굉파)** : 1,000~3,500m/sec

3) 폭굉유도거리(DID : Detonation Inducement Distance)

① 최초의 완만한 연소가 격렬한 폭굉으로 발전할 때까지의 거리를 말한다.

② 폭굉유도거리가 짧아지는 경우

- 압력이 높을수록
- 점화원의 에너지가 클수록
- 정상연소 속도가 큰 혼합가스일수록
- 관 속에 방해물이 있거나 관경이 가늘수록

▼ 폭발 위험장소 및 현상

폭발 위험장소	현상
0종 장소	위험 분위기가 지속적인 장소
1종 장소	일반적인 상태에서 위험한 분위기가 생길 우려가 있는 장소
2종 장소	이상이 없다면 위험 분위기가 생성될 우려가 없는 장소

일반적으로 폭굉파의 전파속도는 어느 정도인가?

폭굉 시 전하는 전파속도(폭굉파) : 1,000～3,500m/sec

폭굉유도거리(DID)가 짧아지는 조건이 아닌 것은? (중복 4)

① 관경이 굵을수록 짧아진다.
② 압력이 높을수록 짧아진다.
③ 점화원의 에너지가 클수록 짧아진다.
④ 관 속에 이물질이 있을 경우 짧아진다.

① 관 속에 방해물이 있거나 관경이 가늘수록 짧다.

/정답/ ①

위험장소 중 0종 장소에 대한 설명으로 올바른 것은?

① 정상상태에서 위험 분위기가 장시간 지속적으로 존재하는 장소
② 정상상태에서 위험 분위기가 주기적 또는 간헐적으로 생성될 우려가 있는 장소
③ 이상상태하에서 위험 분위기가 단시간 동안 생성될 우려가 있는 장소
④ 이상상태하에서 위험 분위기가 장시간 동안 생성될 우려가 있는 장소

0종 장소 : 위험 분위기가 계속적인 장소

/정답/ ①

4 화재의 분류 및 특수현상

1) 화재의 분류

(1) A급 화재(일반화재)

목재, 섬유, 종이 등의 화재가 이에 속하며, 구분색은 백색이다(냉각소화).

(2) B급 화재(유류 및 가스화재)

에테르, 알코올, 석유, 가연성 액체가스 등 유류 및 가스화재가 이에 속하며, 구분색은 황색이다(질식소화).

(3) C급 화재(전기화재)

전기기구 · 기계 등에서 발생되는 화재가 이에 속하며, 구분색은 청색이다(질식소화).

(4) D급 화재(금속화재)

마그네슘과 같은 금속화재가 이에 속하며, 구분색은 없다[피복(질식)소화].

공장 창고에 보관되었던 톨루엔이 유출되어 미상의 점화원에 의해 착화되어 화재가 발생한 경우 이 화재를 분류하면?

톨루엔은 제4류 위험물(제1석유류)로서 유류화재이므로 B급 화재에 해당된다.

가연물에 따른 화재의 종류 및 표시색의 연결이 옳은 것은?

① 폴리에틸렌 – 유류화재 – 백색
② 석탄 – 일반화재 – 청색
③ 시너 – 유류화재 – 청색
④ 나무 – 일반화재 – 백색

① 폴리에틸렌 – 일반화재 – 백색
② 석탄 – 일반화재 – 백색
③ 시너 – 유류화재 – 황색재(표시색 없음)

/정답/ ④

2) 화재의 특수현상

(1) 유류저장탱크에서 일어나는 현상

① **보일오버(Boil Over)** : 유류탱크 내부에 물이 존재하면 하부에 고여 있게 된다. 이때 외부로부터 화재 등에 의해 열을 받게 되면 하부로 열이 전달되며, 탱크 하부의 물과 접촉하면서 급격히 증발한다. 이때 상부의 유류를 밀어올리게 되고, 불이 붙은 유류가 외부로 튀기는 현상을 말한다. 탱크 하부에 드레인 밸브를 설치하면 이러한 현상을 없애고 예방할 수 있다.

② **슬롭오버(Slop Over)** : 유류저장탱크에서 표면 화재가 발생할 경우 물 등의 소화약제가 표면에 분사되면 높은 온도에 의해 물이 증발되어 액면에서 튀기는 현상을 말한다.

③ **프로스오버(Forth Over)** : 유류 저장탱크 내부에 고온의 물질이 들어갈 경우 유류 표면에서 액체가 끓어 외부로 넘치는 현상을 말한다.

④ **BLEVE(Boiling Liquid Expanding Vapor Explosion)(=비등액체팽창 증기 폭발)** : 인화성 액체 또는 액화가스 저장탱크 주변에서 화재가 발생할 경우 탱크 내부의 기상부가 국부적으로 가열되면 그 부분의 강도가 약해져 결국 탱크가 파열된다. 이때 탱크 내부의 액화된 가스 또는 인화성 액체가 급격히 외부로 유출되며 팽창이 이루어지고, 화구(Fireball)를 형성하여 폭발하는 형태를 말한다.

(2) 가스저장탱크에서 일어나는 현상

① UVCE(Unconfined Vapor Cloud Explosion)(= 증기운 폭발) : 다량의 가연성 가스나 인화성 액체가 외부로 누출될 경우 해당 가스 또는 인화성 액체의 증기가 대기 중의 공기와 혼합하여 폭발성을 가진 증기운을 형성하게 되는데, 이때 점화원에 의해 점화할 경우 화구(Fireball)를 형성하며 폭발하는 형태를 말한다.

② 화구(Fireball) : BLEVE, UVCE 등에 의해 인화성 증기가 확산하여 공기와의 혼합이 폭발범위에 이르렀을 때 커다란 공의 형태로 폭발하는 현상을 말한다.

③ 플래시오버(Flash Over) : 건축물의 실내에서 화재가 발생하였을 때 발화로부터 화재가 서서히 진행하다가 어느 정도 시간이 경과함에 따라 대류와 복사현상에 의해 일정 공간 안에 열과 가연성 가스가 축적되고 발화점에 도달하여 순간적인 폭발로 화염에 휩싸이는 화재현상을 말한다.

고온층(Hot Zone)이 형성된 유류화재의 탱크 밑면에 물이 고여 있는 경우, 화재의 진행에 따라 바닥의 물이 급격히 증발하여 불붙은 기름을 분출시키는 위험현상을 무엇이라 하는가?

보일오버(Boil Over)에 대한 설명이다.

화재가 발생한 후 실내온도는 급격히 상승하고 축적된 가연성 가스가 착화하면 실내 전체가 화염에 휩싸이는 화재현상은?

플래시오버(Flash Over)에 대한 설명이다.

탱크화재 현상 중 BLEVE(Boiling Liquid Expanding Vapor Explosion)란?

① 기름탱크에서의 수증기 폭발현상이다.
② 비등상태의 액화가스가 기화하여 팽창하고 폭발하는 현상이다.
③ 화재 시 기름 속의 수분이 급격히 증발하여 기름거품이 되고 팽창해서 기름탱크에서 밖으로 내뿜어져 나오는 현상이다.
④ 고점도의 기름 속에 수증기를 포함한 볼 형태의 물방울이 형성되어 탱크 밖으로 넘치는 현상이다.

BLEVE(Boiling Liquid Expanding Vapor Explosion)
비등상태의 액화가스가 기화하여 팽창하고 폭발하는 현상이다.

/정답/ ②

03 소화이론

1 소화의 정의

연소현상을 중단시키는 것을 소화라고 하며, 소화는 연소의 3요소 중 전부 또는 일부를 제거하면 된다. 연쇄반응을 억제하는 행위 또한 소화라고 할 수 있다.

2 소화의 효과

냉각소화, 질식소화, 제거소화, 희석소화, 부촉매소화 효과 등이 있다.

1) 냉각소화

① 연소물로부터 열을 빼앗아 발화점 이하로 온도를 낮추어 소화하는 방법이다.

② 대표적인 소화약제 : 물, 강화액, 분말, CO_2 등이 있다.

2) 질식소화(산소공급원 차단)

① 공기 중에 존재하고 있는 산소의 농도 21%를 15% 이하로 낮추어 소화하는 방법이다.

② 대표적인 소화약제 : 물, 포말(화학포 및 기계포), CO_2, 분말 등이 있다.

3) 제거소화

① 가연물을 연소구역에서 제거하여 줌으로써 소화하는 방법(촛불, 산불, 유전의 화재, 가스화재)이다.

② 제거소화의 예

- 산림 화재 시 불의 진행 방향을 앞질러 벌목함으로써 소화하는 방법이다.
- 가스 화재 시 가스가 분출되지 않도록 밸브를 폐쇄하여 소화하는 방법이다.
- 전선에 합선이 일어나 화재가 발생한 경우 전원공급을 차단해서 소화하는 방법이다.
- 대규모 유전 화재 시에 질소 폭탄을 폭발시켜 강풍에 의해 불씨를 제거하여 소화하는 방법이다.

4) 희석소화

① 가연성 가스와 공기와의 혼합농도 범위인 연소범위의 하한값 이하로 농도를 낮추는 방법이다.

② 알코올, 에테르, 아세톤 등(수용성 액체 위험물)의 화재 시 대량의 물로 농도를 낮게 하는 방법이다.

5) 부촉매소화(억제소화)

① 연소의 4요소 중 하나인 연쇄반응을 차단해서 소화하는 방법, 즉 가연성 물질과 산소와의 화학반응을 느리게 함으로써 소화하는 방법이다.

② **대표적인 소화약제 :** 하론 1301, 하론 1211, 하론 2402 등의 할로겐화물이 있다.

다음 중 가연물이 연소할 때 공기 중의 산소농도를 떨어뜨려 연소를 중단시키는 소화방법은? (최근 3)

질식소화에 대한 설명이다.

제거소화의 예가 아닌 것은?

① 가스 화재 시 가스 공급을 차단하기 위해 밸브를 닫아 소화시킨다.
② 유전 화재 시 폭약을 사용하여 폭풍에 의하여 가연성 증기를 날려보내 소화시킨다.
③ 연소하는 가연물을 밀폐시켜 공기 공급을 차단하여 소화한다.
④ 촛불 소화 시 입으로 바람을 불어서 소화시킨다.

③은 제거소화가 아니라 질식소화에 해당된다.

/정답/ ③

수용성 가연성 물질의 화재 시 다량의 물을 방사하여 가연물질의 농도를 연소농도 이하가 되도록 하여 소화시키는 것은 무슨 소화원리인가?

희석소화에 대한 설명이다.

예·상·문·제

1 연소이론

01 다음 중 산화반응이 일어날 가능성이 가장 큰 화합물은?

① 아르곤　② 질소
③ 일산화탄소　④ 이산화탄소

해설
산화반응이란 산소와 화합하는 반응을 의미하므로 가연성 물질인 일산화탄소가 산화반응이 일어날 가능성이 가장 높다.
※ 아르곤은 불활성기체, 이산화탄소는 완전연소된 화학식이며, 질소는 흡열반응을 하므로 산화반응이 일어나지 않는다.

02 화재 원인에 대한 설명으로 틀린 것은?

① 연소 대상물의 열전도율이 높을수록 연소가 잘 된다.
② 온도가 높을수록 연소 위험이 커진다.
③ 화학적 친화력이 클수록 연소가 잘 된다.
④ 산소와 접촉이 잘 될수록 연소가 잘 된다.

해설
① 연소 대상물의 열전도율이 낮을수록 연소가 잘 된다.

03 다음 중 연소의 3요소를 모두 갖춘 것은?

① 휘발유 + 공기 + 산소
② 적린 + 수소 + 성냥불
③ 성냥불 + 황 + 산소
④ 알코올 + 수소 + 산소

해설
연소의 3요소
• 가연물 : 황, 적린, 휘발유, 알코올, 수소
• 점화원 : 성냥불
• 산소공급원 : 산소, 공기

04 산화제와 환원제를 연소의 4요소와 연관지어 연결한 것으로 옳은 것은?

① 산화제 – 산소공급원, 환원제 – 가연물
② 산화제 – 가연물, 환원제 – 산소공급원
③ 산화제 – 연쇄반응, 환원제 – 점화원
④ 산화제 – 점화원, 환원제 – 가연물

해설
• 산화제 : 산소를 줄 수 있는 물질, 즉 산소공급원
• 환원제 : 산소와 결합할 수 있는 물질, 즉 가연물

05 다음 중 가연물이 될 수 없는 것은?

① 질소
② 나트륨
③ 니트로셀룰로오스
④ 나프탈렌

해설
가연물이 될 수 없는 조건
• 산소와 더 이상 반응하지 않는 물질(CO_2)
• 주기율표의 0족 원소(He, Ne, Ar)
• 흡열반응을 하는 물질(질소(N_2) 또는 질소산화물(NOx))

정답 01 ③ 02 ① 03 ③ 04 ① 05 ①

06 질소가 가연물이 될 수 없는 이유를 가장 옳게 설명한 것은?

① 산소와 반응하지만 반응 시 열을 방출하기 때문에
② 산소와 반응하지만 반응 시 열을 흡수하기 때문에
③ 산소와 반응하지 않고 열의 변화가 없기 때문에
④ 산소와 반응하지 않고 열을 방출하기 때문에

해설

질소가 가연물이 될 수 없는 이유는 산소와 반응하지만 반응 시 열을 흡수하는 흡열반응을 하기 때문이다.

07 가연물이 되기 쉬운 조건이 아닌 것은?

① 산화반응의 활성이 크다.
② 표면적이 넓다.
③ 활성화에너지가 크다.
④ 열전도율이 낮다.

해설

③ 활성화에너지가 작을 것

08 가연물이 되기 쉬운 조건이 아닌 것은?

① 산소와 친화력이 클 것
② 열전도율이 클 것
③ 발열량이 클 것
④ 활성화에너지가 작을 것

해설

② 열전도율이 작을 것

09 가연물이 될 수 있는 조건이 아닌 것은?

① 열전달이 잘 되는 물질이어야 한다.
② 반응에 필요한 에너지가 작아야 한다.
③ 산화반응 시 발열량이 커야 한다.
④ 산소와 친화력이 좋아야 한다.

해설

① 열전달이 잘 안 되는 물질이어야 한다(열전도율이 낮아야 한다).

10 다음 중 기체연료가 완전연소하기에 유리한 이유로 가장 거리가 먼 것은?

① 활성화에너지가 크다.
② 공기 중에서 확산되기 쉽다.
③ 산소를 충분히 공급받을 수 있다.
④ 분자의 운동이 활발하다.

해설

① 활성화에너지가 작기 때문에 완전연소하기 쉽다.

11 연소 위험성이 큰 휘발유 등은 배관을 통하여 이송할 경우 안전을 위하여 유속을 느리게 해주는 것이 바람직하다. 이는 배관 내에서 발생할 수 있는 어떤 에너지를 억제하기 위함인가?

① 유도에너지 ② 분해에너지
③ 정전기에너지 ④ 아크에너지

해설

배관 내에서 발생할 수 있는 정전기에너지를 억제하기 위하여 유속을 느리게 해준다.

12 정전기의 발생요인에 대한 설명으로 틀린 것은?

① 접촉면적이 클수록 정전기의 발생량은 많아진다.
② 분리속도가 빠를수록 정전기의 발생량은 많아진다.
③ 대전서열에서 먼 위치에 있을수록 정전기의 발생량은 많아진다.
④ 접촉과 분리가 반복됨에 따라 정전기의 발생량은 증가한다.

정답 06 ② 07 ③ 08 ② 09 ① 10 ① 11 ③ 12 ④

해설

④ 정전기 발생은 처음 접촉과 분리가 일어날 때 최대가 되나 이후 반복됨에 따라 발생량도 점차 감소하게 된다.

13 점화원으로 작용할 수 있는 정전기를 방지하기 위한 예방대책이 아닌 것은?

① 정전기 발생이 우려되는 장소에 접지시설을 한다.
② 실내의 공기를 이온화하여 정전기 발생을 억제한다.
③ 정전기는 습도가 낮을 때 많이 발생하므로 상대습도를 70% 이상으로 한다.
④ 전기의 저항이 큰 물질은 대전이 용이하므로 비전도체 물질을 사용한다.

해설

④ 전기의 저항이 큰 물질은 대전이 용이하므로 전도체 물질을 사용한다.

14 비전도성 인화성 액체기관이나 탱크 내에서 움직일 때 정전기가 발생하기 쉬운 조건으로 가장 거리가 먼 것은?

① 흐름의 낙차가 클 때
② 느린 유속으로 흐를 때
③ 심한 와류가 생성될 때
④ 필터를 통과할 때

해설

② 빠른 유속으로 흐를 때

15 위험물을 취급함에 있어서 정전기를 유효하게 제거하기 위한 설비를 설치하고자 한다. 공기 중의 상대습도를 몇 % 이상 되게 하여야 하는가?

① 50　② 60
③ 70　④ 80

해설

정전기 제거방법
- 접지에 의한 방법
- 공기를 이온화하는 방법
- 공기 중의 상대습도를 70% 이상으로 하는 방법

16 연료의 일반적인 연소형태에 관한 설명 중 틀린 것은?

① 목재와 같은 고체연료는 연소 초기에는 불꽃을 내면서 연소하나 후기에는 점점 불꽃이 없어져 무염(無炎) 연소 형태로 연소한다.
② 알코올과 같은 액체연료는 증발에 의해 생긴 증기가 공기 중에서 연소하는 증발연소의 형태로 연소한다.
③ 기체연료는 액체연료, 고체연료와 다르게 비정상적 연소인 폭발현상이 나타나지 않는다.
④ 석탄과 같은 고체연료는 열분해하여 발생한 가연성 기체가 공기 중에서 연소하는 분해연소 형태로 연소한다.

해설

③ 기체연료는 액체연료, 고체연료와 다르게 비정상적 연소인 폭발현상이 나타난다.

17 가연성 액체의 연소형태를 옳게 설명한 것은?

① 연소범위의 하한보다 낮은 범위에서라도 점화원이 있으면 연소한다.
② 가연성 증기의 농도가 높으면 높을수록 연소가 쉽다.
③ 가연성 액체의 증발연소는 액면에서 발생하는 증기가 공기와 혼합하여 타기 시작한다.
④ 증발성이 낮은 액체일수록 연소가 쉽고, 연소속도는 빠르다.

정답 13 ④ 14 ② 15 ③ 16 ③ 17 ③

해설

① 연소범위의 하한보다 낮은 범위에서는 점화원이 있어도 연소하지 않는다.
② 가연성 증기의 농도가 연소범위 내에 있어야 연소가 쉽다.
④ 증발성이 높은 액체일수록 연소가 쉽고, 연소속도는 빠르다.

18 물질의 일반적인 연소형태에 대한 설명으로 틀린 것은?

① 파라핀의 연소는 표면연소이다.
② 산소공급원을 가진 물질이 연소하는 것을 자기연소라고 한다.
③ 목재의 연소는 분해연소이다.
④ 공기와 접촉하는 표면에서 연소가 일어나는 것을 표면연소라고 한다.

해설

① 파라핀(제4류 위험물 제1석유류)의 연소는 증발연소이다.

19 목조건축물의 일반적인 화재현상에 가장 가까운 것은?

① 저온 단시간형 ② 저온 장시간형
③ 고온 단시간형 ④ 고온 장시간형

해설

목조건축물의 화재는 단시간에 고온화가 되는 화재이므로 고온 단기형이다.

20 다음 중 증발연소를 하는 물질이 아닌 것은?

(최근 1)

① 황 ② 석탄
③ 파라핀 ④ 나프탈렌

해설

분해연소
석탄, 목재, 종이, 플라스틱 등의 연소가 해당된다.

21 양초, 고급알코올 등과 같은 연료의 가장 일반적인 연소형태는?

① 표면연소 ② 증발연소
③ 분무연소 ④ 분해연소

해설

증발연소
나프탈렌, 장뇌, 유황, 양초(파라핀) 등의 연소가 해당된다.

22 제2류 위험물인 유황의 대표적인 연소형태는?

① 표면연소 ② 분해연소
③ 증발연소 ④ 자기연소

해설

문제 21번 해설 참조

23 니트로화합물과 같은 가연성 물질이 자체 내에 산소를 함유하고 있어 공기 중의 산소를 필요로 하지 않고 자체의 산소에 의해서 연소되는 현상은?

(최근 1)

① 자기연소 ② 등심연소
③ 훈소연소 ④ 분해연소

해설

자기연소
제5류 위험물의 연소형태로서 물질 자체에 다량의 산소를 포함하고 있는 물질이다.

24 주된 연소형태가 표면연소인 것을 옳게 나타낸 것은?

(최근 2)

① 중유, 알코올 ② 코크스, 숯
③ 목재, 종이 ④ 석탄, 플라스틱

해설

① 증발연소
② 표면연소
③, ④ 분해연소

정답 18 ① 19 ③ 20 ② 21 ② 22 ③ 23 ① 24 ②

25 금속분, 나트륨, 코크스 같은 물질이 공기 중에서 점화원을 제공받아 연소할 때의 주된 연소형태는? (최근 1)

① 표면연소 ② 확산연소
③ 분해연소 ④ 증발연소

해설

표면연소
목탄(숯), 코크스, 금속분, 나트륨 등이 열분해하여 자체의 표면이 빨갛게 변화면서 연소하는 형태이다.

26 고체의 연소형태에 해당하지 않는 것은?

① 증발연소 ② 확산연소
③ 분해연소 ④ 표면연소

해설

② 확산연소는 기체의 연소형태이다.

27 일반 건축물 화재에서 내장재로 사용한 폴리스티렌 폼(Polystyrene Foam)이 화재 중 연소를 했다면 이 플라스틱의 연소형태는?

① 증발연소 ② 자기연소
③ 분해연소 ④ 표면연소

해설

분해연소
석탄, 종이, 목재, 플라스틱 등의 고체 물질이 연소하는 형태이다.

28 액체연료의 연소형태가 아닌 것은?

① 확산연소 ② 증발연소
③ 액면연소 ④ 분무연소

해설

① 확산연소는 기체의 연소형태이다.

29 주된 연소의 형태가 나머지 셋과 다른 하나는?

① 아연분
② 양초
③ 코크스
④ 목탄

해설

①, ③, ④ 표면연소
② 증발연소

30 연소의 종류와 가연물을 틀리게 연결한 것은?

① 증발연소 – 가솔린, 알코올
② 표면연소 – 코크스, 목탄
③ 분해연소 – 목재, 종이
④ 자기연소 – 에테르, 나프탈렌

해설

④ 자기연소 – 제5류 위험물(셀룰로이드, 니트로글리세린)

31 다음 ( ) 안에 알맞은 용어는?

( )이란 불을 끌어당기는 온도라는 뜻으로 액체 표면의 근처에서 불이 붙는 데 충분한 농도의 증기를 발생시키는 최저온도를 말한다.

① 연소점 ② 발화점
③ 인화점 ④ 착화점

해설

인화점
가연성 물질에 점화원에 의해 불이 붙는 최저온도로서 연소범위 하한에 도달하는 최저온도를 말한다.

정답 25 ① 26 ② 27 ③ 28 ① 29 ② 30 ④ 31 ③

32 인화점에 대한 설명으로 가장 옳은 것은?

① 가연성 물질을 산소 중에서 가열할 때 점화원 없이 연소하기 위한 최저온도
② 가연성 물질이 산소 없이 연소하기 위한 최저 온도
③ 가연성 물질을 공기 중에서 가열할 때 가연성 증기가 연소범위 하한에 도달하는 최저온도
④ 가연성 물질이 공기 중 가압하에서 연소하기 위한 최저온도

해설

문제 31번 해설 참조

33 다음 중 '인화점 50℃'의 의미를 가장 옳게 설명한 것은?

① 주변의 온도가 50℃ 이상이 되면 자발적으로 점화원 없이 발화한다.
② 액체의 온도가 50℃ 이상이 되면 가연성 증기를 발생하여 점화원에 의해 인화한다.
③ 액체를 50℃ 이상으로 가열하면 발화한다.
④ 주변의 온도가 50℃일 경우 액체가 발화한다.

해설

'인화점 50℃'의 의미는 액체의 온도가 50℃ 이상이 되면 가연성 증기를 발생하여 점화원에 의해 인화한다.

34 어떤 물질을 비커에 넣고 알코올램프로 가열하였더니 어느 순간 비커 안에 있는 물질에 불이 붙었다. 이때의 온도를 무엇이라고 하는가?

① 인화점 ② 발화점
③ 연소점 ④ 확산점

해설

발화점(착화점)
어떤 물질을 비커에 넣고 알코올램프로 가열하였더니 어느 순간 점화원 없이 스스로 불이 붙는 최저온도를 말한다.

35 착화온도가 낮아지는 경우가 아닌 것은? (최근 1)

① 압력이 높을 때
② 습도가 높을 때
③ 발열량이 클 때
④ 산소와 친화력이 좋을 때

해설

착화점이 낮아지는 조건
- 압력이 높을 때
- 발열량이 클 때
- 화학적 활성도가 클 때
- 산소와 친화력이 좋을 때

36 착화온도가 낮아지는 원인과 가장 관계가 있는 것은?

① 발열량이 작을 때
② 압력이 높을 때
③ 습도가 높을 때
④ 산소와의 결합력이 나쁠 때

해설

① 발열량이 클 때
③ 습도가 낮을 때
④ 산소와의 결합력이 좋을 때

37 위험물의 착화점이 낮아지는 경우가 아닌 것은?

① 압력이 높을 때
② 발열량이 클 때
③ 산소농도가 낮을 때
④ 산소와 친화력이 좋을 때

해설

③ 산소농도가 높을 때

정답 32 ③ 33 ② 34 ② 35 ② 36 ② 37 ③

38 물질의 발화온도가 낮아지는 경우는?

① 발열량이 작을 때
② 산소의 농도가 낮을 때
③ 화학적 활성도가 클 때
④ 산소와 친화력이 작을 때

해설

① 발열량이 클 때
② 산소의 농도가 높 때
④ 산소와 친화력이 클 때

39 다음 중 발화점이 달라지는 요인으로 가장 거리가 먼 것은?

① 가연성 가스와 공기의 조성비
② 발화를 일으키는 공간의 형태와 크기
③ 가열속도와 가열시간
④ 가열도구의 내구연한

해설

가열도구의 내구연한과 발화점이 달라지는 요인은 아무런 연관성이 없다.

40 연소범위에 대한 설명으로 옳지 않은 것은?

① 연소범위는 연소 하한값부터 연소 상한값까지이다.
② 연소범위의 단위는 공기 또는 산소에 대한 가스의 % 농도이다.
③ 연소하한이 낮을수록 위험이 크다.
④ 온도가 높아지면 연소범위가 좁아진다.

해설

온도가 높아지면 연소범위가 일반적으로 넓어진다.

41 다음 중 폭발범위가 가장 넓은 물질은?

① 메탄 ② 톨루엔
③ 에틸알코올 ④ 에틸에테르

해설

① 5~15% ② 1.1~7.1%
③ 3.3~19% ④ 1.9~48%

42 탄화칼슘과 물이 반응하였을 때 발생하는 가연성 가스의 연소범위에 가장 가까운 것은?

① 2.1~9.5vol% ② 2.5~81vol%
③ 4.1~74.2vol% ④ 5.0~28vol%

해설

탄화칼슘과 물이 반응하여 아세틸렌가스가 생성되는데, 아세틸렌(C_2H_2)의 연소범위는 2.5~81vol%이다.

43 다음 중 연소속도와 의미가 가장 가까운 것은?

① 기화열의 발생속도 ② 환원속도
③ 착화속도 ④ 산화속도

해설

연소란 산화반응을 의미하므로, 연소속도는 산화속도이다.

44 위험물의 화재위험에 관한 제반조건을 설명한 것으로 옳은 것은?

① 인화점이 높을수록, 연소범위가 넓을수록 위험하다.
② 인화점이 낮을수록, 연소범위가 좁을수록 위험하다.
③ 인화점이 높을수록, 연소범위가 좁을수록 위험하다.
④ 인화점이 낮을수록, 연소범위가 넓을수록 위험하다.

해설

인화점과 연소범위(폭발범위)의 관계
인화점이 낮을수록 위험성이 증가하므로, 연소범위가 넓을수록 위험하다.

정답 38 ③ 39 ④ 40 ④ 41 ④ 42 ② 43 ④ 44 ④

45 다음 중 연소반응이 일어날 수 있는 가능성이 가장 큰 물질은?

① 산소와 친화력이 작고, 활성화에너지가 작은 물질
② 산소와 친화력이 크고, 활성화에너지가 큰 물질
③ 산소와 친화력이 작고, 활성화에너지가 큰 물질
④ 산소와 친화력이 크고, 활성화에너지가 작은 물질

해설

연소반응
연소란 산소와의 결합력과 연관성이 높으므로, 연소가 잘 되는 경우는 산소와 친화력이 크고, 활성화에너지가 작은 물질이다.

46 고온체의 색깔이 휘적색일 경우의 온도는 약 몇 ℃ 정도인가?

① 500 ② 950
③ 1,300 ④ 1,500

해설

① 담암적색 ② 휘적색
③ 백적색 ④ 휘백색

47 다음 중 자연발화의 형태가 아닌 것은?

① 산화열에 의한 발화
② 분해열에 의한 발화
③ 흡착열에 의한 발화
④ 잠열에 의한 발화

해설

자연발화의 형태
- 산화열에 의한 발화 : 석탄, 고무분말, 건성유
- 분해열에 의한 발화 : 니트로셀룰로오스
- 흡착열에 의한 발화 : 목탄, 활성탄
- 미생물에 의한 발화 : 퇴비, 먼지

48 자연발화가 잘 일어나는 경우와 가장 거리가 먼 것은?

① 주변의 온도가 높을 것
② 습도가 높을 것
③ 표면적이 넓을 것
④ 열전도율이 클 것

해설

④ 열전도율이 작을수록 자연발화가 잘 일어난다.

49 산화열에 의해 자연발화가 발생할 위험이 높은 것은? (최근 1)

① 건성유 ② 니트로셀룰로오스
③ 퇴비 ④ 목탄

해설

① 산화열에 의한 발화
② 분해열에 의한 발화
③ 미생물에 의한 발화
④ 흡착열에 의한 발화

50 자연발화에 대한 다음 설명 중 틀린 것은?

① 열전도가 낮을 때 잘 일어난다.
② 공기와의 접촉면적이 큰 경우에 잘 일어난다.
③ 수분이 높을수록 발생을 방지할 수 있다.
④ 열의 축적을 막을수록 발생을 방지할 수 있다.

해설

③ 자연발화 방지를 위해서는 습도를 낮게 하는 것이 유리하다.

51 자연발화의 방지법이 아닌 것은?

① 습도를 높게 유지할 것
② 저장실의 온도를 낮출 것
③ 퇴적 및 수납 시 열축적이 없을 것
④ 통풍을 잘 시킬 것

정답 45 ④ 46 ② 47 ④ 48 ④ 49 ① 50 ③ 51 ①

해설

① 자연발화 방지를 위해서는 습도를 낮게 하는 것이 유리하다.

52 위험물의 자연발화를 방지하는 방법으로 적당하지 않은 것은?

① 통풍을 잘 시킬 것
② 저장실의 온도를 낮출 것
③ 습도가 높은 곳에서 저장할 것
④ 정촉매 작용을 하는 물질과는 접촉을 피할 것

해설

③ 자연발화 방지를 위해서는 습도를 낮게 하는 것이 유리하다.

53 화재예방 시 자연발화를 방지하기 위한 일반적인 방법으로 옳지 않은 것은?

① 통풍을 막는다.
② 저장실의 온도를 낮춘다.
③ 습도가 높은 장소를 피한다.
④ 열의 축적을 막는다.

해설

① 자연발화 방지를 위해서는 통풍을 잘 시켜야 한다.

54 자연발화의 방지대책으로 틀린 것은?

① 통풍을 잘되게 한다.
② 저장실의 온도를 낮게 한다.
③ 습도를 낮게 유지한다.
④ 열을 축적시킨다.

해설

④ 열이 축적되지 않도록 한다.

2 폭발 및 화재

55 금속은 덩어리 상태보다 분말 상태일 때 연소위험성이 증가하기 때문에 금속분을 제2류 위험물로 분류하고 있다. 연소위험성이 증가하는 이유로 잘못된 것은?

① 비표면적이 증가하여 반응면적이 증대되기 때문에
② 비열이 증가하여 열의 축적이 용이하기 때문에
③ 복사열의 흡수율이 증가하여 열의 축적이 용이하기 때문에
④ 대전성이 증가하여 정전기가 발생되기 쉽기 때문에

해설

② 비열이 증가하면 열의 축적이 어렵고, 연소의 위험성이 감소한다.

56 공정 및 장치에서 분진폭발을 예방하기 위한 조치로서 가장 거리가 먼 것은?

① 플랜트는 공정별로 분류하고 폭발의 파급을 피할 수 있도록 분진취급 공정을 습식으로 한다.
② 분진이 물과 반응하는 경우는 물 대신 휘발성이 적은 유류를 사용하는 것이 좋다.
③ 배관의 연결부위나 기계가동에 의해 분진이 누출될 염려가 있는 곳은 흡인이나 밀폐를 철저히 한다.
④ 가연성 분진을 취급하는 장치류는 밀폐하지 말고 분진이 외부로 누출되도록 한다.

해설

④ 가연성 분진을 취급하는 장치류는 밀폐하지 말고 분진이 외부로 누출되지 않도록 한다.

정답 52 ③ 53 ① 54 ④ 55 ② 56 ④

57 황가루가 공기 중에 떠 있을 때의 주된 위험성에 해당하는 것은?

① 수증기 발생　② 감전
③ 분진폭발　④ 흡열반응

해설
분진폭발에 대한 설명이다.

58 가연성 고체의 미세한 분말이 일정 농도 이상 공기 중에 분산되어 있을 때 점화원에 의하여 연소 폭발되는 현상은?

① 분진폭발　② 산화폭발
③ 분해폭발　④ 중합폭발

해설
분진폭발에 대한 설명이다.

59 다음 물질 중 분진폭발의 위험성이 가장 낮은 것은? (최근 1)

① 밀가루　② 알루미늄분말
③ 모래　④ 석탄

해설
분진폭발을 일으키는 물질
- 농산물 : 밀가루, 전분, 솜가루, 담뱃가루, 커피가루 등
- 광물질 : 철분, 마그네슘분, 알루미늄분, 아연분 등

60 다음 중 분진폭발의 원인물질로 작용할 위험성이 가장 낮은 것은? (최근 2)

① 아연분　② 시멘트
③ 밀가루　④ 커피

해설
문제 59번 해설 참조

61 다음 중 분진폭발의 위험성이 없는 것은?

① 밀가루　② 아연분
③ 설탕　④ 염화아세틸

해설
염화아세틸은 제4류 제1석유류의 인화성 액체이므로 분진폭발의 위험성은 없다.

62 다음 물질 중 분진폭발의 위험이 없는 것은?

① 황　② 알루미늄분
③ 과산화수소　④ 마그네슘분

해설
③ 과산화수소는 제6류 위험물(산화성 액체)로서 분진폭발과는 거리가 있다.

63 다음 중 분진폭발의 위험이 가장 낮은 것은?

① 아연분　② 석회분
③ 알루미늄분　④ 밀가루

해설
석회분은 분진폭발을 일으키지 않는다.

64 분진폭발 시 소화방법에 대한 설명으로 틀린 것은?

① 금속분에 대하여는 물을 사용하지 말아야 한다.
② 분진폭발 시 직사주수에 의하여 순간적으로 소화하여야 한다.
③ 분진폭발은 보통 단 한번으로 끝나지 않을 수 있으므로 제2차, 3차의 폭발에 대비하여야 한다.
④ 이산화탄소와 할로겐화물의 소화약제는 금속분에 대하여 적절하지 않다.

해설
② 분진폭발 시 직사주수에 의한 소화는 화재면을 확대할 가능성이 있으므로 매우 위험하다.

정답 57 ③ 58 ① 59 ③ 60 ② 61 ④ 62 ③ 63 ② 64 ②

65 화염의 전파속도가 음속보다 빠르며, 연소 시 충격파가 발생하여 파괴효과가 증대되는 현상을 무엇이라 하는가?

① 폭연 ② 폭압
③ 폭굉 ④ 폭명

해설

폭굉
가스 중의 음속보다도 화염전파속도가 더 큰 경우로 이때 파면선단에 충격파라고 하는 솟구치는 압력파가 발생하여 격렬한 파괴작용을 일으키는 현상을 말한다.

66 폭발의 종류에 따른 물질이 잘못 짝지어진 것은?

① 분해폭발 – 아세틸렌, 산화에틸렌
② 분진폭발 – 금속분, 밀가루
③ 중합폭발 – 시안화수소, 염화비닐
④ 산화폭발 – 히드라진, 과산화수소

해설

히드라진(제4류 위험물 제2석유류)은 분해폭발을 일으키는 물질이다.

67 폭발 시 연소파의 전파속도 범위에 가장 가까운 것은? (최근 2)

① 0.1～10m/s
② 100～1,000m/s
③ 2,000～3,500m/s
④ 5,000～10,000m/s

해설

전파속도
- 정상연소 시 전하는 전파속도(연소파) : 0.1～10m/sec
- 폭굉 시 전하는 전파속도(폭굉파) : 1,000～3,500m/sec

68 폭굉유도거리(DID)가 짧아지는 경우는?

① 정상연소속도가 작은 혼합가스일수록 짧아진다.
② 압력이 높을수록 짧아진다.
③ 관 속에 방해물이 있거나 관지름이 넓을수록 짧아진다.
④ 점화원 에너지가 약할수록 짧아진다.

해설

① 정상연소속도가 큰 혼합가스일수록 짧아진다.
③ 관 속에 방해물이 있거나 관지름이 좁을수록 짧다.
④ 점화원의 에너지가 셀수록 짧아진다.

69 화재별 급수에 따른 화재의 종류 및 표시색상을 모두 옳게 나타낸 것은? (최근 3)

① A급 : 유류화재 – 황색
② B급 : 유류화재 – 황색
③ A급 : 유류화재 – 백색
④ B급 : 유류화재 – 백색

해설

화재별 급수에 따른 화재의 종류 및 표시색상
- A급(일반화재) : 백색
- B급(유류 및 가스화재) : 황색
- C급(전기화재) : 청색
- D급(금속분화재) : 없음

70 유류화재의 급수 표시와 표시색상으로 옳은 것은? (최근 3)

① A급, 백색
② B급, 황색
③ A급, 황색
④ B급, 백색

해설

문제 69번 해설 참조

정답 65 ③ 66 ④ 67 ① 68 ② 69 ② 70 ②

71 전기화재의 급수와 표시 색상을 옳게 나타낸 것은? (최근 2)

① C급 – 백색 ② D급 – 백색
③ C급 – 청색 ④ D급 – 청색

해설

문제 69번 해설 참조

72 다음 중 화재의 급수에 따른 화재 종류와 표시 색상이 옳게 연결된 것은?

① A급 – 일반화재, 황색
② B급 – 일반화재, 황색
③ C급 – 전기화재, 청색
④ D급 – 금속화재, 청색

해설

문제 69번 해설 참조

73 화재의 종류와 급수의 분류가 잘못 연결된 것은?

① 일반화재 – A급 화재
② 유류화재 – B급 화재
③ 전기화재 – C급 화재
④ 가스화재 – D급 화재

해설

문제 69번 해설 참조

74 어떤 소화기에 "ABC"라고 표시되어 있다. 다음 중 사용할 수 없는 화재는? (최근 1)

① 금속화재 ② 유류화재
③ 전기화재 ④ 일반화재

해설

문제 69번 해설 참조

75 화재종류 중 금속화재에 해당하는 것은? (최근 1)

① A급 ② B급
③ C급 ④ D급

해설

① 일반화재 ② 유류 및 가스화재
③ 전기화재 ④ 금속화재

76 금속화재에 대한 설명으로 틀린 것은?

① 마그네슘과 같은 가연성 금속의 화재를 말한다.
② 주수소화 시 물과 반응하여 가연성 가스를 발생하는 경우가 있다.
③ 화재 시 금속화재용 분말소화약제를 사용할 수 있다.
④ D급 화재라고 하며, 표시하는 색상은 청색이다.

해설

④ D급 화재라고 하며, 표시하는 색상은 지정되어 있지 않다.

77 보일오버(Boil Over)현상과 가장 거리가 먼 것은?

① 기름이 열의 공급을 받지 아니하고 온도가 상승하는 현상
② 기름의 표면부에서 조용히 연소하다 탱크 내의 기름이 갑자기 분출하는 현상
③ 탱크바닥에 물 또는 물과 기름의 에멀션 층이 있는 경우 발생하는 현상
④ 열유층이 탱크 아래로 이동하여 발생하는 현상

해설

보일오버(Boil Over)
고온층(Hot Zone)이 형성된 유류화재의 탱크 밑면에 물이 고여 있는 경우, 화재의 진행에 따라 바닥의 물이 급격히 증발하여 불붙은 기름을 분출시키는 위험현상을 말한다.
※ ①의 현상은 일어나기 힘들다.

정답 71 ③ 72 ③ 73 ④ 74 ① 75 ④ 76 ④ 77 ①

78 다음 중 B급 화재로 볼 수 있는 것은?

① 목재, 종이 등의 화재
② 휘발유, 알코올 등의 화재
③ 누전, 과부화 등의 화재
④ 마그네슘, 알루미늄 등의 화재

해설

① 일반화재(A급) ② 유류화재(B급)
③ 전기화재(C급) ④ 금속화재(D급)

79 건축물 화재 시 성장기에서 최성기로 진행될 때 실내온도가 급격히 상승하기 시작하면서 화염이 실내 전체로 급격히 확대되는 연소현상은?

① 슬롭오버(Slop Over)
② 플래시오버(Flash Over)
③ 보일오버(Boil Over)
④ 프로스오버(Froth Over)

해설

플래시오버(Flash Over)현상
실내의 일부에서 발생한 화재가 초기 실내온도를 대류현상으로 상승시키고 가연물의 온도도 상승시키게 된다. 차츰 화원이 커지면 지속적인 복사열이 가연물에 전달되고 열축적을 한 실내의 가연물이 일시에 폭발적인 착화현상을 일으킨다.

80 플래시오버(Flash Over)에 대한 설명으로 옳은 것은?

① 산소의 공급이 주요 요인이 되어 발생한다.
② 대부분 화재 종기(쇠퇴기)에 발생한다.
③ 내장재의 종류와 개구부의 크기에 영향을 받는다.
④ 대부분 화재 초기(발화기)에 발생한다.

해설

문제 79번 해설 참조

81 플래시오버(Flash Over)에 관한 설명이 아닌 것은?

① 실내화재에서 발생하는 현상
② 순발적인 연소확대 현상
③ 발생시점은 초기에서 성장기로 넘어가는 분기점
④ 화재로 인하여 온도가 급격히 상승하여 화재가 순간적으로 실내 전체에 확산되어 연소되는 현상

해설

③ 발생시점은 성장기에서 최성기로 넘어가는 분기점에 발생한다.

3 소화이론

82 소화에 대한 설명 중 틀린 것은?

① 소화작용을 기준으로 크게 물리적 소화와 화학적 소화로 나눌 수 있다.
② 주수소화의 주된 소화효과는 냉각효과이다.
③ 공기 차단에 의한 소화는 제거소화이다.
④ 불연성 가스에 의한 소화는 질식소화이다.

해설

③ 공기 차단에 의한 소화는 질식소화이다.

83 소화작용에 대한 설명 중 옳지 않은 것은?

① 가연물의 온도를 낮추는 소화는 냉각작용이다.
② 물의 주된 소화작용 중 하나는 냉각작용이다.
③ 연소에 필요한 산소의 공급원을 차단하는 소화는 제거작용이다.
④ 가스화재 시 밸브를 차단하는 것은 제거작용이다.

해설

③ 연소에 필요한 산소의 공급원을 차단하는 소화는 질식작용이다.

정답 78 ② 79 ② 80 ③ 81 ③ 82 ③ 83 ③

84 다음 중 화학적 소화에 해당하는 것은?

① 냉각소화 ② 질식소화
③ 제거소화 ④ 억제소화

해설

①, ②, ③은 물리적 소화이다.

85 소화작용에 대한 설명으로 옳지 않은 것은?

① 냉각소화 : 물을 뿌려서 온도를 저하시키는 방법
② 질식소화 : 불연성 포말로 연소물을 덮어 씌우는 방법
③ 제거소화 : 가연물을 제거하여 소화시키는 방법
④ 희석소화 : 산 · 알칼리를 중화시켜 연쇄반응을 억제시키는 방법

해설

희석소화
연소하한값 이하로 낮추어 희석시키는 방법이다.
※ ④의 산 · 알칼리를 중화시켜 연쇄반응을 억제시키는 방법은 억제소화에 대한 설명이다.

86 다음 중 연소에 필요한 산소의 공급원을 단절하는 것은?

① 제거작용 ② 질식작용
③ 희석작용 ④ 억제작용

해설

질식작용
공기 중에 존재하고 있는 산소의 농도 21%를 15% 이하로 낮추어 소화하는 방법이다.

87 건조사와 같은 고체로 가연물을 덮는 것은 어떤 소화에 해당하는가?

① 제거소화 ② 질식소화
③ 냉각소화 ④ 억제소화

해설

산소공급원을 차단하는 효과로서 질식소화에 해당된다.

88 촛불의 화염을 입김으로 불어 끈 소화방법은?

① 냉각소화 ② 촉매소화
③ 제거소화 ④ 억제소화

해설

가연물(촛불의 화염)을 제거하는 소화방법이다.

89 불에 대한 제거소화방법의 적용이 잘못된 것은?

① 유전의 화재 시 다량의 물을 이용하였다.
② 가스화재 시 밸브 및 콕을 잠갔다.
③ 산불화재 시 벌목을 하였다.
④ 촛불을 바람으로 불어 가연성 증기를 날려 보냈다.

해설

유전의 화재 시 다량의 물을 사용하면 기름은 물보다 가볍기 때문에 화재가 확대될 수 있으며, 만일 소화가 가능하다 하더라도 이는 제거소화가 아니라 냉각소화에 해당된다.

90 유류화재 시 물을 사용한 소화가 오히려 위험할 수 있는 이유를 가장 옳게 설명하는 것은?

① 화재면이 확대되기 때문이다.
② 유독가스가 발생하기 때문이다.
③ 착화온도가 낮아지기 때문이다.
④ 폭발하기 때문이다.

해설

① 비중이 물보다 가벼워서 화재 시 화재면이 확대되기 때문이다.

91 연소 중인 가연물의 온도를 떨어뜨려 연소반응을 정지시키는 소화방법은?

① 냉각소화 ② 질식소화
③ 제거소화 ④ 억제소화

해설

냉각소화에 대한 설명이다.

정답 84 ④ 85 ④ 86 ② 87 ② 88 ③ 89 ① 90 ① 91 ①

03 소화약제 및 소화기

CHAPTER

01 소화약제

1 물 소화약제

1) 소화약제의 효과

냉각소화, 질식소화, 유화소화, 희석소화 등의 효과가 있다.

2) 소화약제의 장단점

(1) 장점

① 쉽게 구입할 수 있고, 인체에 무해하다.
② 가격이 저렴하고 장시간 저장, 보존이 가능하다.
③ 증발 잠열(539kcal/kg)이 크기 때문에 냉각효과가 우수하다.
④ 안개형태(무상)로 주수할 때는 질식소화, 유화효과(에멀션)도 얻을 수 있다.

(2) 단점

① 0℃ 이하에서는 동파될 수 있다.
② 전기가 통하는 도체이므로 전기화재에는 부적당하다.
③ 전기화재, 금속분 화재에는 소화효과가 없다.
④ 유류 중에서 물보다 가벼운 물질에 소화 작업을 진행할 때 연소면 확대의 우려가 있다.

3) 소화약제 방사방법

(1) 봉상주수

옥내 · 외 소화전과 같이 소방 노즐에서 분사되는 물줄기 그 자체로 주수소화하는 방법이다.

(2) 적상주수

스프링클러헤드와 같이 기계적인 장치를 이용해 물방울을 형성하면서 방사되는 주수형태이다.

(3) 무상주수

물 분무 소화설비와 같이 분무헤드나 분무노즐에서 안개상으로 주수하는 소화방법이다.

4) 소화약제 동결 방지제

에틸렌글리콜, 프로필렌글리콜, 글리세린, 염화나트륨 등이 있다.

2 강화액소화약제

물소화약제의 어는점을 낮추어 겨울철, 한랭지역에서 사용 가능하도록 물에 탄산칼륨(K_2CO_3)을 보강시켜 만든 소화제이다.

① 주된 소화효과는 냉각소화이다.
② 액상 : pH 12 이상인 강알칼리성
③ 액 비중 : 1.3~1.4
④ 응고점 : −30~−25℃
⑤ 물보다 점성이 있는 수용액으로 독성, 부식성이 없다.

물의 소화능력을 향상시키고 동절기 또는 한랭지에서도 사용할 수 있도록 탄산칼륨 등의 알칼리 금속 염을 첨가한 소화약제는?

강화액소화약제에 대한 설명이다.

3 산 · 알칼리소화약제

용기에 황산(H_2SO_4)[산]과 탄산수소나트륨($NaHCO_3$)[알칼리]을 혼합하면 화학적인 작용이 진행되면서 가압용 가스(CO_2)에 의해 약제를 방출시키는 방법이다.

$$2NaHCO_3 + H_2SO_4 \rightarrow Na_2SO_4 + 2CO_2 + 2H_2O$$

4 포소화약제

소화능력을 향상시키기 위하여 거품(Foam)을 방사할 수 있는 약제를 첨가하여 냉각효과, 질식효과를 얻을 수 있도록 만든 소화약제이다.

1) 포소화약제의 조건

① 부착성이 있을 것
② 유류의 표면에 잘 분산될 것

③ 바람에 견디는 응집성과 안전성이 있을 것
④ 열에 대한 센 막을 가지고 유동성이 있을 것

2) 포소화약제의 종류

(1) 화학포소화약제

탄산수소나트륨($NaHCO_3$)과 황산알루미늄[$Al_2(SO_4)_3$]이 화학적으로 반응하면서 만들어지며, 압력원인 CO_2가 발생되어 CO_2 가스압력에 의해 거품을 방사하는 형식이다.

① 내약제[$Al_2(SO_4)_3$], 외약제($NaHCO_3$, 기포안정제)
② 기포안정제 : 가수분해 단백질, 사포닌, 계면활성제, 젤라틴, 카제인 등

$$6NaHCO_3 + Al_2(SO_4)_3 \cdot 18H_2O \rightarrow 3Na_2SO_4 + 2Al(OH)_3 + 6CO_2 + 18H_2O$$

(2) 기계포(공기포)소화약제

① 단백포소화약제
- 동물의 뼈, 뿔, 발톱, 피, 식물성 단백질이 주성분이고 3%형과 6%형이 있다.
- 재연소 방지능력이 우수하다.
- 동물, 식물성 단백질을 첨가시킨 형태로 내구력이 없어 보관 시 유의한다.

② 합성계면활성제포소화약제
- 계면활성제인 고급알코올, 황산 에스테르 등이 주성분이고 1%, 1.5%, 3%, 6%형이 있다.
- 약제의 변질이 없고, 거품이 잘 만들어지며 유류화재에도 효과가 높다.
- 단백포에 비해 유동성이 좋고 겨울철에도 비교적 안정성이 있다.

③ 수성막포소화약제
- 미국의 3M사가 개발한 것으로 Light Water라고도 한다.
- 계면활성제로는 불소계 계면활성제를 사용한다.
- 소화효과를 증대시키기 위하여 분말소화약제와 병용하여 사용할 수 있다.
- 포 소화약제 중에서 가장 우수한 소화효과를 가지고 있다.

④ 내알코올포소화약제
- 소포성이 있는 물질인 수용성 액체 위험물에 화재가 일어났을 경우 유용하도록 만든 소화약제를 말하며 6%형이 있다.
- 수용성이 있는 위험물(제4류 위험물 중 알코올류, 아세톤, 피리딘, 글리세린 등)에 소화효과가 있다.

다음 중 질식소화효과를 주로 이용하는 소화기는?

① 포소화기 ② 강화액소화기
③ 수(물)소화기 ④ 할로겐화물소화기

① 질식소화, ②, ③ 냉각소화, ④ 억제소화

/정답/ ①

화학포소화약제의 반응에서 황산알루미늄과 탄산수소나트륨의 반응몰비는?(단, 황산알루미늄 : 탄산수소나트륨의 비이다.)

$6NaHCO_3 + Al_2(SO_4)_3 \cdot 18H_2O \rightarrow 3Na_2SO_4 + 2Al(OH)_3 + 6CO_2 + 18H_2O$

유류화재 소화 시 분말소화약제를 사용할 경우 소화 후에 재발화 현상이 가끔씩 발생할 수 있다. 다음 중 이러한 현상을 예방하기 위하여 병용하여 사용하면 가장 효과적인 포소화약제는?

수성막포소화약제에 대한 설명이다.

5 분말소화약제

① 제1종 분말소화약제 : 주성분은 탄산수소나트륨($NaHCO_3$)이며, 식용유, 지방질유의 화재소화 시 가연물과의 비누화 반응으로 소화효과가 증대된다.
② 제2종 분말소화약제 : 주성분은 탄산수소칼륨($KHCO_3$)이다.
③ 제3종 분말소화약제 : 열 분해 시 암모니아(NH_3)와 수증기(H_2O)에 의한 질식효과, 열분해에 의한 냉각효과, 암모늄에 의한 부촉매효과와 메타인산(HPO_3)에 의한 방진작용 등이 주된 소화효과이다.
④ 제4종 분말소화약제 : 주성분은 탄산수소칼륨($KHCO_3$)과 요소($(NH_2)_2CO$)이다.
⑤ 분말에 습기가 침투하는 것을 방지하기 위해서 사용하는 물질은 스테아리산아연이다.
⑥ 소화효과로는 질식소화, 냉각소화, 부촉매소화효과가 있다.

종류	주성분	착색	적응화재	열분해 반응식
제1종 분말	$NaHCO_3$ (탄산수소나트륨)	백색	B, C	$2NaHCO_3 \rightarrow Na_2CO_3 + CO_2 + H_2O$
제2종 분말	$KHCO_3$ (탄산수소칼륨)	보라색	B, C	$2KHCO_3 \rightarrow K_2CO_3 + CO_2 + H_2O$
제3종 분말	$NH_4H_2PO_4$ (제1인산암모늄)	담홍색 (핑크색)	A, B, C	$NH_4H_2PO_4 \rightarrow HPO_3 + NH_3 + H_2O$
제4종 분말	$KHCO_3 + (NH_2)_2CO$ (탄산수소칼륨 + 요소)	회백색	B, C	$2KHCO_3 + (NH_2)_2CO \rightarrow K_2CO_3 + 2NH_3 + 2CO_2$

분말소화약제의 분류가 옳게 연결된 것은?

① 제1종 분말약제 : $KHCO_3$
② 제2종 분말약제 : $KHCO_3 + (NH_2)_2CO$
③ 제3종 분말약제 : $NH_4H_2PO_4$
④ 제4종 분말약제 : $NaHCO_3$

본문 참조

/정답/ ③

6 할로겐화물소화약제

1) 할로겐화물의 구성

① 메탄(CH_4), 에탄(C_2H_6)에서 수소원자 대신 할로겐원소, 즉 불소(F_2), 염소(Cl_2), 옥소(I_2)로 치환된 물질로서 주된 소화효과는 부촉매소화효과이다.

② 하론 번호의 구성은 천자리 숫자는 C의 개수, 백자리 숫자는 F의 개수, 십자리 숫자는 Cl의 개수, 일자리 숫자는 Br의 개수를 나타낸다.

예 Halon 1301 : 천자리 숫자는 C의 1개, 백자리 숫자는 F의 3개, 십자리 숫자는 Cl의 0개, 일자리 숫자는 Br의 1개를 나타내므로, 일취화삼불화메탄(CF_3Br)이 된다.

2) 종류

(1) Halon 1301(CF_3Br) : 일취화삼불화메탄(BTM : Bromo Trifluoro Methane)

① 상온에서 무색 무취의 기체로 비전도성이다.
② 공기보다 무겁다.
③ 인체에 독성이 약하다.
④ 소화효과가 가장 커 널리 사용한다.

(2) Halon 1211(CF_2ClBr) : 일취화일염화이불화메탄(BCF : Bromo Chloro difluro methane)

① 상온에서 기체이다.

② 공기보다 무겁다.

③ 비점은 −4℃이다.

(3) Halon 1011(CH_2ClBr) : 일염화일취화메탄(CB : Chloro Bromo methane)

① 상온에서 액체이다.

② 증기 비중은 4.5이다.

③ B급(유류)과 C급(전기) 화재에 적합하다.

(4) Halon 2402 소화약제($C_2F_4Br_2$) : 이취화사불화에탄(FB : tetra fluoro dibromo ethane)

① 상온에서 액체이다.

② 증기 비중이 가장 높은 소화약제이다.

③ 저장용기에 충전할 경우에는 방출압력원인 질소(N_2)와 함께 충전하여야 한다.

(5) Halon 104 소화약제 : 사염화탄소(CTC : Carbon Tetra Chloride)

① 무색 투명한 액체로서 공기, 수분, 탄산가스와 반응하여 맹독성 기체인 포스겐($COCl_2$)을 생성시키기 때문에 실내에서는 소방법상 사용 금지하도록 규정되어 있다.

② 화학반응식

- 공기 중 : $2CCl_4 + O_2 \rightarrow 2COCl_2 + 2Cl_2$
- 습기 중 : $CCl_4 + H_2O \rightarrow COCl_2 + 2HCl$
- 탄산가스 중 : $CCl_4 + CO_2 \rightarrow 2COCl_2$
- 금속접촉 중 : $3CCl_4 + Fe_2O_3 \rightarrow 3COCl_2 + 2FeCl_3$
- 발연황산 중 : $2CCl_4 + H_2SO_4 + SO_3 \rightarrow 2COCl_2 + S_2O_5Cl_2 + 2HCl$

3) Halon 소화약제 능력의 크기

Halon 1301 > Halon 1211 > Halon 2402 > Halon 1011 > Halon 104

4) 할로겐화물소화약제의 효과

억제효과(부촉매효과), 희석효과, 냉각효과 등이 있다.

Halon 1211에 해당하는 물질의 분자식은?

① CBr_2FCl ② CF_2ClBr
③ CCl_2FBr ④ FC_2BrCl

본문 참조

/정답/ ②

다음 소화약제 중 오존파괴지수(ODP)가 가장 큰 것은?

① IG−541 ② Halon 2402
③ Halon 1211 ④ Halon 1301

화학물질	오존파괴능력(ODP)	화학물질	오존파괴능력(ODP)
IG−541	0.0	Halon 2402	6.0
Halon 1211	3.0	Halon 1301	10.0

/정답/ ④

7 CO_2 소화약제 ■■■

① 무색 무취 기체로서 비중이 1.52 정도이며 심부화재에 적합하다.
② 줄−톰슨효과에 의해 드라이아이스 생성으로 질식, 냉각소화시킨다.
③ 소화작업 진행 시 인체에 묻으면 동상에 걸리기 쉽고 질식의 위험이 있다.
④ 「고압가스 안전관리법」에 적용을 받으며 충전비는 1.5 이상이 되어야 한다.

$$\left(\text{충전비} = \frac{\text{용기의 내용적(L)}}{CO_2\text{의 무게(kg)}}\right)$$

⑤ 소화약제는 탄산가스의 함량이 99.5% 이상이고 수분은 중량 0.05% 이하이어야 한다. 수분이 0.05% 이상이면 결빙되어 배관, 노즐이 터질 우려가 있다.
⑥ 자체 압력으로 분출이 가능하기 때문에 별도의 가압장치가 필요 없다.

8 불연성 · 불활성기체혼합가스

소화약제	화학식
불연성 · 불활성기체혼합가스(IG−01)	Ar : 100%
불연성 · 불활성기체혼합가스(IG−100)	N_2 : 100%
불연성 · 불활성기체혼합가스(IG−541)	N_2 : 52%, Ar : 40%, CO_2 : 8%
불연성 · 불활성기체혼합가스(IG−55)	N_2 : 50%, Ar : 50%

02 소화기

1 소화기의 분류

1) 물소화기(봉상 : A급 화재, 무상 : A · B급 화재)

① 수동 펌프식 : 수조에 수동펌프를 설치하여 피스톤의 압축효과를 이용하여 방사하는 방식이다.
② 축압식 : 물과 공기를 축합시킨 것을 방사하는 방식으로서 축압가스로는 질소, 탄산가스 등이 있다.
③ 가스가압식 : 본체 용기와 별도로 가압용 가스(탄산가스)의 압력을 이용하여 방출하는 방식이다(대형 소화기에 사용).

2) 강화액소화기

① 축압식 : 8.1∼9.8kg/cm^2의 압력으로 압축공기 또는 N_2 가스를 축압시킨 것으로 방출방식은 봉상 또는 무상인 소화기이다(압력지시계 존재).
② 가스가압식 : 용기 속에 CO_2 용기가 장착되어 있고 축압식과 유사하다(압력지시계가 없으며 안전밸브와 액면 표시가 되어 있는 소화기).
③ 반응식(파병식) : 산 · 알칼리 소화기의 파병식과 동일

3) 산 · 알칼리소화기

유류화재, 전기화재에 사용 금지, 보관 중 전도 금지, 겨울철 동결에 주의한다.

① 전도식 : 외통에는 중조와 물, 내통에는 농황산을 넣은 소화기이다.
② 파병식 : CO_2의 방사압력으로 약제를 방출시키는 방식이다.

4) 포소화기(A · B급 화재)

(1) 포소화기의 보존 및 사용상 주의사항

① 전기나 알코올류 화재에는 사용 금지
② 동절기에는 동결주의
③ 안전한 장소에 보관할 것

(2) 포소화기의 종류

① 화학포소화기(전도식, 밀폐식, 밀봉식)
② 기계포소화기(축압식, 가스가압식)
※ 알코올포소화기(특수 포) : 알코올 등 수용성인 가연물 화재에 사용하는 내알코올성 소화기

5) 분말소화기

① **축압식** : 용기 상부에 CO_2나 N_2 가스를 축압하고 지시 압력계를 설치한다. 정상범위는 녹색이며 비정상범위는 황색이나 적색으로 표시된다. 축압식을 사용하는 ABC분말소화기의 압력지시계의 지시압력은 7.0~9.8kg/cm²를 유지한다.

② **가스가압식** : 용기는 철제이고 용기 본체 내·외부에 설치된 봄베 속에 충전되어 있는 CO_2를 압력원으로 하는 소화기이다.

6) 할로겐화물소화기(증발성 액체소화기)

① **수동 펌프식** : 용기에 수동 펌프가 부착되어 핸들을 상하로 움직여 액체 할로겐화물을 방사시키는 방식이다.

② **수동 축압식** : 용기에 공기 가압 펌프가 부착되어 있고 부수적으로 내부의 공기를 가압하는 방식이다.

③ **축압식** : 안전핀을 뽑고 레버를 쥐게 되면 방사되는 방식으로 축압가스는 압축공기 또는 질소 가스를 사용한다.

④ 사용 금지 장소
- 좁고 밀폐된 실내에서는 사용하지 말 것
- 사용 후 신속히 환기할 것
- 설치 금지 : 지하층, 무창층 및 환기에 유효한 개구부의 넓이가 바닥 면적의 1/30 이하, 또는 바닥 면적이 20m² 이하의 장소

7) CO_2 소화기(탄산가스소화기)

① 고압 용기를 사용하고 250kg/cm²의 내압시험(TP)에 합격한 것을 사용한다.

② 약제에 의한 오손이 작고, 전기절연성이 좋기 때문에 전기화재에도 효과가 있다.

③ 종류
- 소형 소화기(레버식) : 무계목 용기(이음새 없는 용기)로서 용기 본체는 200~250kg/cm²에서 작동하는 안전밸브가 부착되어 있는 소화기이다.
- 대형 소화기(핸들식) : 용기의 재질 및 구조는 레버식과 동일하고 움직일 수 있도록 바퀴가 달려 있다.

④ 사용 금지 장소
- 지하층
- 무창층
- 밀폐된 거실 및 사무실로서 그 바닥 면적이 20m² 미만인 곳

8) 간이 소화용구

(1) 건조된 모래(건조사)

① 반드시 건조상태일 것
② 가연물이 함유되어 있지 않을 것
③ 포대나 반절 드럼통에 보관할 것
④ 부속기구(삽과 양동이)를 비치할 것

(2) 팽창질석과 팽창진주암

발화점이 낮은 알킬알루미늄 등의 화재에 사용되는 불연성 고체로서 가열하면 1,000℃ 이상에서는 10～15배 팽창되므로 매우 가볍다.

(3) 중조톱밥

중조(탄산수소나트륨)와 톱밥의 혼합물로 이루어져 있으며 인화성 액체의 소화 용도로 개발된 모세관 현상의 원리를 이용한 소화기구이다.

▼ 각종 소화기의 특성

소화기명	소화약제	종류	적응 화재	소화효과
산 · 알칼리소화기	H_2SO_4, $NaHCO_3$	파병식, 전도식	A급(무상 : C급)	냉각
강화액소화기	H_2SO_4, K_2CO_3	축압식, 화학반응식, 가스가압식	A급 (무상 : A, B, C급)	냉각 (무상 : 질식)
이산화탄소소화기	CO_2	고압가스용기	B, C급	질식, 냉각, 피복
할로겐화물 소화기	하론 1301 하론 1211 하론 2402	축압식, 수동펌프식	B, C급	질식, 냉각, 부촉매, (억제)
분말소화기	제1종, 제2종, 제3종, 제4종	축압식, 가스가압식	A, B, C급	질식, 냉각, 부촉매, (억제)
포소화기	$Al_2(SO_4)_3 \cdot 18H_2O$ $NaHCO_3$	전도식, 내통밀폐식, 내통밀봉식	A, B급	질식, 냉각

2 소화기의 설치 · 사용 및 유지 관리

1) 설치기준

(1) 소화기의 설치기준

① 소화기는 각 층마다 설치한다.

② 설치간격
- 소형 소화기 : 보행거리 20m 이내마다
- 대형 소화기 : 보행거리 30m 이내마다

(2) 소화기의 관리요령

① 바닥으로부터 높이가 1.5m 이하가 되는 곳에 배치한다.
② 통행에 지장이 없고 사용 시 쉽게 반출할 수 있는 곳에 설치한다.
③ 각 소화제가 동결, 변질 또는 분출할 우려가 없는 곳에 설치한다.
④ 소화기를 설치한 곳이 잘 보이도록 "소화기"라고 표시를 한다.

(3) 소화기의 사용방법

① 적응화재에만 사용한다.
② 성능에 따라 화재 면에 근접하여 사용한다.
③ 소화작업은 양옆으로 비로 쓸듯이 골고루 방사한다.
④ 바람을 등지고 풍상에서 풍하의 방향으로 소화작업을 진행한다.

「위험물안전관리법령」에 따른 대형수동식 소화기의 설치기준에서 방호대상물의 각 부분으로부터 하나의 대형 수동식 소화기까지의 보행거리는 몇 m 이하가 되도록 설치하여야 하는가?(단, 옥내소화전설비, 옥외소화전설비, 스프링클러설비 또는 물분무등소화설비와 함께 설치하는 경우는 제외한다.)

① 10　　② 15
③ 20　　④ 30

소화기의 설치 간격
- 소형 소화기 : 보행거리 20m 이내마다
- 대형 소화기 : 보행거리 30m 이내마다

/정답/ ④

다음 중 소화기의 사용방법으로 잘못된 것은? (최근 2)

① 적용화재에 따라 사용할 것
② 성능에 따라 방출거리 내에서 사용할 것
③ 바람을 마주보며 소화할 것
④ 양옆으로 비로 쓸 듯이 방사할 것

본문 참조

/정답/ ③

03 예·상·문·제

CHAPTER

1 소화약제

01 다음 중 소화약제가 아닌 것은?

① CF_3Br　② $NaHCO_3$
③ $Al_2(SO_4)_3$　④ $KClO_4$

해설

④ $KClO_4$(과염소산칼륨)은 제1류 위험물에 해당된다.

02 소화약제에 따른 주된 소화효과로 틀린 것은?

① 수성막포소화약제 : 질식효과
② 제2종 분말소화약제 : 탈수탄화효과
③ 이산화탄소소화약제 : 질식효과
④ 할로겐화물소화약제 : 화학억제효과

해설

② 제2종 분말소화약제 : 질식효과

03 소화기에 대한 설명 중 틀린 것은?

① 화학포, 기계포소화기는 포소화기에 속한다.
② 탄산가스소화기는 질식 및 냉각소화작용이 있다.
③ 분말소화기는 가압가스가 필요 없다.
④ 화학포소화기에는 탄산수소나트륨과 황산알루미늄이 사용된다.

해설

③ 분말소화기는 가압가스(질소)가 있어야 한다.

04 다음 중 물이 소화약제로 이용되는 주된 이유로 가장 적합한 것은?

① 물의 기화열로 가연물을 냉각하기 때문이다.
② 물이 산소를 공급하기 때문이다.
③ 물은 환원성이 있기 때문이다.
④ 물이 가연물을 제거하기 때문이다.

해설

① 물의 기화잠열(539kcal/kg)로 가연물을 냉각하기 때문이다.

05 물의 증발잠열은 약 몇 kcal/kg인가?

① 329　② 439
③ 539　④ 639

해설

물의 융해잠열은 80kcal/kg, 기화잠열은 539kcal/kg이다.

06 물은 냉각소화가 주된 대표적인 소화약제이다. 물의 소화효과를 높이기 위하여 무상주수를 함으로써 부가적으로 작용하는 소화효과로 이루어진 것은?

① 질식소화작용, 제거소화작용
② 질식소화작용, 유화소화작용
③ 타격소화작용, 유화소화작용
④ 타격소화작용, 피복소화작용

해설

무상주수에는 냉각소화뿐만 아니라 질식소화작용, 유화소화작용을 부가적으로 얻을 수 있다.

정답 01 ④ 02 ② 03 ③ 04 ① 05 ③ 06 ②

07 강화액소화기에 대한 설명이 아닌 것은?

① 알칼리 금속염류가 포함된 고농도의 수용액이다.
② A급 화재에 적응성이 있다.
③ 어는점이 낮아서 동절기에도 사용이 가능하다.
④ 물의 표면장력을 강화시킨 것으로 심부화재에 효과적이다.

해설

④ 물의 소화능력을 향상시킨 것으로 한랭지역에 효과적이다.

※ 심부화재에 적합한 소화제는 이산화탄소소화제이다.

08 물의 소화능력을 강화시키기 위해 개발된 것으로 한랭지 또는 겨울철에도 사용할 수 있는 소화기에 해당하는 것은? (최근 1)

① 산 · 알칼리소화기
② 강화액소화기
③ 포소화기
④ 할로겐화물소화기

해설

강화액소화기

- 독성, 부식성이 없다.
- pH 12 이상, 응고점 −30∼−25℃
- 한랭지 또는 겨울철에 사용할 수 있도록 물에 탄산칼륨을 보강시킨 것이다.

09 탄산칼륨을 물에 용해시킨 강화액소화약제의 pH에 가장 가까운 것은?

① 1 ② 4
③ 7 ④ 12

해설

문제 08번 해설 참조

10 영하 20℃ 이하의 겨울철이나 한랭지에서 사용하기에 적합한 소화기는?

① 분무주수소화기
② 봉상주수소화기
③ 물주수소화기
④ 강화액소화기

해설

④ 강화액소화기는 한랭지 또는 겨울철에 사용 가능하도록 물에 탄산칼륨(K_2CO_3)을 보강시켜 만든 소화제이다.

11 물에 탄산칼륨을 보강시킨 강화액소화약제에 대한 설명으로 틀린 것은?

① 물보다 점성이 있는 수용액이다.
② 일반적으로 약산성을 나타낸다.
③ 응고점은 약 −30∼−25℃이다.
④ 비중은 약 1.3∼1.4 정도이다.

해설

② 일반적으로 강알칼리성을 나타낸다.

12 소화약제에 대한 설명으로 틀린 것은?

① 물은 기화잠열이 크고 구하기 쉽다.
② 화학포소화약제는 물에 탄산칼슘을 보강시킨 소화약제를 말한다.
③ 산 · 알칼리소화약제에는 황산이 사용된다.
④ 탄산가스는 전기화재에 효과적이다.

해설

② 물에 탄산칼슘을 보강시킨 소화약제는 강화액소화약제이다.

정답 07 ④ 08 ② 09 ④ 10 ④ 11 ② 12 ②

13 산 · 알칼리소화기에 있어서 탄산수소나트륨과 황산의 반응 시 생성되는 물질을 모두 옳게 나타낸 것은?

① 황산나트륨, 탄산가스, 질소
② 염화나트륨, 탄산가스, 질소
③ 황산나트륨, 탄산가스, 물
④ 염화나트륨, 탄산가스, 물

해설

$2NaHCO_3 + H_2SO_4 \rightarrow Na_2SO_4 + 2CO_2 + 2H_2O$
∴ 생성물 : 황산나트륨 + 탄산가스 + 물

14 산 · 알칼리소화기는 탄산수소나트륨과 황산의 화학반응을 이용한 소화기이다. 이때 탄산수소나트륨과 황산이 반응하여 나오는 물질이 아닌 것은?

① Na_2SO_4　② Na_2O_2
③ CO_2　④ H_2O

해설

문제 13번 해설 참조
※ ② Na_2O_2(과산화나트륨)은 제1류 위험물 중 무기과산화물에 속한다.

15 산 · 알칼리소화기에서 소화약을 방출하는데 방사압력원으로 이용되는 것은?

① 공기　② 질소
③ 아르곤　④ 탄산가스

해설

산 · 알칼리소화기에서 소화약을 방출하는 데 방사압력원으로 이용되는 가압용 가스로 탄산가스(CO_2)를 이용한다.

16 포소화제의 조건에 해당되지 않는 것은?

① 부착성이 있을 것
② 쉽게 분해하여 증발될 것
③ 바람에 견디는 응집성을 가질 것
④ 유동성이 있을 것

해설

포말의 조건
- 부착성이 있을 것
- 바람에 견디는 응집성과 안전성이 있을 것
- 열에 대한 센 막을 가지고 유동성이 있을 것

17 다음 중 포소화약제에 의한 소화방법으로 가장 주된 소화효과는? (최근 1)

① 희석소화
② 질식소화
③ 제거소화
④ 자기소화

해설

포소화약제에 의한 주된 소화방법은 질식, 냉각소화이다.

18 화학포소화약제로 사용하여 만들어진 소화기를 사용할 때 다음 중 가장 주된 소화효과에 해당하는 것은? (최근 1)

① 제거소화와 질식소화
② 냉각소화와 제거소화
③ 제거소화와 억제소화
④ 냉각소화와 질식소화

해설

화학포소화약제의 주된 소화효과는 냉각소화와 질식소화이다.

정답 13 ③ 14 ② 15 ④ 16 ② 17 ② 18 ④

19 다음 소화약제의 반응을 완결시키려 할 때 (　) 안에 옳은 것은?

> $6NaHCO_3 + Al_2(SO_4)_3 + 18H_2O$
> $\rightarrow 2Al(OH)_3 + 3Na_2SO_4 + (\quad) + 18H_2O$

① $6CO$　② $6NaOH$
③ $2CO_2$　④ $6CO_2$

해설

화학포소화약제 화학반응식
$6NaHCO_3 + Al_2(SO_4)_3 + 18H_2O \rightarrow 2Al(OH)_3 + 3Na_2SO_4 + 6CO_2 + 18H_2O$

20 $NaHCO_3$와 $Al_2(SO_4)_3$로 되어 있는 것은?

① 산 · 알칼리소화기
② 드라이케미컬소화기
③ 이산화탄소소화기
④ 포말소화기

해설

문제 19번 해설 참조

21 탄산수소나트륨과 황산알루미늄의 소화약제가 반응을 하여 생성되는 이산화탄소를 이용하여 화재를 진압하는 소화약제는?

① 단백포　② 수성막포
③ 화학포　④ 내알코올

해설

문제 19번 해설 참조

22 화학포소화약제의 반응에서 황산알루미늄과 탄산수소나트륨의 반응 몰비는?(단, 황산알루미늄 : 탄산수소나트륨의 비이다.) (최근 1)

① 1 : 4　② 1 : 6
③ 4 : 1　④ 6 : 1

해설

$Al_2(SO_4)_3 : NaHCO_3 = 1 : 6$

23 화학포소화기에서 탄산수소나트륨과 황산알루미늄이 반응하여 생성되는 기체의 주성분은?

① CO　② CO_2
③ N_2　④ Ar

해설

$6NaHCO_3 + Al_2(SO_4)_3 + 18H_2O$
$\rightarrow 3Na_2SO_4 + 2Al(OH)_3 + 6CO_2 + 18H_2O$

24 화학포소화약제에 사용되는 약제가 아닌 것은?

① 황산알루미늄
② 과산화수소수
③ 탄산수소나트륨
④ 사포닌

해설

화학포소화약제의 구성
- 내약제 : 황산알루미늄($Al_2(SO_4)_3$)
- 외약제 : 탄산수소나트륨($NaHCO_3$)
- 기포안정제 : 계면활성제, 사포닌, 수용성 단백질

25 다음 중 화학포소화약제의 구성 성분이 아닌 것은?

① 탄산수소나트륨
② 황산알루미늄
③ 수용성 단백질
④ 제1인산암모늄

해설

문제 24번 해설 참조
※ ④는 분말소화약제(제3종)에 해당된다.

정답 19 ④ 20 ④ 21 ③ 22 ② 23 ② 24 ② 25 ④

26 화학포를 만들 때 사용되는 기포안정제가 아닌 것은?

① 사포닌 ② 암분
③ 가수분해 단백질 ④ 계면활성제

해설

기포안정제에는 단백질 분해물, 사포닌, 계면활성제, 젤라틴, 카세인 등이 있다.

27 화학포소화기에서 기포안정제로 사용되는 것은?

① 사포닌 ② 질산
③ 황산알루미늄 ④ 질산칼륨

해설

문제 26번 해설 참조

28 화학포소화기에서 화학포를 만들 때 안정제로 사용되는 물질은?

① 인산염류
② 탄산수소나트륨
③ 수용성 단백질
④ 황산알루미늄

해설

문제 24번 해설 참조

29 단백포소화약제 제조 공정에서 부동제로 사용하는 것은?

① 에틸렌글리콜
② 물
③ 가수분해 단백질
④ 황산제1철

해설

부동액으로 에틸렌글리콜, 글리세린 등이 사용된다.

30 소화효과를 증대시키기 위하여 분말소화약제와 병용하여 사용할 수 있는 것은?

① 단백포
② 알코올형포
③ 합성계면활성제포
④ 수성막포

해설

수성막포소화약제
분말소화약제와 함께 사용하여도 소포현상이 일어나지 않고 소화효과를 높일 수 있는 소화약제이다.

31 다음 소화약제 중 수용성 액체의 화재 시 가장 적합한 것은?

① 단백포소화약제
② 내알코올포소화약제
③ 합성계면활성제포소화약제
④ 수성막포소화약제

해설

수용성 물질에 대한 소화약제로 내알코올포소화약제가 된다.

32 물과 친화력이 있는 수용성 용매의 화재에 보통의 포소화약제를 사용하면 포가 파괴되기 때문에 소화효과를 잃게 된다. 이와 같은 단점을 보완한 소화약제로 가연성인 수용성 용매의 화재에 유효한 효과를 가지고 있는 것은?

① 알코올포소화약제
② 단백포소화약제
③ 합성계면활성제포소화약제
④ 수성막포소화약제

해설

알코올포소화약제는 소포성이 있는 물질인 수용성 액체 위험물에 화재가 일어났을 경우 유용하도록 만든 소화약제이다.

정답 26 ② 27 ① 28 ③ 29 ① 30 ④ 31 ② 32 ①

33 다음 중 분말소화약제를 방출시키기 위해 주로 사용되는 가압용 가스는?

① 헬륨 ② 질소
③ 아르곤 ④ 산소

해설

분말소화약제를 방출시키기 위한 가압용 가스는 질소이다.

34 식용유화재 시 제1종 분말소화약제를 이용하여 화재의 제어가 가능하다. 이때의 소화원리에 가장 가까운 것은?

① 촉매효과에 의한 질식소화
② 비누화 반응에 의한 질식소화
③ 요오드화에 의한 냉각소화
④ 가수분해 반응에 의한 냉각소화

해설

제1종 분말($NaHCO_3$)소화약제
식용유, 지방질유의 화재소화 시 가연물과의 비누화 반응으로 소화효과가 증대된다.

35 요리용 기름의 화재 시 비누화 반응을 일으켜 질식효과와 재발화 방지효과를 나타내는 소화약제는?

① $NaHCO_3$ ② $KHCO_3$
③ $BaCl_2$ ④ $NH_4H_2PO_4$

해설

문제 34번 해설 참조

36 분말소화기의 소화약제로 사용되지 않는 것은?

① 탄산수소나트륨
② 탄산수소칼륨
③ 과산화나트륨
④ 인산암모늄

해설

① 제1종 분말소화약제
② 제2종 분말소화약제
③ 제1류 위험물(무기과산화물류)
④ 제3종 분말소화약제

37 제1종 분말소화약제의 화학식과 색상이 옳게 연결된 것은? (최근 1)

① $NaHCO_3$ – 백색 ② $KHCO_3$ – 백색
③ $NaHCO_3$ – 담홍색 ④ $KHCO_3$ – 담홍색

해설

종별	소화약제	약제의 착색
제1종 분말	탄산수소나트륨($NaHCO_3$)	백색
제2종 분말	탄산수소칼륨($KHCO_3$)	보라색
제3종 분말	제1인산암모늄($NH_4H_2PO_4$)	담홍색
제4종 분말	탄산수소칼륨 + 요소 ($KHCO_3 + (NH_2)_2CO$)	회색

38 다음 중 제1종, 제2종, 제3종 분말소화약제의 주성분에 해당하지 않는 것은?

① 탄산수소나트륨 ② 황산마그네슘
③ 탄산수소칼륨 ④ 인산암모늄

해설

문제 37번 해설 참조

39 제3종 분말소화약제의 주성분에 해당하는 것은? (최근 1)

① 탄산수소칼륨
② 인산암모늄
③ 탄산수소나트륨
④ 탄산수소칼륨과 요소의 반응생성물

해설

문제 37번 해설 참조

정답 33 ② 34 ② 35 ① 36 ③ 37 ① 38 ② 39 ②

40 분말소화약제 중 인산염류를 주성분으로 하는 것은 제 몇 종 분말인가? (최근 1)

① 제1종 분말 ② 제2종 분말
③ 제3종 분말 ④ 제4종 분말

해설

문제 37번 해설 참조

41 종별 분말소화약제의 주성분이 잘못 연결된 것은?

① 제1종 분말 – 탄산수소나트륨
② 제2종 분말 – 탄산수소칼륨
③ 제3종 분말 – 제1인산암모늄
④ 제4종 분말 – 탄산수소나트륨과 요소의 반응생성물

해설

문제 37번 해설 참조

42 분말소화약제의 식별 색을 옳게 나타낸 것은? (최근 1)

① $KHCO_3$: 백색
② $NH_4H_2PO_4$: 담홍색
③ $NaHCO_3$: 보라색
④ $KHCO_3+(NH_2)_2CO$: 초록색

해설

문제 37번 해설 참조

43 다음 중 제3종 분말소화약제를 사용할 수 있는 모든 화재의 급수를 옳게 나타낸 것은?

① A급, B급
② B급, C급
③ A급, C급
④ A급, B급, C급

해설

종별	주성분	착색	적응화재
제1종 분말	$NaHCO_3$	백색	B, C
제2종 분말	$KHCO_3$	보라색	B, C
제3종 분말	$NH_4H_2PO_4$	담홍색	A, B, C
제4종 분말	$KHCO_3+(NH_2)_2CO$	회백색	B, C

44 제1종 분말소화약제의 적응화재 급수는? (최근 1)

① A급 ② B, C급
③ A, B급 ④ A, B, C급

해설

문제 43번 해설 참조

45 분말소화약제 중 제1종과 제2종 분말이 각각 열분해될 때 공통적으로 생성되는 물질은? (최근 1)

① N_2, CO_2 ② N_2, O_2
③ H_2O, CO_2 ④ H_2O, N_2

해설

종별	적응화재	열분해반응식
제1종 분말	B, C	$2NaHCO_3 \rightarrow Na_2CO_3+CO_2+H_2O$
제2종 분말	B, C	$2KHCO_3 \rightarrow K_2CO_3+CO_2+H_2O$
제3종 분말	A, B, C	$NH_4H_2PO_4 \rightarrow HPO_3+NH_3+H_2O$
제4종 분말	B, C	$2KHCO_3+(NH_2)_2CO \rightarrow K_2CO_3+2NH_3+2CO_2$

46 A, B, C급 화재에 모두 적응성이 있는 소화약제는? (최근 3)

① 제1종 분말소화약제
② 제2종 분말소화약제
③ 제3종 분말소화약제
④ 제4종 분말소화약제

정답 40 ③ 41 ④ 42 ② 43 ④ 44 ② 45 ③ 46 ③

해설

①, ②, ④ B, C급 화재에 적당하다.
③ A, B, C급 화재에 적당하다.

47 제3종 분말소화약제의 열분해반응식을 옳게 나타낸 것은?

① $NH_4H_2PO_4 \rightarrow HPO_3 + NH_3 + H_2O$
② $2KNO_3 \rightarrow 2KNO_2 + O_2$
③ $KClO_4 \rightarrow KCl + 2O_2$
④ $2CaHCO_3 \rightarrow 2CaO + HCO_3$

해설

문제 45번 해설 참조

48 탄산수소칼륨과 요소의 반응생성물로 된 것은 제 몇 종 분말인가?

① 제1종 ② 제2종
③ 제3종 ④ 제4종

해설

문제 45번 해설 참조

49 소화약제의 분해반응식에서 다음 ( ) 안에 알맞은 것은?

$$2NaHCO_3 \rightarrow Na_2CO_3 + H_2O + (\quad)$$

① CO ② NH_3
③ CO_2 ④ H_2

해설

문제 45번 해설 참조

50 $NH_4H_2PO_4$이 열분해하여 생성되는 물질 중 암모니아와 수증기의 부피 비율은?

① 1 : 1 ② 1 : 2
③ 2 : 1 ④ 3 : 2

해설

문제 45번 해설 참조

51 제3종 분말소화약제의 소화효과로 가장 거리가 먼 것은?

① 질식효과 ② 냉각효과
③ 제거효과 ④ 부촉매효과

해설

분말소화약제의 소화효과는 질식효과, 냉각효과, 부촉매효과이다.

52 소화효과 중 부촉매효과를 기대할 수 있는 소화약제는?

① 물소화약제
② 포소화약제
③ 분말소화약제
④ 이산화탄소소화약제

해설

문제 51번 해설 참조

53 탄산수소나트륨 분말소화약제에서 분말에 습기가 침투하는 것을 방지하기 위해서 사용하는 물질은?

① 스테아리산아연 ② 수산화나트륨
③ 황산마그네슘 ④ 인산

해설

분말에 습기가 침투하는 것을 방지하기 위해서 사용하는 물질은 스테아리산아연이다.

정답 47 ① 48 ④ 49 ③ 50 ① 51 ③ 52 ③ 53 ①

54 분말소화약제에 관한 일반적인 특성에 대한 설명으로 틀린 것은?

① 분말소화약제 자체는 독성이 없다.
② 질식효과에 의한 소화효과가 있다.
③ 이산화탄소와는 달리 별도의 추진가스가 필요하다.
④ 칼륨, 나트륨 등에 대해서는 인산염류소화기의 효과가 우수하다.

해설

④ 칼륨, 나트륨 등에 대해서는 탄산칼슘 분말의 혼합물로 피복하여 질식소화한다.

55 화학식과 Halon 번호를 옳게 연결한 것은?

① CBr_2F_2 − 1202
② $C_2Br_2F_2$ − 2422
③ CBr_2ClF_2 − 1102
④ $C_2Br_2F_4$ − 1242

해설

할론소화약제의 구성
예를 들어, 할론 1202에서 천자리 숫자는 C의 개수 1, 백자리 숫자는 F의 개수 2, 십자리 숫자는 Cl의 개수 0, 일자리 숫자는 Br의 개수 2를 나타낸다.
① CBr_2F_2 − 1202
② $C_2Br_2F_2$ − 2202
③ CBr_2ClF_2 − 1212
④ $C_2Br_2F_4$ − 2402

56 할로겐화물의 소화약제 중 할론 2402의 화학식은?

① $C_2Br_4F_2$
② $C_2Cl_4F_2$
③ $C_2Cl_4Br_2$
④ $C_2F_4Br_2$

해설

① $C_2Br_4F_2$ − 2204
② $C_2Cl_4F_2$ − 2220
③ $C_2Cl_4Br_2$ − 2042
④ $C_2F_4Br_2$ − 2402

57 BCF 소화기의 약제를 화학식으로 옳게 나타낸 것은? (최근 2)

① CCl_4
② CH_2ClBr
③ CF_3Br
④ CF_2ClBr

해설

④ CF_2ClBr이 BCF(Bromo Chloro difluro methane) 소화기이다.

58 다음은 어떤 화합물의 구조식인가?

① 할론 2402
② 할론 1301
③ 할론 1011
④ 할론 1201

```
      Cl
      |
H  -  C  -  H
      |
      Br
```

해설

할론 1011
• 천단위 : C − 1
• 백단위 : F − 0
• 십단위 : Cl − 1
• 일단위 : Br − 1

59 Halon 1301 소화약제에 대한 설명으로 틀린 것은? (최근 1)

① 저장 용기에 액체상으로 충전한다.
② 화학식은 CF_3Br이다.
③ 비점이 낮아서 기화가 용이하다.
④ 공기보다 가볍다.

해설

④ 공기보다 5.1배로 무겁다.

60 다음 중 할로겐화물소화약제의 가장 주된 소화효과에 해당하는 것은?

① 제거효과
② 억제효과
③ 냉각효과
④ 질식효과

정답 54 ④ 55 ① 56 ④ 57 ④ 58 ③ 59 ④ 60 ②

해설

할로겐화물소화약제의 주된 소화효과는 연쇄반응을 억제하여 소화하는 억제(부촉매)효과이다.

61 연쇄반응을 억제하여 소화하는 소화약제는?

① Halon 1301 ② 물
③ 이산화탄소 ④ 포

해설

문제 60번 해설 참조

62 연소의 연쇄반응을 차단 및 억제하여 소화하는 방법은?

① 제거소화 ② 부촉매소화
③ 질식소화 ④ 냉각소화

해설

문제 60번 해설 참조

63 다음 중 화재 시 사용하면 독성의 $COCl_2$ 가스를 발생시킬 위험이 가장 높은 소화약제는? (최근 1)

① 액화이산화탄소 ② 제1종 분말
③ 사염화탄소 ④ 공기포

해설

사염화탄소(CTC)는 여러 조건에서 반응이 일어나면, 포스겐($COCl_2$)가스를 발생시키므로 유의하여야 한다.

※ 공기 중 : $2CCl_4 + O_2 \rightarrow 2COCl_2 + 2Cl_2$

64 다음 중 오존층 파괴지수가 가장 큰 것은?

① Halon 104 ② Halon 1211
③ Halon 1301 ④ Halon 2402

해설

화학물질	오존파괴능력(ODP)
Halon 104	–
Halon 1211	3.0
Halon 2402	6.0
Halon 1301	10.0

65 이산화탄소가 소화약제로 사용되는 이유에 대한 설명으로 가장 옳은 것은?

① 산소와 반응이 느리기 때문이다.
② 산소와 반응하지 않기 때문이다.
③ 착화되어도 곧 불이 꺼지기 때문이다.
④ 산화반응이 되어도 열 발생이 없기 때문이다.

해설

산소와 반응이 완료되었기 때문에 이산화탄소를 소화약제로 사용한다.

66 화재 시 이산화탄소를 방출하여 산소의 농도를 13vol%로 낮추어 소화하려면 공기 중의 이산화탄소는 몇 vol%가 되어야 하는가? (최근 5)

① 28.1 ② 38.1
③ 42.86 ④ 48.36

해설

$$CO_2(\%) = \frac{21 - O_2}{21} \times 100 = \frac{21 - 13}{21} \times 100 = 38.09\%$$

67 이산화탄소소화약제의 주된 소화효과 2가지에 가장 가까운 것은?

① 부촉매효과, 제거효과
② 질식효과, 냉각효과
③ 억제효과, 부촉매효과
④ 제거효과, 억제효과

정답 61 ① 62 ② 63 ③ 64 ③ 65 ② 66 ② 67 ②

해설

이산화탄소소화약제의 주된 소화효과는 질식효과, 냉각효과이다.

68 이산화탄소소화기 사용 시 줄－톰슨효과에 의해서 생성되는 물질은? (최근 1)

① 포스겐　② 일산화탄소
③ 드라이아이스　④ 수성가스

해설

줄－톰슨효과에 의해서 생성되는 물질은 드라이아이스이다.

69 줄－톰슨효과에 의하여 드라이아이스를 방출하는 소화기로 질식 및 냉각효과가 있는 것은?

① 산·알칼리소화기
② 강화액소화기
③ 이산화탄소소화기
④ 할로겐화물소화기

해설

이산화탄소소화기에 대한 설명이다.

70 이산화탄소소화기에서 수분의 중량은 일정량 이하이어야 하는데 그 이유를 가장 옳게 설명한 것은?

① 줄－톰슨효과 때문에 수분이 동결되어 관이 막히므로
② 수분이 이산화탄소와 반응하여 폭발하기 때문에
③ 에너지보존법칙 때문에 압력 상승으로 관이 파손되므로
④ 액화탄산가스는 승화성이 있어서 관이 팽창하여 방사압력이 급격히 떨어지므로

해설

이산화탄소소화기에서 수분이 일정량 이상 존재하면 동결되어 관이 막히게 된다.

71 이산화탄소의 특성에 대한 설명으로 옳지 않은 것은?

① 전기전도성이 우수하다.
② 냉각, 압축에 의하여 액화된다.
③ 과량 존재 시 질식할 수 있다.
④ 상온, 상압에서 무색, 무취의 불연성 기체이다.

해설

① 전기전도성이 없다.

72 이산화탄소소화약제에 관한 설명 중 틀린 것은?

① 소화약제에 의한 오손이 없다.
② 소화약제 중 증발잠열이 가장 크다.
③ 전기절연성이 있다.
④ 장기간 저장이 가능하다.

해설

증발잠열
- 물 : 539kcal/kg
- 이산화탄소 : 56.13kcal/kg

※ 증발잠열이 가장 큰 소화약제는 물이다.

73 이산화탄소소화기의 특징에 대한 설명으로 틀린 것은?

① 소화약제에 의한 오손이 거의 없다.
② 약제 방출 시 소음이 없다.
③ 전기화재에 유효하다.
④ 장시간 저장해도 물성의 변화가 거의 없다.

해설

② 고압으로 충전되어 있으므로 약제 방출 시 소음이 크다.

정답 68 ③ 69 ③ 70 ① 71 ① 72 ② 73 ②

74 이산화탄소소화기의 장점으로 옳은 것은?

① 전기설비화재에 유용하다.
② 마그네슘과 같은 금속분 화재 시 유용하다.
③ 자기반응성 물질의 화재 시 유용하다.
④ 알칼리금속 과산화물 화재 시 유용하다.

해설

이산화탄소소화기는 가연성 고체(마그네슘), 자기반응성 물질, 알칼리금속 과산화물과는 반응을 하므로, 부적당하다.

2 소화기

75 대형 수동식 소화기의 설치기준은 방호대상물의 각 부분으로부터 하나의 대형 수동식 소화기까지의 보행거리가 몇 m 이하가 되도록 설치하여야 하는가? (최근 1)

① 10 ② 20
③ 30 ④ 40

해설

수동식 소화기 설치간격
- 소형 소화기 : 보행거리 20m 이내마다
- 대형 소화기 : 보행거리 30m 이내마다

76 [보기]에서 소화기의 사용방법을 옳게 설명한 것을 모두 나열한 것은? (최근 1)

[보기]

㉠ 적응화재에만 사용할 것
㉡ 불과 최대한 멀리 떨어져서 사용할 것
㉢ 바람을 마주 보고 풍하에서 풍상 방향으로 사용할 것
㉣ 양옆으로 비로 쓸듯이 골고루 사용할 것

① ㉠, ㉡ ② ㉠, ㉢
③ ㉠, ㉣ ④ ㉠, ㉢, ㉣

해설

소화기 사용방법
- 적응화재에만 사용할 것
- 성능에 따라 화재 면에 근접하여 사용할 것
- 소화작업을 진행할 때는 바람을 등지고 풍상에서 풍하의 방향으로 소화작업을 진행할 것
- 소화작업은 양옆으로 비로 쓸듯이 골고루 방사할 것

정답 74 ① 75 ③ 76 ③

CRAFTSMAN HAZARDOUS MATERIAL

CHAPTER 04

소화설비, 경보설비 및 피난설비의 기준

01 용어의 정의

1) 소화설비

소화기구, 옥내소화전설비, 옥외소화전설비, 스프링클러 설비, 물분무등 소화설비 등이 있다.

2) 소화활동설비

화재를 진압하거나 인명구조 활동을 위하여 사용하는 설비의 종류는 다음과 같다.

① 제연설비
② 연결송수관설비
③ 연결살수설비
④ 비상콘센트설비
⑤ 무선통신보조설비
⑥ 연소방지설비

3) 물분무등 소화설비

물분무소화설비, 포소화설비, 불활성가스소화설비, 할로겐화물소화설비, 분말소화설비 등이 있다.

4) 경보설비

자동화재탐지설비, 비상경보설비, 확성장치, 비상방송설비, 자동식 사이렌설비 등이 있다.

5) 피난설비

화재가 발생할 경우 피난하기 위하여 사용하는 기구 또는 설비를 말한다.

① 미끄럼대, 피난사다리, 구조대, 완강기, 피난교, 피난밧줄, 공기안전매트, 그 밖의 피난기구
② 방열복, 공기호흡기 및 인공소생기
③ 유도등 및 유도표지
④ 비상조명등 및 휴대용비상조명등

「위험물안전관리법령」상 피난설비에 해당하는 것은?

① 자동화재탐지설비 ② 비상방송설비
③ 자동식사이렌설비 ④ 유도등

①, ②, ③ 경보설비
④ 피난설비

/정답/ ④

02 소화난이도등급

1 소화난이도등급 Ⅰ의 제조소등 및 소화설비

1) 소화난이도등급 Ⅰ에 해당하는 제조소등

구분	제조소등의 규모, 저장 또는 취급하는 위험물의 품명 및 최대수량 등
제조소 일반 취급소	• 연면적 1,000m² 이상인 것 • 지정수량의 100배 이상인 것 • 지반면으로부터 6m 이상의 높이에 위험물 취급설비가 있는 것
주유취급소	면적의 합이 500m²를 초과하는 것
옥내 저장소	• 지정수량의 150배 이상인 것 • 연면적 150m²를 초과하는 것 • 처마높이가 6m 이상인 단층건물의 것
옥외 탱크 저장소	• 액표면적이 40m² 이상인 것 • 지반면으로부터 탱크 옆판의 기초에서 상단까지 높이가 6m 이상인 것 • 지중탱크 또는 해상탱크로서 지정수량의 100배 이상인 것 • 고체위험물을 저장하는 것으로서 지정수량의 100배 이상인 것
옥내 탱크 저장소	• 액표면적이 40m² 이상인 것 • 바닥면으로부터 탱크 옆판의 상단까지 높이가 6m 이상인 것 • 탱크전용실이 단층건물 외의 건축물에 있는 것으로서 인화점 38℃ 이상 70℃ 미만의 위험물을 지정수량의 5배 이상 저장하는 것
옥외 저장소	• 덩어리 상태의 유황을 저장하는 것으로서 경계표시 내부의 면적이 100m² 이상인 것 • 지정수량의 100배 이상인 것
암반탱크 저장소	• 액표면적이 40m² 이상인 것 • 고체위험물만을 저장하는 것으로서 지정수량의 100배 이상인 것
이송 취급소	모든 대상

2) 소화난이도등급 Ⅰ의 제조소등에 설치하여야 하는 소화설비

구분			소화설비
제조소 및 일반취급소			옥내소화전설비, 옥외소화전설비, 스프링클러설비 또는 물분무등 소화설비
주유취급소			스프링클러설비, 소형 수동식 소화기 등
옥내저장소	처마높이가 6m 이상인 단층건물 또는 다른 용도의 부분이 있는 건축물에 설치한 옥내저장소		스프링클러설비 또는 이동식 외의 물분무 등 소화설비
	그 밖의 것		옥외소화전설비, 스프링클러설비, 이동식 외의 물분무 등 소화설비 또는 이동식 포소화설비
옥외탱크저장소	지중탱크 또는 해상탱크 외의 것	유황만을 저장·취급하는 것	물분무소화설비
		인화점 70℃ 이상의 제4류 위험물만을 저장·취급하는 것	물분무소화설비 또는 고정식 포소화설비
		그 밖의 것	고정식 포소화설비
	지중탱크		고정식 포소화설비, 이동식 이외의 불활성가스소화설비 또는 이동식 이외의 할로겐화물소화설비
	해상탱크		고정식 포소화설비, 물분무소화설비, 이동식 이외의 불활성가스소화설비 또는 이동식 이외의 할로겐화물소화설비
옥내탱크저장소	유황만을 저장·취급하는 것		물분무소화설비
	인화점 70℃ 이상의 제4류 위험물만을 저장·취급하는 것		물분무소화설비, 고정식 포소화설비, 이동식 이외의 불활성가스소화설비, 이동식 이외의 할로겐화물소화설비 또는 이동식 이외의 분말소화설비
	그 밖의 것		고정식 포소화설비, 이동식 이외의 불활성가스소화설비, 이동식 이외의 할로겐화물소화설비 또는 이동식 이외의 분말소화설비
옥외저장소 및 이송취급소			옥내소화전설비, 옥외소화전설비, 스프링클러설비 또는 물분무등 소화설비
암반탱크저장소	유황만을 저장·취급하는 것		물분무소화설비
	인화점 70℃ 이상의 제4류 위험물만을 저장·취급하는 것		물분무소화설비 또는 고정식 포소화설비
	그 밖의 것		고정식 포소화설비

2 소화난이도등급 Ⅱ의 제조소등 및 소화설비

1) 소화난이도등급 Ⅱ에 해당하는 제조소등

구분	제조소등의 규모, 저장 또는 취급하는 위험물의 품명 및 최대수량 등
제조소 일반취급소	• 연면적 600m² 이상인 것 • 지정수량의 10배 이상인 것
옥내저장소	• 단층건물 이외의 것 • 지정수량의 10배 이상인 것 • 연면적 150m² 초과인 것 • 소화난이도등급 I 의 제조소등에 해당하지 아니하는 것
옥외탱크저장소 옥내탱크저장소	소화난이도등급 I 의 제조소등 외의 것
옥외저장소	• 덩어리 상태의 유황을 저장하는 것으로서 경계표시 내부의 면적이 5m² 이상 100m² 미만인 것 • 지정수량의 10배 이상 100배 미만인 것 • 지정수량의 100배 이상인 것
주유취급소	옥내주유취급소로서 소화난이도등급 I 의 제조소등에 해당하지 아니하는 것
판매취급소	제2종 판매취급소

2) 소화난이도등급 Ⅱ의 제조소등에 설치하여야 하는 소화설비

구분	소화설비
제조소, 옥내저장소 옥외저장소, 주유취급소, 판매취급소, 일반취급소	방사능력범위 내에 당해 건축물, 그 밖의 공작물 및 위험물이 포함되도록 대형수동식 소화기를 설치하고, 당해 위험물의 소요단위의 1/5 이상에 해당되는 능력단위의 소형 수동식 소화기 등을 설치할 것
옥외탱크저장소 옥내탱크저장소	대형 수동식 소화기 및 소형 수동식 소화기 등을 각각 1개 이상 설치할 것

3 소화난이도등급 Ⅲ의 제조소등 및 소화설비

1) 소화난이도등급 Ⅲ에 해당하는 제조소등

제조소등의 구분	제조소등의 규모, 저장 또는 취급하는 위험물의 품명 및 최대수량 등
제조소 일반취급소	소화난이도등급Ⅰ 또는 소화난이도등급Ⅱ의 제조소등에 해당하지 아니하는 것
옥내저장소	소화난이도등급Ⅰ 또는 소화난이도등급Ⅱ의 제조소등에 해당하지 아니하는 것
지하 탱크저장소 간이 탱크저장소 이동 탱크저장소	모든 대상
옥외저장소	• 덩어리 상태의 유황을 저장하는 것으로서 경계표시 내부의 면적이 $5m^2$ 미만인 것 • 덩어리 상태의 유황 외의 것을 저장하는 것으로서 소화난이도등급Ⅰ 또는 소화난이도등급Ⅱ의 제조소등에 해당하지 아니하는 것
주유취급소	옥내주유취급소 외의 것으로서 소화난이도등급 Ⅰ의 제조소등에 해당하지 아니하는 것
제1종 판매취급소	모든 대상

2) 소화난이도등급 Ⅲ의 제조소등에 설치하여야 하는 소화설비

구분	소화설비	설치기준	
지하 탱크저장소	소형 수동식 소화기 등	능력단위의 수치가 3 이상	2개 이상
이동 탱크저장소	자동차용 소화기	• 무상의 강화액 8L 이상 • 이산화탄소 3.2kg 이상 • 일브롬화일염화이플루오르화메탄(CF_2ClBr) 2L 이상 • 일브롬화삼플루오르화메탄(CF_3Br) 2L 이상 • 이브롬화사플루화메탄($C_2F_4BR_2$) 1L 이상 • 소화분말 3.3kg 이상	2개 이상
	마른 모래 및 팽창질석 또는 팽창진주암	• 마른 모래 150L 이상 • 팽창질석 또는 팽창진주암 640L 이상	
그 밖의 제조소등	소형 수동식 소화기 등	능력단위의 수치가 건축물 그 밖의 공작물 및 위험물의 소요단위의 수치에 이르도록 설치할 것	

03 소화설비의 적응성

소화설비의 구분			대상물 구분											
			건축물 · 그 밖의 공작물	전기설비	제1류 위험물		제2류위험물			제3류 위험물		제4류 위험물	제5류 위험물	제6류 위험물
					알칼리금속과산화물 등	그 밖의 것	철분 · 금속분 · 마그네슘 등	인화성 고체	그 밖의 것	금수성 물품	그 밖의 것			
옥내소화전 또는 옥외소화전설비			○			○		○	○		○		○	○
스프링클러설비			○			○		○	○		○	△	○	○
물분무등 소화설비	물분무소화설비		○	○		○		○	○		○	○	○	○
	포소화설비		○			○		○	○		○	○	○	○
	불활성가스소화설비			○				○				○		
	할로겐화물소화설비			○				○				○		
	분말소화설비	인산염류 등	○	○		○		○	○			○		○
		탄산수소염류 등		○	○		○	○		○		○		
		그 밖의 것			○		○			○				
대형 · 소형 수동식 소화기	봉상수(棒狀水)소화기		○			○		○	○		○		○	○
	무상수(霧狀水)소화기		○	○		○		○	○		○		○	○
	봉상강화액소화기		○			○		○	○		○		○	○
	무상강화액소화기		○	○		○		○	○		○	○	○	○
	포소화기		○			○		○	○		○	○	○	○
	이산화탄소소화기			○				○				○		△
	할로겐화물소화기			○				○				○		
	분말소화기	인산염류소화기	○	○		○		○	○			○		○
		탄산수소염류소화기		○	○		○	○		○		○		
		그 밖의 것			○		○			○				
기타	물통 또는 수조		○			○		○	○		○		○	○
	건조사				○	○	○	○	○	○	○	○	○	○
	팽창질석 또는 팽창진주암				○	○	○	○	○	○	○	○	○	○

[비고] • "○" 표시 : 소화설비가 적응성이 있음
• "△" 표시 : 제4류 위험물 소화에서 살수밀도가 기준 이상인 경우, 적응성이 있음
• "△" 표시 : 제6류 위험물 소화에서 폭발의 위험이 없는 장소에 한하여 적응성이 있음

「위험물안전관리법령」상 스프링클러설비가 제4류 위험물에 대하여 적응성을 갖는 경우는?

소화설비의 적응성에서 스프링클러설비가 제4류 위험물에 대하여 적응성을 갖는 경우는 살수밀도가 일정수치 이상인 경우에 한하여 적응성이 있다.

위험물별로 설치하는 소화설비 중 적응성이 없는 것과 연결된 것은?

① 제3류 위험물 중 금수성 물질 이외의 것 – 할로겐화물소화설비, 이산화탄소소화설비
② 제4류 위험물 – 물분무소화설비, 이산화탄소소화설비
③ 제5류 위험물 – 포소화설비, 스프링클러설비
④ 제6류 위험물 – 옥내소화전설비, 물분무소화설비

본문 참조

/정답/ ①

「위험물안전관리법령」상 할로겐화물소화기가 적응성이 있는 위험물은?

① 나트륨
② 질산메틸
③ 이황화탄소
④ 과산화나트륨

① 제3류 위험물(금수성물품)
② 제5류 위험물(질산에스테르류)
③ 제4류 위험물(특수인화물)
④ 제1류 위험물(알칼리금속과산화물 등)

/정답/ ③

「위험물안전관리법령」에 따른 소화설비의 적응성에 관한 다음 내용 중 ( ) 안에 적합한 내용은?

> 제6류 위험물을 저장 또는 취급하는 장소로서 폭발의 위험이 없는 장소에 한하여 ( )가(이) 제6류 위험물에 대하여 적응성이 있다.

① 할로겐화물소화기
② 분말소화기 – 탄산수소염류소화기
③ 분말소화기 – 그 밖의 것
④ 이산화탄소소화기

제6류 위험물을 저장 또는 취급하는 장소로서 폭발의 위험이 없는 장소에 한하여 이산화탄소가 적응성이 있다(적응성표에는 △로 표시됨).

/정답/ ④

04 전기설비 및 소요단위와 능력단위

1 전기설비의 소화설비

제조소등에 전기설비(전기배선, 조명기구 등은 제외)가 설치된 경우에는 당해 장소의 면적 $100m^2$마다 소형 수동식 소화기를 1개 이상 설치한다.

2 소요단위

소화설비의 설치대상이 되는 건축물 그 밖의 공작물의 규모 또는 위험물 양의 기준단위이다.

▼ 1소요단위의 기준

구분	외벽이 내화구조인 것	외벽이 내화구조가 아닌 것
제조소 또는 취급소	연면적 $100m^2$	연면적 $50m^2$
저장소	연면적 $150m^2$	연면적 $75m^2$
위험물	지정수량 10배$\left(소요단위 = \frac{저장수량}{지정수량 \times 10배}\right)$	
옥외에 설치된 공작물(제조소등)	외벽이 내화구조인 것으로 간주하고 공작물의 최대수평투영면적을 연면적으로 간주하여 소요단위를 산정할 것	

「위험물안전관리법령」상 연면적이 $450m^2$인 저장소의 건축물 외벽이 내화구조가 아닌 경우 저장소의 소화기 소요단위는?

- 내화구조 : $\frac{450}{150}=3$(단위)
- 내화구조가 아닌 경우 : $\frac{450}{75}=6$(단위)

메틸알코올 8,000L에 대한 소화능력으로 삽을 포함한 마른 모래를 몇 L 설치하여야 하는가?

① 100 ② 200
③ 300 ④ 400

메틸알코올 소요단위$=\frac{저장수량}{지정수량 \times 10배}=\frac{8,000}{400 \times 10}=2$
마른 모래(50L)의 능력단위가 0.5이고, 메틸알코올 소요단위가 2였으므로, 필요한 마른 모래의 양은 $50L \times 4 = 200L$가 된다.

/정답/ ②

3 능력단위

능력단위는 소요단위에 대응하는 소화설비의 소화능력 기준단위를 말한다.

예 A－2에서 A는 일반화재(화재의 종류), 2는 능력단위를 의미한다.

▼ 소화설비의 능력단위

소화설비	용량(L)	능력단위
소화전용 물통	8	0.3
수조(소화전용물통 3개 포함)	80	1.5
수조(소화전용물통 6개 포함)	190	2.5
마른 모래(삽 1개 포함)	50	0.5
팽창질석 또는 팽창진주암(삽 1개 포함)	160	1.0

05 각종 소화설비

1 옥내소화전설비

1) 설치기준

① 개폐밸브 및 호스접속구는 지반면으로부터 1.5m 이하의 높이에 설치한다.

② 제조소등의 건축물의 층마다 당해 층의 각 부분에서 하나의 호스접속구까지의 수평거리가 25m 이하가 되도록 설치하고, 각 층의 출입구 부근에 1개 이상 설치한다.

③ 수원의 수량은 옥내소화전이 가장 많이 설치된 층의 옥내소화전 설치개수(설치개수가 5개 이상인 경우는 5개)에 7.8m^{3}를 곱한 양 이상이 되도록 설치한다.

④ 각 노즐선단의 방수압력이 350kPa 이상이고 방수량이 1분당 260L 이상의 성능이 되도록 한다.

⑤ 옥내소화전설비의 설치의 표시

- 옥내소화전함에는 그 표면에 "소화전"이라고 표시한다.
- 옥내소화전함의 상부의 벽면에 적색의 표시등을 설치하되, 당해 표시등의 부착면과 15° 이상의 각도가 되는 방향으로 10m 떨어진 곳에서 용이하게 식별이 가능하도록 한다.
- 가압송수장치의 시동을 알리는 표시등(시동표시등)은 적색으로 하고 옥내소화전함의 내부 또는 그 직근의 장소에 설치한다.

⑥ 비상전원의 용량은 옥내소화전설비를 유효하게 45분 이상 작동시키는 것이 가능하게 한다.

⑦ 배관은 배관용 탄소 강관(KS D 3507)을 사용하고, 주 배관 중 입상배관은 50mm(호스릴 : 32mm) 이상으로 한다.

2) 옥내소화전설비의 가압송수장치

(1) 고가수조를 이용

① 낙차(수조의 하단으로부터 호스접속구까지의 수직거리)는 다음 식에 의하여 구한 수치 이상으로 한다.

$$H = h1 + h2 + 35\text{m}$$

여기서, H : 필요낙차(m)
$h1$: 소방용 호수의 마찰손실수두(m)
$h2$: 배관의 마찰손실수두(m)

② 고가수조에는 수위계, 배수관, 오버플로우용 배수관, 보급수관 및 맨홀을 설치한다.

(2) 압력수조를 이용

① 압력수조의 압력은 다음 식에서 구한 수치 이상으로 한다.

$$P = p1 + p2 + p3 + 0.35\text{MPa}$$

여기서, P : 필요한 압력(MPa)
$p1$: 소방용호스의 마찰손실수두압(MPa)
$p2$: 배관의 마찰손실수두압(MPa)
$p3$: 낙차의 환산수두압(MPa)

② 압력수조의 수량은 당해 압력수조 체적의 2/3 이하이어야 한다.
③ 압력수조에는 압력계, 수위계, 배수관, 보급수관, 통기관 및 맨홀을 설치한다.

(3) 펌프를 이용

① 펌프의 토출량은 옥내소화전의 설치개수가 가장 많은 층에 대해 당해 설치개수(설치개수가 5개 이상인 경우에는 5개로 한다)에 260L/min을 곱한 양 이상이 되도록 한다.
② 펌프의 전양정은 다음 식에서 구한 수치 이상으로 한다.

$$H = h1 + h2 + h3 + 35\text{m}$$

여기서, H : 펌프의 전양정(m)
$h1$: 소방용 호스의 마찰손실수두(m)
$h2$: 배관의 마찰손실수두(m)
$h3$: 낙차(m)

③ 펌프의 토출량이 정격토출량의 150%인 경우에는 전양정은 정격전양정의 65% 이상이어야 한다.
④ 가압송수장치에는 당해 옥내소화전의 노즐선단에서 방수압력이 0.7MPa을 초과하지 않도록 한다.

「위험물안전관리법령」에서 규정하고 있는 옥내소화전설비의 설치기준에 관한 내용 중 옳은 것은? (최근 2)

① 제조소등 건축물의 층마다 당해 층의 각 부분에서 하나의 호스접속구까지의 수평거리가 25m 이하가 되도록 설치한다.
② 수원의 수량은 옥내소화전이 가장 많이 설치된 층의 옥내소화전 설치개수(설치개수가 5개 이상인 경우는 5개)에 18.6m^3를 곱한 양 이상이 되도록 설치한다.
③ 옥내소화전설비는 각 층을 기준으로 하여 당해 층의 모든 옥내소화전(설치개수가 5개 이상인 경우는 5개의 옥내소화전)을 동시에 사용할 경우에 각 노즐선단의 방수압력이 170kPa 이상의 성능이 되도록 한다.
④ 옥내소화전설비는 각 층을 기준으로 하여 당해 층의 모든 옥내소화전(설치개수가 5개 이상인 경우는 5개의 옥내소화전)을 동시에 사용할 경우에 각 노즐선단의 방수량이 1분당 130L 이상의 성능이 되도록 한다.

② 7.8m^3를 곱한 양 이상이 되도록 설치할 것
③ 노즐선단의 방수압력이 350kPa 이상일 것
④ 방수량이 1분당 260L 이상일 것

/정답/ ①

2 옥외소화전설비

① 개폐밸브 및 호스접속구는 지반면으로부터 1.5m 이하의 높이에 설치한다.
② 옥외소화전함은 옥외소화전으로부터 보행거리 5m 이하의 장소에 설치한다.
③ 건축물의 1층 및 2층 부분만을 방사능력범위로 하고 건축물의 지하층 및 3층 이상의 층에 대하여 다른 소화설비를 설치한다.
④ 호스접속구까지의 수평거리가 40m 이하가 되도록 설치한다.
⑤ 수원의 수량은 옥외소화전의 설치개수(최대 4개))에 13.5m^3를 곱한 양 이상이 되도록 설치한다.
⑥ 각 노즐선단의 방수압력이 350kPa 이상이고, 방수량이 1분당 450L 이상의 성능이 되도록 한다.
⑦ 비상전원의 용량은 옥내소화전설비를 유효하게 45분 이상 작동시키는 것이 가능하게 한다.

위험물제조소에 옥외소화전이 5개 설치되어 있다. 이 경우 확보하여야 하는 수원의 법정 최소량은 몇 m^3인가?

수원의 수량 : 설치개수(최대 4) × 13.5m^3
∴ $4 \times 13.5 = 54m^3$ 이상

3 스프링클러설비

1) 스프링클러설비의 장단점

① 화재의 초기 진압에 효율적이다.
② 사용 약제를 쉽게 구할 수 있다.
③ 자동으로 화재를 감지하고 소화할 수 있다.
④ 다른 소화설비보다 구조가 복잡하고, 시설비가 크다.

2) 설치기준

① 스프링클러헤드는 방호대상물의 천장 또는 건축물의 최상부 부근에 설치하되, 방호대상물의 각 부분에서 하나의 스프링클러헤드까지의 수평거리가 1.7m 이하가 되도록 설치한다.
② 개방형 스프링클러헤드를 이용한 스프링클러설비의 방사구역은 150m^2 이상으로 한다.

③ 수원의 양
- 개방형 스프링클러헤드 : 가장 많이 설치된 방사구역의 스프링클러헤드 설치개수에 2.4m^3를 곱한 양 이상이 되도록 설치한다.
- 폐쇄형 스프링클러헤드 : 30개(헤드의 설치개수가 30 미만인 경우에는 그 설치개수)에 2.4m^3를 곱한 양 이상이 되도록 설치한다.

④ 방사압력은 100kPa 이상, 방수량은 80L/min 이상이어야 한다.
⑤ 제어밸브의 설치높이는 바닥으로부터 0.8m 이상 1.5m 이하로 한다.
⑥ 소화작용으로 질식작용, 희석작용, 냉각작용 등이 있다.

3) 스프링클러헤드의 종류

(1) 개방형 스프링클러헤드

① 방호대상물의 모든 표면이 헤드의 유효사정 내에 있도록 설치한다.
② 헤드의 반사판으로부터 하방으로 0.45m, 수평방향으로 0.3m의 공간을 보유한다.
③ 헤드는 헤드의 축심이 당해 헤드의 부착면에 대하여 직각이 되도록 설치한다.

(2) 폐쇄형 스프링클러헤드

① 헤드의 반사판과 당해 헤드의 부착면과의 거리는 0.3m 이하이어야 한다.
② 헤드는 당해 헤드의 부착면으로부터 0.4m 이상 돌출한 보 등에 의하여 구획된 부분마다 설치한다(다만, 당해 보 등의 상호 간의 거리가 1.8m 이하인 경우는 그러하지 아니하다).
③ 급배기용 덕트 등의 긴 변의 길이가 1.2m를 초과하는 것이 있는 경우에는 당해 덕트 등의 아랫면에도 스프링클러헤드를 설치한다.

④ 스프링클러헤드의 부착위치

- 가연성 물질을 수납하는 부분에 스프링클러헤드를 설치하는 경우 : 당해 헤드의 반사판으로부터 하방으로 0.9m, 수평방향으로 0.4m의 공간을 보유한다.
- 개구부에 설치하는 스프링클러헤드 : 당해 개구부의 상단으로부터 높이 0.15m 이내의 벽면에 설치한다.

⑤ 건식 또는 준비작동식의 유수검지장치의 2차 측에 설치하는 스프링클러헤드는 상향식 스프링클러헤드로 한다.

⑥ 스프링클러헤드는 그 부착장소의 평상시의 최고주위온도에 따라 다음 표에 정한 표시온도를 갖는 것을 설치한다.

부착장소의 최고주위온도(단위 ℃)	표시온도(단위 ℃)
28 미만	58 미만
28 이상 39 미만	58 이상 79 미만
39 이상 64 미만	79 이상 121 미만
64 이상 106 미만	121 이상 162 미만
106 이상	162 이상

「위험물안전관리법령」상 스프링클러헤드는 부착장소의 평상시 최고주위온도가 28℃ 미만인 경우 몇 ℃의 표시온도를 갖는 것을 설치하여야 하는가?

① 58 미만　② 58 이상 79 미만
③ 79 이상 121 미만　④ 121 이상 162 미만

본문 참조

/정답/ ①

4 물분무소화설비

① 분무헤드의 개수 및 배치

- 분무헤드로부터 방사되는 물분무에 의하여 방호대상물의 모든 표면을 유효하게 소화할 수 있도록 설치한다.
- 방호대상물의 표면적 1m²당 표준방사량을 방사할 수 있도록 설치한다.

② 방사구역은 150m² 이상(방호대상물의 표면적이 150m² 미만인 경우에는 당해 표면적)으로 한다.

③ 수원의 수량은 당해 방사구역의 표면적 1m²당 1분당 20L의 비율로 계산한 양으로 30분간 방사할 수 있는 양 이상이 되도록 설치한다.

④ 선단의 방사압력이 350kPa 이상으로 표준방사량을 방사할 수 있는 성능이 되도록 한다.

⑤ 고압의 전기설비가 있는 장소에는 당해 전기설비와 분무헤드 및 배관과의 사이에 전기절연을 위하여 필요한 공간을 보유한다.
⑥ 물분무소화설비에 2 이상의 방사구역을 두는 경우에는 화재를 유효하게 소화할 수 있도록 인접하는 방사구역이 상호 중복되도록 한다.
⑦ 스트레이너 및 일제개방밸브는 제어밸브의 하류 측 부근에 스트레이너, 일제개방밸브의 순으로 설치한다.
⑧ 수원의 수위가 수평회전식 펌프보다 낮은 위치에 있는 가압송수장치의 물올림장치는 타 설비와 겸용하여 설치하지 않는다.
⑨ 제어밸브의 설치높이는 바닥으로부터 0.8m 이상 1.5m 이하로 한다.
⑩ 비상전원을 설치한다.

위험물제조소등에 설치해야 하는 각 소화설비의 설치기준에 있어서 각 노즐 또는 헤드선단의 방사압력 기준이 나머지 셋과 다른 설비는?

① 옥내소화전설비　② 옥외소화전설비
③ 스프링클러설비　④ 물분무소화설비

방사압력
- 스프링클러설비 : 0.1MPa(100kPa) 이상
- 옥내소화전설비, 옥외소화전설비, 물분무소화설비 : 0.35MPa(350kPa) 이상

/정답/ ③

5 포소화설비

1) 포소화약제 혼합장치

물과 포소화약제를 혼합하여 규정농도의 포수용액을 제조하는 기기적인 장치이다.

(1) 펌프 프로포셔너 방식(Pump Proportioner Type)

펌프의 토출관과 흡입관 사이의 배관 도중에 설치된 흡입기에 펌프에서 토출된 물의 일부를 보내고 농도조절밸브에서 조정된 포소화약제의 필요량을 포소화약제 탱크에서 펌프 흡입 측으로 보내어 이를 혼합하는 방식이다.

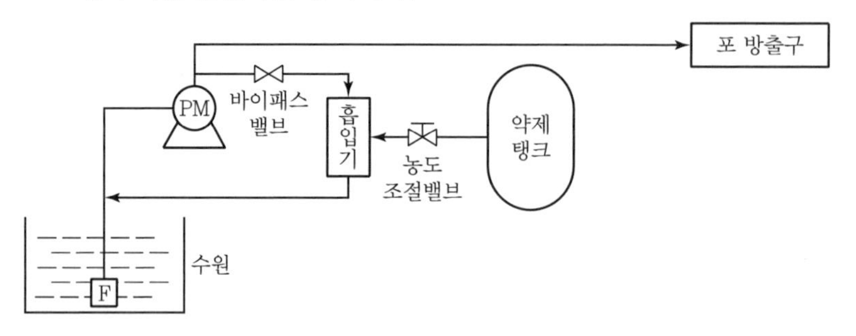

(2) 라인 프로포셔너 방식(Line Proportioner Type)

펌프와 발포기 중간에 설치된 벤투리관의 벤투리작용에 의해 포소화약제를 흡입 · 혼합하는 방식이다.

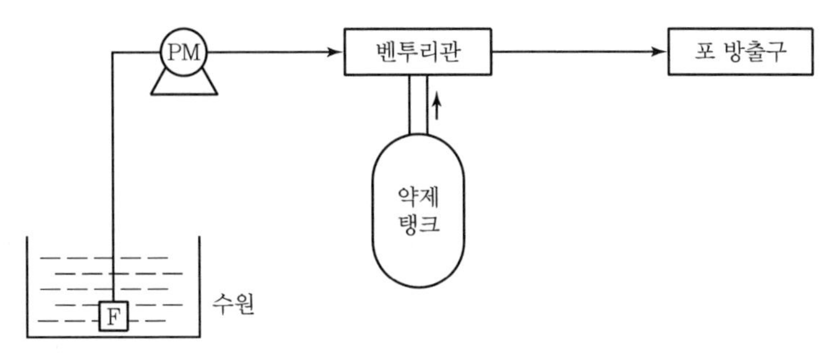

(3) 프레셔 프로포셔너 방식(Pressure Proportioner Type)

펌프와 발포기 중간에 설치된 벤투리관의 벤투리작용과 펌프가압수의 포소화약제 저장탱크에 대한 압력에 의하여 포소화약제를 흡입 혼합하는 방식이다.

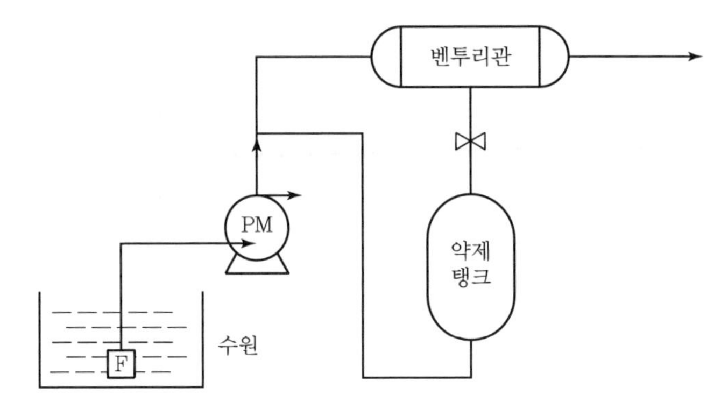

(4) 프레셔 사이드 프로포셔너 방식(Pressure Side Proportioner Type)

펌프의 토출관에 압입기를 설치하여 포소화약제 압입용 펌프로 포소화약제를 압입시켜 혼합하는 방식이다.

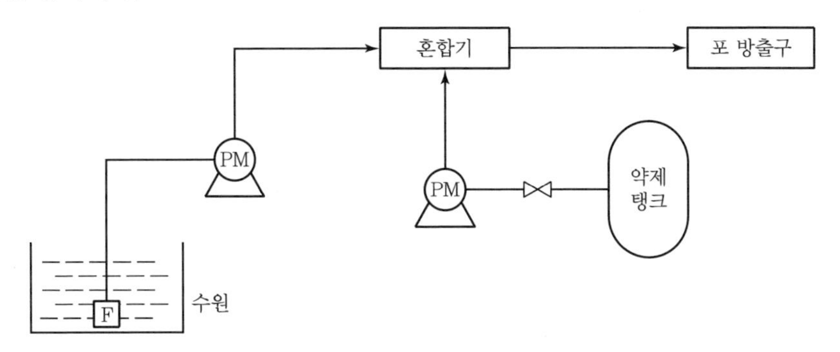

2) 탱크에 설치하는 고정식 포소화설비의 포방출구

구분	포방출구의 형태	포주입법
고정지붕구조의 탱크	Ⅰ형 방출구	상부포주입법
(부상덮개부착) 고정지붕구조	Ⅱ형 방출구	
고정지붕구조의 탱크	Ⅲ형 방출구	저부포주입법
	Ⅳ형 방출구	
부상지붕구조의 탱크	특형 방출구	상부포주입법

※ 상부포주입법 : 고정포방출구를 탱크 옆판의 상부에 설치하여 액표면상에 포를 방출하는 방법
※ 저부포주입법 : 탱크의 액면하에 설치된 포방출구로부터 포를 탱크 내에 주입하는 방법

3) 보조포소화전의 기준

① 각각의 보조포소화전 상호 간의 보행거리가 75m 이하가 되도록 설치한다.
② 보조포소화전은 3개의 노즐을 동시에 사용할 경우, 노즐선단의 방사압력이 0.35MPa 이상이고 방사량이 400L/min 이상의 성능이 되도록 설치한다.

4) 포헤드방식의 포헤드의 기준

① 방호대상물의 표면적 9m^{2}당 1개 이상의 헤드를, 방호대상물의 표면적 1m^{2}당의 방사량이 6.5L/min 이상의 비율로 계산한 양의 포수용액을 표준방사량으로 방사할 수 있도록 설치한다.
② 방사구역은 100m^2 이상으로 한다.

5) 포모니터 노즐

① 옥외저장탱크 또는 이송취급소의 펌프설비 등이 안벽, 부두, 해상구조물, 그 밖의 이와 유사한 장소에 설치되어 있는 경우에 당해 장소의 끝선(해면과 접하는 선)으로부터 수평거리 15m 이내의 해면 및 주입구 등 위험물취급설비의 모든 부분이 수평방사거리 내에 있도록 설치한다. 이 경우에 그 설치개수가 1개인 경우에는 2개로 한다.
② 모든 노즐을 동시에 사용할 경우에 각 노즐선단의 방사량이 1,900L/min 이상이고 수평방사거리가 30m 이상이 되도록 설치한다.

6) 기타 사항

제4류 위험물을 저장 또는 취급하는 탱크에 포소화설비를 설치하는 경우에는 고정식 포소화설비를 설치한다.

Q 다음 그림은 포소화설비의 소화약제 혼합장치이다. 이 혼합방식의 명칭은?

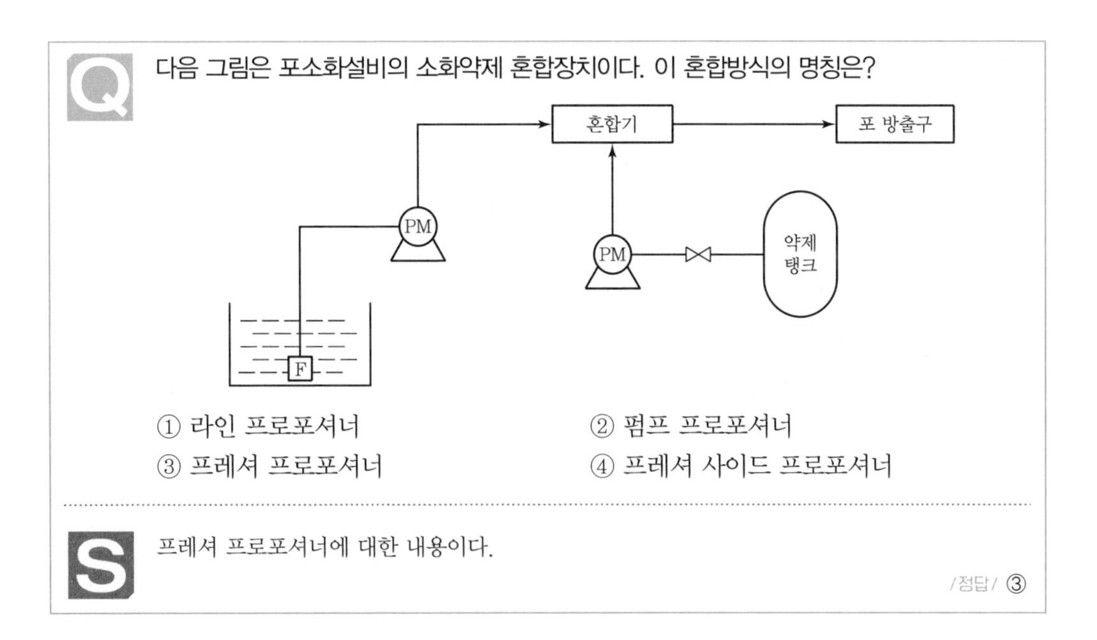

① 라인 프로포셔너
② 펌프 프로포셔너
③ 프레셔 프로포셔너
④ 프레셔 사이드 프로포셔너

S 프레셔 프로포셔너에 대한 내용이다.

/정답/ ③

6 분말소화설비

1) 전역방출방식

① 분말소화약제의 가압용 가스로는 질소 또는 이산화탄소를 사용한다.
② 분사헤드는 방사된 소화약제가 방호구역의 전역에 균일하고 신속하게 확산할 수 있도록 설치한다.
③ 분사헤드의 방사압력은 0.1MPa 이상이어야 한다.
④ 소화약제의 양을 30초 이내에 균일하게 방사한다.

2) 국소방출방식

① 분사헤드는 방호대상물의 모든 표면이 분사헤드의 유효사정 내에 있도록 설치한다.
② 소화약제의 방사에 의하여 위험물이 비산되지 않는 장소에 설치한다.
③ 소화약제의 양을 30초 이내에 균일하게 방사한다.

7 이산화탄소소화설비

1) 전역방출방식

① 방사된 소화약제가 방호구역의 전역에 균일하고 신속하게 방사할 수 있도록 설치한다.
② 분사헤드의 방사압력은 고압식의 것에 있어서는 2.1MPa 이상, 저압식의 것에 있어서는 1.05MPa 이상이어야 한다.
③ 소화약제의 양을 60초 이내에 균일하게 방사한다.

2) 국소방출방식

① 분사헤드는 방호대상물의 모든 표면이 분사헤드의 유효사정 내에 있도록 설치한다.
② 소화약제의 방사에 의해서 위험물이 비산되지 않는 장소에 설치한다.
③ 소화약제의 양을 30초 이내에 균일하게 방사한다.

3) 이산화탄소소화설비 저장용기

(1) 저장용기의 충전비

① 고압식인 경우에는 1.5 이상 1.9 이하
② 저압식인 경우에는 1.1 이상 1.4 이하

(2) 저장용기의 설치기준

① 방호구역 외의 장소에 설치한다.
② 온도가 40℃ 이하이고 온도 변화가 적은 장소에 설치한다.
③ 직사일광 및 빗물이 침투할 우려가 적은 장소에 설치한다.
④ 저장용기에는 안전장치를 설치한다.

(3) 저압식 저장용기

① 액면계 및 압력계를 설치한다.
② 2.3MPa 이상 1.9MPa 이하의 압력에서 작동하는 압력경보장치를 설치한다.
③ 용기 내부의 온도를 영하 20℃ 이상 영하 18℃ 이하로 유지할 수 있는 자동냉동기를 설치한다.
④ 파괴판 및 방출밸브를 설치한다.

(4) 기동용 가스용기

① 25MPa 이상의 압력에 견딜 수 있는 것이어야 한다.
② 내용적은 1L 이상으로 하고 당해 용기에 저장하는 이산화탄소의 양은 0.6kg 이상으로 하되 그 충전비는 1.5 이상이어야 한다.
③ 안전장치 및 용기밸브를 설치한다.

이산화탄소소화설비의 기준에서 전역방출방식의 분사헤드의 방사압력은 저압식의 것에 있어서는 1.05MPa 이상이어야 한다고 규정하고 있다. 이때 저압식의 것은 소화약제가 몇 ℃ 이하의 온도로 용기에 저장되어 있는 것을 말하는가?

이산화탄소소화설비의 기준에서 저압식의 것은 소화약제가 −18℃ 이하의 온도로 저장되어 있어야 한다.

8 할로겐화물소화설비

1) 전역방출방식

① 방사된 소화약제가 방호구역의 전역에 균일하고 신속하게 확산할 수 있도록 설치한다.

② 분사헤드의 방사압력은 하론 2402를 방사하는 것은 0.1MPa 이상, 하론 1211을 방사하는 것은 0.2MPa 이상, 하론 1301을 방사하는 것은 0.9MPa 이상이어야 한다.

③ 소화약제의 양을 30초 이내에 균일하게 방사한다.

④ 방호구역의 체적 1m^{3}당 소화약제의 양

소화약제의 종류	소화약제의 양(kg)
하론 2402	0.40
하론 1211	0.36
하론 1301	0.32

2) 국소방출방식

① 분사헤드는 방호대상물의 모든 표면이 분사헤드의 유효사정 내에 있도록 설치한다.

② 소화약제의 방사에 의하여 위험물이 비산되지 않는 장소에 설치한다.

③ 소화약제의 양을 30초 이내에 균일하게 방사한다.

9 불활성가스소화설비

1) 전역방출방식

분사헤드는 불연재료의 벽 · 기둥 · 바닥 · 보 및 지붕으로 구획되고 방호구역에 당해 부분의 용적 및 방호대상물의 성질에 따라 표준방사량으로 방호대상물의 화재를 유효하게 소화할 수 있도록 필요한 개수를 적당한 위치에 설치한다.

2) 국소방출방식

분사헤드는 방호대상물의 형상, 구조, 성질, 수량 또는 취급방법에 따라 방호대상물에 이산화탄소소화약제를 직접 방사하여 표준방사량으로 방호대상물의 화재를 유효하게 소화할 수 있도록 필요한 개수를 적당한 위치에 설치한다.

3) 이동식 불활성가스소화설비

호스접속구는 모든 방호대상물에 대하여 당해 방호 대상물의 각 부분으로부터 하나의 호스접속구까지의 수평거리가 15m 이하가 되도록 설치한다.

06 경보설비

지정수량의 10배 이상의 위험물을 저장 또는 취급하는 제조소등(이동탱크저장소를 제외)에는 경보설비를 설치하며, 종류로는 자동화재탐지설비, 비상경보설비(비상벨장치 또는 경종 포함), 확성장치(휴대용 확성기 포함), 비상방송설비, 누전경보기, 시각경보기, 가스누설경보기, 통합감시시설 등으로 구분한다.

1 제조소등의 경보설비 설치기준

제조소등의 구분	제조소등의 규모, 저장 또는 취급하는 위험물의 종류 및 최대수량 등	경보설비
제조소 및 일반취급소	• 연면적 500m² 이상인 것 • 옥내에서 지정수량의 100배 이상을 취급하는 것(고인화점 위험물만을 100℃ 미만의 온도에서 취급하는 것을 제외한다)	자동화재탐지설비
옥내저장소	• 지정수수량의 100배 이상을 저장 또는 취급하는 것 • 저장창고의 연면적이 150m²를 초과하는 것 • 처마높이가 6m 이상인 단층건물의 것	
옥내탱크저장소	단층 건물 외의 건축물에 설치된 옥내탱크저장소로서 소화난이도등급 I 에 해당하는 것	
주유취급소	옥내주유취급소	
자동화재탐지설비 설치 대상에 해당하지 아니하는 제조소등	지정수량의 10배 이상을 저장 또는 취급하는 것	자동화재탐지설비, 비상경보설비, 확성장치 또는 비상방송설비 중 1종 이상

2 자동화재탐지설비의 설치기준

① 자동화재탐지설비의 경계구역은 건축물 그 밖의 공작물의 2 이상의 층에 걸치지 아니하도록 한다. 다만, 하나의 경계구역의 면적이 500m² 이하이면서 당해 경계구역이 두 개의 층에 걸치는 경우이거나 계단 · 경사로 · 승강기의 승강로 그 밖에 이와 유사한 장소에 연기감지기를 설치하는 경우에는 그러하지 아니하다.

② 하나의 경계구역의 면적은 600m² 이하로 하고 그 한 변의 길이는 50m(광전식분리형 감지기를 설치할 경우에는 100m) 이하로 한다. 다만, 당해 건축물 그 밖의 공작물의 주요한 출입구에서 그 내부의 전체를 볼 수 있는 경우에 있어서는 그 면적을 1,000m² 이하로 할 수 있다.

③ 감지기는 지붕 또는 벽의 옥내에 면한 부분에 유효하게 화재의 발생을 감지할 수 있도록 설치한다.
④ 비상전원을 설치한다.

3 이송취급소에는 비상벨장치, 확성장치의 경보설비 설치

옥내저장소에서 지정수량의 몇 배 이상을 저장 또는 취급할 때 자동화재탐지설비를 설치하여야 하는가?(단, 원칙적인 경우에 한한다.)

① 지정수량의 10배 이상을 저장 또는 취급할 때
② 지정수량의 50배 이상을 저장 또는 취급할 때
③ 지정수량의 100배 이상을 저장 또는 취급할 때
④ 지정수량의 150배 이상을 저장 또는 취급할 때

옥내저장소에서 지정수량의 100배 이상을 저장 또는 취급하는 곳에는 자동화재탐지설비를 설치한다.

/정답/ ③

07 피난설비

1 피난설비의 종류

① **피난기구** : 피난사다리, 피난교, 미끄럼대, 완강기 등이 있다.
② **인명구조기구** : 방열복, 공기호흡기, 인공소생기 등이 있다.
③ **기타** : 방화복, 유도등, 유도표지, 비상조명등, 휴대용비상조명등 등이 있다.

2 피난설비의 설치기준

① 주유취급소 중 건축물의 2층 이상의 부분을 점포 · 휴게음식점 또는 전시장의 용도로 사용하는 것에 있어서는 당해 건축물의 2층 이상으로부터 주유취급소의 부지 밖으로 통하는 출입구와 당해 출입구로 통하는 통로 · 계단 및 출입구에 유도등을 설치한다.
② 옥내주유취급소에 있어서는 당해 사무소 등의 출입구 및 피난구와 당해 피난구로 통하는 통로 · 계단 및 출입구에 유도등을 설치한다.
③ 유도등에는 비상전원을 설치한다.

피난동선의 특징이 아닌 것은?

① 가급적 지그재그의 복잡한 형태가 좋다.
② 수평동선과 수직동선으로 구분한다.
③ 2개 이상의 방향으로 피난할 수 있어야 한다.
④ 가급적 상호 반대방향으로 다수의 출구와 연결되는 것이 좋다.

① 피난동선은 가급적 단순한 형태가 좋다.

/정답/ ①

「위험물안전관리법령」에 따라 다음 (　　) 안에 알맞은 용어는?

> 주유취급소 중 건축물의 2층 이상의 부분을 점포, 휴게음식점 또는 전시장의 용도로 사용하는 것에 있어서는 당해 건축물의 2층 이상으로부터 직접 주유취급소의 부지 밖으로 통하는 출입구와 당해 출입구로 통하는 통로, 계단 및 출입구에 (　　)을(를) 설치하여야 한다.

본문 참조

옥내주유취급소에 있어서는 당해 사무소 등의 출입구 및 피난구와 당해 피난구로 통하는 통로 · 계단 및 출입구에 무엇을 설치해야 하는가?

① 화재감지기　　② 스프링클러
③ 자동화재 탐지설비　　④ 유도등

본문 참조

/정답/ ④

예·상·문·제

1 용어의 정의

01 다음 중 위험물안전관리법에 따른 소화설비의 구분에서 "물분무등 소화설비"에 속하지 않는 것은? (최근 3)

① 이산화탄소소화설비
② 포소화설비
③ 스프링클러설비
④ 분말소화설비

해설

물분무등 소화설비의 종류
물분무소화설비, 포소화설비, 이산화탄소소화설비, 할로겐화물소화설비, 분말소화설비

02 다음 중 위험물제조소등에 설치하는 경보설비에 해당하는 것은?

① 피난사다리　② 확성장치
③ 완강기　④ 구조대

해설

①, ③, ④ 피난설비

03 다음 중 화재 시 발생하는 열, 연기, 불꽃 또는 연소생성물을 자동적으로 감지하여 수신기에 발신하는 장치는?

① 중계기　② 감지기
③ 송신기　④ 발신기

해설

감지기에 대한 설명이다.

2 소화난이도등급

04 위험물제조소등의 소화설비의 기준에 관한 설명으로 옳은 것은?

① 제조소등 중에서 소화난이도등급 Ⅰ, Ⅱ 또는 Ⅲ의 어느 것에도 해당하지 않는 것도 있다.
② 옥외탱크저장소의 소화난이도등급을 판단하는 기준 중 탱크의 높이는 기초를 제외한 탱크 측판의 높이를 말한다.
③ 제조소의 소화난이도등급을 판단하는 기준 중 면적에 관한 기준은 건축물 외에 설치된 것에 대해서는 수평 투영면적을 기준으로 한다.
④ 제4류 위험물을 저장 · 취급하는 제조소등에도 스프링클러소화설비가 적응성이 인정되는 경우가 있으며 이는 수원의 수량을 기준으로 판단한다.

해설

② 옥외탱크저장소의 소화난이도등급을 판단하는 기준 중 탱크의 높이는 기초를 포함한 탱크 측판의 높이를 말한다.
③ 제조소의 소화난이도등급을 판단하는 기준 중 면적에 관한 기준은 건축물 외에 설치된 것에 대해서는 내화구조로 개구부 없이 구획된 것을 기준으로 한다.
④ 제4류 위험물을 저장 · 취급하는 제조소등에도 스프링클러소화설비가 적응성이 인정되는 경우가 있으며 이는 살수기준면적에 따른 살수밀도가 정해진 기준으로 판단한다.

05 위험물안전관리법령상 소화난이도등급 Ⅰ에 해당하는 제조소의 연면적 기준은? (최근 1)

① 1,000m^2 이상　② 800m^2 이상
③ 700m^2 이상　④ 500m^2 이상

정답 01 ③ 02 ② 03 ② 04 ① 05 ①

해설

소화난이도등급 Ⅰ(제조소)
- 연면적 1,000m² 이상인 것
- 지정수량의 100배 이상인 것
- 지반면으로부터 6m 이상의 높이에 위험물 취급설비가 있는 것

06 연면적이 1,000m²이고 지정수량이 80배의 위험물을 취급하며 지반면으로부터 5m 높이에 위험물 취급설비가 있는 제조소의 소화난이도 등급은?

① 소화난이도등급 Ⅰ
② 소화난이도등급 Ⅱ
③ 소화난이도등급 Ⅲ
④ 제시된 조건으로 판단할 수 없음

해설

문제 5번 해설 참조

07 소화난이도등급 Ⅰ에 해당하는 위험물제조소등이 아닌 것은?(단, 원칙적인 경우에 한하며 다른 조건은 고려하지 않는다.)

① 모든 이송취급소
② 연면적 600m²의 제조소
③ 지정수량의 150배인 옥내저장소
④ 액표면적이 40m²인 옥외탱크저장소

해설

② 연면적 1,000m² 이상인 제조소

08 벤젠을 저장하는 옥외탱크저장소가 액표면적이 45m²인 경우 소화난이도등급은?

① 소화난이도등급 Ⅰ
② 소화난이도등급 Ⅱ
③ 소화난이도등급 Ⅲ
④ 제시된 조건으로 판단할 수 없음

해설

소화난이도등급 Ⅰ(옥외탱크저장소)
- 액표면적이 40m² 이상인 것
- 지반면으로부터 탱크 옆판의 상단까지 높이가 6m 이상인 것
- 지중탱크 또는 해상탱크로서 지정수량의 100배 이상인 것
- 고체위험물을 저장하는 것으로서 지정수량의 100배 이상인 것

09 소화난이도등급 Ⅰ에 해당하지 않는 제조소 등은?

① 제1석유류 위험물을 제조하는 제조소로서 연면적 1,000m² 이상인 것
② 제1석유류 위험물을 저장하는 옥외탱크저장소로서 액표면적이 40m² 이상인 것
③ 모든 이송취급소
④ 제6류 위험물을 저장하는 암반탱크저장소

해설

소화난이도등급 Ⅰ(암반탱크저장소)
- 액표면적이 40m² 이상인 것(제5류 위험물을 저장하는 것 및 고인화점위험물만을 100℃ 미만의 온도에서 저장하는 것은 제외)
- 고체위험물만을 저장하는 것으로서 지정수량의 100배 이상인 것

10 이송취급소의 소화난이도등급에 관한 설명 중 옳은 것은?

① 모든 이송취급소의 소화난이도는 등급 Ⅰ에 해당한다.
② 지정수량 100배 이상을 취급하는 이송취급소만 소화난이도등급 Ⅰ에 해당한다.
③ 지정수량 200배 이상을 취급하는 이송취급소만 소화난이도등급 Ⅰ에 해당한다.
④ 지정수량 10배 이상의 제4류 위험물을 취급하는 이송취급소만 소화난이도등급 Ⅰ에 해당한다.

정답 06 ① 07 ② 08 ① 09 ④ 10 ①

해설

소화난이도등급 Ⅰ(이송취급소)
모든 대상

11 소화난이도등급 Ⅰ의 옥내탱크저장소에 설치하는 소화설비가 아닌 것은?(단, 인화점이 70℃ 이상인 제4류 위험물만을 저장, 취급하는 장소이다.)

① 물분무소화설비, 고정식 포소화설비
② 이동식 외의 이산화탄소소화설비, 고정식 포소화설비
③ 이동식의 분말소화설비, 스프링클러설비
④ 이동식 외의 할로겐화물소화설비, 물분무소화설비

해설

소화난이도등급 Ⅰ의 옥내탱크저장소의 소화설비

유황만을 저장 · 취급하는 것	물분무소화설비
인화점 70℃ 이상의 제4류 위험물만을 저장 · 취급하는 것	물분무소화설비, 고정식 포소화설비, 이동식 외의 이산화탄소소화설비, 이동식 외의 할로겐화물소화설비 또는 이동식 외의 분말소화설비

12 소화난이도등급 Ⅰ의 옥내탱크저장소(인화점 70℃ 이상의 제4류 위험물만을 저장 · 취급하는 것)에 설치하여야 하는 소화설비가 아닌 것은?

① 고정식 포소화설비
② 이동식 외의 할로겐화물소화설비
③ 스프링클러설비
④ 물분무소화설비

해설

문제 11번 해설 참조

13 소화난이도등급 Ⅰ의 옥내탱크저장소에 유황만을 저장할 경우 설치하여야 하는 소화설비는?

① 물분무소화설비
② 스프링클러설비
③ 포소화설비
④ 이산화탄소소화설비

해설

문제 11번 해설 참조

14 인화점 70℃ 이상의 제4류 위험물을 저장하는 암반탱크저장소에 설치하여야 하는 소화설비들로만 이루어진 것은?(단, 소화난이도등급 Ⅰ에 해당한다.)

① 물분무소화설비 또는 고정식 포소화설비
② 이산화탄소소화설비 또는 물분무소화설비
③ 할로겐화물소화설비 또는 이산화탄소소화설비
④ 고정식 포소화설비 또는 할로겐화물소화설비

해설

소화난이도등급 Ⅰ의 암반탱크저장소의 소화설비

인화점 70℃ 이상의 제4류 위험물만을 저장 · 취급하는 것	물분무소화설비 또는 고정식 포소화설비

15 옥외탱크저장소의 소화설비를 검토 및 적용할 때에 소화난이도등급 Ⅰ에 해당되는지를 검토하는 탱크높이의 측정 기준으로서 적합한 것은?

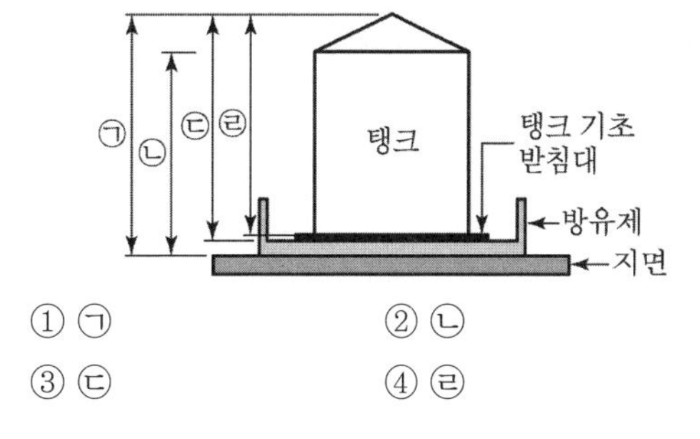

① ㉠ ② ㉡
③ ㉢ ④ ㉣

정답 11 ③ 12 ③ 13 ① 14 ① 15 ②

해설

탱크높이라 함은 지반면으로부터 탱크 옆판의 상단까지의 높이를 말한다. 그림에서 ⓒ에 해당된다.

16 소화난이도등급 Ⅰ인 옥외탱크저장소에 있어서 제4류 위험물 중 인화점이 70℃ 이상인 것을 저장·취급하는 경우 어느 소화설비를 설치해야 하는가?(단, 지중탱크 또는 해상탱크 외의 것이다.)

① 스프링클러소화설비
② 물분무소화설비
③ 이산화탄소소화설비
④ 분말소화설비

해설

소화난이도등급 Ⅰ의 옥외탱크저장소의 소화설비

지중탱크 또는 해상탱크 외의 것	유황만을 저장·취급하는 것	물분무소화설비
	인화점 70℃ 이상의 제4류 위험물만을 저장·취급하는 것	물분무소화설비 또는 고정식 포소화설비

17 소화난이도등급 Ⅱ의 옥내탱크저장소에는 대형 수동식 소화기 및 소형 수동식 소화기를 각각 몇 개 이상 설치하여야 하는가?

① 4 ② 3
③ 2 ④ 1

해설

소화난이도등급 Ⅱ(옥내·외탱크저장소)
대형 수동식 소화기 및 소형 수동식 소화기를 각각 1개 이상 설치할 것

18 위험물안전관리법령상 옥내주유취급소의 소화난이도등급은? (최근 1)

① Ⅰ ② Ⅱ
③ Ⅲ ④ Ⅳ

해설

소화난이도등급 Ⅱ(옥내주유취급소)
주유취급소 중 옥내주유취급소로서 소화난이도등급 Ⅰ의 제조소등에 해당하지 아니하는 것
※ 소화난이도등급 Ⅰ의 주유취급소는 면적의 합 500m^{2}를 초과하는 것

19 소화설비의 설치기준으로 옳은 것은?

① 제4류 위험물을 저장 또는 취급하는 소화난이도등급 Ⅰ인 옥외탱크저장소에는 대형 수동식 소화기 및 소형 수동식 소화기 등을 각각 1개 이상 설치할 것
② 소화난이도등급 Ⅱ인 옥내탱크저장소는 소형 수동식 소화기 등을 2개 이상 설치할 것
③ 소화난이도등급 Ⅲ인 지하탱크저장소는 능력단위의 수치가 2 이상인 소형 수동식 소화기 등을 2개 이상 설치할 것
④ 제조소등에 전기설비(전기배선, 조명기구 등은 제외한다)가 설치된 경우에는 당해 장소의 면적 100m^{2}마다 소형 수동식 소화기를 1개 이상 설치할 것

해설

① 제4류 위험물을 저장 또는 취급하는 소화난이도등급 Ⅰ인 옥외탱크저장소에는 물분무소화설비 또는 고정식 포소화설비를 설치할 것
② 소화난이도등급 Ⅱ인 옥내탱크저장소는 대형 수동식 소화기 및 소형 수동식 소화기 등을 각각 1개 이상 설치할 것
③ 소화난이도등급 Ⅲ인 지하탱크저장소는 능력단위의 수치가 3 이상인 소형 수동식 소화기 등을 2개 이상 설치할 것

정답 16 ② 17 ④ 18 ② 19 ④

20 위험물안전관리법상 주유취급소의 소화설비 기준과 관련한 설명 중 틀린 것은?

① 모든 주유취급소는 소화난이도등급 Ⅱ 또는 소화난이도등급 Ⅲ에 속한다.
② 소화난이도등급 Ⅱ에 해당하는 주유취급소에는 대형 수동식 소화기 및 소형 수동식소화기 등을 설치하여야 한다.
③ 소화난이도등급 Ⅲ에 해당하는 주유취급소에는 소형 수동식 소화기 등을 설치하여야 하며, 위험물의 소요단위 산정은 지하탱크저장소의 기준을 준용한다.
④ 모든 주유취급소의 소화설비 설치를 위해서는 위험물의 소요단위를 산출하여야 한다.

해설

③ 소화난이도등급 Ⅱ에 해당하는 주유취급소에는 소형 수동식 소화기 등을 설치할 것

3 소화설비의 적응성

21 위험물안전관리법령의 소화설비의 적응성에서 소화설비의 종류가 아닌 것은?

① 물분무소화설비　② 방화설비
③ 옥내소화전설비　④ 물통

해설

소화설비
물 그 밖의 소화약제를 사용하여 소화하는 기계・기구 또는 설비를 말한다.
※ 소화설비와 방화설비는 다르다.

22 위험물안전관리법상 소화설비에 해당하지 않는 것은?

① 옥외소화전설비
② 스프링클러설비
③ 할로겐화물소화설비
④ 연결살수설비

해설

④는 소화활동설비에 속한다.

23 옥내소화전설비를 설치하였을 때 그 대상으로 옳지 않은 것은?

① 제2류 위험물 중 인화성 고체
② 제3류 위험물 중 금수성 물품
③ 제5류 위험물
④ 제6류 위험물

해설

소화설비의 구분	대상물 구분			
	제2류 위험물	제3류 위험물	제5류 위험물	제6류 위험물
	인화성 고체	금수성 물품		
옥내・외 소화전설비	○		○	○

24 소화설비의 기준에서 이산화탄소소화설비에 적응성이 있는 대상물은?

① 알칼리금속과산화물
② 철분
③ 인화성 고체
④ 제3류 위험물의 금수성 물질

해설

소화설비의 구분	대상물 구분			
	제1류 위험물	제2류 위험물		제3류 위험물
	알칼리금속 과산화물 등	철분・금속분・마그네슘 등	인화성 고체	금수성 물품
이산화탄소 소화설비			○	

정답 20 ③ 21 ② 22 ④ 23 ② 24 ③

25 할로겐화물소화설비가 적응성이 있는 대상물은? (최근 1)

① 제1류 위험물 ② 제3류 위험물
③ 제4류 위험물 ④ 제5류 위험물

해설

소화설비의 구분	대상물 구분			
	제1류 위험물	제3류 위험물	제4류 위험물	제5류 위험물
할로겐화물 소화설비			○	

26 위험물안전관리법령상 탄산수소염류의 분말소화기가 적응성을 갖는 위험물이 아닌 것은?

① 과염소산 ② 철분
③ 톨루엔 ④ 아세톤

해설

소화설비의 구분	대상물 구분			
	제2류 위험물	제4류 위험물		제6류 위험물
	철분	톨루엔	아세톤	과염소산
탄산수소염류 분말소화설비	○	○	○	

27 전기설비에 적응성이 없는 소화설비는? (최근 2)

① 이산화탄소소화설비 ② 물분무소화설비
③ 포소화설비 ④ 할로겐화물소화설비

해설

소화설비의 구분	대상물 구분
	전기설비
물분무소화설비	○
할로겐화물소화설비	○
포소화설비	
이산화탄소소화설비	○

28 위험물제조소등의 전기설비에 적응성이 있는 소화설비는?

① 봉상수소화기 ② 포소화설비
③ 옥외소화전설비 ④ 물분무소화설비

해설

소화설비의 구분	대상물 구분
	전기설비
옥내소화전 또는 옥외소화전설비	
물분무소화설비	○
포소화설비	
봉상수(棒狀水)소화기	
무상수(霧狀水)소화기	○

29 위험물안전관리법령상 위험물제조소등에서 전기설비가 있는 곳에 적응하는 소화설비는?

① 옥내소화전설비
② 스프링클러설비
③ 포소화설비
④ 할로겐화물소화설비

해설

소화설비의 구분	대상물 구분
	전기설비
옥내소화전설비	
스프링클러설비	
포소화설비	
할로겐화물소화설비	○

30 제1류 위험물인 과산화나트륨의 보관용기에 화재가 발생하였다. 소화약제로 가장 적당한 것은? (최근 1)

① 포소화약제
② 물
③ 마른 모래
④ 이산화탄소

정답 25 ③ 26 ① 27 ③ 28 ④ 29 ④ 30 ③

해설

소화설비의 구분	제1류 위험물
	알칼리금속과산화물 등
	과산화나트륨(Na_2O_2)
물분무소화설비	
포소화설비	
이산화탄소소화설비	
마른 모래	○

31 알칼리금속과산화물에 적응성이 있는 소화설비는?

① 할로겐화물소화설비
② 탄산수소염류분말소화설비
③ 물분무소화설비
④ 스프링클러설비

해설

소화설비의 구분	제1류 위험물
	알칼리금속과산화물 등
스프링클러설비	
물분무소화설비	
할로겐화물소화설비	
탄산수소염류분말소화설비	○

32 철분, 금속분, 마그네슘에 적응성이 있는 소화설비는? (최근 1)

① 이산화탄소소화설비
② 할로겐화물소화설비
③ 포소화설비
④ 탄산수소염류분말소화설비

해설

소화설비의 구분	제2류위험물
	철분 · 금속분 · 마그네슘 등
포소화설비	
할로겐화물소화설비	
탄산수소염류분말소화설비	○
이산화탄소소화설비	

33 철분, 마그네슘, 금속분에 적응성이 있는 소화설비는?

① 스프링클러설비
② 할로겐화물소화설비
③ 대형 수동식 포소화기
④ 건조사

해설

소화설비의 구분	제2류 위험물
	철분 · 금속분 · 마그네슘 등
스프링클러설비	
할로겐화물소화설비	
대형 수동식 포소화기	
건조사	○

34 제3류 위험물 중 금수성 물질에 적응할 수 있는 소화설비는? (최근 4)

① 포소화설비
② 이산화탄소소화설비
③ 탄산수소염류분말소화설비
④ 할로겐화물소화설비

정답 31 ② 32 ④ 33 ④ 34 ③

해설

소화설비의 구분	제3류 위험물
	금수성 물품
포소화설비	
이산화탄소소화설비	
할로겐화물소화설비	
탄산수소염류분말소화설비 등	○

35 제3류 위험물 중 금수성 물질을 제외한 위험물에 적응성이 있는 소화설비가 아닌 것은? (최근 1)

① 분말소화설비 ② 스프링클러설비
③ 팽창질석 ④ 포소화설비

해설

소화설비의 구분	제3류 위험물
	그 밖의 것
스프링클러설비	○
포소화설비	○
분말소화설비	
팽창질석	○

36 트리에틸알루미늄의 화재 시 사용할 수 있는 소화약제(설비)가 아닌 것은?

① 마른 모래 ② 팽창질석
③ 팽창진주암 ④ 이산화탄소

해설

소화설비의 구분	제3류 위험물
	금수성 물품
이산화탄소	
팽창질석	○
팽창진주암	○
건조사(마른 모래)	○

37 다음 중 제4류 위험물의 화재에 적응성이 없는 소화기는?

① 이산화탄소소화설비
② 봉상수소화기
③ 인산염류소화기
④ 포소화기

해설

소화설비의 구분	제4류 위험물
봉상수소화기	
이산화탄소소화설비	○
인삼염류소화기	○
포소화기	○

38 위험물안전관리법령상 제5류 위험물의 화재 발생 시 적응성이 있는 소화설비는?

① 이산화탄소소화설비
② 물분무소화설비
③ 분말소화설비
④ 할로겐화물소화설비

해설

소화설비의 구분	제5류 위험물
이산화탄소소화설비	
물분무소화설비	○
할로겐화물소화설비	
분말소화설비	

39 위험물안전관리법령상 제5류 위험물에 적응성이 있는 소화설비는?

① 포소화설비
② 이산화탄소소화설비
③ 할로겐화물소화설비
④ 탄산수소염류소화설비

정답 35 ① 36 ④ 37 ② 38 ② 39 ①

해설

소화설비의 구분	제5류 위험물
포소화설비	
이산화탄소소화설비	
할로겐화물소화설비	○
탄산수소염류소화설비	

40 다음 중 제5류 위험물에 적응성 있는 소화설비는?

① 분말소화설비
② 이산화탄소소화설비
③ 할로겐화물소화설비
④ 스프링클러설비

해설

소화설비의 구분	제5류 위험물
스프링클러설비	○
이산화탄소소화설비	
할로겐화불소화설비	
분말소화설비	

41 제5류 위험물의 화재에 적응성이 없는 소화설비는?

① 옥외소화전설비
② 스프링클러설비
③ 물분무소화설비
④ 할로겐화물소화설비

해설

소화설비의 구분	제5류 위험물
옥내소화전 또는 옥외소화전설비	○
스프링클러설비	○
물분무소화설비	○
할로겐화물소화설비	

42 제6류 위험물을 저장하는 제조소등에 적응성이 없는 소화설비는?

① 옥외소화전설비
② 탄산수소염류분말소화설비
③ 스프링클러설비
④ 포소화설비

해설

소화설비의 구분	제6류 위험물
옥외소화전설비	○
스프링클러설비	○
포소화설비	○
탄산수소염류분말소화설비	

43 제6류 위험물을 저장 또는 취급하는 장소로서 폭발의 위험이 없는 장소에 한하여 적응성이 있는 소화설비는?

① 건조사 ② 포소화기
③ 이산화탄소소화기 ④ 할로겐화물소화기

해설

소화설비의 구분	제6류 위험물
할로겐화물소화기	
이산화탄소소화기	△
포소화기	○
건조사	○

※ "△"표시 : 제6류 위험물 소화에서 폭발의 위험이 없는 장소에 한하여 적응성이 있음

44 위험물안전관리법령상 제4류 위험물과 제6류 위험물에 모두 적응성이 있는 소화설비는?

① 이산화탄소소화설비
② 할로겐화물소화설비
③ 탄산수소염류분말소화설비
④ 인산염류분말소화설비

정답 40 ④ 41 ④ 42 ② 43 ③ 44 ④

해설

소화설비의 구분	제4류 위험물	제6류 위험물
이산화탄소소화설비	○	△
할로겐화물소화설비	○	
인산염류분말소화설비	○	○
탄산수소염류분말소화설비	○	

※ "△"표시 : 제6류 위험물 소화에서 폭발의 위험이 없는 장소에 한하여 적응성이 있음

45 위험물안전관리법령상 스프링클러설비가 제4류 위험물에 대하여 적응성을 갖는 경우는?

① 연기가 충만할 우려가 없는 경우
② 방사밀도(살수밀도)가 일정수치 이상인 경우
③ 지하층의 경우
④ 수용성 위험물인 경우

해설

소화설비의 적응성에서 스프링클러설비가 제4류 위험물에 대하여 적응성을 갖는 경우는 살수밀도가 일정수치 이상인 경우에 한하여 적응성이 있다.

46 이산화탄소소화기가 제6류 위험물의 화재에 대하여 적응성이 인정되는 장소의 기준은?

① 습도의 정도
② 밀폐성 유무
③ 폭발위험성의 유무
④ 건축물의 층수

해설

소화설비의 적응성에서 이산화탄소소화기가 제6류 위험물에 대하여 적응성을 갖는 경우는 폭발의 위험이 없는 장소에 한하여 적응성이 있다.

4 전기설비 및 소요단위와 능력단위

47 위험물안전관리법령에 따른 건축물, 그 밖의 공작물 또는 위험물 소요단위의 계산방법의 기준으로 옳은 것은?

① 위험물은 지정수량의 100배를 1소요단위로 할 것
② 저장소용 건축물로서 외벽에 내화구조인 것은 연면적 100m²를 1소요단위로 할 것
③ 저장소의 건축물은 외벽이 내화구조가 아닌 것은 연면적 50m²를 1소요단위로 할 것
④ 제조소 또는 취급소용으로서 옥외에 있는 공작물인 경우 최대수평투영면적 100m²를 1소요단위로 할 것

해설

① 위험물은 지정수량의 10배를 1소요단위로 할 것
② 저장소용 건축물로서 외벽에 내화구조인 것은 연면적 150m²를 1소요단위로 할 것
③ 저장소의 건축물은 외벽이 내화구조가 아닌 것은 연면적 75m²를 1소요단위로 할 것

48 위험물시설에 설치하는 소화설비와 관련한 소요단위의 산출방법에 관한 설명 중 옳은 것은?

① 제조소등의 옥외에 설치된 공작물은 외벽이 내화구조인 것으로 간주한다.
② 위험물은 지정수량의 20배를 1소요단위로 한다.
③ 취급소의 건축물은 외벽이 내화구조인 것은 연면적 75m²를 1소요단위로 한다.
④ 제조소의 건축물은 외벽이 내화구조인 것은 연면적 150m²를 1소요단위로 한다.

해설

② 위험물은 지정수량의 10배를 1소요단위로 한다.
③ 취급소의 건축물은 외벽이 내화구조인 것은 연면적 100m²를 1소요단위로 한다.
④ 제조소의 건축물은 외벽이 내화구조인 것은 연면적 100m²를 1소요단위로 한다.

정답 45 ② 46 ③ 47 ④ 48 ①

49 제조소등에 전기설비(전기배선, 조명기구 등은 제외)가 설치된 경우에는 면적 몇 m^2마다 소형 수동식 소화기를 1개 이상 설치하여야 하는가? (최근 1)

① 50　② 100
③ 150　④ 200

해설

제조소등에 전기설비가 설치된 경우에는 당해 장소의 면적 $100m^2$마다 소형 수동식 소화기를 1개 이상 설치할 것

50 위험물안전관리법령에서 정한 소화설비의 소요단위 산정방법에 대한 설명 중 옳은 것은? (최근 1)

① 위험물은 지정수량의 100배를 1소요단위로 함
② 저장소용 건축물로 외벽이 내화구조인 것은 연면적 $100m^2$를 1소요단위로 함
③ 제조소용 건축물로 외벽이 내화구조가 아닌 것은 연면적 $50m^2$를 1소요단위로 함
④ 저장소용 건축물로 외벽이 내화구조가 아닌 것은 연면적 $25m^2$를 1소요단위로 함

해설

① 위험물은 지정수량의 10배를 1소요단위로 함
② 저장소용 건축물로 외벽이 내화구조인 것은 연면적 $150m^2$를 1소요단위로 함
④ 저장소용 건축물로 외벽이 내화구조가 아닌 것은 연면적 $75m^2$를 1소요단위로 함

51 다음 소화설비의 설치기준으로 틀린 것은?

① 능력단위는 소요단위에 대응하는 소화설비의 소화능력의 기준단위이다.
② 소요단위는 소화설비의 설치대상이 되는 건축물, 그 밖의 공작물의 규모 또는 위험물의 양의 기준단위이다.
③ 취급소의 외벽이 내화구조인 건축물의 연면적 $50m^2$를 1소요단위로 한다.
④ 저장소의 외벽이 내화구조인 건축물의 연면적 $150m^2$를 1소요단위로 한다.

해설

③ 취급소의 외벽이 내화구조인 건축물의 연면적 $100m^2$를 1소요단위로 한다.

52 제조소등의 소화설비 설치 시 소요단위 산정에 관한 내용으로 다음 (　) 안에 알맞은 수치를 차례대로 나열한 것은? (최근 1)

> 제조소 또는 취급소의 건축물은 외벽이 내화구조인 것은 연면적 (　)m^2를 1소요단위로 하며, 외벽이 내화구조가 아닌 것은 연면적 (　)m^2를 1소요단위로 한다.

① 200, 100　② 150, 100
③ 150, 50　④ 100, 50

해설

제조소 또는 취급소의 건축물(1소요단위)
- 외벽이 내화구조인 것 : 연면적 $100m^2$
- 외벽이 내화구조가 아닌 것 : 연면적 $50m^2$

53 위험물취급소의 건축물은 외벽이 내화구조인 경우 연면적 몇 m^2를 1소요단위로 하는가?

① 50　② 100
③ 150　④ 200

해설

문제 52번 해설 참조

54 저장소의 건축물 중 외벽이 내화구조인 것은 연면적 몇 m^2를 1소요단위로 하는가?

① 50　② 75
③ 100　④ 150

정답 49 ② 50 ③ 51 ③ 52 ④ 53 ② 54 ④

해설

저장소의 1소요단위
- 내화구조인 경우 : $150m^2$
- 내화구조가 아닌 경우 : $75m^2$

55 건물의 외벽이 내화구조로서 연면적 $300m^2$의 옥내저장소에 필요한 소화기 소요단위수는? (최근 2)

① 1단위 ② 2단위
③ 3단위 ④ 4단위

해설

저장소의 외벽이 내화구조인 것은 연면적 $150m^2$가 1소요단위이므로 $\frac{300}{150}=2$단위

56 일반취급소의 형태가 옥외의 공작물로 되어 있는 경우에 있어서 그 최대수평 투영면적이 $500m^2$일 때 설치하여야 하는 소화설비의 소요단위는 몇 단위인가?

① 5단위 ② 10단위
③ 15단위 ④ 20단위

해설

옥외에 설치된 공작물(제조소등)
외벽이 내화구조인 것으로 간주하고 공작물의 최대수평투영면적을 연면적으로 간주하여 소요단위를 산정할 것
∴ 제조소 또는 취급소의 건축물은 외벽이 내화구조인 경우 연면적 $100m^2$가 1소요단위이므로 $\frac{500}{100}=5$단위가 된다.

57 위험물은 지정수량의 몇 배를 1소요단위로 하는가? (최근 1)

① 1 ② 10
③ 50 ④ 100

해설

위험물은 지정수량의 10배를 1소요단위로 한다.

58 소화설비의 설치기준에서 유기과산화물 1,000kg은 몇 소요단위에 해당하는가? (최근 1)

① 10 ② 20
③ 30 ④ 40

해설

- 제5류 위험물(유기과산화물)의 지정수량 : 10kg
- 위험물 1소요단위 : 지정수량의 10배

∴ 소요단위$=\frac{\text{저장수량}}{\text{지정수량}\times 10\text{배}}=\frac{1,000}{10\times 10}=10$

59 알코올류 20,000L에 대한 소화설비 설치 시 소요단위는? (최근 1)

① 5 ② 10
③ 15 ④ 20

해설

- 알코올류의 지정수량 : 400L
- 위험물 1소요단위 : 지정수량의 10배

∴ 소요단위$=\frac{20,000}{400\times 10}=5$단위

60 아염소산염류 500kg과 질산염류 3,000kg을 저장하는 경우 위험물의 소요단위는 얼마인가? (최근 3)

① 2 ② 4
③ 6 ④ 8

해설

- 아염소산염류의 지정수량 : 50kg
- 질산염류 : 300kg
- 위험물 1소요단위 : 지정수량의 10배

∴ 소요단위$=\left(\frac{500}{50}+\frac{3,000}{300}\right)\times\frac{1}{10}=2$단위

61 질산의 비중이 1.5일 때, 1소요단위는 몇 L인가? (최근 1)

① 150 ② 200
③ 1,500 ④ 2,000

정답 55 ② 56 ① 57 ② 58 ① 59 ① 60 ① 61 ④

해설

- 질산의 지정수량 : 300kg
- 위험물 1소요단위 : 지정수량의 10배

$\therefore$ 1소요단위$= \dfrac{300\text{kg}}{1.5\dfrac{\text{kg}}{\text{L}}} \times 10$배$= 2{,}000\text{L}$

62 소화전용물통 8L의 능력단위는 얼마인가? (최근 3)

① 0.1 ② 0.3
③ 0.5 ④ 1.0

해설

소화설비	용량	능력단위
소화전용(專用)물통	8L	0.3
마른 모래(삽 1개 포함)	50L	0.5

63 소화전용물통 3개를 포함한 수조 80L의 능력단위는? (최근 1)

① 0.3 ② 0.5
③ 1.0 ④ 1.5

해설

소화설비	용량	능력단위
소화전용(專用)물통	8L	0.3
수조(소화전용물통 3개 포함)	80L	1.5

64 마른 모래(삽 1개 포함) 50L의 소화능력단위는?

① 0.1 ② 0.5
③ 1 ④ 1.5

해설

소화설비	용량	능력단위
마른 모래(삽 1개 포함)	50L	0.5
팽창질석 또는 팽창진주암 (삽 1개 포함)	160L	1.0

65 팽창질석(삽 1개 포함) 160L의 소화능력단위는? (최근 2)

① 0.5 ② 1.0
③ 1.5 ④ 2.0

해설

문제 64번 해설 참조

66 팽창진주암(삽 1개 포함)의 능력단위 1은 용량이 몇 L인가?

① 70 ② 100
③ 130 ④ 160

해설

문제 64번 해설 참조

67 메틸알코올 8,000L에 대한 소화능력으로 삽을 포함한 마른 모래를 몇 L 설치하여야 하는가? (최근 1)

① 100 ② 200
③ 300 ④ 400

해설

마른 모래(삽 1개 포함)

$50(\text{L}) : 0.5 = x(\text{L}) : 2 \rightarrow 0.5x = 50 \times 2$

$\therefore x = 200\text{L}$

68 소화기에 "A−2"로 표시되어 있었다면 숫자 "2"가 의미하는 것은 무엇인가? (최근 2)

① 소화기의 제조번호
② 소화기의 소요단위
③ 소화기의 능력단위
④ 소화기의 사용순위

해설

A는 일반화재, 2는 능력단위를 의미한다.

정답 62 ② 63 ④ 64 ② 65 ② 66 ④ 67 ② 68 ③

69 소화기에 표시한 "A－2", "B－3"에서 숫자가 의미하는 것은?

① 소화기의 소요단위
② 소화기의 사용순위
③ 소화기의 제조번호
④ 소화기의 능력단위

해설

- A : 일반화재, B : 가스 및 유류화재
- 2, 3 : 능력단위

5 각종 소화설비

70 소화설비의 주된 효과를 옳게 설명한 것은?

① 옥내 · 옥외소화전설비 : 질식소화
② 스프링클러설비 · 물분무소화설비 : 억제소화
③ 포 · 분말소화설비 : 억제소화
④ 할로겐화물소화설비 : 억제소화

해설

① 옥내 · 옥외소화전설비 : 냉각소화
② 스프링클러설비 · 물분무소화설비 : 냉각소화, 질식소화
③ 포 · 분말소화설비 : 질식소화

71 위험물안전관리법령상 옥내소화전설비의 설치기준에서 옥내소화전은 제조소등의 건축물의 층마다 해당 층의 각 부분에서 하나의 호스접속구까지의 수평거리가 몇 m 이하가 되도록 설치하여야 하는가? (최근 1)

① 5 ② 10
③ 15 ④ 25

해설

각 부분으로부터 하나의 옥내소화전 방수구까지의 수평거리가 25m 이하가 되도록 설치하여야 한다.

72 옥내소화전설비의 기준에서 "시동표시등"을 옥내소화전함의 내부에 설치할 경우 그 색상으로 옳은 것은?

① 적색 ② 황색
③ 백색 ④ 녹색

해설

가압송수장치의 시동을 알리는 표시등(시동표시등)은 적색으로 하고 옥내소화전함의 내부 또는 그 직근의 장소에 설치할 것

73 옥내소화전의 개폐밸브 및 호스접속구는 바닥면으로부터 몇 미터 이하의 높이에 설치하여야 하는가?

① 0.5 ② 1
③ 1.5 ④ 1.8

해설

개폐밸브 및 호스접속구는 바닥면으로부터 1.5m 이하의 높이에 설치할 것

74 위험물제조소등에 옥내소화전설비를 설치할 때 옥내소화전이 가장 많이 설치된 층의 소화전의 개수가 4개일 때 확보하여야 할 수원의 수량은?

① $10.4m^3$ ② $20.8m^3$
③ $31.2m^3$ ④ $41.6m^3$

해설

수원의 수량은 가장 많이 설치된 층의 옥내소화전 설치개수(설치개수가 5개 이상인 경우는 5개)에 $7.8m^3$를 곱한 양 이상이 되도록 설치할 것

$\therefore 4 \times 7.8 = 31.2m^3$

정답 69 ④ 70 ④ 71 ④ 72 ① 73 ③ 74 ③

75 위험물안전관리법령상 옥내소화전설비의 비상전원은 몇 분 이상 작동할 수 있어야 하는가?

① 45분 ② 30분
③ 20분 ④ 10분

해설

옥내소화전설비의 비상전원은 45분 이상 작동할 수 있어야 한다.

76 압력수조를 이용한 옥내소화전설비의 가압송수장치에서 압력수조의 최소압력(MPa)은? (단, 소방용 호스의 마찰손실수두압은 3MPa, 배관의 마찰손실수두압은 1MPa, 낙차의 환산수두압은 1.35MPa이다.) (최근 1)

① 5.35 ② 5.70
③ 6.00 ④ 6.35

해설

$P = p1 + p2 + p3 + 0.35\text{MPa}$
$= 3 + 1 + 1.35 + 0.35 = 5.70$

77 위험물안전관리법령에 따라 옥내소화전설비를 설치할 때 배관의 설치기준에 대한 설명으로 옳지 않은 것은?

① 배관용 탄소강관(KS D 3507)을 사용할 수 있다.
② 주배관의 입상관구경은 최소 60mm 이상으로 한다.
③ 펌프를 이용한 가압송수장치의 흡수관은 펌프마다 전용으로 설치한다.
④ 원칙적으로 급수배관은 생활용수배관과 같이 사용할 수 없으며 전용배관으로만 사용한다.

해설

② 주배관 중 입상배관은 50mm(호스릴 : 32mm) 이상으로 할 것

78 위험물제조소등에 설치하는 옥외소화전설비의 기준에서 옥외소화전함은 옥외소화전으로부터 보행거리 몇 m 이하의 장소에 설치하여야 하는가? (최근 1)

① 1.5 ② 5
③ 7.5 ④ 10

해설

옥외소화전과 소화전함의 거리는 5m 이하일 것

79 건축물의 1층 및 2층 부분만을 방사능력범위로 하고 지하층 및 3층 이상의 층에 대하여 다른 소화설비를 설치해야 하는 소화설비는? (최근 2)

① 스프링클러설비 ② 포소화설비
③ 옥외소화전설비 ④ 물분무소화설비

해설

옥외소화전설비의 설치조건에 해당된다.

80 위험물안전관리법령에 따른 옥외소화전설비의 설치기준이다. 다음 ( ) 안에 알맞은 수치를 차례대로 나타낸 것은?

옥외소화전설비는 모든 옥외소화전(설치개수가 4개 이상인 경우는 4개의 옥외소화전)을 동시에 사용할 경우에 각 노즐선단의 방수압력이 ( )kPa 이상이고, 방수량이 1분당 ( )L 이상의 성능이 되도록 할 것

① 350, 260 ② 300, 260
③ 350, 450 ④ 300, 450

해설

옥외소화전설비의 설치기준
각 노즐선단의 방수압력이 350kPa 이상이고, 방수량이 1분당 450L 이상의 성능이 되도록 할 것

정답 75 ① 76 ② 77 ② 78 ② 79 ③ 80 ③

81 위험물안전관리법령의 소화설비 설치기준에 의하면 옥외소화전설비의 수원의 수량은 옥외소화전 설치개수(설치개수가 4 이상인 경우에는 4)에 몇 m^3를 곱한 양 이상이 되도록 하여야 하는가?

① $7.5m^3$
② $13.5m^3$
③ $20.5m^3$
④ $25.5m^3$

해설

수원의 수량은 설치개수(설치개수가 4개 이상인 경우는 4개)에 $13.5m^3$를 곱한 양 이상이 되도록 설치할 것

82 위험물안전관리법령에 의하면 옥외소화전이 6개 있을 경우 수원의 수량은 몇 m^3 이상이어야 하는가? (최근 1)

① $48m^3$ 이상
② $54m^3$ 이상
③ $60m^3$ 이상
④ $81m^3$ 이상

해설

수원의 수량 = 설치개수(최대 4개) × $13.5m^3$
∴ 4 × 13.5 = $54m^3$

83 스프링클러설비의 장점이 아닌 것은? (최근 1)

① 화재의 초기 진압에 효율적이다.
② 사용약제를 쉽게 구할 수 있다.
③ 자동으로 화재를 감지하고 소화할 수 있다.
④ 다른 소화설비보다 구조가 간단하고, 시설비가 적다.

해설

④ 다른 소화설비보다 구조가 복잡하고, 시설비가 많이 든다.

84 방호대상물의 바닥면적이 $150m^2$ 이상인 경우에 개방형 스프링클러헤드를 이용한 스프링클러설비의 방사구역은 얼마 이상으로 하여야 하는가?

① $100m^2$
② $150m^2$
③ $200m^2$
④ $400m^2$

해설

개방형 스프링클러헤드를 이용한 스프링클러설비의 방사구역은 $150m^2$ 이상(방호대상물의 바닥면적이 $150m^2$ 미만인 경우에는 당해 바닥면적)으로 할 것

85 다음 ( ) 안에 들어갈 수치를 순서대로 올바르게 나열한 것은?(단, 제4류 위험물에 적응성을 갖기 위한 살수밀도기준을 적용하는 경우는 제외한다.)

> 위험물제조소등에 설치하는 폐쇄형 헤드의 스프링클러설비는 30개의 헤드(헤드 설치수가 30 미만의 경우는 당해 설치개수)를 동시에 사용할 경우 각 선단의 방사압력이 ( )kPa 이상이고 방수량이 1분당 ( )L 이상이어야 한다.

① 100, 80
② 120, 80
③ 100, 100
④ 120, 100

해설

위험물제조소등에 설치하는 폐쇄형 헤드의 스프링클러설비는 30개의 헤드(헤드 설치수가 30 미만의 경우는 당해 설치개수)를 동시에 사용할 경우 각 선단의 방사압력이 100kPa 이상이고 방수량이 1분당 80L 이상이어야 한다.

정답 81 ② 82 ② 83 ④ 84 ② 85 ①

86 물분무소화설비의 설치기준으로 적합하지 않은 것은? (최근 1)

① 고압의 전기설비가 있는 장소에는 당해 전기설비와 분무헤드 및 배관과 사이에 전기절연을 위하여 필요한 공간을 보유한다.
② 스트레이너 및 일제개방밸브는 제어밸브의 하류측 부근에 스트레이너, 일제개방밸브의 순으로 설치한다.
③ 물분무소화설비에 2 이상의 방사구역을 두는 경우에는 화재를 유효하게 소화할 수 있도록 인접하는 방사구역이 상호 중복되도록 한다.
④ 수원의 수위가 수평회전식 펌프보다 낮은 위치에 있는 가압송수장치의 물올림장치는 타 설비와 겸용하여 설치한다.

해설

④ 수원의 수위가 수평회전식 펌프보다 낮은 위치에 있는 가압송수장치의 물올림장치는 타 설비와 겸용하여 설치할 수 없다.

87 물분무소화설비의 방사구역은 몇 m^2 이상이어야 하는가?(단, 방호대상물의 표면적은 $300m^2$이다.)

① 100 ② 150
③ 300 ④ 450

해설

물분무소화설비의 방사구역은 $150m^2$ 이상으로 할 것

88 공기포소화약제의 혼합방식 중 펌프의 토출관과 흡입관 사이의 배관 도중에 설치된 흡입기에 펌프에서 토출된 물의 일부를 보내고 농도조절밸브에서 조정된 포소화약제의 필요량을 포소화약제탱크에서 펌프 흡입 측으로 보내어 이를 혼합하는 방식은?

① 프레셔 프로포셔너 방식
② 펌프 프로포셔너 방식
③ 프레셔 사이드 프로포셔너 방식
④ 라인 프로포셔너 방식

해설

펌프 프로포셔너(Pump Proportioner Type) 방식에 대한 설명이다.

89 포소화약제의 혼합장치에서 펌프의 토출관에 압입기를 설치하여 포소화약제 압입용 펌프로 포소화약제를 압입시켜 혼합하는 방식은?

① 라인 프로포셔너 방식
② 프레셔 프로포셔너 방식
③ 프레셔 사이드 프로포셔너 방식
④ 펌프 프로포셔너 방식

해설

프레셔 사이드 프로포셔너 방식(Pressure Side Proportioner Type)에 대한 설명이다.

90 고정지붕구조를 가진 높이 15m의 원통종형 옥외저장탱크 안의 탱크 상부로부터 아래로 1m 지점에 포방출구가 설치되어 있다. 이 조건의 탱크를 신설하는 경우 최대 허가량은 얼마인가? (단, 탱크의 단면적은 $100m^2$이고, 탱크 내부에는 별다른 구조물이 없으며, 공간용적기준을 만족하는 것으로 가정한다.)

① $1,400m^3$ ② $1,370m^3$
③ $1,350m^3$ ④ $1,300m^3$

해설

액체위험물은 운반용기 내용적의 98% 이하의 수납률로 수납하되, 충분한 공간용적을 유지하도록 할 것
$\therefore 100 \times (15-1) \times 0.98 = 1,372m^3$

정답 86 ④ 87 ② 88 ② 89 ③ 90 ②

91 고정식 포소화설비에 관한 기준에서 방유제 외측에 설치하는 보조포소화전의 상호 간의 거리는?

① 보행거리 40m 이하
② 수평거리 40m 이하
③ 보행거리 75m 이하
④ 수평거리 75m 이하

해설

고정식 포소화설비에서 방유제 외측에 설치하는 보조포소화전의 상호 간 거리는 보행거리 75m 이하로 할 것

92 고정식의 포소화설비의 기준에서 포헤드방식의 포헤드는 방호대상물의 표면적 몇 m^2당 1개 이상의 헤드를 설치하여야 하는가? (최근 1)

① 3 ② 9
③ 15 ④ 30

해설

고정식 포소화설비에서 방호대상물의 표면적 $9m^2$마다 1개 이상 포헤드를 설치할 것

93 위험물저장탱크 중 부상지붕구조로 탱크의 직경이 53m 이상 60m 미만인 경우 고정식 포소화설비의 포방출구 종류 및 수량으로 옳은 것은?

① Ⅰ형 8개 이상
② Ⅱ형 8개 이상
③ Ⅲ형 10개 이상
④ 특형 10개 이상

해설

부상지붕구조는 특형으로서 탱크의 직경이 53m 이상 60m 미만일 때 포방출구의 개수는 10개 이상이다.

94 위험물제조소에 설치하는 분말소화설비의 기준에서 분말소화약제의 가압용 가스로 사용할 수 있는 것은? (최근 1)

① 헬륨 또는 산소
② 네온 또는 염소
③ 아르곤 또는 산소
④ 질소 또는 이산화탄소

해설

분말소화설비의 기준에서 분말소화약제의 가압용 가스로는 질소 또는 이산화탄소를 사용한다.

95 분말소화설비의 약제방출 후 클리닝장치로 배관 내를 청소하지 않을 때 발생하는 주된 문제점은?

① 배관 내에서 약제가 굳어져 차후에 사용 시 약제방출에 장애를 초래한다.
② 배관 내 남아 있는 약제를 재사용할 수 없다.
③ 가압용 가스가 외부로 누출된다.
④ 선택밸브의 작동이 불능이 된다.

해설

약제방출 후 배관 내를 청소하는 이유는 방제의 잔유물이 굳어져 차후에 사용할 때 장애를 초래하기 때문이다.

96 위험물안전관리법령에서 정한 이산화탄소 소화약제의 저장용기 설치기준으로 옳은 것은?

① 저압식 저장용기의 충전비 : 1.0 이상 1.3 이하
② 고압식 저장용기의 충전비 : 1.3 이상 1.7 이하
③ 저압식 저장용기의 충전비 : 1.1 이상 1.4 이하
④ 고압식 저장용기의 충전비 : 1.7 이상 2.1 이하

해설

이산화탄소소화약제 저장용기의 충전비
- 저압식 : 1.1 이상 1.4 이하
- 고압식 : 1.5 이상 1.9 이하

정답 91 ③ 92 ② 93 ④ 94 ④ 95 ① 96 ③

97 국소방출방식의 이산화탄소소화설비의 분사헤드에서 방출되는 소화약제의 방사기준은?

① 10초 이내에 균일하게 방사할 수 있을 것
② 15초 이내에 균일하게 방사할 수 있을 것
③ 30초 이내에 균일하게 방사할 수 있을 것
④ 60초 이내에 균일하게 방사할 수 있을 것

해설

국소방출방식의 분사헤드 설치기준
- 소화약제의 방사에 의하여 가연물이 비산하지 아니하는 장소에 설치할 것
- 이산화탄소소화약제의 저장량은 30초 이내에 방사할 수 있는 것으로 할 것

98 이산화탄소소화설비의 소화약제 저장용기 설치장소로 적합하지 않은 곳은? (최근 1)

① 방호구역 외의 장소
② 온도가 40℃ 이하이고 온도변화가 적은 장소
③ 빗물이 침투할 우려가 적은 장소
④ 직사일광이 잘 들어오는 장소

해설

④ 직사광선 및 빗물이 침투할 우려가 없는 곳에 설치할 것

99 이산화탄소소화설비의 저장용기 설치에 대한 설명 중 틀린 것은?

① 방호구역 내의 장소에 설치할 것
② 온도가 40℃ 이하이고 온도변화가 적은 곳에 설치할 것
③ 직사일광 및 빗물이 침투할 우려가 적은 곳에 설치할 것
④ 저장용기에는 안전장치를 설치할 것

해설

① 방호구역 외의 장소에 설치할 것

100 위험물안전관리에 관한 세부기준에 따르면 이산화탄소소화설비 저장용기는 온도가 몇 ℃ 이하인 장소에 설치하여야 하는가?

① 35　　② 40
③ 45　　④ 50

해설

저장용기는 온도가 40℃ 이하인 장소에 설치할 것

101 이산화탄소소화설비의 기준에서 저장용기 설치기준에 관한 내용으로 틀린 것은? (최근 1)

① 방호구역 외의 장소에 설치할 것
② 온도가 50℃ 이하이고 온도변화가 적은 장소에 설치할 것
③ 직사일광 및 빗물이 침투할 우려가 적은 장소에 설치할 것
④ 저장용기에는 안전장치를 설치할 것

해설

② 온도가 40℃ 이하이고 온도변화가 적은 장소에 설치할 것

6 경보설비

102 위험물제조소등별로 설치하여야 하는 경보설비의 종류에 해당하지 않는 것은? (최근 2)

① 비상방송설비
② 비상조명등설비
③ 자동화재탐지설비
④ 비상경보설비

해설

②는 피난설비에 해당된다.

정답 97 ③ 98 ④ 99 ① 100 ② 101 ② 102 ②

103 지정수량의 몇 배 이상의 위험물을 취급하는 제조소에는 화재 발생 시 이를 알릴 수 있는 경보설비를 설치하여야 하는가?

① 5　② 10
③ 20　④ 100

해설

지정수량의 10배 이상의 위험물을 취급하는 제조소에는 화재 발생 시 이를 알릴 수 있는 경보설비를 설치할 것

104 위험물제조소등에 경보설비를 설치해야 하는 경우가 아닌 것은?(단, 지정수량의 10배 이상을 저장 또는 취급하는 경우이다.)

① 이동탱크저장소
② 단층건물로 처마높이가 6m인 옥내저장소
③ 단층건물 외의 건축물에 설치된 옥내탱크저장소로서 소화난이도등급 Ⅰ에 해당하는 것
④ 옥내주유취급소

해설

① 이동탱크저장소는 경보설비를 필요로 하지 않는다.

105 이송취급소에 설치하는 경보설비의 기준에 따라 이송기지에 설치하여야 하는 경보설비로만 이루어진 것은?

① 확성장치, 비상벨장치
② 비상방송설비, 비상경보설비
③ 확성장치, 비상방송설비
④ 비상방송설비, 자동화재탐지설비

해설

이송취급소에는 비상벨장치, 확성장치의 경보설비를 설치할 것

106 옥내에서 지정수량 100배 이상을 취급하는 일반취급소에 설치하여야 하는 경보설비는?(단, 고인화점 위험물만을 취급하는 경우는 제외한다.) (최근 3)

① 비상경보설비
② 자동화재탐지설비
③ 비상방송설비
④ 비상벨설비 및 확성장치

해설

제조소 및 일반취급소(자동화재탐지설비)
- 연면적 $500m^2$ 이상인 것
- 옥내에서 지정수량의 100배 이상을 취급하는 것

107 제조소 및 일반취급소에 설치하는 자동화재탐지설비의 설치기준으로 틀린 것은?

① 하나의 경계구역은 $600m^2$ 이하로 하고, 한 변의 길이는 50m 이하로 한다.
② 주요한 출입구에서 내부 전체를 볼 수 있는 경우 경계구역은 $1,000m^2$ 이하로 할 수 있다.
③ 하나의 경계구역이 $300m^2$ 이하이면 2개 층을 하나의 경계구역으로 할 수 있다.
④ 비상전원을 설치하여야 한다.

해설

③ 하나의 경계구역의 면적이 $500m^2$ 이하이면서 당해 경계구역이 두 개의 층에 걸치는 경우이거나 계단 · 경사로 · 승강기의 승강로, 그 밖에 이와 유사한 장소에 연기감지기를 설치하는 경우에는 하나의 경계구역으로 할 수 있다.

108 위험물안전관리법령상 자동화재탐지설비의 경계구역 하나의 면적은 몇 m^2 이하이어야 하는가?(단, 원칙적인 경우에 한한다.) (최근 1)

① 250　② 300
③ 400　④ 600

정답 103 ② 104 ① 105 ① 106 ② 107 ③ 108 ④

해설

경계구역 하나의 면적은 $600m^2$ 이하이어야 한다.

109 위험물제조소등에 설치하여야 하는 자동화재탐지설비의 설치기준에 대한 설명 중 틀린 것은? (최근 2)

① 자동화재탐지설비의 경계구역은 건축물, 그 밖의 공작물의 2 이상의 층에 걸치도록 할 것
② 하나의 경계구역에서 그 한 변의 길이는 50m(광전식 분리형 감지기를 설치할 경우에는 100m) 이하로 할 것
③ 자동화재탐지설비의 감지기는 지붕 또는 벽의 옥내에 면한 부분에 유효하게 화재의 발생을 감지할 수 있도록 설치할 것
④ 자동화재탐지설비에는 비상전원을 설치할 것

해설

① 자동화재탐지설비의 경계구역은 건축물, 그 밖의 공작물의 2 이상의 층에 걸치지 않도록 할 것

110 위험물안전관리법령에 따른 자동화재탐지설비의 설치기준에서 하나의 경계구역의 면적은 얼마 이하로 하여야 하는가?(단, 해당 건축물, 그 밖의 공장물의 주요한 출입구에서 그 내부의 전체를 볼 수 없는 경우이다.) (최근 1)

① $500m^2$
② $600m^2$
③ $800m^2$
④ $1,000m^2$

해설

하나의 경계구역의 면적은 $600m^2$ 이하로 하고 그 한 변의 길이는 50m(광전식 분리형 감지기를 설치할 경우에는 100m) 이하로 할 것

111 위험물안전관리법령에서 정한 자동화재탐지설비에 대한 기준으로 틀린 것은?(단, 원칙적인 경우에 한한다.)

① 경계구역은 건축물, 그 밖의 공작물의 2 이상의 층에 걸치지 아니하도록 할 것
② 하나의 경계구역의 면적은 $600m^2$ 이하로 할 것
③ 하나의 경계구역의 한 변 길이는 30m 이하로 할 것
④ 자동화재탐지설비에는 비상전원을 설치할 것

해설

③ 하나의 경계구역의 한 변 길이는 50m 이하로 할 것

112 지정수량 10배의 위험물을 저장 또는 취급하는 제조소에 있어서 연면적이 최소 몇 m^2이면 자동화재탐지설비를 설치해야 하는가? (최근 2)

① 100　② 300
③ 500　④ 1,000

해설

지정수량 10배의 위험물을 저장 또는 취급하는 제조소에 있어서 연면적이 최소 $500m^2$이면 자동화재탐지설비를 설치해야 한다.

113 위험물제조소등에 자동화재탐지설비를 설치하는 경우 당해 건축물, 그 밖의 공작물의 주요한 출입구에서 그 내부의 전체를 볼 수 있는 경우에 하나의 경계구역의 면적은 최대 몇 m^2까지 할 수 있는가?

① 300　② 600
③ 1,000　④ 1,200

해설

하나의 경계구역의 면적은 $600m^2$ 이하로 하고 한 변의 길이는 50m 이하로 할 것. 단, 당해 소방대상물의 주된 출입구에서 그 내부 전체가 보이는 것에 있어서는 한 변의 길이가 50m의 범위 내에서 $1,000m^2$ 이하로 할 수 있다.

정답 109 ① 110 ② 111 ③ 112 ③ 113 ③

114 위험물안전관리법령상 자동화재탐지설비를 설치하지 않고 비상경보설비로 대신할 수 있는 것은? (최근 1)

① 일반취급소로서 연면적 600m²인 것
② 지정수량 20배를 저장하는 옥내저장소로서 처마높이가 8m인 단층건물
③ 단층건물 외에 건축물에 설치된 지정수량 15배의 옥내탱크저장소로서 소화난이도등급 Ⅱ에 속하는 것
④ 지정수량 20배를 저장 · 취급하는 옥내주유취급소

해설

자동화재탐지설비를 설치해야 할 제조소등
- 일반취급소로서 연면적 500m²인 것
- 지정수량 100배를 저장하는 옥내저장소 또는 처마높이가 6m 이상인 단층건물
- 옥내주유취급소는 지정수량과 상관없이 설치

※ 지정수량의 10배 이상을 저장 또는 취급하는 제조소등에는 자동화재탐지설비, 비상경보설비, 확성장치 또는 비상방송설비 중 1종 이상을 설치할 것

7 피난설비

115 주유취급소 중 건축물의 2층에 휴게음식점의 용도로 사용하는 것에 있어 당해 건축물의 2층으로부터 직접 주유취급소의 부지 밖으로 통하는 출입구와 당해 출입구로 통하는 통로 · 계단에 설치하여야 하는 것은? (최근 1)

① 비상경보설비 ② 유도등
③ 비상조명등 ④ 확성장치

해설

주유취급소 중 건축물의 2층 이상의 부분을 점포, 휴게음식점 또는 전시장의 용도로 사용하는 것에 있어서는 당해 건축물의 2층 이상으로부터 직접 주유취급소의 부지 밖으로 통하는 출입구와 당해 출입구로 통하는 통로 · 계단 및 출입구에 유도등을 설치하여야 한다.

116 피난설비를 설치하여야 하는 위험물제조소등에 해당하는 것은?

① 건축물의 2층 부분을 자동차 정비소로 사용하는 주유취급소
② 건축물의 2층 부분을 전시장으로 사용하는 주유취급소
③ 건축물의 2층 부분을 주유사무소로 사용하는 주유취급소
④ 건축물의 2층 부분을 관계자의 주거시설로 사용하는 주유취급소

해설

피난설비
주유취급소 중 건축물의 2층 이상의 부분을 점포, 휴게음식점 또는 전시장의 용도로 사용하는 경우

정답 114 ③ 115 ② 116 ②

PART 2

위험물의 성질 및 취급

CRAFTSMAN HAZARDOUS MATERIAL

CHAPTER

01 위험물의 총칙

01 위험물의 개요

1 용어의 정의

1) 위험물

대통령령이 정하는 인화성 또는 발화성 등의 성질을 가진 물질을 말한다.

2) 지정수량

대통령령이 정하는 수량으로서 위험물의 종류별로 위험성을 고려하여 지정한다.

3) 2품명 이상의 위험물의 환산

지정수량에 미달되는 위험물 2품명 이상을 동일한 장소 또는 시설에서 제조 · 저장 또는 취급할 경우에 품명별 지정수량으로 나누어 얻은 수치의 합계이다.

$$\text{지정수량 배수의 합} = \frac{\text{A품명의 저장수량}}{\text{A품명의 지정수량}} + \frac{\text{B품명의 저장수량}}{\text{B품명의 지정수량}} + \frac{\text{C품명의 저장수량}}{\text{C품명의 지정수량}} + \cdots$$

여기서, 지정수량 배수의 합 ≥ 1 : 「위험물안전관리법」 규제
지정수량 배수의 합 < 1 : 시 · 도 조례 규제

2 위험물의 구분

1) 위험물의 유별

화학적 · 물리적 성질이 비슷하며, 제1류 위험물에서 제6류 위험물로 구분된다.

2) 품명 및 물질명

① **품명** : 예를 들어, 제1류 위험물에서 염소산염류를 의미한다.
② **물질명** : 예를 들어, 제1류 위험물에서 염소산염류 중 염소산칼륨($KClO_3$)을 의미한다.

3) 지정수량과 위험등급

① **지정수량** : 대통령령으로 정하는 수량을 말하며 제1, 2, 3, 5, 6류는 "kg"으로 표시하고 제4류는 "L"단위로 표시한다. 예를 들어, 제1류 위험물에서 염소산염류의 지정수량은 50kg이다(각 유별표로 표시).

② **위험등급** : 예를 들어, 제1류 위험물에서 염소산염류의 위험등급은 Ⅰ급이다(각 유별표로 표시).

3 위험물의 유별 저장 · 취급의 공통기준

① 제1류 위험물은 가연물과의 접촉 · 혼합이나 분해를 촉진하는 물품과의 접근 또는 과열 · 충격 · 마찰 등을 피하는 한편, 알칼리금속의 과산화물 및 이를 함유한 것에 있어서는 물과의 접촉을 피하여야 한다(산화성 고체).

② 제2류 위험물은 산화제와의 접촉 · 혼합이나 불티 · 불꽃 · 고온체와의 접근 또는 과열을 피하는 한편, 철분 · 금속분 · 마그네슘 및 이를 함유한 것에 있어서는 물이나 산과의 접촉을 피하고 인화성 고체에 있어서는 함부로 증기를 발생시키지 아니하여야 한다(가연성 물질).

③ 제3류 위험물 중 자연발화성 물질에 있어서는 불티 · 불꽃 또는 고온체와의 접근 · 과열 또는 공기와의 접촉을 피하고, 금수성 물질에 있어서는 물과의 접촉을 피하여야 한다(금수성 및 자연발성 물질).

④ 제4류 위험물은 불티 · 불꽃 · 고온체와의 접근 또는 과열을 피하고, 함부로 증기를 발생시키지 아니하여야 한다(인화성 액체).

⑤ 제5류 위험물은 불티 · 불꽃 · 고온체와의 접근이나 과열 · 충격 또는 마찰을 피하여야 한다(자기 반응성 물질).

⑥ 제6류 위험물은 가연물과의 접촉 · 혼합이나 분해를 촉진하는 물품과의 접근 또는 과열을 피하여야 한다(산화성 액체).

「위험물안전관리법령」상 자연발화성 물질 및 금수성 물질은 제 몇 류 위험물로 지정되어 있는가?

① 제1류　　② 제2류
③ 제3류　　④ 제4류

① 산화성 고체
② 가연성 고체
③ 자연발화성 물질 또는 금수성 물질
④ 인화성 액체

/정답/ ③

02 위험물의 분류

1 제1류 위험물(산화성 고체)

산화성 물질이라 함은 물과 반응하여 산소가스를 발생하여 연소를 촉진시키는 물질이다.

2 제2류 위험물(가연성 고체, 인화성 고체)

① **가연성 고체** : 화염에 의한 발화의 위험성 또는 인화의 위험성을 판단하기 위하여 고시로 정하는 시험에서 고시로 정하는 성질과 상태를 나타내는 것이다.

② **유황** : 순도가 60(중량)% 이상인 것으로 한다.

③ **철분** : 53μm의 표준체를 통과하는 것이 50(중량)% 이상인 것으로 한다.

④ 금속분 : 알칼리금속 · 알칼리토금속 · 철 및 마그네슘 외의 금속의 분말을 말하는 것으로, 구리 분 · 니켈 분 및 150μm의 체를 통과하는 것이 50(중량)% 이상인 것으로 한다.

⑤ **마그네슘(마그네슘을 함유한 것)**

- 2mm의 체를 통과하는 것
- 직경 2mm 미만의 막대 모양의 것

⑥ **인화성 고체** : 고형알코올 그 밖에 1atm에서 인화점이 40℃ 미만인 고체로 한다.

3 제3류 위험물(금수성 물질 및 자연발화성 물질)

고체 또는 액체로서 공기 중에서 발화의 위험성이 있거나 물과 접촉하여 발화하거나 가연성 가스를 발생시킬 위험성이 있는 것이다.

4 제4류 위험물(인화성 액체)

① 액체(제3석유류, 제4석유류 및 동식물유류에 있어서는 1atm과 20℃에서 액상인 것)로서 인화의 위험성이 있는 것이다.

② 특수인화물 : 이황화탄소, 디에틸에테르, 그 밖에 1atm에서 발화점이 100℃ 이하인 것, 또는 인화점이 −20℃ 이하이고 비점이 40℃ 이하인 것으로 한다.

③ 제1석유류 : 아세톤, 휘발유, 그 밖에 1atm에서 인화점이 21℃ 미만인 것으로 한다.

④ 알코올류 : 1분자를 구성하는 탄소원자의 수가 1개부터 3개까지인 포화 1가 알코올(변성알코올 포함)이다.

- 1분자를 구성하는 탄소원자의 수가 1개 내지 3개의 포화 1가 알코올의 함유량이 60(중량)% 이상인 수용액이다.
- 가연성 액체량이 60(중량)% 이상이고 인화점 및 연소점이 에틸알코올 60(중량)% 수용액의 인화점 및 연소점 이하의 것이다.

⑤ 제2석유류 : 등유, 경유, 그 밖에 1atm에서 인화점이 21℃ 이상 70℃ 미만인 것으로 한다.

⑥ 제3석유류 : 중유, 크레오소트유, 그 밖에 1atm에서 인화점이 70℃ 이상 200℃ 미만인 것으로 한다.

⑦ 제4석유류 : 기어유, 실린더유, 그 밖에 1atm에서 인화점이 200℃ 이상 250℃ 미만의 것으로 한다.

⑧ 동식물유류 : 동물의 지육 등 또는 식물의 종자나 과육으로부터 추출한 것으로서 1atm에서 인화점이 250℃ 미만인 것으로 한다.

5 제5류 위험물(자기연소성 물질, 즉 폭발성 물질)

고체 또는 액체로서 폭발의 위험성 또는 가열, 분해의 격렬함을 가지고 있는 것이다.

제5류 위험물 중 유기과산화물을 함유한 것으로서 위험물에서 제외되는 것의 기준

- 과산화벤조일의 함유량이 35.5(중량)% 미만인 것으로서 전분가루, 황산칼슘 2수화물 또는 인산1수소칼슘 2수화물과의 혼합물
- 비스(4클로로벤조일)퍼옥사이드의 함유량이 30(중량)% 미만인 것으로서 불활성 고체와의 혼합물
- 1, 4비스(2－터셔리부틸퍼옥시이소프로필)벤젠의 함유량이 40(중량)% 미만인 것으로서 불활성 고체와의 혼합물
- 시크로헥사놀퍼옥사이드의 함유량이 30(중량)% 미만인 것으로서 불활성 고체와의 혼합물
- 과산화지크밀의 함유량이 40(중량)% 미만인 것으로서 불활성 고체와의 혼합물

6 제6류 위험물(산화성 액체)

① 산화성 액체 : 액체로서 산화력의 잠재적인 위험성을 판단하기 위하여 고시로 정하는 시험에서 고시로 정하는 성질과 상태를 나타내는 것이다.

② 과산화수소 : 농도가 36(중량)% 이상인 것이다.

③ 질산 : 비중이 1.49 이상인 것이다.

다음 물질 중에서 「위험물안전관리법」상 위험물의 범위에 포함되는 것은?

① 농도가 40(중량)%인 과산화수소 350kg
② 비중이 1.40인 질산 350kg
③ 직경 2.5mm의 막대 모양인 마그네슘 500kg
④ 순도가 55(중량)%인 유황 50kg

① 농도가 36(중량)% 이상인 과산화수소
② 비중이 1.49 이상인 질산
③ 직경 2mm 이하의 막대 모양인 마그네슘
④ 순도가 60(중량)% 이상인 유황

/정답/ ①

03 복수성상물품

규정된 성상을 2가지 이상 포함하는 물품을 복수성상물품이라 한다.

① 산화성 고체의 성상 및 가연성 고체의 성상을 가지는 경우 : 제2류 위험물
② 산화성 고체의 성상 및 자기반응성 물질의 성상을 가지는 경우 : 제5류 위험물
③ 가연성 고체의 성상과 자연발화성 물질의 성상 및 금수성 물질의 성상을 가지는 경우 : 제3류 위험물
④ 자연발화성 물질의 성상, 금수성 물질의 성상 및 인화성액체의 성상을 가지는 경우 : 제3류 위험물
⑤ 인화성 액체의 성상 및 자기반응성 물질의 성상을 가지는 경우 : 제5류 위험물

복수의 성상을 가지는 위험물에 대한 품명지정의 기준상 유별의 연결이 틀린 것은?

① 산화성 고체의 성상 및 가연성 고체의 성상을 가지는 경우 : 가연성 고체
② 산화성 고체의 성상 및 자기반응성 물질의 성상을 가지는 경우 : 자기반응성 물질
③ 가연성 고체의 성상과 자연발화성 물질의 성상 및 금수성 물질의 성상을 가지는 경우 : 자연발화성 물질 및 금수성 물질
④ 인화성 액체의 성상 및 자기반응성 물질의 성상을 가지는 경우 : 인화성 액체

④ 인화성 액체의 성상 및 자기반응성 물질의 성상을 가지는 경우 : 자기반응성 액체

/정답/ ④

04 혼합발화

혼합발화란 위험물을 2가지 이상 또는 그 이상으로 서로 혼합한다든지, 접촉하면 발열 · 발화하는 현상으로서 다음 표는 유별을 달리하는 위험물의 혼재기준이다.

	제1류	제2류	제3류	제4류	제5류	제6류
제1류		×	×	×	×	○
제2류	×		×	○	○	×
제3류	×	×		○	×	×
제4류	×	○	○		○	×
제5류	×	○	×	○		×
제6류	○	×	×	×	×	

[비고] • "×"표시는 혼재할 수 없음을 표시
• "○"표시는 혼재할 수 있음을 표시
• 이 표는 지정수량의 $\frac{1}{10}$ 이하의 위험물에 대하여는 적용하지 아니한다.

상기의 표를 정리하면, 혼재 가능 위험물은 다음과 같다.

- 4 ⇨ 2 3 : 4류와 2류, 4류와 3류는 서로 혼재 가능
- 5 ⇨ 2 4 : 5류와 2류, 5류와 4류는 서로 혼재 가능
- 6 ⇨ 1 : 6류와 1류는 서로 혼재 가능

서로 접촉하였을 때 발화하기 쉬운 물질을 연결한 것은?

① 무수크롬산과 아세트산　② 금속나트륨과 석유
③ 니트로셀룰로오스와 알코올　④ 과산화수소와 물

혼재 가능 위험물 : 4 ⇨ 2 3, 5 ⇨ 2 4, 6 ⇨ 1
① 제1류 위험물과 제4류 위험물, ② 제3류 위험물과 보호액
③ 제5류 위험물과 제4류 위험물, ④ 제6류 위험물과 소화제

/정답/ ①

예 · 상 · 문 · 제

1 위험물의 개요

01 위험물안전관리법에서 정의하는 다음 용어는 무엇인가? (최근 2)

> 인화성 또는 발화성 등의 성질을 가지는 것으로서 대통령령이 정하는 물품을 말한다.

① 위험물 ② 인화성 물질
③ 자연발화성 물질 ④ 가연물

해설

① 위험물에 대한 정의이다.

02 위험물안전관리법령상 위험물의 품명별 지정수량의 단위에 관한 설명 중 옳은 것은?

① 액체인 위험물은 지정수량의 단위를 "리터"로 하고 고체인 위험물은 지정수량의 단위를 "킬로그램"으로 한다.
② 액체만 포함된 유별은 "리터"로 하고 고체만 포함된 유별은 "킬로그램"으로 하고, 액체와 고체가 포함된 유별은 "리터"로 한다.
③ 산화성인 위험물은 "킬로그램"으로 하고, 가연성인 위험물은 "리터"로 한다.
④ 자기반응성 물질과 산화성 물질은 액체와 고체의 구분에 관계없이 "킬로그램"으로 한다.

해설

지정수량의 단위
- 제1류 위험물 : 산화성 고체(kg)
- 제2류 위험물 : 가연성 고체(kg)
- 제3류 위험물 : 금수성 및 자연발화성 물질(kg)
- 제4류 위험물 : 인화성 액체(L)
- 제5류 위험물 : 자기반응성 물질(kg)
- 제6류 위험물 : 산화성 액체(kg)

03 위험물의 유별에 따른 성질과 해당 품명의 예가 잘못 연결된 것은?

① 제1류 : 산화성 고체 – 무기과산화물
② 제2류 : 가연성 고체 – 금속분
③ 제3류 : 자연발화성 물질 및 금수성 물질 – 황화인
④ 제5류 : 자기반응성 물질 – 히드록실아민염류

해설

③ 제3류 : 자연발화성 물질 및 금수성 물질 – 황린
※ 황화인은 제2류 위험물(가연성 고체)이다.

04 위험물안전관리법령에서 정한 위험물의 유별 성질을 잘못 나타낸 것은?

① 제1류 : 산화성
② 제4류 : 인화성
③ 제5류 : 자기반응성
④ 제6류 : 가연성

해설

④ 제6류 : 산화성 액체

05 다음 중 모두 고체로만 이루어진 위험물은?

① 제1류 위험물, 제2류 위험물
② 제2류 위험물, 제3류 위험물
③ 제3류 위험물, 제5류 위험물
④ 제1류 위험물, 제5류 위험물

해설

- 고체 : 제1류, 제2류 위험물
- 액체 : 제6류 위험물
- 고체 또는 액체 : 제3류, 제4류, 제5류 위험물

정답 01 ① 02 ④ 03 ③ 04 ④ 05 ①

06 다음 품명에 따른 지정수량이 틀린 것은?

① 유기과산화물 : 10kg
② 황린 : 50kg
③ 알칼리금속 : 50kg
④ 알킬리튬 : 10kg

해설

② 황린의 지정수량은 20kg이다.

07 다음 중 위험물안전관리법령에서 정한 지정수량이 50kg이 아닌 위험물은? (최근 1)

① 염소산나트륨 ② 금속리튬
③ 과산화나트륨 ④ 디에틸에테르

해설

④는 제4류 특수인화물로 지정수량은 50L이다.

08 지정수량이 나머지 셋과 다른 것은?

① 과염소산칼륨 ② 과산화나트륨
③ 유황 ④ 금속칼슘

해설

① 제1류 위험물 무기과산화물(50kg)
② 제1류 위험물 무기과산화물(50kg)
③ 제2류 위험물(100kg)
④ 제3류 위험물(50kg)

09 위험물의 지정수량이 틀린 것은?

① 과산화칼륨 : 50kg
② 질산나트륨 : 50kg
③ 과망간산나트륨 : 1,000kg
④ 중크롬산암모늄 : 1,000kg

해설

② 제1류 질산염류(질산나트륨) : 300kg

10 위험물제조소에서 다음과 같이 위험물을 취급하고 있는 경우 각각의 지정수량 배수의 총합은 얼마인가? (최근 1)

㉠ 브롬산나트륨 : 300kg
㉡ 과산화나트륨 : 150kg
㉢ 중크롬산나트륨 : 500kg

① 3.5 ② 4.0
③ 4.5 ④ 5.0

해설

- 브롬산나트륨의 지정수량 : 300kg
- 과산화나트륨의 지정수량 : 50kg
- 중크롬산나트륨의 지정수량 : 1,000kg

∴ 지정수량 배수의 합$=\frac{300}{300}+\frac{150}{50}+\frac{500}{1,000}=4.5$

11 아염소산염류 100kg, 질산염류 3,000kg 및 과망간산염류 1,000kg을 같은 장소에 저장하려고 한다. 각각의 지정수량 배수의 합은 얼마인가?

① 5 ② 10
③ 13 ④ 15

해설

- 아염소산염류의 지정수량 : 50kg
- 질산염류의 지정수량 : 300kg
- 과망간산염류의 지정수량 : 1,000kg

∴ 지정수량 배수의 합$=\frac{100}{50}+\frac{3,000}{300}+\frac{1,000}{1,000}=13$

12 위험물의 품명과 지정수량이 잘못 짝지어진 것은?

① 황화인 – 100kg
② 마그네슘 – 500kg
③ 알킬알루미늄 – 10kg
④ 황린 – 10kg

정답 06 ② 07 ④ 08 ③ 09 ② 10 ③ 11 ③ 12 ④

해설

① 제2류 위험물 : 100kg ② 제2류 위험물 : 500kg
③ 제3류 위험물 : 10kg ④ 황린 : 20kg

13 알킬리튬 10kg, 황린 100kg 및 탄화칼슘 300kg을 저장할 때 각 위험물의 지정수량 배수의 총합은 얼마인가?

① 5 ② 7
③ 8 ④ 10

해설

- 알킬리튬의 지정수량 : 10kg
- 황린의 지정수량 : 20kg
- 탄화칼슘의 지정수량 : 300kg

∴ 지정수량 배수의 합= $\frac{10}{10}+\frac{100}{20}+\frac{300}{300}=7$

14 위험물안전관리법령상 지정수량이 다른 하나는?

① 인화칼슘 ② 루비듐
③ 칼슘 ④ 차아염소산칼륨

해설

① 금속의 인화물 : 300kg
② 알칼리금속 : 50kg
③ 알칼리토금속 : 50kg
④ 차아염소산염류 : 50kg

15 고형 알코올 2,000kg과 철분 1,000kg 각각의 지정수량 배수의 총합은 얼마인가?

① 3 ② 4
③ 5 ④ 6

해설

- 인화성 고체(고형 알코올)의 지정수량 : 1,000kg
- 철분의 지정수량 : 500kg

∴ 지정수량 배수의 합= $\frac{2,000}{1,000}+\frac{1,000}{500}=4$

16 지정수량이 50킬로그램이 아닌 위험물은?

① 염소산나트륨 ② 리튬
③ 과산화나트륨 ④ 디에틸에테르

해설

① 제1류 위험물 : 50kg
② 제3류 위험물 : 50kg
③ 제1류 위험물 : 50kg
④ 제4류 특수인화물 : 50L

17 특수인화물 200L와 제4석유류 12,000L를 저장할 때 각각의 지정수량 배수의 합은 얼마인가?

① 3 ② 4
③ 5 ④ 6

해설

- 특수인화물의 지정수량 : 50L
- 제4석유류의 지정수량 : 6,000L

∴ 지정수량 배수의 합= $\frac{200}{50}+\frac{12,000}{6,000}=6$

18 과염소산 300kg, 과산화수소 450kg, 질산 900kg을 보관하는 경우 각각의 지정수량 배수의 합은 얼마인가?

① 1.5 ② 3
③ 5.5 ④ 7

해설

과염소산, 과산화수소, 질산의 지정수량 : 300kg

∴ 지정수량 배수의 합= $\frac{300}{300}+\frac{450}{300}+\frac{900}{300}=5.5$

19 염소산칼륨 20킬로그램과 아염소산나트륨 10킬로그램을 과염소산과 함께 저장하는 경우 지정수량 3배로 저장하려면 과염소산은 얼마나 저장할 수 있는가?

① 20킬로그램 ② 40킬로그램
③ 80킬로그램 ④ 120킬로그램

정답 13 ② 14 ① 15 ② 16 ④ 17 ④ 18 ③ 19 ④

해설

아염소산염류, 염소산염류, 과염소산염류의 지정수량 : 50kg

$\frac{20}{50}+\frac{10}{50}+\frac{x}{50}=3$　　$\therefore x=120$

20 위험물저장소에 다음과 같이 2가지 위험물을 저장하고 있다. 지정수량 이상에 해당하는 것은? (최근 1)

① 브롬산칼륨 80kg, 염소산칼륨 40kg
② 질산 100kg, 과산화수소 150kg
③ 질산칼륨 120kg, 중크롬산나트륨 500kg
④ 휘발유 20L, 윤활유 2000L

해설

① 브롬산칼륨$\left(\frac{80}{300}\right)$ + 염소산칼륨$\left(\frac{40}{50}\right)$= 1.07
② 질산$\left(\frac{100}{300}\right)$ + 과산화수소$\left(\frac{150}{300}\right)$= 0.83
③ 질산칼륨$\left(\frac{120}{300}\right)$ + 중크롬산나트륨$\left(\frac{500}{1,000}\right)$= 0.90
④ 휘발유$\left(\frac{20}{200}\right)$ + 윤활유$\left(\frac{2,000}{6,000}\right)$= 0.43

2 위험물의 분류

21 위험물안전관리법상 위험물에 해당하는 것은?

① 아황산
② 비중이 1.41인 질산
③ 53마이크로미터의 표준체를 통과하는 것이 50(중량)% 이상인 철의 분말
④ 농도가 15(중량)%인 과산화수소

해설

위험물안전관리법상 위험물
• 비중이 1.49인 질산
• 농도가 36(중량)%인 과산화수소
• 53마이크로미터의 표준체를 통과하는 것이 50(중량)% 이상인 철의 분말
※ 황산(H_2SO_4), 아황산(SO_2) 등은 위험물이 아니다.

22 제5류 위험물 중 유기과산화물을 함유한 것으로서 위험물에서 제외되는 것의 기준이 아닌 것은?

① 과산화벤조일의 함유량이 35.5(중량)% 미만인 것으로서 전분가루, 황산칼슘 2수화물 또는 인산 1수소칼슘 2수화물과의 혼합물
② 비스(4클로로벤조일)퍼옥사이드의 함유량이 30(중량)% 미만인 것으로서 불활성 고체와의 혼합물
③ 1, 4비스(2－터셔리부틸퍼옥시이소프로필)벤젠의 함유량이 40(중량)% 미만인 것으로서 불활성 고체와의 혼합물
④ 시크로헥사놀퍼옥사이드의 함유량이 40(중량)% 미만인 것으로서 불활성 고체와의 혼합물

해설

④ 시크로헥사놀퍼옥사이드의 함유량이 30(중량)% 미만인 것으로서 불활성 고체와의 혼합물

23 위험물안전관리법령에서 농도를 기준으로 위험물을 정의하고 있는 것은?

① 아세톤
② 마그네슘
③ 질산
④ 과산화수소

해설

① 인화점
② 크기
③ 비중
④ 농도가 36(중량)% 이상의 것

정답 20 ① 21 ③ 22 ④ 23 ④

3 복수성상물품

24 위험물이 2가지 이상의 성상을 나타내는 복수성상물품일 경우 유별(類別) 분류기준으로 틀린 것은?

① 산화성 고체의 성상 및 가연성 고체의 성상을 가지는 경우 : 제1류 위험물
② 산화성 고체의 성상 및 자기반응성 물질의 성상을 가지는 경우 : 제5류 위험물
③ 자연발화성 물질의 성상, 금수성 물질의 성상 및 인화성 액체의 성상을 가지는 경우 : 제3류 위험물
④ 가연성 고체의 성상과 자연발화성 물질의 성상 및 금수성물질의 성상을 가지는 경우 : 제3류 위험물

해설

① 산화성 고체의 성상 및 가연성 고체의 성상을 가지는 경우 : 제2류 위험물

4 혼합발화

25 지정수량의 얼마 이하의 위험물에 대하여는 위험물안전관리법령에서 정한 유별을 달리하는 위험물의 혼재기준을 적용하지 아니하여도 되는가?

① $\frac{1}{2}$　② $\frac{1}{3}$
③ $\frac{1}{5}$　④ $\frac{1}{10}$

해설

지정수량 $\frac{1}{10}$ 이하의 위험물은 혼재기준을 적용하지 않는다.

26 지정수량의 $\frac{1}{10}$을 초과하는 위험물을 혼재할 수 없는 경우는?

① 제1류 위험물과 제6류 위험물
② 제2류 위험물과 제4류 위험물
③ 제4류 위험물과 제5류 위험물
④ 제5류 위험물과 제3류 위험물

해설

혼재 가능 위험물
4 ⇨ 2 3, 5 ⇨ 2 4, 6 ⇨ 1

27 제6류 위험물과 혼재가 가능한 위험물은? (단, 지정수량의 10을 초과하는 경우이다.)

① 제1류 위험물　② 제2류 위험물
③ 제3류 위험물　④ 제5류 위험물

해설

문제 26번 해설 참조

28 다음 중 제4류 위험물과 혼재할 수 없는 위험물은?(단, 지정수량의 10배 위험물인 경우이다.)

① 제1류 위험물　② 제2류 위험물
③ 제3류 위험물　④ 제5류 위험물

해설

문제 26번 해설 참조

29 다음 중 에틸렌글리콜과 혼재할 수 없는 위험물은?(단, 지정수량의 10배일 경우이다.)

① 유황　② 과망간산나트륨
③ 알루미늄분　④ 트리니트로톨루엔

해설

혼재 가능 위험물
4 ⇨ 2 3, 5 ⇨ 2 4, 6 ⇨ 1
∴ 에틸렌글리콜 제4류이고, ① 제2류, ③ 제2류, ④ 제5류는 혼재가 가능하다. ② 제1류는 혼재가 불가능하다.

정답 24 ① 25 ④ 26 ④ 27 ① 28 ① 29 ②

30 다음 위험물 중 혼재 가능한 것끼리 연결된 것은?(단, 지정수량의 10배이다.)

① 제1류 – 제6류　　② 제2류 – 제3류
③ 제3류 – 제5류　　④ 제5류 – 제1류

해설

유별을 달리하는 위험물의 혼재기준

구분	제1류	제2류	제3류	제4류	제5류	제6류
제1류		×	×	×	×	○
제2류	×		×	○	○	×
제3류	×	×		○	×	×
제4류	×	○	○		○	×
제5류	×	○	×	○		×
제6류	○	×	×	×	×	

※ "○" 표시는 혼재 가능, "×" 표시는 혼재 불가능

정답 30 ①

C R A F T S M A N   H A Z A R D O U S   M A T E R I A L

02 CHAPTER 위험물의 종류 및 성질

01 제1류 위험물

위험물			지정수량	위험등급
유별	성질	품명		
제1류	산화성고체	1. 무기과산화물, 아염소산염류, 과염소산염류, 염소산염류	50kg	Ⅰ
		2. 요오드산염류, 브롬산염류, 질산염류	300kg	Ⅱ
		3. 중크롬산염류, 과망간산염류	1,000kg	Ⅲ
		4. 그 밖에 행정안전부령이 정하는 것 [과요오드산염류/과요오드산/크롬, 납 또는 요오드의 산화물/아질산염류/차아염소산염류/염소화이소시아눌산/퍼옥소이황산염류/퍼옥소붕산염류]	50kg, 300kg 또는 1,000kg	
암기법	㉠㉡(高山)에서는 ㉢㉣㉤㉥(50kg)으로 ㉦㉧㉨(300분)을 (1,000명) ㉩㉪ 함께			

1 공통 성질

① 대부분 무기화합물로서 무색결정 또는 백색분말의 상온에서 고체 상태이다.
(단, 과망간산염류는 흑자색, 중크롬산염류는 등적색)

② 가열, 충격, 마찰 등에 의해 분해될 수 있다.

③ 가연물과 혼합하면 연소 또는 폭발의 위험이 크다.

④ 분해하면 산소를 발생하고, 산소를 함유한 강산화제이고, 물보다 무겁다.

⑤ 자신은 불연성 고체로서 다른 가연물의 연소를 돕는 조연성 물질(지연성 물질)이다.

⑥ 대부분 물에 잘 녹으며, 특히 무기과산화물은 물과 작용하여 열과 산소를 발생시킨다.

2 위험성

① 가열, 충격, 마찰 등으로 단독으로 분해 폭발하는 물질(예 NH_4NO_3, NH_4ClO_3)도 있다.

② 무기과산화물은 물과 반응하여 발열하고 산소를 방출하기 때문에 제3류 위험물과 비슷한 금수성 물질이며, 삼산화크롬은 물과 반응하여 발열과 산소를 만들어 낸다.

3 저장 및 취급방법

① 가연물과의 접촉 및 혼합을 피한다.
② 조해성 물질의 경우는 공기나 물과의 접촉을 피한다.
③ 환기가 잘되는 서늘한 곳에 저장한다.
④ 무기과산화물, 삼산화크롬은 물기를 엄금해야 한다.
⑤ 복사열이 없고 환기가 잘 되는 서늘한 곳에 저장한다.
⑥ 분해를 촉진하는 물품의 접근을 피한다.
⑦ 가열, 충격, 마찰을 피한다.
⑧ 알칼리금속의 과산화물은 물과의 접촉을 피하여야 한다.

4 소화방법

① 무기과산화물류를 제외한 위험물은 다량의 물에 의한 냉각소화를 이용한다.
② 가연물과 혼합 연소 시 폭발위험이 있으므로 주의해야 한다.
③ 무기과산화물류(알칼리금속 과산화물류)는 물과 반응하여 산소와 열이 발생하므로 주수소화는 절대 금지한다.

구분	스프링클러	물분무설비	포소화설비	불활성가스소화	할로겐화물
알칼리금속과산화물 등					
그 밖의 것	○	○	○		

구분	분말소화기			CO_2	건조사	팽창질석 · 진주암
	인산염류	탄산수소염류	그 밖의 것			
알칼리금속과산화물 등		○	○		○	○
그 밖의 것	○				○	○

5 제1류 위험물 종류

1) 무기과산화물(지정수량 50kg)

① 과산화수소(H_2O_2)의 수소이온이 떨어져 나가고 금속 또는 다른 원자단(NH_4^+)으로 치환된 화합물로서 물과 급격히 반응하여 조연성가스(산소)를 방출하고 발열한다.
② 불안정한 고체 화합물로서 분해가 용이하여 산소를 방출한다.
③ 물과 격렬하게 반응하여 발열한다.

(1) 알칼리금속과산화물

① 과산화나트륨(Na_2O_2)

분자량	비중	융점(℃)
78	2.8	460

㉠ 순수한 금속 나트륨을 고온으로 건조한 공기 중에서 연소시켜 얻은 위험물질이다.

㉡ 순수한 것은 백색이지만 보통 황색의 분말 또는 과립상이다.

㉢ 흡습성, 조해성이 있고, 알코올에는 녹지 않는다.

㉣ 물과 접촉하면 열과 조연성가스인 산소가 발생한다.

㉤ 자신은 불연성물질이지만 가열, 충격하면 분해하여 산소와 열을 방출한다.

㉥ 유기물질의 혼입, 가연물과의 접촉을 피한다.

㉦ 접촉 시 피부를 부식시킬 위험이 있으므로, 소화 시 공기호흡기를 착용한다.

㉧ 용기는 밀전, 밀봉하여 수분이 들어가지 않도록 하고 갈색의 착색 유리병에 저장한다.

㉨ 소화방법은 건조사, 팽창질석, 팽창진주암, 탄산수소 염류 등으로 피복소화가 좋고 주수소화하면 위험하다.

㉩ 화학반응식

- $2Na + O_2 \rightarrow Na_2O_2$
- $2Na_2O_2 \xrightarrow[\triangle]{} 2Na_2O + O_2\uparrow$ (열분해)
- $2Na_2O_2 + 2CO_2 \rightarrow 2Na_2CO_3 + O_2\uparrow$ (탄산가스와의 반응)
- $2Na_2O_2 + 2H_2O \rightarrow 4NaOH + O_2\uparrow$ (물과의 반응)
- $Na_2O_2 + 2HCl \rightarrow H_2O_2 + 2NaCl$(염산과의 반응)
- $Na_2O_2 + 2CH_3COOH \rightarrow H_2O_2 + 2CH_3COONa$(초산과의 반응)

② 과산화칼륨(K_2O_2)

분자량	비중	융점(℃)
110	2.9	490

㉠ 무색 또는 오렌지색의 분말이다.

㉡ 흡습성이 있으며 에탄올에 녹는다.

㉢ 접촉 시 피부를 부식시킬 위험이 있다.

㉣ 가연물과 혼합 시 충격이 가해지면 발화할 위험이 있다.

㉤ 물과 반응하여 산소와 열을 발생시킨다(주수소화를 하면 위험성이 증가).

㉥ 화학반응식

- $2K_2O_2 + 2H_2O \xrightarrow[\triangle]{} 4KOH + O_2\uparrow$ (열분해)
- $2K_2O_2 + 2CO_2 \rightarrow 2K_2CO_3 + O_2\uparrow$ (탄산가스와의 반응)

③ 기타 알칼리금속과산화물

과산화리튬(Li_2O_2), 과산화루비듐(Rb_2O_2), 과산화세슘(CS_2O_2) 등이 있다.

(2) 알칼리토금속과산화물

① 과산화마그네슘(MgO_2)

분자량	비중	분해온도(℃)
72	1.7	275

㉠ 백색 분말이며 산류에 녹아서 과산화수소로 된다.

㉡ 마찰, 충격, 가열을 피하고 용기는 밀봉, 밀전한다.

㉢ 염산과 반응하면 염화마그네슘과 과산화수소를 발생시킨다.

㉣ 물에는 녹지 않으나 습기나 물에 의하여 활성산소를 방출하기 때문에 방습에 유의하여야 한다.

㉤ 산화제, 표백제, 살균제 등으로 사용된다.

㉥ 소화방법은 건조사에 의한 피복소화 또는 주수소화를 한다.

㉦ 화학반응식

- $2MgO_2 \xrightarrow[\triangle]{} 2MgO + O_2 \uparrow$ (열분해)
- $MgO_2 + 2HCl \rightarrow MgCl_2 + H_2O_2$(염산과 반응 시)

② 과산화칼슘(CaO_2)

분자량	비중	분해온도(℃)
72	1.7	275

㉠ 백색 또는 담황색 분말이다.

㉡ 물에는 약간 녹고 알코올, 에테르에는 녹지 않는다.

㉢ 소화방법은 건조사에 의한 피복소화 또는 주수소화

㉣ 화학반응식

- $2CaO_2 \xrightarrow[\triangle]{} 2CaO + O_2 \uparrow$
- $2CaO_2 + 2H_2O \rightarrow 2Ca(OH)_2 + O_2 \uparrow$
- $CaO_2 + 2HCl \rightarrow CaCl_2 + H_2O_2$

③ 과산화바륨(BaO_2)

분자량	비중	분해온도(℃)
169	4.96	840

㉠ 백색 또는 회색의 정방정계 분말이다.
㉡ 물에는 약간 녹고, 알코올, 에테르, 아세톤에는 녹지 않는다.
㉢ 알칼리토금속의 과산화물 중 분해온도가 가장 높으므로 매우 안정한 물질이다.
㉣ 약 840℃의 고온에서 분해하여 산소를 발생시킨다.
㉤ 황산과 반응하여 과산화수소를 만든다.
㉥ 용도로는 테르밋의 점화제로 사용된다.
㉦ 유기물, 산 등의 접촉을 피하고, 냉암소에 보관한다.
㉧ 피부와 직접적인 접촉을 피한다.
㉨ 소화방법은 건조사에 의한 피복소화, CO_2 가스, 사염화탄소로 소화한다.
㉩ 화학반응식

- $2BaO_2 \xrightarrow[\Delta]{} 2BaO + O_2 \uparrow$
- $2BaO_2 + 2H_2O \rightarrow 2Ba(OH)_2 + O_2 \uparrow$
- $BaO_2 + H_2SO_4 \rightarrow BaSO_4 + H_2O_2$

④ 기타 알칼리토금속과산화물

과산화베릴륨(BeO_2), 과산화스트론튬(SrO_2) 등이 있고, 물과 접촉해도 큰 위험성이 없는 물질이 대부분이다.

2) 아염소산염류(지정수량 50kg)

아염소산($HClO_2$)의 수소이온이 떨어져 나가고 금속 또는 다른 원자단(NH_4^+)으로 치환된 형태의 염을 말하며, 가열, 충격, 마찰 등에 의해 폭발하며, 중금속염은 기폭제로 사용된다.

(1) 아염소산나트륨($NaClO_2$)

분자량	분해온도(℃)	
90.5	120(수분함유)	350(무수물)

① 무색의 결정성 분말, 조해성, 물에 잘 녹는다.
② 불안정하여 180℃ 이상 가열하면 산소를 방출한다.
③ 가연성 물질, 강산류와의 접촉 및 취급 시 충격, 마찰을 피한다.
④ 염산을 가하면 이산화염소를 발생시킨다.
④ 환원성 물질과 접촉 또는 혼합에 의하여 발화 또는 폭발한다.
⑤ 물에 잘 녹기 때문에 물속에 저장하지 말고 냉암소에 저장한다.

⑥ 화학반응식

$$3NaClO_2 + 2HCl \rightarrow 3NaCl + 2ClO_2 + H_2O_2 \uparrow$$

(2) 아염소산칼륨($KClO_2$)

분자량	분해온도(℃)
106.5	160

① 백색 침상결정 또는 분말의 산화성 고체이다.

② 조해성, 부식성, 열, 충격 등으로 인한 폭발위험이 존재한다.

③ 다른 아염소산 염류와 비슷한 성질을 갖는다.

④ 화학반응식

$$3KClO_2 + 2HCl \rightarrow 3KCl + 2ClO_2 + H_2O_2$$

3) 과염소산염류(지정수량 50kg)

과염소산($HClO_4$)의 수소이온이 떨어져 나가고 금속 또는 다른 원자단(NH_4^+)으로 치환된 형태의 염을 말하며 대부분 물에 녹으며 유기용매에도 녹는 것이 많고, 수용액은 화학적으로 안정하며 불용성의 염 이외에는 조해성이 있다.

(1) 과염소산나트륨($NaClO_4$ = 과염소산소다)

분자량	비중	융점(℃)	분해온도(℃)
122.5	2.5	482	400

① 무색, 무취 사방정계 결정이다.

② 조해성을 가진다.

③ 물, 에틸알코올, 아세톤에 잘 녹고, 에테르에는 녹지 않는다.

④ 산화제, 폭약 등에 사용된다.

⑤ 소화방법은 주수소화가 좋다.

⑥ 화학반응식

$$NaClO_4 \rightarrow NaCl + 2O_2 \uparrow$$

(2) 과염소산칼륨($KClO_4$)

분자량	비중	융점(℃)	분해온도(℃)
138.5	2.5	610	400~610

① 무색, 무취 사방정계 결정 또는 백색 분말이다.

② 물, 알코올, 에테르에 잘 녹지 않는다.

③ 강산화제, 불연성 고체로서 화약, 폭약, 섬광제 등에 쓰인다.

④ 400℃에서 분해하기 시작하여 610℃에서 완전 분해하여 산소를 발생시킨다.
⑤ 목탄, 황, 유기물과의 혼합 시 가열, 마찰, 외부적 충격에 의해 폭발한다.
⑥ 소화방법은 주수소화가 좋다.

⑦ 화학반응식

$$KClO_4 \rightarrow KCl + 2O_2 \uparrow$$

(3) 과염소산암모늄(NH_4ClO_4 = 과염소산암몬)

분자량	비중	분해온도(℃)
117.5	1.87	130

① 무색, 무취의 결정이다.
② 폭약이나 성냥 원료로 쓰인다.
③ 물, 알코올, 아세톤에는 잘 녹고 에테르에는 녹지 않는다.
④ 수분 흡수 시에는 안정하나 건조 시에는 폭발한다.
⑤ 강산과 접촉하거나, 가연성 물질 또는 산화성 물질과 혼합하면 폭발할 수 있다.
⑥ 충격에는 비교적 안정하나 130℃에서 분해 시작, 300℃에서는 급격히 분해 폭발한다.
⑦ 소화방법은 주수소화가 좋다.

⑧ 화학반응식

- $NH_4ClO_4 \rightarrow NH_4Cl + 2O_2 \uparrow$
- $2NH_4ClO_4 \rightarrow N_2 \uparrow + Cl_2 \uparrow + 2O_2 \uparrow + 4H_2O$

(4) 기타 과염소산염류

과염소산마그네슘[$Mg(ClO_4)_2$], 과염소산바륨[$Ba(ClO_4)_2$], 과염소산리튬[$LiClO_4 \cdot 8H_2O$], 과염소산루비듐[$RbClO_4$] 등이 있다.

4) 염소산염류(지정수량 50kg)

염소산($HClO_3$)의 수소이온이 떨어져 나가고 금속 또는 다른 원자단으로 치환된 형태의 염을 말하며, 대부분 물에 녹으며 상온에서 안정하나 열에 의해 분해하게 되면 산소를 발생한다.

(1) 염소산나트륨($NaClO_3$)

분자량	비중	융점(℃)	분해온도(℃)
106.5	2.5	250	300

① 무색, 무취의 입방정계 주상결정이다.

② 물, 알코올, 에테르에는 녹는다.
③ 조해성과 흡습성이 있으므로, 방습에 유의한다.
④ 가열하여 분해시킬 때 산소가 발생한다.
⑤ 산과 반응하여 유독한 이산화염소(ClO_2)를 발생시키고 폭발위험이 있다.
⑥ 가열, 충격, 마찰을 피하고, 환기가 잘 되는 냉암소에 밀전 보관한다.
⑦ 저장용기 중 철제용기는 부식시킬 우려가 있으므로 유리용기를 사용한다.
⑧ 분해를 촉진하는 약품류(예 암모니아)와의 접촉을 피한다.
⑨ 소화방법은 주수소화가 좋다.

⑩ 화학반응식

- $2NaClO_3 \rightarrow 2NaCl + 3O_2 \uparrow$
- $3NaClO_3 \rightarrow NaClO_4 + Na_2O + 2ClO_2 \uparrow$
- $2NaClO_3 + 2HCl \rightarrow 2NaCl + H_2O_2 + 2ClO_2 \uparrow$

(2) 염소산칼륨($KClO_3$)

분자량	비중	융점(℃)	분해온도(℃)
122.5	2.33	368	400

① 무색, 무취의 단사정계 판상결정 또는 불연성 분말이다.
② 온수, 글리세린에 잘 녹고, 냉수, 알코올에는 잘 녹지 않는다.
③ 분해 시 촉매로 이산화망간(MnO_2)을 사용하면 활성화에너지를 감소시켜 반응속도가 빨라지고 산소를 방출하게 된다.
④ 산과 반응하여 이산화염소(ClO_2)를 발생시키고 폭발위험이 있다.
⑤ 가열, 충격, 마찰에 주의하고 강산이나 중금속류와의 혼합을 피한다.
⑥ 소화방법은 주수소화가 좋다.

⑦ 화학반응식

- $2KClO_3 \rightarrow 2KCl + 3O_2 \uparrow$
- $2KClO_3 \rightarrow KCl + KClO_4 + O_2 \uparrow$ / $KClO_4 \rightarrow KCl + 2O_2 \uparrow$
- $2KClO_3 + 2HCl \rightarrow 2KCl + 2ClO_2 + H_2O_2 \uparrow$

(3) 염소산암모늄(NH_4ClO_3)

분자량	분해온도(℃)
101.5	100

① 무색, 무취 결정이다.
② 조해성, 폭발성이 있고, 수용액은 금속을 부식시킨다.
③ 화학반응식

$$2NH_4ClO_3 \rightarrow N_2\uparrow + Cl_2\uparrow + O_2\uparrow + 4H_2O$$

(4) 기타 염소산염류

염소산은($AgClO_3$), 염소산납[$Pb(ClO_3)2H_2O$], 염소산아연[$Zn(ClO_2)_2$], 염소산바륨[$Ba(ClO_3)_2$] 등이 있다.

5) 요오드산염류(지정수량 300kg)

요오드산(HIO_3)의 수소이온이 떨어져 나가고 금속 또는 원자단(NH_4^+)으로 치환된 형태의 화합물로 대부분 결정성 고체이다.

(1) 요오드산나트륨($NaIO_3$)

① 백색 결정 또는 분말이다.
② 물에는 녹고, 알코올에는 불용이다.
③ 용도로는 의약품, 분석시약 등에 사용된다.

(2) 요오드산칼륨(KIO_3)

① 분자량 214, 분해온도 560℃, 비중 3.89
② 광택이 나는 무색 결정성 분말이다.
③ 가연물과 혼합하여 가열하면 폭발한다.
④ 융점 이상으로 가열하면 산소를 방출하며 가연물과 혼합하면 폭발위험이 있다.

(3) 요오드산칼슘[$Ca(IO_3)_2 \cdot 6H_2O$]

① 융점 42℃, 무수물의 융점 575℃
② 백색, 조해성 결정, 물에 잘 녹는다.

(4) 기타 요오드산염류

옥소산아연[$Zn(IO_3)_2 \cdot 6H_2O$], 옥소산나트륨($NaIO_3$), 옥소산은($AgIO_3$), 옥소산바륨[$Ba(IO_3)_2 \cdot H_2O$], 옥소산마그네슘[$Mg(IO_3)_2 \cdot 4H_2O$] 등이 있다.

6) 브롬산염류(지정수량 300kg)

브롬산($HBrO_3$)의 수소이온이 떨어져 나가고 금속 또는 원자단(NH_4^+)으로 치환된 화합물이다.

(1) 브롬산나트륨($NaBrO_3$)

① 분자량 151, 융점 381℃, 비중 3.3
② 무색 결정이다.
③ 물에 잘 녹는다.

(2) 브롬산칼륨($KBrO_3$)

① 백색 결정 또는 결정성 분말이다.
② 물에는 잘 녹고 알코올에는 잘 녹지 않는다.
③ 유황, 숯, 마그네슘 등은 다른 가연물과 혼합되면 위험하다.
④ 화학반응식

$$2KBrO_3 \rightarrow 2KBr + 3O_2 \uparrow$$

(3) 브롬산마그네슘[$Mg(BrO_3)_2 \cdot 6H_2O$]

① 무색·백색 결정, 물에 잘 녹는다.
② 가열하면 분해하여 산소를 발생시키고 200℃에서는 무수물이 된다.
③ 화학반응식

$$2Mg(BrO_3)_2 \rightarrow 2MgO + 2Br_2 \uparrow + 5O_2 \uparrow$$

(4) 브롬산아연[$Zn(BrO_3)_2 \cdot 6H_2O$]

① 무색 결정, 물에 잘 녹는다.
② 가연물과 혼합되면 위험하다.

(5) 브롬산바륨[$Ba(BrO_3)_2 \cdot H_2O$]

① 무색 결정, 물에 약간 녹는다.
② 가연물과 혼합되면 위험하다.

(6) 기타 브롬산염류

브롬산납[$Pb(BrO_3)_2 \cdot H_2O$], 브롬산암모늄(NH_4BrO_3) 등이 있다.

7) 질산염류(지정수량 300kg)

질산(HNO_3)의 수소이온이 떨어져 나가고 금속 또는 원자단(NH_4^+)으로 치환된 화합물을 말한다.

(1) 질산나트륨($NaNO_3$)

분자량	비중	융점(℃)	분해온도(℃)
85	2.26	308	380

① 무색, 무취의 투명한 결정 또는 백색 분말이다.
② 강력한 산화제이며, 물보다 무겁다.
③ 물과 글리세린에 잘 녹고, 무수알코올에는 잘 녹지 않는다.
④ 조해성이 크고 흡습성이 강하므로 습도에 주의한다.
⑤ 가연물과 혼합하면 충격에 의해 발화할 수 있다.
⑥ 화학반응식

$$2NaNO_3 \rightarrow 2NaNO_2 + O_2 \uparrow$$

(2) 질산칼륨(KNO_3)

분자량	비중	융점(℃)	분해온도(℃)
101	2.1	336	400

① 무색 또는 백색 결정 분말이다.
② 물에는 잘 녹으나 알코올에는 잘 녹지 않는다.
③ 숯가루, 황가루, 황린을 혼합하면 흑색화약이 되며 가열, 충격, 마찰에 주의한다.
④ 상온 · 단독으로는 분해하지 않지만 가열하면 약 400℃에서 용융 분해하여 산소와 아질산칼륨을 생성한다.
⑤ 화학반응식

$$2KNO_3 \rightarrow 2KNO_2 + O_2 \uparrow$$

(3) 질산암모늄(NH_4NO_3)

분자량	비중	융점(℃)	분해온도(℃)
80	1.73	165	220

① 무색, 무취의 백색 결정 고체이다.
② 물, 알코올, 알칼리에 잘 녹고, 조해성이 있다.
③ 물을 흡수하면 흡열반응을 한다.
④ 220℃ 부근에서 열분해하여 산화이질소(N_2O)가 발생한다.
⑤ 급격히 가열하면 질소와 산소를 발생시키고, 충격을 주면 단독으로도 폭발한다.
⑥ 강력한 산화제이기 때문에 혼합화약의 재료로 쓰인다.

⑦ 소화방법은 주수소화가 적당하다.

⑧ 화학반응식

- $NH_4NO_3 \rightarrow N_2O + 2H_2O$(220℃ 분해 반응식)
- $2NH_4NO_3 \rightarrow 4H_2O + 2N_2 + O_2$(폭발반응식)

(4) 질산은($AgNO_3$)

분자량	비중	융점(℃)	분해온도(℃)
80	4.35	212	445

① 무색, 무취 투명한 결정이다.
② 물, 아세톤, 알코올, 글리세린 등에 녹는다.
③ 햇빛에 의한 변질방지를 위하여 갈색병에 보관한다.
④ 용도로는 사진감광제, 부식제, 온도눈금, 보온병 제조, 살충제, 살균제 등에서 사용된다.

(5) 기타 질산염류

질산바륨[$Ba(NO_3)_2$], 기타 질산코발트[$Co(NO_3)_2$], 질산니켈[$Ni(NO_3)_2$], 질산구리[$Cu(NO_3)_2$], 질산카드뮴[$Cd(NO_3)_2$], 질산납[$Pb(NO_3)_2$], 질산마그네슘[$Mg(NO_3)_2$], 질산철[$Fe(NO_3)_2$] 등이 있다.

8) 중크롬산염류(지정수량 1,000kg)

중크롬산($H_2Cr_2O_7$)의 수소가 떨어져 나가고 금속 또는 원자단으로 치환된 화합물이다.

(1) 중크롬산나트륨($Na_2Cr_2O_7$)

분자량	비중	융점(℃)	분해온도(℃)
294	2.52	356	400

① 등적색(오렌지색)의 단사정계 결정이다.
② 수용성, 알코올에는 녹지 않는다.
③ 단독으로는 안정하나 가연물, 유기물과 혼입되면 마찰, 충격에 의해 발화, 폭발한다.
④ 소화작업 시 폭발 우려가 있으므로 충분한 안전거리를 확보하고, 소화방법으로는 주수소화가 좋다.

(2) 중크롬산칼륨($K_2Cr_2O_7$)

분자량	비중	융점(℃)	분해온도(℃)
298	2.69	398	500

① 등적색 판상결정으로 쓴맛이 난다.
② 부식성이 강하고, 흡습성, 수용성, 알코올에는 불용이다.
③ 산화제, 의약품 등에 사용된다.
④ 단독으로는 안정하나 가연물, 유기물과 혼입되면 마찰, 충격에 의해 발화, 폭발한다.
⑤ 화재 시 물과 반응하여 폭발하므로 주수소화를 금한다.
⑥ 소화작업 시 폭발 우려가 있으므로 충분한 안전거리를 확보한다.

⑦ 화학반응식

- $4K_2Cr_2O_7 \rightarrow 2Cr_2O_3 + 4K_2CrO_4 + 3O_2 \uparrow$
- $K_2Cr_2O_7 + 4H_2SO_4 \rightarrow K_2SO_4 + Cr_2(SO_4)_3 + 4H_2O + \frac{3}{2}O_2$

(3) 중크롬산암모늄[$(NH_4)_2Cr_2O_7$]

분자량	비중	분해온도(℃)
252	2.15	185

① 적색 또는 등적색의 단사정계 침상결정이다.
② 물, 알코올에 잘 녹는다.
③ 가열하면 약 225℃에서 분해하여 질소를 발생한다.
④ 에틸렌, 수산화나트륨, 히드라진과는 혼촉, 발화한다.

⑤ 화학반응식

$$(NH_4)_2Cr_2O_7 \rightarrow Cr_2O_3 + N_2 \uparrow + 4H_2O$$

(4) 기타 중크롬산염류

중크롬산칼슘($CaCr_2O_7 \cdot 3H_2O$), 중크롬산아연($ZnCr_2O_7 \cdot 3H_2O$), 중크롬산제1철[$Fe_2(Cr_2O_7)_3$] 등이 있다.

9) 과망간산염류(지정수량 1,000kg)

과망간산($HMnO_4$)의 수소가 떨어져 나가고 금속 또는 원자단으로 치환된 형태의 화합물을 말한다.

(1) 과망간산칼륨($KMnO_4$)

분자량	비중	분해온도(℃)
158	2.70	240

① 상온에서는 안정하며, 흑자색 또는 적자색 사방정계 결정이다.
② 물에 녹아 진한 보라색이 되고 강한 산화력과 살균력이 있다.
③ 알코올, 아세톤에 잘 녹는다.
④ 강한 살균력을 가지고 있으며, 수용액을 만들어 무좀 등의 치료제로 사용된다.
⑤ 강력한 산화제로, 직사광선을 피하고 저장용기는 밀봉하며 냉암소에 저장한다.
⑥ 묽은 황산과 반응하여 산소를 방출시키고, 진한 황산과는 폭발적으로 반응한다.
⑦ 알코올, 에테르, 황산 등 유기물과 접촉을 금한다.

⑧ 화학반응식

- $2KMnO_4 \rightarrow K_2MnO_4 + MnO_2 + O_2\uparrow$
- $4KMnO_4 + 6H_2SO_4 \rightarrow 2K_2SO_4 + 4MnSO_4 + 6H_2O + 5O_2\uparrow$ (묽은 황산과 반응)
- $2KMnO_4 + H_2SO_4 \rightarrow K_2SO_4 + 2HMnO_4\uparrow$ (진한 황산과 반응)

⇨ $2HMnO_4 \rightarrow Mn_2O_7 + H_2O$ / $2Mn_2O_7 \rightarrow 4MnO_2 + 3O_2\uparrow$

(2) 기타 과망간산염류

과망간산나트륨($NaMnO_4 \cdot 3H_2O$), 과망간산칼슘[$Ca(MnO_4)_2 \cdot 2H_2O$], 과망간산암모늄(NH_4MnO_4) 등이 있다.

다음 물질 중에서 제1류 위험물이 아닌 경우?

① 과요오드산염류　② 퍼옥소붕산염류
③ 요오드의 산화물　④ 금속의 아지화합물

④는 제5류 위험물에 해당된다.

/정답/ ④

제1류 위험물이 위험을 내포하고 있는 이유를 설명하시오.

제1류 위험물은 산화성 고체로서 산소를 내포하고 있는 강산화제이다. 그러므로 충분한 에너지를 가하면 공통적으로 산소를 발생시켜 다른 가연물의 연소를 촉진하는 조연성 물질이다.

02 제2류 위험물

위험물			지정수량	위험등급
유별	성질	품명		
제2류	가연성 고체	1. 황화인, 유황, 적린	100kg	Ⅱ
		2. 금속분, 철분, 마그네슘	500kg	Ⅲ
		3. 그 밖에 행정안전부령이 정하는 것	100kg 또는 500kg	
		4. 인화성 고체	1,000kg	Ⅲ
암기법	②차 대전이 끝나 가고나면 두 황건적(100kg)이 금이 간 철마(500kg)를 타고 인고(1,000kg)의 세월을 한탄한다.			

1 공통 성질

① 가연성 고체로서 낮은 온도에서 착화하기 쉬운 물질이다.
② 비중은 1보다 크고 물에 녹지 않으며 강한 환원성 물질이다.
③ 연소속도가 빠르고, 연소열이 크며, 유독가스가 발생하는 것도 있다.

2 위험성

① 철분, 마그네슘분, 금속분류 등은 물이나 산과의 접촉을 피한다.
② 금속분과 물이 만나면 자연발화하고, 수소가스가 발생하여 폭발위험이 있다.
③ 제2류 위험물은 환원제이므로, 산화제와 만나면 폭발의 위험이 존재한다.
④ 산화제(제1류, 제6류)와 혼합한 것은 가열 · 충격 · 마찰에 의해 발화 폭발위험이 있다.
⑤ 금속분이 미세한 가루(분진형태)인 경우, 산화 표면적의 증가로 공기와 혼합 및 열전도가 적어 열의 축적이 쉽기 때문에 폭발할 위험성이 크다.

3 저장 및 취급방법

① 화기를 피하며 불티, 불꽃, 고온체와의 접촉을 피한다.
② 산화제인 제1류 및 제6류 위험물과의 혼합과 혼촉을 피한다.
③ 철분, 마그네슘, 금속분류는 물, 습기, 산과의 접촉을 피하여 저장한다.
④ 저장용기는 밀봉하고 용기의 파손과 누출에 주의한다.
⑤ 통풍이 잘 되는 냉암소에 보관, 저장하며 폐기 시는 소량씩 소각 처리한다.

4 소화방법

① 적린, 유황은 물에 의한 냉각소화가 적당하다.

② 철분, 마그네슘, 금속분의 경우, 건조사, 탄산수소염류 분말소화가 좋다.

③ 연소 시 발생하는 다량의 열과 연기 및 유독성 가스의 흡입 방지를 위해 방호의와 공기호흡기 등 보호장구를 착용한다.

구분	스프링클러	물분무설비	포소화설비	불활성가스소화	할로겐화물
철분 · 금속분 · 마그네슘 등					
인화성 고체	○	○	○	○	○
그 밖의 것	○	○	○		

구분	분말소화기			CO_2	건조사	팽창질석 · 진주암
	인산염류	탄산수소염류	그 밖의 것			
철분 · 금속분 · 마그네슘 등		○	○		○	○
인화성 고체	○	○		○	○	○
그 밖의 것	○				○	○

5 제2류 위험물 종류

1) 황화인(지정수량 100kg)

	삼황화인	오황화인	칠황화인
화학식	P_4S_3	P_2S_5	P_4S_7
분자량	220	222	348
비중	2.03	2.09	2.19
비점(℃)	407	514	523
융점(℃)	172.5	290	310
착화점(℃)	100	142	–
색상	황색 결정	담황색 결정	담황색 결정
물의 용해성	불용성	조해성	조해성
CS_2의 용해성	소량	77g/100g	0.03g/100g

(1) 삼황화인(P_4S_3)

① 이황화탄소(CS_2), 질산, 알칼리에는 녹지만, 물, 염산, 황산 등에는 녹지 않는다. 100℃ 이상 가열하면 발화할 위험이 있다.

② 자연발화성이 있으므로, 가열, 습기 방지 및 산화제와의 접촉을 피한다.

③ 삼황화인이 연소하면 오산화인과 이산화황을 발생시킨다.
④ 용도로는 성냥, 유기합성 등에 사용된다.
⑤ 화학반응식

$$P_4S_3 + 8O_2 \rightarrow 2P_2O_5 + 3SO_2 \uparrow$$

(2) 오황화인(P_2S_5)

① 담황색 결정으로 조해성이 있다.
② 흡습성이 있고, 알코올, 이황화탄소에 녹는다.
③ 오황화인(P_2S_5)은 물에 녹아 유독성 가스 황화수소(H_2S)를 발생시킨다.
④ 용도로는 선광제, 윤활유 첨가제, 의약품 등에 사용된다.
⑤ 화학반응식

- $2P_2S_5 + 15O_2 \rightarrow 2P_2O_5 + 10SO_2 \uparrow$
- $P_2S_5 + 8NaOH \rightarrow H_2S + 2H_3PO_4 + 4Na_2S$
- $P_2S_5 + 8H_2O \rightarrow 5H_2S + 2H_3PO_4$ / $2H_2S + 3O_2 \rightarrow 2SO_2 + 2H_2O \uparrow$

(3) 칠황화인(P_4S_7)

① 이황화탄소(CS_2)에 약간 녹는다.
② 찬물에는 서서히, 더운물에는 급격히 녹아 분해하여 H_2S를 발생시킨다.
③ 용도로는 유기합성 등에 사용된다.

(4) 저장 및 취급방법

① 가열, 충격과 마찰 금지, 직사광선 차단, 화기엄금을 해야 한다.
② 빗물의 침투를 막고 습기와의 접촉을 피한다.
③ 산화제, 금속분, 과산화물, 과망간산염, 알칼리, 알코올류와의 접촉을 피한다.
④ 소량이면 유리병에 넣고 대량이면 양철통에 넣어 보관한다.
⑤ 용기는 밀폐하여 차고 건조하며 통풍이 잘되는 비교적 안전한 곳에 저장한다.

(5) 소화방법

① 황화인이 물과 만나면 유독하고 가연성인 황화수소(H_2S) 가스를 발생시킨다.
② 물에 의한 냉각소화는 적당하지 않으며, 건조분말, 이산화탄소(CO_2), 건조사 등으로 질식 소화한다.
③ 연소 시 발생하는 유독성 연소생성물(P_2O_5, SO_2)의 흡입방지를 위해 공기호흡기 등과 같은 보호 장구를 착용해야 한다.

2) 유황(지정수량 100kg)

순도가 60(중량)% 이상인 것을 위험물이라 말한다.

▼ 황의 동소체

	단사황	사방황	고무상황
색상	황색	황색	적갈색
분자량	32	32	32
결정형	단사정계(바늘 모양)	사방정계(팔면체)	비정형(무정형)
비중	1.96	2.07	–
융점(℃)	119	113	–
착화점(℃)	–	–	360
물에 대한 용해도	녹지 않음	녹지 않음	녹지 않음
CS_2에 대한 용해도	잘 녹음	잘 녹음	녹지 않음

(1) 일반적인 성질

① 동소체(단사황, 사방황, 고무상황)를 가진다.

② 조해성은 없고, 물, 산에는 녹지 않으나 알코올에는 약간 녹는다. 용융된 황을 물에서 급랭하면 고무상황을 얻을 수 있다.

③ 고무상황은 이황화탄소(CS_2)에 녹지 않지만 단사황과 사방황은 잘 녹는다.

④ 공기 중에서 연소하면 푸른빛을 내며 이산화황(SO_2)을 발생시킨다.

⑤ 전기절연체로 쓰이며, 탄성고무, 성냥, 화약 등에 쓰인다.

(2) 위험성

① 자연발화는 하지 않지만 매우 연소하기 쉬운 가연성 고체이다.

② 정전기가 발생하지 않도록 주의해야 한다. 고온에서 용융된 유황은 수소와 반응한다.

③ 산화제와 목탄가루 등과 혼합되어 있는 것은 약간의 가열, 충격 등에 의해 착화 폭발을 일으킨다.

④ 미분상태로 황가루가 공기 중에 떠 있을 때는 산소와의 결합으로 분진폭발을 일으킨다.

⑤ 화학반응식

$$S + O_2 \rightarrow SO_2 \uparrow$$

(3) 저장 및 취급방법

① 산화제와 격리 저장하고, 화기 및 가열, 충격, 마찰에 주의한다.

② 분말은 분진폭발의 위험성이 있으므로, 특히 주의해야 한다.

③ 분말은 유리 또는 금속제 용기에 넣어 보관하고, 고체덩어리는 폴리에틸렌 포대 등에 보관한다.

(4) 소화방법

① 소규모 화재는 모래로 질식소화하며, 대규모 화재는 다량의 물로 분무 주수한다.
② 연소 중 발생하는 유독성 가스(SO_2)의 흡입방지를 위해 방독마스크 등의 보호 장구를 착용한다.

3) 적린(P)(지정수량 100kg)

분자량	비중	융점(℃)	착화점(℃)	승화점(℃)
31	2.2	600	260	400

(1) 일반적 성질

① 암적색 무취의 분말인 비금속으로서, 동소체로 황린(제3류 위험물)이 있다.
② 물, 에테르, 암모니아, 이황화탄소(CS_2)에 녹지 않는다.
③ 상온에서 할로겐 원소와 반응하지 않는다.
④ 조해성은 있으나, 자연발화성이 없어 공기 중에 안전하다.
⑤ 용도는 성냥, 불꽃놀이, 의약, 농약, 유기합성 등에 사용된다.

(2) 위험성

① 연소 시 오산화인(P_2O_5)의 흰 연기가 생긴다.
② 독성도 없고, 황린보다 활성이 적으며, 매우 안정하다.
③ 이황화탄소(CS_2), 황(S), 암모니아(NH_3)와 접촉하면 발화한다.
④ 강알칼리와 반응하여 포스핀(PH_3) 가스를 발생시킨다.
⑤ 강산화제와 혼합 시 마찰, 충격에 쉽게 발화하므로, 혼합되지 않도록 주의하여야 한다.
⑥ 적린과 염소산칼륨의 산소와 반응하여 오산화인을 발생시킨다.

⑦ 화학반응식

- $4P + 5O_2 \rightarrow 2P_2O_5$
- $6P + 5KClO_3 \rightarrow 5KCl + 3P_2O_5$

(3) 저장 및 취급방법

① 제1류 위험물(특히, 염소산염류)과 혼합되지 않도록 한다.
② 인화성, 폭발성, 가연성 물질과 격리하여 보관한다.
③ 직사광선을 피하여 냉암소에 보관하고, 물속에 저장하기도 한다.

(4) 소화방법

① 적린의 양이 소량인 경우 건조사, 이산화탄소(CO_2) 소화를 하며, 대량인 경우 다량의 물로 냉각소화를 한다.

② 연소 시 발생하는 오산화인의 흡입방지를 위해 보호 장구를 착용해야 한다.

4) 금속분류(지정수량 500kg)

알칼리금속, 알칼리토금속 및 철분, 마그네슘분 이외의 금속분을 말하며, 구리분, 니켈분과 150μm의 체를 통과하는 것이 50(중량)% 미만인 것은 위험물에서 제외된다.

(1) 알루미늄분(Al)

① 융점 660℃, 비점 2,000℃, 비중 2.7

② 양쪽성 원소로서 은백색의 경금속이다.

③ 연성과 전성이 좋으며 열전도율, 전기전도도가 크다.

④ 온수, 산, 알칼리 모두와 반응하여 수소를 발생시킨다.

⑤ 연소하면 많은 열을 발생시키고, 산화피막을 형성한다.

⑥ 진한 질산은 알루미늄(Al), 철(Fe), 코발트(Co), 니켈(Ni)과 반응하여 부동태를 형성한다(부동태란 더 이상 산화작용을 하지 않는다는 의미이다).

⑦ 분진폭발할 위험성이 존재한다.

⑧ 할로겐과 반응하여 할로겐화물을 형성하며, 자연발화의 위험성이 존재한다.

⑨ 유리병에 넣어 건조한 곳에 저장한다.

⑩ 소화방법은 분말의 비산을 막기 위해 모래, 멍석으로 피복 후 주수소화한다.

⑪ 화학반응식

- $4Al + 3O_2 \rightarrow 2Al_2O_3 + 399kcal$
- $2Al + 6H_2O \rightarrow 2Al(OH)_3 + 3H_2 \uparrow$
- $2Al + 6HCl \rightarrow 2AlCl_3 + 3H_2 \uparrow$
- $2Al + 2NaOH + 2H_2O \rightarrow 2NaAlO_2 + 3H_2 \uparrow$

(2) 아연분(Zn)

① 융점 419℃, 비점 907℃, 비중 7.14

② 은백색 금속분말이다.

③ 알루미늄분과 성질이 유사하다.

④ 온수, 산(염산, 황산), 알칼리 모두와 반응하여 수소를 발생시킨다.

⑤ 분진폭발할 위험성이 존재하며, 유리병에 넣어 건조한 곳에 저장한다.

⑥ 소화방법은 분말의 비산을 막기 위해 모래, 멍석으로 피복 후 주수소화한다.

5) 철분(Fe분)(지정수량 500kg)

53μm의 표준체를 통과하는 것이 50(중량)% 이상인 것을 말한다.

분자량	비중	융점(℃)	비점(℃)
55.8	7.86	1,535	2,730

(1) 일반적인 성질

① 은백색의 광택이 나는 금속분말이다.

② 공기 중에서 서서히 산화하여 산화철(Fe_2O_3)이 되어 백색의 광택이 황갈색으로 변한다.

(2) 위험성

① 장시간 방치하면 자연발화의 위험성이 있다.

② 미세한 분말은 분진폭발을 일으킨다.

③ 온수, 묽은 산과 반응하여 수소를 발생시키고 경우에 따라 폭발한다.

④ 화학반응식

- $Fe + 2H_2O \rightarrow Fe(OH)_2 + H_2$
- $Fe + 2HCl \rightarrow FeCl_2 + H_2$
- $2Fe + 3Br_2 \rightarrow 2FeBr_3 +$ 열 ↑

(3) 저장 및 취급방법

① 화기엄금, 가열, 충격, 마찰을 피한다.

② 산이나 물, 습기와 접촉을 피한다.

③ 저장 용기는 밀폐시키고 습기나 빗물이 침투하지 않도록 해야 한다.

④ 분말이 비산되지 않도록 완전 밀봉하여 저장한다.

(4) 소화방법

건조사, 탄산수소염류 분말소화에 따른 질식소화가 효과적이나 주수소화는 위험하다.

6) 마그네슘분(Mg)(지정수량 500kg)

2mm 체를 통과한 것만 위험물에 해당된다.

분자량	비중	융점(℃)	비점(℃)
24.3	1.74	651	1,100

(1) 일반적인 성질

① 은백색의 광택이 있는 금속분말이다.

② 대체로 열전도율 및 전기전도도가 큰 금속이다.

③ 알루미늄보다 열전도율 및 전기전도도가 낮다.

④ 용도로는 환원제, 사진촬영, 섬광분, 주물 제조 등에 쓰인다.

(2) 위험성

① 분진폭발의 위험이 있다.

② 이산화탄소(CO_2)와 같은 질식성 가스 중에서도 연소한다.

③ 공기 중의 습기나 수분에 의하여 자연발화할 수 있다.

④ 산(염산, 황산 등)과 반응하여 수소가스를 발생시킨다.

⑤ 온수와 접촉하면 격렬하게 수소와 열이 발생하며 연소 시 주수하면 위험성이 증대된다.

⑥ 할로겐원소 및 산화제와 혼합하고 있는 것은 약간의 가열, 충격에 의해 착화하기 쉽다.

⑦ 화학반응식

- $2Mg + O_2 \rightarrow 2MgO +$ 열
- $Mg + 2H_2O \rightarrow Mg(OH)_2 + H_2 \uparrow$
- $2Mg + CO_2 \rightarrow 2MgO + C$ / $Mg + CO_2 \rightarrow MgO + CO \uparrow$
- $Mg + 2HCl \rightarrow MgCl_2 + H_2$ / $Mg + H_2SO_4 \rightarrow MgSO_4 + H_2 \uparrow$
- $Mg + Br_2 \rightarrow MgBr_2$

(3) 저장 및 취급방법

철분과 유사하다.

(4) 소화방법

철분과 유사하다.

7) 인화성 고체(지정수량 1,000kg)

상온에서 고체인 것으로 고형알코올과 그 밖의 1atm에서 인화점이 40℃ 미만인 것을 말한다.

(1) 종류

① **고무풀** : 생고무에 인화성 용제, 휘발유를 가공하여 풀과 같은 상태로 만든 것

② **고형알코올** : 합성수지에 메탄올을 혼합 침투시켜 한천상으로 만든 것

③ 메타알데히드[$(CH_3CHO)_4$], 제삼부틸알코올[$(CH_3)_3COH$], 래커퍼티 등

(2) 화재예방 및 소화방법

이산화탄소로 질식소화할 수 있다.

03 제3류 위험물

<table>
<tr><th colspan="3">위험물</th><th rowspan="2">지정수량</th><th rowspan="2">위험등급</th></tr>
<tr><th>유별</th><th>성질</th><th>품명</th></tr>
<tr><td rowspan="7">제3류</td><td rowspan="7">자연
발화성
물질
및
금수성
물질</td><td>1. 칼륨, 나트륨, 알킬알루미늄, 알킬리튬</td><td>10kg</td><td rowspan="2">Ⅰ</td></tr>
<tr><td>2. 황린</td><td>20kg</td></tr>
<tr><td>3. 알칼리금속(칼륨 및 나트륨 제외) 및 알칼리토금속, 유기금속화합물(알킬알루미늄 및 알킬리튬 제외)</td><td>50kg</td><td>Ⅱ</td></tr>
<tr><td>4. 칼슘 또는 알루미늄의 탄화물, 금속의 인화물, 금속의 수소화물</td><td>300kg</td><td>Ⅲ</td></tr>
<tr><td>5. 그 밖에 행정안전부령이 정하는 것</td><td colspan="2" rowspan="2">10kg, 20kg, 50kg 또는 300kg</td></tr>
<tr><td>염소화규소화합물</td></tr>
<tr></tr>
<tr><td>암기법</td><td colspan="4">(10)칼나알 두 개로 배를 가르면 황(20)되고, 금알유(50)를 칼알탄(300) 사람이 금인수(300)하러 온다.</td></tr>
</table>

1 공통 성질

① 대부분 고체이지만 알킬알루미늄과 같은 액체 위험물도 있다.

② 대부분 물에 대해 위험한 반응을 일으키는 물질(금수성 물질)이나, 자연발화성 물질(황린)은 물속에 저장한다.

③ 나트륨, 칼륨, 알킬알루미늄(액체), 알킬리튬은 물보다 가볍고 나머지는 물보다 무겁다.

2 위험성

① 황린을 제외하고 모든 품목은 물과 반응하여 가연성 가스(수소, 아세틸렌, 포스핀 등)를 발생시킨다.

② 황린은 공기 중에 노출되면 자연발화를 일으킨다.

③ 가열, 강산화성 물질 또는 강산류와 접촉에 의해 위험성이 증가한다.

3 저장 및 취급방법

① 저장용기는 공기와의 접촉을 방지하고 수분과의 접촉을 피한다.

② 산화성 물질과 강산류와의 혼합을 방지한다.

③ 소분해서 저장하고 저장용기는 파손 및 부식을 막으며 완전 밀폐하여 공기와의 접촉을 방지한다.
④ 나트륨, 칼륨 및 알칼리금속은 석유류에 저장하고, 보호액 표면에 노출되지 않도록 주의해야 한다.

4 소화방법

① 물에 의한 냉각소화는 불가능하다(황린의 경우, 물로 소화 가능).
② 금수성 물질인 경우는 탄산수소 염류 분말소화, 건조사, 팽창질석과 팽창진주암이 효과적이다.
③ 제3류 위험물(금수성 물품 제외)의 소화에는 물분무소화설비, 포소화설비, 건조사, 팽창질석과 팽창진주암이 효과적이다.
④ 불활성가스소화, 할로겐화물소화, 이산화탄소소화는 부적절하다.
⑤ 황린 등은 유독가스가 발생하므로 방독마스크를 착용해야 한다.

구분	스프링클러	물분무설비	포소화설비	불활성가스소화	할로겐화물
금수성 물품					
그 밖의 것	○	○	○		

구분	분말소화기			CO_2	건소사	팽칭질석 · 진주암
	인산염류	탄산수소염류	그 밖의 것			
금수성 물품		○	○		○	○
그 밖의 것					○	○

5 제3류 위험물 종류

1) 칼륨(K)(지정수량 10kg)

분자량	비중	융점(℃)	비점(℃)
39	0.86	63.7	774

(1) 일반적인 성질

① 은백색의 무른 경금속으로 불꽃 반응 시 색상은 보라색을 띤다.
② 원자가전자가 1개로 쉽게 1가의 양이온이 되어 반응한다.
③ 보호액(석유 등)에 장시간 저장 시 표면에 K_2O, KOH, K_2CO_3와 같은 물질로 피복된다.
④ 공기 중의 수분과 반응하여 수소를 발생시키며 자연발화를 일으키기 쉽다.
⑤ 흡습성, 조해성, 부식성이 있다.

(2) 위험성

① 가열하면 연소하여 산화칼륨을 생성시킨다.
② 이산화탄소와 접촉하면 폭발적으로 반응한다.
③ 공기 중에서 수분과 반응하여 수산화물과 수소를 발생시킨다.
④ 화학적 활성이 크며 알코올과 반응하여 칼륨알코올레이트와 수소를 발생시킨다.
⑤ 피부와 접촉하면 화상을 입는다.
⑥ 화학반응식

- $4K + O_2 \rightarrow 2K_2O$
- $2K + 2H_2O \rightarrow 2KOH + H_2 \uparrow$ + 열
- $2K + 2C_2H_5OH \rightarrow 2C_2H_5OK + H_2 \uparrow$
- $4K + 3CO_2 \rightarrow 2K_2CO_3 + C$
- $4K + CCl_4 \rightarrow 4KCl + C$

(3) 저장 및 취급방법

① 반드시 등유, 경유, 유동파라핀 등의 석유류를 보호액으로 사용한다.
② 수분과 접촉을 차단하고 공기 산화를 방지하려고 석유 속에 저장한다.
③ 가급적 소량씩 나누어 저장, 취급하고 용기의 파손 및 보호액 누설에 주의해야 한다.

(4) 소화방법

① 주수소화는 절대 금한다.
② 초기소화에는 건조사가 적당하다.
③ 팽창질석, 탄산수소염류 분말소화약제로 질식소화한다.

2) 나트륨(Na)(지정수량 10kg)

분자량	비중	융점(℃)	비점(℃)
23	0.97	97.7	880

(1) 일반적인 성질

① 은백색의 무른 경금속으로 불꽃 반응 시 색상은 노란색을 띤다.
② 열전도도가 크고, 화학적으로 활성이 크다.
③ 기타 금속칼륨에 준한다.

(2) 위험성

① 가연성 고체로 공기 중에 장시간 방치하면 자연발화를 일으킨다.

② 피부와 접촉하면 화상을 입는다.
③ 수분 또는 습기가 있는 공기, 알코올과 반응하여 수소를 발생시킨다.
④ 에틸알코올과 반응하여 나트륨에틸라이트와 수소가스를 발생시킨다.
⑤ 액체 암모니아와 반응하여 수소를 발생시킨다.
⑥ 기타 금속칼륨에 준한다.

- $2Na + 2H_2O \rightarrow 2NaOH + H_2 \uparrow$
- $2Na + 2C_2H_5OH \rightarrow 2C_2H_5ONa + H_2 \uparrow$

(3) 저장 및 취급방법

① 습기나 물에 접촉하지 않도록 한다.
② 수분과 접촉을 차단하고 공기 산화를 방지하려고 석유 속에 저장한다.
③ 가급적 소량씩 나누어 저장, 취급하고 용기의 파손 및 보호액 누설에 주의해야 한다.

(4) 소화방법

① 주수소화는 절대 엄금이다.
② 할로겐화물과도 화학적 반응을 하므로 소화약제로는 사용할 수 없다.
③ 건조사, 팽창질석, 탄산수소염류 분말소화약제로 질식소화한다.

3) 알킬알루미늄(R_3Al)(지정수량 10kg)

(1) 일반적인 성질

① 알킬기(C_nH_{2n+1})와 알루미늄의 화합물이다.
② 자극적인 냄새와 독성이 있으며, 금수성이다.
③ C_1~C_4까지는 공기와 접촉하면 자연발화를 일으킨다.
④ 트리에틸알루미늄[$(C_2H_5)_3Al$]은 물과 접촉하면 폭발적으로 반응하여 에탄(C_2H_6)을 발생시킨다.
⑤ 알킬알루미늄은 헥산, 톨루엔 등 탄화수소용제를 희석제로 사용하고, 소분하여 밀봉 보관한다.
⑥ 알킬알루미늄, 알킬리튬을 저장하는 탱크에는 불활성 가스(질소)의 봉입장치를 설치한다.
⑦ 용도로서는 미사일 연료, 알루미늄 도금원료, 유기합성용 시약 등에 쓰인다.

⑧ 화학반응식

- $2(C_2H_5)_3Al + 21O_2 \rightarrow Al_2O_3 + 12CO_2 + 15H_2O$
- $(C_2H_5)_3Al + 3H_2O \rightarrow Al(OH)_3 + 3C_2H_6 \uparrow$

(2) 종류

트리메틸알루미늄[$(CH_3)_3Al$], 트리에틸알루미늄[$((C_2H_5)_3Al)$], 트리프로필알루미늄[$(C_3H_7)_3Al$], 트리이소부틸알루미늄[$(C_4H_9)_3Al$] 등이 있다.

(3) 소화방법

① 사염화탄소, 이산화탄소와 반응하여 발열하므로 화재 시 이들 소화약제는 사용할 수 없다.
② 소화방법은 팽창질석과 팽창진주암으로 피복소화가 가장 효과적이다.

4) 알킬리튬(LiR)(지정수량 10kg)

(1) 일반적인 성질

① 가연성 액체이다.
② 금수성이며 자연발화성 물질이다.
③ 물과 만나면 심하게 발열하고 수소를 발생시킨다.
④ 이산화탄소와는 격렬하게 반응한다.

⑤ 화학반응식

$$CH_3Li + H_2O \rightarrow LiOH + CH_4 \uparrow$$

(2) 종류

메틸리튬(CH_3Li), 에틸리튬(C_2H_5Li), 프로필리튬(C_3H_7Li), 이소부틸리튬(C_4H_9Li) 등이 있다.

(3) 소화방법

물의 주수는 불가하며, 탄산수소염류 분말소화약제를 사용하여야 한다.

5) 황린(P_4)(지정수량 20kg)

분자량	비중	융점(℃)	비점(℃)	증기비중
124	1.82	44	280	4.3

(1) 일반적인 성질

① 마늘 냄새와 같은 자극적인 냄새가 나는 백색 또는 담황색의 자연발화성 고체이다.
② 환원력이 강하다.
③ 발화점이 34℃로 낮기 때문에 자연발화하기 쉽다.
④ 물에는 녹지 않고, 이황화탄소(CS_2), 알코올, 벤젠에 잘 녹는다.
⑤ 독성물질이고 증기는 공기보다 무겁다.

⑥ 황린(제3류, 지정수량 20kg)은 적린(제2류, 지정수량 100kg)에 비하여 불안정하다.
⑦ 적린과 황린은 모두 물에는 불용성이다.
⑧ 비중과 융점은 황린보다 적린이 크다.
⑨ 연소할 때 황린과 적린은 모두 오산화인(P_2O_5)의 흰 연기가 발생한다.

(2) 위험성

① 발화점이 매우 낮고, 공기 중에 방치하면 산화되면서 자연발화를 일으킨다.
② 공기 중에서 격렬하게 연소하며 유독성 가스인 오산화인(P_2O_5)을 발생시킨다.
③ 강알칼리 용액과 반응하여 pH=9 이상이 되면 가연성, 유독성의 포스핀가스(PH_3)를 발생시킨다.
④ 화학적 활성이 커 많은 원소와 직접 결합하며, 특히 유황, 산소, 할로겐과 격렬하게 결합한다.
⑤ KOH 수용액과 반응하여 유독한 포스핀 가스가 발생한다.

⑥ 화학반응식

- $P_4 + 5O_2 \rightarrow 2P_2O_5$
- $P_4 + 3KOH + 3H_2O \rightarrow 3KH_2PO_2 + PH_3 \uparrow$

(3) 저장 및 취급방법

① 화기엄금해야 하고, 고온체와 직사광선을 차단해야 한다.
② 포스핀가스(PH_3)의 생성을 방지하기 위하여 약알칼리성(pH=9) 정도의 물속에 저장한다.
③ 맹독성 물질이므로 고무장갑, 보호복, 보호안경을 쓰고 취급한다.
④ 공기 중 노출 시는 즉시 통풍, 환기시키고 저장용기는 금속 또는 유리 용기를 사용하여 밀봉한 후 냉암소에 저장한다.

▼ 인의 종류에 따른 특성

항목 / 종류	화학식	지정 수량	색상	독성	연소 생성물	CS_2에 대한 용해도	위험등급
적린(2류)	P	100kg	암적색	없음	P_2O_5	녹지 않음	Ⅱ
황린(3류)	P_4	20kg	백색 또는 담황색	있음	P_2O_5	녹음	Ⅰ

6) 알칼리금속(K, Na 제외) 및 알칼리토금속(지정수량 50kg)

(1) 알칼리금속(K, Na 제외)

① 리튬(Li)

- 은백색의 연한 고체이다.

- 물과 접촉하면 수산화리튬과 수소를 발생시킨다.
- 화학반응식

$$2Li + 2H_2O \rightarrow 2LiOH + H_2 \uparrow$$

② 기타 알칼리금속 : 루비듐(Rb), 세슘(Ce), 프란슘(Fr) 등이 있다.

③ 소화방법 : 화재 시 소화약제로는 탄산수소염류 분말소화약제, 마른 모래, 팽창질석 · 진주암 등이다.

(2) 알칼리토금속

① 칼슘(Ca)

- 은백색의 고체로서, 연성, 전성이 있다.
- 물과 접촉하면 수소를 발생시킨다.
- 화학반응식

$$Ca + 2H_2O \rightarrow Ca(OH)_2 + H_2 \uparrow$$

② 기타 알칼리토금속 : 베릴륨(Be), 스트론튬(St), 바륨(Ba), 라듐(Ra) 등이 있다.

7) 유기금속화합물(알킬알루미늄, 알킬리튬 제외)(지정수량 50kg)

(1) 일반적인 성질

금속을 성분으로 하는 유기화합물로서, 탄소와 금속원자의 직접결합을 가진 것을 말한다.

(2) 종류

디메틸아연[$Zn(CH_3)_2$], 디에틸아연[$Zn(C_2H_5)_2$], 사에틸납[$Pb(C_2H_5)_4$] 등이 있다.

8) 칼슘 또는 알루미늄의 탄화물(지정수량 300kg)

(1) 탄화칼슘(CaC_2)

① 비중 2.2, 융점 2,370℃이다.

② 순수한 것은 무색투명하나 보통은 회백색 덩어리 상태로서 카바이트라고도 한다.

③ 물과 반응하여 수산화칼슘(소석회)과 폭발성 가스인 아세틸렌가스가 생성된다.

④ 아세틸렌가스와 은, 구리 등과 작용하면 아세틸리드를 만들고 열이나 충격에 쉽게 폭발한다.

⑤ 고온에서 질소 가스와 반응하여 칼슘시안아미드(석회질소)가 된다.

⑥ 건조하고 환기가 잘되는 장소에 밀폐용기로 저장하고 용기에는 질소가스 등과 같은 불연성 가스를 봉입한다.

⑥ 화학반응식

- $CaC_2 + 2H_2O \rightarrow Ca(OH)_2 + C_2H_2 \uparrow$
- $CaC_2 + N_2 \rightarrow CaCN_2 + C$ (고온에서)

(2) 탄화알루미늄(Al_4C_3)

① 순수한 것은 백색이나 보통은 황색결정 또는 분말이다.

② 물과 반응하여 수산화알루미늄과 메탄가스가 생성된다.

③ 화학반응식

$$Al_4C_3 + 12H_2O \rightarrow 4Al(OH)_3 + 3CH_4 \uparrow$$

(3) 기타 카바이드

① 아세틸렌(C_2H_2)가스를 발생시키는 카바이드 : Li_2C_2, Na_2C_2, K_2C_2, MgC_2, CaC_2

② 메탄(CH_4)가스를 발생시키는 카바이드 : BaC_2, $Al4C_3$

③ 메탄(CH_4)가스와 수소(H_2)가스를 발생시키는 카바이드 : Mn_3C
($Mn_3C + 6H_2O \rightarrow 3Mn(OH)_2 + CH_4 + H_2 \uparrow$)

(4) 위험성

① 발생하는 아세틸렌가스는 연소범위가 2.5~81%로 위험도가 매우 높다.

- 연소반응식 : $2C_2H_2 + 5O_2 \rightarrow 4CO_2 \uparrow + 2H_2O$
- 폭발반응식 : $C_2H_2 \rightarrow 2C + H_2 \uparrow$

② 수산화칼슘[$Ca(OH)_2$]은 독성이 있기 때문에 인체에 피부점막 염증이나, 시력장애를 일으킨다.

③ 발생되는 아세틸렌가스는 금속(Cu, Ag, Hg 등)과 반응하여 폭발성 화합물인 금속아세틸레이드(M_2C_2)를 생성한다.

예 $C_2H_2 + 2Ag \rightarrow 2Ag_2C_2 + H_2 \uparrow$

9) 금속의 인화물(지정수량 300kg)

(1) 인화알루미늄(AlP)

① 진한 회색 또는 황색 결정체로서 담배 및 곡물의 저장창고의 훈증제로 사용되는 약제이다.

② 건조 상태에서는 안정하나 습기가 있으면 분해하여 포스핀(PH_3)을 생성한다.

③ 화학반응식

$$AlP + 3H_2O \rightarrow PH_3 + Al(OH)_3$$

(2) 인화칼슘(Ca_3P_2)

① 적갈색의 괴상고체로서 독성이 강하고, 알코올 · 에테르에 녹지 않는다.
② 물 또는 산과 반응하여 인화수소(PH_3)를 발생시킨다.
③ 소화방법으로 탄산수소염류 분말소화약제가 가장 적당하다.

④ 화학반응식

- $Ca_3P_2 + 6HCl \rightarrow 3CaCl_2 + 2PH_3 \uparrow$
- $Ca_3P_2 + 6H_2O \rightarrow 3Ca(OH)_2 + 2PH_3 \uparrow$

(3) 기타 금속의 인화물

인화아연(Zn_3P_2), 인화갈륨(GaP) 등이 있다.

10) 금속의 수소화물(지정수량 300kg)

금속수소화합물이 물과 반응할 때 생성되는 것은 수소이다.

(1) 수소화리튬(LiH)

① 대용량의 저장 용기에는 아르곤과 같은 불활성기체를 봉입한다.
② 물과 반응하여 수산화리튬과 수소를 생성한다.
③ 질소와 직접 결합하여 생성물로 질화리튬을 만든다.
④ 소화방법은 할로겐은 곤란하고, 건조사, 팽창질석 · 진주암, 탄산수소 염류 분말 소화약제가 좋다.

⑤ 화학반응식

$$LiH + H_2O \rightarrow LiOH + H_2 \uparrow$$

(2) 수소화칼슘(CaH_2)

① 물과 반응하여 수산화나트륨과 수소를 생성한다.

② 화학반응식

$$NaH + H_2O \rightarrow NaOH + H_2 \uparrow$$

(3) 기타 금속의 수소화물

수소화나트륨(NaH), 수소화칼륨(KH), 수소화칼슘(CaH_2), 수소화알루미늄리튬($LiAlH_4$) 등이 있다.

04 제4류 위험물

위험물				지정수량	위험등급
유별	성질	품명			
제4류	인화성 액체	1. 특수인화물		50L	I
		2. 제1석유류	비수용성	200L	II
			수용성	400L	
		3. 알코올류		400L	
		4. 제2석유류	비수용성	1,000L	III
			수용성	2,000L	
		5. 제3석유류	비수용성	2,000L	
			수용성	4,000L	
		6. 제4석유류		6,000L	
		7. 동식물유류		10,000L	

1 공통 성질

① 대부분 유기화합물이다.
② 전기의 부도체로서 정전기 축적이 용이하다.
③ 대부분 물보다 가볍고 물에 잘 녹지 않는다.
④ 상온에서 인화성 액체(가연성 액체)이며 대단히 인화되기 쉽다.
⑤ 발생된 증기는 공기보다 무겁기 때문에 낮은 곳에 체류하여 연소, 폭발의 위험이 있다.
⑥ 비점이 대체로 낮으므로 가연성 증기가 공기와 약간만 혼합하여도 연소하기 쉽다.

- 지정수량 판정기준 : 증류수와 1 : 1로 혼합 시 균일한 외관이면 수용성이라 한다.
- 유분리장치 설치 여부, 포소화설비규정에 따른 기준 : 용해도 1% 이상이면 수용성이라 한다.

2 위험성

① 증기의 성질은 인화성 또는 가연성이다.
② 증기는 공기보다 무겁고, 가연성 액체의 연소범위 하한은 가연성 기체보다 낮다.
③ 석유류는 전기의 부도체이기 때문에 정전기 발생을 제거할 수 있는 조치를 해야 한다.
④ 액체 비중은 물보다 가볍고 물에 녹지 않는 것이 많다.

- 액체 비중이 1보다 큰 물질 : 이황화탄소(특수인화물), 염화아세틸(제1석유류), 클로로벤젠(제2석유류), 제3석유류 등
- 수용성 : 알코올류, 에스테르류, 아민류, 알데히드류 등

3 저장 및 취급방법

① 화기 및 점화원으로부터 멀리 저장한다.
② 증기는 가급적 높은 곳으로 배출시킨다.
③ 용기는 밀전하여 통풍이 양호한 곳, 찬 곳에 저장한다.
④ 인화점 이상으로 가열하지 말고, 가연성 증기의 발생, 누설에 주의해야 한다.
⑤ 중유탱크 화재의 경우 Boil Over 현상이 일어나 위험한 상황이 발생할 수도 있으므로 유의한다.

4 소화방법

① 포, 이산화탄소, 분말, 할로겐화물로 질식소화한다.
② 수용성 위험물에는 알코올포를 사용하거나 다량의 물로 희석시켜 가연성 증기의 발생을 억제하여 소화한다.
③ 제4류 위험물은 비중이 물보다 작기 때문에 주수소화(봉상소화)하면 화재 면을 확대시킬 수 있으므로 절대 금물이다.

스프링클러	물분무설비	포소화설비	불활성가스소화	할로겐화물
△	○	○	○	○

분말소화기			CO_2	건조사	팽창질석 · 진주암
인산염류	탄산수소염류	그 밖의 것			
○	○		○	○	○

[비고] "△"표시 : 제4류 위험물 소화에서 살수밀도가 기준 이상인 경우, 적응성이 있음

5 제4류 위험물 종류

1) 특수인화물(지정수량 50L)

구분	내용
종류	산화프로필렌, (디에틸)에테르, 아세트알데히드, 이황화탄소
암기법	㉬수한 ㉦㉯ 사는 ㉮㉯

(1) 일반적인 성질

① 지정품명 : 디에틸에테르, 이황화탄소

② 지정성상 : 1atm에서 액체로 되는 것으로서 발화점이 100℃ 이하인 것, 또는 인화점이 −20℃ 이하로서 비점이 40℃ 이하인 것

③ 비점, 인화점, 연소범위의 하한값 등이 낮고, 증기압은 높다.

(2) 종류

① 산화프로필렌

구조식	화학식	분자량	비중	인화점(℃)	발화점(℃)
H H H │ │ │ H − C − C − C − H │ ＼ ／ H O	CH_3CH_2CHO	58	0.86	−37	465

㉠ 일반적인 성질

- 물 또는 유기용제(알코올, 벤젠, 에테르) 등에 잘 녹는 무색, 에테르향의 냄새가 나는 휘발성 액체로서 증기는 인체에 해롭다.
- 산, 알칼리가 존재하면 중합반응을 한다.
- 연소범위는 가솔린보다 넓다(산화프로필렌 : 2.5~38.5%, 1.4~7.6%).
- 회학적으로 활성이 크고 반응을 할 때에는 발열반응을 한다.
- 액체가 피부에 닿으면 동상을 입고 증기를 마시면 심할 때는 폐부종을 일으킨다.

㉡ 저장 및 취급방법

- 용기의 상부는 불연성 가스(N_2) 또는 수증기로 봉입하여 저장한다.
- 용기는 구리, 은, 수은, 마그네슘 또는 이의 합금을 사용하지 않는다(아세틸리드를 생성하기 때문).
- 소화방법 : 물에 잘 녹기 때문에 알코올포로 질식소화가 적당하다.

② 디에틸에테르(에테르, 에틸에테르)

구조식	화학식	분자량	비중	인화점(℃)	발화점(℃)
H H H H │ │ │ │ H − C − C − O − C − C − H │ │ │ │ H H H H	$C_2H_5OC_2H_5$	74	0.71	−45	180

㉠ 일반적인 성질

- 에틸알코올의 축합반응에 의해 만들어진 화합물이다.

$$(2C_2H_5OH \xrightarrow{C-H_2SO_4} C_2H_5OC_2H_5 + H_2O)$$

- 물에 잘 녹지 않고, 유지 등에는 잘 녹는다.
- 전기의 부도체이므로 정전기가 발생하기 쉽다.

- 휘발성, 마취성, 유동성, 인화성을 가진 무색투명한 특유의 향이 있는 액체이다.
- 햇빛이나 장시간 공기와 접촉하면 과산화물이 생성될 수 있고, 가열, 충격, 마찰에 의해 폭발할 수도 있다
  - 과산화물 검출시약 : 요오드화칼륨(KI) 10% 수용액을 가하면 황색으로 변한다.
  - 과산화물 제거시약 : 황산제일철, 환원철

㉡ 저장 및 취급방법

- 용기는 갈색병을 사용하여 밀봉, 밀전하여 냉암소에 보관한다(공기와 접촉 시 과산화물을 생성하기 때문에).
- 강산화제와 혼합 시 폭발의 위험성이 증대한다.
- 대량으로 저장 시 불활성 가스를 봉입한다.
- 정전기 발생 방지를 위하여, 저장 시 소량의 염화칼슘을 넣어 정전기 발생을 방지한다.
- 팽창 계수가 크므로 안전한 공간 10% 여유를 둔다.
- 용기는 밀봉하여 보관하고 파손, 누출에 주의하며 통풍, 환기를 잘 시켜야 한다.

㉢ 소화방법

- 이산화탄소에 의한 질식소화가 가장 효과적이다.
- 포, 할로겐, 청정소화약제도 효과가 있다.

③ 아세트알데히드

구조식	화학식	분자량	비중	인화점(℃)	발화점(℃)
H–C(H)(H)–C(=O)–H	CH_3CHO	44	0.78	−39	175

㉠ 일반적인 성질

- 물에 잘 녹고, 유기물에도 잘 녹는다.
- 증기의 냄새는 자극성이 있다.

  알데히드의 환원성을 알아보기 위한 반응으로 알데히드에 질산은 용액과 암모니아수의 혼합액을 넣고 가열하면 시험관 벽에 은거울이 형성된다(은거울반응).
- 아세트알데히드는 산소에 의해 산화되기 쉽다($2CH_3CHO + O_2 \rightarrow 2CH_3COOH$).

㉡ 저장 및 취급방법

- 용기 내부에는 불연성 가스(N_2, Ar)를 채워 봉입한다.
- 강산화제와의 접촉을 피한다.
- 용기는 구리, 은, 수은, 마그네슘 또는 이의 합금을 사용하지 말 것(아세틸리드를 생성하기 때문)
- 용기는 갈색병을 사용하여 밀봉, 밀전하여 냉암소에 보관한다(공기와 접촉 시 과산

화물을 생성하기 때문에).
- 수용성이기 때문에 화재 시 물로 희석 소화가 가능하다.

④ 이황화탄소

화학식	분자량	비중	인화점(℃)	발화점(℃)
CS_2	76	1.30	−30	100

㉠ 일반적인 성질
- 제4류 위험물 중 착화점 100℃로 가장 낮다.
- 비스코스레이온의 원료로 사용된다.
- 물에 녹지 않으나, 알코올, 에테르, 벤젠 등의 유기용제에는 잘 녹는다.
- 순수한 것은 무색 투명한 액체, 불순물이 존재하면 황색을 띠며 냄새가 난다.
- 증기는 유독하며 신경계통에 장애를 준다.
- 연소하면 청색 불꽃을 발생하고 이산화황의 유독가스를 발생한다.
- 고온의 물(150℃ 이상)과 반응하면 이산화탄소와 황화수소를 발생한다.
- 화학반응식

  − $CS_2 + 3O_2 \rightarrow CO_2 + 2SO_2$
  − $CS_2 + 2H_2O \rightarrow CO_2 + 2H_2S$

㉡ 저장 및 취급방법 : 가연성 증기의 발생을 억제하기 위하여, 물보다 무겁고, 물용이므로 물속에 보관해야 한다.

다음 위험물 중 착화온도가 가장 높은 것은?

① 이황화탄소 ② 디에틸에테르
③ 아세트알데히드 ④ 산화프로필렌

① 이황화탄소 : 90~100℃
② 디에틸에테르 : 180℃
③ 아세트알데히드 : 175℃
④ 산화프로필렌 : 465℃

/정답/ ④

⑤ 기타 특수인화물로는 황화디메틸, 이소프로필아민 등이 있다.

2) 제1석유류(지정수량 : 비수용성 200L, 수용성 400L)

구분	내용
종류	톨루엔, 메틸에틸케톤, 가솔린, 벤젠, 의산에스테르류, 초산에스테르류, 아세톤, 아세토니트릴, 시안화수소, 피리딘
암기법	톨 메가벤 의초 아아시피

(1) 일반적인 성질

① 지정품명 : 아세톤, 휘발유

② 지정성상 : 1기압, 20℃에서 액체로서 인화점이 21℃ 미만인 것

(2) 종류

① 톨루엔(메틸벤젠)(지정수량 200L)

CH_3	화학식	분자량	비중	인화점(℃)	발화점(℃)
	$C_6H_5CH_3$	92	0.87	4	552

㉠ 일반적인 성질
- 특유한 냄새가 나는 무색의 유독성 액체인 방향족 탄화수소이다.
- 물에는 녹지 않고 아세톤, 알코올 등의 유기용제에는 잘 녹는다.
- 증기는 마취성이 있고, 트리니트로톨루엔(TNT)의 주원료로 사용된다.

㉡ 위험성
- 독성은 벤젠보다 약하다.
- 정전기가 발생하여 인화할 수도 있다.
- 피부에 접촉 시 자극성, 탈지작용이 있다.

㉢ 소화방법 : 주수소화는 위험하고, 포, 분말에 의한 소화가 적당하다.

② 메틸에틸케톤(MEK)(지정수량 200L)

화학식	비중	인화점(℃)	발화점(℃)
$CH_3COC_2H_5$	0.81	−1.0	516

㉠ 휘발성이 강한 무색의 액체이다.

㉡ 피부에 닿으면 탈지작용을 한다.

㉢ 물, 알코올에 잘 녹고, 에테르, 벤젠 등의 유기용제에도 잘 녹는다.

㉣ 물에는 녹으나 지정수량은 200L이다.

㉤ 직사광선을 피하고 통풍이 잘되는 냉암소에 저장한다.

③ 가솔린(휘발유)(지정수량 200L)

화학식	비중	인화점(℃)	발화점(℃)
C_5H_{12}~C_9H_{20}	0.65~0.76	−43~−20	300

㉠ 일반적인 성질
- 연소범위 1.4~7.6%, 유출온도 30~210℃, 증기비중 3~4로 공기보다 무겁다.
- 탄소수가 5~9까지의 포화 · 불포화탄화수소(알칸 또는 알칸계 탄화수소)의 혼합물을 일컫는다.
- 원유의 성질 · 상태 · 처리방법에 따라 탄화수소의 혼합비율이 다르다.
- 가솔린의 제조방법은 직류법, 분해증류법, 접촉개질법 등이 있다.
- 비수용성이며, 전기에 부도체이고 물보다 가볍다.

㉡ 위험성
- 부피 팽창률이 크므로 10%의 안전공간을 둔다.
- 옥탄가를 늘리기 위해 사에틸납[$(C_2H_5)_4Pb$]을 첨가시켜 오렌지 또는 청색으로 착색한다.
- 가연성 증기가 발생하기 쉬우므로 주의한다.
- 인화점이 상온보다 낮으므로 겨울철에 각별한 주의가 필요하다.
- 용기는 직사광선을 피해 서늘한 곳에 환기가 잘 되게 보관한다.
- 비전도성이므로 정전기에 따른 화재에 주의한다.

㉢ 소화방법 : 화재 소화 시 포, 분말, 이산화탄소 소화약제에 의한 질식소화를 한다.

④ 벤젠(지정수량 200L)

구조식	화학식	비중	인화점(℃)	발화점(℃)
H (벤젠고리)	C_6H_6	0.90	−11	562

㉠ 일반적인 성질
- 무색 투명한 방향성을 갖는 휘발성 액체이다.
- 물에는 녹지 않으나, 알코올, 아세톤, 에테르에는 녹는다.
- 불포화결합을 이루고 있으나 첨가반응보다는 치환반응이 많다.
- 증기는 공기보다 무겁다(증기비중 2.69).
- 독특한 냄새가 나고 정전기가 발생하기 쉬우며, 증기는 독성과 마취성이 있다.
- 수소(H)의 수에 비해 탄소(C)의 수가 많기 때문에 화재 시 그을음이 많이 발생한다.

㉡ 저장 및 취급방법 : 벤젠은 겨울철에는 고체 상태(융점 5.5℃)이나 가연성 증기를 발생(인화점 −11℃)시키기 때문에 취급에 주의해야 한다.

⑤ 의산에스테르류(지정수량 200L)

㉠ 의산메틸($HCOOCH_3$)

- 럼주와 같은 향기를 가진 무색 투명한 액체이다.
- 증기는 마취성이 있으나 독성은 없다.
- 물, 에테르, 벤젠, 에스테르에 잘 녹는다.

㉡ 의산에틸($HCOOC_2H_5$)

- 복숭아향이 나는 무색 투명한 액체이다.
- 물에는 약간 녹고, 에테르, 벤젠, 에스테르 등에 잘 녹는다.

㉢ 의산프로필($HCOOC_3H_7$)

㉣ 의산부틸($HCOOC_4H_9$)

⑥ 초산에스테르류(지정수량 200L)

㉠ 초산메틸(CH_3COOCH_3)

㉡ 초산에틸($CH_3COOC_2H_5$)

㉢ 정초산프로필($CH_3COOC_3H_7$)

⑦ 아세톤(디메틸케톤)(지정수량 400L : 수용성)

구조식	화학식	분자량	비중	인화점(℃)	발화점(℃)
H O H │ ‖ │ H─C─C─C─H │ │ H H	$(CH_3)_2CO$	58	0.79	−18	538

㉠ 일반적인 성질

- 무색 투명한 휘발성 액체로 독특한 냄새가 있다.
- 물에 잘 녹고, 유기용제(알코올, 에테르)와 잘 혼합된다.
- 증기는 공기보다 무겁고, 독성을 가지며, 피부에 닿으면 탈지작용이 있다.
- 인화점이 낮아서 겨울철에도 인화의 위험성이 있다.
- 요오드포름 반응을 한다(아세톤 검출방법).

㉡ 저장 및 취급방법

- 과산화물 생성방지를 위하여 갈색병에 저장한다.
- 알코올 포, 분무상의 주수소화 및 질식소화가 효과적이다.

㉢ 소화방법

- 화재 발생 시 물 분무에 의한 소화가 가능하다.
- 수용성이므로, 화재 시 내알코올포소화약제를 사용하면 좋다.

㉣ 아세톤의 연소반응식

$$CH_3COCH_3 + 4O_2 \rightarrow 3CO_2 \uparrow + 3H_2O$$

⑧ 아세토니트릴(C_2H_3N)(지정수량 400L : 수용성)

⑨ 시안화수소(HCN, 청산)(지정수량 400L : 수용성)

⑩ 피리딘(C_5H_5N)(지정수량 400L : 수용성) 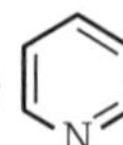

㉠ 순수한 것은 무색의 액체로 강한 악취와 독성이 있다.
㉡ 산, 알칼리에 안정하고, 물, 알코올, 에테르에 잘 녹는다.
㉢ 약알칼리성을 나타내며, 수용액 상태에서도 인화의 위험이 있다.

⑪ 시클로헥산(C_6H_{12})(지정수량 200L) 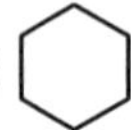

⑫ 에틸벤젠($C_6H_5C_2H_5$)(지정수량 200L)

⑬ 콜로디온(지정수량 400L)

㉠ 질화도가 낮은 질화면(NC)에 부피비로 에탄올(3)과 에테르(1)의 비율로 녹여 교질상태로 만든 것이다.
㉡ 무색, 투명한 끈기 있는 액체이며, 인화점은 −18℃이다.
㉢ 알코올포, 이산화탄소 분무주수 등으로 소화한다.

3) 알코올류(지정수량 400L)

(1) 일반적인 성질

$$(C_nH_{2n+1})+OH$$

① $n=1$~3인 알코올($n=4$ 이상인 경우는 인화점에 따라 석유류로 분류)
② 수용액의 농도가 60vol% 이상인 것(60vol% 미만이면 석유류로 분류)

(2) 종류

① 메틸알코올

화학식	분자량	비중	비점(℃)	인화점(℃)	발화점(℃)
CH_3OH	32	0.79	64.7	11	464

㉠ 휘발성이 강한 액체로서 메탄올, 목정이라고도 한다.
㉡ 무색 투명한 액체로서 물, 에테르에 잘 녹는다.
㉢ 독성이 매우 강해 먹으면 실명 또는 사망에 이를 수 있다.

㉣ 산화 · 환원 반응식

$$CH_3OH \underset{\text{환원}}{\overset{\text{산화}}{\rightleftarrows}} HCHO \underset{\text{환원}}{\overset{\text{산화}}{\rightleftarrows}} HCOOH$$

(메틸알코올) (포름알데히드) (의산)

② 에틸알코올

화학식	분자량	비중	비점(℃)	인화점(℃)	발화점(℃)
C_2H_5OH	46	0.79	78	13	423

㉠ 에탄올, 주정이라고도 한다.

㉡ 무색 투명한 액체로서 물, 에테르에 잘 녹는다.

㉢ 메탄올에는 독성이 있으나, 에탄올은 독성이 없다.

㉣ 산화 · 환원 반응식

$$C_2H_5OH \underset{\text{환원}}{\overset{\text{산화}}{\rightleftarrows}} CH_3CHO \underset{\text{환원}}{\overset{\text{산화}}{\rightleftarrows}} CH_3COOH$$

(에틸알코올) (아세트알데히드) (초산)

㉤ 에틸알코올에 요오드를 가하면 요오드포름(CHI_3)의 노란색 침전물이 생긴다.

㉥ 화학반응식

- $2C_2H_5OH \xrightarrow{C-H_2SO_4} C_2H_5OC_2H_5 + H_2O$ (140℃에서 반응식)
- $C_2H_5OH \xrightarrow{C-H_2SO_4} C_2H_4 + H_2O$ (160℃에서 반응식)
- $C_2H_5OH + 6KOH + 4I_2 \rightarrow CHI_3 + 5KI + HCOOK + 5H_2O$

③ 정프로필알코올(정프로판올[C_3H_7OH])

④ 이소프로필알코올(이소프로판올[C_3H_7OH])

㉠ 무색 투명한 액체이다.

㉡ 탈수하면 프로필렌(C_3H_6)이 된다.

㉢ 탈수소하면 아세톤(CH_3COCH_3)이 된다.

⑤ 변성알코올 : 공업용으로 이용되는 알코올로 주성분은 에틸알코올이며, 여기에 메탄올, 가솔린, 피리딘, 변성제로 석유 등을 섞은 것을 말한다.

4) 제2석유류(지정수량 : 비수용성 1,000L, 수용성 2,000L)

구분	내용
종류	클로로벤젠, 크실렌, 스틸렌, 벤즈알데히드, 등유, 경유, 의산, 초산, 히드라진
암기법	클크스 벤등경 의초히

(1) 일반적인 성질

① 지정품명 : 등유, 경유

② 지정성상 : 1기압, 20℃에서 액체로서 인화점이 21℃ 이상 70℃ 미만인 것

(2) 종류

① 클로로벤젠(지정수량 1,000L)

Cl	화학식	분자량	비중	인화점(℃)	발화점(℃)
	C_6H_5Cl	112	1.11	32	638

㉠ 석유와 비슷한 냄새가 나는 무색의 액체이다.

㉡ 물에 녹지 않고 알코올, 에테르 등 유기용제에 잘 녹는다.

㉢ 연소가 되면, 염회수소를 발생시킨다.

② 크실렌(Xylene, $C_6H_4(CH_3)_2$, 지정수량 1,000L)

이성질체	분자량	비중	인화점(℃)	발화점(℃)
o－크실렌	106	0.86	32	464
m－크실렌			25	528
p－크실렌			25	529

㉠ 3가지의 이성질체가 있다(o－, m－, p－).

o－크실렌	m－크실렌	p－크실렌
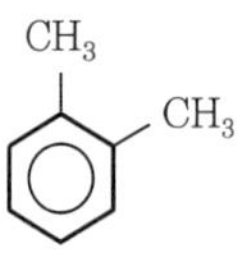 CH_3 CH_3	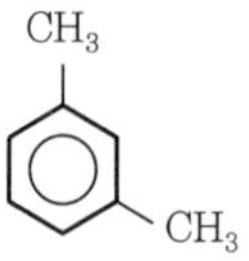 CH_3 CH_3	 CH_3 CH_3

㉡ 물에는 불용이고, 알코올, 에테르, 벤젠 등 유기용제에 잘 녹는다.

㉢ B.T.X(벤젠, 톨루엔, 크실렌) 중에서 독성이 가장 약하다.

③ 스티렌(지정수량 1,000L)

(구조식: CH_2CH 벤젠고리)	화학식	분자량	비중	인화점(℃)	발화점(℃)
	$C_6H_5CH=CH_2$	102	0.81	32	490

㉠ 독특한 냄새가 나는 무색 액체이다.

㉡ 물에 녹지 않으나, 알코올, 에테르, 이황화탄소 등에는 잘 녹는다.

④ 벤즈알데히드(지정수량 1,000L)

화학식	분자량	비중	인화점(℃)	발화점(℃)
C_7H_6O	106	1.1	64	192

⑤ 등유(지정수량 1,000L)

인화점(℃)	발화점(℃)	유출온도(℃)	연소범위(%)
40~70	210	150~300	1~6

㉠ 원유 증류 시 휘발유와 경유 사이에서 유출되는 포화 · 불포화탄화수소 혼합물이다.

㉡ 증기비중 4.5, 인화점이 상온(25℃)보다 높고, 물보다 가벼운 인화성 액체이다.

㉢ 휘발유(300℃)보다 등유(210℃)의 착화온도가 더 낮다.

㉣ 비수용성, 부도체이므로 정전기 불꽃으로 인하여 위험성이 있다.

⑥ 경유(지정수량 1,000L)

인화점(℃)	발화점(℃)	유출온도(℃)	증기비중
50~70	200	150~350	4.5

㉠ 원유 증류 시 등유보다 높은 온도에서 유출되는 포화 · 불포화탄화수소 혼합물이다.

㉡ 비수용성, 담황색 액체로 정전기 불꽃으로 인하여 위험성이 있다.

㉢ 디젤기관의 연료로 사용된다. 칼륨(K), 나트륨(Na)의 보호액으로 사용할 수 있다.

⑦ 포름산(HCOOH)(지정수량 2,000L : 수용성)

㉠ 액비중 1.22, 의산, 개미산이라고도 한다.

㉡ 수용성이며 물보다 무겁다.

㉢ 피부에 대한 수종이 있고, 점화하면 푸른 불꽃을 내면서 연소한다.

㉣ 강산에 속하므로, 환원성을 가지며, 저장 시 내산성용기를 사용하여야 한다.

⑧ 초산(CH_3COOH)(지정수량 2,000L : 수용성)

㉠ 무색, 투명한 액체이다.

㉡ 약 16℃ 정도에서 응고하며, 겨울철에는 고체화될 수 있다.

㉢ 아세트산, 빙초산이라고도 한다.
㉣ 수용성이며 물보다 무겁다.
㉤ 피부에 닿으면 수종을 일으킨다.

⑧ 히드라진(지정수량 2,000L : 수용성)

화학식	분자량	비중	인화점(℃)	발화점(℃)
N_2H_4	32	1.01	37.8	270

㉠ 로켓 연료로 사용된다.
㉡ 수용성이며 물보다 약간 무겁다.
㉢ 인체 발암성이 높고 호흡기, 피부 등에 영향을 미칠 수 있는 유독성의 물질이다.

Q 다음 중 인화점이 가장 높은 것은?

① 등유 ② 벤젠
③ 아세톤 ④ 아세트알데히드

S ① 등유(40~70℃) ② 벤젠(−11℃)
③ 아세톤(−18℃) ④ 아세트알데히드(−39℃)

/정답/ ①

5) 제3석유류(지정수량 : 비수용성 2,000L, 수용성 4,000L)

구분	내용
종류	아닐린, 니트로벤젠, 니트로톨루엔, 담금질유, 메타크레졸, 크레오소트유, 중유, 에틸렌글리콜, 글리세린
암기법	㉧㉯㉨ ㉰(다음)㉱ ㉲㉳ ㉴㉵

(1) 일반적인 성질

① 지정품명 : 중유, 크레오소트유
② 지정성상 : 1기압, 20℃에서 액체로서 인화점이 70℃ 이상 200℃ 미만인 것

(2) 종류

① 아닐린(지정수량 2,000L)

NH_2 (벤젠고리 구조)	화학식	분자량	비중	인화점(℃)	발화점(℃)
	$C_6H_5NH_2$	93	1.02	75	615

㉠ 황색 또는 담황색의 기름모양의 액체로서 물보다 무겁고 독성이 있다.

㉡ 물에는 녹지 않고, 알코올, 아세톤, 벤젠 등에는 잘 녹는다.
㉢ 황산과 같은 강산화제와 접촉하면 훨씬 더 위험하게 된다.
㉣ 니트로벤젠을 수소로 환원시켜 얻는다.
㉤ 알칼리금속 및 알칼리토금속과 반응하여 수소와 아닐리드를 생성한다.

② 니트로벤젠(지정수량 2,000L)

NO_2 (구조식)	화학식	분자량	비중	인화점(℃)	발화점(℃)
	$C_6H_5NO_2$	123	1.20	88	482

㉠ 암갈색 또는 갈색의 특이한 냄새가 나는 액체로서 물보다 무겁고 독성이 있다.
㉡ 물에는 녹지 않고 알코올, 벤젠, 에테르 등에는 잘 녹는다.
㉢ 벤젠을 황산과 질산의 혼합산 속에서 니트로화시켜 얻는다.

③ 니트로톨루엔($C_6H_5CH_3NO_2$)(지정수량 2,000L)

④ 담금질유(지정수량 2,000L)

⑤ 메타크레졸(지정수량 2,000L)
㉠ 무색 또는 황색의 페놀냄새가 나는 액체이다.
㉡ 물에는 녹지 않으나 알코올, 에테르, 클로로포름에는 녹는다.

⑥ 크레오소트유(지정수량 2,000L)
㉠ 인화점 : 74℃, 발화점 : 336℃, 비중 : 1.05
㉡ 황색 또는 암록색의 기름 모양의 액체로서 독특한 냄새가 나며, 증기는 유독하다.
㉢ 비수용성, 알코올, 에테르, 벤젠, 톨루엔에 잘 녹는다.
㉣ 방부제, 살충제의 원료로 사용되며, 저장 시 내산성 용기를 사용하여야 한다.

⑦ 직류 중유(지정수량 2,000L)

인화점(℃)	발화점(℃)	유출온도(℃)	비중
60~150	254~405	300~350	0.85

㉠ 점도가 낮고 분무성이 좋으며, 착화가 잘 된다.
㉡ 비수용성으로 디젤기관의 연료로 사용된다.

⑧ 에틸렌글리콜(지정수량 4,000L : 수용성)

구조식	화학식	비중	인화점(℃)	발화점(℃)
H H / OH－C－C－OH / H H	$C_2H_4(OH)_2$	1.1	111	413

㉠ 무색, 무취의 단맛이 나는 끈끈한 흡습성이 있는 액체이다.
㉡ 물, 알코올 등에 잘 녹고 2가 알코올에 해당한다.
㉢ 독성이 있고 자동차의 부동액의 주원료로 사용된다.

⑨ 글리세린(글리세롤)(지정수량 4,000L : 수용성)

구조식	화학식	비중	인화점(℃)	발화점(℃)
H H H │ │ │ H－C－C－C－H │ │ │ OH OH OH	$C_3H_5(OH)_3$	1.26	160	393

㉠ 무색, 무취의 단맛이 나는 끈끈한 액체이다.
㉡ 수용성이며 3가 알코올에 해당한다.
㉢ 독성이 없고, 윤활제, 화장품, 폭약의 원료로 사용된다.

다음 위험물 중 물보다 가벼운 것은?

① 메틸에틸케톤
② 니트로벤젠
③ 에틸렌글리콜
④ 글리세린

① 메틸에틸케톤(0.8)
② 니트로벤젠(1.20)
③ 에틸렌글리콜(1.10)
④ 글리세린(1.25)

/정답/ ①

6) 제4석유류(지정수량 6,000L)

(1) 일반적인 성질

① 지정품명 : 기어유, 실린더유
② 지정성상 : 1기압, 20℃에서 액체로서 인화점이 200℃ 이상 250℃ 미만인 것

(2) 종류

기어유, 실린더유, 스핀들유, 터빈유, 모빌유, 기계유, 엔진오일, 컴프레서 오일 등

7) 동식물유류(지정수량 10,000L)

(1) 일반적인 성질

동물의 지육 또는 식물의 종자나 과육으로부터 추출한 것으로 1기압에서 인화점이 250℃ 미만이다.

(2) 위험성

① 화재 시 액온이 높아 소화가 곤란하다.

② 요오드값이 클수록 포화지방산이 많으므로 자연발화의 위험이 크다.

③ 불포화결합이 많을수록 자연발화의 위험성이 커진다.

(3) 저장 및 취급방법

① 액체 누설에 주의한다.

② 심부화재로 소화가 곤란하다.

③ 건성유의 경우는 자연발화 위험이 있다.

(4) 소화방법

대량의 분무주수나 탄산가스 및 분말소화가 가능하다.

(5) 요오드값의 정의 및 특성

① 요오드값이란 유지 100g에 부가(첨가)되는 요오드(I_2)의 g수를 의미한다.

② 요오드값은 유지에 함유된 지방산의 불포화 정도를 나타낸다.

③ 불포화 정도가 클수록 반응성이 크다.

- 요오드값이 크다 : 이중결합이 많고 건성유에 가깝다.
- 요오드값이 작다 : 이중결합이 적고 불건성유에 가깝다.

(6) 요오드값에 따른 구분

① 건성유 : 요오드값이 130 이상인 것

- 자연발화의 위험성이 있다.
- 공기 중 산소와 결합하기 쉽다(공기 중 산화중합으로 생긴 고체가 도막을 형성할 수 있다).
- 아마인유, 들기름, 대구유, 상어유, 동유, 해바라기기름, 정어리기름

암기법 건전한 아들 대상에 동해 정어리를 상품으로 준다.

② 반건성유 : 요오드값이 100 이상 130 미만인 것

청어유, 옥수수기름, 쌀겨기름, 콩기름, 참기름, 채종유, 면실유

암기법 반건전한 농부가 청옥쌀콩으로 참채면을 살렸다.

③ 불건성유 : 요오드값이 100 미만인 것

땅콩기름, 올리브유, 피마자유, 고래기름, 소기름, 야자유

암기법 불건전한 땅(고스톱)에서 올피는 경찰서에 고소해야 한다.

05 제5류 위험물

<table>
<tr><th colspan="3">위험물</th><th rowspan="2">지정수량</th><th rowspan="2">위험등급</th></tr>
<tr><th>유별</th><th>성질</th><th>품명</th></tr>
<tr><td rowspan="5">제5류</td><td rowspan="5">자기
반응성
물질</td><td>1. 유기과산화물, 질산에스테르류</td><td>10kg</td><td>I</td></tr>
<tr><td>2. 니트로화합물, 니트로소화합물, 아조화합물, 디아조화합물, 히드라진 유도체</td><td>200kg</td><td rowspan="2">II</td></tr>
<tr><td>3. 히드록실아민, 히드록실아민염류</td><td>100kg</td></tr>
<tr><td>4. 행정안전부령이 정하는 것
• 금속의 아지화합물
• 질산구아니딘</td><td colspan="2">10kg, 100kg 또는 200kg</td></tr>
<tr><td colspan="3"></td></tr>
<tr><td>암기법</td><td colspan="4">㉨ !!! ㉶㉠가 있는(유) 질이 아니디 히 히드록실 ②</td></tr>
</table>

아조화합물 88kg, 히드록실아민 300kg, 유기과산화물 40kg의 총량은 지정수량의 몇 배에 해당하는가?

$$지정수량\ 배수 = \frac{800}{200} + \frac{300}{100} + \frac{40}{10} = 11배$$

1 공통 성질

① 외부로부터 산소의 공급 없이 가열, 충격 등에 의해 연소폭발을 일으킬 수 있는 자기반응성 물질이다.

② 자기연소로서 연소 속도가 매우 빨라 폭발성이 강한 물질이다.

③ 히드라진 유도체류를 제외하고는 유기화합물이다.

④ 유기질소화합물에는 자연발화의 위험성을 갖는 것도 있다.

⑤ 화약의 주원료로 사용하고 있다.

⑥ 제5류 위험물 중에서 아조벤젠, 디아조벤젠 등은 산소를 포함하고 있지 않다.

2 저장 및 취급방법

① 저장 시 가열, 충격, 마찰 등을 피한다.

② 용기의 파손 및 균열에 주의한다.

③ 점화원 및 분해를 촉진시키는 물질로부터 멀리한다.

④ 직사광선 차단, 습도에 주의하고 통풍이 양호한 찬 곳에 보관한다.
⑤ 소분하여 저장하고 용기의 파손 및 균열에 주의한다.
⑥ 운반용기 외부에 주의사항으로 "화기엄금" 및 "충격주의"를 표기한다.
⑦ 강산화제 또는 강산류와 접촉 시 위험성이 증가한다.

3 소화방법

① 다량의 주수에 의한 냉각소화가 가장 적합하다.
② 할로겐화물소화기는 부적당하다.
③ 산소를 함유하고 있으므로 질식소화는 부적당하다.

스프링클러	물분무설비	포소화설비	불활성가스소화	할로겐화물
○	○	○		

<table>
<tr><th colspan="3">분말소화기</th><th rowspan="2">CO_2</th><th rowspan="2">건조사</th><th rowspan="2">팽창질석 · 진주암</th></tr>
<tr><th>인산염류</th><th>탄산수소염류</th><th>그 밖의 것</th></tr>
<tr><td></td><td></td><td></td><td></td><td>○</td><td>○</td></tr>
</table>

4 제5류 위험물 종류

1) 유기과산화물(지정수량 10kg)

과산화벤조일(벤조일퍼옥사이드, BPO), 과산화메틸에틸케톤(메틸에틸케톤퍼옥사이드, MEKPO) 등이 있다.

(1) 일반적인 성질

① -O-O-기를 가진 유기과산화물이라 한다.
② 산화제와 환원제 모두 가까이 하지 말아야 한다.
③ 가능한 한 소용량으로 그늘지고, 습한 곳에 저장한다.
④ 용기의 파손에 의하여 누출 위험이 있으므로 정기적으로 점검한다.
⑤ 산소원자 사이의 결합이 약하기 때문에 가열, 충격, 마찰에 의해 폭발을 일으키기 쉽다.

(2) 종류

① 과산화벤조일(벤조일퍼옥사이드)

O=C-O-O-C=O	화학식	비중	융점(℃)	발화점(℃)
	$(C_6H_5CO)_2O_2$	1.33	103~105	125

- 무색, 무미의 백색결정이다,
- 물에는 녹지 않고, 알코올에 약간 녹는다.
- 저장 시 희석제(프탈산디메틸, 프탈산디부틸)로 폭발의 위험성을 낮출 수 있다.
- 상온에서 안정된 물질로서, 강한 산화작용이 있다.
- 유기물, 환원성 물질과 접촉을 피해야 한다.
- 진한 황산과 접촉하면 분해폭발의 위험이 있다.
- 건조한 상태, 열, 빛, 충격, 마찰 등에 의해 폭발의 위험이 있다.
- 수성일 경우 함유율이 80(중량)% 이상일 때 지정유기과산화물이라 한다.

② 과산화메틸에틸케톤(메틸에틸케톤퍼옥사이드)

화학식	인화점(℃)	융점(℃)	발화점(℃)
$(CH_3COC_2H_5)_2O_2$	58 이상	−20 이하	205

- 무색의 특이한 냄새가 나는 기름 모양의 액체이다.
- 물에 약간 용해하고 에테르, 알코올, 케톤유에 녹는다.
- 열, 빛, 알칼리금속에 의하여 연소된다.
- 40℃ 이상에서 분해가 시작되어 110℃ 이상에서 발열 및 분해가스가 연소된다.

2) 질산에스테르류(지정수량 10kg)

니트로셀룰로오스(NC), 니트로글리세린(NG), 질산메틸, 질산에틸, 니트로글리콜, 펜트리트 등이 있다.

(1) 일반적인 성질

① 질산(HNO_3)의 수소(H)원자 대신 알킬기(C_nH_{2n+1})로 치환된 화합물이다(펜트리트 제외).
② 부식성이 강한 물질로 가열, 충격에 의한 폭발이 쉬우며 폭약의 원료로 많이 사용된다.
③ 분자 내부에 산소를 함유하고 있어 불안정하며 가열, 충격, 마찰에 의해 폭발할 수 있다.

(2) 종류

① 니트로셀룰로오스(NC)$[(C_6H_7O_2(ONO_2)_3)_n]$

다이너마이트의 원료로 사용되며 건조한 상태에서는 타격, 마찰에 의하여 폭발의 위험이 있으므로 운반 시 물 또는 알코올을 첨가하여 습윤시키는 위험물이다.

- 무색 또는 백색의 고체로서 물에는 약간 녹으나, 알코올, 아세톤에는 잘 녹는다.
- 셀룰로오스에 진한 질산(3)과 진한 황산(1)을 비율로 혼산으로 반응시켜 제조한 것이다.
- 130℃에서 서서히 분해하여 180℃에서 불꽃을 내면서 급격히 연소한다.
- 발화점은 약 160~170℃이다.

- 무연화약으로 사용되며 질화도가 클수록 위험하다(질화도란 질소의 함유량을 말한다).
- 직사광선 및 산의 존재하에 자연발화의 위험이 있다.
- 저장 운반 시 안정제를 가해서 냉암소에 저장한다.
- 셀룰로이드는 장뇌를 함유하고 있는 니트로셀룰로오스로 이루어진 일종의 플라스틱이다.

② 니트로글리세린(NG)[$C_3H_5(ONO_2)_3$]

충격이나 마찰에 민감하고 가수분해반응을 일으키는 단점을 가지고 있어 이를 개선하여 다이너마이트를 발명하는 데 주원료로 사용한 위험물이다. 순수한 것은 무색, 투명한 기름상의 액체이고 공업용은 담황색인 위험물로 충격, 마찰에 매우 예민하며 겨울철에는 동결할 우려가 있다.

- 상온에서 여름은 액체이나, 겨울은 고체이다.
- 비중은 약 1.6, 물에 녹지 않고, 알코올, 벤젠 등에 녹는다.
- 가열 · 마찰 · 충격에 민감하며 폭발하기 쉽다.
- 규조토에 흡수시킨 것을 다이너마이트라 한다.
- 공기 중에서 점화하면 폭발뿐만 아니라 폭굉을 일으킨다.
- 화학반응식

$$4C_3H_5(ONO_2)_3 \rightarrow 12CO_2 \uparrow + 10H_2O + 6N_2 \uparrow + O_2 \uparrow$$

③ 니트로글리콜[$C_2H_4(ONO_2)_2$]

낮은 온도에서도 잘 얼지 않는 다이너마이트를 제조하기 위해 니트로글리세린의 일부를 대체하여 첨가하는 물질이다.

- 순수한 것은 무색이나 공업용은 담황색 또는 분홍색의 액체이다.
- 물에는 녹지 않고 알코올, 아세톤, 벤젠에는 잘 녹는다.
- 마찰, 충격에 민감하고 산이 존재하면 분해되어 폭발하는 수도 있다.

④ 질산메틸(CH_3ONO_2)

- 비점은 약 66℃, 증기는 공기보다 무겁다(증기비중 2.65).
- 무색 투명하고 향긋한 냄새가 나는 액체로 단맛이 있다.
- 인화성은 있으나 폭발성은 거의 없다.
- 물에는 녹지 않으며, 알코올, 에테르에 잘 녹는다.

⑤ 질산에틸($C_2H_5ONO_2$)

- 무색 투명한 향긋한 냄새가 나는 액체로 단맛이 있다.
- 물에는 녹지 않으며, 알코올, 에테르에 잘 녹는다.

• 증기비중 3.14, 비점 88℃, 인화점 −10℃로 매우 낮으므로 연소하기 쉽다.

⑥ 펜트리트[$C(CH_2NO_3)_4$](고체)

셀룰로이드류(지정수량 10kg)

(1) 개요

① 질화도가 낮은 니트로셀룰로오스(질소함유량 10.5~11.5%)에 장뇌와 알코올을 녹여 교질상태로 만든 것으로 무색 또는 반투명 탄력성을 가진 고체이다.

② 질소가 함유된 유기물이다.

③ 물에 녹지 않지만 진한 황산, 알코올, 아세톤, 초산, 에스테르에 녹는다.

(2) 위험성

① 열을 가하면 연소가 매우 용이하며 외부의 산소공급 없이도 연소가 가능하다.

② 장시간 방치되면 햇빛, 고온도, 고습도 등에 의해 분해가 촉진되고 분해열이 축적되면 자연발화 위험이 있다.

③ 연소 시 시안화수소(HCN), 포름산(HCOOH), 일산화탄소(CO) 등 유독성 가스가 다량 발생하므로 주의를 요한다.

(3) 저장 및 취급방법

① 화기 엄금, 직사광선 차단, 환기가 잘 되는 찬 곳에 저장하고 30℃ 이하가 유지되도록 한다.

② 저장소 내 강산화제, 강산류, 알칼리, 가연성 물질을 함께 저장하지 않는다.

③ 가온, 가습, 열분해가 되지 않도록 주의한다.

(4) 소화방법

① 이산화탄소(CO_2), 건조분말, 할로겐소화약제에 의한 질식소화는 효과가 없다.

② 다량의 물로 냉각소화하는 것이 가장 적합하다.

③ 소화 시 유독성 가스의 발생에 주의를 요한다.

3) 니트로화합물(지정수량 200kg)

트리니트로톨루엔(TNT), 트리니트로페놀(TNP) 등이 있다.

(1) 일반적인 성질

① 유기화합물의 수소원자가 니트로기($-NO_2$)로 치환된 화합물이다.

② 공기 중 자연발화 위험은 없으나, 가열 · 충격 · 마찰에 폭발한다.

③ 니트로기가 많을수록 연소하기 쉽고 폭발력도 커진다.

④ 연소 시 다량의 유독가스를 발생시키므로 주의한다.

(2) 종류

① 트리니트로톨루엔(TNT)

(구조식: CH_3, NO_2, NO_2, NO_2)	화학식	비중	융점(℃)	발화점(℃)
	$C_6H_2CH_3(NO_2)_3$	1.66	81	300

㉠ 담황색의 침상결정으로 강력한 폭약이다.

㉡ 톨루엔에 질산, 황산을 반응시켜 생성되는 물질이다.

㉢ 비수용성, 아세톤, 알코올, 벤젠, 에테르에 잘 녹는다.

㉣ 폭약류의 폭력을 비교할 때 기준 폭약으로 활용된다.

㉤ 일광을 쪼이면 다갈색으로 변한다.

㉥ 공기 중에 노출되면 쉽게 가수분해한다.

㉦ 피크르산에 비해 충격, 마찰에 둔감하나 급격한 타격에 의하여 폭발한다.

㉧ 분해하여 질소, 일산화탄소, 수소가스가 발생한다.

㉨ 화학반응식

- $C_6H_5CH_3 + 3HNO_3 \xrightarrow{H_2SO_4} C_6H_2CH_3(NO_2)_3 + 3H_2O$ (제조 반응식)
- $2C_6H_2CH_3(NO_2)_3 \rightarrow 12CO\uparrow + 2C + 3N_2\uparrow + 5H_2\uparrow$ (분해 반응식)

② 트리니트로페놀(TNP)

(구조식: OH, NO_2, NO_2, NO_2)	화학식	비중	융점(℃)	발화점(℃)
	$C_6H_2OH(NO_2)_3$	1.8	122.5	300

㉠ 강한 쓴맛이 있고, 광택이 있는 휘황색의 침상 결정으로 피크르산 또는 피크르산이라고도 한다. 독성이 있다.

㉡ 폭발속도가 7,350m/s 정도이고 자기연소를 하며 상온에서 안정하다.

㉢ 페놀(C_6H_5OH)에 질산, 황산을 반응시켜 생성되는 물질이다.

㉣ 구리, 아연, 납과 반응하여 금속염(피크르산염)을 만든다.

㉤ 냉수에는 녹기 힘들고 더운물, 에테르, 벤젠, 알코올에는 잘 녹는다.

㉥ 단독으로는 안정하고, 연소 시 검은 연기를 내지만 폭발은 하지 않는다.

㉦ 분해하여 질소, 일산화탄소, 수소가스가 발생한다.

㉧ 드럼통에 넣어서 밀봉시켜 저장하고, 건조할수록 위험성이 증가한다.

㉢ 화학반응식

$$2C_6H_2OH(NO_2)_3 \rightarrow 4CO_2\uparrow + 6CO\uparrow + 3N_2\uparrow + 2C + 3H_2\uparrow$$

③ 기타

디니트로벤젠, 디니트로톨루엔, 디니트로페놀, 테트릴 등이 있다.

4) 니트로소화합물(지정수량 200kg)

니트로소기(－NO)를 가진 화합물로서 파라디니트로소벤젠, 디니트로소레조르신, 디니트로소펜타메틸렌테드라민 등이 있다.

5) 아조화합물(지정수량 200kg)

아조기(－N＝N－)를 가진 화합물로서 아조벤젠, 히드록시아조벤젠, 아미노아조벤젠, 아족시벤젠 등이 있다.

6) 디아조화합물(지정수량 200kg)

디아조기(－N≡N)를 가진 화합물로서 디아조메탄, 디아조디니트로페놀, 질화납(아지화연), 디아조아세토니트릴, 메틸디아조 아세테이트 등이 있다.

7) 히드라진 유도체(지정수량 200kg)

히드라진(N_2H_4)은 유기화합물로부터 얻어진 물질이며, 탄화수소 치환체를 포함한다. 종류는 페닐히드라진, 히드라조벤젠 등이 있다.

8) 히드록실아민(NH_2OH)(지정수량 100kg)

니트로셀룰로오스 5kg과 트리니트로페놀을 함께 저장하려고 한다. 이때 지정수량 1배로 저장하려면 트리니트로페놀을 몇 kg 저장하여야 하는가?

• 니트로셀룰로오스 지정수량 : 10kg
• 트리니트로페놀 지정수량 : 200kg

$\therefore \frac{5}{10} + \frac{x}{200} = 1 \Rightarrow x = 100$

06 제6류 위험물

위험물			지정수량	위험등급
유별	성질	품명		
제6류	산화성 액체	1. 과염소산, 과산화수소, 질산	300kg	I
		2. 그 밖에 행정안전부령이 정하는 것		
		할로겐간화합물(BrF_3, BrF_5, IF_5)		
암기법	㉿화㉿ ㉿㉿에는 ㉿㉿㉿ ㉿㉿이 있다.			

1 공통 성질

① 강한 부식성이 있고 비중은 1보다 크다.

② 불연성이고 무색투명하며, 물에 잘 녹는다.

③ 증기는 유독하며 피부와 접촉 시 점막을 발생시킨다.

④ 자신이 환원되는 산화성 물질이다.

2 위험성

① 자체는 불연성 물질이나 조연성 가스인 산소를 발생시키므로 가연물, 유기물 등과의 혼합으로 발화한다.

② 자신은 불연성 물질이지만 산화성이 커 다른 물질의 연소를 돕는다.

③ 일반 가연물과 접촉하면 혼촉, 발화하거나 가열 등에 의해 매우 위험한 상태로 된다.

④ 과산화수소를 제외하고 물과 접촉하면 심하게 발열한다.

⑤ 염기와 작용하여 염과 물을 만드는데, 이때 발열한다.

3 저장 및 취급방법

① 화기엄금, 직사광선 차단, 강환원제, 유기물질, 가연성 위험물과 접촉을 피한다.

② 물이나 염기성 물질, 제1류 위험물과의 접촉을 피한다.

③ 용기의 내산성으로 하며 밀전, 파손방지, 전도방지, 변형방지에 주의하고 물, 습기에 주의해야 한다.

④ 증기는 유독하므로 취급 시에는 보호구를 착용하여야 한다.

4 소화방법

① 주수소화가 적합하나 다량의 물로 희석하여 사용한다.

② 건조사나 인산염류의 분말 등을 사용한다.

스프링클러	물분무설비	포소화설비	불활성가스소화		할로겐화물
○	○	○			
분말소화기			CO_2	건조사	팽창질석 · 진주암
인산염류	탄산수소염류	그 밖의 것			
○			△	○	○

[비고] "△"표시 : 제6류 위험물 소화에서 폭발의 위험이 없는 장소에 한하여 적응성이 있음

5 제6류 위험물 종류

1) 질산(HNO_3)(지정수량 300kg)

(1) 일반적인 성질

① 소방법에서 규제하는 진한 질산은 그 비중이 1.49 이상이다.

② 물과 반응하여 발열한다. 금, 백금 등과 반응하여 질산염과 수소가 생성된다.

③ 분해하면 산소를 발생시킨다.

④ 질산과 염산을 1 : 3 비율로 제조한 것을 왕수라고 한다.

⑤ 흡습성이 강하고 부식성이 있는 무색의 액체로서 자연 발화하지 않는다.

⑥ 자극성, 부식성이 강하며 비점이 낮아 휘발성이 있고 햇빛에 의해 분해한다.

⑦ 구리와 묽은 질산과 반응하여 일산화질소를 발생시킨다.

⑧ 진한 질산은 철(Fe), 니켈(Ni), 크롬(Cr), 알루미늄(Al)과 반응하여 부동태를 형성한다(부동태란 더 이상 산화작용을 하지 않는다는 의미이다).

⑨ 진한 질산을 가열, 분해 시 이산화질소(NO_2) 가스가 발생하고 여러 금속과 반응하여 가스를 방출시킨다.

⑩ 발연질산은 이산화질소(NO_2)를 함유하는 진한 질산용액으로, 상온에서 적갈색의 연기를 발생시킨다.

⑪ 화학반응식

- $4HNO_3 \xrightarrow[\Delta]{} 2H_2O + 4NO_2\uparrow + O_2\uparrow$
- $3Cu + 8HNO_3 \rightarrow 3Cu(NO_3)_2 + 2NO\uparrow + 4H_2O$

(2) 저장 및 취급방법

① 공기 중에서 유독성 적갈색의 연기(NO_2)를 내며 갈색병에 보관해야 한다.
② 화기엄금, 직사광선 차단, 물기와 접촉금지, 통풍이 잘되는 찬 곳에 저장한다.
③ 진한 질산이 손이나 몸에 묻었을 때 응급처치방법은 다량의 물로 충분히 씻는다.

(3) 소화방법

① 소량 화재인 경우 다량의 물로 희석소화하고, 다량의 경우 포나 이산화탄소(CO_2), 마른 모래 등으로 소화한다.
② 다량의 경우 안전거리를 확보하여 소화작업을 진행한다.

2) 과염소산(지정수량 300kg)

화학식	비중	융점(℃)	비점(℃)
$HClO_4$	1.76	−112	39

(1) 일반적인 성질

① 무색, 무취의 유동하기 쉬운 액체로 흡습성이 강하다.
② 독성, 휘발성, 폭발성이 있다.
③ 유기물과 접촉 시 발화 또는 폭발의 위험이 있다.
④ 염소산 중에서 제일 강한 산이다.
⑤ 물과 접촉하면 심하게 발열한다.
⑥ 철(Fe), 구리(Cu), 아연(Zn)과 격렬히 반응하여 산화물을 만들기 때문에 철제 용기를 사용하지 말아야 한다.
⑦ 산화력이 강하고, 연소와 동시에 폭발한다.
⑧ 일반적으로 물과 접촉하면 발열하므로 생성된 혼합물도 강한 산화력을 가진다.
⑨ 상압에서 가열하면 분해하고 유독성가스인 염화수소(HCl)를 발생시킨다.

(2) 저장 및 취급방법

① 밀폐용기에 넣어 저장하고 통풍이 양호한 곳에 저장한다.
② 화기, 직사광선, 유기물 · 가연물과 접촉해서는 안 된다.
③ 물과의 접촉을 피하고 충격, 마찰을 주지 않도록 해야 된다.

(3) 소화방법

① 다량의 물로 분무주수하거나 분말소화약제를 사용한다.
② 유기물과 접촉 시 발화의 위험이 있기 때문에 가연물과 접촉시키지 않는다.

3) 과산화수소(H_2O_2)(지정수량 300kg)

(1) 일반적인 성질

① 무색의 액체이며, 물, 알코올, 에테르에는 녹지만, 벤젠 · 석유에는 녹지 않는다.
② 산화제 및 환원제로도 사용되며 표백, 살균작용을 한다. 자연발화의 위험성은 없다.
③ 과산화수소 3%의 용액을 소독약인 옥시풀이라 한다.
④ 농도 36% 이상이어야 위험물에 속하며, 단독으로 폭발할 위험이 있다.
⑤ 분해할 때 발생하는 발생기산소(O)는 난분해성 유기물질을 산화시킬 수 있다.
⑥ 상온에서 $2H_2O_2 \rightarrow 2H_2O + O_2 \uparrow$ 로 서서히 분해되어 산소를 방출한다.

(2) 저장 및 취급방법

① 햇빛 차단, 화기 엄금, 충격 금지, 환기 잘 되는 냉암소에 저장한다.
② 햇빛에 의해서 분해되며, 정촉매(MnO_2)하에서 분해가 촉진된다.
③ 가연물(종이, 나무부스러기, 금속분 등)과의 접촉을 피한다.
④ 용기의 내압상승을 방지하기 위하여 온도 상승 방지, 과산화수소의 저장용기마개는 구멍 뚫린 마개를 사용한다.
⑤ 분해방지 안정제[인산나트륨, 인산(H_3PO_4), 요산($C_5H_4N_4O_3$), 글리세린 등]를 첨가하여 산소분해를 억제한다.
⑥ 직사일광에 의해 분해할 위험성이 있으므로 갈색의 착색 유리병에 보관한다.

(3) 소화방법

① 주수에 의해 냉각 소화한다.
② 피부와 접촉을 막기 위해 보호의를 착용한다.

「위험물안전관리법령」상 위험물에 해당하는 것은?

① 황산
② 비중이 1.41인 질산
③ 53μm의 표준체를 통과하는 것이 50(중량)% 미만인 철의 분말
④ 농도가 40(중량)%인 과산화수소

① 해당사항 없음(위험물이 아님)
② 비중이 1.49 이상인 질산
③ 53μm의 표준체를 통과하는 것이 50(중량)% 이상인 철의 분말
④ 농도가 36(중량)% 이상인 과산화수소

/정답/ ④

02 예·상·문·제

1 제1류 위험물

[일반사항]

01 염소산칼륨의 지정수량을 옳게 나타낸 것은?

① 10kg ② 50kg
③ 500kg ④ 1,000kg

해설

지정수량 50kg인 제1류 위험물
무기과산화물, 아염소산염류, 염소산염류(염소산칼륨), 과염소산염류 등이 있다.

02 지정수량이 300kg인 위험물에 해당하는 것은?

① $NaBrO_3$ ② CaO_2
③ $KClO_4$ ④ $NaClO_2$

해설

① 브롬산염류 : 300kg
② 무기과산화물 : 50kg
③ 과염소산염류 : 50kg
④ 아염소산염류 : 50kg

03 $KMnO_4$의 지정수량은 몇 kg인가?

① 50 ② 100
③ 300 ④ 1,000

해설

제1류 위험물인 과망간산염류(과망간산칼륨)와 중크롬산염류의 지정수량은 1,000kg이다.

04 다음 위험물 품명 중 지정수량이 나머지 셋과 다른 것은? (최근 1)

① 염소산염류 ② 질산염류
③ 무기과산화물 ④ 과염소산염류

해설

① 제1류 위험물 염소산염류 : 50kg
② 제1류 위험물 질산염류 : 300kg
③ 제1류 위험물 무기과산화물 : 50kg
④ 제1류 위험물 과염소산염류 : 50kg

05 다음 중 지정수량이 나머지 셋과 다른 것은?

① 염소산나트륨 ② 과산화칼슘
③ 질산칼륨 ④ 아염소산나트륨

해설

- ①, ②, ④의 지정수량 : 50kg
- ③의 지정수량 : 300kg

06 위험물의 지정수량이 나머지 셋과 다른 하나는?

① $NaClO_4$ ② MgO_2
③ KNO_3 ④ NH_3ClO_3

해설

① 과염소산염류 : 50kg
② 무기과산화물 : 50kg
③ 질산염류 : 300kg
④ 염소산염류 : 50kg

07 산화성 고체 위험물에 속하지 않는 것은?

① $KClO_3$ ② $NaClO_4$
③ KNO_3 ④ $HClO_4$

정답 01 ② 02 ① 03 ④ 04 ② 05 ③ 06 ③ 07 ④

해설

과염소산으로 제6류 위험물인 산화성 액체 위험물이다.

08 다음 물질 중 제1류 위험물이 아닌 것은?

① Na_2O_2 ② $NaClO_3$
③ NH_4ClO_4 ④ $HClO_4$

해설

④ 과염소산($HClO_4$)은 제6류 위험물이다.

09 제1류 위험물에 해당하지 않는 것은?

① 납의 산화물
② 질산구아니딘
③ 퍼옥소이황산염류
④ 염소화이소시아눌산

해설

② 질산구아니딘은 제5류 위험물에 해당된다.

10 다음 중 제1류 위험물에 속하지 않는 것은?

① 질산구아니딘
② 과요오드산
③ 납 또는 요오드의 산화물
④ 염소화이소시아눌산

해설

①은 제5류 위험물에 속한다.

11 다음 중 제1류 위험물이 아닌 것은?

① 요오드산염류
② 무기과산화물
③ 히드록실아민염류
④ 과망간산염류

해설

③은 제5류 위험물이다.

12 위험물안전관리법령상 염소화이소시아눌산은 제 몇 류 위험물인가?

① 제1류 ② 제2류
③ 제5류 ④ 제6류

해설

염소화이소시아눌산은 제1류 위험물 중 행정안전부령이 정하는 것이다.

13 다음 품명 중 위험물의 유별 구분이 나머지 셋과 다른 것은?

① 질산에스테르류 ② 아염소산염류
③ 질산염류 ④ 무기과산화물

해설

① 제5류 위험물
②, ③, ④ 제1류 위험물

14 제1류 위험물의 일반적인 성질에 해당하지 않는 것은?

① 고체상태이다.
② 분해하여 산소가 발생한다.
③ 가연성 물질이다.
④ 산화제이다.

해설

③ 산화성 고체로 불연성 물질이다.

15 제1류 위험물의 일반적인 공통성질에 대한 설명 중 틀린 것은?

① 대부분 유기물이며 무기물도 포함되어 있다.
② 산화성 고체이다.
③ 가연물과 혼합하면 연소 또는 폭발의 위험이 크다.
④ 가열, 충격, 마찰 등에 의해 분해될 수 있다.

정답 08 ④ 09 ② 10 ① 11 ③ 12 ① 13 ① 14 ③ 15 ①

해설

① 대부분 무기화합물이다.

16 제1류 위험물이 위험을 내포하고 있는 이유를 옳게 설명한 것은?

① 산소를 함유하고 있는 강산화제이기 때문에
② 수소를 함유하고 있는 강환원제이기 때문에
③ 염소를 함유하고 있는 독성 물질이기 때문에
④ 이산화탄소를 함유하고 있는 질식제이기 때문에

해설

제1류 위험물은 산화성 고체로서 산소를 내포하고 있는 강산화제이다.

17 제1류 위험물에 충분한 에너지를 가하면 공통적으로 발생하는 가스는?

① 염소 ② 질소
③ 수소 ④ 산소

해설

제1류 위험물은 산화성 고체로서 분해하면 조연성 가스인 산소가 발생한다.

18 제1류 위험물을 취급할 때 주의사항으로 틀린 것은?

① 환기가 잘 되는 서늘한 곳에 저장한다.
② 가열, 충격, 마찰을 피한다.
③ 가연물과의 접촉을 피한다.
④ 밀폐용기는 위험하므로 개방용기를 사용해야 한다.

해설

④ 개방용기는 위험하므로 밀폐용기를 사용해야 한다.

19 산화성 고체의 저장 및 취급방법으로 옳지 않은 것은?

① 가연물과 접촉 및 혼합을 피한다.
② 분해를 촉진하는 물품의 접근을 피한다.
③ 조해성 물질의 경우 물속에 보관하고, 과열·충격·마찰 등을 피하여야 한다.
④ 알칼리금속의 과산화물은 물과의 접촉을 피하여야 한다.

해설

③ 조해성 물질의 경우는 공기나 물과의 접촉을 피한다.

20 제1류 위험물의 저장방법에 대한 설명으로 틀린 것은?

① 조해성 물질의 방습에 주의한다.
② 무기과산화물은 물속에 보관한다.
③ 분해를 촉진하는 물품과 접촉을 피하여 저장한다.
④ 복사열이 없고 환기가 잘 되는 서늘한 곳에 저장한다.

해설

② 무기과산화물은 물과의 접촉을 엄하게 금한다.

21 산화성 고체 위험물의 화재예방과 소화방법에 대한 설명 중 틀린 것은?

① 무기과산화물의 화재 시 물에 의한 냉각소화 원리를 이용하여 소화한다.
② 통풍이 잘 되는 차가운 곳에 저장한다.
③ 분해촉매, 이물질과의 접촉을 피한다.
④ 조해성 물질은 방습하고 용기는 밀전한다.

해설

① 무기과산화물은 물과 반응하여 산소와 많은 열을 발생시킨다.
예 과산화나트륨(Na_2O_2)의 반응식
$2Na_2O_2 + 2H_2O \rightarrow 4NaOH + O_2 \uparrow$ + 열

정답 16 ① 17 ④ 18 ④ 19 ③ 20 ② 21 ①

[무기과산화물]

22 일반적으로 [보기]에서 설명하는 성질을 가지고 있는 위험물은?

[보기]

㉠ 불안정한 고체 화합물로서 분해가 용이하여 산소를 방출한다.
㉡ 물과 격렬하게 반응하여 발열한다.

① 무기과산화물 ② 과망간산염류
③ 과염소산염류 ④ 중크롬산염류

해설

제1류 위험물 중 무기과산화물에 대한 내용이다.

23 알칼리금속 과산화물에 관한 일반적인 설명으로 옳은 것은?

① 안정한 물질이다.
② 물을 가하면 발열한다.
③ 주로 환원제로 사용된다.
④ 더 이상 분해되지 않는다.

해설

① 불안정한 물질이다.
③ 주로 산화제로 사용된다.
④ 분해 · 폭발이 일어난다.

24 순수한 금속 나트륨을 고온으로 건조한 공기 중에서 연소시켜 얻은 위험물질은 무엇인가?

① 아염소산나트륨
② 염소산나트륨
③ 과산화나트륨
④ 과염소산나트륨

해설

$2Na + O_2 \rightarrow Na_2O_2$(과산화나트륨)

25 다음 중 물과 접촉하면 열과 산소가 발생하는 것은?

(최근 2)

① $NaClO_2$ ② $NaClO_3$
③ $KMnO_4$ ④ Na_2O_2

해설

무기과산화물(Na_2O_2)은 물과 반응하여 열과 산소를 발생시킨다.

$Na_2O_2 + H_2O \rightarrow 2NaOH + \frac{1}{2}O_2 \uparrow$

26 다음 물질 중 과산화나트륨과 혼합되었을 때 수산화나트륨과 산소를 발생하는 것은?

① 온수 ② 일산화탄소
③ 이산화탄소 ④ 초산

해설

$Na_2O_2 + H_2O \rightarrow 2NaOH + \frac{1}{2}O_2 \uparrow$

27 주수소화가 적합하지 않은 물질은?

① 과산화벤조일 ② 과산화나트륨
③ 피크르산 ④ 염소산나트륨

해설

①, ③ 제5류 위험물로서 다량의 물로 소화한다.
② 물과 반응하여 열과 산소를 발생시킨다.
④ 제1류 위험물로서 주수소화가 가능하다.

28 물과 반응하여 가연성 가스를 발생하지 않는 것은?

① 나트륨 ② 과산화나트륨
③ 탄화알루미늄 ④ 트리에틸알루미늄

해설

① 가연성 가스(H_2) 발생
② 조연성 가스(O_2) 발생
③ 가연성 가스(CH_4) 발생
④ 가연성 가스(C_2H_6) 발생

정답 22 ① 23 ② 24 ③ 25 ④ 26 ① 27 ② 28 ②

29 과산화나트륨의 저장 및 취급 시의 주의사항에 관한 설명 중 틀린 것은?

① 가열 · 충격을 피한다.
② 유기물질의 혼입을 막는다.
③ 가연물과의 접촉을 피한다.
④ 화재예방을 위해 물분무소화설비 또는 스프링클러설비가 설치된 곳에 보관한다.

해설

④ 물과 반응하여 열과 산소를 발생시킨다.

30 과산화나트륨에 대한 설명으로 틀린 것은?

① 알코올에 잘 녹아서 산소와 수소를 발생시킨다.
② 상온에서 물과 격렬하게 반응한다.
③ 비중이 약 2.8이다.
④ 조해성 물질이다.

해설

① 과산화나트륨은 알코올에 잘 녹지 않는다.

31 과산화나트륨에 의해 화재가 발생하였다. 진화작업과정이 잘못된 것은?

① 공기호흡기를 착용한다.
② 가능한 한 주수소화를 한다.
③ 건조사나 암분으로 피복소화를 한다.
④ 가능한 한 과산화나트륨과의 접촉을 피한다.

해설

과산화나트륨은 물과 반응하여 열과 산소를 발생시킨다.

32 과산화나트륨의 화재 시 물을 사용한 소화가 위험한 이유는?

① 수소와 열을 발생하므로
② 산소와 열을 발생하므로
③ 수소를 발생하고 열을 흡수하므로
④ 산소를 발생하고 열을 흡수하므로

해설

문제 31번 해설 참조

33 다음 중 물과 반응하여 조연성 가스(산소)를 발생시키는 것은? (최근 1)

① 과염소산나트륨
② 질산나트륨
③ 중크롬산나트륨
④ 과산화나트륨

해설

문제 31번 해설 참조

34 다음 물질 중 화재 발생 시 주수소화를 하면 오히려 위험성이 증가하는 것은?

① 염소산칼륨 ② 과산화나트륨
③ 과산화수소 ④ 질산나트륨

해설

과산화나트륨
상온에서 물과 격렬하게 반응하여 열을 발생시키고 산소를 방출시킨다.

$Na_2O_2 + H_2O \rightarrow 2NaOH + \frac{1}{2}O_2 \uparrow$

35 분자량이 약 110인 무기과산화물로 물과 접촉하여 발열하는 것은?

① 과산화마그네슘
② 과산화벤조일
③ 과산화칼슘
④ 과산화칼륨

해설

① $MgO_2 = 24 + (2 \times 16) = 56$
② $(C_6H_5CO)_2O_2 = (2 \times 105) + (2 \times 16) = 242$
③ $CaO_2 = 40 + (2 \times 16) = 72$
④ $K_2O_2 = (2 \times 39) + (2 \times 16) = 110$

정답 29 ④ 30 ① 31 ② 32 ② 33 ④ 34 ② 35 ④

36 과산화칼륨에 대한 설명 중 틀린 것은? (최근 1)

① 융점은 약 490℃이다.
② 무색 또는 오렌지색의 분말이다.
③ 물과 반응하여 주로 수소가 발생한다.
④ 물보다 무겁다.

해설

물과 반응하여 산소와 열을 발생시킨다.
$2K_2O_2 + 2H_2O \rightarrow 4KOH + O_2 \uparrow$

37 물과 반응하여 발열하면서 폭발위험성이 증가하는 것은? (최근 5)

① 과산화칼륨 ② 과망간산나트륨
③ 요오드산칼륨 ④ 과염소산칼륨

해설

문제 36번 해설 참조

38 다음 중 주수소화를 하면 위험성이 증가하는 것은?

① 과산화칼륨 ② 과망간산칼륨
③ 과염소산칼륨 ④ 브롬산칼륨

해설

문제 36번 해설 참조

39 과산화칼륨의 위험성에 대한 설명 중 틀린 것은?

① 가연물과 혼합 시 충격이 가해지면 발화할 위험이 있다.
② 접촉 시 피부를 부식시킬 위험이 있다.
③ 물과 반응하여 산소가 방출한다.
④ 가연성 물질이므로 화기 접촉에 주의하여야 한다.

해설

과산화칼륨(K_2O_2)은 산화성 고체(제1류 위험물)로서 불연성 물질이다.

40 과산화칼륨이 물 또는 이산화탄소와 반응할 경우 공통적으로 발생하는 물질은?

① 산소
② 과산화수소
③ 수산화칼륨
④ 수소

해설

- $2K_2O_2 + 2H_2O \rightarrow 4KOH + O_2 \uparrow$
- $2K_2O_2 + 2CO_2 \rightarrow 2K_2CO_3 + O_2 \uparrow$

41 제1류 위험물 중의 과산화칼륨을 다음과 같이 반응시켰을 때 공통적으로 발생되는 기체는?

㉠ 물과 반응을 시켰다. ㉡ 가열하였다. ㉢ 탄산가스와 반응시켰다.

① 수소
② 이산화탄소
③ 산소
④ 이산화황

해설

문제 40번 해설 참조

42 과산화리튬의 화재현장에서 주수소화가 불가능한 이유는? (최근 1)

① 수소가 발생하기 때문에
② 산소가 발생하기 때문에
③ 이산화탄소가 발생하기 때문에
④ 일산화탄소가 발생하기 때문에

해설

물과 반응하여 조연성 가스인 O_2를 발생시킨다.
$2Li_2O_2 + 2H_2O \rightarrow 4LiOH + O_2 \uparrow$

정답 36 ③ 37 ① 38 ① 39 ④ 40 ① 41 ③ 42 ②

43 과산화마그네슘에 대한 설명으로 옳은 것은?

① 산화제, 표백제, 살균제 등으로 사용된다.
② 물에 녹지 않기 때문에 습기와 접촉해도 무방하다.
③ 물과 반응하여 금속마그네슘을 생성한다.
④ 염산과 반응하면 산소와 수소를 발생한다.

해설

② 물에는 녹지 않으나 습기나 물에 의하여 활성산소를 방출하기 때문에 방습에 유의하여야 한다.
③ 물과 반응하지 않는다.
④ 염산과 반응하면 염화마그네슘과 과산화수소를 발생시킨다($MgO_2 + 2HCl \rightarrow MgCl_2 + H_2O_2$).

44 분자량이 약 169인 백색의 정방정계 분말로서 알칼리토금속의 과산화물 중 매우 안정한 물질이며, 테르밋의 점화제 용도로 사용되는 제1류 위험물은?

① 과산화칼슘
② 과산화바륨
③ 과산화마그네슘
④ 과산화칼륨

해설

② 과산화바륨에 대한 설명이다.

45 과산화바륨의 성질을 설명한 내용 중 틀린 것은? (최근 1)

① 고온에서 열분해하여 산소를 발생시킨다.
② 황산과 반응하여 과산화수소를 만든다.
③ 비중은 약 4.96이다.
④ 온수와 접촉하면 수소가스가 발생한다.

해설

④ 온수와 접촉하면 산소가스가 발생한다.

46 과산화바륨에 대한 설명 중 틀린 것은?

① 약 840℃의 고온에서 분해하여 산소를 발생시킨다.
② 알칼리금속의 과산화물에 해당된다.
③ 비중은 1보다 크다.
④ 유기물과의 접촉을 피한다.

해설

② 알칼리금속 이외(알칼리토금속)의 무기과산화물에 해당한다.

47 과산화바륨의 취급에 대한 설명 중 틀린 것은?

① 직사광선을 피하고, 냉암소에 둔다.
② 유기물, 산 등의 접촉을 피한다.
③ 피부와 직접적인 접촉을 피한다.
④ 화재 시 주수소화가 가장 효과적이다.

해설

④ 과산화물의 화재에는 주수소화가 가장 나쁘다.

[아염소산염류]

48 다음 중 산을 가하면 이산화염소를 발생시키는 물질은? (최근 3)

① 아염소산나트륨 ② 브롬산나트륨
③ 옥소산칼륨 ④ 중크롬산나트륨

해설

$3NaClO_2$(아염소산나트륨) $+ 2HCl \rightarrow 3NaCl + 2ClO_2 + H_2O_2$

49 아염소산나트륨의 저장 및 취급 시 주의사항으로 가장 거리가 먼 것은?

① 물속에 넣어 냉암소에 저장한다.
② 강산류와의 접촉을 피한다.
③ 취급 시 충격, 마찰을 피한다.
④ 가연성 물질과 접촉을 피한다.

정답 43 ① 44 ② 45 ④ 46 ② 47 ④ 48 ① 49 ①

해설

① 물에 잘 녹기 때문에 물속에 저장하지 말고 냉암소에 저장한다.

[과염소산염류]

50 다음의 제1류 위험물 중 과염소산염류에 속하는 것은?

① K_2O_2 ② $NaClO_3$
③ $NaClO_2$ ④ NH_4ClO_4

해설

과염소산염류
과염소산($HClO_4$)의 수소이온이 떨어져 나가고 금속 또는 다른 양이온으로 치환된 형태의 염을 말한다.

51 무취의 결정이며 분자량이 약 122, 녹는점이 약 482℃이고 산화제, 폭약 등에 사용되는 위험물은?

① 염소산바륨 ② 과염소산나트륨
③ 아염소산나트륨 ④ 과산화바륨

해설

과염소산나트륨($NaClO_4$)
- 무색, 무취 사방정계 결정이다.
- 분자량=23+35.5+(4×16)=122.5
- 융점 482℃, 용해도 170(20℃), 비중 2.5이다.
- 산화제, 폭약 등에 사용된다.

52 과염소산나트륨의 성질이 아닌 것은?

① 수용성이다.
② 조해성이 있다.
③ 분해온도는 약 400℃이다.
④ 물보다 가볍다.

해설

④ 액비중이 2.5로 물보다 무겁다.

53 과염소산나트륨의 성질이 아닌 것은?

① 황색의 분말로 물과 반응하여 산소가 발생한다.
② 가열하면 분해되고 산소를 방출한다.
③ 융점은 약 482℃이고 물에 잘 녹는다.
④ 비중은 약 2.5로 물보다 무겁다.

해설

① 무색, 무취 사방정계 결정으로 물과 반응하여 산소가 발생한다.

54 과염소산나트륨에 대한 설명으로 옳지 않은 것은?

① 가열하면 분해하여 산소가 방출한다.
② 환원제이며 수용액은 강한 환원성이 있다.
③ 수용성이며 조해성이 있다.
④ 제1류 위험물이다.

해설

② 산화제이며 수용액은 강한 환원성이 있다.

55 다음 물질 중 과염소산칼륨과 혼합했을 때 발화폭발의 위험이 가장 높은 것은?

① 석면 ② 금
③ 유리 ④ 목탄

해설

가연물(목탄)과의 혼합 시 발화폭발의 위험성이 존재한다.

56 과염소산칼륨의 일반적인 성질에 대한 설명 중 틀린 것은?

① 강한 산화제이다.
② 불연성 물질이다.
③ 과일향이 나는 보라색 결정이다.
④ 가열하여 완전 분해시키면 산소가 발생한다.

해설

③ 무색, 무취 사방정계 결정 또는 백색분말이다.

정답 50 ④ 51 ② 52 ④ 53 ① 54 ② 55 ④ 56 ③

57 과염소산칼륨의 성질에 대한 설명 중 틀린 것은?

① 무색, 무취의 결정으로 물에 잘 녹는다.
② 화약, 폭약, 섬광제 등에 쓰인다.
③ 에탄올, 에테르에는 녹지 않는다.
④ 화학식은 $KClO_4$이다.

해설

① 무색, 무취의 사방정계 결정 또는 백색분말로서 물, 알코올, 에테르에 잘 녹지 않는다.

58 과염소산칼륨의 성질에 관한 설명 중 틀린 것은?

① 무색, 무취의 결정이다.
② 알코올, 에테르에 잘 녹는다.
③ 진한 황산과 접촉하면 폭발할 위험이 있다.
④ 400℃ 이상으로 가열 · 분해하면 산소가 발생한다.

해설

② 물, 알코올, 에테르에 잘 녹지 않는다.

59 과염소산칼륨에 황린이나 마그네슘분을 혼합할 경우 위험한 이유를 가장 옳게 설명한 것은?

① 외부의 충격에 의해 폭발할 수 있으므로
② 전지가 형성되어 열이 발생하므로
③ 발화점이 높아지므로
④ 용융하므로

해설

제1류 위험물(과염소산칼륨)에 제2류 위험물(황린이나 마그네슘분)을 혼합하면 외부의 충격에 의해 폭발할 수 있으므로 혼재가 불가능하다.

60 과염소산암모늄이 300℃에서 분해되었을 때 주요 생성물이 아닌 것은?

① NO_3　② Cl_2
③ O_2　④ N_2

해설

$$2NH_4ClO_4 \xrightarrow[\Delta]{300℃} N_2 + Cl_2 + 2O_2 + 4H_2O$$

61 과염소산암모늄의 위험성에 대한 설명으로 올바르지 않은 것은?

① 급격히 가열하면 폭발의 위험이 있다.
② 건조 시에는 안정하나 수분 흡수 시에는 폭발한다.
③ 가연성 물질과 혼합하면 위험하다.
④ 강한 충격이나 마찰에 의해 폭발의 위험이 있다.

해설

② 수분 흡수 시에는 안정하나 건조 시에는 폭발한다.

62 NH_4ClO_4에 대한 설명 중 틀린 것은?

① 가연성 물질과 혼합하면 위험하다.
② 폭약이나 성냥원료로 쓰인다.
③ 에테르에 잘 녹으나 아세톤, 알코올에는 녹지 않는다.
④ 비중이 약 1.87이고 분해온도가 130℃ 정도이다.

해설

③ 물, 알코올, 아세톤에는 잘 녹고 에테르에는 녹지 않는다.

63 과염소산칼륨과 아염소산나트륨의 공통성질이 아닌 것은? (최근 1)

① 지정수량이 50kg이다.
② 열분해 시 산소를 방출한다.
③ 강산화성 물질이며 가연성이다.
④ 상온에서 고체의 형태이다.

정답 57 ① 58 ② 59 ① 60 ① 61 ② 62 ③ 63 ③

해설

③ 강산화성 물질이며 조연성이다.

[염소산염류]

64 염소산염류에 대한 설명으로 옳은 것은?

① 염소산칼륨은 환원제이다.
② 염소산나트륨은 조해성이 있다.
③ 염소산암모늄은 위험물이 아니다.
④ 염소산칼륨은 냉수와 알코올에 잘 녹는다.

해설

① 염소산칼륨은 산화제이다.
③ 염소산암모늄은 제1류 염소산염류에 속한다.
④ 염소산칼륨은 냉수와 알코올에 잘 녹지 않는다.

65 비중은 약 2.5, 무취이며 알코올, 물에 잘 녹고 조해성이 있으며 산과 반응하여 유독한 ClO_2를 발생하는 위험물은?

① 염소산칼륨 ② 과염소산암모늄
③ 염소산나트륨 ④ 과염소산칼륨

해설

염소산나트륨($NaClO_3$)
- 비중 2.5, 무색, 무취의 고체이다.
- 수용성, 조해성이 있다.
- 산과 반응하여, 유독한 ClO_2가 발생한다.

66 염소산나트륨을 가열하여 분해시킬 때 발생하는 기체는?

① 산소 ② 질소
③ 나트륨 ④ 수소

해설

$2NaClO_3 \rightarrow 2NaCl + 3O_2$

67 $NaClO_3$에 대한 설명으로 옳은 것은?

① 물, 알코올에 녹지 않는다.
② 가연성 물질로 무색, 무취의 결정이다.
③ 유리를 부식시키므로 철제용기에 저장한다.
④ 산과 반응하여 유독성의 ClO_2가 발생한다.

해설

① 물, 알코올, 에테르에 잘 녹는다.
② 조연성 물질로 무색, 무취의 결정이다.
③ 철제를 부식시키므로 유리용기에 저장한다.

68 염소산나트륨과 반응하여 ClO_2 가스를 발생시키는 것은?

① 글리세린 ② 질소
③ 염산 ④ 산소

해설

산과 반응하여 유독한 이산화염소(ClO_2)가 발생하고 폭발위험이 있다.
$2NaClO_3 + 2HCl \rightarrow 2NaCl + H_2O_2 + 2ClO_2 \uparrow$

69 염소산나트륨의 성상에 대한 설명으로 옳지 않은 것은?

① 자신은 불연성 물질이지만 강한 산화제이다.
② 유리를 녹이므로 철제용기에 저장한다.
③ 열분해하여 산소가 발생한다.
④ 산과 반응하여 유독성의 이산화염소가 발생한다.

해설

② 가열, 충격, 마찰을 피하고, 환기가 잘 되는 냉암소에 밀전 보관한다.

정답 64 ② 65 ③ 66 ① 67 ④ 68 ③ 69 ②

70 염소산나트륨의 저장 및 취급방법으로 옳지 않은 것은? (최근 1)

① 철제용기에 저장한다.
② 습기가 없는 찬 장소에 보관한다.
③ 조해성이 크므로 용기는 밀전한다.
④ 가열, 충격, 마찰을 피하고 점화원의 접근을 금한다.

해설

① 철제용기를 부식시키는 성질이 있으므로, 철제용기는 금한다.

71 염소산나트륨의 저장 및 취급 시 주의할 사항으로 틀린 것은?

① 철제용기에 저장은 피해야 한다.
② 열분해 시 이산화탄소가 발생하므로 질식에 유의한다.
③ 조해성이 있으므로 방습에 유의한다.
④ 용기에 밀전하여 보관한다.

해설

② 염소산나트륨이 열분해하면 산소기체를 발생시킨다.
$2NaClO_3 \rightarrow 2NaCl + 3O_2$

72 염소산나트륨의 저장 및 취급 시 주의사항으로 틀린 것은? (최근 1)

① 철제용기에 저장할 수 없다.
② 분해방지를 위해 암모니아를 넣어 저장한다.
③ 조해성이 있으므로 방습에 유의한다.
④ 용기에 밀전하여 보관한다.

해설

② 분해를 촉진하는 약품류(암모니아)와의 접촉을 피한다.

73 염소산칼륨에 대한 설명으로 옳은 것은?

① 흑색분말이다.
② 비중이 4.32이다.
③ 글리세린과 에테르에 잘 녹는다.
④ 가열에 의해 분해하여 산소를 방출한다.

해설

① 무색의 불연성 분말이다.
② 비중은 2.33이다.
③ 글리세린에 잘 녹고 에테르에 녹지 않는다.

74 염소산칼륨의 성질에 대한 설명으로 옳은 것은?

① 가연성 액체이다.
② 강력한 산화제이다.
③ 물보다 가볍다.
④ 열분해하면 수소가 발생한다.

해설

① 산화성 고체이다.
③ 물보다 무겁다.
④ 열분해하면 산소가 발생한다.

75 염소산칼륨의 물리 · 화학적 위험성에 관한 설명으로 옳은 것은?

① 가연성 물질로 상온에서도 단독으로 연소한다.
② 강력한 환원제로 다른 물질을 환원시킨다.
③ 열에 의해 분해되어 수소가 발생한다.
④ 유기물과 접촉 시 충격이나 열을 가하면 연소 또는 폭발의 위험이 있다.

해설

① 조연성 물질이다.
② 강력한 산화제로 다른 물질을 산화시킨다.
③ 열에 의해 분해되어 산소가 발생한다.

정답 70 ① 71 ② 72 ② 73 ④ 74 ② 75 ④

76 염소산칼륨의 위험성에 관한 설명 중 옳은 것은?

① 요오드, 알코올류와 접촉하면 심하게 반응한다.
② 인화점이 낮은 가연성 물질이다.
③ 물에 접촉하면 가연성 가스가 발생한다.
④ 물을 가하면 발열하고 폭발한다.

해설

② 조연성 물질이며, 인화점이 없다.
③ 물에 접촉해도 분해되지 않는다.
④ 소화제로 물을 사용하므로, 폭발하지 않는다.

77 염소산칼륨과 염소산나트륨의 공통성질에 대한 설명으로 적합한 것은?

① 물과 작용하여 발열 또는 발화한다.
② 가연물과 혼합 시 가열, 충격에 의해 연소위험이 있다.
③ 독성이 없으나 연소생성물은 유독하다.
④ 상온에서 발화하기 쉽다.

해설

① 소화제로 물이 사용되므로, 발열 또는 발화하지 않는다.
③ 분해하면, 조연성 가스인 산소를 발생시킨다.
④ 상온에서 안정하다.

[요오드산염류]

78 요오드(아이오딘)산 아연의 성질에 대한 설명으로 가장 거리가 먼 것은?

① 결정성 분말이다.
② 유기물과 혼합 시 연소위험이 있다.
③ 환원력이 강하다.
④ 제1류 위험물이다.

해설

③ 제1류 위험물로서 산화력이 강하다(산화성 고체).

[질산염류]

79 위험물의 품명이 질산염류에 속하지 않는 것은?

① 질산메틸 ② 질산암모늄
③ 질산나트륨 ④ 질산칼륨

해설

①은 제5류 위험물 질산에스테르류에 해당한다.

80 질산나트륨의 성상에 대한 설명 중 틀린 것은? (최근 1)

① 조해성이 있다.
② 강력한 환원제이며 물보다 가볍다.
③ 열분해하여 산소가 방출한다.
④ 가연물과 혼합하면 충격에 의해 발화할 수 있다.

해설

② 강력한 산화제이며 물보다 무겁다(비중 2.27).

81 질산나트륨의 성상으로 옳은 것은?

① 황색 결정이다.
② 물에 잘 녹는다.
③ 흑색화약의 원료이다.
④ 상온에서 자연분해한다.

해설

① 투명한 결정 또는 백색 분말이다.
③ 흑색화약의 원료로 사용되는 것은 질산칼륨이다.
④ 상온에서 안정하다.

82 질산칼륨에 대한 설명으로 옳은 것은?

① 조해성과 흡습성이 강하다.
② 칠레초석이라고도 한다.
③ 물에 녹지 않는다.
④ 흑색화약의 원료이다.

정답 76 ① 77 ② 78 ③ 79 ① 80 ② 81 ② 82 ④

해설

① 조해성은 있으나 흡습성은 없다.
② 초석이라고도 한다(칠레초석은 질산나트륨을 말한다).
③ 물, 글리세린에는 잘 녹지만 알코올, 에테르에는 불용이다.

83 질산칼륨의 성질에 해당하는 것은?

① 무색 또는 흰색 결정이다.
② 물과 반응하면 폭발의 위험이 있다.
③ 물에 녹지 않으나 알코올에 잘 녹는다.
④ 황산, 목분과 혼합하면 흑색화약이 된다.

해설

② 물과 반응하지 않으므로 소화제로 사용된다.
③ 물에 잘 녹으나 알코올에는 잘 녹지 않는다.
④ 숯가루, 황가루, 황린을 혼합하면 흑색화약이 된다.

84 질산칼륨에 대한 설명 중 틀린 것은?

① 물에 녹는다.
② 흑색화약의 원료로 사용된다.
③ 가열 · 분해하여 산소를 방출시킨다.
④ 단독 폭발방지를 위해 유기물 중에 보관한다.

해설

④ 단독으로는 분해하지 않는다.

85 질산칼륨을 약 400℃에서 가열하여 열분해할 때 주로 생성되는 물질은?

① 질산과 산소
② 질산과 칼륨
③ 아질산칼륨과 산소
④ 아질산칼륨과 질소

해설

$2KNO_3 \xrightarrow[\Delta]{400℃} 2KNO_2$(아질산칼륨) $+ O_2 \uparrow$

86 질산암모늄의 일반적 성질에 대한 설명 중 옳은 것은?

① 조해성을 가진 물질이다.
② 물에 대한 용해도값이 매우 작다.
③ 가열 시 분해하여 수소를 발생시킨다.
④ 과일향의 냄새가 나는 백색 결정체이다.

해설

② 물, 알코올, 알칼리에 잘 녹으므로 용해도값이 매우 크다.
③ 가열 시 분해하여 산소를 발생시킨다.
④ 무색, 무취의 백색 결정 고체이다.

87 질산암모늄의 일반적 성질에 대한 설명 중 옳은 것은?

① 불안정한 물질이고 물에 녹을 때는 흡열반응을 한다.
② 과일향의 냄새가 나는 적갈색 비결정체이다.
③ 가열 시 분해하여 수소를 발생시킨다.
④ 물에 대한 용해도값이 매우 작아 물에 거의 불용이다.

해설

② 무색, 무취의 백색 결정 고체이다.
③ 가열 시 분해하여 산소를 발생시킨다.
④ 조해성이 있고 물, 알코올, 알칼리에 잘 녹는다.

88 질산암모늄의 일반적인 성질에 대한 설명으로 옳은 것은?

① 조해성이 없다.
② 무색, 무취의 액체이다.
③ 물에 녹을 때에는 발열한다.
④ 급격한 가열에 의한 폭발의 위험이 있다.

해설

① 조해성이 있다.
② 무색, 무취의 고체이다.
③ 물에 녹을 때에는 흡열반응을 한다.

정답 83 ① 84 ④ 85 ③ 86 ① 87 ① 88 ④

89 질산암모늄에 대한 설명으로 틀린 것은?

① 열분해하여 산화이질소가 발생한다.
② 폭약 제조 시 산소공급제로 사용된다.
③ 물에 녹을 때 많은 열이 발생한다.
④ 무취의 결정이다.

해설

③ 물을 흡수하면 흡열반응을 한다.

90 질산암모늄의 위험성에 대한 설명 중 옳은 것은?

① 폭발기와 산화기가 결합되어 있어 100℃에서 분해 폭발한다.
② 인화성 액체로 정전기에 주의하여야 한다.
③ 400℃에서 분해되기 시작하여 540℃에서 급격히 분해 폭발할 위험성이 있다.
④ 단독으로도 급격한 가열, 충격으로 분해하여 폭발의 위험이 있다.

해설

① 폭발기와 산화기가 결합되어 있어 220℃에서 분해 폭발한다.
② 산화성 고체로 조해성이 있다.
③ 220℃에서 분해 폭발할 위험성이 있다.

91 다음 중 황 분말과 혼합했을 때 가열 또는 충격에 의해서 폭발할 위험이 가장 높은 것은? (최근 1)

① 질산암모늄
② 마른 모래
③ 이산화탄소
④ 물

해설

황 분말(제2류 위험물)과 질산암모늄(제1류 위험물)이 혼합하면, 폭발할 위험이 높아진다.

[중크롬산염류]

92 중크롬산칼륨의 화재예방 및 진압대책에 관한 설명 중 틀린 것은?

① 가열, 충격, 마찰을 피한다.
② 유기물, 가연물과 격리하여 저장한다.
③ 화재 시 물과 반응하여 폭발하므로 주수소화를 금한다.
④ 소화작업 시 폭발 우려가 있으므로 충분한 안전거리를 확보한다.

해설

③ 화재 시 소화방법으로는 다량의 물을 사용하는 것이 유효하다.

93 중크롬산칼륨에 대한 설명으로 틀린 것은?

① 열분해하여 산소를 발생시킨다.
② 물과 알코올에 잘 녹는다.
③ 등적색의 결정으로 쓴맛이 있다.
④ 산화제, 의약품 등에 사용된다.

해설

② 물과 알코올에 잘 녹지 않는다.

94 다음 중 중크롬산암모늄의 색상에 가장 가까운 것은?

① 청색 ② 담황색
③ 등적색 ④ 백색

해설

중크롬산암모늄의 성질
• 오렌지색(등적색) 단사정계 결정이다.
• 분해온도는 225℃, 비중은 2.15이다.

정답 89 ③ 90 ④ 91 ① 92 ③ 93 ② 94 ③

95 무수크롬산에 관한 설명으로 틀린 것은?

① 물에 잘 녹는다.
② 강력한 산화작용을 나타낸다.
③ 알코올, 벤젠 등과 접촉하면 혼촉발화의 위험이 있다.
④ 상온에서 분해하여 산소를 방출하므로 냉장 보관한다.

해설

④ 무수크롬산은 250℃에서 열분해가 쉽게 일어나고 산소가 발생한다.

[과망간산염류]

96 과망간산칼륨에 대한 설명으로 옳은 것은?

① 물에 잘 녹는 흑자색의 결정이다.
② 에탄올, 아세톤에 녹지 않는다.
③ 물에 녹았을 때는 진한 노란색을 띤다.
④ 강알칼리와 반응하여 수소를 방출하며 폭발한다.

해설

② 에탄올, 아세톤에 잘 녹는다.
③ 물에 녹았을 때는 진한 보라색(흑자색)을 띤다.
④ 강산(묽은 황산)과 반응하여 산소를 방출시킨다.

97 과망간산칼륨에 대한 설명으로 틀린 것은?

① 분자식은 $KMnO_4$이며 분자량은 약 158이다.
② 수용액은 보라색이며 산화력이 강하다.
③ 가열하면 분해하여 산소를 방출한다.
④ 에탄올과 아세톤에는 불용이므로 보호액으로 사용한다.

해설

④ 에탄올과 아세톤에 녹고 반응하므로 보호액으로 사용해서는 안 된다.

98 과망간산칼륨의 취급 시 주의사항에 대한 설명 중 틀린 것은?

① 알코올, 에테르 등과의 접촉을 피한다.
② 일광을 차단하고 냉암소에 보관한다.
③ 목탄, 황 등과는 격리하여 저장한다.
④ 유리와의 반응성 때문에 유리용기의 사용을 피한다.

해설

과망간산칼륨은 산, 가연물, 유기물과 격리 저장하고 용기는 금속 또는 유리용기를 사용한다.

99 과망간산칼륨의 성질에 대한 설명 중 옳은 것은?

① 강력한 산화제이다.
② 물에 녹아서 연한 분홍색을 나타낸다.
③ 물에는 용해하나 에탄올이 불용이다.
④ 묽은 황산과는 반응을 하지 않지만 진한 황산과 접촉하면 서서히 반응한다.

해설

② 물에 녹아서 진한 보라색을 나타낸다.
③ 물, 에탄올에 용해된다.
④ 묽은 황산과 반응하여 산소를 방출시킨다.

100 $KMnO_4$과 반응하여 위험성을 가지는 물질이 아닌 것은?

① H_2SO_4
② H_2O
③ CH_3OH
④ $C_2H_5OC_2H_5$

해설

과망간산칼륨($KMnO_4$)은 알코올, 에테르, 황산 등 유기물과 접촉을 금한다.

정답 95 ④ 96 ① 97 ④ 98 ④ 99 ① 100 ②

101 과망간산칼륨의 위험성에 대한 설명 중 틀린 것은? (최근 1)

① 진한 황산과 접촉하면 폭발적으로 반응한다.
② 알코올, 에테르, 글리세린 등 유기물과 접촉을 금한다.
③ 가열하면 약 60℃에서 분해하여 수소를 방출시킨다.
④ 목탄, 황과 접촉 시 충격에 의해 폭발할 위험성이 있다.

해설

③ 가열하면 약 240℃에서 분해하여 산소를 방출시킨다.

$$2KMnO_4 \xrightarrow[\triangle]{240℃} K_2MnO_4 + MnO_2 + O_2 \uparrow$$

102 과망간산칼륨의 일반적인 성질에 관한 설명 중 틀린 것은?

① 강한 살균력과 산화력이 있다.
② 금속성 광택이 있는 무색의 결정이다.
③ 가열 · 분해시키면 산소를 방출한다.
④ 비중은 약 2.7이다.

해설

② 흑자색 또는 적자색의 사방정계 결정이다.

103 과망간산칼륨의 위험성에 대한 설명으로 틀린 것은?

① 목탄, 황 등 환원성 물질과 격리하여 저장해야 한다.
② 유기물과 혼합 시 위험성이 증가한다.
③ 고온으로 가열하면 분해하여 산소와 수소를 방출시킨다.
④ 황산과 격렬하게 반응한다.

해설

③ 고온으로 가열하면 분해하여 산소를 방출시킨다.

$$2KMnO_4 \rightarrow K_2MnO_4 + MnO_2 + O_2 \uparrow$$

2 제2류 위험물

[일반사항]

104 제2류 위험물 중 지정수량이 잘못 연결된 것은?

① 유황 – 100kg
② 철분 – 500kg
③ 금속분 – 500kg
④ 인화성 고체 – 500kg

해설

④ 인화성 고체 – 1,000kg

105 다음 중 위험물의 지정수량을 틀리게 나타낸 것은?

① S : 100kg
② Mg : 100kg
③ K : 10kg
④ Al : 500kg

해설

① S : 제2류 위험물(100kg)
② Mg : 제2류 위험물(500kg)
③ K : 제3류 위험물(10kg)
④ Al : 제2류 위험물(500kg)

106 다음 중 지정수량이 나머지 셋과 다른 물질은? (최근 1)

① 유황
② 적린
③ 칼슘
④ 황화인

해설

①, ②, ④는 제2류 위험물로서 지정수량은 100kg이다.
③은 제3류 알칼리토금속류로서 지정수량은 50kg이다.

정답 101 ③ 102 ② 103 ③ 104 ④ 105 ② 106 ③

107 다음 위험물 중 지정수량이 나머지 셋과 다른 하나는?

① 마그네슘 ② 금속분
③ 철분 ④ 유황

해설

①, ②, ③ 500kg
④ 100kg

108 다음 중 지정수량이 다른 물질은?

① 황화인 ② 적린
③ 철분 ④ 유황

해설

①, ②, ④ 100kg
③ 500kg

109 다음 중 위험물안전관리법령에서 정한 지정수량이 500kg인 것은?

① 황화인 ② 금속분
③ 인화성 고체 ④ 유황

해설

①, ④ 100kg
② 500kg
③ 1,000kg

110 유황 500kg, 인화성 고체 1,000kg을 저장하려고 한다. 각각의 지정수량 배수의 합은 얼마인가?

① 3배 ② 4배
③ 5배 ④ 6배

해설

- 유황의 지정수량 : 100kg
- 인화성 고체의 지정수량 : 1,000kg

∴ 지정수량 배수의 합$=\frac{500}{100}+\frac{1,000}{1,000}=6$배

111 제2류 위험물 중 지정수량이 500kg인 물질에 의한 화재는?

① A급 화재 ② B급 화재
③ C급 화재 ④ D급 화재

해설

제2류 위험물 중 지정수량이 500kg인 것은 철분, 금속분, 마그네슘을 의미하고 있으므로, D급 화재(금속화재)에 해당된다.

112 제2류 위험물에 해당하는 것은?

① 철분 ② 나트륨
③ 과산화칼륨 ④ 질산메틸

해설

① 제2류 위험물
② 제3류 위험물
③ 제1류 위험물
④ 제5류 위험물

113 다음 중 가연성 고체 위험물인 제2류 위험물은 어느 것인가?

① 질산염류 ② 마그네슘
③ 나트륨 ④ 칼륨

해설

① 제1류 위험물
② 제2류 위험물
③, ④ 제3류 위험물

114 제2류 위험물이 아닌 것은?

① 황화인 ② 적린
③ 황린 ④ 철분

해설

③ 제3류 위험물에 해당된다.

정답 107 ④ 108 ③ 109 ② 110 ④ 111 ④ 112 ① 113 ② 114 ③

115 위험물의 유별(類別) 구분이 나머지 셋과 다른 하나는?

① 황린 ② 금속분
③ 황화인 ④ 마그네슘

해설

① 제3류 위험물
②, ③, ④ 제2류 위험물

116 위험물안전관리법령상 제2류 위험물에 속하지 않는 것은?

① P_4S_3 ② Al
③ Mg ④ Li

해설

④는 제3류 위험물 알칼리금속이다.

117 제2류 위험물의 종류에 해당되지 않는 것은?

① 마그네슘 ② 고형알코올
③ 칼슘 ④ 안티몬분

해설

③은 제3류 위험물에 해당된다.

118 다음 중 제2류 위험물이 아닌 것은?

① 황화인 ② 유황
③ 마그네슘 ④ 칼륨

해설

④는 제3류 위험물(금수성 물질)이다.

119 제2류 위험물에 속하지 않는 것은?

① 구리분 ② 알루미늄분
③ 크롬분 ④ 몰리브덴분

해설

금속분
알칼리금속 · 알칼리토금속 · 철 및 마그네슘 외의 금속분말을 말하고, 구리분 · 니켈분 및 150μm의 체를 통과하는 것이 50(중량)% 미만인 것은 제외한다.
∴ 구리분은 금속분이 아니다.

120 마그네슘은 제 몇 류 위험물인가?

① 제1류 위험물 ② 제2류 위험물
③ 제3류 위험물 ④ 제5류 위험물

해설

제2류 위험물에는 황화인, 적린, 유황, 금속분, 철분, 마그네슘분, 인화성 고체 등이 있다.

121 다음 중 제2류 위험물의 공통적인 성질은?

① 가연성 고체이다.
② 물에 용해된다.
③ 융점이 상온 이하로 낮다.
④ 유기화합물이다.

해설

제2류 위험물
- 가연성 고체이고 물에는 불용이다.
- 융점이 상온보다 높고, 무기화합물이다.

122 가연성 고체 위험물의 일반적인 성질로서 틀린 것은?

① 비교적 저온에서 착화한다.
② 산화제와의 접촉 · 가열은 위험하다.
③ 연소속도가 빠르다.
④ 산소를 포함하고 있다.

해설

가연성 고체 위험물은 제2류 위험물이고 산소를 포함하고 있지 않으며, 제1류 · 제5류 · 제6류 위험물은 산소를 포함하고 있다.

정답 115 ① 116 ④ 117 ③ 118 ④ 119 ① 120 ② 121 ① 122 ④

123 제2류 위험물의 일반적 성질에 대한 설명으로 가장 거리가 먼 것은?

① 가연성 고체 물질이다.
② 연소 시 연소열이 크고 연소속도가 빠르다.
③ 산소를 포함하여 조연성 가스의 공급 없이 연소가 가능하다.
④ 비중이 1보다 크고 물에 녹지 않는다.

해설

③ 자기반응성 물질로서 제5류 위험물에 대한 설명이다.

124 제2류 위험물의 일반적 성질에 대한 설명 중 틀린 것은?

① 대표적인 성질은 가연성 고체이다.
② 대부분이 무기화합물이다.
③ 대부분이 강력한 환원제이다.
④ 물에 의해 냉각소화가 가능하다.

해설

④ 제2류 위험물 중 금속성을 가진 위험물은 물에 의한 냉각소화가 금지되어 있다(수소가스를 발생시키기 때문이다).

125 제2류 위험물과 산화제를 혼합할 경우 위험한 이유로 가장 적합한 것은?

① 제2류 위험물이 가연성 액체이기 때문에
② 제2류 위험물이 환원제로 작용하기 때문에
③ 제2류 위험물은 자연발화의 위험이 있기 때문에
④ 제2류 위험물은 물 또는 습기를 잘 머금고 있기 때문에

해설

② 제2류 위험물(가연성 고체)과 산화제를 혼합하면 제2류 위험물은 환원제로 작용하여 화학적 반응을 한다.

126 가연성 고체 위험물의 저장 및 취급법으로 옳지 않은 것은?

① 환원성 물질이므로 산화제와 혼합하여 저장할 것
② 점화원으로부터 멀리하고 가열을 피할 것
③ 금속분은 물과의 접촉을 피할 것
④ 용기 파손으로 인한 위험물의 누설에 주의할 것

해설

① 가연성 고체 위험물은 제2류 위험물, 환원제로 산화제와 혼합하면 화학적 반응을 하므로 위험하다.

127 제2류 위험물에 대한 설명 중 틀린 것은?

① 아연분은 염산과 반응하여 수소가 발생한다.
② 적린은 연소하여 P_2O_5을 생성한다.
③ P_2O_5은 물에 녹아 주로 이산화황을 발생한다.
④ 제2류 위험물은 가연성 고체이다.

해설

③ P_2S_5은 물에 녹아 황화수소를 발생한다.
$P_2S_5 + H_2O \rightarrow H_2S + H_3PO_4$

128 제2류 위험물의 취급상 주의사항에 대한 설명으로 옳지 않은 것은? (최근 1)

① 적린은 공기 중에 방치하면 자연발화를 한다.
② 유황은 정전기가 발생하지 않도록 주의해야 한다.
③ 마그네슘 화재 시 물, 이산화탄소소화약제 등은 사용할 수 없다.
④ 삼황화인은 100℃ 이상 가열하면 발화할 위험이 있다.

해설

① 적린은 자연발화성이 없어 공기 중에 안전하다.

정답 123 ③ 124 ④ 125 ② 126 ① 127 ③ 128 ①

129 제2류 위험물의 화재 발생 시 소화방법 또는 주의할 점으로 적합하지 않은 것은? (최근 1)

① 마그네슘의 경우 이산화탄소를 이용한 질식소화는 위험하다.
② 황은 비산에 주의하여 분무주수로 냉각소화를 한다.
③ 적린의 경우 물을 이용한 냉각소화는 위험하다.
④ 인화성 고체는 이산화탄소로 질식소화를 할 수 있다.

해설

③ 적린의 경우 물속에 저장하며, 소화방법으로는 이산화탄소를 이용한 질식소화가 적당하나 물을 이용한 냉각소화도 할 수는 있다.

130 제2류 위험물의 화재예방 및 진압대책으로 적합하지 않은 것은?

① 강산화제와의 혼합을 피한다.
② 적린과 유황은 물에 의한 냉각소화가 가능하다.
③ 금속분은 산과의 접촉을 피한다.
④ 인화성 고체를 제외한 위험물제조소에는 "화기엄금" 주의사항 게시판을 설치한다.

해설

④ 제2류 위험물 중 철분 · 금속분 · 마그네슘 또는 이들 중 어느 하나 이상을 함유한 것에 있어서는 "화기주의" 및 "물기엄금", 인화성 고체에 있어서는 "화기엄금", 그 밖의 것에 있어서는 "화기주의"를 표시한다.

131 제2류 위험물의 화재예방 및 진압대책이 틀린 것은?

① 산화제와의 접촉을 금지한다.
② 화기 및 고온체와의 접촉을 피한다.
③ 저장용기의 파손과 누출에 주의한다.
④ 금속분은 냉각소화를 하고 그 외는 마른 모래를 이용한다.

해설

④ 금속분은 주수에 의한 냉각소화는 절대 하면 안 된다(물과 반응하여 수소 발생).

132 위험물의 화재 시 소화방법에 대한 다음 설명 중 옳은 것은?

① 아연분은 주수소화가 적당하다.
② 마그네슘은 봉상주수소화가 적당하다.
③ 알루미늄은 건조사로 피복하여 소화하는 것이 좋다.
④ 황화인은 산화제로 피복하여 소화하는 것이 좋다.

해설

① 아연분은 물과 반응하면 수소와 열이 발생한다.
② 마그네슘은 물과 반응하면 수소와 열이 발생한다.
④ 황화인은 산화제와는 피하고, 인산염류 분말소화약제 등으로 소화한다.

[황화인]

133 다음 중 위험물의 분류가 옳은 것은?

① 유기과산화물 – 제1류 위험물
② 황화인 – 제2류 위험물
③ 금속분 – 제3류 위험물
④ 무기과산화물 – 제5류 위험물

해설

① 유기과산화물 – 제5류 위험물
③ 금속분 – 제2류 위험물
④ 무기과산화물 – 제1류 위험물

134 다음 중 일반적으로 알려진 황화인의 3종류에 속하지 않는 것은?

① P_4S_3 ② P_2S_5
③ P_4S_7 ④ P_2S_9

정답 129 ③ 130 ④ 131 ④ 132 ③ 133 ② 134 ④

해설

① 삼황화인(P_4S_3)
② 오황화인(P_2S_5)
③ 칠황화인(P_4S_7)

135 제2류 위험물인 황화인에 대한 설명 중 틀린 것은?

① 지정수량이 100kg이다.
② 삼황화인은 CS_2에 용해된다.
③ 오황화인은 공기 중의 습기를 흡수하여 황화수소를 발생시킨다.
④ 칠황화인은 습기를 흡수하여 인화수소가스를 주로 발생한다.

해설

④ 칠황화인(P_4S_7)는 담황색 결정으로 조해성이 있고, 이황화탄소(CS_2)에 약간 녹으며, 물에 녹아 유독한 H_2S를 발생한다.

136 황화인에 대한 설명 중 옳지 않는 것은?

① 삼황화인은 황색 결정으로 공기 중 약 100℃에서 발화할 수 있다.
② 오황화인은 담황색 결정으로 조해성이 있다.
③ 오황화인은 물과 접촉하여 황화수소를 발생할 위험이 있다.
④ 삼황화인은 차가운 물에도 잘 녹으므로 주의해야 한다.

해설

④ 삼황화인(P_4S_3)은 발화점이 약 100℃인 황색의 결정으로 조해성이 있고 이황화탄소(CS_2), 질산에는 녹지만, 물에는 녹지 않는다.

137 황화인에 대한 설명 중 옳지 않은 것은?

① 오황화인은 담황색 결정으로 조해성이 있다.
② 오황화인은 물과 접촉하여 유독성 가스를 발생할 위험이 있다.
③ 삼황화인은 황색 결정으로 공기 중 약 100℃에서 발화할 수 있다.
④ 삼황화인은 연소하여 황화수소가스를 발생할 위험이 있다.

해설

④ 삼황화인이 연소하면 오산화인과 이산화황을 발생시킨다.
$P_4S_3 + 8O_2 \rightarrow 2P_2O_5\uparrow + 3SO_2\uparrow$

138 황화인에 대한 설명 중 옳지 않은 것은?

① 삼황화인은 통풍이 잘 되는 냉암소에 저장한다.
② 삼황화인은 황색 결정으로 공기 중 약 100℃에서 발화할 수 있다.
③ 오황화인의 화재 시에는 물에 의한 냉각소화가 가장 좋다.
④ 오황화인은 담황색 결정으로 조해성이 있다.

해설

오황화인(P_2S_5)
- 담황색 결정으로 조해성과 흡습성이 있다.
- 습한 공기 중에 분해하여 황화수소를 발생하므로 물에 의한 냉각소화는 적당하지 않고, 건조분말 · CO_2 · 건조사 등에 따른 질식소화가 효과적이다.

139 다음 중 삼황화인이 가장 잘 녹는 물질은?

① 차가운 물 ② 이황화탄소
③ 염산 ④ 황산

해설

삼황화인
- 착화점이 약 100℃인 황색의 결정으로 조해성이 있다.
- 이황화탄소(CS_2), 질산, 알칼리에는 녹지만, 물, 염산, 황산에는 녹지 않는다.
- 성냥, 유기합성 등에 사용된다.

정답 135 ④ 136 ④ 137 ④ 138 ③ 139 ②

140 삼황화인의 연소 시 발생하는 가스에 해당하는 것은?

① 이산화황 ② 황화수소
③ 산소 ④ 인산

해설

$P_4S_3 + 8O_2 \rightarrow 2P_2O_5 \uparrow + 3SO_2 \uparrow$ (이산화황)

141 삼황화인의 연소생성물을 옳게 나열한 것은?

① P_2O_5, SO_2 ② P_2O_5, H_2S
③ H_3PO_4, H_2S ④ H_3PO_4, SO_2

해설

문제 140번 해설 참조

142 오황화인이 물과 반응하였을 때 생성된 가스를 연소시키면 발생하는 독성이 있는 가스는?

① 이산화질소 ② 포스핀
③ 염화수소 ④ 이산화황

해설

$2H_2S + 3O_2 \rightarrow 2SO_2$(이산화황) $+ 2H_2O$

143 다음은 P_2S_5과 물의 화학반응이다. ( ) 안에 알맞은 숫자를 차례대로 나열한 것은?

$P_2S_5 + (\quad)H_2O \rightarrow (\quad)H_2S + (\quad)H_3PO_4$

① 2, 8, 5 ② 2, 5, 8
③ 8, 5, 2 ④ 8, 2, 5

해설

$P_2S_5 + 8H_2O \rightarrow 5H_2S$(황화수소) $+ 2H_3PO_4$

144 오황화인이 물과 작용했을 때 주로 발생되는 기체는? (최근 1)

① 포스핀 ② 포스겐
③ 황산가스 ④ 황화수소

해설

문제 143번 해설 참조

145 삼황화인과 오황화인의 공통점이 아닌 것은?

① 물과 접촉하여 인화수소가 발생한다.
② 가연성 고체이다.
③ 분자식이 P와 S로 이루어져 있다.
④ 연소 시 오산화인과 이산화황이 생성된다.

해설

① 삼황화인은 물에 녹지 않고, 오황화인은 물과 접촉하여 황화수소가 발생한다.

146 오황화인과 칠황화인이 물과 반응했을 때 공통으로 나오는 물질은?

① 이산화황 ② 황화수소
③ 인화수소 ④ 삼산화황

해설

오황화인과 칠황화인은 물과 접촉하여 황화수소(H_2S)가 발생한다.

[유황]

147 유황은 순도가 몇 (중량)% 이상이어야 위험물에 해당하는가?

① 40 ② 50
③ 60 ④ 70

해설

유황은 순도가 60(중량)% 이상인 것을 말한다.

정답 140 ① 141 ① 142 ④ 143 ③ 144 ④ 145 ① 146 ② 147 ③

148 황의 성상에 관한 설명 중 틀린 것은?

① 연소할 때 발생하는 가스는 냄새를 갖고 있으나 인체에 무해하다.
② 미분이 공기 중에 떠 있을 때 분진폭발의 우려가 있다.
③ 용융된 황을 물에서 급랭하면 고무상황을 얻을 수 있다.
④ 연소할 때 아황산가스가 발생한다.

해설

① 연소할 때 발생하는 가스는 독특한 냄새를 갖고 인체에 유해하다.
$S + O_2 \rightarrow SO_2$

149 연소 시 아황산가스를 발생하는 것은?

① 황
② 적린
③ 황린
④ 인화칼슘

해설

$S + O_2 \rightarrow SO_2$

150 유황에 대한 설명으로 옳지 않은 것은?

① 연소 시 황색불꽃을 보이며 유독한 이황화탄소가 발생한다.
② 고온에서 용융된 유황은 수소와 반응한다.
③ 미세한 분말상태에서 부유하면 분진폭발의 위험이 있다.
④ 마찰에 의해 정전기가 발생할 우려가 있다.

해설

① 연소 시 청색불꽃을 보이며 유독한 이산화황(아황산가스)이 발생한다.
$S + O_2 \rightarrow SO_2$

151 황의 특성 및 위험성에 대한 설명 중 틀린 것은?

① 산화력이 강하므로 되도록 산화성 물질과 혼합하여 저장한다.
② 전기의 부도체이므로 전기절연제로 쓰인다.
③ 공기 중 연소 시 유해가스를 발생한다.
④ 분말상태인 경우 분진폭발의 위험성이 있다.

해설

① 황은 제2류 위험물(가연성 고체)이므로, 산화성 물질(제1류, 제6류)과 혼합하면 급격한 연소 및 폭발할 가능성이 있다.

152 황의 성질로 옳은 것은?

① 전기 양도체이다.
② 물에는 매우 잘 녹는다.
③ 이산화탄소와 반응한다.
④ 미분은 분진폭발의 위험이 있다.

해설

① 전기에는 부도체이다.
② 물에는 녹지 않는다.
③ 소화제로 이산화탄소를 사용할 수 있다.

153 황의 성질에 대한 설명 중 틀린 것은?

① 물에 녹지 않으나, 이황화탄소에 녹는다.
② 공기 중에서 연소하여 아황산가스를 발생시킨다.
③ 전도성 물질이므로 정전기 발생에 유의하여야 한다.
④ 분진폭발의 위험성에 주의하여야 한다.

해설

③ 비전도성 물질이므로 정전기 발생에 유의하여야 한다.

정답 148 ① 149 ① 150 ① 151 ① 152 ④ 153 ③

154 황(사방황)의 성질을 옳게 설명한 것은?

① 황색고체로서 물에 녹는다.
② 이황화탄소에 녹는다.
③ 전기 양도체이다.
④ 연소 시 붉은색 불꽃을 내며 탄다.

해설

① 황색의 고체 또는 분말이고 물에는 녹지 않는다.
② 고무상황은 CS_2에 녹지 않지만, 단사황과 사방황은 잘 녹는다.
③ 전기에는 부도체이다.
④ 연소 시 푸른색 불꽃을 내며 탄다.

155 위험물의 성질에 대한 설명 중 틀린 것은?

① 황린은 공기 중에서 산화할 수 있다.
② 적린은 $KClO_3$과 혼합하면 위험하다.
③ 황은 물에 매우 잘 녹는다.
④ 황은 가연성 고체이다.

해설

③ 황은 물에 녹지 않는다.

156 황의 화재예방 및 소화방법에 대한 설명 중 틀린 것은?

① 산화제와 혼합하여 저장한다.
② 정전기가 축적되는 것을 방지한다.
③ 화재 시 분무주수하여 소화할 수 있다.
④ 화재 시 유독가스가 발생하므로 보호장구를 착용하고 소화한다.

해설

① 산화제와 격리 저장하고, 화기 및 가열, 충격, 마찰에 주의한다.

157 착화점이 232℃에 가장 가까운 위험물은?

① 삼황화인　② 오황화인
③ 적린　④ 유황

해설

① 삼황화인 : 100℃　② 오황화인 : 100℃
③ 적린 : 260℃　④ 유황 : 232℃

158 다음 중 물과 반응하여 가연성 가스가 발생하지 않는 것은?

① 리튬　② 나트륨
③ 유황　④ 칼슘

해설

①, ②, ④ 물과 반응하여 가연성 가스인 수소를 발생시킨다.
③ 물에 녹지 않는다.

159 제2류 위험물에 대한 설명 중 틀린 것은?

① 유황은 물에 녹지 않는다.
② 오황화인은 CS_2에 녹는다.
③ 삼황화인은 가연성 물질이다.
④ 칠황화인은 더운물에 분해되어 이산화황을 발생한다.

해설

④ 칠황화인(P_4S_7)은 물에 녹아 유독한 황화수소(H_2S)가 발생한다.

160 적린과 유황의 공통되는 일반적 성질이 아닌 것은?

① 비중이 1보다 크다.　② 연소하기 쉽다.
③ 산화되기 쉽다.　④ 물에 잘 녹는다.

해설

④ 적린과 유황은 물에 녹지 않는다.

정답 154 ② 155 ③ 156 ① 157 ④ 158 ③ 159 ④ 160 ④

161 다음 위험물의 화재 시 주수소화가 가능한 것은? (최근 2)

① 철분　② 마그네슘
③ 나트륨　④ 황

해설

①, ②, ③ 물과 반응하여 수소기체를 발생시킨다.
④ 물과 반응하지 않는다.

162 다음 위험물 중 물에 의한 냉각소화가 가능한 것은?

① 유황　② 인화칼슘
③ 황화인　④ 칼슘

해설

유황의 경우 소규모 화재 시는 모래로 질식소화를 하며, 대규모 화재 시 다량의 물로 분무주수를 한다.

[적린]

163 적린과 동소체 관계에 있는 위험물은?

① 오황화인　② 인화알루미늄
③ 인화칼슘　④ 황린

해설

① P_2O_5　② AlP
③ Ca_3P_2　④ P_4

164 적린의 위험성에 대한 설명으로 옳은 것은?

① 물과 반응하여 발화 및 폭발한다.
② 공기 중에 방치하면 자연발화를 한다.
③ 염소산칼륨과 혼합하면 마찰에 의한 발화의 위험이 있다.
④ 황린보다 불안정하다.

해설

① 물과 반응하지 않으므로 물속에 저장하기도 한다.
② 자연발화성이 없어 공기 중에 안전하다.
③ 제1류 위험물(염소산칼륨)과 혼합하면 마찰에 의한 발화의 위험이 있다.
④ 황린에 비해 화학적 활성이 적으므로 안정하다.

165 적린에 관한 설명 중 틀린 것은?

① 물에 잘 녹는다.
② 화재 시 물로 냉각소화할 수 있다.
③ 황린에 비해 안정하다.
④ 황린과 동소체이다.

해설

① 물에 녹지 않는다.

166 적린에 대한 설명 중 틀린 것은?

① 황린과 성분원소가 같다.
② 발화온도가 황린보다 낮다.
③ 물, 이황화탄소에 녹지 않는다.
④ 브롬화인에 녹는다.

해설

② 적린의 발화온도 : 260℃, 황린의 발화온도 : 60℃

167 적린의 일반적인 성질에 대한 설명으로 틀린 것은?

① 비금속원소이다.
② 암적색의 분말이다.
③ 승화온도가 약 260℃이다.
④ 이황화탄소에 녹지 않는다.

해설

③ 승화온도가 약 400℃, 착화온도는 260℃이다.

정답 161 ④ 162 ① 163 ④ 164 ③ 165 ① 166 ② 167 ③

168 적린의 성질에 대한 설명 중 틀린 것은?

① 물이나 이황화탄소에 녹지 않는다.
② 발화온도는 약 260℃ 정도이다.
③ 연소할 때 인화수소가스가 발생한다.
④ 산화제가 섞여 있으면 마찰에 의해 착화하기 쉽다.

해설

③ 연소할 때 오산화인(P_2O_5)의 흰 연기가 생긴다.

169 적린의 성질 및 취급방법에 대한 설명으로 틀린 것은?

① 화재 발생 시 냉각소화가 가능하다.
② 공기 중에 방치하면 자연발화를 한다.
③ 산화제와 격리하여 저장한다.
④ 비금속원소이다.

해설

② 공기 중에 방치하면 자연발화를 하는 것은 황린(제3류 위험물)이며, 적린은 자연발화를 하지 않는다.

170 적린의 성상 및 취급에 대한 설명 중 틀린 것은?

① 황린에 비하여 화학적으로 안정하다.
② 연소 시 오산화인이 발생한다.
③ 화재 시 냉각소화가 가능하다.
④ 안전을 위해 산화제와 혼합하여 저장한다.

해설

④ 적린은 산화제와 혼합 시 마찰, 충격에 쉽게 발화한다.

171 적린은 다음 중 어떤 물질과 혼합 시 마찰, 충격, 가열에 의해 폭발할 위험이 가장 높은가?

① 염소산칼륨　② 이산화탄소
③ 공기　④ 물

해설

적린(제2류 가연성 고체)은 제1류 위험물(Na_2O_2, $KClO_2$, $NaClO_2$)과 혼합 시 마찰, 충격, 가열에 쉽게 폭발한다.

172 적린과 혼합하여 반응하였을 때 오산화인이 발생하는 것은?

① 물　② 황린
③ 에틸알코올　④ 염소산칼륨

해설

적린과 염소산칼륨이 산소와 반응하여 오산화인을 발생시킨다.

$6P + 5KClO_3 \rightarrow 5KCl + 3P_2O_5$

173 다음 중 착화온도가 가장 낮은 것은?

① 피크르산　② 적린
③ 에틸알코올　④ 트리니트로톨루엔

해설

①, ④ 제5류 니트로화합물 : 300℃
② 제2류 위험물 : 260℃
③ 제4류 알코올류 : 538℃

[금속분]

174 분말의 형태로서 150마이크로미터의 체를 통과하는 것이 50(중량)% 이상인 것만 위험물로 취급되는 것은?

① Fe　② Sn
③ Ni　④ Cu

해설

금속분류
알칼리금속, 알칼리토금속 및 철분(Fe), 마그네슘분 이외의 금속분을 말하며, 구리분(Cu), 니켈분(Ni)과 150마이크로미터의 체를 통과하는 것이 50(중량)% 미만인 것은 위험물에서 제외된다.

정답 168 ③ 169 ② 170 ④ 171 ① 172 ④ 173 ② 174 ②

175 금속분연소 시 주수소화하면 위험한 원인으로 옳은 것은? (최근 1)

① 물에 녹아 산이 된다.
② 물과 작용하여 유독가스가 발생한다.
③ 물과 작용하여 수소가스가 발생한다.
④ 물과 작용하여 산소가스가 발생한다.

해설

③ 금속분은 물과 반응하여 수소가스가 발생한다.

176 다음 위험물 중 산·알칼리 수용액에 모두 반응해 수소를 발생하는 양쪽성 원소는?

① Pt ② Au
③ Al ④ Na

해설

양쪽성 원소는 알루미늄(Al), 아연(Zn), 주석(Sn), 납(Pb)이 있다.

177 알루미늄 분말 화재 시 주수하여서는 안 되는 가장 큰 이유는?

① 수소가 발생하여 연소가 확대되기 때문에
② 유독가스가 발생하여 연소가 확대되기 때문에
③ 산소의 발생으로 연소가 확대되기 때문에
④ 분말의 독성이 강하기 때문에

해설

알루미늄은 물(수증기)과 반응하여 수소를 발생시킨다.
$Al + H_2O \rightarrow Al(OH)_3 + H_2$

178 다음 중 알루미늄을 침식시키지 못하고 부동태화하는 것은?

① 묽은 염산 ② 진한 질산
③ 황산 ④ 묽은 질산

해설

진한 질산은 철(Fe), 니켈(Ni), 크롬(Cr), 알루미늄(Al)과 반응하여 부동태를 형성한다.

179 알루미늄 분말의 저장방법 중 옳은 것은?

① 에틸알코올 수용액에 넣어 보관한다.
② 밀폐용기에 넣어 건조한 곳에 저장한다.
③ 폴리에틸렌병에 넣어 수분이 많은 곳에 보관한다.
④ 염산 수용액에 넣어 보관한다.

해설

알루미늄 분말은 유리병에 넣어 건조한 곳에 저장하고, 분진폭발할 염려가 있으므로 화기에 주의해야 한다.

180 알루미늄분의 성질에 대한 설명으로 옳은 것은?

① 금속 중에서 연소열량이 가장 적다.
② 끓는 물과 반응해서 수소가 발생한다.
③ 수산화나트륨 수용액과 반응해서 산소가 발생한다.
④ 안전한 저장을 위해 할로겐원소와 혼합한다.

해설

① 금속 중에서 연소열량이 높은 편이다.
② $Al + 3H_2O \rightarrow Al(OH)_3 + \frac{3}{2}H_2$
③ $2Al + 2NaOH + 2H_2O \rightarrow 2NaAlO_2 + 3H_2$
④ 할로겐과 반응하여 할로겐화물을 형성하며, 자연발화의 위험성이 존재한다.

181 알루미늄분의 성질에 대한 설명 중 틀린 것은?

① 염산과 반응하여 수소가 발생한다.
② 끓는 물과 반응하면 수소화알루미늄이 생성된다.
③ 산화제와 혼합시키면 착화의 위험이 있다.
④ 은백색의 광택이 있고 물보다 무거운 금속이다.

해설

② 끓는 물과 반응하여 수소를 발생시킨다.
$Al + 3H_2O \rightarrow Al(OH)_3 + \frac{3}{2}H_2$

정답 175 ③ 176 ③ 177 ① 178 ② 179 ② 180 ② 181 ②

182 알루미늄분의 위험성에 대한 설명 중 틀린 것은?

① 할로겐원소와 접촉 시 자연발화의 위험성이 있다.
② 산과 반응하여 가연성 가스인 수소를 발생한다.
③ 발화하면 다량의 열이 발생한다.
④ 뜨거운 물과 격렬히 반응하여 산화알루미늄을 발생시킨다.

해설

④ 물(수증기)과 반응하여 수소를 발생시킨다.

183 알루미늄의 성질에 대한 설명 중 틀린 것은?

① 묽은 질산보다는 진한 질산에 훨씬 잘 녹는다.
② 열전도율, 전기전도도가 크다.
③ 할로겐원소와의 접촉은 위험하다.
④ 실온의 공기 중에서 표면에 치밀한 산화피막이 형성되어 내부를 보호하므로 부식성이 작다.

해설

① 진한 질산에는 녹지 않고, 부동태화가 된다.

184 알루미늄분에 대한 설명으로 옳지 않은 것은?

① 알칼리 수용액에서 수소를 발생한다.
② 산과 반응하여 수소가 발생한다.
③ 물보다 무겁다.
④ 할로겐원소와는 반응하지 않는다.

해설

④ 할로겐과 반응하여 할로겐화물을 형성하고, 자연발화의 위험이 있다.

185 알루미늄분의 위험성에 대한 설명 중 틀린 것은?

① 산화제와 혼합 시 가열, 충격, 마찰에 의하여 발화할 수 있다.
② 할로겐원소와 접촉하여 발화하는 경우도 있다.
③ 분진폭발의 위험성이 있으므로 분진에 기름을 묻혀 보관한다.
④ 습기를 흡수하여 자연발화의 위험이 있다.

해설

③ 분진폭발의 위험성이 있으므로 유리병에 넣어 건조한 곳에 보관하여야 한다.

186 알루미늄분의 위험성에 대한 설명 중 틀린 것은?

① 뜨거운 물과 접촉 시 격렬하게 반응한다.
② 산화제와 혼합하면 가열, 충격 등으로 발화할 수 있다.
③ 연소 시 수산화알루미늄과 수소가 발생한다.
④ 염산과 반응하여 수소가 발생한다.

해설

③ 연소 시 산화알루미늄과 많은 열을 발생시킨다.
$4Al + 3O_2 \rightarrow 2Al_2O_3 + 399kcal$

187 철과 아연분이 염산과 반응하여 공통적으로 발생하는 기체는? (최근 1)

① 산소 ② 질소
③ 수소 ④ 메탄

해설

- $Fe + 2HCl \rightarrow FeCl_2 + H_2 \uparrow$ (수소)
- $Zn + 2HCl \rightarrow ZnCl_2 + H_2 \uparrow$ (수소)

정답 182 ④ 183 ① 184 ④ 185 ③ 186 ③ 187 ③

188 위험물의 소화방법으로 적합하지 않은 것은?

① 적린은 다량의 물로 소화한다.
② 황화인의 소규모 화재 시에는 모래로 질식소화를 한다.
③ 알루미늄분은 다량의 물로 소화한다.
④ 황의 소규모 화재 시에는 모래로 질식소화를 한다.

해설

③ 알루미늄분은 물과 반응하여 수소를 발생시킨다.
$2Al + 6H_2O \rightarrow 2Al(OH)_3 + 3H_2$

[마그네슘분]

189 마그네슘분의 일반적인 성질에 대한 설명 중 틀린 것은?

① 은백색의 광택이 있는 금속분말이다.
② 더운물과 반응하여 산소를 발생시킨다.
③ 열전도율 및 전기전도도가 큰 금속이다.
④ 황산과 반응하여 수소가스를 발생시킨다.

해설

② 더운물과 반응하여 수소를 발생시킨다.
$Mg + 2H_2O \rightarrow Mg(OH)_2 + H_2 \uparrow$

190 마그네슘에 대한 설명으로 옳은 것은?

① 수소의 반응성이 매우 높아 접촉하면 폭발한다.
② 브롬과 혼합하여 보관하면 안전하다.
③ 화재 시 CO_2 소화약제의 사용이 가장 효과적이다.
④ 무기과산화물과 혼합한 것은 마찰에 의해 발화할 수 있다.

해설

① 산소의 반응성이 매우 높아 접촉하면 폭발한다.
② 할로겐(브롬)과 화학적 반응을 하므로 유의하여야 한다.
③ CO_2 소화약제와 마그네슘도 화학적으로 폭발반응을 한다.

191 마그네슘분의 성질에 대한 설명 중 틀린 것은?

① 산이나 염류에 침식당한다.
② 염산과 작용하여 산소를 발생시킨다.
③ 연소할 때 열이 발생한다.
④ 미분상태의 경우 공기 중 습기와 반응하여 자연발화할 수 있다.

해설

② 염산과 작용하여 수소를 발생시킨다.
$Mg + 2HCl \rightarrow MgCl_2 + H_2 \uparrow$

192 제2류 위험물인 마그네슘의 위험성에 관한 설명 중 틀린 것은?

① 더운물과 작용하면 산소가스가 발생한다.
② 이산화탄소 중에서도 연소한다.
③ 습기와 반응하여 열이 축적되면 자연발화의 위험이 있다.
④ 공기 중에 부유하면 분진폭발의 위험이 있다.

해설

① 더운물과 작용하면 수소가스가 발생한다.
$Mg + 2H_2O \rightarrow Mg(OH)_2 + H_2 \uparrow$

193 위험물의 저장방법에 대한 다음 설명 중 잘못된 것은?

① 황은 정전기 축적이 없도록 저장한다.
② 니트로셀룰로오스는 건조하면 발화 위험이 있으므로 물 또는 알코올로 습윤시켜 저장한다.
③ 칼륨은 유동파라핀 속에 저장한다.
④ 마그네슘은 차고 건조하면 분진폭발하므로 온수 속에 저장한다.

해설

④ 마그네슘은 분진폭발뿐만 아니라, 물과 반응하여 수소가스를 발생시키므로 유의하여야 한다.
$Mg + 2H_2O \rightarrow Mg(OH)_2 + H_2 \uparrow$

정답 188 ③ 189 ② 190 ④ 191 ② 192 ① 193 ④

194 마그네슘분에 대한 설명으로 옳은 것은?

① 물보다 가벼운 금속이다.
② 분진폭발이 없는 물질이다.
③ 황산과 반응하면 수소가스를 발생한다.
④ 소화방법으로 직접적인 주수소화가 가장 좋다.

해설

① 물보다 무거운 금속이다(비중 1.74).
② 분진폭발이 가능한 물질이다.
④ 소화방법으로 탄산수소염류 분말소화가 적당하고, 주수소화는 위험하다.

195 제2류 위험물인 마그네슘에 대한 설명으로 옳지 않은 것은?

① 가연성 고체로 산소와 반응하여 산화반응을 한다.
② 화재 시 이산화탄소소화약제로 소화가 가능하다.
③ 2mm 체를 통과한 것만 위험물에 해당된다.
④ 주수소화를 하면 가연성의 수소가스가 발생한다.

해설

② 마그네슘은 CO_2와 반응하여 폭발성을 가지므로 소화약제로 사용해서는 안 된다.

196 마그네슘과 혼합했을 때 발화의 위험이 있기 때문에 접촉을 피해야 하는 것은? (최근 1)

① 건조사 ② 팽창질석
③ 팽창진주암 ④ 염소가스

해설

마그네슘은 가연성 고체로, 화재 시 소화제로는 건조사, 팽창질석, 팽창진주암 등을 사용한다.

197 다음 중 위험물 화재 시 주수소화가 오히려 위험한 것은? (최근 1)

① 과염소산칼륨 ② 적린
③ 황 ④ 마그네슘분

해설

① 제1류 위험물로서 주수소화가 가능하다.
②, ③ 제2류 위험물로서 주수소화가 가능하다.
④ 제2류 위험물 중 금속분으로서 주수소화시 가연성 가스(H_2)를 발생시키므로, 오히려 위험성이 증대된다.

198 마그네슘이 염산과 반응할 때 발생하는 기체는?

① 수소 ② 산소
③ 이산화탄소 ④ 염소

해설

$Mg + 2HCl \rightarrow MgCl_2 + H_2\uparrow$ (수소)

199 다음 위험물의 화재 시 물에 의한 소화방법이 가장 부적합한 것은?

① 황린 ② 적린
③ 마그네슘분 ④ 황분

해설

$Mg + 2H_2O \rightarrow Mg(OH)_2 + H_2\uparrow$ (수소)

[인화성 고체]

200 ( ) 안에 알맞은 용어는?

> 위험물안전관리법령에서 정한 내용 중 ( )라 함은 고형알코올, 그 밖에 1기압에서 인화점이 섭씨 40도 미만인 고체를 말한다.

① 자기반응성 고체
② 산화성 고체
③ 인화성 고체
④ 가연성 고체

해설

③ 인화성 고체에 대한 설명이다.

정답 194 ③ 195 ② 196 ④ 197 ④ 198 ① 199 ③ 200 ③

3 제3류 위험물

[일반사항]

201 제3류 위험물인 칼륨의 지정수량은?

① 10kg ② 20kg
③ 50kg ④ 100kg

해설

칼륨(K)의 지정수량은 10kg이다.

202 Ca_3P_2 600kg을 저장하려고 한다. 지정수량의 배수는 얼마인가?

① 2배 ② 3배
③ 4배 ④ 5배

해설

제3류 위험물(금속인화물)의 지정수량은 300kg이다.

∴ 지정수량의 배수 $= \frac{600}{300} = 2$배

203 다음 위험물 중 지정수량이 나머지 셋과 다른 것은?

① C_4H_9Li ② K
③ Na ④ LiH

해설

① 알킬리튬(부틸리튬)의 지정수량 : 10kg
② 칼륨의 지정수량 : 10kg
③ 나트륨의 지정수량 : 10kg
④ 금속의 수소화물(수소화리튬)의 지정수량 : 300kg

204 다음 중 위험물안전관리법령에 따른 지정수량이 나머지 셋과 다른 하나는?

① 황린 ② 칼륨
③ 나트륨 ④ 알킬리튬

해설

① 제3류 위험물 : 20kg
②, ③, ④ 제3류 위험물 : 10kg

205 지정수량이 나머지 셋과 다른 하나는?

① 칼슘
② 나트륨아미드
③ 인화아연
④ 바륨

해설

① 제3류 알칼리토금속 : 50kg
② 제3류 유기금속화합물 : 50kg
③ 제3류 금속의 인화물 : 300kg
④ 제3류 알칼리토금속 : 50kg

206 다음 각 위험물의 지정수량의 총합은 몇 kg인가?

알킬리튬, 리튬, 수소화나트륨, 인화칼슘, 탄화칼슘

① 820 ② 900
③ 960 ④ 1,260

해설

물질명	알킬리튬	리튬	탄화칼슘	인화칼슘	수소화나트륨
지정수량	10kg	50kg	300kg	300kg	300kg

∴ $10 + 50 + 300 + 300 + 300 = 960$kg

207 위험물저장소에서 '칼륨 20kg, 황린 40kg, 칼슘의 탄화물 300kg'의 제3류 위험물을 저장하고 있는 경우 지정수량의 몇 배가 보관되어 있는가?

① 4 ② 5
③ 6 ④ 7

정답 201 ① 202 ① 203 ④ 204 ① 205 ③ 206 ③ 207 ②

해설

- 칼륨의 지정수량 : 10kg
- 황린의 지정수량 : 20kg
- 칼슘 탄화물의 지정수량 : 300kg

∴ 지정수량 배수의 합 $= \frac{20}{10} + \frac{40}{20} + \frac{300}{300} = 5$

208 나트륨 20kg과 칼슘 100kg을 저장하고자 할 때 각 위험물의 지정수량 배수의 합은 얼마인가?

① 2　② 4
③ 5　④ 12

해설

- 나트륨의 지정수량 : 10kg
- 칼슘의 지정수량 : 50kg

∴ 지정수량 배수의 합 $= \frac{20}{10} + \frac{100}{50} = 4$

209 자연발화성 물질 및 금수성 물질에 해당되지 않는 것은?

① 칼륨
② 황화인
③ 탄화칼슘
④ 수소화나트륨

해설

①, ③, ④ 제3류 위험물(자연발화성 물질 및 금수성 물질)
② 제2류 위험물(가연성 고체)

210 제3류 위험물에 해당하는 것은?

① NaH　② Al
③ Mg　④ P_4S_3

해설

① 금속수소화물
②, ③, ④ 제2류 위험물

211 제3류 위험물에 해당하는 것은?

① 삼황화인　② 유황
③ 황린　④ 적린

해설

①, ②, ④ 제2류 위험물
③ 제3류 위험물

212 제3류 위험물에 해당하는 것은?

① 염소화규소화합물
② 금속의 아지화합물
③ 질산구아니딘
④ 할로겐간화합물

해설

① 제3류 위험물
②, ③ 제5류 위험물
④ 제6류 위험물

213 위험물안전관리법령상 염소화규소화합물은 제 몇 류 위험물에 해당하는가?

① 제1류　② 제2류
③ 제3류　④ 제5류

해설

염소화규소화합물은 제3류 위험물(행정안전부령에 의한 위험물)에 해당된다.

214 제3류 위험물이 아닌 것은?

① 마그네슘　② 나트륨
③ 칼륨　④ 칼슘

해설

①은 제2류 위험물에 해당된다.

정답 208 ② 209 ② 210 ① 211 ③ 212 ① 213 ③ 214 ①

215 다음 중 제3류 위험물이 아닌 것은?

① 적린 ② 칼슘
③ 탄화알루미늄 ④ 알킬리듐

해설

①은 제2류 위험물이다.

216 위험물안전관리법령에서 제3류 위험물에 해당하지 않는 것은?

① 알칼리금속 ② 칼륨
③ 황화인 ④ 황린

해설

③은 제2류 위험물이다.

217 다음 중 위험물의 유별 구분이 나머지 셋과 다른 하나는?

① 황린 ② 부틸리튬
③ 칼슘 ④ 유황

해설

④는 제2류 위험물에 해당된다.

218 위험물에 대한 유별 구분이 잘못된 것은?

① 브롬산염류 – 제1류 위험물
② 유황 – 제2류 위험물
③ 금속의 인화물 – 제3류 위험물
④ 무기과산화물 – 제5류 위험물

해설

④는 제1류 위험물에 해당된다.

219 제3류 위험물에 대한 설명으로 옳은 것은?

① 대부분 물과 접촉하면 안정하게 된다.
② 일반적으로 불연성 물질이고 강산화제이다.
③ 대부분 산과 접촉하면 흡열반응을 한다.
④ 물에 저장하는 위험물도 있다.

해설

① 대부분 물과 접촉하면 가연성 가스를 발생시킨다(황린 제외).
② 일반적으로 가연성 물질이고 강환원제이다.
③ 대부분 산과 접촉하면 발열반응을 한다.
④ 물에 저장하는 위험물도 있다(황린의 경우).

220 제3류 위험물에 대한 설명으로 옳지 않은 것은?

① 황린은 공기 중에 노출되면 자연발화하므로 물 속에 저장하여야 한다.
② 나트륨은 물보다 무거우며 석유 등의 보호액 속에 저장하여야 한다.
③ 트리에틸알루미늄은 상온에서 액체상태로 존재한다.
④ 인화칼슘은 물과 반응하여 유독성의 포스핀을 발생시킨다.

해설

② 나트륨(비중 0.97)은 물보다 가벼우며 석유 등의 보호액 속에 저장하여야 한다.

221 제3류 위험물의 위험성에 대한 설명으로 틀린 것은?

① 칼륨은 피부에 접촉하면 화상을 입을 위험이 있다.
② 수소화나트륨은 물과 반응하여 수소를 발생시킨다.
③ 트리에틸알루미늄은 자연발화하므로 물속에 넣어 밀봉 · 저장한다.
④ 황린은 독성 물질이고 증기는 공기보다 무겁다.

해설

③ 트리에틸알루미늄은 물과 접촉하면 폭발적으로 반응하여 에탄(C_2H_6)을 발생시킨다.

정답 215 ① 216 ③ 217 ④ 218 ④ 219 ④ 220 ② 221 ③

222 위험물안전관리법령에 따른 제3류 위험물에 대한 화재예방 또는 소화의 대책으로 틀린 것은?

① 이산화탄소, 할로겐화물, 분말소화약제를 사용하여 소화한다.
② 칼륨은 석유, 등유 등의 보호액 속에 저장한다.
③ 알킬알루미늄은 헥산, 톨루엔 등 탄화수소용제를 희석제로 사용한다.
④ 알킬알루미늄, 알킬리튬을 저장하는 탱크에는 불활성가스의 봉입장치를 설치한다.

해설

① 제3류 위험물은 이산화탄소와 할로겐화물과 격렬히 반응하므로 소화약제로 사용할 수 없다.

223 위험물의 화재예방 및 진압대책에 대한 설명 중 틀린 것은?

① 트리에틸알루미늄은 사염화탄소, 이산화탄소와 반응하여 발열하므로 화재 시 이들 소화약제는 사용할 수 없다.
② K, Na은 등유, 경유 등의 산소가 함유되지 않은 석유류에 저장하여 물과의 접촉을 막는다.
③ 수소화리튬의 화재에는 소화약제로 Halon 1211, Halon 1301이 사용되며 특수방호복 및 공기호흡기를 착용하고 소화한다.
④ 탄화알루미늄은 물과 반응하여 가연성의 메탄가스를 발생하고 발열하므로 물과의 접촉을 금한다.

해설

③ 수소화리튬의 소화방법은 할로겐은 곤란하고, 건조사, 팽창질석 · 진주암, 탄산수소염류 분말소화약제가 좋다.

224 위험물 저장방법에 관한 설명 중 틀린 것은?

① 알킬알루미늄은 물속에 보관한다.
② 황린은 물속에 보관한다.
③ 금속나트륨은 등유 속에 보관한다.
④ 금속칼륨은 경유 속에 보관한다.

해설

① 알킬알루미늄은 물과의 접촉을 피하고, 소분하여 밀봉 보관한다.

[칼륨]

225 비중은 0.86이고 은백색의 무른 경금속으로 보라색불꽃을 내면서 연소하는 제3류 위험물은?

① 칼슘　　② 나트륨
③ 칼륨　　④ 리튬

해설

칼륨(K)
- 비중은 0.86, 융점은 63.5℃이다.
- 은백색의 무른 경금속이다.
- 불꽃색깔은 연보라색이다.

226 다음과 같은 성상을 갖는 물질은?

> ㉠ 은백색 광택의 무른 경금속으로 포타슘이라고도 부른다.
> ㉡ 공기 중에서 수분과 반응하여 수소가 발생한다.
> ㉢ 융점이 약 63.5℃이고, 비중은 약 0.86이다.

① 칼륨
② 나트륨
③ 부틸리튬
④ 트리메틸알루미늄

해설

문제 225번 해설 참조

정답 222 ① 223 ③ 224 ① 225 ③ 226 ①

227 제3류 위험물인 칼륨의 성질이 아닌 것은?

① 물과 반응하여 수산화물과 수소를 만든다.
② 원자가전자가 2개로 쉽게 2가의 양이온이 되어 반응한다.
③ 원자량은 약 39이다.
④ 은백색 광택이 나는 연하고 가벼운 고체로 칼로 쉽게 잘라진다.

해설

② 원자가전자가 1개로 쉽게 1가의 양이온이 되어 반응한다.

228 금속염을 불꽃반응실험을 한 결과 보라색의 불꽃이 나타났다. 이 금속염에 포함된 금속은 무엇인가?

① Cu　　② K
③ Na　　④ Li

해설

① 청록색　　② 보라색
③ 노란색　　④ 빨간색

229 금속칼륨의 보호액으로 가장 적합한 것은? (최근 3)

① 물　　② 아세트산
③ 등유　　④ 에틸알코올

해설

금속칼륨은 석유류(등유, 경유, 유동파라핀 등)의 보호액 속에 저장한다.

230 금속칼륨의 보호액으로서 적당하지 않은 것은?

① 등유　　② 유동파라핀
③ 경유　　④ 에탄올

해설

문제 229번 해설 참조

231 칼륨에 물을 가했을 때 일어나는 반응은?

① 발열반응　　② 에스테르화반응
③ 흡열반응　　④ 부가반응

해설

칼륨이 물과 반응하여 발열하고 수소를 발생시킨다.
$2K + 2H_2O \rightarrow 2KOH + H_2\uparrow + 92.8kcal$

232 다음 중 화재가 발생하였을 때 물로 소화하면 위험한 것은?

① KNO_3　　② $NaClO_3$
③ $KClO_3$　　④ K

해설

문제 231번 해설 참조

233 칼륨의 취급상 주의해야 할 내용을 옳게 설명한 것은?

① 석유와 접촉을 피해야 한다.
② 수분과 접촉을 피해야 한다.
③ 화재 발생 시 마른 모래와 접촉을 피해야 한다.
④ 이산화탄소에 보관하여야 한다.

해설

① 석유 속에 저장한다.
③ 소화방법으로 마른 모래, 팽창질석 등이 있다.
④ 이산화탄소와 접촉하면 폭발적으로 반응한다.
$4K + 3CO_2 \rightarrow 2K_2CO_3 + C$

234 금속칼륨에 대한 초기의 소화약제로서 적합한 것은? (최근 1)

① 물　　② 마른 모래
③ CCl_4　　④ CO_2

해설

금속칼륨의 초기 소화제는 마른 모래이다.

정답 227 ② 228 ② 229 ③ 230 ④ 231 ① 232 ④ 233 ② 234 ②

235 금속칼륨에 화재가 발생했을 때 사용할 수 없는 소화약제는?

① 이산화탄소 ② 건조사
③ 팽창질석 ④ 팽창진주암

해설

① 금속칼륨(K)은 CO_2와 접촉하면 폭발적으로 반응한다.
$4K + 3CO_2 \rightarrow 2K_2CO_3 + C$

[나트륨]

236 물과 반응하여 수소를 발생하는 물질로 불꽃반응 시 노란색을 나타내는 것은?

① 칼륨 ② 과산화칼륨
③ 과산화나트륨 ④ 나트륨

해설

Li	Na	K	Cu
적색	노란색	보라색	청록색

237 제3류 위험물 중 은백색 광택이 있고 노란색 불꽃을 내며 연소하고 비중이 약 0.97, 융점이 97.7℃인 물질의 지정수량은 몇 kg인가?

① 10 ② 20
③ 50 ④ 300

해설

나트륨에 대한 설명이며, 지정수량은 10kg이다.

238 금속나트륨의 일반적인 성질에 대한 설명 중 틀린 것은?

① 비중은 약 0.97이다.
② 화학적으로 활성이 크다.
③ 은백색의 가벼운 금속이다.
④ 알코올과 반응하여 질소를 발생시킨다.

해설

④ 알코올과 반응하여 수소를 발생시킨다.
$2Na + 2C_2H_5OH \rightarrow 2C_2H_5ONa + H_2$(수소)

239 금속나트륨에 관한 설명으로 옳은 것은?

① 물보다 무겁다.
② 융점이 100℃보다 높다.
③ 물과 격렬히 반응하여 산소를 발생하고 발열한다.
④ 등유는 반응이 일어나지 않아 저장액으로 이용된다.

해설

① 물보다 가볍다(비중 0.97).
② 융점이 97.7℃로 100℃보다 낮다.
③ 물과 격렬히 반응하여 수소를 발생하고 발열한다.

240 금속나트륨에 대한 설명으로 옳지 않은 것은?

① 물과 격렬히 반응하여 발열하고 수소가스를 발생시킨다.
② 에틸알코올과 반응하여 나트륨에틸레이트와 수소가스를 발생시킨다.
③ 할로겐화물소화약제는 사용할 수 없다.
④ 은백색의 광택이 있는 중금속이다.

해설

④ 은백색의 무른 경금속이다.

241 금속나트륨의 올바른 취급으로 가장 거리가 먼 것은?

① 보호액 속에서 노출되지 않도록 주의한다.
② 수분 또는 습기와 접촉되지 않도록 주의한다.
③ 용기에서 꺼낼 때는 손을 깨끗이 닦고 만져야 한다.
④ 다량 연소하면 소화가 어려우므로 가급적 소량으로 나누어 저장한다.

정답 235 ① 236 ④ 237 ① 238 ④ 239 ④ 240 ④ 241 ③

해설

③ 피부와 접촉하면 화상을 입을 수 있으므로, 접촉을 금한다.

242 금속나트륨을 페놀프탈레인용액이 몇 방울 섞인 물속에 넣었다. 이때 일어나는 현상을 잘못 설명한 것은?

① 물이 붉은색으로 변한다.
② 물이 산성으로 변하게 된다.
③ 물과 반응하여 수소를 발생시킨다.
④ 물과 격렬하게 반응하면서 발열한다.

해설

② 물이 염기성으로 변하게 된다.

지시약	산성	중성	염기성
리트머스시험지	적색	보라	청색
페놀프탈레인(PP)	무색	무색	적색
메틸오렌지(MO)	적색	무색	황색
메틸레드(MR)	적색	주황	황색

243 금속나트륨의 저장방법으로 옳은 것은?

① 에탄올 속에 넣어 저장한다.
② 물속에 넣어 저장한다.
③ 젖은 모래 속에 넣어 저장한다.
④ 경유 속에 넣어 저장한다.

해설

제3류 위험물인 나트륨의 보호액은 등유, 경유, 파라핀유, 벤젠 등에 저장할 것(공기와의 접촉을 막기 위하여)

244 다음 중 나트륨 또는 칼륨을 석유 속에 보관하는 이유로 가장 적합한 것은? (최근 2)

① 석유에서 질소를 발생하므로
② 기화를 방지하기 위하여
③ 공기 중 질소와 반응하여 폭발하므로
④ 공기 중 수분 또는 산소와의 접촉을 막기 위하여

해설

금수성 물질(나트륨 또는 칼륨)이 공기 중 수분 또는 산소와의 접촉을 하면, 가연성 가스가 발생하므로 석유 속에 보관한다.

245 위험물의 성질에 대한 설명으로 틀린 것은?

① 인화칼슘은 물과 반응하여 유독한 가스를 발생시킨다.
② 금속나트륨은 물과 반응하여 산소를 발생시키고 발열한다.
③ 아세트알데히드는 연소하여 이산화탄소와 물을 발생시킨다.
④ 질산에틸은 물에 녹지 않고 인화되기 쉽다.

해설

② 금속나트륨은 물과 반응하여 수소를 발생시킨다.
$2Na + 2H_2O \rightarrow 2NaOH + H_2$

246 금속나트륨과 금속칼륨의 공통적인 성질에 대한 설명으로 옳은 것은?

① 불연성 고체이다.
② 물과 반응하여 산소가 발생한다.
③ 은백색의 단단한 금속이다.
④ 물보다 가벼운 금속이다.

해설

① 가연성 고체이다.
② 물과 반응하여 수소가 발생한다.
③ 은백색의 무른 경금속이다.

247 금속칼륨과 금속나트륨의 공통성질이 아닌 것은?

① 비중이 1보다 작다.
② 용융점이 100℃보다 낮다.
③ 열전도도가 크다.
④ 강하고 단단한 금속이다.

정답 242 ② 243 ④ 244 ④ 245 ② 246 ④ 247 ④

해설

④ 금속칼륨과 금속나트륨 모두 은백색의 무른 경금속이다.

248 위험물에 대한 설명으로 옳은 것은?

① 칼륨은 수은과 격렬하게 반응하며 가열하면 청색의 불꽃을 내며 연소하고 열과 전기의 부도체이다.
② 나트륨은 액체암모니아와 반응하여 수소를 발생시키고 공기 중 연소 시 황색불꽃이 발생한다.
③ 칼슘은 보호액인 물속에 저장하고 알코올과 반응하여 수소를 발생시킨다.
④ 리튬은 고온의 물과 격렬하게 반응해서 산소가 발생한다.

해설

① 칼륨은 수분과 격렬하게 반응하며 가열하면 연보라색의 불꽃을 내며 연소하고 열을 발생시킨다.
③ 칼슘은 보호액인 석유 속에 저장하고 물과 반응하여 수소를 발생시킨다.
④ 리튬은 고온의 물과 격렬하게 반응해서 수소가 발생한다.

[알킬알루미늄/알킬리튬]

249 알킬리튬에 대한 설명으로 틀린 것은?

① 제3류 위험물이고 지정수량은 10kg이다.
② 가연성의 액체이다.
③ 이산화탄소와는 격렬하게 반응한다.
④ 소화방법으로 물의 주수는 불가하며, 할로겐화물소화약제를 사용하여야 한다.

해설

④ 소화방법으로 물의 주수는 불가하며, 탄산수소염류 분말소화약제를 사용하여야 한다.

250 알킬알루미늄의 저장 및 취급방법으로 옳은 것은? (최근 1)

① 용기는 완전 밀봉하고 CH_4, C_3H_8 등을 봉입한다.
② C_6H_6 등의 희석제를 넣어 준다.
③ 용기의 마개에 다수의 미세한 구멍을 뚫는다.
④ 통기구가 달린 용기를 사용하여 압력 상승을 방지한다.

해설

② 알킬알루미늄을 저장할 때 벤젠(C_6H_6) 등의 희석제를 첨가한다.

251 알킬알루미늄을 저장하는 용기에 봉입하는 가스로 다음 중 가장 적합한 것은?

① 포스겐 ② 인화수소
③ 질소가스 ④ 아황산가스

해설

알킬알루미늄과 알킬리튬의 저장용기에는 불활성기체(질소)를 봉입하는 장치를 갖추어야 한다.

252 다음 중 알킬알루미늄의 소화방법으로 가장 적합한 것은?

① 팽창질석에 의한 소화
② 산 · 알칼리소화약제에 의한 소화
③ 알코올포에 의한 소화
④ 주수에 의한 소화

해설

금수성 물질(알킬알루미늄)의 소화방법은 팽창질석과 팽창진주암에 의한 피복소화가 가장 효과적이다.

253 $(C_2H_5)_3Al$이 공기 중에 노출되어 연소할 때 발생하는 물질은?

① Al_2O_3 ② CH_4
③ $Al(OH)_3$ ④ C_2H_6

정답 248 ② 249 ④ 250 ② 251 ③ 252 ① 253 ①

해설

$2(C_2H_5)_3Al + 21O_2 \rightarrow Al_2O_3 + 1_2CO_2 + 1_5H_2O$

254 트리에틸알루미늄의 안전관리에 관한 설명 중 틀린 것은?

① 물과의 접촉을 피한다.
② 냉암소에 저장한다.
③ 화재 발생 시 팽창질석을 사용한다.
④ I_2 또는 Cl_2 가스에서 저장한다.

해설

④ 트리에틸알루미늄은 알킬기(C_nH_{2n+1})와 알루미늄의 화합물 또는 알킬기, 알루미늄과 할로겐원소의 화합물을 말하며, 불활성기체를 봉입하는 장치를 갖추어야 한다.

255 트리에틸알루미늄이 물과 접촉하면 폭발적으로 반응한다. 이때 발생되는 기체는? (최근 1)

① 메탄 ② 에탄
③ 아세틸렌 ④ 수소

해설

$(C_2H_5)_3Al + 3H_2O \rightarrow Al(OH)_3 + 3C_2H_6$(에탄)

256 물과 접촉하면 위험성이 증가하므로 주수소화를 할 수 없는 물질은?

① $C_6H_2CH_3(NO_2)_3$
② $NaNO_3$
③ $(C_2H_5)_3Al$
④ $(C_6H_5CO)_2O_2$

해설

물과 접촉하면 에탄기체를 생성시킨다.
$(C_2H_5)_3Al + 3H_2O \rightarrow Al(OH)_3 + 3C_2H_6$

[황린]

257 다음에서 설명하고 있는 위험물은?

㉠ 지정수량은 20kg이고, 백색 또는 담황색 고체이다.
㉡ 비중은 약 1.82이고, 융점은 약 44℃이다.
㉢ 비점은 약 280℃이고, 증기비중은 약 4.3이다.

① 적린 ② 황린
③ 유황 ④ 마그네슘

해설

② 제3류 위험물 황린에 대한 설명이다.

258 다음 황린(P_4)의 성질에 대한 설명으로 옳은 것은?

① 분자량은 약 108이다.
② 융점은 약 120℃이다.
③ 비점은 약 120℃이다.
④ 비중은 약 1.8이다.

해설

황린(P_4)[제3류 위험물]
① 분자량 : $4 \times 31 = 124$
② 융점은 약 44℃이다.
③ 비점은 약 280℃이다.

259 황린에 대한 설명으로 옳지 않은 것은?

① 연소하면 악취가 있는 것은 검은색 연기를 낸다.
② 공기 중에서 자연발화할 수 있다.
③ 수중에 저장하여야 한다.
④ 자체 증기도 유독하다.

해설

① 연소하면 흰 연기인 오산화인이 발생한다.

정답 254 ④ 255 ② 256 ③ 257 ② 258 ④ 259 ①

260 황린에 대한 설명 중 옳은 것은?

① 공기 중에서 안정한 물질이다.
② 물, 이황화탄소, 벤젠에 잘 녹는다.
③ KOH 수용액과 반응하여 유독한 포스핀가스가 발생한다.
④ 담황색 또는 백색의 액체로 일광에 노출하면 색이 짙어지면서 적린으로 변한다.

해설

① 공기 중에서 자연발화성 물질이다.
② 물에는 녹지 않고 이황화탄소, 벤젠에 잘 녹는다.
④ 담황색 또는 백색의 가연성 고체이다.

261 황린을 취급할 때의 주의사항으로 틀린 것은?

① 피부에 닿지 않도록 주의할 것
② 산화제와의 접촉을 피할 것
③ 물의 접촉을 피할 것
④ 화기의 접근을 피할 것

해설

③ 황린은 물과는 반응도 하지 않고, 녹지도 않기 때문에 물속에 저장한다.

262 황린의 저장 및 취급에 있어서 주의할 사항 중 옳지 않은 것은?

① 독성이 있으므로 취급에 주의할 것
② 물과의 접촉을 피할 것
③ 산화제와의 접촉을 피할 것
④ 화기의 접근을 피할 것

해설

② pH 9 정도의 물속에 저장한다.

263 황린에 대한 설명으로 틀린 것은?

① 환원력이 강하다.
② 담황색 또는 백색의 고체이다.
③ 벤젠에는 불용이나 물에 잘 녹는다.
④ 마늘냄새와 같은 자극적인 냄새가 난다.

해설

③ 물에는 불용이나 벤젠, 알코올, 이황화탄소 등에는 녹는다.

264 다음 위험물 중 발화점이 가장 낮은 것은?

(최근 2)

① 황 ② 삼황화인
③ 황린 ④ 아세톤

해설

물질명	황	삼황화인	황린	아세톤
발화점	360℃	약 100℃	34℃	538℃

265 다음 위험물 중 발화점이 가장 낮은 것은?

① 가솔린 ② 이황화탄소
③ 에테르 ④ 황린

해설

① 가솔린 : 300℃ ② 이황화탄소 : 100℃
③ 에테르 : 180℃ ④ 황린 : 34℃

266 위험물안전관리법령상 제3류 위험물에 속하는 담황색의 고체로서 물속에 보관해야 하는 것은?

① 황린 ② 적린
③ 유황 ④ 니트로글리세린

해설

황린
제3류 위험물에 속하는 담황색 고체로서 물속에 저장한다.

정답 260 ③ 261 ③ 262 ② 263 ③ 264 ③ 265 ④ 266 ①

267 황린의 취급에 관한 설명으로 옳은 것은?

① 보호액의 pH를 측정한다.
② 1기압, 25℃의 공기 중에 보관한다.
③ 주수에 의한 소화는 절대 금한다.
④ 취급 시 보호구는 착용하지 않는다.

해설

강알칼리용액과 반응하여 pH 9 이상이 되면 유독성의 포스핀가스를 발생시키므로, 보호액의 pH를 측정한다.

268 황린의 위험성에 대한 설명으로 틀린 것은?

① 강알칼리용액과 반응하여 독성 가스를 발생시킨다.
② 공기 중에서 자연발화의 위험성이 있다.
③ 화학적 활성이 커서 CO_2, H_2O과 격렬히 반응한다.
④ 연소 시 발생되는 증기는 유독하다.

해설

③ 자연발화성이 있고, 화학적 활성이 커서 유황, 할로겐과 격렬히 반응한다.

269 시약(고체)의 명칭이 불분명한 시약병의 내용물을 확인하려고 뚜껑을 열어 시계접시에 소량을 담아놓고 공기 중에서 햇빛을 받는 곳에 방치하던 중 시계접시에서 갑자기 연소현상이 일어났다. 다음 물질 중 이 시약의 명칭으로 예상할 수 있는 것은?

① 황
② 황린
③ 적린
④ 질산암모늄

해설

본 실험은 자연발화성에 대한 내용이므로, 황린이 정답이 된다.

270 황린의 저장 및 취급에 관한 주의사항으로 틀린 것은?

① 발화점이 낮으므로 화기에 주의한다.
② 백색 또는 담황색의 고체이며 물에 녹지 않는다.
③ 물과의 접촉을 피한다.
④ 자연발화성이므로 주의한다.

해설

③ 물과는 반응하지 않고, 녹지도 않기 때문에 물속에 저장한다(이때의 물의 액성은 약알칼리성이다).

271 황린의 저장방법으로 옳은 것은?

① 물속에 저장한다.
② 공기 중에 보관한다.
③ 벤젠 속에 저장한다.
④ 이황화탄소 속에 보관한다.

해설

① 황린은 물과는 반응하지 않기 때문에 물속에 저장한다.

272 저장용기에 물을 넣어 보관하고 $Ca(OH)_2$을 넣어 pH 9의 약알칼리성으로 유지시키면서 저장하는 물질은? (최근 1)

① 적린
② 황린
③ 질산
④ 황화인

해설

인화수소(PH_3)의 생성을 방지하기 위하여 보호액을 pH 9(약알칼리성)로 유지시킨다.

273 다음 중 황린이 완전연소할 때 발생하는 가스는?

① PH_3
② SO_2
③ CO_2
④ P_2O_5

정답 267 ① 268 ③ 269 ② 270 ③ 271 ① 272 ② 273 ④

해설

$P_4 + 5O_2 \rightarrow 2P_2O_5$

274 다음 중 화재 발생 시 물을 이용한 소화가 효과적인 물질은?

① 트리메틸알루미늄
② 황린
③ 나트륨
④ 인화칼슘

해설

황린의 소화방법은 주수에 의한 냉각소화가 효과적이다.

275 황린과 적린의 성질에 대한 설명으로 가장 거리가 먼 것은?

① 황린과 적린은 이황화탄소에 녹는다.
② 황린과 적린은 물에 불용이다.
③ 적린은 황린에 비하여 화학적으로 활성이 작다.
④ 황린과 적린을 각각 연소시키면 P_2O_5이 생성된다.

해설

① 황린은 이황화탄소에 잘 녹고 적린은 녹지 않는다.

276 적린과 황린의 공통적인 사항으로 옳은 것은?

① 연소할 때는 오산화인의 흰 연기를 낸다.
② 냄새가 없는 적색가루이다.
③ 물, 이황화탄소에 녹는다.
④ 맹독성이다.

해설

② 적린은 암적색, 황린은 백색 또는 담황색가루이다.
③ 적린은 물, CS_2에 불용, 황린은 물에 불용, CS_2에 녹는다.
④ 적린은 독성이 없으나 황린은 독성이 있다.

277 황린과 적린의 공통성질이 아닌 것은?

① 물에 녹지 않는다.
② 이황화탄소에 잘 녹는다.
③ 연소 시 오산화인을 생성한다.
④ 화재 시 물을 사용하여 소화를 할 수 있다.

해설

② 황린은 이황화탄소에 잘 녹고, 적린은 이황화탄소에 녹지 않는다.

278 위험물의 저장 및 취급방법에 대한 설명으로 틀린 것은? (최근 1)

① 적린은 화기와 멀리하고 가열, 충격이 가해지지 않도록 한다.
② 황린은 자연발화성이 있으므로 물속에 저장한다.
③ 마그네슘은 산화제와 혼합되지 않도록 취급한다.
④ 알루미늄분은 분진폭발의 위험이 있으므로 분무주수하여 저장한다.

해설

④ 알루미늄분은 분진폭발의 위험이 있으므로 탄산수소염류, 건조사, 팽창질석 · 팽창진주암으로 피복소화를 한다.

279 위험물에 대한 설명으로 옳은 것은?

① 적린은 암적색의 분말로서 조해성이 있는 자연발화성 물질이다.
② 황화인은 황색의 액체이며 상온에서 자연분해하여 이산화황과 오산화인을 발생시킨다.
③ 유황은 미황색의 고체 또는 분말이며 많은 이성질체를 갖고 있는 전기도체이다.
④ 황린은 가연성 물질이며 마늘냄새가 나는 맹독성 물질이다.

정답 274 ② 275 ① 276 ① 277 ② 278 ④ 279 ④

해설

① 적린은 암적색의 분말로서 조해성은 있으나 자연발화성은 없다.
② 황화인은 황색의 고체이며 상온에서는 안정하나, 연소하면 이산화황과 오산화인을 발생시킨다.
③ 유황은 미황색의 고체 또는 분말이며 많은 동소체를 갖고 있는 전기부도체이다.

[알칼리금속/알칼리토금속]

280 지정수량이 50kg인 것은?

① 칼륨 ② 리튬
③ 나트륨 ④ 크레오소트유

해설

①, ③ 제3류 위험물 : 10kg
② 제3류 위험물 : 50kg
④ 제4류 제3석유류 : 2,000L

281 금속리튬이 물과 반응하였을 때 생성되는 물질은?

① 수산화리튬과 수소
② 수산화리튬과 산소
③ 수소화리튬과 물
④ 산화리튬과 물

해설

$2Li + 2H_2O \rightarrow 2LiOH + H_2\uparrow$

282 알칼리금속의 화재 시 소화약제로 가장 적합한 것은?

① 물 ② 마른 모래
③ 이산화탄소 ④ 할로겐화물

해설

제3류 위험물(알칼리금속)의 화재 시 소화약제로는 탄산수소염류 분말소화약제, 마른 모래, 팽창질석, 팽창진주암 등이다.

[유기금속화합물]

283 위험물안전관리법상 품명이 유기금속화합물에 속하지 않는 것은?

① 트리에틸갈륨
② 트리에틸알루미늄
③ 트리에틸인듐
④ 디에틸아연

해설

②는 제3류 위험물 알킬알루미늄에 속한다.

[칼슘 또는 알루미늄의 탄화물]

284 다음 중 물과 작용하여 분자량이 26인 가연성 가스를 발생시키고 발생한 가스가 구리와 작용하면 폭발성 물질을 생성하는 것은?

① 칼슘
② 인화석회
③ 탄화칼슘
④ 금속나트륨

해설

탄화칼슘
- $CaC_2 + 2H_2O \rightarrow Ca(OH)_2 + C_2H_2\uparrow$
- 아세틸렌(C_2H_2)의 분자량 $= (2 \times 12) + (2 \times 1) = 26$
- 아세틸렌은 구리와 화합하여 아세틸리드를 만들고 열이나 충격에 쉽게 폭발한다.

285 탄화칼슘에 대한 설명으로 옳은 것은?

① 분자식은 CaC이다.
② 물과의 반응생성물에는 수산화칼슘이 포함된다.
③ 순순한 것은 흑회색의 불규칙한 덩어리이다.
④ 고온에서도 질소와는 반응하지 않는다.

해설

① 분자식은 CaC_2이다.
③ 순순한 것은 백색의 입방정계결정이다.
④ 고온에서도 질소와 반응하여 석회질소가 된다.

정답 280 ② 281 ① 282 ② 283 ② 284 ③ 285 ②

286 탄화칼슘의 성질에 대하여 옳게 설명한 것은?

① 공기 중에서 아르곤과 반응하여 불연성 기체가 발생한다.
② 공기 중에서 질소와 반응하여 유독한 기체가 발생한다.
③ 물과 반응하면 탄소가 생성된다.
④ 물과 반응하여 아세틸렌가스가 생성된다.

해설

물과 반응하여 수산화칼슘(소석회)과 아세틸렌가스가 생성된다.
$CaC_2+2H_2O \rightarrow Ca(OH)_2+C_2H_2 \uparrow$

287 탄화칼슘에 대한 설명으로 틀린 것은?

① 시판품은 흑회색이며 불규칙한 형태의 고체이다.
② 물과 작용하여 산화칼슘과 아세틸렌을 만든다.
③ 고온에서 질소와 반응하여 칼슘시안아미드(석회질소)가 생성된다.
④ 비중은 약 2.2이다.

해설

문제 286번 해설 참조

288 탄화칼슘의 성질에 대한 설명 중 틀린 것은?

① 질소 중에서 고온으로 가열하면 석회질소가 된다.
② 융점은 약 300℃이다.
③ 비중은 약 2.2이다.
④ 물질의 상태는 고체이다.

해설

② 융점은 약 2,370℃이다.

289 탄화칼슘의 성질에 대한 설명으로 틀린 것은?

① 물보다 무겁다.
② 시판품은 회색 또는 회흑색의 고체이다.
③ 물과 반응해서 수산화칼슘과 아세틸렌이 생성된다.
④ 질소와 저온에서 작용하며 흡열반응을 한다.

해설

④ 질소와 고온에서 작용하여 석회질소가 된다.
$CaC_2+N_2 \rightarrow CaCN_2$(석회질소)$+C$

290 탄화칼슘의 취급방법에 대한 설명으로 옳지 않은 것은?

① 물, 습기와의 접촉을 피한다.
② 건조한 장소에 밀봉 · 밀전하여 보관한다.
③ 습기와 작용하여 다량의 메탄이 발생하므로 저장 중에 메탄가스의 발생 유무를 조사한다.
④ 저장용기에 질소가스 등 불활성 가스를 충전하여 저장한다.

해설

③ 습기와 작용하여 수산화칼슘과 아세틸렌가스가 생성된다.

291 탄화칼슘 취급 시 주의해야 할 사항으로 옳은 것은?

① 산화성 물질과 혼합하여 저장할 것
② 물의 접촉을 피할 것
③ 은, 구리 등의 금속용기에 저장할 것
④ 화재 발생 시 이산화탄소소화약제를 사용할 것

해설

① 산화성 물질(제1류, 제6류)과 혼합 · 저장을 피할 것
③ 은, 구리 등의 금속용기에 저장하지 말 것
④ 소화제로는 분말소화약제를 사용할 것

정답 286 ④ 287 ② 288 ② 289 ④ 290 ③ 291 ②

292 다음 중 탄화칼슘을 대량으로 저장하는 용기에 봉입하는 가스로 가장 적절한 것은?

① 포스겐 ② 인화수소
③ 질소가스 ④ 이황산가스

해설

탄화칼슘(CaC_2)을 대량 저장 시 용기에 불연성 가스(N_2)를 봉입한다.

293 탄화칼슘을 습한 공기 중에 보관했을 때 위험한 이유로 가장 옳은 것은?

① 아세틸렌과 공기가 혼합된 폭발성 가스가 생성될 수 있으므로
② 에틸렌과 공기 중 질소가 혼합된 폭발성 가스가 생성될 수 있으므로
③ 분진폭발의 위험성이 증가하기 때문에
④ 포스핀과 같은 독성 가스가 발생하기 때문에

해설

$CaC_2 + 2H_2O \rightarrow Ca(OH)_2 + C_2H_2 \uparrow$

294 탄화칼슘이 물과 반응했을 때 생성되는 것은?

① 산화칼슘 + 아세틸렌
② 수산화칼슘 + 아세틸렌
③ 산화칼슘 + 메탄
④ 수산화칼슘 + 메탄

해설

문제 293번 해설 참조

295 물과 반응하여 아세틸렌을 발생하는 것은?

① NaH ② Al_4C_3
③ CaC_2 ④ $(C_2H_5)_3Al$

해설

문제 293번 해설 참조

296 탄화칼슘저장소에 수분이 침투하여 반응하였을 때 발생하는 가연성 가스는? (최근 3)

① 메탄 ② 아세틸렌
③ 에탄 ④ 프로판

해설

문제 293번 해설 참조

297 서로 반응할 때 수소가 발생하지 않는 것은?

① 리튬 + 염산 ② 탄화칼슘 + 물
③ 수소화칼슘 + 물 ④ 루비듐 + 물

해설

② 수산화칼슘($Ca(OH)_2$)과 아세틸렌가스(C_2H_2)가 생성된다.

298 CaC_2의 저장장소로서 적합한 곳은?

① 가스가 발생하므로 밀전을 하지 않고 공기 중에 보관한다.
② HCl 수용액 속에 저장한다.
③ CCl_4 분위기의 수분이 많은 장소에 보관한다.
④ 건조하고 환기가 잘 되는 장소에 보관한다.

해설

CaC_2은 건조하고 환기가 잘 되는 장소에 밀폐용기로 저장한다.

299 상온에서 CaC_2을 장기간 보관할 때 사용하는 물질로 다음 중 가장 적합한 것은? (최근 1)

① 물
② 알코올 수용액
③ 질소가스
④ 아세틸렌가스

해설

③ 탄화칼슘의 저장용기에는 질소가스 등 불연성 가스를 봉입시킬 것

정답 292 ③ 293 ① 294 ② 295 ③ 296 ② 297 ② 298 ④ 299 ③

300 탄화칼슘의 안전한 저장 및 취급방법으로 가장 거리가 먼 것은?

① 습기와의 접촉을 피한다.
② 석유 속에 저장해 둔다.
③ 장기 저장할 때는 질소가스를 충전한다.
④ 화기로부터 격리하여 저장한다.

해설

탄화칼슘의 저장
건조하고 환기가 잘 되는 장소에 밀폐용기로 저장하고 용기에는 질소가스 등과 같은 불연성 가스를 봉입한다.

301 탄화알루미늄이 물과 반응하여 생기는 현상이 아닌 것은?

① 산소가 발생한다.
② 수산화알루미늄이 생성된다.
③ 열이 발생한다.
④ 메탄가스가 발생한다.

해설

탄화알루미늄(Al_4C_3)
$Al_4C_3 + 12H_2O \rightarrow 4Al(OH)_3 + 3CH_4\uparrow$ + 열

302 탄화알루미늄 1몰을 물과 반응시킬 때 발생하는 가연성 가스의 종류와 양은?

① 에탄, 4몰　　② 에탄, 3몰
③ 메탄, 4몰　　④ 메탄, 3몰

해설

문제 301번 해설 참조

303 화재 발생 시 물을 이용한 소화를 하면 오히려 위험성이 증대되는 것은?

① 황린　　② 적린
③ 탄화알루미늄　　④ 니트로셀룰로오스

해설

문제 301번 해설 참조

304 탄화알루미늄을 보관하는 저장고에 스프링클러소화설비를 설치하지 않는 이유는?

① 물과 반응 시 메탄가스를 발생하기 때문에
② 물과 반응 시 수소가스를 발생하기 때문에
③ 물과 반응 시 에탄가스를 발생하기 때문에
④ 물과 반응 시 프로판가스를 발생하기 때문에

해설

문제 301번 해설 참조

305 물과 작용하여 메탄과 수소를 발생시키는 것은?

① Al_4C_3　　② Mn_3C
③ Na_2C_2　　④ MgC_2

해설

$Mn_3C + 6H_2O \rightarrow 3Mn(OH)_2 + CH_4 + H_2$

[금속의 인화물]

306 적갈색고체로 융점이 1,600℃이며, 물 또는 산과 반응하여 유독한 포스핀가스를 발생시키는 제3류 위험물의 지정수량은 몇 kg인가?

① 10　　② 20
③ 50　　④ 300

해설

④ 인화칼슘(Ca_3P_2)을 설명하고 있으며, 지정수량은 300kg이다.

307 적갈색의 고체위험물은? (최근 1)

① 칼슘　　② 탄화칼슘
③ 금속나트륨　　④ 인화칼슘

해설

① 은백색고체　　② 백색의 입방정계 결정
③ 은백색 무른 경금속　　④ 적갈색 괴상고체

정답 300 ② 301 ① 302 ④ 303 ③ 304 ① 305 ② 306 ④ 307 ④

308 인화칼슘이 물과 반응하였을 때 발생하는 가스는?

① PH_3　② H_2
③ CO_2　④ N_2

해설

$Ca_3P_2 + 6H_2O \rightarrow 3Ca(OH)_2 + 2PH_3$

309 인화칼슘을 저장한 창고에 비가 스며든 상태에서 근로자가 작업을 하다가 독성의 가스가 발생하여 질식하였다면 발생한 독성의 가스는 다음 중 어느 것으로 예상되는가?

① 질소　② 메탄
③ 포스핀　④ 아세틸렌

해설

인화칼슘(Ca_3P_2)과 물이 반응하면 포스핀(PH_3)을 생성시킨다.
$Ca_3P_2 + 6H_2O \rightarrow 3Ca(OH)_2 + 2PH_3$

310 물과 반응하여 포스핀가스를 발생시키는 것은?

① Ca_3P_2　② CaC_2
③ LiH　④ P_4

해설

문제 309번 해설 참조

311 인화칼슘이 물과 반응하였을 때 발생하는 가스에 대한 설명으로 옳은 것은?

① 폭발성인 수소가 발생한다.
② 유독한 인화수소가 발생한다.
③ 조연성인 산소가 발생한다.
④ 가연성인 아세틸렌이 발생한다.

해설

문제 309번 해설 참조

312 다음 2가지 물질이 반응하였을 때 포스핀을 발생시키는 것은?

① 사염화탄소＋물
② 황산＋물
③ 오황화인＋물
④ 인화칼슘＋물

해설

문제 309번 해설 참조

313 다음 위험물의 화재 시 소화방법으로 물을 사용하는 것이 적합하지 않은 것은?

① $NaClO_3$　② P_4
③ Ca_3P_2　④ S

해설

③ 인화칼슘(Ca_3P_2)은 물과 반응하면 유독성 가스 포스핀(PH_3)을 생성시킨다.
$Ca_3P_2 + 6H_2O \rightarrow 3Ca(OH)_2 + 2PH_3$

314 인화칼슘이 물과 반응할 경우에 대한 설명 중 틀린 것은?

① PH_3이 발생한다.
② 발생가스는 불연성이다.
③ $Ca(OH)_2$가 생성된다.
④ 발생가스는 독성이 강하다.

해설

② 발생가스는 유독한 가연성 가스이다.

315 위험물과 그 위험물이 물과 반응하여 발생하는 가스를 잘못 연결한 것은?

① 탄화알루미늄－메탄
② 탄화칼슘－아세틸렌
③ 인화칼슘－에탄
④ 수소화칼슘－수소

정답　308 ①　309 ③　310 ①　311 ②　312 ④　313 ③　314 ②　315 ③

해설

③ 인화칼슘(Ca_3P_2) – 포스핀(PH_3)

316 위험물에 물이 접촉하여 주로 발생되는 가스의 연결이 틀린 것은?

① 나트륨 – 수소
② 탄화칼슘 – 포스핀
③ 칼륨 – 수소
④ 인화석회 – 인화수소

해설

탄화칼슘은 물과 반응하여 수산화칼슘과 아세틸렌가스가 생성된다.

317 위험물과 그 보호액 또는 안정제의 연결이 틀린 것은? (최근 1)

① 알킬알루미늄 – 헥산
② 인화석회 – 물
③ 금속칼륨 – 등유
④ 황린 – 물

해설

인화칼슘(Ca_3P_2, 인화석회)과 물이 반응하면 포스핀(PH_3, 인화수소)이 생성된다.

318 위험물의 화재별 소화방법으로 옳지 않은 것은?

① 황린 – 분무주수에 의한 냉각소화
② 인화칼슘 – 분무주수에 의한 냉각소화
③ 톨루엔 – 포에 의한 질식소화
④ 질산메틸 – 주수에 의한 냉각소화

해설

② 인화칼슘 – 탄산수소염류에 의한 질식소화

[금속의 수소화물]

319 다음 중 수소화나트륨의 소화약제로 적당하지 않은 것은? (최근 1)

① 물　② 건조사
③ 팽창질석　④ 탄산수소염류

해설

수소화나트륨(NaH)은 물과 반응하여 수소(H_2)를 발생시키므로 소화약제로는 부적당하다.

320 수소화칼슘이 물과 반응하였을 때의 생성물은? (최근 1)

① 칼슘과 수소　② 수산화칼슘과 수소
③ 칼슘과 산소　④ 수산화칼슘과 산소

해설

$CaH_2 + 2H_2O \rightarrow Ca(OH)_2 + H_2$

321 위험물의 저장방법에 대한 설명으로 옳은 것은?

① 황화인은 알코올 또는 과산화물 속에 저장하여 보관한다.
② 마그네슘은 건조하면 분진폭발의 위험성이 있으므로 물에 습윤하여 저장한다.
③ 적린은 화재예방을 위해 할로겐원소와 혼합하여 저장한다.
④ 수소화리튬은 저장용기에 아르곤과 같은 불활성기체를 봉입한다.

해설

① 황화인은 소량이면 유리병, 대량일 때는 양철통에 넣은 다음 나무상자 속에 보관한다.
② 마그네슘은 분진폭발할 수 있으므로 분진이 날아가지 않도록 주의해서 보관한다.
③ 적린은 화재예방을 위해 할로겐원소와는 반응할 수 있으므로 냉암소에 저장한다.

정답 316 ② 317 ② 318 ② 319 ① 320 ② 321 ④

4 제4류 위험물

[일반사항]

322 위험물저장소에서 다음과 같이 제4류 위험물을 저장하고 있는 경우 지정수량의 몇 배가 보관되어 있는가?

> ㉠ 디에틸에테르 : 50L
> ㉡ 이황화탄소 : 150L
> ㉢ 아세톤 : 800L

① 4배 ② 5배
③ 6배 ④ 8배

해설

- 디에틸에테르(특수인화물)의 지정수량 : 50L
- 이황화탄소(특수인화물)의 지정수량 : 50L
- 아세톤(제1석유류 수용성)의 지정수량 : 400L

∴ 지정수량 배수의 합 $= \frac{50}{50} + \frac{150}{50} + \frac{800}{400} = 6$배

323 ㉠~㉣에 분류된 위험물의 지정수량을 각각 합하였을 때 다음 중 그 값이 가장 큰 것은?

> ㉠ 이황화탄소+아닐린
> ㉡ 아세톤+피리딘+경유
> ㉢ 벤젠+클로로벤젠
> ㉣ 중유

① ㉠ 위험물의 지정수량 합
② ㉡ 위험물의 지정수량 합
③ ㉢ 위험물의 지정수량 합
④ ㉣ 위험물의 지정수량

해설

지정수량의 합
- 이황화탄소+아닐린=50+2,000=2,050L
- 아세톤+피리딘+경유=400+400+1,000=1,800L
- 벤젠+클로로벤젠=200+1,000=1,200L
- 중유=2,000L

324 경유 2,000L, 글리세린 2,000L를 같은 장소에 저장하려고 한다. 지정수량 배수의 합은 얼마인가? (최근 1)

① 2.5 ② 3.0
③ 3.5 ④ 4.0

해설

- 경유의 지정수량 : 1,000L
- 글리세린의 지정수량 : 4,000L

∴ 지정수량 배수의 합 $= \frac{2,000}{1,000} + \frac{2,000}{4,000} = 2.5$

325 다음 중 지정수량이 가장 작은 것은?

① 아세톤 ② 디에틸에테르
③ 크레오소트유 ④ 클로로벤젠

해설

① 제1석유류 : 400L ② 특수인화물 : 50L
③ 제3석유류 : 2,000L ④ 제2석유류 : 1,000L

326 제4류 위험물에 속하지 않는 것은? (최근 2)

① 아세톤 ② 실린더유
③ 과산화벤조일 ④ 니트로벤젠

해설

③ 제5류 유기과산화물에 속한다.

327 제4류 위험물로만 나열된 것은?

① 특수인화물, 황산, 질산
② 알코올, 황린, 니트로화합물
③ 동식물유류, 질산, 무기과산화물
④ 제1석유류, 알코올류, 특수인화물

해설

① 황산은 위험물이 아니며, 질산은 제6류 위험물이다.
② 황린는 제3류 위험물, 니트로화합물은 제5류 위험물이다.
③ 질산은 제6류 위험물, 무기과산화물은 제1류 위험물이다.

정답 322 ③ 323 ① 324 ① 325 ② 326 ③ 327 ④

328 품명과 위험물의 연결이 틀린 것은?

① 제1석유류 – 아세톤
② 제2석유류 – 등유
③ 제3석유류 – 경유
④ 제4석유류 – 기어유

해설

③ 제2석유류 – 경유

329 제4류 위험물의 공통적인 성질이 아닌 것은?

① 대부분 물보다 가볍고 물에 녹기 어렵다.
② 공기와 혼합된 증기는 연소의 우려가 있다.
③ 인화되기 쉽다.
④ 증기는 공기보다 가볍다.

해설

④ 증기는 공기보다 무겁다.

330 제4류 위험물의 일반적 성질이 아닌 것은?

① 대부분 유기화합물이다.
② 전기의 양도체로서 정전기 축적이 용이하다.
③ 발생증기는 가연성이며 증기비중은 공기보다 무거운 것이 대부분이다.
④ 모두 인화성 액체이다.

해설

② 제4류 위험물은 대부분 전기의 부도체이기 때문에 정전기 발생을 제거할 수 있는 조치를 해야 한다.

331 제4류 위험물의 일반적 성질에 대한 설명 중 틀린 것은?

① 물보다 무거운 것이 많으며 대부분 물에 용해된다.
② 상온에서 액체로 존재한다.
③ 가연성 물질이다.
④ 증기는 대부분 공기보다 무겁다.

해설

① 물보다 가벼운 것이 많으며 대부분 물에 녹지 않는다.

332 제4류 위험물의 일반적 성질에 대한 설명으로 틀린 것은?

① 발생증기가 가연성이며 공기보다 무거운 물질이 많다.
② 정전기에 의하여도 인화할 수 있다.
③ 상온에서 액체이다.
④ 전기도체이다.

해설

④ 전기에 부도체이다.

333 다음 중 제4류 위험물에 대한 설명으로 가장 옳은 것은?

① 물과 접촉하면 발열하는 것
② 자기연소성 물질
③ 많은 산소를 함유하는 강산화제
④ 상온에서 액상인 가연성 액체

해설

① 금수성 물질
② 제5류 위험물
③ 제1, 6류 위험물
④ 제4류 위험물

334 인화성 액체위험물의 저장 및 취급 시 화재 예방상 주의사항에 대한 설명 중 틀린 것은?

① 증기가 대기 중에 누출된 경우 인화의 위험성이 크므로 증기의 누출을 예방할 것
② 액체가 누출된 경우 확대되지 않도록 주의할 것
③ 전기전도성이 좋을수록 정전기 발생에 유의할 것
④ 다량을 저장 · 취급 시에는 배관을 통해 입출고할 것

정답 328 ③ 329 ④ 330 ② 331 ① 332 ④ 333 ④ 334 ③

해설

③ 전기전도성이 나쁠수록 정전기 발생에 유의할 것

335 제4류 위험물의 일반적인 화재예방방법이나 진압대책과 관련한 설명 중 틀린 것은?

① 인화점이 높은 석유류일수록 불연성 가스를 봉입하여 혼합기체의 형성을 억제하여야 한다.
② 메틸알코올의 화재에는 내알코올포를 사용하여 소화하는 것이 가장 효과적이다.
③ 물에 의한 냉각소화보다는 이산화탄소, 분말, 포에 의한 질식소화를 시도하는 것이 좋다.
④ 중유탱크 화재의 경우 Boil Over 현상이 일어나 위험한 상황이 발생할 수 있다.

해설

① 인화점이 낮을수록 더 위험하므로 인화점이 낮은 석유류일수록 불연성 가스를 봉입하여 혼합기체의 형성을 억제하여야 한다.

336 인화성 액체위험물에 대한 소화방법에 대한 설명으로 틀린 것은?

① 탄산수소염류소화기는 적응성이 있다.
② 포소화기는 적응성이 있다.
③ 이산화탄소소화기에 의한 질식소화가 효과적이다.
④ 물통 또는 수조를 이용한 냉각소화가 효과적이다.

해설

④ 인화성 액체위험물(제4류)에 대한 소화방법에서 물을 이용한 소화는 화재면을 확대시킬 우려가 있다.

337 다음 중 각 석유류의 분류가 잘못된 것은?

① 제1석유류 : 초산에틸, 휘발유
② 제2석유류 : 등유, 경유
③ 제3석유류 : 포름산, 테레빈유
④ 제4석유류 : 기어유, DOA(가소제)

해설

테레빈유(인화점 35℃)는 제2석유류에 해당된다.

338 인화성 액체의 증기가 공기보다 무거운 것은 다음 중 어떤 위험성과 가장 관계가 있는가?

① 인화점이 낮다.
② 발화점이 낮다.
③ 물에 의한 소화가 어렵다.
④ 예측하지 못한 장소에서 화재가 발생할 수 있다.

해설

④ 예측하지 못한 장소에서 화재가 발생할 수 있다.

339 제4류 위험물에 대한 설명 중 틀린 것은?

① 이황화탄소는 물보다 무겁다.
② 아세톤은 물에 녹지 않는다.
③ 톨루엔 증기는 공기보다 무겁다.
④ 디에틸에테르의 연소범위 하한은 약 1.9%이다.

해설

② 아세톤은 물에 잘 녹는다.

[특수인화물]

340 위험물안전관리법령상 특수인화물의 정의에 대해 다음 ( ) 안에 알맞은 수치를 차례대로 옳게 나열한 것은? (최근 2)

> "특수인화물"이라 함은 이황화탄소, 디에틸에테르, 그 밖에 1기압에서 발화점이 섭씨 ( )도 이하인 것 또는 인화점이 섭씨 영하 ( )도 이하이고 비점이 섭씨 40도 이하인 것을 말한다.

① 100, 20　② 25, 0
③ 100, 0　④ 25, 20

정답　335 ①　336 ④　337 ③　338 ④　339 ②　340 ①

해설

"특수인화물류"이라 함은 1기압에서 발화점이 섭씨 100도 이하 또는 인화점이 섭씨 영하 20도 이하이고 비점이 섭씨 40도 이하인 것을 말한다.

341 특수인화물의 일반적인 성질에 대한 설명으로 가장 거리가 먼 것은?

① 비점이 높다. ② 인화점이 낮다.
③ 연소 하한값이 낮다. ④ 증기압이 높다.

해설

① 비점이 낮다(비점이 40℃ 이하인 것).

342 다음 중 특수인화물에 해당하는 것은?

① 헥산 ② 아세톤
③ 가솔린 ④ 이황화탄소

해설

①, ②, ③ 제1석유류
④ 특수인화물

343 제4류 위험물 중 특수인화물에 해당하지 않는 것은?

① 산화프로필렌 ② 황화디메틸
③ 메틸에틸케톤 ④ 아세트알데히드

해설

①, ②, ④ 특수인화물
③ 제1석유류

344 제4류 위험물 중 특수인화물로만 나열된 것은?

① 아세트알데히드, 산화프로필렌, 염화아세틸
② 산화프로필렌, 염화아세틸, 부틸알데히드
③ 부틸알데히드, 이소프로필아민, 디에틸에테르
④ 이황화탄소, 황화디메틸, 이소프로필아민

해설

① 염화아세틸(제4류 위험물 제1석유류), 나머지는 특수인화물
② 산화프로필렌(특수인화물), 나머지는 제4류 위험물 제1석유류
③ 부틸알데히드(제4류 위험물 제1석유류), 나머지는 특수인화물

345 다음 제4류 위험물 중 품명이 나머지 셋과 다른 하나는?

① 아세트알데히드
② 디에틸에테르
③ 니트로벤젠
④ 이황화탄소

해설

①, ②, ④ 특수인화물
③ 제3석유류

346 다음 위험물 중 특수인화물이 아닌 것은?

① 메틸에틸케톤퍼옥사이드
② 산화프로필렌
③ 아세트알데히드
④ 이황화탄소

해설

① 제5류 위험물
②, ③, ④ 제4류 위험물(특수인화물)

347 품명이 나머지 셋과 다른 것은?

① 산화프로필렌
② 아세톤
③ 이황화탄소
④ 디에틸에테르

해설

①, ③, ④ 특수인화물
② 제1석유류

정답 341 ① 342 ④ 343 ③ 344 ④ 345 ③ 346 ① 347 ②

348 다음 위험물 중 품명이 나머지 셋과 다른 하나는?

① 스티렌 ② 산화프로필렌
③ 황화디메틸 ④ 이소프로필아민

해설
① 제2석유류
②, ③, ④ 특수인화물

349 산화프로필렌에 대한 설명 중 틀린 것은?

① 연소범위는 가솔린보다 넓다.
② 물에는 잘 녹지만 알코올, 벤젠에는 녹지 않는다.
③ 비중은 1보다 작고, 증기비중은 1보다 크다.
④ 증기압이 높으므로 상온에서 위험한 농도까지 도달할 수 있다.

해설
② 물 또는 유기용제(벤젠, 에테르, 알코올) 등에 잘 녹는 무색투명한 액체이다.

350 산화프로필렌의 성상에 대한 설명 중 틀린 것은?

① 청색의 휘발성이 강한 액체이다.
② 인화점이 낮은 인화성 액체이다.
③ 물에 잘 녹는다.
④ 에테르향의 냄새를 가진다.

해설
① 물에 잘 녹는 무색투명한 액체로서 증기는 인체에 해롭다.

351 증기압이 높고 액체가 피부에 닿으면 동상과 같은 증상을 나타내며 Cu, Ag, Hg 등과 반응하여 폭발성 화합물을 만드는 것은?

① 메탄올 ② 가솔린
③ 톨루엔 ④ 산화프로필렌

해설
④ 산화프로필렌에 대한 설명이다.

352 위험물을 보관하는 방법에 대한 설명 중 틀린 것은?

① 염소산나트륨 : 철제용기의 사용을 피한다.
② 산화프로필렌 : 저장 시 구리용기에 질소 등 불활성기체를 충전한다.
③ 트리에틸알루미늄 : 용기는 밀봉하고 질소 등 불활성기체를 충전한다.
④ 황화인 : 냉암소에 저장한다.

해설
② 산화프로필렌 : 은, 수은, 동, 마그네슘 또는 그 성분을 함유한 합금을 사용하여서는 아니 된다.

353 다음 중 분자량이 약 74, 비중이 약 0.71인 물질로서 에탄올 두 분자에서 물이 빠지면서 축합반응이 일어나 생성되는 물질은? (최근 1)

① $C_2H_5OC_2H_5$ ② C_2H_5OH
③ C_6H_5Cl ④ CS_2

해설

$$2C_2H_5OH \xrightarrow[\Delta]{\text{진한 } H_2SO_4} C_2H_5OC_2H_5 + H_2O$$

354 다음 제4류 위험물 중 특수인화물에 해당하고 물에 잘 녹지 않으며 비중이 0.71, 비점이 약 34℃인 위험물은?

① 아세트알데히드 ② 산화프로필렌
③ 디에틸에테르 ④ 니트로벤젠

해설
디에틸에테르($C_2H_5OC_2H_5$)
분자량 74, 비중 0.71, 비점 34℃, 착화점 180℃, 인화점 −45℃, 증기비중 2.55, 연소범위 1.9~48%이다.

정답 348 ① 349 ② 350 ① 351 ④ 352 ② 353 ① 354 ③

355 디에틸에테르에 관한 설명 중 틀린 것은?

① 비전도성이므로 정전기를 발생하지 않는다.
② 무색투명한 유동성의 액체이다.
③ 휘발성이 매우 높고, 마취성을 가진다.
④ 공기와 장시간 접촉하면 폭발성의 과산화물이 생성된다.

해설

① 비전도성이므로 쉽게 정전기가 발생한다.

356 에테르가 공기와 장시간 접촉 시 생성되는 것으로 불안정한 폭발성 물질에 해당하는 것은?

① 수산화물 ② 과산화물
③ 질소화합물 ④ 황화합물

해설

② 에테르는 장시간 공기와 접촉하면 과산화물이 생성될 수 있다.

357 디에틸에테르의 성질이 아닌 것은?

① 유동성 ② 마취성
③ 인화성 ④ 비휘발성

해설

디에틸에테르는 휘발성 액체물질이다.

358 디에틸에테르에 대한 설명 중 틀린 것은?

① 강산화제와 혼합 시 안전하게 사용할 수 있다.
② 대량으로 저장 시 불활성 가스를 봉입한다.
③ 정전기 발생 방지를 위해 주의를 기울여야 한다.
④ 통풍, 환기가 잘 되는 곳에 저장한다.

해설

① 강산화제(제1류, 제6류)와 혼합 시 위험성이 증대된다.

359 디에틸에테르의 보관 · 취급에 관한 설명으로 틀린 것은?

① 용기는 밀봉하여 보관한다.
② 환기가 잘 되는 곳에 보관한다.
③ 정전기가 발생하지 않도록 취급한다.
④ 저장용기에 빈 공간이 없게 가득 채워 보관한다.

해설

④ 저장용기에 안전공간(10%)의 여유를 두고 보관한다.

360 디에틸에테르의 저장 시 소량의 염화칼슘을 넣어주는 목적은?

① 정전기 발생 방지
② 과산화물 생성 방지
③ 저장용기의 부식 방지
④ 동결 방지

해설

디에틸에테르의 저장 시 소량의 염화칼슘을 넣어 정전기 발생을 방지한다.

361 디에틸에테르의 안전관리에 관한 설명 중 틀린 것은?

① 증기는 마취성이 있으므로 증기 흡입에 주의하여야 한다.
② 폭발성의 과산화물 생성을 요오드화칼륨 수용액으로 확인한다.
③ 물에 잘 녹으므로 대규모 화재 시 집중 주수하여 소화한다.
④ 정전기불꽃에 의한 발화에 주의하여야 한다.

해설

③ 물에 녹지 않으며, 주수소화를 하면 화재면을 확대시킨다.

정답 355 ① 356 ② 357 ④ 358 ① 359 ④ 360 ① 361 ③

362 다음 중 인화점이 가장 낮은 것은? (최근 1)

① 산화프로필렌 ② 벤젠
③ 디에틸에테르 ④ 이황화탄소

해설

① 특수인화물 : −37℃
② 제1석유류 : −11℃
③ 특수인화물 : −45℃
④ 특수인화물 : −30℃

363 다음 위험물 중 인화점이 가장 낮은 것은?

① 아세톤 ② 이황화탄소
③ 클로로벤젠 ④ 디에틸에테르

해설

① 제1석유류 : −18℃
② 특수인화물 : −30℃
③ 제1석유류 : 32℃
④ 특수인화물 : −45℃

364 다음 물질 중 인화점이 가장 낮은 것은?

① CH_3COCH_3 ② $C_2H_5OC_2H_5$
③ $CH_3(CH_2)_3OH$ ④ CH_3OH

해설

① 아세톤(제1석유류) : −18℃
② 에테르(특수인화물) : −45℃
③ 부틸알코올(알코올류) : 27.5℃
④ 메탄올(알코올류) : 11℃

365 위험물의 성질에 관한 설명 중 옳은 것은?

① 벤젠과 톨루엔 중 인화온도가 낮은 것은 톨루엔이다.
② 디에틸에테르는 휘발성이 높으며 마취성이 있다.
③ 에틸알코올은 물이 조금이라도 섞이면 불연성 액체가 된다.
④ 휘발유는 전기 양도체이므로 정전기가 발생할 위험이 있다.

해설

① 벤젠(−11℃)과 톨루엔(4℃) 중 인화온도가 높은 것은 톨루엔이다.
③ 에틸알코올은 물에 녹고, 가연성 액체이다.
④ 휘발유는 전기 부도체이므로 정전기가 발생할 확률이 높다.

366 위험물에 대한 설명으로 옳은 것은?

① 이황화탄소는 연소 시 유독성 황화수소가스를 발생한다.
② 디에틸에테르는 물에 잘 녹지 않지만 유지 등을 잘 녹이는 용제이다.
③ 등유는 가솔린보다 인화점이 높으나, 인화점은 0℃ 미만이므로 인화의 위험성은 매우 높다.
④ 경유는 등유와 비슷한 성질을 가지지만 증기비중이 공기보다 가볍다는 차이점이 있다.

해설

① 이황화탄소는 연소 시 유독성 아황산가스(SO_2)를 발생한다.
③ 등유는 가솔린보다 인화점이 높고, 인화점은 40~70℃ 정도이나 인화의 위험성은 매우 높다.
④ 경유는 등유와 비슷한 성질을 가지고 증기비중도 둘 다 4.5 정도로 공기보다 무겁다.

367 공기 중에서 산소와 반응하여 과산화물을 생성하는 물질은?

① 디에틸에테르
② 이황화탄소
③ 에틸알코올
④ 과산화나트륨

해설

디에틸에테르는 장시간 공기와 접촉하면 과산화물이 생성될 수 있고 가열, 충격, 마찰에 의해 폭발할 수도 있다.

정답 362 ③ 363 ④ 364 ② 365 ② 366 ② 367 ①

368 아세트알데히드의 일반적 성질에 대한 설명 중 틀린 것은?

① 은거울반응을 한다.
② 물에 잘 녹는다.
③ 구리, 마그네슘의 합금과 반응한다.
④ 무색, 무취의 액체이다.

해설

④ 무색이고 자극성 냄새가 나는 액체로서 특수인화물에 속한다.

369 다음 위험물 중에서 물에 가장 잘 녹는 것은? (최근 1)

① 디에틸에테르
② 가솔린
③ 톨루엔
④ 아세트알데히드

해설

① 특수인화물(비수용성)
②, ③ 제1석유류(비수용성)
④ 특수인화물(수용성)

370 아세트알데히드의 저장 · 취급 시 주의사항으로 틀린 것은? (최근 1)

① 강산화제와의 접촉을 피한다.
② 취급설비에는 구리합금의 사용을 피한다.
③ 수용성이기 때문에 화재 시 물로 희석소화가 가능하다.
④ 옥외저장탱크에 저장 시 조연성 가스를 주입한다.

해설

④ 옥외저장탱크에 저장 시 불활성기체(N_2, Ar)를 봉입하여야 한다.

371 아세트알데히드와 아세톤의 공통성질에 대한 설명 중 틀린 것은?

① 증기는 공기보다 무겁다.
② 무색액체로서 위험점이 낮다.
③ 물에 잘 녹는다.
④ 특수인화물로 반응성이 크다.

해설

④ 아세트알데히드는 특수인화물, 아세톤은 제1석유류이다.

372 비스코스레이온 원료로서, 비중이 약 1.3, 인화점이 약 −30℃이고, 연소 시 유독한 아황산가스를 발생시키는 위험물은? (최근 1)

① 황린
② 이황화탄소
③ 테레빈유
④ 장뇌유

해설

② 이황화탄소에 대한 설명이다.

373 이황화탄소에 대한 설명으로 틀린 것은?

① 순수한 것은 황색을 띠고 냄새가 없다.
② 증기는 유독하며 신경계통에 장애를 준다.
③ 물에 녹지 않는다.
④ 연소 시 유독성 가스가 발생한다.

해설

① 순수한 것은 무색투명한 액체로, 불순물이 존재하면 황색을 띠며 불쾌한 냄새가 난다.

정답 368 ④ 369 ④ 370 ④ 371 ④ 372 ② 373 ①

374 이황화탄소의 성질에 대한 설명 중 틀린 것은?

① 이황화탄소의 증기는 공기보다 무겁다.
② 순수한 것은 강한 자극성 냄새가 나고 적색액체이다.
③ 벤젠, 에테르에 녹는다.
④ 생고무를 용해시킨다.

해설

문제 373번 해설 참조

375 이황화탄소에 관한 설명으로 틀린 것은?

① 비교적 무거운 무색의 고체이다.
② 인화점이 0℃ 이하이다.
③ 약 100℃에서 발화할 수 있다.
④ 이황화탄소의 증기는 유독하다.

해설

① 물보다 무거운 무색투명한 액체이다.

376 이황화탄소의 성질에 대한 설명 중 틀린 것은?

① 연소할 때 주로 황화수소를 발생한다.
② 증기비중은 약 2.6이다.
③ 보호액으로 물을 사용한다.
④ 인화점이 약 −30℃이다.

해설

① 연소할 때 이산화황이 발생한다.
$CS_2 + 3O_2 \rightarrow CO_2 + 2SO_2 \uparrow$

377 이황화탄소에 대한 설명 중 틀린 것은?

① 이황화탄소의 증기는 공기보다 무겁다.
② 액체상태이고 물보다 무겁다.
③ 증기는 유독하여 신경에 장애를 줄 수 있다.
④ 비점이 물의 비점과 같다.

해설

④ 이황화탄소의 발화점과 물의 비점은 100℃로 같다.

378 위험물을 저장할 때 필요한 보호물질을 옳게 연결한 것은? (최근 1)

① 황린 − 석유
② 금속칼륨 − 에탄올
③ 이황화탄소 − 물
④ 금속나트륨 − 산소

해설

① 황린 − 물
② 금속칼륨 − 석유
④ 금속나트륨 − 석유

379 석유류가 연소할 때 발생하는 가스로 강한 자극적인 냄새가 나며 취급하는 장치를 부식시키는 것은?

① H_2 ② CH_4
③ NH_3 ④ SO_2

해설

석유류가 연소할 때 발생하는 가스는 SO_2(이산화황)이다.

380 다음 중 인화점이 가장 높은 물질은?

① 이황화탄소 ② 디에틸에테르
③ 아세트알데히드 ④ 산화프로필렌

해설

① −30℃ ② −45℃
③ −39℃ ④ −37℃

381 다음 중 인화점이 가장 낮은 것은?

① 이소펜탄 ② 아세톤
③ 디에틸에테르 ④ 이황화탄소

정답 374 ② 375 ① 376 ① 377 ④ 378 ③ 379 ④ 380 ① 381 ①

해설

① 특수인화물 : −51℃
② 제1석유류 : −18℃
③ 특수인화물 : −45℃
④ 특수인화물 : −30℃

382 "$C_2H_5OC_2H_5$, CS_2, CH_3CHO"에서 인화점이 0℃보다 작은 것은 모두 몇 개인가?

① 0개 ② 1개
③ 2개 ④ 3개

해설

- $C_2H_5OC_2H_5$(디에틸에테르) : −45℃
- CS_2(이황화탄소) : −30℃
- CH_3CHO(아세트알데히드) : −39℃

∴ 3개 모두 인화점이 0℃ 이하이다.

383 다음 위험물 중 발화점(착화온도)이 가장 낮은 것은? (최근 2)

① 이황화탄소 ② 디에틸에테르
③ 아세톤 ④ 아세트알데히드

해설

① 특수인화물(100℃)
② 특수인화물(180℃)
③ 제1석유류(538℃)
④ 특수인화물(185℃)

384 다음 중 가연성 증기의 증발을 방지하기 위하여 물속에 저장하는 것은? (최근 2)

① K_2O_2 ② CS_2
③ C_2H_5OH ④ CH_3COCH_3

해설

가연성 증기의 발생을 억제하기 위하여 이황화탄소(CS_2)를 용기나 탱크에 저장 시 물속에 보관해야 한다.

385 이황화탄소를 화재예방상 물속에 저장하는 이유는? (최근 1)

① 불순물을 물에 용해시키기 위해서
② 가연성 증기 발생을 억제하기 위해서
③ 상온에서 수소가스를 발생시키기 때문에
④ 공기와 접촉하면 즉시 폭발하기 때문에

해설

② 용기나 탱크에 저장 시 이황화탄소를 물속에 보관해야 한다(가연성 증기 발생을 억제하기 위함이다).

[제1석유류]

386 위험물 분류에서 제1석유류에 대한 설명으로 옳은 것은?

① 아세톤, 휘발유, 그 밖에 1기압에서 인화점이 섭씨 21도 미만인 것
② 등유, 경유, 그 밖에 액체로서 인화점이 섭씨 21도 이상 70도 미만의 것
③ 중유, 도료류로서 인화점이 섭씨 70도 이상 200도 미만의 것
④ 기계유, 실린더유, 그 밖의 액체로서 인화점이 섭씨 200도 이상 250도 미만인 것

해설

① 제1석유류 ② 제2석유류
③ 제3석유류 ④ 제4석유류

387 제1석유류의 일반적인 성질로 틀린 것은?

① 물보다 가볍다.
② 가연성이다.
③ 증기는 공기보다 가볍다.
④ 인화점이 21℃ 미만이다.

해설

③ 증기는 공기보다 무겁다.

정답 382 ④ 383 ① 384 ② 385 ② 386 ① 387 ③

388 제4류 위험물 중 제1석유류에 속하는 것은?

① 에틸렌글리콜 ② 글리세린
③ 아세톤 ④ n－부탄올

해설

①, ② 제3석유류
③ 제1석유류
④ 제2석유류

389 다음 중 제1석유류에 속하지 않은 위험물은?

① 아세톤 ② 시안화수소
③ 클로로벤젠 ④ 벤젠

해설

①, ②, ④ 제1석유류
③ 제2석유류

390 다음 중 인화점이 가장 낮은 것은?

① 톨루엔 ② 테레빈유
③ 에틸렌글리콜 ④ 아닐린

해설

① 톨루엔(제1석유류) : 4℃
② 테레빈유(제2석유류) : 35℃
③ 에틸렌글리콜(제3석유류) : 111℃
④ 아닐린(제3석유류) : 70℃

391 다음 위험물 중 인화점이 가장 낮은 것은?

① 메틸에틸케톤 ② 에탄올
③ 초산 ④ 클로로벤젠

해설

① 메틸에틸케톤(제1석유류) : －1℃
② 에탄올(알코올류) : 13℃
③ 초산(제2석유류) : 39℃
④ 클로로벤젠(제2석유류) : 29℃

392 인화점이 낮은 것부터 높은 순서로 나열된 것은? (최근 1)

① 톨루엔－아세톤－벤젠
② 아세톤－톨루엔－벤젠
③ 톨루엔－벤젠－아세톤
④ 아세톤－벤젠－톨루엔

해설

④ 아세톤(－18℃)－벤젠(－11℃)－톨루엔(4℃)

393 다음 중 방향족 탄화수소에 해당하는 것은?

① 톨루엔 ② 아세트알데히드
③ 아세톤 ④ 디에틸에테르

해설

방향족 탄화수소는 벤젠고리를 포함하는 탄화수소로서 톨루엔이 여기에 속한다.

394 톨루엔의 위험성에 대한 설명으로 틀린 것은?

① 증기비중은 약 0.87이므로 높은 곳에 체류하기 쉽다.
② 독성이 있으나 벤젠보다는 약하다.
③ 약 4℃의 인화점을 갖는다.
④ 유체 마찰 등으로 정전기가 생겨 인화하기도 한다.

해설

① 톨루엔의 증기비중은 3.18로서 낮은 곳에 체류하기 쉽다(액비중이 약 0.87이다).

395 $C_6H_5CH_3$의 일반적 성질이 아닌 것은?

① 벤젠보다 독성이 매우 강하다.
② 진한 질산과 진한 황산으로 니트로화하면 TNT가 된다.
③ 비중은 약 0.86이다.
④ 물에 녹지 않는다.

정답 388 ③ 389 ③ 390 ① 391 ① 392 ④ 393 ① 394 ① 395 ①

해설

① 벤젠보다 독성이 약하다.

396 톨루엔에 대한 설명으로 틀린 것은?

① 벤젠의 수소원자 하나가 메틸기로 치환된 것이다.
② 증기는 벤젠보다 가볍고 휘발성은 더 높다.
③ 독특한 향기를 가진 무색의 액체이다.
④ 물에 녹지 않는다.

해설

② 톨루엔(증기비중 3.17)의 증기는 벤젠증기비중(2.69)보다 무겁다.

397 톨루엔 화재 시 가장 적합한 소화방법은?

① 산·알칼리소화기에 의한 소화
② 포에 의한 소화
③ 다량의 강화액에 의한 소화
④ 다량의 주수에 의한 냉각소화

해설

제4류 위험물(톨루엔)은 주수소화를 하면 화재면을 확대시킬 수 있으므로 절대 금물이다.

※ ①, ③, ④는 주수소화와 연관성이 있다.

398 메틸에틸케톤에 대한 설명 중 틀린 것은?

① 냄새가 있는 휘발성 무색액체이다.
② 연소범위는 약 12~46%이다.
③ 탈지작용이 있으므로 피부 접촉을 금해야 한다.
④ 인화점은 0℃보다 낮으므로 주의하여야 한다.

해설

메틸에틸케톤(MEK, $CH_3COC_2H_5$)

- 무색, 무취의 휘발성 액체이다.
- 인화점은 −1℃, 발화점은 516℃, 비중은 0.8, 연소범위는 1.8~10%이다.
- 탈지작용이 있으므로 피부접촉을 금해야 한다.
- 직사광선을 피하고 통풍이 잘 되는 냉암소에 저장한다.

399 가솔린에 대한 설명으로 옳은 것은?

① 연소범위는 15~75vol%이다.
② 용기는 따뜻한 곳에 환기가 잘 되게 보관한다.
③ 전도성이므로 감전에 주의한다.
④ 화재소화 시 포소화약제에 의한 소화를 한다.

해설

① 연소범위는 1.4~7.6vol%이다.
② 용기는 차가운 곳에 환기가 잘 되게 보관한다.
③ 비전도성이므로 정전기 발생에 주의한다.

400 휘발유에 대한 설명으로 옳지 않은 것은?

① 지정수량은 200L이다.
② 전기의 불량도체로서 정전기 축적이 용이하다.
③ 원유의 성질·상태·처리방법에 따라 탄화수소의 혼합비율이 다르다.
④ 발화점은 −43~−20℃ 정도이다.

해설

④ 발화점은 약 300℃이다.

401 가솔린의 위험성에 대한 설명 중 틀린 것은?

① 인화점이 낮아 인화되기 쉽다.
② 증기는 공기보다 가벼우며 쉽게 착화된다.
③ 사에틸납이 혼합된 가솔린은 유독하다.
④ 정전기 발생에 주의하여야 한다.

해설

② 증기는 공기보다 무거우며 쉽게 착화된다(증기비중 3~4).

402 가솔린의 연소범위에 가장 가까운 것은?

(최근 2)

① 1.4~7.6%
② 2.0~23.0%
③ 1.8~36.5%
④ 1.0~50.0%

정답 396 ② 397 ② 398 ② 399 ④ 400 ④ 401 ② 402 ①

해설

가솔린은 제4류 위험물 제1석유류로서 연소범위는 1.4~7.6%이다.

403 휘발유에 대한 설명으로 옳은 것은?

① 가연성 증기가 발생하기 쉬우므로 주의한다.
② 발생된 증기는 공기보다 가벼워서 주변으로 확산하기 쉽다.
③ 전기가 잘 통하는 도체이므로 정전기를 발생시키지 않도록 조치한다.
④ 인화점이 상온보다 높으므로 여름철에 각별한 주의가 필요하다.

해설

② 발생된 증기는 공기보다 무거워서 한 곳에 모일 우려가 있다.
③ 전기가 통하지 않는 부도체이므로 정전기를 발생시키지 않도록 조치한다.
④ 인화점이 상온보다 낮으므로 겨울철에도 각별한 주의가 필요하다(인화점 −43~−20℃).

404 휘발유에 대한 설명으로 틀린 것은?

① 위험등급은 Ⅰ등급이다.
② 증기는 공기보다 무거워 낮은 곳에 체류하기 쉽다.
③ 내장용기가 없는 외장플라스틱용기에 적재할 수 있는 최대용적은 20리터이다.
④ 이동탱크저장소로 운송하는 경우 위험물운송자는 위험물안전카드를 휴대하여야 한다.

해설

- 위험등급 Ⅰ : 제4류 위험물 중 특수인화물
- 위험등급 Ⅱ : 제4류 위험물 중 제1석유류(휘발유) 및 알코올류

405 휘발유의 일반적인 성상에 대한 설명으로 틀린 것은?

① 물에 녹지 않는다.
② 전기전도성이 뛰어나다.
③ 물보다 가볍다.
④ 주성분은 알칸 또는 알칸계 탄화수소이다.

해설

② 휘발유는 비전도성을 가진다.

406 휘발유에 대한 설명으로 옳지 않은 것은?

① 전기 양도체이므로 정전기 발생에 주의해야 한다.
② 빈 드럼통이라도 가연성 가스가 남아 있을 수 있으므로 취급에 주의해야 한다.
③ 취급, 저장 시 환기를 잘 시켜야 한다.
④ 직사광선을 피해 통풍이 잘 되는 곳에 저장한다.

해설

① 전기 부도체이므로 정전기 발생에 주의해야 한다.

407 다음 중 휘발유에 화재가 발생하였을 경우 소화방법으로 가장 적합한 것은?

① 물을 이용하여 제거소화를 한다.
② 이산화탄소를 이용하여 질식소화를 한다.
③ 강산화제를 이용하여 촉매소화를 한다.
④ 산소를 이용하여 희석소화를 한다.

해설

휘발유에 의한 화재에는 포소화, CO_2, 분말에 의한 질식소화가 효과적이다.

408 휘발유의 소화방법으로 옳지 않은 것은?

① 분말소화약제를 사용한다.
② 포소화약제를 사용한다.
③ 물통 또는 수조로 주수소화를 한다.
④ 이산화탄소에 의한 질식소화를 한다.

정답 403 ① 404 ① 405 ② 406 ① 407 ② 408 ③

해설

③ 휘발유는 물보다 비중이 작기 때문에 소화 시 물통 또는 수조로 주수소화를 하면 화재면이 확대된다.

409 휘발유, 등유, 경유 등의 제4류 위험물에 화재가 발생하였을 때 소화방법으로 가장 옳은 것은?

① 포소화설비로 질식소화시킨다.
② 다량의 물을 위험물에 직접 주수하여 소화한다.
③ 강산화성 소화제를 사용하여 중화시켜 소화한다.
④ 염소산칼륨 또는 염화나트륨이 주성분인 소화약제로 표면을 덮어 소화한다.

해설

제4류 위험물(휘발유, 등유, 경유)의 화재에는 포소화, CO_2, 분말에 의한 질식소화가 효과적이다.

410 다음 물질 중 물보다 비중이 작은 것으로만 이루어진 것은? (최근 1)

① 에테르, 이황화탄소
② 벤젠, 글리세린
③ 가솔린, 메탄올
④ 글리세린, 아닐린

해설

① 에테르(0.7), 이황화탄소(1.26)
② 벤젠(0.9), 글리세린(1.25)
③ 가솔린(0.65~0.76), 메탄올(0.8)
④ 글리세린(1.25), 아닐린(1.02)

411 다음 중 물에 녹지 않는 인화성 액체는?

① 벤젠 ② 아세톤
③ 메틸알코올 ④ 아세트알데히드

해설

① 방향족(벤젠)은 비수용성이다.

412 벤젠에 관한 설명 중 틀린 것은?

① 인화점은 약 −11℃ 정도이다.
② 이황화탄소보다 착화온도가 높다.
③ 벤젠 증기는 마취성은 있으나 독성은 없다.
④ 취급할 때 정전기 발생을 조심해야 한다.

해설

③ 벤젠 증기는 마취성과 독성이 있다.

413 벤젠에 대한 설명으로 옳은 것은?

① 휘발성이 강한 액체이다.
② 물에 매우 잘 녹는다.
③ 증기의 비중은 1.5이다.
④ 순수한 것의 융점은 30℃이다.

해설

② 물에 녹지 않는다.
③ 증기의 비중은 2.69이다.
④ 순수한 것의 융점은 5.5℃이다.

414 다음 중 벤젠 증기의 비중에 가장 가까운 값은?

① 0.7 ② 0.9
③ 2.7 ④ 3.9

해설

벤젠(C_6H_6)의 증기비중 $= \frac{78}{29} = 2.69$

415 벤젠의 성질에 대한 설명 중 틀린 것은?

① 무색의 액체로서 휘발성이 있다.
② 불을 붙이면 그을음을 내며 탄다.
③ 증기는 공기보다 무겁다.
④ 물에 잘 녹는다.

해설

④ 방향족(벤젠)은 물에 녹지 않는다.

정답 409 ① 410 ③ 411 ① 412 ③ 413 ① 414 ③ 415 ④

416 벤젠의 위험성에 대한 설명으로 틀린 것은? (최근 1)

① 휘발성이 있다.
② 인화점이 0℃보다 낮다.
③ 증기는 유독하여 흡입하면 위험하다.
④ 이황화탄소보다 착화온도가 낮다.

해설

④ 이황화탄소보다 착화온도가 높다(벤젠의 착화온도 : 498℃, 이황화탄소의 착화온도 : 100℃).

417 벤젠의 저장 및 취급 시 주의사항에 대한 설명으로 틀린 것은? (최근 1)

① 정전기에 주의한다.
② 피부에 닿지 않도록 주의한다.
③ 증기는 공기보다 가벼워 높은 곳에 체류하므로 환기에 주의한다.
④ 통풍이 잘 되는 차고 어두운 곳에 저장한다.

해설

③ 증기는 공기보다 무거워 낮은 곳에 체류하므로 환기에 주의한다.

418 다음 위험물 중 물에 대한 용해도가 가장 낮은 것은? (최근 1)

① 아크릴산
② 아세트알데히드
③ 벤젠
④ 글리세린

해설

① $C_3H_4O_2$: 제2석유류, 수용성
② CH_3CHO : 특수인화물, 수용성
③ C_6H_6 : 제1석유류, 비수용성
④ $C_3H_5(OH)_3$: 제3석유류, 수용성

419 다음 위험물 중 끓는점이 가장 높은 것은? (최근 1)

① 벤젠
② 디에틸에테르
③ 메탄올
④ 아세트알데히드

해설

① C_6H_6(제1석유류) : 80℃
② $C_2H_5OC_2H_5$(특수인화물) : 34.48℃
③ CH_3OH(알코올류) : 65℃
④ CH_3CHO(특수인화물) : 21℃

420 벤젠, 톨루엔의 공통된 성상이 아닌 것은?

① 비수용성의 무색액체이다.
② 인화점은 0℃ 이하이다.
③ 액체의 비중은 1보다 작다.
④ 증기의 비중은 1보다 크다.

해설

② 인화점의 경우, 벤젠은 −11℃, 톨루엔은 4℃이다.

421 디에틸에테르와 벤젠의 공통성질에 대한 설명으로 옳은 것은?

① 증기비중은 1보다 크다.
② 인화점은 −10℃보다 높다.
③ 착화온도는 200℃보다 낮다.
④ 연소범위의 상한이 60%보다 크다.

해설

① 증기비중은 1보다 크다(디에틸에테르 2.55, 벤젠 2.69).
② 인화점은 −10℃보다 낮다(디에틸에테르 −45℃, 벤젠 −11℃).
③ 착화온도는 500℃보다 낮다(디에틸에테르 180℃, 벤젠 498℃).
④ 연소범위의 상한이 60%보다 작다(디에틸에테르 48%, 벤젠 7.8%).

정답 416 ④ 417 ③ 418 ③ 419 ① 420 ② 421 ① 422 ③

422 다음 위험물 중 분자식을 C_3H_6O로 나타내는 것은?

① 에틸알코올
② 에틸에테르
③ 아세톤
④ 아세트산

해설

① 에틸알코올 : C_2H_5OH
② 에틸에테르 : $C_2H_5OC_2H_5$
③ 아세톤 : CH_3COCH_3
④ 아세트산 : CH_3COOH

423 아세톤의 성질에 관한 설명으로 옳은 것은?

① 비중은 1.02이다.
② 물에 불용이고, 에테르에 잘 녹는다.
③ 증기 자체는 무해하나, 피부에 닿으면 탈지작용이 있다.
④ 인화점이 0℃보다 낮다.

해설

① 비중은 0.8이다.
② 물과 에테르에 잘 녹는다.
③ 증기 자체가 유해하고, 피부에 닿으면 탈지작용이 있다.
④ 인화점이 −18℃로 0℃보다 낮다.

424 아세톤에 관한 설명 중 틀린 것은?

① 무색의 휘발성이 강한 액체이다.
② 조해성이 있으며 물과 반응 시 발열한다.
③ 겨울철에도 인화의 위험성이 있다.
④ 증기는 공기보다 무거우며 액체는 물보다 가볍다.

해설

② 조해성이 없으며, 물에 녹고 발열하지 않는다.

425 아세톤의 성질에 대한 설명 중 틀린 것은?

① 무색의 액체로서 인화성이 있다.
② 증기는 공기보다 무겁다.
③ 물에 잘 녹는다.
④ 무취이며 휘발성이 없다.

해설

④ 무색의 휘발성 액체로서 독특한 냄새가 있다.

426 다음 아세톤의 완전연소반응식에서 ( ) 안에 알맞은 개수를 차례대로 옳게 나타낸 것은?

$CH_3COCH_3 + (\quad)O_2 \rightarrow (\quad)CO_2 + 3H_2O$

① 3, 4　　② 4, 3
③ 6, 3　　④ 3, 6

해설

$CH_3COCH_3 + 4O_2 \rightarrow 3CO_2 + 3H_2O$

427 아세톤의 물리 · 화학적 특성과 화재예방방법에 대한 설명으로 틀린 것은?

① 물에 잘 녹는다.
② 증기가 공기보다 가벼우므로 확산에 주의한다.
③ 화재 발생 시 물분무에 의한 소화가 가능하다.
④ 휘발성이 있는 가연성 액체이다.

해설

② 아세톤의 증기는 공기보다 무겁다(증기비중 2.0).

428 다음 중 화재 시 내알코올포소화약제를 사용하는 것이 가장 적합한 위험물은?

① 아세톤　　② 휘발유
③ 경유　　④ 등유

해설

내알코올포소화약제는 수용성 물질에 효과가 있으므로, 보기에서 수용성 위험물은 아세톤이다.

정답 423 ④ 424 ② 425 ④ 426 ② 427 ② 428 ①

429 다음 물질 중 인화점이 가장 낮은 것은?

① 경유
② 아세톤
③ 톨루엔
④ 메틸알코올

해설

① 제2석유류 : 50~70℃
② 제1석유류 : −18℃
③ 제1석유류 : 4℃
④ 알코올류 : 11℃

430 시클로헥산에 관한 설명으로 가장 거리가 먼 것은?

① 고리형 분자구조를 가진 방향족 탄화수소화합물이다.
② 화학식은 C_6H_{12}이다.
③ 비수용성 위험물이다.
④ 제4류 위험물 제1석유류에 속한다.

해설

① 제4류 위험물 제1석유류로서 메틸렌기 6개가 결합된 방향족이 아닌 사이클로파라핀계 탄화수소이다.

431 초산에틸의 성질에 대한 설명 중 틀린 것은?

① 적갈색의 휘발성 물질이다.
② 비중이 약 0.9 정도로 물보다 가볍다.
③ 증기비중은 약 3 정도로 공기보다 무겁다.
④ 인화점은 0℃보다 낮다.

해설

초산에틸($CH_3COOC_2H_5$)
- 무색투명한 휘발성 액체이다.
- 액비중은 0.9, 증기비중은 3.03, 인화점은 −4℃이다.

432 다음은 각 위험물의 인화점을 나타낸 것이다. 인화점을 틀리게 나타낸 것은?

① CH_3COCH_3 : −18℃
② C_6H_6 : −11℃
③ CS_2 : −30℃
④ C_6H_5N : −20℃

해설

① 아세톤 : −18℃
② 벤젠 : −11℃
③ 이황화탄소 : −30℃
④ 피리딘 : 20℃

[알코올류]

433 다음 중 제4류 위험물의 알코올류에 해당되지 않는 것은?

① 고형알코올
② 메틸알코올
③ 이소프로필알코올
④ 에틸알코올

해설

①은 제2류 위험물(인화성 고체)에 해당된다.

434 알코올에 관한 설명으로 옳지 않은 것은?

① 1가 알코올은 OH 기의 수가 1개인 알코올을 말한다.
② 제2차 알코올은 제1차 알코올이 산화된 것이다.
③ 제2차 알코올이 수소를 잃으면 케톤이 된다.
④ 알데히드가 환원되면 제1차 알코올이 된다.

해설

② 제2차 알코올은 제1차 알코올이 환원된 것이다.

정답 429 ② 430 ① 431 ① 432 ④ 433 ① 434 ②

435 알코올류의 일반 성질이 아닌 것은?

① 분자량이 증가하면 증기비중이 커진다.
② 알코올은 탄화수소의 수소원자를 −OH기로 치환한 구조를 가진다.
③ 탄소수가 적은 알코올을 저급 알코올이라고 한다.
④ 제3차 알코올에는 −OH기가 3개 있다.

해설

④ 제3차 알코올은 −OH기가 결합한 탄소가 다른 탄소 3개와 연결된 알코올을 의미하며, −OH기가 3개 있는 알코올은 3가 알코올이라 한다.

436 메틸알코올은 몇 가 알코올인가?

① 1가 ② 2가
③ 3가 ④ 4가

해설

알코올의 분류(OH수에 따라 분류)
- 1가 알코올(−OH기가 1개인 것) : 메틸알코올, 에틸알코올
- 2가 알코올(−OH기가 2개인 것) : 에틸렌글리콜
- 3가 알코올(−OH기가 3개인 것) : 글리세린

437 촉매 존재하에서 일산화탄소와 수소를 고온, 고압에서 합성시켜 제조하는 물질로 산화하면 포름알데히드가 되는 것은?

① 메탄올 ② 벤젠
③ 휘발유 ④ 등유

해설

- 산화 : 산소(O)를 얻거나 수소(H)를 잃는 것
- 환원 : 산소(O)를 잃거나 수소(H)를 얻는 것

$$\underset{\text{(메탄올)}}{CH_3OH} \underset{\text{환원}}{\overset{\text{산화}}{\rightleftarrows}} \underset{\text{(포름알데히드)}}{HCHO} \underset{\text{환원}}{\overset{\text{산화}}{\rightleftarrows}} \underset{\text{(의산)}}{HCOOH}$$

438 비중이 0.8인 메틸알코올의 지정수량을 kg으로 환산하면 얼마인가?

① 200 ② 320
③ 460 ④ 500

해설

메틸알코올의 지정수량 $400L \times 0.8\frac{kg}{L} = 320kg$

439 메틸알코올의 연소범위를 더 좁게 하기 위하여 첨가하는 물질이 아닌 것은?

① 질소 ② 산소
③ 이산화탄소 ④ 아르곤

해설

연소범위를 좁게 하기 위해서는 불연성 가스(N_2, CO_2, Ar)를 첨가하고, 산소는 조연성 가스이므로 연소범위를 더 넓게, 즉 더 위험하게 한다.

440 메탄올에 관한 설명으로 옳지 않은 것은?

① 인화점은 약 11℃이다.
② 술의 원료로 사용된다.
③ 휘발성이 강하다.
④ 최종산화물은 의산(포름산)이다.

해설

② 술의 원료로 사용되는 알코올은 에틸알코올이다.

441 메틸알코올의 위험성에 대한 설명으로 틀린 것은?

① 겨울에는 인화의 위험이 여름보다 적다.
② 증기밀도는 가솔린보다 크다.
③ 독성이 있다.
④ 연소범위는 에틸알코올보다 넓다.

해설

② 메틸알코올의 증기밀도는 1.10, 가솔린의 증기밀도는 3~4로서 증기밀도는 가솔린보다 작다.

정답 435 ④ 436 ① 437 ① 438 ② 439 ② 440 ② 441 ②

442 다음 수용액 중 알코올의 함유량이 60(중량)% 이상일 때 위험물안전관리법상 제4류 위험물 알코올류에 해당하는 물질은?

① 에틸렌글리콜($C_2H_4(OH)_2$)
② 알릴알코올($CH_2=CHCH_2OH$)
③ 부틸알코올(C_4H_9OH)
④ 에틸알코올(CH_3CH_2OH)

해설

알코올류
1분자 내 탄소원자수가 3 이내인 알코올을 말한다(탄소수가 4 이상인 경우는 인화점에 따라 석유류로 분류).

① 제3석유류
②, ③ 제2석유류
④ 알코올류

443 에틸알코올의 증기비중은 약 얼마인가?

① 0.72
② 0.91
③ 1.13
④ 1.59

해설

$$\text{증기비중} = \frac{\text{분자량}}{\text{공기의 분자량}} = \frac{46}{29} = 1.586$$

444 에틸알코올에 관한 설명 중 옳은 것은?

① 인화점은 0℃ 이하이다.
② 비점은 물보다 낮다.
③ 증기밀도는 메틸알코올보다 작다.
④ 수용성이므로 이산화탄소소화기는 효과가 없다.

해설

① 인화점은 13℃이다.
③ 증기밀도는 메틸알코올보다 크다.
④ 수용성이므로 일반 포소화기는 효과가 없다.

445 메탄올과 에탄올의 공통점에 대한 설명으로 틀린 것은?

① 증기비중이 같다.
② 무색 투명한 액체이다.
③ 비중이 1보다 작다.
④ 물에 잘 녹는다.

해설

- 메탄올(메틸알코올)의 증기비중 : $\frac{32}{29} = 1.103$
- 에탄올(에틸알코올)의 증기 비중 : $\frac{46}{29} = 1.586$

∴ 증기비중이 다르다.

446 메탄올과 비교한 에탄올의 성질에 대한 설명 중 틀린 것은?

① 인화점이 낮다.
② 발화점이 낮다.
③ 증기비중이 크다.
④ 비점이 높다.

해설

① 인화점이 높다(메탄올 : 11℃), 에탄올 : 13℃).
② 발화점이 낮다(메탄올 : 464℃), 에탄올 : 423℃).
③ 증기비중이 크다(메탄올 : 1.10), 에탄올 : 1.59).
④ 비점이 높다(메탄올 : 64.7℃), 에탄올 : 78℃).

447 메틸알코올과 에틸알코올의 공통점을 설명한 내용으로 틀린 것은?

① 휘발성의 무색액체이다.
② 인화점이 0℃ 이하이다.
③ 증기는 공기보다 무겁다.
④ 비중이 물보다 작다.

해설

② 인화점이 0℃ 이상이다(메탄올 : 11℃, 에탄올 : 13℃).

정답 442 ④ 443 ④ 444 ② 445 ① 446 ① 447 ②

448 다음 중 물에 가장 잘 용해되는 위험물은?

① 벤즈알데히드
② 이소프로필알코올
③ 휘발유
④ 에테르

해설

① 제2석유류(비수용성)
② 알코올류(수용성)
③ 제1석유류(비수용성)
④ 특수인화물(비수용성)

449 이소프로필알코올에 대한 설명으로 옳지 않은 것은?

① 탈수하면 프로필렌이 된다.
② 탈수소하면 아세톤이 된다.
③ 물에 녹지 않는다.
④ 무색투명한 액체이다.

해설

③ 물에 잘 녹으며, 제4류 위험물 알코올류에 속한다(C_1에서 C_3까지 물에 잘 녹는다).

[제2석유류]

450 다음 설명 중 제2석유류에 해당하는 것은? (단, 1기압 상태이다.) (최근 2)

① 착화점이 21℃ 미만인 것
② 착화점이 30℃ 이상 50℃ 미만인 것
③ 인화점이 21℃ 이상 70℃ 미만인 것
④ 인화점이 21℃ 이상 90℃ 미만인 것

해설

제2석유류
인화점이 21℃ 이상 70℃ 미만인 것

451 1기압 20℃에서 액체인 미상의 위험물에 대하여 인화점과 발화점을 측정한 결과 인화점이 32.2℃, 발화점이 257℃로 측정되었다. 위험물안전관리법상 이 위험물의 유별과 품명의 지정으로 옳은 것은?

① 제4류 특수인화물 ② 제4류 제1석유류
③ 제4류 제2석유류 ④ 제4류 제3석유류

해설

제2석유류의 성상
등유, 경유, 그 밖에 1기압에서 인화점이 21℃ 이상 70℃ 미만인 것

452 제2석유류에 해당하는 물질로만 짝지어진 것은?

① 등유, 경유
② 글리세린, 기계유
③ 글리세린, 장뇌유
④ 등유, 중유

해설

② 글리세린 : 제3석유류, 기계유 : 제4석유류
③ 글리세린 : 제3석유류, 장뇌유 : 제2석유류
④ 등유 : 제2석유류, 중유 : 제3석유류

453 다음 중 제2석유류만으로 짝지어진 것은?

① 시클로헥산 – 피리딘
② 염화아세틸 – 휘발유
③ 시클로헥산 – 중유
④ 아크릴산 – 포름산

해설

① 시클로헥산(제1석유류) – 피리딘(제1석유류)
② 염화아세틸(제1석유류) – 휘발유(제1석유류)
③ 시클로헥산(제1석유류) – 중유(제3석유류)
④ 아크릴산(제2석유류) – 포름산(제2석유류)

정답 448 ② 449 ③ 450 ③ 451 ③ 452 ① 453 ④

454 위험물안전관리법령상 위험물의 품명이 다른 하나는?

① CH_3COOH ② C_6H_5Cl
③ $C_6H_5CH_3$ ④ C_6H_5Br

해설

① 초산 : 제2석유류 ② 클로로벤젠 : 제2석유류
③ 톨루엔 : 제1석유류 ④ 브로모벤젠 : 제2석유류

455 다음 위험물 중에서 화재가 발생하였을 때, 내알코올포소화약제를 사용하는 것이 효과가 가장 높은 것은?

① C_6H_6 ② $C_6H_5CH_3$
③ $C_6H_4(CH_3)_2$ ④ CH_3COOH

해설

내알코올포소화약제는 수용성 물질에 대한 소화에 사용된다.

① 벤젠(불용성) ② 톨루엔(불용성)
③ 크실렌(불용성) ④ 초산(수용성)

456 다음 위험물에 대한 설명 중 틀린 것은?

① 아세트산은 약 16℃ 정도에서 응고한다.
② 아세트산의 분자량은 약 60이다.
③ 피리딘은 물에 용해되지 않는다.
④ 크실렌은 3가지의 이성질체를 가진다.

해설

피리딘은 제4류 위험물 제1석유류로서 수용성 위험물이다.

457 위험물의 성질에 관한 설명 중 틀린 것은?

① 초산메틸은 유기화합물이다.
② 피리딘은 물에 녹지 않는다.
③ 초산에틸은 무색, 투명한 액체이다.
④ 이소프로필알코올은 물에 녹는다.

해설

문제 456번 해설 참조

458 등유의 지정수량에 해당하는 것은?

① 100L ② 200L
③ 1,000L ④ 2,000L

해설

등유는 제2석유류 비수용성이므로 지정수량이 1,000L이다.

459 등유의 성질에 대한 설명 중 틀린 것은? (최근 1)

① 증기는 공기보다 가볍다.
② 인화점이 상온보다 높다.
③ 전기에 대해 불량도체이다.
④ 물보다 가볍다.

해설

① 증기는 공기보다 무겁다(증기비중 4.5).

460 등유에 대한 설명으로 틀린 것은?

① 휘발유보다 착화온도가 높다.
② 증기는 공기보다 무겁다.
③ 인화점은 상온(25℃)보다 높다.
④ 물보다 가볍고 비수용성이다.

해설

① 휘발유(300℃)보다 등유(210℃)의 착화온도가 더 낮다.

461 다음 중 인화점이 가장 높은 것은?

① 등유 ② 벤젠
③ 아세톤 ④ 아세트알데히드

해설

① 제2석유류(40~70℃)
② 제1석유류(−11℃)
③ 제1석유류(−18℃)
④ 특수인화물(−39℃)

정답 454 ③ 455 ④ 456 ③ 457 ② 458 ③ 459 ① 460 ① 461 ①

462 다음 중 발화점(착화온도)이 가장 낮은 것은? (최근 1)

① 등유
② 가솔린
③ 아세톤
④ 톨루엔

해설

물질명	등유	가솔린	아세톤	톨루엔
착화온도	210℃	300℃	538℃	480℃

463 다음 중 증기비중이 가장 큰 것은? (최근 1)

① 벤젠
② 등유
③ 메틸알코올
④ 디에틸에테르

해설

물질명	벤젠	등유	메틸알코올	에테르
증기비중	2.69	4.5	1.10	2.55

※ 분자량이 클수록 증기비중이 큰 물질이다.

464 경유에 관한 설명으로 옳은 것은?

① 증기비중은 1 이하이다.
② 제3석유류에 속한다.
③ 착화온도는 가솔린보다 낮다.
④ 무색의 액체로서 원유 증류 시 가장 먼저 유출되는 유분이다.

해설

① 증기비중은 4.5이다.
② 제2석유류에 속한다.
③ 휘발유(300℃)보다 경유(200℃)의 착화온도가 더 낮다.
④ 담황색액체로서 원유 증류 시 등유보다 조금 높은 온도에서 유출되는 유분이다.

465 경유에 대한 설명으로 틀린 것은?

① 품명은 제3석유류이다.
② 디젤기관의 연료로 사용할 수 있다.
③ 원유의 증류 시 등유와 중유 사이에서 유출된다.
④ K, Na의 보호액으로 사용할 수 있다.

해설

① 품명은 제3석유류가 아니라 제2석유류이다.

466 경유에 대한 설명으로 틀린 것은?

① 발화점이 인화점보다 높다.
② 물에 녹지 않는다.
③ 비중은 1 이하이다.
④ 인화점은 상온 이하이다.

해설

④ 인화점 : 50~70℃로서 상온 이상이다.

467 포름산에 대한 설명으로 옳은 것은?

① 환원성에 있다.
② 초산 또는 빙초산이라고도 한다.
③ 독성은 거의 없고 물에 녹지 않는다.
④ 비중은 약 0.6이다.

해설

② 의산, 개미산이라고도 한다.
③ 산성을 가지며, 물에 잘 녹는다.
④ 비중은 약 1.22이다.

468 아세트산의 일반적 성질에 대한 설명 중 틀린 것은?

① 무색투명한 액체이다.
② 수용성이다.
③ 증기비중은 등유보다 크다.
④ 겨울철에 고화될 수 있다.

정답 462 ① 463 ② 464 ③ 465 ① 466 ④ 467 ① 468 ③

해설

③ 증기비중은 등유보다 작다(등유 4.5, 아세트산 2.07).

469 히드라진의 지정수량은 얼마인가?

① 200kg
② 200L
③ 2,000kg
④ 2,000L

해설

히드라진(N_2H_4)은 제4류 위험물 제2석유류(수용성)이며 지정수량은 2,000L이다.

[제3석유류]

470 위험물안전관리법상 제3석유류의 액체상태의 판단기준은? (최근 1)

① 1기압과 섭씨 20도에서 액상인 것
② 1기압과 섭씨 25도에서 액상인 것
③ 기압에 무관하게 섭씨 20도에서 액상인 것
④ 기압에 무관하게 섭씨 25도에서 액상인 것

해설

제3석유류의 지정성상
1기압 20℃에서 액체이고 인화점이 70℃ 이상 200℃ 미만인 것이다.

471 다음 중 제3석유류에 속하는 것은?

① 벤즈알데히드
② 등유
③ 글리세린
④ 염화아세틸

해설

- ①, ②는 제2석유류
- ④는 제1석유류

472 다음 중 제3석유류로만 나열된 것은?

① 아세트산, 테레빈유
② 글리세린, 아세트산
③ 글리세린, 에틸렌글리콜
④ 아크릴산, 에틸렌글리콜

해설

① 아세트산 : 제2석유류, 테레빈유 : 동식물유류
② 글리세린 : 제3석유류, 아세트산 : 제2석유류
④ 아크릴산 : 제5류 위험물, 에틸렌글리콜 : 제3석유류

473 아닐린에 대한 설명으로 옳은 것은?

① 특유의 냄새를 가진 기름상 액체이다.
② 인화점이 0℃ 이하이어서 상온에서 인화의 위험이 높다.
③ 황산과 같은 강산화제와 접촉하면 중화되어 안정하게 된다.
④ 증기는 공기와 혼합하여 인화, 폭발의 위험이 없는 안정한 상태가 된다.

해설

② 인화점이 70℃로서 상온에서 인화의 위험이 낮다.
③ 황산과 같은 강산화제와 접촉하면 훨씬 더 위험하게 된다.
④ 증기는 공기와 혼합하여 인화, 폭발의 위험이 있다.

474 인화점이 100℃보다 낮은 물질은?

① 아닐린
② 에틸렌글리콜
③ 글리세린
④ 실린더유

해설

① 제3석유류 : 75℃
② 제3석유류 : 111℃
③ 제3석유류 : 160℃
④ 제4석유류 : 200℃ 이상

정답 469 ④ 470 ① 471 ③ 472 ③ 473 ① 474 ①

475 다음 중 인화점이 가장 높은 것은?

① 니트로벤젠 ② 클로로벤젠
③ 톨루엔 ④ 에틸벤젠

해설

① 제3석유류 : 88℃
② 제3석유류 : 32℃
③ 제1석유류 : 4℃
④ 제1석유류 : 15℃

476 인화점이 상온 이상인 위험물은?

① 중유 ② 아세트알데히드
③ 아세톤 ④ 이황화탄소

해설

① 60~150℃ ② −39℃
③ −18℃ ④ −30℃

477 에틸렌글리콜의 성질로 옳지 않은 것은?

(최근 1)

① 갈색의 액체로 방향성이 있고, 쓴맛이 난다.
② 물, 알코올 등에 잘 녹는다.
③ 분자량은 약 62이고, 비중은 약 1.1이다.
④ 부동액의 원료로 사용된다.

해설

① 무색의 액체로 방향성은 없고, 단맛이 난다.

478 $HO-CH_2CH_2-OH$의 지정수량은 몇 L인가?

① 1,000 ② 2,000
③ 4,000 ④ 6,000

해설

에틸렌글리콜($C_2H_4(OH)_2$)은 제4류 위험물 제3석유류(수용성)로 지정수량이 4,000L이다.

479 글리세린은 제 몇 석유류에 해당하는가?

① 제1석유류 ② 제2석유류
③ 제3석유류 ④ 제4석유류

해설

글리세린은 제3석유류에 해당한다(수용성).

480 크레오소트유에 대한 설명으로 틀린 것은?

(최근 1)

① 제3석유류에 속한다.
② 무취이고 증기에 독성이 없다.
③ 상온에서 액체이다.
④ 물보다 무겁고 물에 녹지 않는다.

해설

② 독특한 냄새가 나고 증기에 독성이 있다.

[제4석유류]

481 1기압 20℃에서 액상이며 인화점이 200℃ 이상인 물질은?

① 벤젠 ② 톨루엔
③ 글리세린 ④ 실린더유

해설

제4석유류
기어유, 실린더유, 그 밖에 1atm에서 인화점이 200℃ 이상 250℃ 미만의 것을 말한다.

482 제4류 위험물의 품명 중 지정수량이 6,000L인 것은?

① 제3석유류 비수용성 액체
② 제3석유류 수용성 액체
③ 제4석유류
④ 동식물유류

정답 475 ① 476 ① 477 ① 478 ③ 479 ③ 480 ② 481 ④ 482 ③

해설

① 2,000L ② 4,000L
③ 6,000L ④ 10,000L

483 품명이 제4석유류인 위험물은?

① 중유 ② 기어유
③ 등유 ④ 크레오소트유

해설

제4석유류에는 기계유, 기어유, 실린더유 등이 있다.

[동식물유류]

484 다음은 위험물안전관리법령에서 정의한 동식물유류에 관한 내용이다. ( ) 안에 알맞은 수치는? (최근 1)

> 동물의 지육 등 또는 식물의 종자나 과육으로부터 추출한 것으로서 1기압에서 인화점이 섭씨 ( )도 미만인 것을 말한다.

① 21 ② 200
③ 250 ④ 300

해설

동식물유류는 1기압에서 인화점이 섭씨 250도 미만인 것을 말한다.

485 동식물유류에 대한 설명으로 틀린 것은?

① 아마인유는 건성유이다.
② 불포화결합이 적을수록 자연발화의 위험이 커진다.
③ 요오드값이 100 이하인 것을 불건성유라 한다.
④ 건성유는 공기 중 산화중합으로 생긴 고체가 도막을 형성할 수 있다.

해설

② 불포화결합이 많을수록 자연발화의 위험이 커진다.

486 요오드값에 관한 설명 중 틀린 것은?

① 기름 100g에 흡수되는 요오드의 g수를 말한다.
② 요오드값은 유지에 함유된 지방산의 불포화 정도를 나타낸다.
③ 불포화결합이 많이 포함되어 있는 것이 건성유이다.
④ 불포화 정도가 클수록 반응성이 작다.

해설

④ 불포화 정도가 클수록 반응성이 크다.

487 건성유에 해당되지 않는 것은?

① 들기름 ② 동유
③ 아마인유 ④ 피마자유

해설

①, ②, ③ 건성유
④ 불건성유

488 다음 중 자연발화의 위험성이 가장 큰 물질은?

① 아마인유 ② 야자유
③ 올리브유 ④ 피마자유

해설

자연발화의 위험성이 가장 큰 물질은 건성유이며, 보기에서 건성유는 ①, 나머지는 모두 불건성유이다.

489 다음 중 공기에서 산화되어 액 표면에 피막을 만드는 경향이 가장 큰 것은?

① 올리브유 ② 낙화생유
③ 야자유 ④ 동유

해설

①, ②, ③ 불건성유
④ 액 표면에 피막을 만드는 경향이 큰 것은 건성유이다.

정답 483 ② 484 ③ 485 ② 486 ④ 487 ④ 488 ① 489 ④

490 다음 중 요오드값이 가장 낮은 것은?

① 해바라기유　② 오동유
③ 아마인유　④ 낙화생유

해설

- 건성유 : 요오드값 130 이상(①, ②, ③)
- 불건성유 : 요오드값 100 미만(④)

5 제5류 위험물

[일반사항]

491 다음 중 지정수량이 가장 큰 것은?

① 과염소산칼륨　② 트리니트로톨루엔
③ 황린　④ 유황

해설

① 제1류 위험물 : 50kg
② 제5류 위험물 : 200kg
③ 제3류 위험물 : 20kg
④ 제3류 위험물 : 100kg

492 제5류 위험물 중 지정수량이 잘못된 것은?

① 유기과산화물 : 10kg
② 히드록실아민 : 100kg
③ 질산에스테르류 : 100kg
④ 니트로화합물 : 200kg

해설

③ 질산에스테르류 : 10kg

493 니트로화합물, 니트로소화합물, 질산에스테르류, 히드록실아민을 각각 50kg씩 저장하고 있을 때 지정수량의 배수가 가장 큰 것은?

① 니트로화합물　② 니트로소화합물
③ 질산에스테르류　④ 히드록실아민

해설

- ①, ②는 지정수량이 200kg이므로, 지정수량의 배수는 0.25배
- ③은 지정수량이 10kg이므로, 지정수량의 배수는 5배
- ④는 지정수량이 100kg이므로, 지정수량의 배수는 0.5배

494 위험물의 지정수량이 나머지 셋과 다른 하나는?

① 질산에스테르류　② 니트로화합물
③ 아조화합물　④ 히드라진유도체

해설

① 10kg
②, ③, ④ 200kg

495 과산화벤조일 100kg을 저장하려고 한다. 지정수량의 배수는 얼마인가?

① 5배　② 7배
③ 10배　④ 15배

해설

과산화벤조일의 지정수량 : 10kg

∴ 지정수량의 배수 $= \frac{100}{10} = 10$배

496 벤조일퍼옥사이드, 피크르산, 히드록실아민이 각각 200kg이 있을 경우 지정수량 배수의 합은 얼마인가?

① 22　② 23
③ 24　④ 25

해설

- 벤조일퍼옥사이드의 지정수량 : 10kg
- 피크르산의 지정수량 : 200kg
- 히드록실아민 : 100kg

∴ 지정수량 배수의 합 $= \frac{\text{저장수량의 합}}{\text{지정수량의 합}}$

$$= \frac{200}{10} + \frac{200}{200} + \frac{200}{100} = 23$$

정답 490 ④ 491 ② 492 ③ 493 ③ 494 ① 495 ③ 496 ②

497 벤조일퍼옥사이드 10kg, 니트로글리세린 50kg, TNT 400kg을 저장하려고 할 때 각 위험물의 지정수량 배수의 총합은?

① 5　② 7
③ 8　④ 10

해설

• 벤조일퍼옥사이드의 지정수량 : 10kg
• 니트로글리세린의 지정수량 : 10kg
• TNT의 지정수량 : 200kg

$$\therefore \text{지정수량 배수의 합} = \frac{\text{저장수량의 합}}{\text{지정수량 합}} = \frac{10}{10} + \frac{50}{10} + \frac{400}{200} = 8$$

498 위험물안전관리법령상 셀룰로이드의 품명과 지정수량을 옳게 연결한 것은?

① 니트로화합물 – 200kg
② 니트로화합물 – 10kg
③ 질산에스테르류 – 200kg
④ 질산에스테르류 – 10kg

해설

셀룰로이드
• 질산에스테르류
• 지정수량 : 10kg

499 다음 위험물 중 지정수량이 가장 작은 것은?

① 니트로글리세린
② 과산화수소
③ 트리니트로톨루엔
④ 피크르산

해설

① 제5류 질산에스테르류 : 10kg
② 제6류 위험물 : 300kg
③, ④ 제5류 니트로화합물 : 200kg

500 다음 중 위험물안전관리법령에 의한 지정수량이 가장 적은 품명은?

① 질산염류　② 인화성 고체
③ 금속분　④ 질산에스테르류

해설

물질명	질산염류	인화성 고체	금속분	질산에스테르류
지정수량	300kg	1,000kg	500kg	10kg

501 일반적 성질이 산소공급원이 되는 위험물로 내부연소를 하는 것은?

① 제1류 위험물　② 제2류 위험물
③ 제5류 위험물　④ 제6류 위험물

해설

③ 제5류 위험물은 물질 자체에 산소를 다량 함유하고 있는 물질이다.

502 다음 중 자기반응성 물질이면서 산소공급원의 역할을 하는 것은?

① 황화인　② 탄화칼슘
③ 이황화탄소　④ 트리니트로톨루엔

해설

제5류 위험물이 자기반응성 물질이다.

① 제2류 위험물　② 제3류 위험물
③ 제4류 위험물　④ 제5류 위험물

503 자기반응성 물질에 해당하는 물질은?

① 과산화칼륨　② 벤조일퍼옥사이드
③ 트리에틸알루미늄　④ 메틸에틸케톤

해설

① 산화성 고체(제1류 위험물)
② 자기반응성 물질(제5류 위험물)
③ 금수성 물질(제3류 위험물)
④ 제1석유류(제4류 위험물)

정답 497 ③ 498 ④ 499 ① 500 ④ 501 ③ 502 ④ 503 ②

504 자기반응성 물질인 제5류 위험물에 해당하는 것은?

① $C_6H_5NO_2$

② $CH_3(C_6H_4)NO_2$

③ $C_6H_2(NO_2)_3OH$

④ CH_3COCH_3

해설

① 니트로벤젠 : 제4류 위험물 제3석유류
② 니트로톨루엔 : 제4류 위험물 제3석유류
③ 피크르산 : 제5류 위험물
④ 아세톤 : 제4류 위험물 제1석유류

505 다음 중 자기반응성 물질로만 나열된 것이 아닌 것은?

① 과산화벤조일, 질산메틸

② 숙신산퍼옥사이드, 디니트로벤젠

③ 아조다이카본아마이드, 니트로글리콜

④ 아세토니드릴, 트리니트로톨루엔

해설

① 과산화벤조일, 질산메틸 : 제5류 위험물 유기과산화물
② 숙신산퍼옥사이드 : 제5류 위험물 유기과산화물, 디니트로벤젠 : 제5류 위험물 니트로화합물
③ 아조다이카본아마이드 : 제5류 위험물 아조화합물, 니트로글리콜 : 제5류 위험물 질산에스테르류
④ 아세토니트릴 : 제4류 위험물 제1석유류, 트리니트로톨루엔 : 제5류 위험물 니트로화합물

506 다음 품명 중 제5류 위험물과 관계가 없는 것은?

① 질산염류

② 질산에스테르류

③ 유기과산화물

④ 히드라진 유도체

해설

① 질산염류는 제1류 위험물이다.

507 제5류 위험물에 해당하지 않는 것은? (최근 1)

① 염산히드라진

② 니트로글리세린

③ 니트로벤젠

④ 니트로셀룰로오스

해설

① 제5류 위험물 히드라진 유도체
②, ④ 제5류 위험물 질산에스테르류
③ 제4류 위험물 제3석유류

508 다음 중 제5류 위험물이 아닌 것은?

① 클로로벤젠

② 과산화벤조일

③ 염산히드라진

④ 아조벤젠

해설

① 클로로벤젠(C_6H_5Cl)은 제4류 위험물 제2석유류(비수용성)에 속한다.

509 다음 중 제5류 위험물이 아닌 것은?

① 염화벤조일

② 아지화나트륨

③ 질산구아니딘

④ 아세틸퍼옥사이드

해설

① 제4류 위험물 제3석유류(비수용성)에 속한다.

510 다음 중 제5류 위험물이 아닌 것은? (최근 1)

① 니트로글리세린

② 니트로톨루엔

③ 니트로글리콜

④ 트리니트로톨루엔

정답 504 ③ 505 ④ 506 ① 507 ③ 508 ① 509 ① 510 ②

해설

②는 제4류 위험물 제3석유류이다.

511 다음 중 제5류 위험물이 아닌 것은? (최근 1)

① $Pb(N_3)_2$
② CH_3ONO_2
③ N_2H_4
④ NH_2OH

해설

① 금속의 아지화합물(아지화납)
② 질산에스테르류(질산메틸)
③ 제4류 위험물 제2석유류(히드라진)
④ 히드록실아민

512 위험물의 유별 구분이 나머지 셋과 다른 하나는?

① 니트로글리콜
② 스티렌
③ 아조벤젠
④ 디니트로벤젠

해설

① 제5류 위험물 질산에스테르류
② 제4류 위험물 제2석유류
③ 제5류 위험물 아조화합물
④ 제5류 위험물 디니트로화합물

513 다음 중 위험물의 유별 구분이 다른 것은?

① 니트로글리콜
② 벤젠
③ 아조벤젠
④ 디니트로벤젠

해설

① 제5류 위험물 질산에스테르류
② 제4류 위험물 제1석유류
③ 제5류 위험물 아조화합물
④ 제5류 위험물 디니트로화합물

514 위험물안전관리법령상 유별이 같은 것으로만 나열된 것은?

① 금속의 인화물, 칼슘의 탄화물, 할로겐간화합물
② 아조벤젠, 염산히드라진, 질산구아니딘
③ 황린, 적린, 무기과산화물
④ 유기화산화물, 질산에스테르류, 알킬리튬

해설

① 제3류 : 금속의 인화물, 칼슘의 탄화물, 제6류 : 할로겐간화합물
② 제5류 : 아조벤젠, 염산히드라진, 질산구아니딘
③ 제3류 : 황린, 제2류 : 적린, 제1류 : 무기과산화물
④ 제5류 : 유기화산화물, 질산에스테르류, 제3류 : 알킬리튬

515 제5류 위험물에 관한 내용으로 틀린 것은?

① $C_2H_5ONO_2$: 상온에서 액체이다
② $C_6H_2OH(NO_2)_3$: 공기 중 자연분해가 매우 잘 된다.
③ $C_6H_3(NO_2)_2CH_3$: 담황색의 결정이다.
④ $C_3H_5(ONO_2)_3$: 혼산 중에 글리세린을 반응시켜 제조한다.

해설

② 피크르산(트리니트로페놀)은 공기 중에서 자연분해가 잘 되지 않는다.

516 상온에서 액상인 것으로만 나열된 것은?

① 니트로셀룰로오스, 니트로글리세린
② 질산에틸, 니트로글리세린
③ 질산에틸, 피크르산
④ 니트로셀룰로오스, 셀룰로이드

해설

① 니트로셀룰로오스(고체), 니트로글리세린(고체)
② 질산에틸(액체), 니트로글리세린(액체)
③ 질산에틸(액체), 피크르산(고체)
④ 니트로셀룰로오스(고체), 셀룰로이드(고체)

정답 511 ③ 512 ② 513 ② 514 ② 515 ② 516 ②

517 제5류 위험물의 위험성에 대한 설명으로 옳은 것은?

① 유기질소화합물에는 자연발화의 위험성을 갖는 것도 있다.
② 연소 시 주로 열을 흡수하는 성질이 있다.
③ 니트로화합물은 니트로기가 적을수록 분해가 용이하고, 분해발열량도 많다.
④ 연소 시 발생하는 연소가스가 없으나 폭발력이 매우 강하다.

해설

② 연소 시 다량의 열을 발산하는 성질이 있다.
③ 니트로화합물은 니트로기가 많을수록 분해가 용이하고, 분해발열량도 많다.
④ 연소 시 가연성 가스가 발생하고, 폭발력이 매우 강하다.

518 제5류 위험물의 일반적인 성질에 대한 설명으로 가장 거리가 먼 것은?

① 가연성 물실이나.
② 대부분 유기화합물이다.
③ 점화원의 접근은 위험하다.
④ 대부분 오래 저장할수록 안정하게 된다.

해설

④ 대부분 오래 저장할수록 불안정하게 된다.

519 제5류 위험물에 대한 설명 중 틀린 것은?

① 대부분 물질 자체에 산소를 함유하고 있다.
② 대표적 성질은 자기반응성 물질이다.
③ 가열, 충격, 마찰로 위험성이 증가하므로 주의한다.
④ 불연성이지만 가연물과 혼합은 위험하므로 주의한다.

해설

④ 가연성이면서 위험물 자체가 산소를 가지고 있으므로 주의를 요한다.

520 제5류 위험물에 대한 설명으로 옳지 않은 것은?

① 대표적인 성질은 자기반응성 물질이다.
② 피크르산은 니트로화합물이다.
③ 모두 산소를 포함하고 있다.
④ 니트로화합물은 니트로기가 많을수록 폭발력이 커진다.

해설

③ 제5류 위험물 중에서 아조벤젠, 디아조벤젠 등은 산소를 포함하고 있지 않다.

521 제5류 위험물의 일반적인 성질에 대한 설명 중 틀린 것은?

① 자기연소를 일으키며 연소속도가 빠르다.
② 무기물이므로 폭발의 위험이 있다.
③ 운반용기 외부에 "화기엄금" 및 "충격주의"의 주의사항 표시를 하여야 한다.
④ 강산화제 또는 강산류와 접촉 시 위험성이 증가한다.

해설

② 유기물이면서 폭발의 위험이 있다.

522 제5류 위험물의 일반적 성질에 관한 설명으로 옳지 않은 것은?

① 화재 발생 시 소화가 곤란하므로 적은 양으로 나누어 저장한다.
② 운반용기 외부에 "충격주의", "화기엄금"의 주의사항을 표시한다.
③ 자기연소를 일으키며 연소속도가 대단히 빠르다.
④ 가연성 물질이므로 질식소화하는 것이 가장 좋다.

해설

④ 제5류 위험물은 물질 자체에 다량의 산소를 함유하므로 질식소화보다는 다량의 주수에 의한 냉각소화가 효과적이다.

정답 517 ① 518 ④ 519 ④ 520 ③ 521 ② 522 ④

523 제5류 위험물의 연소에 관한 설명 중 틀린 것은?

① 연소속도가 빠르다.
② CO_2 소화기에 의한 소화가 적응성이 있다.
③ 가열, 충격, 마찰 등에 의해 발화할 위험이 있는 물질이 있다.
④ 연소 시 유독성 가스가 발생할 수 있다.

해설

② 제5류 위험물은 산소를 함유하고 있으므로, CO_2 소화기에 의한 소화에는 적응성이 없고, 다량의 주수소화가 효과적이다.

524 제5류 위험물의 공통된 취급방법이 아닌 것은?

① 용기의 파손 및 균열에 주의한다.
② 저장 시 가열, 충격, 마찰을 피한다.
③ 운반용기 외부에 주의사항으로 "자연발화주의"를 표기한다.
④ 점화원 및 분해를 촉진시키는 물질로부터 멀리 한다.

해설

③ 운반용기 외부에 주의사항으로 "화기엄금" 및 "충격주의"를 표기한다.

525 자기반응성 물질의 화재예방법으로 가장 거리가 먼 것은? (최근 1)

① 마찰을 피한다.
② 불꽃의 접근을 피한다.
③ 고온체로 건조시켜 보관한다.
④ 운반용기 외부에 "화기엄금" 및 "충격주의"를 표시한다.

해설

③ 자기반응성 물질이 고온체라면 폭발할 우려가 있다.

526 자기반응성 물질의 화재예방에 대한 설명으로 옳지 않은 것은?

① 가열 및 충격을 피한다.
② 할로겐화물소화기를 구비한다.
③ 가급적 소분하여 저장한다.
④ 차고 어두운 곳에 저장하여야 한다.

해설

자기반응성 물질은 제5류 위험물에 해당되며 할로겐화물과도 반응하므로, 소화기로 사용할 수 없다.

527 일반적인 제5류 위험물 취급 시 주의사항으로 가장 거리가 먼 것은?

① 화기의 접근을 피한다.
② 물과 격리하여 저장한다.
③ 마찰과 충격을 피한다.
④ 통풍이 잘 되는 냉암소에 저장한다.

해설

② 제5류 위험물은 소화 시 물을 사용하므로 물과 격리 저장할 필요는 없다.

528 제5류 위험물의 화재예방상 주의사항으로 가장 거리가 먼 것은?

① 점화원의 접근을 피한다.
② 통풍이 양호한 찬 곳에 저장한다.
③ 소화설비는 질식효과가 있는 것을 위주로 준비한다.
④ 가급적 소분하여 저장한다.

해설

③ 제5류 위험물은 다량의 산소를 함유하고 있기 때문에 질식소화 효과가 없다.

정답 523 ② 524 ③ 525 ③ 526 ② 527 ② 528 ③

529 제5류 위험물의 화재 시 소화방법에 대한 설명으로 옳은 것은? (최근 1)

① 가연성 물질로서 연소속도가 빠르므로 질식소화가 효과적이다.
② 할로겐화물소화기가 적응성이 있다.
③ CO_2 및 분말소화기가 적응성이 있다.
④ 다량의 주수에 의한 냉각소화가 효과적이다.

해설

제5류 위험물의 화재 시 소화방법은 자기반응성 물질이므로, 다량의 주수에 의한 냉각소화가 효과적이다.

530 위험물안전관리법령상 제5류 위험물의 공통된 취급방법으로 옳지 않은 것은?

① 불티, 불꽃, 고온체와의 접근을 피한다.
② 용기의 파손 및 균열에 주의한다.
③ 운반용기 외부에 주의사항으로 "화기주의" 및 "물기엄금"을 표기한다.
④ 저장 시 과열, 충격, 마찰을 피한다.

해설

③ 운반용기 외부에 주의사항으로 "화기엄금" 및 "충격주의"를 표기한다.

531 제5류 위험물의 화재예방과 진압대책으로 옳지 않은 것은?

① 서로 1m 이상의 간격을 두고 유별로 정리한 경우라도 제3류 위험물과는 동일한 옥내저장소에 저장할 수 없다.
② 위험물제조소의 주의사항 게시판에는 주의사항으로 "화기엄금"만 표기하면 된다.
③ 이산화탄소소화기와 할로겐화물소화기는 모두 적응성이 없다.
④ 운반용기의 외부에는 주의사항으로 "화기엄금"만 표시하면 된다.

해설

④ 운반용기의 외부에는 주의사항으로 "화기엄금" 및 "충격주의"를 표시하여야 한다.

[유기과산화물]

532 유기과산화물에 대한 설명으로 옳은 것은?

① 제1류 위험물이다.
② 화재 발생 시 질식소화가 가장 효과적이다.
③ 산화제 또는 환원제와 같이 보관하여 화재에 대비한다.
④ 지정수량은 약 10kg이다.

해설

① 제5류 위험물이다.
② 화재 발생 시 다량의 물에 의한 냉각소화가 가장 효과적이다.
③ 산화제 또는 환원제와 같이 보관하여서는 안 된다.

533 유기과산화물의 저장 또는 운반 시 주의사항으로 옳은 것은?

① 산화제이므로 다른 강산화제와 같이 저장해야 좋다.
② 일광이 드는 건조한 곳에 저장한다.
③ 알코올류 등 제4류 위험물과 혼재하여 운반할 수 있다.
④ 가능한 한 대용량으로 저장한다.

해설

① 산화제이자 환원제로 작용하므로, 다른 강산화제와 같이 저장하면 폭발한다.
② 그늘지고, 습한 곳에 저장한다.
④ 가능한 한 소용량으로 저장한다.

정답 529 ④ 530 ③ 531 ④ 532 ④ 533 ③

534 유기과산화물의 화재예방상 주의사항으로 틀린 것은?

① 열원으로부터 멀리한다.
② 직사광선을 피해야 한다.
③ 용기의 파손에 의해서 누출되면 위험하므로 정기적으로 점검하여야 한다.
④ 산화제와 격리하고 환원제와 접촉시켜야 한다.

해설

④ 산화제와 환원제 모두 접촉하여서는 안 된다.

535 유기과산화물의 화재예방상 주의사항으로 틀린 것은?

① 직사광선을 피하고 냉암소에 저장한다.
② 불꽃, 불티 등의 화기 및 열원으로부터 멀리한다.
③ 산화제와 접촉하지 않도록 주의한다.
④ 대형 화재 시 분말소화기를 이용한 질식소화가 유효하다.

해설

④ 대형 화재 시 다량의 물을 이용한 냉각소화가 유효하다.

536 유기과산화물의 화재 시 적응성이 있는 소화설비는?

① 물분무소화설비
② 이산화탄소소화설비
③ 할로겐화물소화설비
④ 분말소화설비

해설

유기과산화물은 제5류 위험물이므로 다량의 물로 소화하는 것이 가장 효과적이다.

537 과산화벤조일(Benzoyl Peroxide)에 대한 설명 중 옳지 않은 것은?

① 지정수량은 10kg이다.
② 저장 시 희석제로 폭발의 위험성을 낮출 수 있다.
③ 알코올에는 녹지 않으나 물에 잘 녹는다.
④ 건조상태에서는 마찰, 충격으로 폭발의 위험이 있다.

해설

③ 알코올에는 약간 녹지만, 물에는 잘 녹지 않는다.

538 과산화벤조일의 지정수량은 얼마인가?

① 10kg
② 50L
③ 100kg
④ 1,000L

해설

제5류 위험물 유기과산화물의 지정수량은 10kg이다.

539 벤조일퍼옥사이드의 성질 및 저장에 관한 설명으로 틀린 것은?

① 직사일광을 피하고 찬 곳에 저장한다.
② 산화제이므로 유기물, 환원성 물질과 접촉을 피해야 한다.
③ 발화점이 상온 이하이므로 냉장 보관해야 한다.
④ 건조 방지를 위해 물 등의 희석제를 사용한다.

해설

③ 발화점이 상온 이상(125℃)이므로 상온에서 보관해도 된다.

정답 534 ④ 535 ④ 536 ① 537 ③ 538 ① 539 ③

540 벤조일퍼옥사이드에 대한 설명 중 틀린 것은?

① 물과 반응하여 가연성 가스가 발생하므로 주수소화는 위험하다.
② 상온에서 고체이다.
③ 진한 황산과 접촉하면 분해폭발의 위험이 있다.
④ 발화점은 약 125℃이고 비중은 약 1.33이다.

해설

① 물에 녹지 않고, 물과 반응하지 아니하므로, 소화약제로 사용된다.

541 과산화벤조일에 대한 설명 중 틀린 것은?

① 진한 황산과 혼촉 시 위험성이 증가한다.
② 폭발성을 방지하기 위하여 희석제를 첨가할 수 있다.
③ 가열하면 약 100℃에서 흰 연기를 내면서 분해한다.
④ 물에 녹으며 무색, 무취의 액체이다.

해설

④ 물에 녹지 않으며 무색, 무취의 결정고체이다.

542 벤조일퍼옥사이드의 일반적인 성질에 대한 설명 중 틀린 것은?

① 상온에서 안정하다.
② 물에 잘 녹는다.
③ 강한 산화성 물질이다.
④ 가열, 충격, 마찰에 의해 폭발의 위험이 있다.

해설

벤조일퍼옥사이드
- 무색, 무미의 결정고체이고 비수용성, 유기과산화물이다.
- 상온에서 안정된 물질로 강한 산화작용이 있다.

543 과산화벤조일의 일반적인 성질로 옳은 것은?

① 비중은 약 0.33이다.
② 무미, 무취의 고체이다.
③ 물에는 잘 녹지만 디에틸에테르에는 녹지 않는다.
④ 녹는점은 약 300℃이다.

해설

① 비중은 약 1.33이다.
③ 물에는 녹지 않고, 알코올에 약간 녹는다.
④ 녹는점은 103~105℃이다.

544 과산화벤조일(벤조일퍼옥사이드)에 대한 설명 중 틀린 것은?

① 결정성의 분말형태이다.
② 환원성 물질과 격리하여 저장한다.
③ 희석제로 묽은 질산을 사용한다.
④ 물에 녹지 않으나 유기용매에 녹는다.

해설

③ 불활성 희석제(프탈산디메틸, 프탈산디부틸)의 첨가에 의해 폭발성을 낮출 수 있다.

545 벤조일퍼옥사이드의 위험성에 대한 설명으로 틀린 것은?

① 상온에서 분해되며 수분이 흡수되면 폭발성을 가지므로 건조된 상태로 보관, 운반한다.
② 강산에 의해 분해폭발의 위험이 있다.
③ 충격, 마찰 등에 의해 분해되어 폭발할 위험이 있다.
④ 가연성 물질과 접촉하면 발화위험이 높다.

해설

① 상온에서는 안정하며, 수분이 흡수되면 폭발성이 감소하게 되므로, 건조된 상태로 보관, 운반을 하여서는 안된다.

정답 540 ① 541 ④ 542 ② 543 ② 544 ③ 545 ①

546 과산화벤조일 취급 시 주의사항에 대한 설명 중 틀린 것은?

① 수분을 포함하고 있으면 폭발하기 쉽다.
② 가열, 충격, 마찰을 피해야 한다.
③ 저장용기는 차고 어두운 곳에 보관한다.
④ 희석제를 첨가하면 폭발성을 낮출 수 있다.

해설

① 수분을 포함하고 있으면 폭발의 위험성이 감소한다.

547 다음 위험물 중 발화점이 가장 낮은 것은?

① 피크르산
② TNT
③ 과산화벤조일
④ 니트로셀룰로오스

해설

① 300℃ ② 300℃
③ 125℃ ④ 180℃

548 메틸에틸케톤퍼옥사이드의 위험성에 대한 설명으로 옳은 것은?

① 상온 이하의 온도에서도 매우 불안정하다.
② 20℃에서 분해하여 50℃에서 가스를 심하게 발생한다.
③ 30℃ 이상에서 무명, 탈지면 등과 접촉하면 발화의 위험이 있다.
④ 대량 연소 시에 폭발할 위험은 없다.

해설

메틸에틸케톤퍼옥사이드
- 인화점 58℃ 이상이므로 상온에서는 안정하다.
- 40℃ 이상에서 분해가 시작되어 110℃ 이상에서 발열 및 분해가스가 발생한다.
- 유기과산화물로 대량 연소 시에 폭발할 위험성이 있다.

[질산에스테르류/셀룰로이드류]

549 질산의 수소원자를 알킬기로 치환한 제5류 위험물의 지정수량은?

① 10kg ② 100kg
③ 200kg ④ 300kg

해설

질산메틸, 질산에틸이 속한 것으로, 이는 질산에스테르류에 해당되므로 지정수량은 10kg이다.

550 다음 중 질산에스테르류에 속하는 것은?

① 피크르산 ② 니트로벤젠
③ 니트로글리세린 ④ 트리니트로톨루엔

해설

①, ④ 제5류 위험물(니트로화합물)
② 제4류 위험물(제3석유류)
③ 제5류 위험물(질산에스테르류)

551 질산에스테르류에 속하지 않는 것은?

① 니트로셀룰로오스 ② 질산에틸
③ 니트로글리세린 ④ 디니트로페놀

해설

④ 니트로화합물에 속한다.

552 다음 위험물 중 질산에스테르류에 속하지 않는 것은?

① 니트로셀룰로오스
② 질산메틸
③ 트리니트로페놀
④ 펜트리트

해설

①, ②, ④ 질산에스테르류
③ 니트로화합물

정답 546 ① 547 ③ 548 ③ 549 ① 550 ③ 551 ④ 552 ③

553 위험물안전관리법령상 품명이 질산에스테르류에 속하지 않는 것은?

① 질산에틸 ② 니트로글리세린
③ 니트로톨루엔 ④ 니트로셀룰로오스

해설

③ 제4류 위험물 제3석유류이다.

554 위험물안전관리법령상 품명이 나머지 셋과 다른 하나는? (최근 1)

① 트리니트로톨루엔 ② 니트로글리세린
③ 니트로글리콜 ④ 셀룰로이드

해설

① 니트로화합물류
②, ③, ④ 질산에스테르류

555 질산에틸에 대한 설명 중 틀린 것은?

① 물에 녹지 않는다.
② 냄새가 있는 무색의 액체이다.
③ 비중은 약 1.1, 끓는점은 약 88℃이다.
④ 인화점이 상온 이상이므로 인화의 위험이 작다.

해설

④ 인화점이 −10℃로, 인화의 위험성이 존재한다.

556 니트로셀룰로오스에 대한 설명 중 틀린 것은?

① 약 130℃에서 서서히 분해된다.
② 셀룰로오스를 진한 질산과 진한 황산의 혼산으로 반응시켜 제조한다.
③ 수분과의 접촉을 피하기 위해 석유 속에 저장한다.
④ 발화점은 약 160~170℃이다.

해설

③ 저장・운반 시 물 또는 알코올에 습윤하고, 안정제를 가해서 냉암소에 저장한다.

557 니트로셀룰로오스에 관한 설명으로 옳은 것은? (최근 3)

① 용제에는 전혀 녹지 않는다.
② 질화도가 클수록 위험성이 증가한다.
③ 물과 작용하여 수소가 발생한다.
④ 화재 발생 시 질식소화가 가장 적합하다.

해설

① 용제(알코올, 벤젠 등)에 녹는다.
② 무연화약으로 사용되며 질화도가 클수록 위험하다.
③ 물 또는 알코올에 습윤하면 위험성이 감소한다.
④ 화재 발생 시 다량의 물에 의한 냉각소화가 가장 적합하다.

558 니트로셀룰로오스에 관한 설명으로 옳은 것은?

① 섬유소를 진한 염산과 석유의 혼합액으로 처리하여 제조한다.
② 직사광선 및 산의 존재하에 자연발화의 위험이 있다.
③ 습윤상태로 보관하면 매우 위험하다.
④ 황갈색의 액체상태이다.

해설

① 섬유소에 진한 질산과 진한 황산을 3 : 1 비율로 혼합 작용시켜 제조한다.
③ 저장・운반 시 물 또는 알코올에 습윤상태로 보관하여야 안전하다.
④ 황갈색의 고체상태(필라멘트형태)이다.

정답 553 ③ 554 ① 555 ④ 556 ③ 557 ② 558 ②

559 니트로셀룰로오스에 대한 설명으로 틀린 것은?

① 다이너마이트의 원료로 사용된다.
② 물과 혼합하면 위험성이 감소된다.
③ 셀룰로오스에 진한 질산과 진한 황산을 작용시켜 만든다.
④ 품명은 니트로화합물이다.

해설

④ 품명은 질산에스테르류이다.

560 니트로셀룰로오스의 위험성에 대해 옳게 설명한 것은?

① 물과 혼합하면 위험성이 감소된다.
② 공기 중에서 산화되지만 자연발화의 위험은 없다.
③ 건조할수록 발화의 위험성이 낮다.
④ 알코올과 반응하여 발화한다.

해설

② 공기 중에서 자연발화의 위험이 존재한다.
③ 건조할수록 발화의 위험성이 높다.
④ 알코올은 분해가 되지 않도록 습윤제로 사용한다.

561 니트로셀룰로오스에 대한 설명으로 옳은 것은?

① 물에 녹지 않으며 물보다 무겁다.
② 수분과 접촉하는 것은 위험하다.
③ 질화도와 폭발위험성은 무관하다.
④ 질화도가 높을수록 폭발위험성이 낮다.

해설

② 수분은 안정제로 사용한다.
③ 질화도와 폭발위험성은 연관성이 높다.
④ 질화도가 높을수록 폭발위험성이 높다.

562 니트로셀룰로오스에 대한 설명 중 틀린 것은?

① 천연 셀룰로오스를 염기와 반응시켜 만든다.
② 질화도가 클수록 위험성이 크다.
③ 질화도에 따라 크게 강면약과 약면약으로 구분할 수 있다.
④ 약 130℃에서 분해한다.

해설

① 셀룰로오스에 진한 질산과 진한 황산을 3 : 1 비율로 혼합 작용시켜 만든다.

563 질산기의 수에 따라서 강면약과 약면약으로 나눌 수 있는 위험물로서 함수 알코올로 습윤하여 저장 및 취급하는 것은?

① 니트로글리세린
② 니트로셀룰로오스
③ 트리니트로톨루엔
④ 질산에틸

해설

② 니트로셀룰로오스의 저장 · 운반에 대한 설명이다.

564 다이너마이트의 원료로 사용되며 건조한 상태에서는 타격, 마찰에 의하여 폭발의 위험이 있으므로 운반 시 물 또는 알코올을 첨가하여 습윤시키는 위험물은?

① 벤조일퍼옥사이드
② 트리니트로톨루엔
③ 니트로셀룰로오스
④ 디니트로나프탈렌

해설

니트로셀룰로오스[NC, $C_6H_7O_2(ONO_2)_3$]
- 다이너마이트의 원료로 사용한다.
- 건조한 상태에서 타격, 마찰에 의하여 폭발의 위험이 존재한다.
- 저장 · 운반 시 물 또는 알코올에 습윤시킨다.

정답 559 ④ 560 ① 561 ① 562 ① 563 ② 564 ③

565 다음 중 제5류 위험물로서 화약류 제조에 사용되는 것은?

① 중크롬산나트륨
② 클로로벤젠
③ 과산화수소
④ 니트로셀룰로오스

해설

문제 564번 해설 참조

566 니트로셀룰로오스의 저장 · 취급방법으로 옳은 것은?

① 건조한 상태로 보관하여야 한다.
② 물 또는 알코올 등을 첨가하여 습윤시켜야 한다.
③ 물기에 접촉하면 위험하므로 제습제를 첨가하여야 한다.
④ 알코올에 접촉하면 자연발화의 위험이 있으므로 주의하여야 한다.

해설

② 니트로셀룰로오스를 저장 · 운반 시 물 또는 알코올에 습윤하고, 안정제를 가해서 냉암소에 저장한다.

567 니트로셀룰로오스의 저장 · 취급방법으로 틀린 것은?

① 직사광선을 피해 저장한다.
② 되도록 장기간 보관하여 안정화된 후에 사용한다.
③ 유기과산화물류, 강산화제와의 접촉을 피한다.
④ 건조상태에 이르면 위험하므로 습한 상태를 유지한다.

해설

② 되도록 단기간 보관하고, 안정화된 후에 사용한다.

568 다음 물질이 혼합되어 있을 때 위험성이 가장 낮은 것은?

① 삼산화크롬 – 아닐린
② 염소산칼륨 – 목탄분
③ 니트로셀룰로오스 – 물
④ 과망간산칼륨 – 글리세린

해설

① 제1류 위험물 – 제4류 위험물 : 위험성 증가
② 제1류 위험물 – 가연물(위험성 증가)
③ 제5류 위험물 – 안정제(위험성 감소)
④ 제1류 위험물 – 제4류 위험물 : 위험성 증가

569 니트로셀룰로오스 화재 시 가장 적합한 소화방법은?

① 할로겐화물소화기를 사용한다.
② 분말소화기를 사용한다.
③ 이산화탄소소화기를 사용한다.
④ 다량의 물을 사용한다.

해설

제5류 위험물(니트로셀룰로오스)은 물질 자체에 다량의 산소를 함유하고 있기 때문에 다량의 주수소화가 가장 적합하다.

570 순수한 것은 무색 투명한 기름상의 액체이고 공업용은 담황색인 위험물로 충격, 마찰에 매우 예민하고 겨울철에는 동결할 우려가 있는 것은? (최근 1)

① 펜트리트 ② 트리니트로벤젠
③ 니트로글리세린 ④ 질산메틸

해설

니트로글리세린[NG, $C_3H_5(ONO_2)_3$]
- 순수한 것은 무색 투명한 기름상의 액체이다.
- 충격, 마찰에는 매우 예민하다.
- 겨울철에는 동결할 우려가 있다.
- 규조토에 흡수시킨 것은 다이너마이트라고 한다.

정답 565 ④ 566 ② 567 ② 568 ③ 569 ④ 570 ③

571 충격이나 마찰에 민감하고 가수분해반응을 일으키는 단점을 가지고 있어 이를 개선하여 다이너마이트를 발명하는 데 주원료로 사용한 위험물은?

① 트리니트로페놀
② 니트로글리세린
③ 트리니트로톨루엔
④ 셀룰로이드

해설

니트로글리세린을 규조토에 흡수시켜 제조한 것을 다이너마이트라 한다.

572 다음 중 니트로글리세린을 다공질의 규조토에 흡수시켜 제조한 물질은? (최근 1)

① 흑색화약
② 니트로셀룰로오스
③ 다이너마이트
④ 연화약

해설

문제 571번 해설 참조

573 니트로글리세린에 대한 설명으로 가장 거리가 먼 것은?

① 규조토에 흡수시킨 것을 다이너마이트라고 한다.
② 충격, 마찰에 매우 둔감하나 동결품은 민감해진다.
③ 비중은 약 1.6이다.
④ 알코올, 벤젠 등에 녹는다.

해설

② 상온에서 무색투명한 기름상의 액체이며 가열, 마찰, 충격에 민감하고 폭발하기 쉽다.

574 니트로글리세린에 대한 설명으로 옳은 것은?

① 물에 매우 잘 녹는다.
② 공기 중에서 점화하면 연소하나 폭발의 위험은 없다.
③ 충격에 대하여 민감하여 폭발을 일으키기 쉽다.
④ 제5류 위험물의 니트로화합물에 속한다.

해설

① 물에 녹지 않는다.
② 상온에서 가열, 마찰, 충격에 민감하며 폭발하기 쉽다.
④ 제5류 위험물의 질산에스테르류에 속한다.

575 니트로글리세린에 대한 설명으로 옳은 것은?

① 품명은 니트로화합물이다.
② 물, 알코올, 벤젠에 잘 녹는다.
③ 가열, 마찰, 충격에 민감하다.
④ 상온에서 청색의 결정성 고체이다.

해설

① 품명은 질산에스테르류이다.
② 물에는 거의 녹지 않으나 에탄올, 에테르, 벤젠 등 유기용매에 잘 녹는다.
③ 가열, 마찰, 충격에 민감하여 폭발하기 쉽다.
④ 상온에서 무색투명한 기름모양의 액체이다.

576 낮은 온도에서도 잘 얼지 않는 다이너마이트를 제조하기 위해 니트로글리세린의 일부를 대체하여 첨가하는 물질은?

① 니트로셀룰로오스
② 니트로글리콜
③ 트리니트로톨루엔
④ 디니트로벤젠

해설

① 니트로글리콜[$C_2H_4(ONO_2)_2$]에 대한 설명이다.

정답 571 ② 572 ③ 573 ② 574 ③ 575 ③ 576 ②

577 질산메틸의 성질에 대한 설명으로 틀린 것은?

① 비점은 약 66℃이다.
② 증기는 공기보다 가볍다.
③ 무색 투명한 액체이다.
④ 자기반응성 물질이다.

해설
② 증기비중 2.65로 증기는 공기보다 무겁다.

578 질산메틸에 대한 설명 중 틀린 것은?

① 액체형태이다.
② 물보다 무겁다.
③ 알코올에 녹는다.
④ 증기는 공기보다 가볍다.

해설
④ 질산메틸의 증기는 공기보다 무겁다(증기비중 2.65).

579 CH_3ONO_2의 소화방법에 대한 설명으로 옳은 것은?

① 물을 주수하여 냉각소화를 한다.
② 이산화탄소소화기로 질식소화를 한다.
③ 할로겐화물소화기로 질식소화를 한다.
④ 건조사로 냉각소화를 한다.

해설
제5류 위험물(CH_3ONO_2)의 소화방법 중 가장 최적은 다량의 주수에 의한 냉각소화를 하는 것이다.

580 다량의 주수에 의한 냉각소화가 효과적인 위험물은?

① CH_3ONO_2 ② Al_4C_3
③ Na_2O_2 ④ Mg

해설
제5류 위험물(질산메틸)의 소화방법은 다량의 물에 의한 냉각소화가 가장 효과적이다.

581 질산에틸의 분자량은 약 얼마인가?

① 76 ② 82
③ 91 ④ 105

해설
$C_2H_5ONO_2 = (2 \times 12) + (1 \times 5) + 16 + 14 + (2 \times 16)$
$= 91$

582 질산에틸의 성질에 대한 설명 중 틀린 것은?

① 비점은 약 88℃이다.
② 무색의 액체이다.
③ 증기는 공기보다 무겁다.
④ 물에 잘 녹는다.

해설
질산에틸($C_2H_5ONO_2$)
- 인화점은 −10℃, 비점은 88℃, 증기비중은 3.14, 비중은 1.11이다.
- 무색투명하고, 향긋한 냄새가 나는 액체이다.
- 비수용성이고 알코올, 에테르에 녹는다.

583 질산에틸에 관한 설명으로 옳은 것은?

① 인화점이 낮아 인화되기 쉽다.
② 증기는 공기보다 가볍다.
③ 물에 잘 녹는다.
④ 비점은 약 28℃ 정도이다.

해설
② 증기는 공기보다 무겁다(증기비중 3.14).
③ 물에 녹지 않는다.
④ 비점은 약 88℃ 정도이다.

정답 577 ② 578 ④ 579 ① 580 ① 581 ③ 582 ④ 583 ①

584 질산에틸의 성질 및 취급방법에 대한 설명으로 틀린 것은?

① 통풍이 잘 되는 찬 곳에 저장한다.
② 물에 녹지 않으나 알코올에 녹는 무색액체이다.
③ 인화점이 30℃이므로 여름에 특히 조심해야 한다.
④ 액체는 물보다 무겁고 증기도 공기보다 무겁다.

해설

③ 인화점이 −10℃이므로 겨울철에 특히 조심해야 한다.

585 물에 녹지 않고 알코올에 녹으며 비점이 약 88℃, 분자량 약 91인 무색투명한 액체로서, 제5류 위험물에 해당하는 물질의 지정수량은?

① 10kg ② 20kg
③ 100kg ④ 200kg

해설

질산에틸($C_2H_5NO_3$)은 분자량이 91인 제5류 위험물로 지정수량은 10kg이다.

586 질산에틸과 아세톤의 공통적인 성질 및 취급방법으로 옳은 것은?

① 휘발성이 낮기 때문에 마개 없는 병에 보관하여도 무방하다.
② 점성이 커서 다른 용기에 옮길 때 가열하여 더운 상태에서 옮긴다.
③ 통풍이 잘 되는 곳에 보관하고 불꽃 등의 화기를 피해야 한다.
④ 인화점이 높으나 증기압이 낮으므로 햇빛에 노출된 곳에 저장이 가능하다.

해설

질산에틸(제5류 위험물)과 아세톤(제4류 위험물)의 공통적인 성질 및 취급방법으로 통풍이 잘 되는 곳에 보관하고 불꽃 등의 화기를 피해야 한다.

587 다음 위험물 중 상온에서 액체인 것은?

① 질산에틸 ② 트리니트로톨루엔
③ 셀룰로이드 ④ 피크르산

해설

① 질산에스테르류(액체)
② 니트로화합물(고체)
③ 질산에스테르류(고체)
④ 니트로화합물(고체)

588 질화면을 강면약과 약면약으로 구분하는 기준은? (최근 1)

① 물질의 경화도 ② 수산기의 수
③ 질산기의 수 ④ 탄소함유량

해설

질화면을 강면약과 약면약으로 구분하는 기준은 질산기의 수이다.

589 셀룰로이드에 대한 설명으로 옳은 것은?

① 질소가 함유된 유기물이다.
② 질소가 함유된 무기물이다.
③ 유기의 염화물이다.
④ 무기의 염화물이다.

해설

셀룰로이드는 질소가 함유된 유기물로 무색 또는 반투명의 탄력성을 가진 고체이다.

590 셀룰로이드에 관한 설명 중 틀린 것은?

① 물에 잘 녹으며, 자연발화의 위험이 있다.
② 지정수량은 10kg이다.
③ 탄력성이 있는 고체의 형태이다.
④ 장시간 방치되면 햇빛, 고온 등에 의해 분해가 촉진된다.

해설

① 물에 녹지 않으나 자연발화의 위험은 있다.

정답 584 ③ 585 ① 586 ③ 587 ① 588 ③ 589 ① 590 ①

[니트로화합물]

591 제5류 위험물 중 니트로화합물의 지정수량을 옳게 나타낸 것은? (최근 1)

① 10kg ② 100kg
③ 150kg ④ 200kg

해설

제5류 위험물 중 지정수량이 200kg인 위험물
니트로화합물, 니트로소화합물, 아조화합물, 디아조화합물, 히드라진 유도체

592 다음 중 니트로화합물은 어느 것인가?

① 트리니트로톨루엔
② 니트로글리세린
③ 니트로글리콜
④ 니트로셀룰로오스

해설

① 니트로화합물
②, ③, ④ 질산에스테르류

593 위험물안전관리법상 위험물을 분류할 때 니트로화합물에 해당하는 것은?

① 니트로셀룰로오스 ② 히드라진
③ 질산메틸 ④ 피크르산

해설

①, ③ 제5류 위험물(질산에스테르류)
② 제4류 위험물 제2석유류
④ 제5류 위험물(니트로화합물)

594 제5류 위험물의 니트로화합물에 속하지 않는 것은?

① 니트로벤젠 ② 테트릴
③ 트리니트로톨로엔 ④ 피크르산

해설

① 제4류 위험물 제3석유류에 해당된다.

595 다음에서 설명하는 제5류 위험물에 해당하는 것은?

㉠ 담황색의 고체이다. ㉡ 강한 폭발력을 가지고 있고, 에테르에 잘 녹는다. ㉢ 융점은 약 81℃이다.

① 질산메틸 ② 트리니트로톨루엔
③ 니트로글리세린 ④ 질산에틸

해설

② 제5류 위험물 니트로화합물 중 트리니트로톨루엔(TNT)에 대한 설명이다.

596 트리니트로톨루엔에 대한 설명으로 옳지 않은 것은?

① 제5류 위험물 중 니트로화합물에 속한다.
② 피크르산에 비해 충격, 마찰에 둔감하다.
③ 금속과의 반응성이 매우 커서 폴리에틸렌수지에 저장한다.
④ 일광을 쪼이면 갈색으로 변한다.

해설

③ 가연물(폴리에틸렌수지)과의 저장은 피하고, 소분하여 통풍이 잘되는 찬 곳에 보관한다.

597 트리니트로톨루엔에 대한 설명 중 틀린 것은?

① 피크르산에 비하여 충격 · 마찰에 둔감하다.
② 발화점은 약 300℃이다.
③ 자연분해의 위험성이 매우 높아 장기간 저장이 불가능하다.
④ 운반 시 10%의 물을 넣어 운반하면 안전하다.

정답 591 ④ 592 ① 593 ④ 594 ① 595 ② 596 ③ 597 ③

해설

③ 자연분해의 위험성은 낮고 충격, 마찰에 둔감하며 기폭약을 쓰지 않으면 폭발하지 않는다.

598 TNT의 성질에 대한 설명 중 틀린 것은?

① 담황색의 결정이다.
② 폭약으로 사용된다.
③ 자연분해의 위험성이 적어 장기간 저장이 가능하다.
④ 조해성과 흡습성이 매우 크다.

해설

④ 조해성과 흡습성이 작다.

599 트리니트로톨루엔에 관한 설명으로 옳은 것은?

① 불연성이지만 조연성 물질이다.
② 폭약류의 폭력을 비교할 때 기준폭약으로 활용된다.
③ 인화점이 30℃보다 높으므로 여름철에 주의해야 한다.
④ 분해연소하면서 다량의 고체가 발생한다.

해설

① 조연성 물질을 가진 가연성 물질이다.
③ 인화점이 2℃ 정도로 낮으므로 겨울철에도 주의해야 한다.
④ 분해연소하면서 다량의 기체를 발생시킨다(CO, N_2, H_2).

600 트리니트로톨루엔에 대한 설명으로 가장 거리가 먼 것은?

① 물에 녹지 않으나 알코올에는 녹는다.
② 직사광선에 노출되면 다갈색으로 변한다.
③ 공기 중에 노출되면 쉽게 가수분해한다.
④ 이성질체가 존재한다.

해설

③ 공기 중에 노출되면 쉽게 가수분해되지 않는다.

601 트리니트로톨루엔의 작용기에 해당하는 것은?

① $-NO$ ② $-NO_2$
③ $-NO_3$ ④ $-NO_4$

해설

트리니트로톨루엔(TNT)은 $C_6H_2CH_3(NO_2)_3$이다.

602 트리니트로톨루엔에 관한 설명으로 옳지 않은 것은?

① 일광을 쪼이면 갈색으로 변한다.
② 녹는점은 약 81℃이다.
③ 아세톤에 잘 녹는다.
④ 비중이 약 1.8인 액체이다.

해설

④ 비중이 1.66 정도인 담황색 침상결정이다.

603 트리니트로톨루엔의 성상으로 틀린 것은?

① 물에 잘 녹는다.
② 담황색의 결정이다.
③ 폭약으로 사용된다.
④ 착화점은 약 300℃이다.

해설

① 물에 녹지 않고 아세톤, 벤젠, 알코올, 에테르에 잘 녹는다.

604 $C_6H_2CH_3(NO_2)_3$을 녹이는 용제가 아닌 것은?

① 물 ② 벤젠
③ 에테르 ④ 아세톤

정답 598 ④ 599 ② 600 ③ 601 ② 602 ④ 603 ① 604 ①

해설

트리니트로톨루엔은 비수용성으로 아세톤, 벤젠, 알코올, 에테르에 잘 녹고, 가열이나 충격을 주면 폭발하기 쉽다.

605 제5류 위험물인 트리니트로톨루엔 분해 시 주 생성물에 해당하지 않는 것은?

① CO ② N_2
③ NH_3 ④ H_2

해설

$2C_6H_2CH_3(NO_2)_3 \rightarrow 12CO\uparrow + 2C + 3N_2 + 5H_2$

606 TNT가 폭발했을 때 발생하는 유독기체는?

① N_2 ② CO_2
③ H_2 ④ CO

해설

문제 605번 해설 참조

607 지정수량이 200kg인 물질은?

① 질산 ② 피크르산
③ 질산메틸 ④ 과산화벤조일

해설

① 제6류 위험물 : 300kg
② 제5류 위험물 니트로화합물 : 200kg
③ 제5류 위험물 질산에스테르류 : 10kg
④ 제5류 위험물 유기과산화물 : 10kg

608 피크르산 제조에 사용되는 물질과 가장 관계가 있는 것은?

① C_6H_6 ② $C_6H_5CH_3$
③ $C_3H_5(OH)_3$ ④ C_6H_5OH

해설

페놀(C_6H_5OH)과 질산의 니트로기(NO_2)가 결합된 물질이 피크르산이다.

609 트리니트로페놀에 대한 설명으로 옳은 것은?

① 발화 방지를 위해 휘발유에 저장한다.
② 구리용기에 넣어 보관한다.
③ 무색투명한 액체이다.
④ 알코올, 벤젠 등에 녹는다.

해설

트리니트로페놀[$C_6H_2(OH)(NO_2)_3$]
- 황색의 침상결정이다.
- 드럼통에 넣어서 밀봉시켜 저장한다.
- 온수, 에테르, 벤젠, 알코올에 잘 녹는다.

610 트리니트로페놀에 대한 일반적인 설명으로 틀린 것은?

① 가연성 물질이다.
② 공업용으로 보통 휘황색의 결정이다.
③ 알코올에 녹지 않는다.
④ 납과 화합하여 예민한 금속염을 만든다.

해설

③ 독성이 있고 냉수에는 녹기 힘들지만, 더운물, 에테르, 벤젠, 알코올에 잘 녹는다.

611 피크르산(Picric Acid)의 성질에 대한 설명 중 틀린 것은?

① 착화온도는 약 300℃이고 비중은 약 1.8이다.
② 페놀을 원료로 제조할 수 있다.
③ 찬물에는 잘 녹지 않으나 온수, 에테르에는 잘 녹는다.
④ 단독으로도 충격·마찰에 매우 민감하여 폭발한다.

해설

④ 단독으로는 마찰, 충격에 둔감하여 폭발하지 않는다.

정답 605 ③ 606 ④ 607 ② 608 ④ 609 ④ 610 ③ 611 ④

612 트리니트로페놀의 성상에 대한 설명 중 틀린 것은?

① 융점은 약 61℃이고 비점은 약 120℃이다.
② 쓴맛이 있으며 독성이 있다.
③ 단독으로 마찰, 충격에 비교적 안정하다.
④ 알코올, 에테르, 벤젠에 녹는다.

해설

① 융점은 약 122.5℃이고 비점은 약 225℃이다.

613 트리니트로페놀의 성상 및 위험성에 관한 설명 중 옳은 것은?

① 운반 시 에탄올을 첨가하면 안전하다.
② 강한 쓴맛이 있고 공업용은 휘황색의 침상결정이다.
③ 폭발성 물질이므로 철로 만든 용기에 저장한다.
④ 물, 아세톤, 벤젠 등에는 녹지 않는다.

해설

트리니트로페놀
- 트리니트로페놀은 드럼통에 넣어서 저장 · 운반한다.
- 강한 쓴맛이 있고 광택이 있는 휘황색의 침상결정이다.
- 냉수에는 녹기 힘들지만, 더운물, 에테르, 벤젠, 알코올에는 잘 녹는다.

614 다음 중 피크르산과 반응하여 피크르산염을 형성하는 것은?

① 물 ② 수소
③ 구리 ④ 산소

해설

피크르산은 구리, 아연, 납과 반응하여 피크르산염을 만든다.

615 트리니트로페놀에 대한 설명으로 옳은 것은?

① 폭발속도가 100m/s 미만이다.
② 분해하여 다량의 가스를 발생한다.
③ 표면연소를 한다.
④ 상온에서 자연발화를 한다.

해설

① 폭발속도가 7,350m/s 정도이다.
③ 자기연소를 한다.
④ 상온에서 안정하다.

616 피크르산의 성질에 대한 설명 중 틀린 것은?

① 황색의 액체이다.
② 쓴맛이 있으며 독성이 있다.
③ 납과 반응하여 예민하고 폭발위험이 있는 물질을 형성한다.
④ 에테르, 알코올에 녹는다.

해설

① 황색의 침상결정이다.

617 피크르산의 위험성과 소화방법에 대한 설명으로 틀린 것은?

① 피크르산의 금속염은 위험하다.
② 운반 시 건조한 것보다는 물에 젖게 하는 것이 안전하다.
③ 알코올과 혼합된 것은 충격에 의한 폭발위험이 있다.
④ 화재 시에는 질식소화가 효과적이다.

해설

④ 화재 시 질식소화는 효과가 없고, 다량의 물로 냉각소화를 하여야 한다.

정답 612 ① 613 ② 614 ③ 615 ② 616 ① 617 ④

618 다음 위험물에 대한 설명 중 옳은 것은?

① 벤조일퍼옥사이드는 건조할수록 안전도가 높다.
② 테트릴은 충격과 마찰에 민감하다.
③ 트리니트로페놀은 공기 중 분해하므로 장기간 저장이 불가능하다.
④ 디니트로톨루엔은 액체상의 물질이다.

해설

① 벤조일퍼옥사이드는 건조할수록 폭발위험도가 높다.
② 테트릴($C_7H_5N_5O_8$)은 충격과 마찰에 민감하다.
③ 트리니트로페놀은 공기 중에서 안정하므로, 장기간 저장이 가능하다.
④ 디니트로톨루엔은 백색의 결정이다.

619 상온에서 액체인 물질로만 조합된 것은?

① 질산에틸, 니트로글리세린
② 피크르산, 질산메틸
③ 트리니트로톨루엔, 디니트로벤젠
④ 니트로글리콜, 테트릴

해설

① 질산에틸(액체), 니트로글리세린(액체)
② 피크르산(고체), 질산메틸(액체)
③ 트리니트로톨루엔(고체), 디니트로벤젠(고체)
④ 니트로글리콜(액체), 테트릴(고체)

620 다음 물질 중 상온에서 고체인 것은?

① 질산메틸
② 질산에틸
③ 니트로글리세린
④ 디니트로톨루엔

해설

①, ②, ③ 액체
④ 고체

621 $C_6H_2(NO_2)_3OH$과 $C_2H_5NO_3$의 공통성에 해당하는 것은?

① 니트로화합물이다.
② 인화성과 폭발성이 있는 액체이다.
③ 무색의 방향성 액체이다.
④ 에탄올에 녹는다.

해설

① $C_2H_5NO_3$은 질산에스테르류, $C_6H_2(NO_2)_3OH$은 니트로화합물에 속한다.
② $C_2H_5NO_3$은 액체, $C_6H_2(NO_2)_3OH$은 고체이다.
③ $C_2H_5NO_3$은 비방향성 액체, $C_6H_2(NO_2)_3OH$은 방향성 고체이다.
④ 트리니트로페놀과 질산에틸은 에틸알코올(에탄올)에 녹는다.

6 제6류 위험물

[일반사항]

622 과산화벤조일과 과염소산의 지정수량의 합은 몇 kg인가?

① 310　② 350
③ 400　④ 500

해설

과산화벤조일(10kg) + 과염소산(300kg) = 310kg

623 다음 위험물 중 지정수량이 가장 큰 것은?

① 질산에틸　② 과산화수소
③ 트리니트로톨루엔　④ 피크르산

해설

① 제5류 질산에스테르류 : 10kg
② 제6류 위험물 : 300kg
③, ④ 제5류 니트로화합물 : 200kg

정답 618 ② 619 ① 620 ④ 621 ④ 622 ① 623 ②

624 옥내저장소에 질산 600L를 저장하고 있다. 저장하고 있는 질산은 지정수량의 몇 배인가? (단, 질산의 비중은 1.5이다.)

① 1 ② 2
③ 3 ④ 4

해설

질산의 지정수량 : 300kg

$$\therefore \frac{600\text{L} \times 1.5\frac{\text{kg}}{\text{L}}}{300\text{kg}} = 3$$

625 제6류 위험물의 성질로 알맞은 것은?

① 금수성 물질 ② 산화성 액체
③ 산화성 고체 ④ 자연발화성 물질

해설

② 제6류 위험물은 산화성 액체이다.

626 다음 중 제6류 위험물에 해당하는 것은?

① 과산화수소 ② 과산화나트륨
③ 과산화칼륨 ④ 과산화벤조일

해설

① 제6류 위험물
②, ③ 제1류 위험물
④ 제5류 위험물

627 제6류 위험물에 속하는 것은?

① 염소화이소시아눌산
② 퍼옥소이황산염류
③ 질산구아니딘
④ 할로겐간화합물

해설

①, ② 제1류 위험물
③ 제5류 위험물
④ 제6류 위험물

628 위험물안전관리법상 제6류 위험물에 해당하는 것은?

① H_3PO_4 ② IF_5
③ H_2SO_4 ④ HCl

해설

① 인산 : 위험물이 아니다.
② 할로겐간화합물 : 제6류 위험물이다.
③ 황산 : 위험물이 아니다.
④ 염산 : 위험물이 아니다.

629 위험물안전관리법에서 정하는 위험물이 아닌 것은?(단, 지정수량은 고려하지 않는다.)

① CCl_4 ② BrF_3
③ BrF_5 ④ IF_5

해설

① 할론소화제
②, ③, ④ 제6류 위험물

630 위험물안전관리법령상 제6류 위험물이 아닌 것은?

① H_3PO_4 ② IF_5
③ BrF_5 ④ BrF_3

해설

①은 과산화수소의 안정제이다.

631 위험물안전관리법령상 산화성 액체에 해당하지 않는 것은?

① 과염소산
② 과산화수소
③ 과염소산나트륨
④ 질산

해설

③ 산화성 고체로 제1류 위험물이다.

정답 624 ③ 625 ② 626 ① 627 ④ 628 ② 629 ① 630 ① 631 ③

632 제6류 위험물에 해당하지 않는 것은?

① 농도가 50(중량)%인 과산화수소
② 비중이 1.5인 질산
③ 과요오드산
④ 삼불화브롬

해설

③은 제1류 위험물이다.

633 제6류 위험물에 해당하지 않는 것은?

① 염산
② 질산
③ 과염소산
④ 과산화수소

해설

① 염산은 위험물이 아니다.

634 위험물안전관리법상 제6류 위험물에 해당하지 않는 것은?

① HNO_3
② H_2SO_4
③ H_2O_2
④ $HClO_4$

해설

제6류 위험물은 질산, 과산화수소, 과염소산 등이 있다.

635 위험물의 유별과 성질을 잘못 연결한 것은?

① 제2류 : 가연성 고체
② 제3류 : 자연발화성 및 금수성 물질
③ 제5류 : 자기반응성 물질
④ 제6류 : 산화성 고체

해설

④ 제6류 : 산화성 액체

636 제6류 위험물에 대한 설명으로 틀린 것은?

① 위험등급 Ⅰ에 속한다.
② 자신이 산화되는 산화성 물질이다.
③ 지정수량이 300kg이다.
④ 오불화브롬은 제6류 위험물이다.

해설

② 자신이 환원되는 산화성 물질이다.

637 제6류 위험물의 일반적 성질에 대한 설명 중 틀린 것은?

① 물에 잘 녹는다. ② 산화제이다.
③ 물보다 무겁다. ④ 쉽게 연소한다.

해설

④ 제6류 위험물은 산화성 액체로서 불연성이다.

638 제6류 위험물의 일반적인 성질에 대한 설명 중 틀린 것은?

① 연소가 되기 쉬운 가연성 물질이다.
② 산화성 액체이다.
③ 일반적으로 물과 접촉하면 발열한다.
④ 산소를 함유하고 있다.

해설

① 산화성 액체인 제6류 위험물은 연소를 도와주는 조연성 물질이다.

639 제6류 위험물의 공통된 특성으로 옳지 않은 것은?

① 산화성 액체이다.
② 무기화합물이며 물보다 무겁다.
③ 불연성 물질이다.
④ 물에 녹지 않는다.

해설

④ 물에 녹는다.

정답 632 ③ 633 ① 634 ② 635 ④ 636 ② 637 ④ 638 ① 639 ④

640 제6류 위험물의 일반적인 성질에 대한 설명으로 옳은 것은?

① 강한 환원성 액체이다.
② 물과 접촉하면 흡열반응을 한다.
③ 가연성 액체이다.
④ 과산화수소를 제외하고 강산이다.

해설
① 강한 산화성 액체이다.
② 물과 접촉하면 발열반응을 한다.
③ 조연성 액체이다.
④ 제6류 위험물은 과염소산, 과산화수소, 질산이 있고, 이중 과산화수소를 제외하고 강산이다.

641 제6류 위험물에 대한 설명으로 옳은 것은?

① 과염소산은 독성은 없지만 폭발의 위험이 있으므로 밀폐하여 보관한다.
② 과산화수소는 농도가 3% 이상일 때 단독으로 폭발하므로 취급에 주의한다.
③ 질산은 자연발화의 위험이 높으므로 저온 보관한다.
④ 할로겐화물의 지정수량은 300kg이다.

해설
① 과염소산은 독성이 있고 폭발의 위험도 존재하므로 밀폐하여 보관한다.
② 과산화수소는 농도가 36% 이상일 때 단독으로 폭발하므로 취급에 주의한다.
③ 질산은 자연발화의 위험성은 없다.

642 위험물안전관리법령에 따른 제6류 위험물의 특성에 대한 설명 중 틀린 것은?

① 과염소산은 유기물과 접촉 시 발화의 위험이 있다.
② 과염소산은 불안정하며 강력한 산화성 물질이다.
③ 과산화수소는 알코올, 에테르에 녹지 않는다.
④ 질산은 부식성이 강하고 햇빛에 의해 분해된다.

해설
③ 과산화수소는 물, 알코올, 에테르에는 녹지만 벤젠·석유에는 녹지 않는다.

643 제6류 위험물의 공통적 성질이 아닌 것은?

① 산화성 액체이다.
② 지정수량이 300kg이다.
③ 무기화합물이다.
④ 물보다 가볍다.

해설
④ 물보다 무겁다(비중이 1보다 크다).

644 위험물에 관한 설명 중 틀린 것은?

① 할로겐간화합물은 제6류 위험물이다.
② 할로겐간화합물의 지정수량은 200kg이다.
③ 과염소산은 불연성이나 산화성이 강하다.
④ 과염소산은 산소를 함유하고 있으며 물보다 무겁다.

해설
② 할로겐간화합물의 지정수량은 300kg이다.

645 제6류 위험물의 위험성에 대한 설명으로 적합하지 않은 것은?

① 질산은 햇빛에 의해 분해되어 NO_2를 발생한다.
② 과염소산은 산화력이 강하여 유기물과 접촉 시 연소 또는 폭발한다.
③ 질산은 물과 접촉하면 발열한다.
④ 과염소산은 물과 접촉하면 흡열한다.

해설
④ 과염소산은 물과 접촉하면 발열한다.

정답 640 ④ 641 ④ 642 ③ 643 ④ 644 ② 645 ④

646 질산과 과염소산의 공통성질에 대한 설명 중 틀린 것은?

① 산소를 포함한다.
② 산화제이다.
③ 물보다 무겁다.
④ 쉽게 연소한다.

해설

질산과 과염소산의 공통성질
- 제6류 위험물 산화성 액체로 산화제, 불연성 및 산소를 포함한다.
- 물보다 무겁다(과염소산 비중 1.76, 질산 비중 1.49).

647 과산화수소, 질산, 과염소산의 공통적인 특징이 아닌 것은?

① 산화성 액체이다.
② pH 1 미만의 강한 산성 물질이다.
③ 불연성 물질이다.
④ 물보다 무겁다.

해설

② 과산화수소, 질산, 과염소산 모두 제6류 위험물 산화성 액체는 맞으나, pH에 대한 규정은 없다.

648 다음의 위험물 중 비중이 물보다 큰 것은 모두 몇 개인가?

과염소산, 과산화수소, 질산

① 0　　② 1
③ 2　　④ 3

해설

과염소산의 비중은 1.76, 과산화수소의 비중은 1.5, 질산의 비중은 1.49로 물보다 모두 비중이 크다.

649 제6류 위험물의 위험성에 대한 설명으로 틀린 것은?

① 질산을 가열할 때 발생하는 적갈색 증기는 무해하지만 가연성이며 폭발성이 강하다.
② 고농도의 과산화수소는 충격, 마찰에 의해서 단독으로도 분해 폭발할 수 있다.
③ 과염소산은 유기물과 접촉 시 발화 또는 폭발할 위험이 있다.
④ 과산화수소는 햇빛에 의해서 분해되며, 촉매(MnO_2)하에서 분해가 촉진된다.

해설

① 질산을 가열할 때 발생하는 적갈색 증기는 유독성 가스로 기도를 강하게 자극한다.

650 제6류 위험물의 화재예방 및 진압대책으로 적합하지 않은 것은? (최근 1)

① 가연물과의 접촉을 피한다.
② 과산화수소를 장기 보존할 때는 유리용기를 사용하여 밀전한다.
③ 옥내소화전설비를 사용하여 소화할 수 있다.
④ 물분무소화설비를 사용하여 소화할 수 있다.

해설

② 과산화수소를 장기 보존할 때는 구멍 뚫린 마개를 사용한 유리용기에 저장한다.

651 제6류 위험물의 화재예방 및 진압대책으로 옳은 것은?

① 과산화수소는 화재 시 주수소화를 절대 금한다.
② 질산은 소량의 화재 시 다량의 물로 희석한다.
③ 과염소산은 폭발 방지를 위해 철제용기에 저장한다.
④ 제6류 위험물의 화재는 건조사만 사용하여 진압할 수 있다.

정답 646 ④ 647 ② 648 ④ 649 ① 650 ② 651 ②

해설

① 과산화수소는 화재 시 주수에 의한 냉각소화가 효과적이다.
③ 과염소산은 밀폐용기에 넣어 저장하고 통풍이 잘 되는 곳에 저장한다.
④ 제6류 위험물의 화재는 초기이면서 소량의 유출은 건조사만 사용하여 진압이 가능하나, 화재의 규모가 어느 정도 있다면, 다량의 주수소화가 효과적이다.

652 다음 중 산화성 액체 위험물의 화재예방상 가장 주의해야 할 점은?

① 0℃ 이하로 냉각시킨다.
② 공기와의 접촉을 피한다.
③ 가연물과의 접촉을 피한다.
④ 금속용기에 저장한다.

해설

③ 제6류 위험물(산화성 액체 위험물)은 가연물과의 접촉을 피해야 한다.

[질산]

653 다음 중 제6류 위험물로서 분자량이 약 63인 것은?

① 과염소산　② 질산
③ 과산화수소　③ 삼불화브롬

해설

질산(HNO_3)의 분자량 = 1 + 14 + (16 × 3) = 63

654 공기 중에서 갈색연기를 내는 물질은?

① 중크롬산암모늄　② 톨루엔
③ 벤젠　④ 발연질산

해설

④ 제6류 위험물로서 상온에서 갈색연기가 발생한다.

655 질산이 공기 중에서 분해되어 발생하는 유독한 갈색증기의 분자량은?

① 16　② 40
③ 46　④ 71

해설

진한 질산을 가열·분해할 경우 NO_2가스가 발생한다.
이산화질소의 분자량 = 14 + 32 = 46

656 질산이 직사일광에 노출될 때 어떻게 되는가?

① 분해되지는 않으나 붉은색으로 변한다.
② 분해되지는 않으나 녹색으로 변한다.
③ 분해되어 질소가 발생한다.
④ 분해되어 이산화질소가 발생한다.

해설

$4HNO_3 \xrightarrow[\Delta]{} 2H_2O + 4NO_2$(이산화질소) $+ O_2$

657 질산에 대한 설명 중 틀린 것은?

① 환원성 물질과 혼합하면 발화할 수 있다.
② 분자량은 약 63이다.
③ 위험물안전관리법령상 비중이 1.82 이상이 되어야 위험물로 취급된다.
④ 분해하면 인체에 해로운 가스가 발생한다.

해설

③ 위험물안전관리법령상 비중이 1.49 이상이 되어야 위험물로 취급된다.

658 제6류 위험물인 질산은 비중이 최소 얼마 이상 되어야 위험물로 볼 수 있는가? (최근 1)

① 1.29　② 1.39
③ 1.49　④ 1.59

해설

질산은 비중이 1.49 이상이 되어야 위험물로 본다.

정답 652 ③ 653 ② 654 ④ 655 ③ 656 ④ 657 ③ 658 ③

659 질산의 성상에 대한 설명으로 옳은 것은?

① 흡습성이 강하고 부식성이 있는 무색의 액체이다.
② 햇빛에 의해 분해하여 암모니아가 생성되고 흰색을 띤다.
③ Au, Pt과 잘 반응하여 질산염과 질소가 생성된다.
④ 비휘발성이고 정전기에 의한 발화에 주의해야 한다.

해설

② 햇빛에 의해 분해하여 이산화질소(NO_2)가 생성된다.
$4HNO_3 \rightarrow 2H_2O + 4NO_2 + O_2$
③ 금속(Au, Pt)과 반응하여 질산염과 수소가 생성된다.
④ 휘발성은 있으나 자체 발화는 하지 않는다(산화성 액체).

660 질산에 대한 설명으로 옳은 것은?

① 산화력은 없고 강한 환원력이 있다.
② 자체 연소성이 있다.
③ 구리와 반응을 한다.
④ 조연성과 부식성이 없다.

해설

① 산화성 액체이므로, 강한 산화력이 있다.
② 자체 연소성은 없다.
③ 구리와 묽은 질산과 반응하여 일산화질소가 발생한다.
④ 조연성과 부식성이 있다.

661 질산이 분해하여 발생하는 갈색의 유독한 기체는?

① N_2O　② NO
③ NO_2　④ N_2O_3

해설

$2HNO_3 \xrightarrow[\Delta]{} H_2O + 2NO_2$

662 질산의 성상에 대한 설명 중 틀린 것은?

① 톱밥, 솜뭉치 등과 혼합하면 발화의 위험이 있다.
② 부식성이 강한 산성이다.
③ 백금 · 금을 부식시키지 못한다.
④ 햇빛에 의해 분해하여 유독한 일산화탄소를 만든다.

해설

④ 진한 질산을 가열 · 분해 시 이산화질소(NO_2) 가스가 발생한다.

663 질산에 대한 설명으로 옳은 것은?

① 산화력은 없고 강한 환원력이 있다.
② 자체 연소성이 있다.
③ 크산토프로테인반응을 한다.
④ 조연성과 부식성이 없다.

해설

① 강한 산화력이 있다.
② 자체 불연성이다.
③ 크산토프로테인반응(단백질 검출반응)을 한다.
④ 조연성과 강한 부식성을 가진다.

664 HNO_3에 대한 설명으로 틀린 것은? (최근 1)

① Al, Fe은 진한 질산에서 부동태를 생성해 녹지 않는다.
② 질산과 염산을 3 : 1 비율로 제조한 것을 왕수라고 한다.
③ 부식성이 강하고 흡습성이 있다.
④ 직사광선에서 분해하여 NO_2를 발생한다.

해설

② 질산과 염산을 1 : 3 비율로 제조한 것을 왕수라고 한다.

정답 659 ① 660 ③ 661 ③ 662 ④ 663 ③ 664 ②

665 질산의 성질에 대한 설명으로 틀린 것은?

① 연소성이 있다.
② 물과 혼합하면 발열한다.
③ 부식성이 있다.
④ 강한 산화제이다.

해설
① 질산은 불연성 물질이다.

666 질산의 위험성에 대한 설명으로 틀린 것은?

① 햇빛에 의해 분해된다.
② 금속을 부식시킨다.
③ 물을 가하면 발열한다.
④ 충격에 의해 쉽게 연소와 폭발을 한다.

해설
④ 질산은 산화성 액체로서 자신은 연소하지 않는다.

667 다음 중 질산의 위험성에 관한 설명으로 옳은 것은?

① 피부에 닿아도 위험하지 않다.
② 공기 중에서 단독으로 자연발화를 한다.
③ 인화점이 낮고 발화하기 쉽다.
④ 환원성 물질과 혼합 시 위험하다.

해설
① 피부에 닿으면 화상의 위험성이 존재한다.
② 공기 중에서 단독으로 자연발화를 하지 않는다.
③ 연소성 물질이 아니다.

[과염소산]

668 다음 중 제6류 위험물인 과염소산의 분자식은?

① $HClO_4$ ② $KClO_4$
③ $KClO_2$ ④ $HClO_2$

해설
① 과염소산 ② 과염소산칼륨
③ 아염소산칼륨 ④ 아염소산

669 무색의 액체로 융점이 −112℃이고 물과 접촉하면 심하게 발열하는 제6류 위험물은?

① 과산화수소 ② 과염소산
③ 질산 ④ 오불화요오드

해설
과염소산($HClO_4$)
- 무색, 무취의 산화성 액체이다.
- 불연성 물질이지만 물과 접촉하면 심하게 발열한다.
- 비중은 1.76, 융점은 −112℃, 비점은 39℃이다.

670 지정수량은 300kg이고, 산화성 액체 위험물이며, 가열 · 분해하면 유독성 가스가 발생하고, 증기비중은 약 3.5인 위험물에 해당하는 것은?

① 브롬산칼륨
② 클로로벤젠
③ 질산
④ 과염소산

해설
④ 제6류 위험물인 과염소산에 대한 설명이다.

671 과염소산의 성질에 대한 설명으로 옳은 것은?

① 무색의 산화성 물질이다.
② 점화원에 의해 쉽게 단독으로 연소한다.
③ 흡습성이 강한 고체이다.
④ 증기는 공기보다 가볍다.

해설
② 과염소산 자체가 연소하지는 않는다.
③ 흡습성이 강한 액체이다.
④ 증기는 공기보다 무겁다(증기비중 3.47).

정답 665 ① 666 ④ 667 ④ 668 ① 669 ② 670 ④ 671 ①

672 과염소산에 대한 설명으로 틀린 것은?

① 가열하면 쉽게 발화한다.
② 강한 산화력을 갖고 있다.
③ 무색의 액체이다.
④ 물과 접촉하면 발열한다.

해설

① 상압에서 가열하면 분해하고 유독성 가스인 HCl을 발생시키는 산화성 액체이다.

673 과염소산에 대한 설명 중 틀린 것은?

① 산화제로 이용된다.
② 휘발성이 강한 가연성 물질이다.
③ 철, 아연, 구리와 격렬하게 반응한다.
④ 증기비중이 약 3.5이다.

해설

② 휘발성은 있으나 불연성 물질이다.

674 과염소산에 대한 설명 중 틀린 것은?

① 비중이 물보다 크다.
② 부식성이 있어서 피부에 닿으면 위험하다.
③ 가열하면 분해될 위험이 있다.
④ 비휘발성 액체이고 에탄올에 저장하면 안전하다.

해설

④ 휘발성 액체이나 알코올류와의 접촉을 방지한다.

675 과염소산의 성질에 대한 설명 중 틀린 것은?

① 흡습성이 강한 고체이다.
② 순수한 것은 분해의 위험이 있다.
③ 물보다 가볍다.
④ 환원력이 매우 강하다.

해설

② 순수한 것은 분해의 위험이 없다.

676 과염소산의 성질에 대한 설명이 아닌 것은?

① 가연성 물질이다.
② 산화성이 있다.
③ 물과 반응하여 발열한다.
④ Fe과 반응하여 산화물을 만든다.

해설

① 산화성 액체이면서 불연성 물질이다.

677 과염소산이 물과 접촉한 경우 일어나는 반응은?

① 중합반응 ② 연소반응
③ 흡열반응 ④ 발열반응

해설

과염소산은 물과 접촉할 경우 발열하며 강한 산화력을 가진다.

678 과염소산의 저장 및 취급방법으로 틀린 것은?

① 종이, 나무부스러기 등과의 접촉을 피한다.
② 직사광선을 피하고, 통풍이 잘 되는 장소에 보관한다.
③ 금속분과의 접촉을 피한다.
④ 분해방지제로 NH_3 또는 $BaCl_2$을 사용한다.

해설

과염소산의 저장 및 취급방법
- 가열하면 폭발한다.
- 가연물(종이, 나무부스러기, 금속분 등)과의 접촉을 피한다.
- 물과 접촉하면 심하게 반응하여 발열한다.
- 직사광선을 피하고, 통풍이 잘 되는 장소에 보관한다.

679 과염소산에 대한 설명으로 틀린 것은?

① 물과 접촉하면 발열한다.
② 불연성이지만 유독성이 있다.
③ 증기비중은 약 3.5이다.
④ 산화제이므로 쉽게 산화할 수 있다.

정답 672 ① 673 ② 674 ④ 675 ② 676 ① 677 ④ 678 ④ 679 ④

해설

④ 과염소산은 산화제로서 자신은 환원되면서 상대물질을 산화시키는 물질이다.

680 과염소산의 저장 및 취급방법이 잘못된 것은?

① 가열, 충격을 피한다.
② 화기를 멀리한다.
③ 저온의 통풍이 잘되는 곳에 저장한다.
④ 누설하면 종이, 톱밥으로 제거한다.

해설

④ 과염소산은 제6류 위험물로서 산화성 액체로 분해하면 산소가 공급되므로, 가연성 물질(종이, 톱밥)과 혼합되어서는 안 된다.

681 과염소산에 화재가 발생했을 때 조치방법으로 적합하지 않은 것은?

① 환원성 물질로 중화한다.
② 물과 반응하여 발열하므로 주의한다.
③ 마른 모래로 소화한다.
④ 인산염류 분말로 소화한다.

해설

물과 반응하여 발열을 하므로 물로 소화를 하면 안 되나 다량의 물로 분무주수를 하는 경우는 사용 가능하다. 또한 건조사, 인삼염류 분말소화약제를 사용한다.

[과산화수소]

682 무색 또는 옅은 청색의 액체로 농도가 36(중량)% 이상인 것을 위험물로 간주하는 것은?

① 과산화수소　② 과염소산
③ 질산　④ 초산

해설

과산화수소는 36(중량)% 이상이어야 위험물에 속한다.

683 [보기]에서 설명하는 물질은 무엇인가?

[보기]

㉠ 살균제 및 소독제로도 사용된다.
㉡ 분해할 때 발생하는 발생기산소는 난분해성 유기물질을 산화시킬 수 있다.

① $HClO_4$　② CH_3OH
③ H_2O_2　④ H_2SO_4

해설

③ 과산화수소(H_2O_2)에 대한 설명이다.

684 과산화수소가 녹지 않는 것은?

① 물　② 벤젠
③ 에테르　④ 알코올

해설

과산화수소는 물, 알코올, 에테르에는 녹지만 벤젠, 석유에는 녹지 않는다.

685 과산화수소에 대한 설명으로 틀린 것은?

① 불연성이다.　② 물보다 무겁다.
③ 산화성 액체이다.　④ 지정수량은 300L이다.

해설

④ 지정수량은 300kg이다.

686 과산화수소에 대한 설명으로 옳은 것은?

① 강산화제이지만 환원제로도 사용한다.
② 알코올, 에테르에는 용해되지 않는다.
③ 20~30% 용액을 옥시돌(Oxydol)이라고도 한다.
④ 알칼리성 용액에서는 분해가 안 된다.

해설

① 산화제 및 환원제로도 사용되며 표백, 살균작용을 한다.
② 물, 알코올, 에테르에는 녹지만, 벤젠 · 석유에는 녹지 않는다.
③ 과산화수소 3%의 용액을 소독약인 옥시풀이라 한다.
④ 알칼리성 용액에서도 분해가 잘된다.

정답 680 ④ 681 ① 682 ① 683 ③ 684 ② 685 ④ 686 ①

687 과산화수소에 대한 설명으로 틀린 것은?

① 불연성 물질이다.
② 농도가 약 3(중량)%이면 단독으로 분해폭발을 한다.
③ 산화성 물질이다.
④ 점성이 있는 액체로 물에 용해된다.

해설

② 농도가 약 36(중량)% 이상이면 위험물로 정의되고, 단독으로 분해폭발을 한다.

688 다음 중 과산화수소에 대한 설명이 틀린 것은? (최근 1)

① 열에 의해 분해한다.
② 농도가 클수록 안정하다.
③ 인산, 요산과 같은 분해방지안정제를 사용한다.
④ 강력한 산화제이다.

해설

② 과산화수소는 농도가 36(중량)% 이상인 경우를 위험물이라 하며, 농도가 클수록 불안정하다.

689 과산화수소의 위험성에 대한 설명 중 틀린 것은?

① 오래 저장하면 자연발화의 위험이 있다.
② 햇빛에 의해 분해되므로 햇빛을 차단하여 보관한다.
③ 고농도의 것은 분해위험이 있으므로 인산 등을 넣어 분해를 억제시킨다.
④ 농도가 진한 것은 피부와 접촉하면 수종을 일으킨다.

해설

① 오래 저장하더라도 자연발화의 위험은 없다.

690 과산화수소의 위험성으로 옳지 않은 것은?

① 산화제로서 불연성 물질이지만 산소를 함유하고 있다.
② 이산화망간 촉매하에서 분해가 촉진된다.
③ 분해를 막기 위해 히드라진을 안정제로 사용할 수 있다.
④ 고농도의 것은 피부에 닿으면 화상의 위험이 있다.

해설

③ 분해를 막기 위해 인산나트륨, 인산, 요산, 글리세린 등을 안정제로 사용할 수 있다.

691 다음 중 과산화수소의 저장용기로 가장 적합한 것은?

① 뚜껑에 작은 구멍을 뚫은 갈색용기
② 뚜껑을 밀전한 투명용기
③ 구리로 만든 용기
④ 요오드화칼륨을 첨가한 종이용기

해설

① 저장용기의 내압 상승을 방지하기 위하여 용기마개는 구멍 뚫린 마개를 사용한다.

692 과산화수소의 분해방지제로서 적합한 것은?

① 아세톤
② 인산
③ 황
④ 암모니아

해설

분해방지안정제
인산나트륨, 인산(H_3PO_4), 요산($C_5H_4N_4O_3$), 글리세린 등

정답 687 ② 688 ② 689 ① 690 ③ 691 ① 692 ②

693 과산화수소가 이산화망간 촉매하에서 분해가 촉진될 때 발생하는 가스는? (최근 1)

① 수소 ② 산소
③ 아세틸렌 ④ 질소

해설

$$2H_2O_2 \xrightarrow[MnO_2]{\text{촉매}} 2H_2O + O_2(\text{산소})$$

694 과산화수소의 저장 및 취급방법으로 옳지 않은 것은? (최근 1)

① 갈색용기를 사용한다.
② 직사광선을 피하고 냉암소에 보관한다.
③ 농도가 클수록 위험성이 높아지므로 분해방지 안정제를 넣어 분해를 억제시킨다.
④ 장시간 보관 시 철분을 넣어 유리용기에 보관한다.

해설

④ 유리용기에 장시산 보관하면 직사일광에 의해 분해될 위험성이 있으므로 갈색의 착색병에 보관한다(보관 시 철분 등과 같은 금속분을 포함시키면 폭발의 위험이 존재한다).

695 과산화수소와 산화프로필렌의 공통점으로 옳은 것은?

① 특수인화물이다.
② 분해 시 질소를 발생한다.
③ 끓는점이 100℃ 이하이다.
④ 수용액상태에서도 자연발화위험이 있다.

해설

① 과산화수소는 제6류 위험물, 산화프로필렌은 제4류 위험물이다.
② 분해 시 과산화수소는 산소가 발생하고, 산화프로필렌은 자체가 연소한다.
③ 끓는점은 과산화수소 약 84℃, 산화프로필렌 34℃이다.
④ 수용액상태에서는 자연발화의 위험성이 없다.

696 다음 물질을 과산화수소에 혼합했을 때 위험성이 가장 낮은 것은?

① 산화제이수은 ② 물
③ 이산화망간 ④ 탄소분말

해설

과산화수소의 소화방법 중 하나가 주수소화이므로, 위험성이 가장 낮은 것은 물이다.

697 다음 위험물에 대한 설명 중 틀린 것은?

① $NaClO_3$은 조해성, 흡수성이 있다.
② H_2O_2는 알칼리용액에서 안정화되어 분해가 어렵다.
③ $NaNO_3$의 열분해온도는 약 380℃이다.
④ $KClO_3$은 화약류 제조에 쓰인다.

해설

② 과산화수소는 물보다 무겁고 수용액이 불안정하여 금속가루나 수산이온이 있으면 분해한다.

정답 693 ② 694 ④ 695 ③ 696 ② 697 ②

CRAFTSMAN HAZARDOUS MATERIAL

03 위험물안전관리법

CHAPTER

01 위험물안전관리에 관한 일반적인 사항

1) 용어의 정의

① 위험물 : 인화성 또는 발화성 등의 성질을 가지는 것으로 대통령령이 정하는 물품을 말한다.

② 제조소 : 위험물을 제조할 목적으로 지정수량 이상의 위험물을 취급하기 위하여 허가를 받은 장소를 말한다.

③ 저장소 : 지정수량 이상의 위험물을 저장하기 위하여 허가를 받은 장소를 말한다.

④ 취급소 : 지정수량 이상의 위험물을 제조 외의 목적으로 취급하기 위한 대통령령이 정하는 장소로서 허가를 받은 장소를 말한다.

⑤ 제조소등 : 제조소 · 저장소 및 취급소를 말한다.

⑥ 지정수량 : 위험물의 종류별로 위험성을 고려하여 대통령령이 정하는 수량으로서 제조소등의 설치허가 등에 있어서 최저의 기준이 되는 수량을 말한다.

2) 행정안전부령에 따른 유별 분류

(1) 제1류 위험물

① 과요오드산염류

② 과요오드산

③ 크롬, 납 또는 요오드의 산화물

④ 아질산염류

⑤ 차아염소산염류

⑥ 염소화이소시아눌산

⑦ 퍼옥소이황산염류

⑧ 퍼옥소붕산염류

(2) 제3류 위험물 : 염소화규소화합물

(3) 제5류 위험물

① 금속의 아지화합물

② 질산구아니딘

(4) 제6류 위험물 : 할로겐간화합물

3) 위험물안전관리법 적용 제외

항공기, 선박, 철도 및 궤도에 의한 위험물의 저장 · 취급 및 운반에 있어서는 적용하지 않는다.

4) 국가의 책무

국가는 위험물에 의한 사고를 예방하기 위하여 다음 사항을 포함하는 시책을 수립 · 시행하여야 한다.

① 위험물의 유통실태 분석
② 위험물에 의한 사고 유형의 분석
③ 사고 예방을 위한 안전기술 개발
④ 전문인력 양성
⑤ 그 밖에 사고 예방을 위하여 필요한 사항

5) 위험물의 저장 및 취급의 제한

① 지정수량 이상의 위험물을 저장소가 아닌 장소에서 저장 및 취급을 금지한다.
② 제조소등이 아닌 장소에서 지정수량 이상의 위험물을 취급할 수 있는 경우 : 시 · 도의 조례
- 관할소방서장의 승인 후 위험물을 90일 이내의 기간 동안 임시로 저장 또는 취급하는 경우
- 군부대가 위험물을 군사목적으로 임시로 저장 또는 취급하는 경우

③ 제조소등의 위치 · 구조 및 설비의 기술기준은 행정안전부령으로 정한다.
④ 둘 이상의 위험물을 같은 장소에서 저장 또는 취급하는 경우에 있어서 각 위험물의 수량을 지정수량으로 나누어 얻은 수의 합계가 1 이상인 경우 당해 위험물은 지정수량 이상의 위험물로 본다.

6) 제조소등 설치허가 관련

① 지정수량 이상의 위험물 : 「위험물안전관리법」에 적용
② 지정수량 미만의 위험물 : 시 · 도조례로 정함
③ 제조소등을 설치하고자 하는 자 : 시 · 도지사
④ 제조소등의 위치, 구조 변경 : 시 · 도지사(변경하고자 하는 날의 1일 전까지)
⑤ 설비의 변경 없이 위험물의 품명, 수량 변경 : 시 · 도지사(변경하고자 하는 날의 1일 전까지)
⑥ 지정수량의 배수를 변경하고자 하는 자 : 시 · 도지사(변경하고자 하는 날의 1일 전까지)
⑦ 제조소의 용도폐지 신고 : 시 · 도지사(폐지한 날부터 14일 이내 신고)

7) 제조소등 설치허가 제외사항

① 주택의 난방시설(공동주택의 중앙난방시설 제외)을 위한 저장소 또는 취급소
② 농예용 · 축산용 또는 수산용으로 필요한 난방시설 또는 건조시설을 위한 지정수량 20배 이하의 저장소

8) 제조소등 설치허가의 취소와 사용정지 등

① 시 · 도지사는 허가취소 또는 6월 이내의 기간을 정하여 전부 또는 일부의 사용정지를 명할 수 있다.

② 제조소등 설치허가의 취소와 사용정지 요건
㉠ 변경허가를 받지 아니하고 제조소등의 위치 · 구조 또는 설비를 변경한 때
㉡ 완공검사를 받지 아니하고 제조소등을 사용한 때
㉢ 수리 · 개조 또는 이전의 명령을 위반한 때
㉣ 위험물안전관리자를 선임하지 아니한 때
㉤ 대리자를 지정하지 아니한 때
㉥ 정기점검을 하지 아니한 때
㉦ 정기검사를 받지 아니한 때
㉧ 저장 · 취급기준 준수명령을 위반한 때

9) 제조소등의 완공검사 신청

① 시 · 도지사, 소방서장 또는 한국소방산업기술원에 신청
② 시 · 도지사는 완공검사를 실시하고, 완공검사필증을 교부
③ 완공검사필증을 잃어버리거나 멸실 · 훼손 또는 파손한 경우 : 시 · 도지사에게 재교부 신청
④ 잃어버린 완공검사필증을 발견하는 경우 : 10일 이내에 시 · 도지사에게 제출

10) 제조소등의 완공검사 신청시기

① 지하탱크가 있는 제조소등의 경우 : 해당 지하탱크를 매설하기 전
② 이동탱크저장소의 경우 : 이동저장탱크를 완공하고 상치장소를 확보한 후
③ 이송취급소의 경우 : 이송배관 공사의 전체 또는 일부를 완료한 후. 다만 지하 · 하천 등에 매설하는 이송배관 공사의 경우에는 이송배관을 매설하기 전

④ 전체 공사가 완료된 후에 완공검사를 실시하기 곤란한 경우
㉠ 위험물 설비 또는 배관의 설치가 완료되어 기밀시험 또는 내압시험을 실시하는 시기
㉡ 배관을 지하에 설치하는 경우에는 시 · 도지사, 소방서장 또는 기술원이 지정하는 부분을 매몰하기 직전
㉢ 기술원이 지정하는 부분의 비파괴 검사를 실시하는 시기

11) 제조소등 설치자의 지위승계

① 설치자가 사망, 양도 · 인도한 때 또는 법인인 제조소등의 설치자의 합병이 있는 때
② 경매, 압류재산의 매각과 그 밖에 이에 준하는 절차에 따라 제조소등의 시설의 전부를 인수한 자
③ 지위를 승계한 자는 승계한 날부터 30일 이내에 시 · 도지사에게 그 사실을 신고하여야 한다.

12) 위험물안전관리자 관련

① 위험물안전관리자 선임권자 : 제조소등의 관계인
② 위험물안전관리자 선임신고 : 소방본부장 또는 소방서장에게 신고
③ 위험물안전관리자 해임 또는 퇴직 시 : 30일 이내 재선임
④ 위험물안전관리자 선임신고 : 14일 이내
⑤ 위험물안전관리자의 여행, 질병 기타 사유로 직무수행이 불가능 시 : 대리자 지정(대행기간은 30일을 초과할 수 없다)
⑥ 위험물안전관리자 미선임 : 1,500만 원 이하의 벌금
⑦ 위험물안전관리자 선임신고 태만 : 200만 원 이하의 과태료

⑧ 1인의 안전관리자를 중복하여 선임할 수 있는 경우 등
㉠ 보일러 · 버너 또는 이와 비슷한 것으로서 위험물을 소비하는 장치로 이루어진 7개 이하의 일반취급소와 그 일반취급소에 공급하기 위한 위험물을 저장하는 저장소[일반취급소 및 저장소가 모두 동일구 내(같은 건물 안 또는 같은 울 안을 말한다)에 있는 경우를 말한다]를 동일인이 설치한 경우
㉡ 위험물을 차량에 고정된 탱크 또는 운반용기에 옮겨 담기 위한 5개 이하의 일반취급소[일반취급소 간의 거리(보행거리를 말한다)가 300m 이내인 경우에 한한다]와 그 일반취급소에 공급하기 위한 위험물을 저장하는 저장소를 동일인이 설치한 경우
㉢ 동일구 내에 있거나 상호 100m 이내의 거리에 있는 저장소로서 저장소의 규모, 저장하는 위험물의 종류 등을 고려하여 행정안전부령이 정하는 저장소를 동일인이 설치한 경우
㉣ 다음 각 기준에 모두 적합한 5개 이하의 제조소등을 동일인이 설치한 경우
- 각 제조소등이 동일구 내에 위치하거나 상호 100m 이내의 거리에 있을 것
- 각 제조소등에서 저장 또는 취급하는 위험물의 최대수량이 지정수량의 3천 배 미만일 것(다만, 저장소의 경우는 그러하지 아니하다)

13) 위험물안전관리자의 책무

① 위험물 취급작업에 참여하여 해당 작업이 예방규정에 적합하도록 작업자에 대하여 지시 및 감독

② 위험물 취급 관련 일지의 작성 또는 기록
③ 화재 등의 재난이 발생한 경우 응급조치 및 소방관서 등에 대한 연락업무

14) 안전교육대상자

① 안전관리자로 선임된 자
② 탱크시험자의 기술인력으로 종사하는 자
③ 위험물운송자로 종사하는 사람

15) 예방규정을 정하여야 하는 대상

① 제조소등의 관계인은 제조소등의 화재예방과 재해 발생 시의 비상조치에 필요한 사항, 즉 예방규정을 서면으로 작성하여 허가청에 제출하여야 한다.

② 예방규정을 정하여야 하는 대상
㉠ 지정수량의 10배 이상의 위험물을 취급하는 제조소, 일반취급소
㉡ 지정수량의 100배 이상의 위험물을 저장하는 옥외저장소
㉢ 지정수량의 150배 이상의 위험물을 저장하는 옥내저장소
㉣ 지정수량의 200배 이상의 위험물을 저장하는 옥외탱크저장소
㉤ 암반탱크저장소, 이송취급소

16) 예방규정의 작성내용

① 위험물의 안전관리업무를 담당하는 자의 직무 및 조직에 관한 사항
② 안전관리자가 여행 · 질병 등으로 인하여 그 직무를 수행할 수 없을 경우 그 직무의 대리자에 관한 사항
③ 자체소방대의 편성과 화학소방자동차의 배치에 관한 사항
④ 위험물의 안전에 관계된 작업에 종사하는 자에 대한 안전교육 및 훈련에 관한 사항
⑤ 위험물시설 및 작업장에 대한 안전순찰에 관한 사항
⑥ 위험물시설 · 소방시설 그 밖의 관련 시설에 대한 점검 및 정비에 관한 사항
⑦ 위험물시설의 운전 또는 조작에 관한 사항
⑧ 위험물 취급 작업의 기준에 관한 사항
⑨ 재난 그 밖의 비상시의 경우에 취하여야 하는 조치에 관한 사항

17) 운송책임자의 감독, 지원을 받아 운송하여야 하는 위험물

① 알킬알루미늄
② 알킬리튬
③ 알킬알루미늄 또는 알킬리튬의 물질을 함유하는 위험물

18) 탱크 사항

(1) 탱크의 공간용적

① 위험물을 저장 또는 취급하는 탱크의 용량은 당해 탱크의 내용적에서 공간용적을 뺀 용적으로 한다. 다만, 이동저장탱크의 경우에는 내용적에서 공간용적을 뺀 용량이 「자동차 및 자동차부품의 성능과 기준에 관한 규칙」에 의한 최대적재량 이하로 하여야 한다.

② 탱크의 공간용적은 탱크 내용적의 100분의 5 이상 100분의 10 이하의 용적으로 한다. 다만, 소화설비(소화약제 방출구를 탱크 안의 윗부분에 설치하는 것)를 설치하는 탱크의 공간용적은 해당 소화설비의 소화약제 방출구 아래의 0.3m 이상 1m 미만 사이의 면으로부터 윗부분의 용적으로 한다.

③ 암반탱크에 있어서는 해당 탱크 내에 용출하는 7일간의 지하수의 양에 상당하는 용적과 해당 탱크 내용적의 1/100 용적 중에서 보다 큰 용적을 공간용적으로 한다.

다음은 위험물을 저장하는 탱크의 공간용적 산정기준이다. ( ) 안에 알맞은 수치로 옳은 것은?

가) 위험물을 저장 또는 취급하는 탱크의 공간용적은 탱크 내용적의 (A) 이상 (B) 이하의 용적으로 한다. 다만, 소화설비(소화약제 방출구를 탱크안의 윗부분에 설치하는 것에 한한다)를 설치하는 탱크의 공간용적은 당해 소화설비의 소화약제방출구 아래의 0.3미터 이상 1미터 미만 사이의 면으로부터 윗부분의 용적으로 한다.

나) 암반탱크에 있어서는 당해 탱크 내에 용출하는 (C)일간의 지하수의 양에 상당하는 용적과 당해 탱크의 내용적의 (D)의 용적 중에서 보다 큰 용적을 공간용적으로 한다.

① A : 3/100, B : 10/100, C : 10, D : 1/100
② A : 5/100, B : 5/100, C : 10, D : 1/100
③ A : 5/100, B : 10/100, C : 7, D : 1/100
④ A : 5/100, B : 10/100, C : 10, D : 3/100

본문 참조

/정답/ ③

(2) 탱크의 내용적

① 타원형 탱크의 내용적

㉠ 양쪽이 볼록한 것

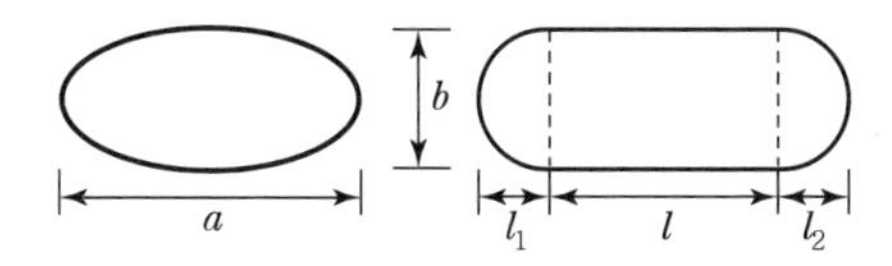

$$\frac{\pi ab}{4}\left(l+\frac{l_1+l_2}{3}\right)$$

㉡ 한쪽은 볼록하고 다른 한쪽은 오목한 것

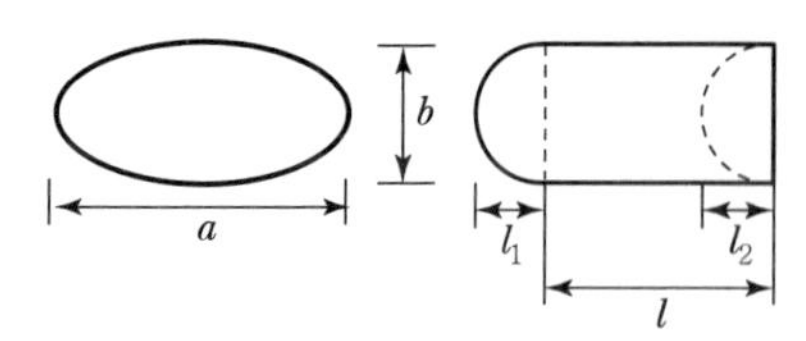

$$\frac{\pi ab}{4}\left(l+\frac{l_1-l_2}{3}\right)$$

② 원형 탱크의 내용적

㉠ 횡으로 설치한 것

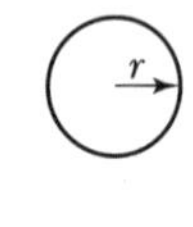

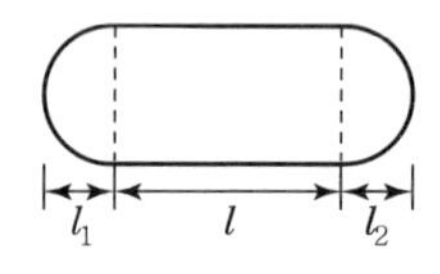

$$\pi r^2\left(l+\frac{l_1+l_2}{3}\right)$$

㉡ 종으로 설치한 것

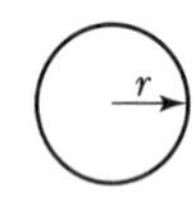

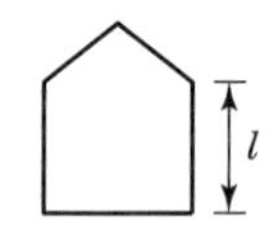

$$\pi r^2 l$$

그림과 같이 횡으로 설치한 원통형 위험물탱크에 대하여 탱크의 용량을 구하면 약 몇 m^3인가?(단, 공간용적은 탱크 내용적의 100분의 5로 한다.)

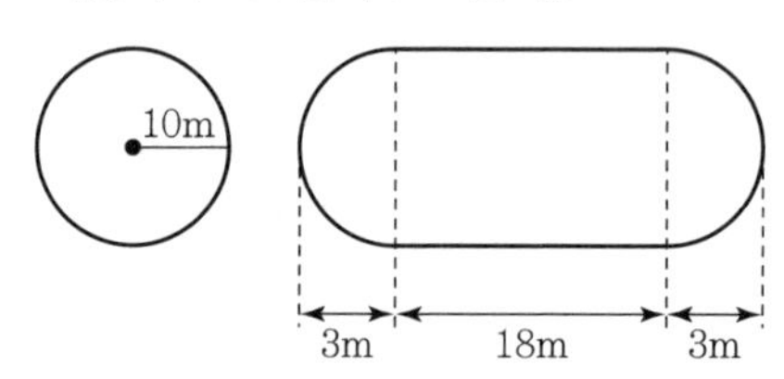

용량 : $\pi r^2\left(l+\frac{l_1+l_2}{3}\right)=\pi\times 10^2\times\left(18+\frac{3+3}{3}\right)\times(1-0.05)=5,969.026\text{m}^3$

(3) 탱크안전성능검사의 위탁 가능 탱크

① 용량이 100만L 이상인 액체위험물을 저장하는 탱크

② 암반탱크

③ 지하탱크저장소의 위험물탱크 중 행정안전부령이 정하는 액체위험물탱크

(4) 탱크안전성능검사

① 기초 · 지반검사

② 충수 · 수압검사
③ 용접부 검사
④ 암반탱크검사

19) 자체소방대 관련

① 설치대상 : 지정수량 3,000배 이상의 제4류 위험물을 취급하는 제조소, 일반취급소

② 자체소방대에 두는 화학소방자동차 및 인원

제조소 및 일반취급소의 구분	화학소방자동차	조작인원
지정수량의 12만 배 미만을 저장 · 취급하는 것	1대	5인
지정수량의 12만 배 이상 24만 배 미만을 저장 · 취급하는 것	2대	10인
지정수량의 24만 배 이상 48만 배 미만을 저장 · 취급하는 것	3대	15인
지정수량의 48만 배 이상을 저장 · 취급하는 것	4대	20인

③ 자체소방대의 설치 제외대상인 일반취급소
㉠ 보일러, 버너 그 밖에 이와 유사한 장치로 위험물을 소비하는 일반취급소
㉡ 이동저장탱크 그 밖에 이와 유사한 것에 위험물을 주입하는 일반취급소
㉢ 유입장치, 윤활유순환장치 그 밖에 이와 유사한 장치로 위험물을 취급하는 일반취급소
㉣ 용기에 위험물을 옮겨 담는 일반취급소

20) 제조소등의 정기점검 및 정기검사

(1) 정기점검 실시자

위험물안전관리자, 위험물운송자

(2) 정기점검의 대상인 제조소등

① 지정수량의 10배 이상의 위험물을 취급하는 제조소, 일반취급소
② 지정수량의 100배 이상의 위험물을 저장하는 옥외저장소
③ 지정수량의 150배 이상의 위험물을 저장하는 옥내저장소
④ 지정수량의 200배 이상의 위험물을 저장하는 옥외탱크저장소
⑤ 암반탱크저장소, 이송취급소
⑥ 지하탱크저장소
⑦ 이동탱크저장소
⑧ 위험물을 취급하는 탱크로서 지하에 매설된 탱크가 있는 제조소 · 주유취급소 또는 일반취급소

21) 제조소등의 행정처분

위반사항	행정처분기준		
	1차	2차	3차
제조소등의 위치 · 구조 또는 설비를 변경한 때	경고 또는 사용정지 15일	사용정지 60일	허가취소
• 완공검사를 받지 아니하고 제조소등을 사용한 때 • 위험물안전관리자를 선임하지 아니한 때	사용정지 15일	사용정지 60일	허가취소
수리 · 개조 또는 이전의 명령에 위반한 때	사용정지 30일	사용정지 90일	허가취소
• 규정을 위반하여 대리자를 지정하지 아니한 때 • 규정에 의한 정기점검을 하지 아니한 때 • 규정에 의한 정기검사를 하지 아니한 때	사용정지 10일	사용정지 30일	허가취소
규정에 의한 저장 · 취급기준 준수명령을 위반한 때	사용정지 30일	사용정지 60일	허가취소

22) 제조소등의 변경허가를 받아야 하는 경우

(1) 옥외탱크저장소

① 옥외저장탱크의 위치를 이전하는 경우
② 옥외저장탱크저장소의 기초 · 지반을 정비하는 경우
③ 옥외저장탱크의 밑판 또는 옆판을 교체하는 경우
④ 주입구의 위치를 이전하거나 신설하는 경우
⑤ 불활성기체의 봉입장치를 신설하는 경우

(2) 이동탱크저장소

① 상치장소의 위치를 이전하는 경우(같은 사업장인 경우는 제외)
② 이동저장탱크를 보수(탱크본체를 절개하는 경우)하는 경우
③ 이동저장탱크의 노즐 또는 맨홀을 신설하는 경우(노즐 또는 맨홀의 직경이 250mm를 초과하는 경우)
④ 이동저장탱크의 내용적을 변경하기 위하여 구조를 변경하는 경우
⑤ 주입설비를 설치 또는 철거하는 경우
⑥ 펌프설비를 신설하는 경우

23) 한국소방산업기술원의 기술검토를 받아야 하는 사항

① 지정수량의 3천 배 이상의 위험물을 취급하는 제조소 또는 일반취급소 : 구조 · 설비에 관한 사항
② 옥외저장탱크(저장용량이 50만L 이상인 것만 해당한다) : 위험물탱크의 기초 · 지반, 탱크본체 및 소화설비에 관한 사항

③ 암반탱크저장소 : 위험물탱크의 기초 · 지반, 탱크본체 및 소화설비에 관한 사항

24) 제조소등에 대한 긴급 사용정지명령 등

① 긴급 사용정지명령자 : 시 · 도지사, 소방본부장 또는 소방서장

② 공공의 안전을 유지하거나 재해의 발생을 방지하기 위하여 긴급한 필요가 있다고 인정하는 때에 사용을 일시정지하거나 사용제한할 것을 명할 수 있다.

25) 벌칙

① 제조소등에서 위험물을 유출 · 방출 또는 확산시켜 사람의 생명 · 신체 또는 재산에 대하여 위험을 발생시킨 자는 1년 이상 10년 이하의 징역에 처한다.

② 제조소등에서 위험물을 유출 · 방출 또는 확산시켜 사람을 상해(傷害)에 이르게 한 때에는 무기 또는 3년 이상의 징역에 처하며, 사망에 이르게 한 때에는 무기 또는 5년 이상의 징역에 처한다.

③ 업무상 과실로 제조소등에서 위험물을 유출 · 방출 또는 확산시켜 사람의 생명 · 신체 또는 재산에 대하여 위험을 발생시킨 자는 7년 이하의 금고 또는 7천만 원 이하의 벌금에 처한다.

④ 업무상 과실로 제조소등에서 위험물을 유출 · 방출 또는 확산시켜 사람을 사상(死傷)에 이르게 한 자는 10년 이하의 징역 또는 금고나 1억 원 이하의 벌금에 처한다.

02 제조소 및 각종 저장소의 위치, 구조와 설비의 기준

1 제조소등의 위치, 구조 및 설비의 기준

1) 안전거리

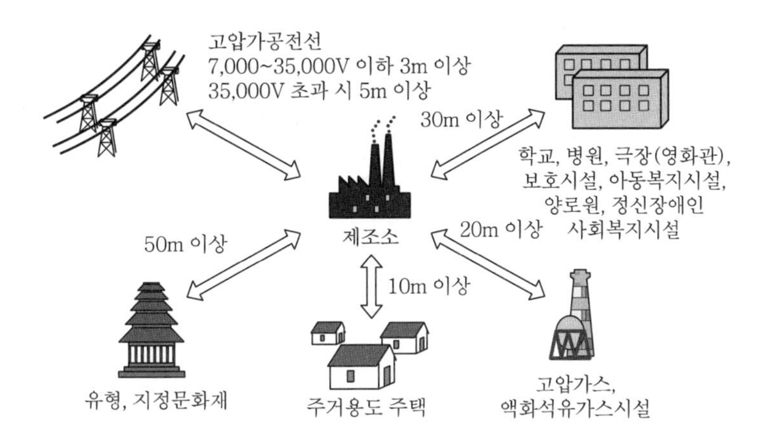

안전거리	건축물
3m 이상	용전압이 7,000V 초과 35,000V 이하의 특고압가공전선
5m 이상	사용전압이 35,000V를 초과하는 특고압가공전선
10m 이상	건축물 그 밖의 공작물로서 주거용으로 사용되는 것
20m 이상	고압가스, 액화석유가스 또는 도시가스를 저장 또는 취급하는 시설
30m 이상	학교 · 병원 · 극장 그 밖에 다수인을 수용하는 시설
50m 이상	유형문화재, 지정문화재

2) 보유공지

(1) 제조소의 보유공지

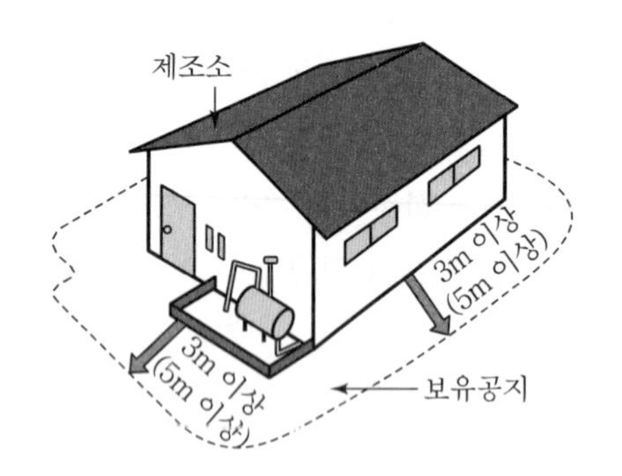

공지의 너비	취급하는 위험물의 최대수량
3m 이상	지정수량의 10배 이하
5m 이상	지정수량의 10배 초과

(2) 보유공지 대신 방화상 유효한 격벽(방화벽) 설치

① 방화벽은 내화구조로 할 것(제6류 위험물인 경우는 불연재료)
② 출입구 및 창 등의 개구부는 가능한 한 최소, 자동폐쇄식의 갑종방화문 설치
③ 양단 및 상단이 외벽 또는 지붕으로부터 50cm 이상 돌출

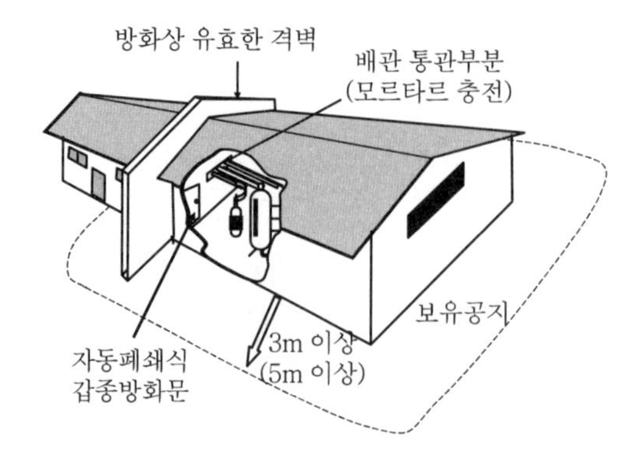

3) 표지판, 게시판 및 주의사항

(1) 표지판 및 게시판

① 표지판(예 "위험물 제조소")

㉠ 표지는 한 변의 길이가 0.3m 이상, 다른 한 변의 길이가 0.6m 이상인 직사각형으로 한다.

㉡ 표지의 바탕은 백색으로, 문자는 흑색으로 한다.

② 게시판

㉠ 게시판은 한 변의 길이가 0.3m 이상, 다른 한 변의 길이가 0.6m 이상인 직사각형으로 한다.

㉡ 게시판의 바탕은 백색으로, 문자는 흑색으로 한다(단, 이동탱크저장소의 게시판("위험물")은 흑색바탕으로 문자는 황색반사도료로 할 것).

③ 제조소등의 게시판에 기재할 내용

㉠ 위험물의 유별 · 품명

㉡ 저장최대수량 또는 취급최대수량

㉢ 지정수량의 배수

㉣ 안전관리자의 성명 또는 직명

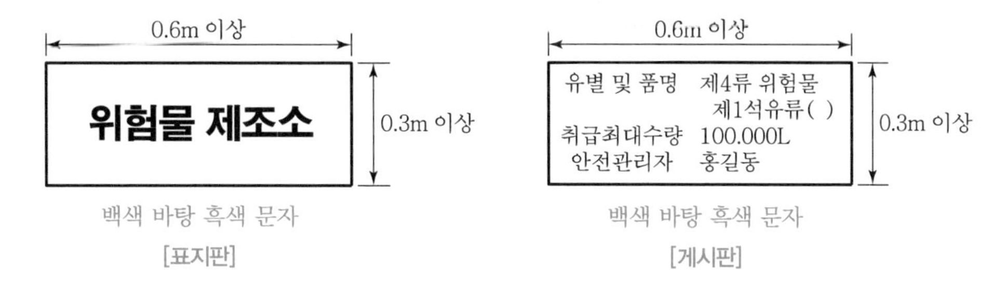

[표지판] [게시판]

④ 구분에 따른 표지판, 게시판과 위험물의 주의사항에 따른 색상

구분	제조소등의 구분	표지 및 게시판	바탕색	문자색
게시판	제조소등	제조소게시판	백색	흑색
게시판	주유취급소	주유 중 엔진정지	황색	흑색
게시판	이동탱크저장소	위험물	흑색	황색반사도료
표지판	제조소등	위험물제조소	백색	흑색
표지판	주유취급소	위험물 주유취급소	백색	흑색

위험물 종류	주의사항	바탕색	문자색
제1류 위험물 중 알칼리금속의 과산화물 제3류 위험물 중 금수성 물질	물기엄금	청색	백색
제2류 위험물(인화성 고체는 제외)	화기주의	적색	백색
제2류 위험물 중 인화성 고체 제3류 위험물 중 자연발화성 물질 제4류 위험물 제5류 위험물	화기엄금	적색	백색

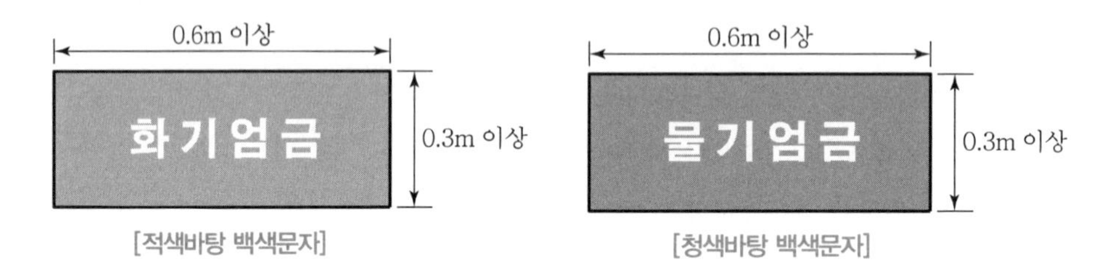

[적색바탕 백색문자] [청색바탕 백색문자]

4) 건축물의 구조

① 지하층이 없도록 한다.
② 벽 · 기둥 · 바닥 · 보 · 서까래 및 계단을 불연재료로 한다.
③ 연소의 우려가 있는 외벽은 출입구 외의 개구부가 없는 내화구조의 벽으로 한다.
④ 지붕은 폭발력이 위로 방출될 정도의 가벼운 불연재료로 덮는다.
⑤ 출입구와 비상구에는 갑종방화문 또는 을종방화문을 설치한다.
⑥ 연소의 우려가 있는 외벽에 설치하는 출입구에는 수시로 열 수 있는 자동폐쇄식의 갑종방화문을 설치한다.
⑦ 액체의 위험물을 취급하는 건축물의 바닥은 위험물이 스며들지 못하는 재료를 사용하고, 적당한 경사를 두어 그 최저부에 집유설비를 한다.

5) 채광 · 조명 및 환기설비

① 채광설비는 불연재료로 하고 연소의 우려가 없는 장소에 설치하되 채광면적을 최소로 한다.
② 조명설비는 다음의 기준에 적합하게 설치한다.
  ㉠ 가연성 가스 등이 체류할 우려가 있는 장소의 조명등은 방폭등으로 한다.
  ㉡ 전선은 내화 · 내열전선으로 한다.
  ㉢ 점멸스위치는 출입구 바깥부분에 설치한다.

③ 환기설비는 다음의 기준에 의할 것
  ㉠ 환기는 자연배기방식으로 한다.

㉡ 급기구는 당해 급기구가 설치된 실의 바닥면적 150m² 마다 1개 이상으로 하되, 급기구의 크기는 800cm² 이상으로 한다. 다만, 바닥면적이 150m² 미만인 경우에는 다음의 크기로 한다.

바닥면적	급기구의 면적
60m² 미만	150cm² 이상
60m² 이상 90m² 미만	300cm² 이상
90m² 이상 120m² 미만	450cm² 이상
120m² 이상 150m² 미만	600cm² 이상

㉢ 급기구는 낮은 곳에 설치, 가는 눈의 구리망 등으로 인화방지망을 설치한다.
㉣ 환기구는 지붕 위 또는 지상 2m 이상의 높이에 회전식 고정벤틸레이터 또는 루프팬방식으로 설치한다.

④ 배출설비

㉠ 배출설비는 예외적인 경우를 제외하고는 국소방식으로 한다.
㉡ 배출설비는 배풍기 · 배출덕트 · 후드 등을 이용하여 강제배출방식으로 한다.
㉢ 배출능력은 1시간당 배출장소 용적의 20배 이상인 것으로 한다(전역방식의 경우에는 바닥면적 1m²당 18m³ 이상으로 할 것).
㉣ 급기구는 높은 곳에 설치하고, 가는 눈의 구리망 등으로 인화방지방을 설치한다.
㉤ 배출구는 지상 2m 이상으로서 연소의 우려가 없는 장소에 설치한다.
㉥ 배출덕트가 관통하는 벽부분의 바로 가까이에 화재 시 자동으로 폐쇄되는 방화댐퍼를 설치한다.
㉦ 배풍기는 강제배기방식으로 하고, 옥내덕트의 내압이 대기압 이상이 되지 아니하는 위치에 설치한다.

6) 옥외설비의 바닥(옥외에서 액체 위험물을 취급하는 경우)

① 바닥의 둘레에 높이 0.15m 이상의 턱을 설치한다.
② 바닥의 최저부에 집유설비를 한다.
③ 위험물(20℃의 물 100g에 용해되는 양이 1g 미만인 것에 한함)을 취급하는 설비에는 집유설비에 유분리장치를 설치한다.

7) 피뢰설비 및 정전기 제거방법

(1) 피뢰설비

지정수량의 10배 이상의 위험물을 취급하는 제조소(제6류 위험물은 제외)에 설치한다.

(2) 정전기 제거방법

① 접지에 의한 방법
② 공기 중에 상대습도를 70% 이상으로 하는 방법
③ 공기를 이온화하는 방법

8) 위험물 취급탱크 방유제(지정수량 1/5 미만은 제외)

(1) 위험물의 제조소

① 하나의 취급탱크 : 당해 탱크용량의 50% 이상
② 2기 이상의 취급탱크 : (용량이 최대인 것의 50%)+(나머지 탱크용량 합계의 10%) 이상

(2) 옥외탱크저장소

① 하나의 저장탱크 : 당해 탱크용량의 110% 이상으로 한다.
② 2기 이상의 저장탱크 : 용량이 최대인 것의 용량의 110% 이상으로 한다.

제조소의 옥외에 모두 3기의 휘발유 취급탱크를 설치하고 그 주위에 방유제를 설치하고자 한다. 방유제 안에 설치하는 각 취급탱크의 용량이 5,000, 3,000, 2,000L일 때 필요한 방유제의 용량은 몇 L 이상인가?

① 6,600　　② 6,000
③ 3,300　　④ 3,000

방유제의 용량=(탱크의 최대용량×0.5)+(나머지 탱크의 용량×0.1)
=(5,000×0.5)+(3,000+2,000)×0.1
=3,000

/정답/ ④

인화성 액체 위험물을 저장 또는 취급하는 옥외탱크저장소의 방유제 내에 용량 10만L와 5만L인 옥외저장탱크 2기를 설치하는 경우에 확보하여야 하는 방유제의 용량은?

① 50,000L 이상　　② 80,000L 이상
③ 100,000L 이상　　④ 110,000L 이상

방유제의 용량은 방유제 안에 설치된 탱크가 하나인 때에는 그 탱크 용량의 110% 이상, 2기 이상인 때에는 그 탱크 중 용량이 최대인 것의 용량의 110% 이상으로 할 것
∴ 100,000(L)×1.1=110,000(L) 이상

/정답/ ④

9) 배관

① 배관의 재질은 강관, 유리섬유강화플라스틱, 고밀도폴리에틸렌, 폴리우레탄 등으로 한다.

② 배관에 사용하는 관이음의 설계기준

㉠ 관이음의 설계는 배관의 설계에 준하는 것 외에 관이음의 휨특성 및 응력집중을 고려하여 행한다.

㉡ 배관을 분기하는 경우는 미리 제작한 분기용 관이음 또는 분기구조물을 이용한다. 이 경우 분기구조물에는 보강판을 부착하는 것을 원칙으로 한다.

㉢ 분기용 관이음, 분기구조물 및 리듀서는 원칙적으로 이송기지 또는 전용부지 내에 설치한다.

③ 배관의 수압시험 : 최대사용압력의 1.5배 이상의 압력에서 실시하여 이상이 없어야 한다.

10) 기타 설비 및 특례기준

(1) 기타 설비

① 위험물 누출 · 비산방지설비

② 가열 · 냉각설비 등의 온도측정장치

③ 가열건조설비

④ 압력계 및 안전장치

㉠ 자동적으로 압력의 상승을 정지시키는 장치

㉡ 감압 측에 안전밸브를 부착한 감압밸브

㉢ 안전밸브를 병용하는 경보장치

㉣ 파괴판(위험물의 성질에 따라 안전밸브의 작동이 곤란한 설비에 한한다)

(2) 기타 제조소등의 특례기준

① 고인화점 위험물이란 인화점이 100℃ 이상인 제4류 위험물을 말한다.

② 알킬알루미늄 등, 아세트알데히드 등을 취급하는 제조소의 특례

㉠ 알킬알루미늄 등을 취급하는 설비의 주위에는 누설범위를 국한하기 위한 설비와 누설된 알킬알루미늄 등을 안전한 장소에 설치된 저장실에 유입시킬 수 있는 설비를 갖춘다.

㉡ 알킬알루미늄 등을 취급하는 설비에는 불활성기체(질소, 이산화탄소)를 봉입하는 장치를 갖춘다.

㉢ 아세트알데히드 등을 취급하는 설비는 은 · 수은 · 동 · 마그네슘 또는 이들을 성분으로 하는 합금으로 만들지 아니한다.

㉣ 아세트알데히드 등을 취급하는 설비에는 연소성 혼합기체의 생성에 의한 폭발을 방지하기 위한 불활성기체 또는 수증기를 봉입하는 장치를 갖춘다.

③ 지정수량 이상의 히드록실아민 등을 취급하는 제조소의 위치는 건축물의 벽 또는 이에 상당하는 공작물의 외측으로부터 해당 제조소의 외벽 또는 이에 상당하는 공작물의 외측까지의 사이에 안전거리(D)를 둔다.

$$D = 51.1\sqrt[3]{N}$$

여기서, N은 당해 제조소에서 취급하는 히드록실아민 등의 지정수량 배수를 나타낸다.

2 옥내저장소의 위치, 구조 및 설비의 기준

1) 옥내저장소의 안전거리 제외 대상

① 제4석유류 또는 동식물유류의 위험물을 저장 또는 취급하고 그 최대수량이 지정수량의 20배 미만인 것으로 한다.

② 제6류 위험물을 저장 또는 취급하는 옥내저장소

③ 지정수량의 20배(하나의 저장창고의 바닥면적이 150m² 이하인 경우에는 50배) 이하의 위험물을 저장 또는 취급하는 옥내저장소로서 다음의 기준에 적합한 것으로 한다.
㉠ 저장창고의 벽 · 기둥 · 바닥 · 보 및 지붕이 내화구조인 것
㉡ 저장창고의 출입구에 수시로 열 수 있는 자동폐쇄방식의 갑종방화문이 설치되어 있을 것
㉢ 저장창고에 창을 설치하지 아니할 것

2) 보유공지

저장 또는 취급하는 위험물의 최대수량	공지의 너비	
	벽 · 기둥 및 바닥이 내화구조로 된 건축물	그 밖의 건축물
지정수량의 5배 이하	–	0.5m 이상
지정수량의 5배 초과 10배 이하	1m 이상	1.5m 이상
지정수량의 10배 초과 20배 이하	2m 이상	3m 이상
지정수량의 20배 초과 50배 이하	3m 이상	5m 이상
지정수량의 50배 초과 200배 이하	5m 이상	10m 이상
지정수량의 200배 초과	10m 이상	15m 이상

지정수량의 20배를 초과하는 옥내저장소와 동일한 부지 내에 있는 다른 옥내저장소와의 사이에는 표에 정하는 공지의 너비의 3분의 1(당해 수치가 3m 미만인 경우에는 3m)의 공지를 보유할 수 있다.

3) 옥내저장소의 저장창고의 설치기준

① 저장창고는 위험물의 저장을 전용으로 하는 독립된 건축물로 하여야 한다.

② 저장창고는 지면에서 처마까지의 높이(처마높이)가 6m 미만인 단층건물로 하고 그 바닥을 지반면보다 높게 하여야 한다.

③ 제2류 또는 제4류의 위험물만을 저장하는 창고로서 20m 이하로 할 수 있는 기준
㉠ 벽 · 기둥 · 보 및 바닥을 내화구조로 할 것
㉡ 출입구에 갑종방화문을 설치할 것
㉢ 피뢰침을 설치할 것

④ 하나의 저장창고의 바닥면적(2 이상의 구획된 실이 있는 경우에는 각 실의 바닥면적의 합계)

바닥면적	위험물을 저장하는 창고의 종류
1,000m² 이하	• 제1류 위험물 중 아염소산염류, 염소산염류, 과염소산염류, 무기과산화물 그 밖에 지정수량이 50kg인 위험물(위험등급 Ⅰ) • 제3류 위험물 중 칼륨, 나트륨, 알킬알루미늄, 알킬리튬 그 밖에 지정수량이 10kg인 위험물 및 황린(위험등급 Ⅰ) • 제4류 위험물 중 특수인화물(위험등급 Ⅰ), 제1석유류, 알코올류(위험등급 Ⅱ) • 제5류 위험물 중 유기과산화물, 질산에스테르류, 그 밖에 지정수량이 10kg인 위험물(위험등급 Ⅰ) • 제6류 위험물(위험등급 Ⅰ)
2,000m² 이하	바닥면적 1,000m² 이하 이외의 위험물
1,500m² 이하	가목의 위험물과 나목의 위험물을 내화구조의 격벽으로 완전히 구획된 실에 각각 저장하는 창고(가목의 위험물을 저장하는 실의 면적은 500m²를 초과할 수 없다)

⑤ 저장창고의 벽 · 기둥 및 바닥은 내화구조로 하고, 보와 서까래는 불연재료로 하여야 한다.

연소의 우려가 있는 벽 · 기둥 및 바닥을 불연재료로 할 수 있는 저장창고

- 지정수량 10배 이하의 위험물의 저장창고
- 제2류 위험물(인화성 고체는 제외)만의 저장창고
- 제4류 위험물(인화점이 70℃ 미만은 제외)만의 저장창고

⑥ 복합용도 건축물의 옥내저장소의 기준(지정수량 20배 이하의 것)
㉠ 벽 · 기둥 · 바닥 및 보가 내화구조인 건축물의 1층 또는 2층의 어느 하나의 층에 설치할 것
㉡ 바닥은 지면보다 높게 설치하고 그 층고를 6m 미만으로 할 것
㉢ 바닥면적은 75m² 이하로 할 것
㉣ 출입구에는 수시로 열 수 있는 자동폐쇄방식 갑종방화문을 설치할 것

⑦ 지정과산화물을 저장 또는 취급하는 옥내저장소
㉠ 지정과산화물이란 제5류 위험물 중 유기과산화물 또는 이를 함유하는 것으로서 지정수량이 10kg인 것을 말한다.

ⓛ 옥내저장소 저장창고의 기준

- 저장창고는 150m² 이내마다 격벽으로 완전하게 구획할 것
- 격벽의 두께 : 30cm 이상의 철근콘크리트조 또는 철골철근콘크리트조
- 저장창고 양측의 외벽으로부터 1m 이상, 상부의 지붕으로부터 50cm 이상 돌출시킬 것
- 저장창고의 외벽은 두께 20cm 이상의 철근콘크리트조나 철골철근콘크리트조
- 저장창고의 지붕은 다음에 적합할 것
  - 중도리(서까래 중간을 받치는 수평의 도리) 또는 서까래의 간격은 30cm 이하로 할 것
  - 지붕의 아래쪽 면에는 한 변의 길이가 45cm 이하의 강제(鋼製) 격자를 설치할 것
  - 지붕의 아래쪽 면에 철망을 쳐서 불연재료의 도리(서까래를 받치기 위해 기둥과 기둥 사이에 설치한 부재)·보 또는 서까래에 단단히 결합할 것
  - 두께 5cm 이상, 너비 30cm 이상의 목재로 만든 받침대를 설치할 것
- 출입구에는 갑종방화문을 설치할 것
- 창은 바닥면으로부터 2m 이상의 높이에 두되, 하나의 벽면에 두는 창의 면적의 합계를 당해 벽면의 면적의 80분의 1 이내로 하고, 하나의 창의 면적을 0.4m² 이내로 할 것

3 옥외저장소의 위치, 구조 및 설비의 기준

1) 옥외저장소의 안전거리 및 게시판

제조소 기준과 동일하다.

2) 보유공지

저장 또는 취급하는 위험물의 최대수량	공지의 너비
지정수량의 10배 이하	3m 이상
지정수량의 10배 초과 20배 이하	5m 이상
지정수량의 20배 초과 50배 이하	9m 이상
지정수량의 50배 초과 200배 이하	12m 이상
지정수량의 200배 초과	15m 이상

제4류 위험물 중 제4석유류와 제6류 위험물을 저장 또는 취급하는 옥외저장소의 보유공지는 표에 의한 공지의 너비의 3분의 1 이상의 너비로 할 수 있다.

3) 옥외저장소에 선반을 설치하는 경우

① 선반은 불연재료로 만들고 견고한 지반면에 고정한다.

② 선반은 당해 선반 및 그 부속설비의 자중·저장하는 위험물의 중량·풍하중·지진의 영향 등에 의하여 생기는 응력에 대하여 안전해야 한다.

③ 선반의 높이는 6m를 초과하지 아니하도록 한다.

④ 선반에는 위험물을 수납한 용기가 쉽게 낙하하지 아니하는 조치를 강구한다.

4) 덩어리 상태의 유황을 저장 또는 취급하는 경우

① 하나의 경계표시의 내부 면적은 100m² 이하이어야 한다.

② 2 이상의 경계표시를 설치하는 경우에 있어서는 각각의 경계표시 내부의 면적을 합산한 면적은 1,000m² 이하로 한다.

③ 경계표시는 불연재료로 만드는 동시에 유황이 새지 아니하는 구조로 한다.

④ 경계표시의 높이는 1.5m 이하로 한다.

⑤ 경계표시에는 유황이 넘치거나 비산하는 것을 방지하기 위한 천막 등을 고정하는 장치를 설치하되, 천막 등을 고정하는 장치는 경계표시의 길이 2m마다 한 개 이상 설치한다.

⑥ 유황을 저장 또는 취급하는 장소의 주위에는 배수구와 분리장치를 설치한다.

5) 인화성 고체, 제1석유류, 알코올류의 옥외저장소의 특례

① 인화성 고체(인화점이 21℃ 미만인 것), 제1석유류, 알코올류를 저장 또는 취급하는 장소에는 살수설비를 설치한다.

② 제1석유류, 알코올류를 저장 또는 취급하는 장소 주위에는 배수구와 집유설비를 설치한다. 이 경우 제1석유류(온도 20℃의 물 100g에 용해되는 양이 1g 미만인 것에 한한다)를 저장 또는 취급하는 장소에는 집유설비에 유분리장치를 설치한다.

6) 옥외저장소에 저장할 수 있는 위험물

① 제2류 위험물 중 유황, 인화성 고체(인화점이 0℃ 이상인 것에 한함)

② 제4류 위험물 중 제1석유류(인화점이 0℃ 이상인 것에 한함), 제2석유류, 제3석유류, 제4석유류, 알코올류, 동식물유류

③ 제6류 위험물

4 옥내탱크저장소의 위치, 구조 및 설비의 기준

1) 옥내탱크저장소의 위치 · 구조 및 설비의 기술기준

① 옥내저장탱크의 탱크전용실은 단층건축물에 설치한다.

② 옥내저장탱크와 탱크전용실의 벽과의 사이 및 옥내저장탱크의 상호 간에는 0.5m 이상의 간격을 유지한다.

③ 옥내저장탱크의 용량(동일한 탱크전용실에 옥내저장탱크를 2 이상 설치하는 경우에는 각

탱크의 용량의 합계)은 지정수량의 40배(제4석유류 및 동식물유류 외의 제4류 위험물에 있어서 당해 수량이 20,000L를 초과할 때에는 20,000L) 이하이어야 한다.

④ 탱크전용실의 기준

㉠ 탱크전용실은 벽 · 기둥 및 바닥을 내화구조로 하고, 보를 불연재료로 한다.

㉡ 탱크전용실은 지붕을 불연재료로 하고, 천장을 설치하지 아니한다.

㉢ 탱크전용실의 창 및 출입구에는 갑종방화문 또는 을종방화문을 설치하는 동시에, 연소의 우려가 있는 외벽에 두는 출입구에는 수시로 열 수 있는 자동폐쇄식의 갑종방화문을 설치한다.

㉣ 탱크전용실의 창 또는 출입구에 유리를 이용하는 경우에는 망입유리로 한다.

㉤ 액상의 위험물의 옥내저장탱크를 설치하는 탱크전용실의 바닥은 위험물이 침투하지 아니하는 구조로 하고, 적당한 경사를 두는 한편, 집유설비를 설치한다.

2) 통기관 설치

(1) 옥내저장탱크 중 압력탱크(최대상용압력이 부압 또는 정압 5kPa을 초과하는 탱크) 외의 탱크에 있어서는 통기관을 설치한다.

(2) 밸브 없는 통기관

① 통기관의 선단은 건축물의 창 · 출입구 등의 개구부로부터 1m 이상 떨어진 옥외의 장소에 지면으로부터 4m 이상의 높이로 설치하되, 인화점이 40℃ 미만인 위험물의 탱크에 설치하는 통기관에 있어서는 부지경계선으로부터 1.5m 이상 이격한다.

② 직경은 30mm 이상이어야 한다.

③ 선단은 수평면보다 45도 이상 구부려 빗물 등의 침투를 막는 구조로 한다.

④ 가는 눈의 구리망 등으로 인화방지장치를 한다.

⑤ 통기관은 가스 등이 체류할 우려가 있는 굴곡이 없도록 한다.

(3) 대기밸브 부착 통기관

① 5kPa 이하의 압력 차이로 작동할 수 있어야 한다.

② 대기밸브 부착 통기관은 항시 닫혀 있어야 한다.

(4) 탱크전용실을 단층건축물 외(1층 또는 지하층)에 설치 가능한 위험물

① 제2류 위험물 중 황화인, 적린, 덩어리 유황

② 제3류 위험물 중 황린

③ 제6류 위험물 중 질산

5 옥외탱크저장소의 위치, 구조 및 설비의 기준

1) 옥외탱크저장소의 안전거리 및 게시판

안전거리 및 표지 및 게시판은 제조소 기준과 동일하다.

2) 보유공지

저장 또는 취급하는 위험물의 최대수량	공지의 너비
지정수량의 500배 이하	3m 이상
지정수량의 500배 초과 1,000배 이하	5m 이상
지정수량의 1,000배 초과 2,000배 이하	9m 이상
지정수량의 2,000배 초과 3,000배 이하	12m 이상
지정수량의 3,000배 초과 4,000배 이하	15m 이상
지정수량의 4,000배 초과	당해 탱크의 수평단면의 최대지름(횡형은 긴 변)과 높이 중 큰 것과 같은 거리 이상(단, 30m 초과의 경우에는 30m 이상으로, 15m 미만의 경우에는 15m 이상으로 할 것

3) 보유공지의 감소

(1) 제6류 위험물을 저장 및 취급하는 옥외저장탱크

① 보유공지 너비의 1/3 이상일 것(단, 보유공지의 최소 너비는 1.5m 이상)

$$\text{감소된 보유공지} = \text{보유공지 너비} \times \frac{1}{3} \text{ 이상(최소 1.5m 이상)}$$

② 동일한 방유제 안에 2개 이상 인접하여 설치하는 경우

$$\text{감소된 보유공지} = \text{①의 규정에 의해 산출된 너비} \times \frac{1}{3} \text{ 이상(최소 1.5m 이상)}$$

(2) 제6류 위험물 외의 위험물을 저장 및 취급하는 옥외저장탱크(지정수량 4,000배 초과 시 제외)

① 동일한 방유제 안에 2개 이상 인접하여 설치하는 경우

$$\text{감소된 보유공지} = \text{보유공지 너비} \times \frac{1}{3} \text{ 이상(최소 3m 이상)}$$

② 보유공지 너비의 1/2 이상(단, 보유공지의 최소 너비는 3m 이상)일 것

$$\text{감소된 보유공지} = \text{보유공지 너비} \times \frac{1}{2} \text{ 이상(최소 3m 이상)}$$

4) 물분무설비의 방사량, 수원의 양

① 탱크표면에 방사하는 물의 양은 탱크의 원주길이 1m에 대하여 분당 37L 이상으로 할 것

② 수원의 양은 ①의 규정에 의한 수량으로 20분 이상 방사할 수 있는 수량으로 할 것

$$수원의\ 양 = 원주길이 \times 37\frac{L}{\min \cdot m} \times 20\min$$
$$= 2\pi r \times 37\frac{L}{\min \cdot m} \times 20\min$$

5) 옥외저장탱크의 종류

① 특정옥외저장탱크 : 액체위험물의 최대수량이 100만L 이상의 옥외저장탱크

② 준특정옥외저장탱크 : 액체위험물의 최대수량이 50만L 이상 100만L 미만의 옥외저장탱크

6) 옥외저장탱크의 외부구조 및 설비기준

① 탱크의 두께(특정옥외저장탱크 및 준특정옥외저장탱크는 제외) : 3.2mm 이상의 강철판

② 탱크시험방법

㉠ 압력탱크 : 최대사용압력의 1.5배 압력으로 10분간 실시하는 수압시험에서 이상이 없을 것

㉡ 압력탱크 외의 탱크 : 충수시험

③ 통기관의 설치기준

㉠ 밸브 없는 통기관

- 선단은 수평면보다 45도 이상 구부려 빗물 등의 침투를 막는 구조로 할 것
- 직경은 30mm 이상일 것
- 가는 눈의 구리망 등으로 인화방지장치를 할 것(다만, 인화점 70℃ 이상의 위험물)
- 통기관은 가스 등이 체류할 우려가 있는 굴곡이 없도록 할 것

㉡ 대기밸브부착 통기관

- 5kPa 이하의 압력 차이로 작동할 수 있을 것
- 가는 눈의 구리망 등으로 인화방지장치를 할 것(다만, 인화점 70℃ 이상의 위험물)

④ 배수관 설치 : 탱크의 옆판에 설치

⑤ 피뢰침 설치 : 지정수량의 10배 이상(제6류 위험물은 제외)

⑥ 이황화탄소의 옥외저장탱크 설치기준 : 벽 및 바닥의 두께가 0.2m 이상이고, 누수가 되지 아니하는 철근콘크리트 수조에 넣어 보관한다. 이 경우 보유공지 또는 통기관 및 자동계량장치는 생략할 수 있다.

⑦ 인화점이 21℃ 미만인 위험물의 옥외저장탱크의 주입구 기준
- ㉠ 게시판의 크기 : 한 변의 길이가 0.3m 이상, 다른 한 변의 길이가 0.6m 이상
- ㉡ 게시판의 색상 : 백색바탕에 흑색문자
- ㉢ 게시판의 기재사항 : 옥외저장탱크 주입구, 위험물의 유별, 품명, 주의사항
- ㉣ 주입구 주위에는 새어나온 기름 등 액체가 외부로 유출되지 아니하도록 방유턱을 설치하거나 집유설비 등의 장치를 갖춘다.

⑧ 옥외저장탱크의 펌프실 설치기준
- ㉠ 펌프설비의 주위에는 너비 3m 이상의 공지를 보유한다(제6류 위험물, 지정수량의 10배 이하 위험물 제외).
- ㉡ 펌프설비로부터 옥외저장탱크까지의 사이에는 해당 옥외저장탱크의 보유공지 너비의 1/3 이상의 거리를 둔다.
- ㉢ 펌프실의 벽, 기둥, 바닥, 보 : 불연재료
- ㉣ 펌프실의 지붕 : 폭발력이 위로 방출될 정도의 가벼운 불연재료
- ㉤ 펌프실의 창 및 출입구에는 갑종방화문 또는 을종방화문을 설치한다.
- ㉥ 펌프실의 창 및 출입구에 유리를 이용하는 경우 망입유리로 한다.
- ㉦ 펌프실 바닥의 주위에는 높이 0.2m 이상의 턱을 만들고 그 최저부에는 집유설비를 설치한다.
- ㉧ 펌프실 외의 장소에 설치하는 펌프설비에는 그 직하의 지반면의 주위에 높이 0.15m 이상의 턱을 만들고 그 최저부에는 집유설비를 설치한다. 이 경우 제4류 위험물(온도 20℃의 물 100g에 용해되는 양이 1g 미만인 것)을 취급하는 펌프설비에 있어서는 집유설비에 유분리장치를 설치한다.

⑨ 옥외저장탱크의 방유제 설치기준
- ㉠ 설치대상 : 이황화탄소를 제외한 인화성 액체위험물의 옥외탱크저장소
- ㉡ 방유제의 면적 : 8만㎡ 이하
- ㉢ 방유제 높이 : 0.5m 이상 3m 이하
- ㉣ 방유제 두께 및 매설깊이 : 두께 0.2m 이상, 매설깊이 1m 이상
- ㉤ 방유제 내 탱크 설치 개수
  - 특수인화물, 제1석유류, 제2석유류, 알코올류 : 10기 이하
  - 제3석유류(20만L 이하이고, 인화점이 70℃ 이상 200℃ 미만) : 20기 이하
  - 제4석유류(인화점이 200℃ 이상) : 제한 없음
- ㉥ 방유제와 탱크 측면과의 이격거리(인화점이 200℃ 이상인 위험물은 제외)
  - 탱크 지름이 15m 미만인 경우 : 탱크 높이의 1/3 이상
  - 탱크 지름이 15m 이상인 경우 : 탱크 높이의 1/2 이상

ⓢ 방유제에는 배수구를 설치하고 개폐밸브를 방유제 밖에 설치한다.
ⓞ 높이가 1m 이상이면 계단 또는 경사로를 50m마다 설치한다.

⑩ 방유제의 용량
㉠ 탱크 1기 : 탱크용량 × 110% 이상(인화의 위험이 없는 액체의 경우 100% 이상)
㉡ 탱크 1기 이상 : 최대탱크용량 × 110% 이상(인화의 위험이 없는 액체의 경우 100% 이상)

⑪ 옥외탱크저장소의 특례
㉠ 알킬알루미늄 등의 옥외저장탱크 : 불활성의 기체를 봉입하는 장치를 설치한다.
㉡ 아세트알데히드 등의 옥외저장탱크
- 옥외저장탱크의 설비는 동, 마그네슘, 은, 수은의 합금으로 만들지 아니한다.
- 옥외저장탱크에는 냉각장치, 보랭장치, 불활성기체의 봉입장치를 설치한다.

6 지하탱크저장소의 위치, 구조 및 설비의 기준

1) 탱크전용실의 설치기준

① 지하의 가장 가까운 벽 · 피트 · 가스관 등의 시설물과 대지경계선으로부터 0.1m 이상 떨어진 곳에 설치한다.
② 지하저장탱크와 탱크전용실의 안쪽과의 간격 : 0.1m 이상
③ 탱크 주위에 마른 모래 또는 습기 등에 의하여 응고되지 않는 입자지름 5mm 이하의 마른 자갈분을 채운다.

2) 탱크전용실의 구조

① 벽, 바닥, 뚜껑의 두께 : 0.3m 이상의 철근콘크리트구조
② 벽, 바닥 및 뚜껑의 내부에는 직경 9mm부터 13mm까지의 철근을 가로 및 세로 5cm부터 20cm까지의 간격으로 배치한다.
③ 벽, 바닥 및 뚜껑의 재료에 수밀콘크리트를 혼입하거나 벽, 바닥 및 뚜껑의 중간에 아스팔트층을 만드는 방법으로 적절한 방수조치를 한다.

3) 지하저장탱크의 설치기준

① 탱크의 두께 : 3.2mm 이상의 강철판

② 탱크의 수압시험
㉠ 압력탱크 : 최대사용압력의 1.5배 압력으로 10분간
㉡ 압력탱크(최대사용압력이 46.7kPa 이상인 탱크) 외의 탱크 : 70kPa의 압력으로 10분간

③ 지하저장탱크의 윗부분은 지면으로부터 0.6m 이상 아래에 있어야 한다.

④ 지하저장탱크를 2 이상 인접해 설치하는 경우 그 상호 간의 1m(용량의 합계가 지정수량의 100배 이하인 때에는 0.5m) 이상의 간격을 유지한다.

4) 과충전방지장치 기준

① 탱크용량을 초과하는 위험물이 주입될 때 자동으로 그 주입구를 폐쇄하거나 위험물의 공급을 자동으로 차단하는 방법이다.

② 탱크용량의 90%가 찰 때 경보음을 울리는 방법이다.

위험물안전관리법령상 지하탱크저장소의 위치 · 구조 및 설비의 기준에 따라 다음 ( ) 에 들어갈 수치로 옳은 것은?

> 탱크전용실은 지하의 가장 가까운 벽 · 피트 · 가스관 등의 시설물 및 대지경계선으로부터 (ⓐ)m 이상 떨어진 곳에 설치하고, 지하저장탱크와 탱크전용실의 안쪽과의 사이는 (ⓑ)m 이상의 간격을 유지하도록 하며, 당해 탱크의 주위에 마른 모래 또는 습기 등에 의하여 응고되지 아니하는 입자지름 (ⓒ)mm 이하의 마른 자갈분을 채워야 한다.

① ⓐ : 0.1, ⓑ : 0.1, ⓒ : 5
② ⓐ : 0.1, ⓑ : 0.3, ⓒ : 5
③ ⓐ : 0.1, ⓑ : 0.1, ⓒ : 10
④ ⓐ : 0.1, ⓑ : 0.3, ⓒ : 10

지하탱크저장소 본문 참조

/정답/ ①

7 간이탱크저장소의 위치, 구조 및 설비의 기준

1) 탱크전용실의 설치기준

① 탱크전용실의 창 및 출입구에는 갑종방화문 또는 을종방화문을 설치하는 동시에, 연소의 우려가 있는 외벽에 두는 출입구에는 수시로 열 수 있는 자동폐쇄식의 갑종방화문을 설치하여야 한다.

② 저장창고의 창 또는 출입구에 유리를 이용하는 경우에는 망입유리로 하여야 한다.

③ 액상의 위험물의 저장창고의 바닥은 위험물이 스며들지 아니하는 구조로 하고, 적당하게 경사지게 하여 그 최저부에 집유설비를 하여야 한다.

2) 설치기준

① 간이저장탱크는 옥외에 설치할 것

② 탱크의 두께 : 3.2mm 이상의 강철판

③ 탱크의 용량 : 600L 이하
④ 탱크의 수압시험 : 70kPa의 압력으로 10분간
⑤ 하나의 간이탱크저장소에 설치하는 간이저장탱크의 수 : 3개 이하
⑥ 동일한 품질의 위험물의 간이저장탱크를 2 이상 설치하지 아니하여야 한다.

3) 밸브 없는 통기관 설치기준

① 선단은 수평면보다 45도 이상 구부려 빗물 등의 침투를 막는 구조로 한다.
② 통기관의 지름은 25mm 이상으로 한다.
③ 가는 눈의 구리망 등으로 인화방지장치를 한다(다만, 인화점 70℃ 이상의 위험물).
④ 통기관은 옥외에 설치하되, 그 선단의 높이는 지상 1.5m 이상으로 한다.

위험물을 저장하는 간이탱크저장소의 구조 및 설비의 기준으로 옳은 것은?

① 탱크의 두께 2.5mm 이상, 용량 600L 이하
② 탱크의 두께 2.5mm 이상, 용량 800L 이하
③ 탱크의 두께 3.2mm 이상, 용량 600L 이하
④ 탱크의 두께 3.2mm 이상, 영량 800L 이하

간이탱크저장소 본문 참조

/정답/ ③

8 이동탱크저장소의 위치, 구조 및 설비의 기준

1) 이동탱크저장소의 상치장소

① 상치장소 : 이동탱크를 주차할 수 있는 장소
② 옥외에 있는 상치장소 : 화기를 취급하는 장소 또는 인근 건축물로부터 5m 이상(인근의 건축물이 1층인 경우에는 3m 이상)의 거리를 확보한다.
③ 옥내에 있는 상치장소 : 벽 · 바닥 · 보 · 서까래 및 지붕이 내화구조 또는 불연재료로 된 건축물 1층에 설치한다.

2) 이동저장탱크의 구조

① 탱크의 두께 : 3.2mm 이상의 강철판

② 탱크의 수압시험
㉠ 압력탱크 : 최대사용압력의 1.5배 압력으로 10분간
㉡ 압력탱크(최대사용압력이 46.7kPa 이상인 탱크) 외의 탱크 : 70kPa의 압력으로 10분간

3) 칸막이로 구획된 부분에 설치된 부속장치 기준

① 칸막이 : 탱크 전복 시 위험물의 누출 방지(4,000L 이하마다 3.2mm 이상의 강철판)
② 측면틀 : 탱크 전복 시 탱크 본체 파손 방지(3.2mm 이상의 강철판)
③ 방호틀 : 주입구, 맨홀, 안전장치 보호(2.3mm 이상의 강철판)
④ 방파판 : 위험물 운송 중 내부의 위험물이 출렁임, 쏠림 등을 완화(두께 1.6mm 이상의 강철판)

4) 안전장치의 작동압력

① 상용압력이 20kPa 이하인 탱크 : 20kPa 이상 24kPa 이하의 압력
② 상용압력이 20kPa을 초과하는 탱크 : 상용압력의 1.1배 이하의 압력

5) 이동탱크저장소의 접지도선

① 접지도선 설치대상 : 특수인화물, 제1석유류, 제2석유류

② 접지도선 설치기준
㉠ 양도체의 도선에 비닐 등의 절연재료로 피복하여 선단에 접지전극 등을 결착시킬 수 있는 클립 등을 부착한다.
㉡ 도선이 손상되지 아니하도록 도선을 수납할 수 있는 장치를 부착한다.

6) 위험성 경고표지(표지)

① 표지
㉠ 이동탱크저장소 : 전면 상단 및 후면 상단
㉡ 위험물운반차량 : 전면 및 후면

② 규격 및 형상 : 0.6m × 0.3m 이상의 횡형 사각형
③ 색상 및 문자 : 흑색바탕에 황색반사도료로 "위험물"이라 표기할 것

7) 알킬알루미늄 등을 저장 또는 취급하는 이동탱크저장소

① 탱크의 두께, 맨홀, 주입구의 뚜껑의 두께 : 10mm 이상의 강판
② 수압시험 : 1MPa 이상의 압력으로 10분간 실시하여 새거나 변형하지 아니하여야 한다.
③ 탱크의 용량 : 1,900L
④ 안전장치 : 수압시험의 압력의 2/3를 초과하고 4/5를 넘지 아니하는 범위의 압력에서 작동해야 한다.
⑤ 이동저장탱크에는 불활성기체 봉입장치를 설치한다.

9 취급소의 위치, 구조 및 설비의 기준

1) 주유취급소

(1) 주유취급소의 주유공지

① 주유공지 : 너비 15m 이상, 길이 6m 이상
② 공지의 바닥 : 주위 지면보다 높게 하고, 적당한 기울기, 배수구, 집유설비, 유분리장치를 설치한다.

(2) 주유취급소의 저장 또는 취급 가능한 탱크

① 폐유, 윤활유를 저장하는 전용탱크 : 2,000L 이하
② 보일러 등에 직접 접속하는 전용탱크 : 10,000L 이하
③ 자동차 등에 주유하기 위한 고정주유설비에 직접 접속하는 전용탱크 : 50,000L 이하
④ 고정급유설비에 직접 접속하는 전용탱크 : 50,000L 이하
⑤ 고정주유설비 또는 고정급유설비에 직접 접속하는 간이탱크 : 3기 이하

(3) 주유취급소에 설치할 수 있는 건축물

① 주유취급소 관계자가 거주하는 주거시설
② 주유취급소에 업무를 행하기 위한 사무소
③ 주유 또는 등유 · 경유를 옮겨 담기 위한 작업장
④ 업장자동차 등의 세정을 위한 작업장
⑤ 자동차 등의 점검 및 간이정비를 위한 작업장

(4) 고정주유설비 및 고정급유설비의 설치기준

① 주유관 선단에서의 최대토출량
㉠ 제1석유류 : 분당 50L 이하
㉡ 등유 : 분당 80L 이하
㉢ 경유 : 분당 180L 이하

② 이동저장탱크에 주입하기 위한 고정급유설비의 최대토출량 : 분당 300L 이하
③ 주유관의 길이 : 5m(현수식의 경우에는 지면 위 0.5m의 수평면에 수직으로 내려 만나는 점을 중심으로 반경 3m) 이내로 하고 그 선단에는 축적된 정전기를 유효하게 제거할 수 있는 장치를 설치할 것

④ 고정주유설비의 설치 이격거리
㉠ 도로경계선까지 4m 이상
㉡ 부지경계선 · 담 및 건축물의 벽까지 2m(개구부가 없는 벽까지는 1m) 이상

⑤ 고정급유설비의 설치 이격거리
㉠ 도로경계선까지 4m 이상
㉡ 부지경계선 · 담까지 1m 이상
㉢ 건축물의 벽까지 2m(개구부가 없는 벽까지는 1m) 이상

(5) 주유취급소의 특례

① 고속국도의 도로변에 설치된 주유취급소 탱크의 용량 : 60,000L 이하

② 셀프용 고정주유설비의 설치기준
㉠ 주유호스는 200kgf 이하의 하중에 의하여 파단 또는 이탈되어야 하고, 파단 또는 이탈된 부분으로부터의 위험물 누출을 방지할 수 있는 구조이어야 한다.
㉡ 1회의 연속주유량 및 주유시간의 상한을 미리 설정할 수 있는 구조일 것. 이 경우 주유량의 상한은 휘발유 100L 이하, 경유는 200L 이하로 하며, 주유시간의 상한은 4분 이하로 한다.

③ 셀프용 고정급유설비의 설치기준 : 1회의 연속주유량 및 주유시간의 상한을 미리 설정할 수 있는 구조일 것. 이 경우 급유량의 상한은 100L 이하, 급유시간의 상한은 6분 이하로 한다.

2) 판매취급소

(1) 제1종 판매취급소

① 저장 또는 취급하는 위험물의 수량이 지정수량의 20배 이하인 판매취급소로 한다.
② 건축물의 1층에 설치한다.
③ 보, 천장을 불연재료로 한다.
④ 창 및 출입구에는 갑종방화문 또는 을종방화문을 설치한다.
⑤ 창 또는 출입구에 유리를 이용하는 경우에는 망입유리로 한다.

(2) 제2종 판매취급소

① 저장 또는 취급하는 위험물의 수량이 지정수량의 40배 이하인 판매취급소로 한다.
② 벽 · 기둥 · 바닥 및 보를 내화구조로 한다.
③ 천장이 있는 경우에는 이를 불연재료로 한다.
④ 판매취급소로 사용되는 부분과 다른 부분과의 격벽은 내화구조로 한다.

⑤ 창에는 갑종방화문 또는 을종방화문을 설치한다.

⑥ 출입구에는 갑종방화문 또는 을종방화문을 설치한다.

(3) 위험물 배합실의 설치기준

① 내화구조 또는 불연재료로 된 벽으로 구획한다.

② 바닥면적은 $6m^2$ 이상 $15m^2$ 이하이어야 한다.

③ 바닥은 위험물이 침투하지 아니하는 구조로 하여 적당한 경사를 두고 집유설비를 한다.

④ 출입구에는 수시로 열 수 있는 자동폐쇄식의 갑종방화문을 설치한다.

⑤ 출입구의 문턱의 높이는 바닥면으로부터 0.1m 이상으로 한다.

⑥ 내부에 체류한 가연성의 증기 또는 가연성의 미분을 지붕 위로 방출하는 설비를 한다.

3) 이송취급소

(1) 이송취급소의 설치 제외 장소

① 철도 및 도로의 터널 안

② 호수 · 저수지 등으로서 수리의 수원이 되는 곳

③ 급경사지역으로서 붕괴의 위험이 있는 지역

④ 고속국도 및 자동차전용도로의 차도 · 갓길 및 중앙분리대

(2) 이송취급소의 배관의 지하매설 시 안전거리

① 건축물(지하가 내의 건축물은 제외) : 1.5m 이상

② 지하가 및 터널 : 10m 이상

③ 수도시설 : 300m 이상

④ 공작물 : 0.3m 이상

⑤ 산이나 들 : 0.9m 이상

4) 일반취급소의 특례

① 분무도장 작업 등의 일반취급소의 특례

② 세정작업의 일반취급소의 특례

③ 열처리작업 등의 일반취급소의 특례

④ 옮겨 담는 일반취급소의 특례

⑤ 충전하는 일반취급소의 특례

⑥ 보일러 등으로 위험물을 소비하는 일반취급소의 특례

03 제조소등의 저장 및 취급에 관한 기준

1 저장 · 취급의 공통기준

① 제조소등에서 위험물시설의 설치 및 변경 등에 대한 품명 외의 위험물 또는 허가 및 신고와 관련되는 수량 또는 지정수량의 배수를 초과하는 위험물을 저장 또는 취급하지 아니하여야 한다.
② 위험물을 저장 또는 취급하는 건축물 그 밖의 공작물 또는 설비는 당해 위험물의 성질에 따라 차광 또는 환기하여야 한다.
③ 위험물은 온도계, 습도계, 압력계 그 밖의 계기를 감시하여 당해 위험물의 성질에 맞는 적정한 온도, 습도 또는 압력을 유지하도록 저장 또는 취급하여야 한다.
④ 위험물을 저장 또는 취급하는 경우에는 위험물의 변질, 이물의 혼입 등에 의하여 당해 위험물의 위험성이 증대되지 아니하도록 필요한 조치를 강구하여야 한다.
⑤ 위험물이 남아 있거나 남아 있을 우려가 있는 설비, 기계 · 기구, 용기 등을 수리하는 경우에는 안전한 장소에서 위험물을 완전하게 제거한 후에 실시하여야 한다.
⑥ 위험물을 용기에 수납하여 저장 또는 취급할 때에는 그 용기는 당해 위험물의 성질에 적응하고 파손 · 부식 · 균열 등이 없는 것으로 하여야 한다.
⑦ 가연성의 액체 · 증기 또는 가스가 새거나 체류할 우려가 있는 장소 또는 가연성의 미분이 현저하게 부유할 우려가 있는 장소에서는 전선과 전기기구를 완전히 접속하고 불꽃을 발하는 기계 · 기구 · 공구 · 신발 등을 사용하지 아니하여야 한다.
⑧ 위험물을 보호액 중에 보존하는 경우에는 당해 위험물이 보호액으로부터 노출되지 아니하도록 하여야 한다.

2 유별 저장 및 취급의 공통기준

① **제1류 위험물(산화성 고체)** : 가연물과의 접촉 · 혼합이나 분해를 촉진하는 물품과의 접근 또는 과열 · 충격 · 마찰 등을 피하는 한편, 알칼리금속의 과산화물 및 이를 함유한 것에 있어서는 물과의 접촉을 피하여야 한다.
② **제2류 위험물(가연성 고체)** : 산화제와의 접촉 · 혼합이나 불티 · 불꽃 · 고온체와의 접근 또는 과열을 피하는 한편, 철분 · 금속분 · 마그네슘 및 이를 함유한 것에 있어서는 물이나 산과의 접촉을 피하고 인화성 고체에 있어서는 함부로 증기를 발생시키지 아니하여야 한다.
③ **제3류 위험물(금수성 및 자연발화성 물질)** : 자연발화성물질에 있어서는 불티 · 불꽃 또는 고온체와의 접근 · 과열 또는 공기와의 접촉을 피하고, 금수성물질에 있어서는 물과의 접촉을 피하여야 한다.

④ 제4류 위험물(인화성 액체) : 불티 · 불꽃 · 고온체와의 접근 또는 과열을 피하고, 함부로 증기를 발생시키지 아니하여야 한다.
⑤ 제5류 위험물(자기반응성 물질) : 불티 · 불꽃 · 고온체와의 접근이나 과열 · 충격 또는 마찰을 피하여야 한다.
⑥ 제6류 위험물 : 가연물과의 접촉 · 혼합이나 분해를 촉진하는 물품과의 접근 또는 과열을 피하여야 한다.

3 저장의 기준

① 옥내저장소 또는 옥외저장소에 있어서 유별을 달리하는 위험물을 동일한 저장소에 저장할 수 없다. 다만, 1m 이상의 간격을 두고 아래 유별을 저장할 수 있다.
㉠ 제1류 위험물(알칼리금속의 과산화물은 제외)과 제5류 위험물
㉡ 제1류 위험물과 제6류 위험물
㉢ 제1류 위험물과 자연발화성 물품(황린에 한함)
㉣ 제2류 위험물 중 인화성 고체와 제4류 위험물
㉤ 제3류 위험물 중 알킬알루미늄 등과 제4류 위험물(알킬알루미늄 또는 알킬리튬을 함유한 것)
㉥ 제4류 위험물 중 유기과산화물 또는 이를 함유하는것과 제5류 위험물 중 유기과산화물 또는 이를 함유한 것
② 제3류 위험물 중 황린 그 밖에 물속에 저장하는 물품과 금수성 물질은 동일한 저장소에서 저장하지 아니하여야 한다.
③ 옥내저장소에서 동일 품명의 위험물이더라도 자연발화할 우려가 있는 위험물 또는 재해가 현저하게 증대할 우려가 있는 위험물을 다량 저장하는 경우에는 지정수량의 10배 이하마다 구분하여 상호 간 0.3m 이상의 간격을 두어 저장하여야 한다.
④ 옥내저장소에서 위험물을 저장하는 경우에는 다음 각목의 규정에 의한 높이를 초과하여 용기를 겹쳐 쌓지 아니하여야 한다.
㉠ 기계에 의하여 하역하는 구조로 된 용기만을 겹쳐 쌓는 경우 : 6m
㉡ 제4류 위험물 중 제3석유류, 제4석유류 및 동식물유류를 수납하는 용기만을 겹쳐 쌓는 경우 : 4m
㉢ 그 밖의 경우 : 3m
⑤ 옥내저장소에서는 용기에 수납하여 저장하는 위험물의 온도 : 55℃ 이하
⑥ 옥외저장소에서 위험물을 수납한 용기를 선반에 저장하는 경우 : 6m를 초과하지 않는다.
⑦ 옥외저장탱크 · 옥내저장탱크 또는 지하저장탱크 중 압력탱크의 저장온도 : 아세트알데히드 등 또는 디에틸에테르 등은 40℃ 이하로 유지한다.

⑧ 옥외저장탱크 · 옥내저장탱크 또는 지하저장탱크 중 압력탱크 외의 탱크저장온도
㉠ 산화프로필렌, 디에틸에테르 : 30℃ 이하
㉡ 아세트알데히드 : 15℃ 이하
⑨ 이동저장탱크에는 저장 또는 취급하는 위험물의 유별, 품명, 최대수량 및 적재중량을 표시하고 잘 보일 수 있도록 관리하여야 한다.
⑩ 이동탱크저장소에는 당해 이동탱크저장소의 완공검사필증 및 정기점검기록을 비치하여야 한다.
⑪ 알킬알루미늄 등을 저장 또는 취급하는 이동탱크저장소에는 긴급 시의 연락처, 응급조치에 관하여 필요한 사항을 기재한 서류, 방호복, 고무장갑, 밸브 등을 죄는 결합공구 및 휴대용 확성기를 비치하여야 한다.
⑫ 이동저장탱크에 알킬알루미늄 등을 저장하는 경우 : 20kPa 이하의 압력으로 불활성의 기체를 봉입한다.
⑬ 아세트알데히드 등 또는 디에틸에테르 등을 이동저장탱크에 저장 시 온도
㉠ 보랭장치가 있는 경우 : 비점 이하
㉡ 보랭장치가 없는 경우 : 40℃ 이하

4 취급의 기준

1) 제조에 관한 기준

① 증류공정에 있어서는 위험물을 취급하는 설비의 내부압력의 변동 등에 의하여 액체 또는 증기가 새지 아니하도록 한다.
② 추출공정에 있어서는 추출관의 내부압력이 비정상으로 상승하지 아니하도록 한다.
③ 건조공정에 있어서는 위험물의 온도가 국부적으로 상승하지 아니하는 방법으로 가열 또는 건조한다.
④ 분쇄공정에 있어서는 위험물의 분말이 현저하게 부유하고 있거나 위험물의 분말이 현저하게 기계 · 기구 등에 부착하고 있는 상태로 그 기계 · 기구를 취급하지 아니한다.

2) 소비에 관한 기준

① 분사도장작업은 방화상 유효한 격벽 등으로 구획된 안전한 장소에서 실시한다.
② 담금질 또는 열처리작업은 위험물이 위험한 온도에 이르지 아니하도록 하여 실시한다.
③ 버너를 사용하는 경우에는 버너의 역화를 방지하고 위험물이 넘치지 아니하도록 한다.

3) 이동탱크저장소의 취급기준

① 이동저장탱크로부터 위험물을 저장 또는 취급하는 탱크에 인화점이 40℃ 미만인 위험물을 주입할 때에는 원동기를 정지시킨다.

② 휘발유 · 벤젠 그 밖에 정전기에 의한 재해발생의 우려가 있는 액체의 위험물을 주입 또는 배출할 때에는 도선으로 이동저장탱크와 접지전극 등과의 사이를 긴밀히 연결하여 접지한다.
③ 휘발유 · 벤젠 · 그 밖에 정전기에 의한 재해발생의 우려가 있는 액체의 위험물을 이동저장탱크 상부로 주입하는 때에는 주입관을 사용하되, 당해 주입관의 선단을 밑바닥에 밀착한다.

4) 이동저장탱크에 위험물(휘발유, 등유, 경유) 교체 주입 시 정전기 등에 의한 재해방지 조치

① 이동저장탱크의 상부로부터 위험물을 주입할 때에는 위험물의 액표면이 주입관의 선단을 넘는 높이가 될 때까지 그 주입관 내의 유속을 초당 1m 이하로 한다.
② 이동저장탱크의 밑부분으로부터 위험물을 주입할 때에는 위험물의 액표면이 주입관의 정상부분을 넘는 높이가 될 때까지 그 주입배관 내의 유속을 초당 1m 이하로 한다.
③ 그 밖의 방법에 의한 위험물의 주입은 이동저장탱크에 가연성 증기가 잔류하지 아니하도록 조치하고 안전한 상태로 있음을 확인한 후에 한다.

5) 알킬알루미늄 등 및 아세트알데히드 등의 취급기준

① 알킬알루미늄 등의 제조소 또는 일반취급소에 있어서 알킬알루미늄 등을 취급하는 설비에는 불활성의 기체를 봉입한다.
② 알킬알루미늄 등의 이동탱크저장소에 있어서 이동저장탱크로부터 알킬알루미늄 등을 꺼낼 때에는 동시에 200kPa 이하의 압력으로 불활성의 기체를 봉입한다.
③ 아세트알데히드 등의 제조소 또는 일반취급소에 있어서 아세트알데히드 등을 취급하는 설비에는 연소성 혼합기체의 생성에 의한 폭발의 위험이 생겼을 경우에 불활성의 기체 또는 수증기를 봉입한다.
④ 아세트알데히드 등의 이동탱크저장소에 있어서 이동저장탱크로부터 아세트알데히드 등을 꺼낼 때에는 동시에 100kPa 이하의 압력으로 불활성의 기체를 봉입한다.

04 위험물의 운반에 관한 기준

1 운반용기

1) 운반용기의 재질

강판 · 알루미늄판 · 양철판 · 유리 · 금속판 · 종이 · 플라스틱 · 섬유판 · 고무류 · 합성섬유 · 삼 · 짚 또는 나무 등이 사용된다.

2) 운반용기의 최대용적 또는 중량

(1) 고체위험물

운반 용기				수납 위험물의 종류									
내장 용기		외장 용기		제1류			제2류		제3류			제5류	
용기의 종류	최대용적 또는 중량	용기의 종류	최대용적 또는 중량	Ⅰ	Ⅱ	Ⅲ	Ⅱ	Ⅲ	Ⅰ	Ⅱ	Ⅲ	Ⅰ	Ⅱ
유리용기 또는 플라스틱 용기	10L	나무상자 또는 플라스틱상자(필요에 따라 불활성의 완충재를 채울 것)	125kg	○	○	○	○	○	○	○	○	○	○
			225kg		○	○		○		○	○		○
		파이버판상자(필요에 따라 불활성의 완충재를 채울 것)	40kg	○	○	○	○	○	○	○	○	○	○
			55kg		○	○		○		○	○		○
금속제 용기	30L	나무상자 또는 플라스틱상자	125kg	○	○	○	○	○	○	○	○	○	○
			225kg		○	○		○		○	○		○
		파이버판상자	40kg	○	○	○	○	○	○	○	○	○	○
			55kg		○	○		○		○	○		○
플라스틱 필름포대 또는 종이포대	5kg	나무상자 또는 플라스틱상자	50kg	○	○	○	○	○		○	○	○	○
	50kg		50kg	○	○	○	○	○					○
	125kg		125kg		○	○	○	○					
	225kg		225kg			○		○					
	5kg	파이버판상자	40kg	○	○	○	○	○		○	○	○	○
	40kg		40kg	○	○	○	○	○					○
	55kg		55kg			○		○					
		금속제용기(드럼 제외)	60L	○	○	○	○	○	○	○	○	○	○
		플라스틱용기(드럼 제외)	10L		○	○	○	○		○	○		○
			30L			○		○					○
		금속제드럼	250L	○	○	○	○	○	○	○	○	○	○
		플라스틱드럼 또는 파이버드럼(방수성이 있는 것)	60L	○	○	○	○	○	○	○	○	○	○
			250L		○	○		○		○	○		○
		합성수지포대(방수성이 있는 것), 플라스틱필름포대, 섬유포대(방수성이 있는 것) 또는 종이포대(여러 겹으로서 방수성이 있는 것)	50kg		○	○	○	○		○	○		○

[비고] 1. "○" 표시는 수납위험물의 종류별 각란에 정한 위험물에 대하여 당해 각 난에 정한 운반용기가 적응성이 있음을 표시한다.
2. 내장용기는 외장용기에 수납하여야 하는 용기로서 위험물을 직접 수납하기 위한 것을 말한다.
3. 내장용기의 용기의 종류란이 빈칸인 것은 외장용기에 위험물을 직접 수납하거나 유리용기, 플라스틱용기, 금속제용기, 폴리에틸렌포대 또는 종이포대를 내장용기로 할 수 있음을 표시한다.

(2) 액체위험물

운반 용기				수납위험물의 종류								
내장 용기		외장 용기		제3류			제4류			제5류		제6류
용기의 종류	최대용적 또는 중량	용기의 종류	최대용적 또는 중량	Ⅰ	Ⅱ	Ⅲ	Ⅰ	Ⅱ	Ⅲ	Ⅰ	Ⅱ	Ⅰ
유리용기	5L	나무 또는 플라스틱상자(불활성의 완충재를 채울 것)	75kg	○	○	○	○	○	○	○	○	○
	10L		125kg		○	○		○	○		○	
			225kg						○			
	5L	파이버판상자(불활성의 완충재를 채울 것)	40kg	○	○	○	○	○	○	○	○	○
	10L		55kg						○			
플라스틱용기	10L	나무 또는 플라스틱상자(필요에 따라 불활성의 완충재를 채울 것)	75kg	○	○	○	○	○	○	○	○	○
			125kg		○	○		○	○		○	
			225kg						○			
		파이버판상자(필요에 따라 불활성의 완충재를 채울 것)	40kg	○	○	○	○	○	○	○	○	○
			55kg						○			
금속제용기	30L	나무 또는 플라스틱상자	125kg	○	○	○	○	○	○	○	○	○
			225kg						○			
		파이버판상자	40kg	○	○	○	○	○	○	○	○	○
			55kg		○	○		○	○		○	
		금속제용기(금속제드럼 제외)	60L		○	○		○	○		○	
		플라스틱용기(플라스틱드럼 제외)	10L		○	○		○	○		○	
			20L					○	○			
			30L						○		○	
		금속제드럼(뚜껑고정식)	250L	○	○	○	○	○	○	○	○	○
		금속제드럼(뚜껑탈착식)	250L					○	○			
		플라스틱 또는 파이버드럼(플라스틱 내 용기부착의 것)	250L		○	○			○		○	

[비고] 1. "○"표시는 수납위험물의 종류별 각 란에 정한 위험물에 대하여 해당 각 난에 정한 운반용기가 적응성이 있음을 표시한다.
2. 내장용기는 외장용기에 수납하여야 하는 용기로서 위험물을 직접 수납하기 위한 것을 말한다.
3. 내장용기의 용기의 종류란이 빈칸인 것은 외장용기에 위험물을 직접 수납하거나 유리용기, 플라스틱용기 또는 금속제용기를 내장용기로 할 수 있음을 표시한다.

2 운반 및 적재방법

1) 위험물 운반용기 수납방법

① 고체위험물은 운반용기 내용적의 95% 이하의 수납률로 수납한다.

② 액체위험물은 운반용기 내용적의 98% 이하의 수납률로 수납하되, 50℃의 온도에서 누설되지 아니하도록 충분한 공간용적을 유지하도록 한다.

③ 하나의 외장용기에는 다른 종류의 위험물을 수납하지 아니한다.

2) 제3류 위험물 운반용기의 수납기준

① 자연발화성물질에 있어서는 불활성기체를 봉입하여 밀봉하는 등 공기와 접하지 아니하도록 한다.

② 자연발화성물질 외의 물품에 있어서는 파라핀 · 경유 · 등유 등의 보호액으로 채워 밀봉하거나 불활성기체를 봉입하여 밀봉하는 등 수분과 접하지 아니하도록 한다.

③ 자연발화성물질 중 알킬알루미늄 등은 운반용기의 내용적의 90% 이하의 수납률로 수납하되, 50℃의 온도에서 5% 이상의 공간용적을 유지하도록 한다.

3) 적재 위험물에 따른 조치

(1) 차광성이 있는 것으로 피복하여야 할 위험물

① 제1류 위험물

② 제3류 위험물 중 자연발화성 물질

③ 제4류 위험물 중 특수인화물

④ 제5류 위험물

⑤ 제6류 위험물

(2) 방수성이 있는 것으로 피복하여야 할 위험물

① 제1류 위험물 중 알칼리금속의 과산화물 또는 이를 함유한다.

② 제2류 위험물 중 철분 · 금속분 · 마그네슘 또는 이들 중 어느 하나 이상을 함유한다.

③ 제3류 위험물 중 금수성 물질

4) 위험물을 수납한 운반용기를 겹쳐 쌓는 경우 높이

높이를 3m 이하로 하고, 용기의 상부에 걸리는 하중은 당해 용기 위에 당해 용기와 동종의 용기를 겹쳐 쌓아 3m의 높이로 하였을 때에 걸리는 하중 이하로 하여야 한다.

5) 운반용기 외부 표기사항

① 위험물의 품명, 위험등급, 화학명 및 수용성(제4류 위험물의 수용성인 것에 한한다)

② 위험물의 수량

③ 주의사항

종류		주의사항
제1류 위험물	알칼리금속의 과산화물	화기 · 충격주의, 가연물접촉주의, 물기엄금
	그 밖의 것	화기 · 충격주의, 가연물접촉주의
제2류 위험물	철분, 마그네슘, 금속분	화기주의, 물기엄금
	인화성 고체	화기엄금
	그 밖의 것	화기주의
제3류 위험물	자연발화성물질	화기엄금, 공기접촉엄금
	금수성물질	물기엄금
제4류 위험물		화기엄금
제5류 위험물		화기엄금, 충격주의
제6류 위험물		가연물접촉주의

6) 운반 시 혼재가 가능한 위험물

	제1류	제2류	제3류	제4류	제5류	제6류
제1류		×	×	×	×	○
제2류	×		×	○	○	×
제3류	×	×		○	×	×
제4류	×	○	○		○	×
제5류	×	○	×	○		×
제6류	○	×	×	×	×	

[비고] • "×"표시는 혼재할 수 없음을 표시
• "○"표시는 혼재할 수 있음을 표시
• 이 표는 지정수량의 $\frac{1}{10}$ 이하의 위험물에 대하여는 적용하지 아니한다.

상기의 표를 정리하면, 혼재 가능 위험물은 다음과 같다.

• 4 ⇨ 2 3 : 4류와 2류, 4류와 3류는 서로 혼재 가능
• 5 ⇨ 2 4 : 5류와 2류, 5류와 4류는 서로 혼재 가능
• 6 ⇨ 1 : 6류와 1류는 서로 혼재 가능

3 위험물의 위험등급

1) 위험등급 Ⅰ의 위험물

① 제1류 위험물 중 아염소산염류, 염소산염류, 과염소산염류, 무기과산화물 그 밖에 지정수량이 50kg인 위험물
② 제3류 위험물 중 칼륨, 나트륨, 알킬알루미늄, 알킬리튬, 황린 그 밖에 지정수량이 10kg 또는 20kg인 위험물
③ 제4류 위험물 중 특수인화물
④ 제5류 위험물 중 유기과산화물, 질산에스테르류 그 밖에 지정수량이 10kg인 위험물
⑤ 제6류 위험물

2) 위험등급 Ⅱ의 위험물

① 제1류 위험물 중 브롬산염류, 질산염류, 요오드산염류 그 밖에 지정수량이 300kg인 위험물
② 제2류 위험물 중 황화인, 적린, 유황 그 밖에 지정수량이 100kg인 위험물
③ 제3류 위험물 중 알칼리금속(칼륨 및 나트륨을 제외한다) 및 알칼리토금속, 유기금속화합물(알킬알루미늄 및 알킬리튬을 제외한다) 그 밖에 지정수량이 50kg인 위험물
④ 제4류 위험물 중 제1석유류 및 알코올류
⑤ 제5류 위험물 중 위험등급 Ⅰ 외의 것

3) 위험등급 Ⅲ의 위험물

위험등급 Ⅰ, Ⅱ에서 정하지 아니한 위험물을 말한다.

4) 위험물 운송책임자의 감독 또는 지원의 방법과 위험물의 운송 시에 준수하여야 하는 사항

(1) 위험물 운송책임자의 감독 또는 지원의 방법

① 운송책임자가 이동탱크저장소에 동승하여 운송 중인 위험물의 안전확보에 관하여 운전자에게 필요한 감독 또는 지원을 하는 방법으로서 운전자가 운송책임자의 자격이 있는 경우에는 운송책임자의 자격이 없는 자가 동승할 수 있다.
② 운송의 감독 또는 지원을 위하여 마련한 별도의 사무실에 운송책임자가 대기하면서 다음의 사항을 이행한다.
- 운송경로를 미리 파악하고 관할소방관서 또는 관련업체(비상대응에 관한 협력을 얻을 수 있는 업체)에 대한 연락체계를 갖추는 것
- 이동탱크저장소의 운전자에 대하여 수시로 안전확보 상황을 확인하는 것
- 비상시의 응급처치에 관하여 조언을 하는 것

• 그 밖에 위험물의 운송 중 안전확보에 관하여 필요한 정보를 제공하고 감독 또는 지원하는 것

(2) 이동탱크저장소에 의한 위험물의 운송 시에 준수하여야 하는 기준

① 위험물운송자는 운송의 개시 전에 이동저장탱크의 배출밸브 등의 밸브와 폐쇄장치, 맨홀 및 주입구의 뚜껑, 소화기 등의 점검을 충분히 실시한다.

② 위험물운송자는 장거리(고속국도는 340km 이상, 그 밖의 도로는 200km 이상)에 걸치는 운송을 하는 때에는 2명 이상의 운전자로 한다. 다만, 다음의 경우에는 그러하지 아니한다.

• 운송책임자를 동승시킨 경우
• 운송하는 위험물이 제2류 위험물 · 제3류 위험물(칼슘 또는 알루미늄의 탄화물과 이것만을 함유한 것) 또는 제4류 위험물(특수인화물은 제외)인 경우
• 운송 도중에 2시간 이내마다 20분 이상씩 휴식하는 경우

③ 위험물운송자는 이동탱크저장소를 휴식 · 고장 등으로 일시 정차시킬 때에는 안전한 장소를 택하고 당해 이동탱크저장소의 안전을 위한 감시를 할 수 있는 위치에 있는 등 운송하는 위험물의 안전확보에 주의한다.

④ 위험물운송자는 이동저장탱크로부터 위험물이 현저하게 새는 등 재해발생의 우려가 있는 경우에는 재난을 방지하기 위한 응급조치를 강구하는 동시에 소방관서 그 밖의 관계기관에 통보한다.

⑤ 위험물(제4류 위험물에 있어서는 특수인화물 및 제1석유류)을 운송하게 하는 자는 위험물안전카드를 위험물운송자로 하여금 휴대하게 한다.

⑥ 위험물운송자는 위험물안전카드를 휴대하고 당해 카드에 기재된 내용에 따른다. 다만, 재난 그 밖의 불가피한 이유가 있는 경우에는 당해 기재된 내용에 따르지 아니할 수 있다.

05 위험물안전관리에 관한 세부기준

1 위험물의 시험 및 판정

1) 제1류 위험물(산화성 고체)의 시험방법 및 판정기준

(1) 산화성 시험

① 표준물질의 연소시험
② 시험물품의 연소시험

(2) 충격민감성 시험

① 표준물질의 낙구타격감도시험

② 시험물품의 낙구타격감도시험

2) 제2류 위험물(가연성 고체)의 시험방법 및 판정기준

① 착화의 위험성 시험

② 고체의 인화 위험성 시험

3) 제3류 위험물(자연발화성 및 금수성 물질)의 시험방법 및 판정기준

① 공기 중 발화의 위험성 시험

② 금수성 시험

4) 제4류 위험물(인화성액체의 시험)의 시험방법 및 판정기준

① 태그 밀폐식 인화점측정기에 의한 인화점 측정시험

② 신속평형법 인화점측정기에 의한 인화점 측정시험

㉠ 시험장소는 1기압, 무풍의 장소로 한다.

㉡ 신속평형법 인화점측정기의 시료컵을 설정온도까지 가열 또는 냉각하여 시험물품(설정온도가 상온보다 낮은 온도인 경우에는 설정온도까지 냉각한 것) 2mL를 시료컵에 넣고 즉시 뚜껑 및 개폐기를 닫는다.

㉢ 시료컵의 온도를 1분간 설정온도로 유지한다.

㉣ 시험불꽃을 점화하고 화염의 크기를 직경 4mm가 되도록 조정한다.

㉤ 1분 경과 후 개폐기를 작동하여 시험불꽃을 시료컵에 2.5초간 노출시키고 닫는다. 이 경우 시험불꽃을 급격히 상하로 움직이지 아니하여야 한다.

㉥ ㉤의 방법에 의하여 인화한 경우에는 인화하지 않을 때까지 설정온도를 낮추고, 인화하지 않는 경우에는 인화할 때까지 설정온도를 높여 ㉡에서 ㉤의 조작을 반복하여 인화점을 측정한다.

③ 클리블랜드 개방컵 인화점측정기에 의한 인화점 측정시험

5) 제5류 위험물(자기반응성 물질)의 시험방법 및 판정기준

① 폭발성시험

② 가열분해성 시험

6) 제6류 위험물(산화성 액체)의 시험방법 및 판정기준

연소시간 측정시험

2 제조소등의 허가 및 탱크안전성능검사

1) 기술검토를 받지 아니하는 부분적 변경

① 옥외저장탱크의 지붕판(노즐 · 맨홀 등을 포함한다)의 교체(동일한 형태의 것으로 교체하는 경우에 한한다)

② 옥외저장탱크의 옆판(노즐 · 맨홀 등을 포함한다)의 교체 중 다음 각 목의 어느 하나에 해당하는 경우

㉠ 최하단 옆판을 교체하는 경우에는 옆판 표면적의 10% 이내의 교체

㉡ 최하단 외의 옆판을 교체하는 경우에는 옆판 표면적의 30% 이내의 교체

③ 옥외저장탱크의 밑판(옆판의 중심선으로부터 600mm 이내의 밑판에 있어서는 당해 밑판의 원주길이의 10% 미만에 해당하는 밑판에 한한다)의 교체

④ 옥외저장탱크의 밑판 또는 옆판(노즐 · 맨홀 등을 포함한다)의 정비(밑판 또는 옆판의 표면적의 50% 미만의 겹침보수공사 또는 육성보수공사를 포함한다)

⑤ 옥외탱크저장소의 기초 · 지반의 정비

⑥ 암반탱크의 내벽의 정비

⑦ 제조소 또는 일반취급소의 구조 · 설비를 변경하는 경우에 변경에 의한 위험물 취급량의 증가가 지정수량의 3,000배 미만인 경우

⑧ 한국소방산업기술원이 부분적 변경에 해당한다고 인정하는 경우

2) 탱크의 내용적의 계산방법

① 탱크의 공간용적은 탱크의 내용적의 100분의 5 이상 100분의 10 이하의 용적으로 한다. 다만, 소화설비(소화약제 방출구를 탱크 안의 윗부분에 설치하는 것에 한한다)를 설치하는 탱크의 공간용적은 당해 소화설비의 소화약제방출구 아래의 0.3m 이상 1m 미만 사이의 면으로부터 윗부분의 용적으로 한다.

② 암반탱크에 있어서는 당해 탱크 내에 용출하는 7일간의 지하수의 양에 상당하는 용적과 당해 탱크의 내용적의 100분의 1의 용적 중에서 보다 큰 용적을 공간용적으로 한다.

3) 탱크안전성능검사

(1) 충수 수압시험의 방법 및 판정기준

① 충수시험은 탱크에 물이 채워진 상태에서 1,000kL 미만의 탱크는 12시간, 1,000kL 이상의 탱크는 24시간 이상 경과한 이후에 지반침하가 없고 탱크본체 접속부 및 용접부 등에서 누설 변형 또는 손상 등의 이상이 없어야 한다.

② 수압시험은 탱크의 모든 개구부를 완전히 폐쇄한 이후에 물을 가득 채우고 최대사용압력의 1.5배 이상의 압력을 가하여 10분 이상 경과한 이후에 탱크본체 · 접속부 및 용접부 등에서 누설 또는 영구변형 등의 이상이 없어야 한다. 다만, 규칙에서 시험압력을 정하고 있는 탱크의 경우에는 당해 압력을 시험압력으로 한다.

(2) 강화플라스틱제 이중벽탱크의 성능시험

① 기밀시험

㉠ 감지층에 대하여 다음 각 호의 공기압을 5분 동안 가압하는 경우에 누출되거나 파손되지 아니하여야 한다.

- 탱크 직경이 3m 미만인 경우 : 30kPa
- 탱크 직경이 3m 이상인 경우 : 20kPa

㉡ 탱크를 정격최대압력 및 정격진공압력으로 24시간 동안 유지한 후 감지층에 대하여 정격최대압력의 2배의 압력과 진공압력(20kPa)을 각각 1분간 가하는 경우에 탱크가 파손되거나 손상되지 아니하여야 한다.

② 수압시험

㉠ 다음의 규정에 따른 수압을 1분 동안 탱크 내부에 가하는 경우에 파손되지 아니하고 내압력을 지탱해야 한다.

- 탱크 직경이 3m 미만인 경우 : 0.17MPa
- 탱크 직경이 3m 이상인 경우 : 0.1MPa

㉡ 빈 탱크를 시험용 도크(Dock)에 적절히 고정하고 탱크 윗부분이 수면으로부터 0.9m 이상 잠기도록 물을 채워 24시간 동안 유지한 후 1분 동안 탱크 내부에 20kPa의 진공압력을 작용시키는 경우에 파열 또는 손상이 없어야 한다.

「자동화재탐지설비 일반점검표」의 점검내용이 "변형 · 손상의 유무, 표시의 적부, 경계구역일람도의 적부, 기능의 적부"인 점검항목은?

① 감지기
② 중계기
③ 수신기
④ 발신기

자동화재탐지설비 일반검검표

점검항목	점검내용	점검항목	점검내용
감지기	변형 · 손상의 유무	수신기	변형 · 손상의 유무
	감지장해의 유무		표시의 적부
	기능의 적부		경계구역일람도의 적부
중계기	변형 · 손상의 유무		기능의 적부
	표시의 적부	발신기	변형 · 손상의 유무
	기능의 적부		기능의 적부

/정답/ ③

이동탱크저장소에 있어서 구조물 등의 시설을 변경하는 경우 변경허가를 득하여야 하는 경우는?

① 펌프설비를 보수하는 경우
② 동일 시업장 내에서 상치장소의 위치를 이전하는 경우
③ 직경이 200mm인 이동저장탱크의 맨홀을 신설하는 경우
④ 탱크본체를 절개하여 탱크를 보수하는 경우

- 펌프설비를 신설하는 경우
- 상치장소의 위치를 이전하는 경우(동일 사업장 제외)
- 이동저장탱크의 맨홀을 신설하는 경우(직경이 250mm 초과)
- 이동저장탱크를 보수(탱크본체를 절개하는 경우)하는 경우

/정답/ ④

03 CHAPTER 예·상·문·제

1 위험물안전관리에 관한 일반적인 사항

01 위험물안전관리법에서 정하는 용어의 정의로 옳지 않은 것은?

① "위험물"이라 함은 인화성 또는 발화성 등의 성질을 가지는 것으로서 대통령령이 정하는 물품을 말한다.
② "제조소"라 함은 위험물을 제조할 목적으로 지정수량 이상의 위험물을 취급하기 위하여 규정에 따른 허가를 받은 장소를 말한다.
③ "저장소"라 함은 지정수량 이상의 위험물을 저장하기 위한 대통령령이 정하는 장소로서 규정에 따른 허가를 받은 장소를 말한다.
④ "취급소"라 함은 지정수량 이상의 위험물을 제조 외의 목적으로 취급하기 위한 관할지자체장이 정하는 장소로서 규정에 따른 허가를 받은 장소를 말한다.

해설

④ "취급소"라 함은 지정수량 이상의 위험물을 제조 외의 목적으로 취급하기 위한 규정에 따른 대통령령이 정하는 장소로서 허가를 받은 장소를 말한다.

02 위험물안전관리법에서 사용하는 용어의 정의 중 틀린 것은?

① "지정수량"은 위험물의 종류별로 위험성을 고려하여 대통령령이 정하는 수량이다.
② "제조소"라 함은 위험물을 제조할 목적으로 지정수량 이상의 위험물을 취급하기 위하여 규정에 따라 허가를 받은 장소이다.
③ "저장소"라 함은 지정수량 이상의 위험물을 저장하기 위해 대통령령이 정하는 장소로, 규정에 따라 허가를 받은 장소를 말한다.
④ "제조소등"이라 함은 제조소, 저장소 및 이동탱크를 말한다.

해설

④ "제조소등"이라 함은 제조소·저장소 및 취급소를 말한다.

03 위험물안전관리법의 적용 제외와 관련된 내용으로 (　　) 안에 알맞은 것을 모두 나타낸 것은?

> 위험물안전관리법은 (　　)에 의한 위험물의 저장, 취급 및 운반에 있어서는 이를 적용하지 아니한다.

① 항공기, 선박(선박법 제1조의2 제1항에 따른 선박), 철도 및 궤도
② 항공기, 선박(선박법 제1조의2 제1항에 따른 선박), 철도
③ 항공기, 철도, 궤도
④ 철도 및 궤도

해설

위험물안전관리법은 항공기, 선박(선박법 제1조의2 제1항에 따른 선박), 철도 및 궤도에 의한 위험물의 저장, 취급 및 운반에 있어서는 이를 적용하지 아니한다.

04 위험물안전관리법령상의 규제에 관한 설명 중 틀린 것은?

① 지정수량 이상의 위험물의 저장·취급 및 운반은 시·도 조례에 의하여 규제한다.

정답 01 ④ 02 ④ 03 ① 04 ①

② 항공기에 의한 위험물의 저장 · 취급 및 운반은 위험물안전관리법의 규제대상이 아니다.
③ 궤도에 의한 위험물의 저장 · 취급 및 운반은 위험물안전관리법의 규제대상이 아니다.
④ 선박법의 선박에 의한 위험물의 저장 · 취급 및 운반은 위험물안전관리법의 규제대상이 아니다.

해설

① 지정수량 미만인 위험물의 저장 또는 취급에 관한 기술상의 기준은 시 · 도의 조례로 정한다.

05 위험물안전관리법에 정의하는 "제조소등"에 해당되지 않는 것은?

① 제조소 ② 저장소
③ 판매소 ④ 취급소

해설

"제조소등"에는 제조소, 저장소, 취급소를 말한다.

06 위험물안전관리법령에 대한 설명 중 옳지 않은 것은?

① 군부대가 지정수량 이상의 위험물을 군사목적으로 임시로 저장 또는 취급하는 경우에는 제조소등이 아닌 장소에서 지정수량 이상의 위험물을 취급할 수 있다.
② 철도 및 궤도에 의한 위험물의 저장 · 취급 및 운반에 있어서는 위험물안전관리법령을 적용하지 아니한다.
③ 지정수량 미만인 위험물의 저장 또는 취급에 관한 기술상의 기준은 국가화재안전기준으로 정한다.
④ 업무상 과실로 제조소등에서 위험물을 유출 · 방출 또는 확산시켜 사람의 생명, 신체 또는 재산에 대하여 위험을 발생시킨 자는 7년 이하의 금고 또는 2천만 원 이하의 벌금에 처한다.

해설

③ 지정수량 미만인 위험물의 저장 또는 취급에 관한 기술상의 기준은 시 · 도의 조례로 정한다.

07 시 · 도의 조례가 정하는 바에 따라 관할소방서장의 승인을 받아 지정수량 이상의 위험물을 제조소등이 아닌 장소에서 임시로 저장 또는 취급하는 기간은 최대 며칠 이내인가? (최근 1)

① 30 ② 60
③ 90 ④ 120

해설

시 · 도의 조례가 정하는 바에 따라 관할소방서장의 승인을 받아 지정수량 이상의 위험물을 90일 이내의 기간 동안 임시로 저장 또는 취급하는 경우도 있다.

08 위험물의 저장 · 취급에 관한 법적 규제를 설명하는 것으로 옳은 것은?

① 지정수량 이상 위험물의 저장은 제조소, 저장소 또는 취급소에서 하여야 한다.
② 지정수량 이상 위험물의 취급은 제조소, 저장소 또는 취급소에서 하여야 한다.
③ 제조소 또는 취급소에는 지정수량 미만의 위험물은 저장할 수 없다.
④ 지정수량 이상 위험물의 저장 · 취급기준은 모두 중요기준이므로 위반 시에는 벌칙이 따른다.

해설

위험물의 저장 · 취급

- 지정수량 이상의 위험물을 저장소가 아닌 장소에 저장하여서는 안 된다.
- 지정수량 이상의 위험물을 제조소등이 아닌 장소에서 취급하여서는 안 된다.
- 제조소등이라 함은 제조소, 저장소, 취급소를 말한다.

정답 05 ③ 06 ③ 07 ③ 08 ②

09 위험물 관련 신고 및 선임에 관한 사항으로 옳지 않은 것은? (최근 1)

① 제조소의 위치 · 구조 변경 없이 위험물의 품명 변경 시에는 변경하고자 하는 날의 14일 이전까지 신고하여야 한다.
② 제조소설치자의 지위를 승계한 자는 승계한 날로부터 30일 이내에 신고하여야 한다.
③ 위험물안전관리자를 선임한 경우에는 선임일로부터 14일 이내에 신고하여야 한다.
④ 위험물안전관리자가 퇴직한 경우에는 퇴직일로부터 30일 이내에 선임하여야 한다.

해설

① 제조소의 위치 · 구조 변경 없이 위험물의 품명 변경 시에는 변경하고자 하는 날의 1일 전까지 행정안전부령이 정하는 바에 따라 시 · 도지사에게 신고하여야 한다.

10 제조소등의 위치, 구조 또는 설비의 변경 없이 당해 제조소등에서 취급하는 위험물의 품명을 변경하고자 하는 자는 변경하고자 하는 날의 며칠(개월) 전까지 신고하여야 하는가?

① 1일 ② 14일
③ 1개월 ④ 6개월

해설

취급하는 위험물의 품명을 변경하고자 하는 자는 변경하고자 하는 날의 1일 전까지 시 · 도지사에게 신고하여야 한다.

11 제조소등의 용도를 폐지한 경우 제조소등의 관계인은 용도를 폐지한 날로부터 며칠 이내에 용도폐지 신고를 하여야 하는가?

① 3일 ② 7일
③ 14일 ④ 30일

해설

용도를 폐지한 날로부터 14일 이내에 용도폐지 신고를 하여야 한다.

12 위험물의 품명 · 수량 또는 지정수량 배수의 변경신고에 대한 설명으로 옳은 것은?

① 허가청과 협의하여 설치한 군용위험물시설의 경우에도 적용된다.
② 변경신고는 변경한 날로부터 7일 이내에 완공검사필증을 첨부하여 신고하여야 한다.
③ 위험물의 품명이나 수량의 변경을 위해 제조소등의 위치 · 구조 또는 설비를 변경하는 경우에 신고한다.
④ 위험물의 품명 · 수량 및 지정수량의 배수를 모두 변경할 때에는 신고를 할 수 없고 허가를 신청하여야 한다.

해설

위험물시설의 설치 및 변경 등

- 허가청과 협의하여 설치한 군용위험물시설의 경우에도 적용된다.
- 위험물의 품명 · 수량 또는 지정수량의 배수를 변경하고자 하는 자는 변경하고자 하는 날의 1일 전까지 시 · 도지사에게 신고하여야 한다.

13 위험물제조소등의 허가에 관계된 설명으로 옳은 것은?

① 제조소등을 변경하고자 하는 경우에는 언제나 허가를 받아야 한다.
② 위험물의 품명을 변경하고자 하는 경우에는 언제나 허가를 받아야 한다.
③ 농예용으로 필요한 난방시설을 위한 지정수량 20배 이하의 저장소는 허가대상이 아니다.
④ 저장하는 위험물의 변경으로 지정수량의 배수가 달라지는 경우는 언제나 허가대상이 아니다.

정답 09 ① 10 ① 11 ③ 12 ① 13 ③

해설

제조소등의 경우에 허가를 받지 아니하고 설치하거나 그 위치 · 구조 또는 설비를 변경 시 신고를 하지 아니하여도 되는 경우
- 주택의 난방시설(공동주택의 중앙난방시설 제외)을 위한 저장소 또는 취급소
- 농예용 · 축산용 또는 수산용으로 필요한 난방시설 또는 건조시설을 위한 지정수량 20배 이하의 저장소

14 제조소등의 허가청이 제조소등의 관계인에게 제조소등의 사용정지처분 또는 허가취소처분을 할 수 있는 사유가 아닌 것은?

① 소방서장으로부터 변경허가를 받지 아니하고 제조소등의 위치구조 또는 설비를 변경한 때
② 소방서장의 수리 개조 또는 이전의 명령을 위반한 때
③ 정기점검을 하지 아니한 때
④ 소방서장의 출입검사를 정당한 사유 없이 거부한 때

해설

제조소등의 사용정지처분 또는 허가취소처분의 사유
- 정기점검을 하지 아니한 때
- 소방서장의 수리 개조 또는 이전의 명령을 위반한 때
- 소방서장으로부터 변경허가를 받지 아니하고 제조소등의 위치구조 또는 설비를 변경한 때

15 위험물안전관리법에서 규정하고 있는 내용으로 틀린 것은?

① 민사집행법에 의한 경매, 국세징수법 또는 지방세법에 의한 압류재산의 매각절차에 따라 제조소등의 시설의 전부를 인수한 자는 그 설치자의 지위를 승계한다.
② 금치산자 또는 한정치산자, 탱크시험자의 등록이 취소된 날로부터 2년이 지나지 아니한 자는 탱크시험자로 등록하거나 탱크시험자의 업무에 종사할 수 없다.
③ 농예용 · 축산용으로 필요한 난방시설 또는 건조시설을 위한 지정수량 20배 이하의 취급소는 신고를 하지 아니하고 위험물의 품명, 수량을 변경할 수 있다.
④ 법정의 완공검사를 받지 아니하고 제조소등을 사용한 때 시 · 도지사는 허가를 취소하거나 6월 이내의 기간을 정하여 사용정지를 명할 수 있다.

해설

③ 농예용 · 축산용으로 필요한 난방시설 또는 건조시설을 위한 지정수량 20배 이하의 저장소는 신고를 하지 아니하고 위험물의 품명, 수량을 변경할 수 있다.

16 위험물안전관리법령상 제조소등의 허가취소 또는 사용정지의 사유에 해당하지 않는 것은?

① 안전교육대상자가 교육을 받지 아니한 때
② 완공검사를 받지 않고 제조소등을 사용한 때
③ 위험물안전관리자를 선임하지 아니한 때
④ 제조소등의 정기검사를 받지 아니한 때

해설

제조소등의 허가취소 또는 사용정지의 사유
- 완공검사를 받지 않고 제조소등을 사용한 때
- 위험물안전관리자를 선임하지 아니한 때
- 제조소등의 정기검사를 받지 아니한 때

17 위험물안전관리법상 설치허가 및 완공검사 절차에 관한 설명으로 틀린 것은? (최근 1)

① 지정수량의 3천 배 이상의 위험물을 취급하는 제조소는 한국소방산업기술원으로부터 당해 제조소의 구조 · 설비에 관한 기술검토를 받아야 한다.
② 50만 리터 이상인 옥외탱크저장소는 한국소방산업기술원으로부터 당해 탱크의 기초 · 지반 및 탱크본체에 관한 기술검토를 받아야 한다.

정답 14 ④ 15 ③ 16 ① 17 ③

③ 지정수량 1천 배 이상의 제4류 위험물을 취급하는 일반취급소의 완공검사는 한국소방산업기술원이 실시한다.
④ 50만 리터 이상인 옥외탱크저장소의 소화설비에 관한 사항은 한국소방산업기술원이 실시한다.

해설

③ 지정수량 3천 배 이상의 제4류 위험물을 취급하는 일반취급소의 완공검사는 한국소방산업기술원이 실시한다.

18 제조소등의 완공검사신청서는 어디에 제출해야 하는가?

① 소방방재청장
② 소방방재청장 또는 시 · 도지사
③ 소방방재청장, 소방서장 또는 한국소방산업기술원
④ 시 · 도지사, 소방서장 또는 한국소방산업기술원

해설

완공검사신청서는 시 · 도지사, 소방서장 또는 한국소방산업기술원에 제출해야 한다.

19 위험물제조소등의 지위승계에 관한 설명으로 옳은 것은?

① 양도는 승계사유이지만 상속이나 법인의 합병은 승계사유에 해당하지 않는다.
② 지위승계의 사유가 있는 날로부터 14일 이내에 승계신고를 하여야 한다.
③ 시 · 도지사에게 신고하여야 하는 경우와 소방서장에게 신고하여야 하는 경우가 있다.
④ 민사집행에 의한 경매절차에 따라 제조소등을 인수한 경우에는 지위승계신고를 한 것으로 간주한다.

해설

① 양도, 상속, 법인의 합병 등은 승계사유에 해당된다.
② 지위승계의 사유가 있는 날로부터 30일 이내에 승계신고를 하여야 한다.
④ 민사집행에 의한 경매절차에 따라 제조소등을 인수한 경우에는 그 설치자의 지위를 승계하고 승계신고를 하여야 한다.

20 위험물안전관리자의 선임 등에 대한 설명으로 옳은 것은?

① 안전관리자는 국가기술자격 취득자 중에서만 선임하여야 한다.
② 안전관리자를 해임한 때에는 14일 이내에 다시 선임하여야 한다.
③ 제조소등의 관계인은 안전관리자가 일시적으로 직무를 수행할 수 없는 경우에는 14일 이내의 범위에서 안전관리자의 대리자를 지정하여 직무를 대행하게 하여야 한다.
④ 안전관리자를 선임한 경우에는 선임한 날부터 14일 이내에 신고하여야 한다.

해설

① 안전관리자는 위험물의 안전관리에 관한 직무를 수행하게 하기 위하여 제조소등마다 대통령령이 정하는 위험물의 취급에 관한 자격이 있는 자를 말한다.
② 안전관리자를 해임한 때에는 30일 이내에 다시 선임하여야 한다.
③ 제조소등의 관계인은 안전관리자가 일시적으로 직무를 수행할 수 없는 경우에는 30일 이내의 범위에서 안전관리자의 대리자를 지정하여 직무를 대행하게 하여야 한다.

정답 18 ④ 19 ③ 20 ④

21 위험물제조소등의 화재예방 등 위험물안전관리에 관한 직무를 수행하는 위험물안전관리자의 선임시기는?

① 위험물제조소등의 완공검사를 받은 후 즉시
② 위험물제조소등의 허가 신청 전
③ 위험물제조소등의 설치를 마치고 완공검사를 신청하기 전
④ 위험물제조소등에서 위험물을 저장 또는 취급하기 전

해설

위험물제조소등에서 위험물을 저장 또는 취급하기 전에 위험물안전관리자를 선임할 것

22 위험물안전관리자를 해임한 후 며칠 이내에 후임자를 선임하여야 하는가? (최근 1)

① 14일 ② 15일
③ 20일 ④ 30일

해설

위험물안전관리자를 해임한 후 30일 이내에 후임자를 선임해야 한다.

23 위험물안전관리자의 책무에 해당되지 않는 것은?

① 화재 등의 재난이 발생한 경우 소방관서 등에 대한 연락업무
② 화재 등의 재난이 발생한 경우 응급조치
③ 위험물 취급에 관한 일지의 작성 · 기록
④ 위험물안전관리자의 선임신고

해설

- 안전관리자의 선임권자 : 제조소등의 관계인
- 안전관리자의 선임신고 : 소방본부장 또는 소방서장에게 신고

24 위험물안전관리법령에 의한 안전교육에 대한 설명으로 옳은 것은?

① 제조소등의 관계인은 교육대상자에 대하여 안전교육을 받게 할 의무가 있다.
② 안전관리자, 탱크시험자의 기술인력 및 위험물운송자는 안전교육을 받을 의무가 없다.
③ 탱크시험자의 업무에 대한 강습교육을 받으면 탱크시험자의 기술인력이 될 수 있다.
④ 소방서장은 교육대상자가 교육을 받지 아니한 때에는 그 자격을 정지하거나 취소할 수 있다.

해설

② 안전관리자, 탱크시험자의 기술인력 및 위험물운송자는 안전교육을 받을 의무가 있다.
③ 탱크시험자의 업무에 대한 강습교육을 받는다고 탱크시험자의 기술인력이 되는 것은 아니다(참고로 기술인력은 위험물기능장, 산업기사, 기능사, 기계분야 및 전기분야의 소방설비기사 등).
④ 시 · 도지사, 소방본부장 또는 소방서장은 규정에 따른 교육대상자가 교육을 받지 아니한 때에는 그 교육대상자가 교육을 받을 때까지 이 법의 규정에 따라 그 자격으로 행하는 행위를 제한할 수 있다.

25 위험물안전관리법령상 제조소등의 관계인은 제조소등의 화재예방과 재해 발생 시의 비상조치에 필요한 사항을 서면으로 작성하여 허가청에 제출하여야 한다. 이는 무엇에 관한 설명인가?

① 예방규정
② 소방계획서
③ 비상계획서
④ 화재영향평가서

해설

위험물안전관리법령상 제조소등의 관계인은 제조소등의 화재예방과 재해 발생 시의 비상조치에 필요한 사항, 즉 예방규정을 서면으로 작성하여 허가청에 제출하여야 한다.

정답 21 ④ 22 ④ 23 ④ 24 ① 25 ①

26 위험물안전관리법령에 따라 제조소등의 관계인이 화재예방과 재해 발생 시 비상조치를 위하여 작성하는 예방규정에 관한 설명으로 틀린 것은?

① 제조소의 관계인은 해당 제조소에서 지정수량 5배의 위험물을 취급하는 경우 예방규정을 작성하여 제출하여야 한다.
② 지정수량 200배의 위험물을 저장하는 옥외저장소의 관계인은 예방규정을 작성하여 제출하여야 한다.
③ 위험물시설의 운전 또는 조작에 관한 사항, 위험물 취급작업의 기준에 관한 사항은 예방규정에 포함되어야 한다.
④ 제조소등의 예방규정은 산업안전보건법의 규정에 의한 안전보건관리규정과 통합하여 작성할 수 있다.

해설

① 제조소의 관계인은 해당 제조소에서 지정수량 10배 이상의 위험물을 취급하는 경우 예방규정을 작성하여 제출하여야 한다.

27 제조소등의 관계인이 예방규정을 정하여야 하는 제조소등이 아닌 것은? (최근 1)

① 지정수량 100배의 위험물을 저장하는 옥외탱크저장소
② 지정수량 150배의 위험물을 저장하는 옥내저장소
③ 지정수량 10배의 위험물을 취급하는 제조소
④ 지정수량 5배의 위험물을 취급하는 이송취급소

해설

① 지정수량 200배 이상의 위험물을 저장하는 옥외탱크저장소

28 위험물안전관리법령에 따라 제조소의 관계인이 예방규정을 정하여야 하는 제조소등에 해당하지 않는 것은?

① 지정수량의 200배 이상의 위험물을 취급하는 제조소
② 지정수량의 10배 이상의 위험물을 취급하는 제조소
③ 암반탱크저장소
④ 지하탱크저장소

해설

④ 관계인이 예방규정을 정하여야 하는 제조소등에는 지하탱크저장소는 포함되지 않는다.

29 위험물안전관리법령상 예방규정을 두어야 하는 제조소등에 해당하지 않는 것은?

① 지정수량 10배 이상의 위험물을 취급하는 제조소
② 이송취급소
③ 암반탱크저장소
④ 지정수량 200배 이상의 위험물을 저장하는 옥내탱크저장소

해설

④ 옥내탱크저장소는 예방규정을 두지 않아도 된다.

30 이동탱크저장소의 위험물 운송에 있어서 운송책임자의 감독·지원을 받아 운송하여야 하는 위험물의 종류에 해당하는 것은? (최근 3)

① 칼륨 ② 알킬알루미늄
③ 질산에스테르류 ④ 아염소산염류

해설

운송책임자의 감독·지원을 받아 운송하여야 하는 것으로 대통령령이 정하는 위험물
- 알킬알루미늄
- 알킬리튬
- 알킬알루미늄, 알킬리튬을 함유하는 위험물

정답 26 ① 27 ① 28 ④ 29 ④ 30 ②

31 운송책임자의 감독 · 지원을 받아 운송하여야 하는 위험물에 해당하는 것은?

① 칼륨, 나트륨
② 알킬알루미늄, 알킬리튬
③ 제1석유류, 제2석유류
④ 니트로글리세린, 트리니트로톨루엔

해설

문제 30번 해설 참조

32 위험물안전관리법령상 운송책임자의 감독 · 지원을 받아 운송하여야 하는 위험물은? (최근 2)

① 특수인화물 ② 알킬리튬
③ 질산구아니딘 ④ 히드라진 유도체

해설

문제 30번 해설 참조

33 다음은 위험물탱크의 공간용적에 관한 내용이다. ( ) 안에 숫자를 차례대로 올바르게 나열한 것은?(단, 소화설비를 설치하는 경우와 암반탱크는 제외한다.) (최근 1)

탱크의 공간용적은 탱크 내용적의 100분의 ( ) 이상 100분의 ( ) 이하의 용적으로 한다.

① 5, 10 ② 5, 15
③ 10, 15 ④ 10, 20

해설

탱크의 공간용적은 탱크 내용적의 100분의 5 이상 100분의 10 이하의 용적으로 한다.

34 위험물저장탱크의 내용적이 300L일 때 탱크에 저장하는 위험물의 용량의 범위로 적합한 것은?(단, 원칙적인 경우에 한한다.) (최근 1)

① 240~270L ② 270~285L
③ 290~295L ④ 295~298L

해설

저장탱크의 공간용적은 탱크 내용적의 100분의 5 이상 100분의 10 이하의 용적으로 한다.
∴ $(300 \times 0.90) \sim (300 \times 0.95) = 270 \sim 285L$

35 내용적이 20,000L인 옥내저장탱크에 대하여 저장 또는 취급의 허가를 받을 수 있는 최대용량은?(단, 원칙적인 경우에 한한다.) (최근 1)

① 18,000L ② 19,000L
③ 19,400L ④ 20,000L

해설

내용적이 20,000L인 옥내저장탱크에 저장 또는 취급의 허가를 받아야 할 최대용량은 $20,000L \times 0.95 = 19,000L$이다.

36 횡으로 설치한 원통형 위험물저장탱크의 내용적이 500L일 때 공간용적은 최소 몇 L이어야 하는가?(단, 원칙적인 경우에 한한다.) (최근 1)

① 15 ② 25
③ 35 ④ 50

해설

저장탱크는 보통 5~10%의 안전공간을 둔다.
∴ $(500 \times 0.05) \sim (500 \times 0.10) = 25 \sim 50L$

37 다음 ( ) 안에 알맞은 수치를 차례대로 옳게 나열한 것은? (최근 2)

위험물 암반탱크의 공간용적은 당해 탱크 내에 용출하는 ( )일간의 지하수 양에 상당하는 용적과 당해 탱크 내용적의 100분의 ( )의 용적 중에서 보다 큰 용적을 공간용적으로 한다.

① 1, 7 ② 3, 5
③ 5, 3 ④ 7, 1

정답 31 ② 32 ② 33 ① 34 ② 35 ② 36 ② 37 ④

해설

위험물 암반탱크의 공간용적은 당해 탱크 내에 용출하는 7일간의 지하수 양에 상당하는 용적과 당해 탱크 내용적의 100분의 1의 용적 중에서 보다 큰 용적을 공간용적으로 한다.

38 위험물탱크의 용량은 탱크의 내용적에서 공간용적을 뺀 용적으로 한다. 이 경우 소화약제 방출구를 탱크 안의 윗부분에 설치하는 탱크의 공간용적은 당해 소화설비의 소화약제 방출구 아래의 어느 범위의 면으로부터 윗부분의 용적으로 하는가?

① 0.1미터 이상 0.5미터 미만 사이의 면
② 0.3미터 이상 1미터 미만 사이의 면
③ 0.5미터 이상 1미터 미만 사이의 면
④ 0.5미터 이상 1.5미터 미만 사이의 면

해설

소화약제 방출구를 탱크 안의 윗부분에 설치하는 탱크의 공간용적은 당해 소화설비의 소화약제 방출구 아래의 0.3미터 이상 1미터 미만 사이의 면으로부터 윗부분의 용적으로 한다.

39 고정지붕구조를 가진 높이 15m의 원통종형 옥외위험물 저장탱크 안의 탱크 상부로부터 아래로 1m 지점에 고정식 포방출구가 설치되어 있다. 이 조건의 탱크를 신설하는 경우 최대허가량은 얼마인가?(단, 탱크의 내부단면적은 $100m^2$이고, 탱크 내부에는 별다른 구조물이 없으며, 공간용적기준은 만족하는 것으로 가정한다.)

① $1,400m^3$　　② $1,370m^3$
③ $1,350m^3$　　④ $1,300m^3$

해설

소화약제 방출구를 탱크 안의 윗부분에 설치하는 탱크의 공간용적은 당해 소화설비의 소화약제 방출구 아래의 0.3미터 이상 1미터 미만 사이의 면으로부터 윗부분의 용적으로 한다.

∴ 최대허가량 $=(15-1-0.3)\times 100=1,370m^3$

40 그림과 같은 타원형 위험물탱크의 내용적을 구하는 식을 옳게 나타낸 것은? (최근 1)

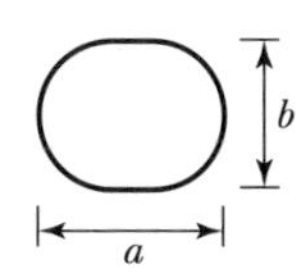

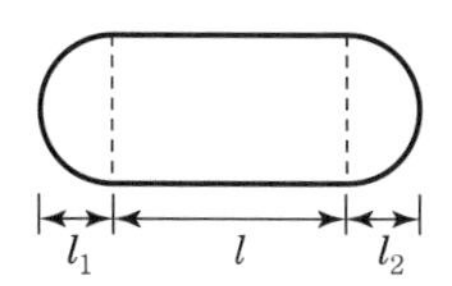

① $\frac{\pi ab}{4}\left(l+\frac{l_1+l_2}{3}\right)$　　② $\frac{\pi ab}{4}\left(l+\frac{l_1-l_2}{3}\right)$

③ $\pi ab\left(l+\frac{l_1+l_2}{3}\right)$　　④ πabl^2

해설

내용적 $=\frac{\pi ab}{4}\left(l+\frac{l_1+l_2}{3}\right)$

41 그림과 같은 위험물저장탱크의 내용적은 약 몇 m^3인가?

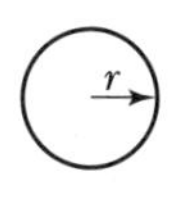

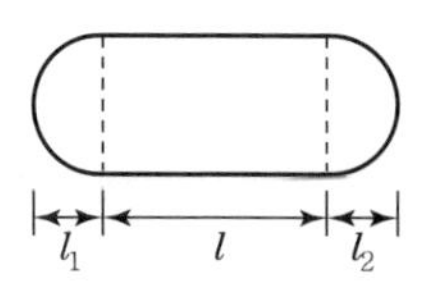

r : 10m, l : 18m, l_1 : 3m, l_2 : 3m

① 4,681　　② 5,482
③ 6,283　　④ 7,080

해설

$V=\pi r^2\left(l+\frac{l_1+l_2}{3}\right)$

$=3.14\times 10^2\times\left(18+\frac{3+3}{3}\right)=6,283$

42 그림과 같이 횡으로 설치한 원통형 위험물탱크에 대하여 탱크용적을 구하면 약 몇 m^3인가?(단, 공간용적은 탱크내용적의 100분의 5로 한다.) (최근 3)

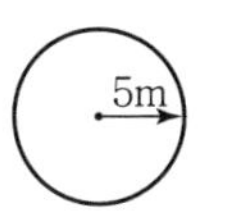

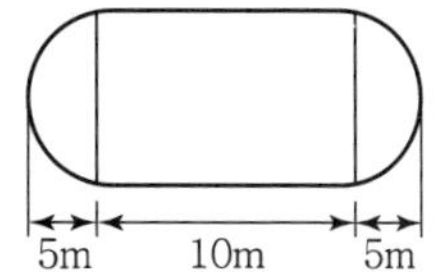

정답 38 ② 39 ② 40 ① 41 ③ 42 ④

① 196.25　　② 261.60
③ 785.00　　④ 994.84

해설

$$V(\text{용량}) = \pi r^2\left(l + \frac{l_1 + l_2}{3}\right)$$
$$= \pi \times 5^2 \times \left(10 + \frac{5+5}{3}\right) \times 0.95 = 994.84$$

43 그림의 원통형 종으로 설치된 탱크에서 공간용적을 내용적의 10%라고 하면 탱크용량(허가용량)은 약 얼마인가? (최근 1)

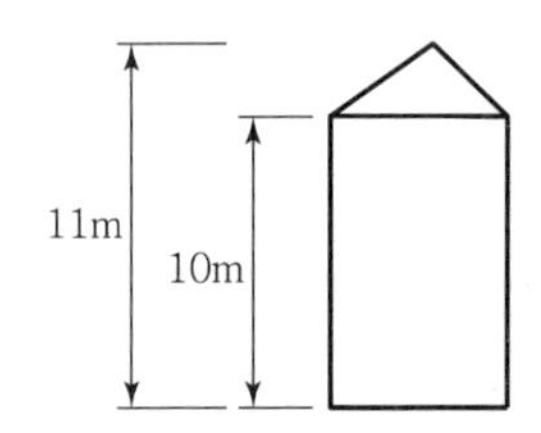

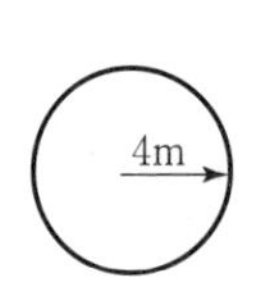

① 113.04　　② 124.34
③ 129.06　　④ 138.16

해설

$$\text{탱크의 용량} = \frac{1}{4}\pi r^2 \times l \times 0.9 - \frac{1}{4} \times \pi \times 4^2 \times 10 \times 0.9$$
$$= 113.04$$

44 한국소방산업기술원이 시 · 도지사로부터 위탁받아 수행하는 탱크안전성능검사 업무와 관계없는 액체위험물탱크는?

① 암반탱크
② 지하탱크저장소의 이중벽탱크
③ 100만 리터 용량의 지하저장탱크
④ 옥외에 있는 50만 리터 용량의 취급탱크

해설

탱크안전성능검사의 위탁 위험물탱크
- 암반탱크
- 용량이 100만 리터 이상인 액체위험물을 저장하는 탱크
- 지하탱크저장소의 위험물탱크 중 행정안전부령이 정하는 액체위험물탱크

45 탱크안전성능검사 내용의 구분에 해당하지 않는 것은?

① 기초 · 지반검사
② 충수 · 수압검사
③ 용접부검사
④ 배관검사

해설

탱크안전성능검사는 기초 · 지반검사, 충수 · 수압검사, 용접부검사, 암반탱크검사 등이 있다.

46 위험물탱크안전성능시험자가 갖추어야 할 등록기준에 해당되지 않는 것은?

① 기술능력　　② 시설
③ 장비　　④ 경력

해설

위험물탱크안전성능시험자로 등록하고자 하는 기준에는 기술능력, 시설, 시험장비 등을 갖추어야 한다.

47 위험물제조소등에 자체소방대를 두어야 할 대상으로 옳은 것은? (최근 2)

① 지정수량 300배 이상의 제4류 위험물을 취급하는 저장소
② 지정수량 300배 이상의 제4류 위험물을 취급하는 제조소
③ 지정수량 3,000배 이상의 제4류 위험물을 취급하는 저장소
④ 지정수량 3,000배 이상의 제4류 위험물을 취급하는 제조소

해설

지정수량 3천 배 이상의 제4류 위험물을 취급하는 제조소 또는 일반취급소를 말한다.

정답 43 ① 44 ④ 45 ④ 46 ④ 47 ④

48 제조소에서 취급하는 제4류 위험물의 최대 수량의 합이 지정수량의 24만 배 이상 48만 배 미만인 사업소의 자체소방대에 두는 화학소방자동차 수와 소방대원의 인원기준으로 옳은 것은?

① 2대, 4인 ② 2대, 12인
③ 3대, 15인 ④ 3대, 24인

해설

자체소방대에 두는 화학소방자동차 및 인원기준

사업소의 구분	화학소방자동차	자체소방대원
12만 배 미만	1대	5인
12만 배 이상 24만 배 미만	2대	10인
24만 배 이상 48만 배 미만	3대	15인
지정수량의 48만 배 이상	4대	20인

49 위험물안전관리법령에서 규정하고 있는 사항으로 틀린 것은? (최근 1)

① 법정의 안전교육을 받아야 하는 사람은 안전관리자로 선임된 자, 탱크시험자의 기술인력으로 종사하는 자, 위험물운송자로 종사하는 자이다.
② 지정수량의 150배 이상의 위험물을 저장하는 옥내저장소는 관계인이 예방규정을 정하여야 하는 제조소등에 해당한다.
③ 정기검사의 대상이 되는 것은 액체위험물을 저장 또는 취급하는 10만 리터 이상의 옥외탱크저장소, 암반탱크저장소, 이송취급소이다.
④ 법정의 안전관리자교육이수자와 소방공무원으로 근무한 경력이 3년 이상인 자는 제4류 위험물에 대한 위험물취급자격자가 될 수 있다.

해설

③ 정기검사의 대상이 되는 것은 액체위험물을 저장 또는 취급하는 100만 리터 이상의 옥외탱크저장소를 말한다.

50 위험물안전관리법령에 근거하여 자체소방대를 두어야 하는 제독차의 경우 가성소다 및 규조토를 각각 몇 kg 이상 비치하여야 하는가?

① 30 ② 50
③ 60 ④ 100

해설

제독차의 경우 가성소다 및 규조토를 각각 50kg 이상 비치할 것

51 정기점검 대상에 해당하지 않는 것은? (최근 1)

① 지정수량 15배의 제조소
② 지정수량 40배의 옥내탱크저장소
③ 지정수량 50배의 이동탱크저장소
④ 지정수량 20배의 지하탱크저장소

해설

정기점검의 대상인 제조소등에는 지정수량과 상관없이 옥내탱크저장소는 제외된다.

52 정기점검 대상 제조소등에 해당하지 않는 것은? (최근 1)

① 이동탱크저장소
② 지정수량 100배 이상의 위험물 옥외저장소
③ 지정수량 100배 이상의 위험물 옥내저장소
④ 이송취급소

해설

③ 지정수량 150배 이상의 위험물 옥내저장소

53 위험물안전관리법령상 정기점검 대상인 제조소등의 조건이 아닌 것은?

① 예방규정 작성대상인 제조소등
② 지하탱크저장소
③ 이동탱크저장소
④ 지정수량 5배의 위험물을 취급하는 옥외탱크를 둔 제조소

정답 48 ③ 49 ③ 50 ② 51 ② 52 ③ 53 ④

해설

④ 지정수량 10배의 위험물을 취급하는 제조소

54 위험물안전관리법에서 규정하고 있는 사항으로 옳지 않은 것은?

① 위험물저장소를 경매에 의해 시설의 전부를 인수한 경우에는 30일 이내에, 저장소의 용도를 폐지한 경우에는 14일 이내에 시ㆍ도지사에게 그 사실을 신고하여야 한다.
② 제조소등의 위치ㆍ구조 및 설비기준을 위반하여 사용한 때에는 시ㆍ도지사는 허가취소, 전부 또는 일부의 사용정지를 명할 수 있다.
③ 경유 20,000L를 수산용 건조시설에 사용하는 경우에는 위험물법의 허가는 받지 아니하고 저장소를 설치할 수 있다.
④ 위치ㆍ구조 또는 설비의 변경 없이 저장소에서 저장하는 위험물 지정수량의 배수를 변경하고자 하는 경우에는 변경하고자 하는 날의 7일 전까지 시ㆍ도지사에게 신고하여야 한다.

해설

위험물안전관리법 제12조(제조소등 설치허가의 취소와 사용정지등)
제조소등의 위치, 구조 및 설비기준을 위반하여 사용한 때에 시ㆍ도지사는 허가를 취소하거나 6개월 이내의 기간을 정하여 전부 또는 일부의 사용정지를 명할 수 있다.

55 위험물안전관리법상 제조소등에 대한 긴급 사용정지 명령에 관한 설명으로 옳은 것은?

① 시ㆍ도지사는 명령을 할 수 없다.
② 제조소등의 관계인뿐 아니라 해당 시설을 사용하는 자에게도 명령할 수 있다.
③ 제조소등의 관계자에게 위법사유가 없는 경우에도 명령할 수 있다.
④ 제조소등의 위험물취급설비에 중대한 결함이 발견되거나 사고우려가 인정되는 경우에만 명령할 수 있다.

해설

긴급 사용정지명령
시ㆍ도지사, 소방본부장 또는 소방서장은 공공의 안전을 유지하거나 재해의 발생을 방지하기 위하여 긴급한 필요가 있다고 인정하는 때에는 제조소등의 관계인에 대하여 당해 제조소등의 사용을 일시정지하거나 그 사용을 제한할 것을 명할 수 있다.

56 위험물안전관리법령상 제조소등에 대한 긴급 사용정지명령 등을 할 수 있는 권한이 없는 자는? (최근 1)

① 시ㆍ도지사
② 소방본부장
③ 소방서장
④ 소방방재청장

해설

긴급 사용정지명령 등을 할 수 있는 사람은 시ㆍ도지사, 소방본부장, 소방서장 등이다.

57 제조소등에서 위험물을 유출ㆍ방출 또는 확산시켜 사람을 상해에 이르게 한 경우의 벌칙에 관한 기준에 해당하는 것은?

① 3년 이상 10년 이하의 징역
② 무기 또는 10년 이하의 징역
③ 무기 또는 3년 이상의 징역
④ 무기 또는 5년 이상의 징역

해설

제조소등에서 위험물을 유출ㆍ방출 또는 확산시켜 사람을 상해에 이르게 한 경우는 무기 또는 3년 이상의 징역에 처한다.

정답 54 ② 55 ③ 56 ④ 57 ③

58 업무상 과실로 제조소등에서 위험물을 유출시켜 사람의 신체 또는 재산에 대하여 위험을 발생시킨 자에 대한 벌칙기준으로 옳은 것은?

① 1년 이상 3년 이하의 징역
② 1년 이상 5년 이하의 징역
③ 1년 이상 7년 이하의 징역
④ 1년 이상 10년 이하의 징역

해설

업무상 과실로 제조소등에서 위험물을 유출・방출 또는 확산시켜 사람을 사상에 이르게 한 자는 1년 이상 10년 이하의 징역 또는 금고나 1억 원 이하의 벌금에 처한다.

59 위험물안전관리법령상에 따른 다음에 해당하는 동식물유류의 규제에 관한 설명으로 틀린 것은?

> 행정안전부령이 정하는 용기기준과 수납・저장기준에 따라 수납되어 저장・보관되고 용기의 외부에 물품의 통칭명, 수량 및 화기엄금(화기엄금과 동일한 의미를 갖는 표시 포함)의 표시가 있는 경우

① 위험물에 해당하지 않는다.
② 제조소등이 아닌 장소에 지정수량 이상 저장할 수 있다.
③ 지정수량 이상을 저장하는 장소도 제조소등 설치허가를 받을 필요가 없다.
④ 화물자동차에 적재하여 운반하는 경우 위험물안전관리법상 운반기준이 적용되지 않는다.

해설

④ 화물자동차에 적재하여 운반하는 경우 위험물안전관리법상 운반기준이 적용된다.

2 제조소 및 각종 저장소의 위치, 구조와 설비의 기준

[안전거리]

60 위험물제조소등에서 위험물안전관리법상 안전거리규제 대상이 아닌 것은? (최근 1)

① 제6류 위험물을 취급하는 제조소를 제외한 모든 제조소
② 주유취급소
③ 옥외저장소
④ 옥외탱크저장소

해설

안전거리규제 대상
- 모든 제조소(제6류 위험물을 취급하는 제조소 제외)
- 일반취급소
- 옥내저장소
- 옥외탱크저장소
- 옥외저장소
- 주유, 판매, 이송취급소

61 위험물안전관리법령에서 다음의 위험물시설 중 안전거리에 관한 기준이 없는 것은?

① 옥내저장소
② 옥내탱크저장소
③ 충전하는 일반취급소
④ 지하에 매설된 이송취급소 배관

해설

문제 60번 해설 참조

62 주택, 학교 등의 보호대상물과의 사이에 안전거리를 두지 않아도 되는 위험물시설은?

① 옥내저장소　② 옥내탱크저장소
③ 옥외저장소　④ 일반취급소

정답 58 ④ 59 ④ 60 ② 61 ② 62 ②

해설

위험물저장소(옥내 · 외 저장소), 취급소는 안전거리를 두어야 한다.

63 위험물제조소의 안전거리기준으로 틀린 것은?

① 초 · 중등교육법 및 고등교육법에 의한 학교－20m 이상
② 의료법에 의한 병원급 의료기관－30m 이상
③ 문화재보호법 규정에 의한 지정문화재－50m 이상
④ 사용전압이 35,000V를 초과하는 특고압가공전선－5m 이상

해설

① 초 · 중등교육법 및 고등교육법에 의한 학교－30m 이상

64 위험물제조소를 설치하고자 하는 경우, 제조소와 초등학교 사이에는 몇 m 이상의 안전거리를 두어야 하는가?

① 50 ② 40
③ 30 ④ 20

해설

학교 · 병원 · 극장, 그 밖에 다수인을 수용하는 시설의 안전거리는 30m 이상이다.

65 제3류 위험물을 취급하는 제조소는 300명 이상을 수용할 수 있는 극장으로부터 몇 m 이상의 안전거리를 유지하여야 하는가?

① 5 ② 10
③ 30 ④ 70

해설

문제 64번 해설 참조

66 위험물 옥외탱크저장소와 병원과는 안전거리를 얼마 이상 두어야 하는가?

① 10m ② 20m
③ 30m ④ 50m

해설

문제 64번 해설 참조

[보유공지]

67 위험물제조소에서 지정수량 이상의 위험물을 취급하는 건축물(시설)에는 원칙상 최소 몇 미터 이상의 보유공지를 확보하여야 하는가?(단, 최대수량은 지정수량의 10배이다.)

① 1m 이상
② 3m 이상
③ 5m 이상
④ 7m 이상

해설

취급하는 위험물의 최대수량	공지의 너비
지정수량의 10배 미만	3m 이상
지정수량의 10배 이상	5m 이상

[표지판, 게시판 및 주의사항]

68 제5류 위험물을 취급하는 위험물제조소에 설치하는 주의사항 게시판에서 표시하는 내용과 바탕색, 문자색으로 옳은 것은?

① "화기주의", 백색바탕에 적색문자
② "화기주의", 적색바탕에 백색문자
③ "화기엄금", 백색바탕에 적색문자
④ "화기엄금", 적색바탕에 백색문자

해설

제5류 위험물은 "화기엄금", 적색바탕에 백색문자로 표시한다.

정답 63 ① 64 ③ 65 ③ 66 ③ 67 ③ 68 ④

69 제조소의 게시판 사항 중 위험물의 종류에 따른 주의사항이 옳게 연결된 것은? (최근 1)

① 제2류 위험물(인화성 고체 제외) – 화기엄금
② 제3류 위험물 중 금수성 물질 – 물기엄금
③ 제4류 위험물 – 화기주의
④ 제5류 위험물 – 물기엄금

해설

① 제2류 위험물(인화성 고체 제외) – 화기주의
③ 제4류 위험물 – 화기엄금
④ 제5류 위험물 – 화기엄금

70 위험물제조소의 게시판에 "화기주의"라고 쓰여 있다. 제 몇 류 위험물제조소인가?

① 제1류 ② 제2류
③ 제3류 ④ 제4류

해설

- 제1류 위험물 중 무기과산화물, 삼산화크롬 및 제3류 위험물에 있어서는 "물기엄금"을 표시한다.
- 제2류 위험물에 있어서는 "화기주의"를 표시한다.
- 제4류 위험물 및 제5류 위험물에 있어서는 "화기엄금"을 표시한다.
- 제6류 위험물에 있어서는 "물기주의"를 표시한다.

71 금수성 물질 저장시설에 설치하는 주의사항 게시판의 바탕색과 문자색을 옳게 나타낸 것은?

① 적색바탕에 백색문자
② 백색바탕에 적색문자
③ 청색바탕에 백색문자
④ 백색바탕에 청색문자

해설

금수성 물질의 게시판은 "물기엄금"으로 청색바탕에 백색문자로 표시한다.

72 제3류 위험물 중 금수성 물질을 취급하는 제조소에 설치하는 주의사항 게시판의 내용과 색상으로 옳은 것은?

① 물기엄금 : 백색바탕에 청색문자
② 물기엄금 : 청색바탕에 백색문자
③ 물기주의 : 백색바탕에 청색문자
④ 물기주의 : 청색바탕에 백색문자

해설

제3류 위험물 중 금수성 물질의 게시판은 물기엄금을 청색바탕에 백색문자로 나타내야 한다.

73 제1류 위험물제조소의 게시판에 "물기엄금"이라고 쓰여 있다. 다음 중 어떤 위험물의 제조소인가?

① 염소산나트륨
② 요오드산나트륨
③ 중크롬산나트륨
④ 과산화나트륨

해설

제1류 위험물 중 무기과산화물(과산화나트륨), 삼산화크롬 및 제3류 위험물에 있어서는 "물기엄금"을 표시한다.

74 위험물제조소에서 게시판에 기재할 사항이 아닌 것은?

① 저장 최대수량 또는 취급 최대수량
② 위험물의 성분 · 함량
③ 위험물의 유별 · 품명
④ 안전관리자의 성명 또는 직명

해설

게시판에 기재해야 할 사항
- 위험물의 유별 및 품명
- 저장 최대수량 또는 취급 최대수량
- 안전관리자의 성명 또는 직명

정답 69 ② 70 ② 71 ③ 72 ② 73 ④ 74 ②

[건축물의 구조]

75 위험물제조소에서 연소 우려가 있는 외벽은 기산점이 되는 선으로부터 3m(2층 이상의 층에 대해서는 5m) 이내에 있는 외벽을 말하는데 이 기산점이 되는 선에 해당하지 않는 것은?

① 동일 부지 내의 다른 건축물과 제조소 부지 간의 중심선
② 제조소등에 인접한 도로의 중심선
③ 제조소등이 설치된 부지의 경계선
④ 제조소등의 외벽과 동일 부지 내의 다른 건축물의 외벽 간의 중심선

해설

기산점이 되는 선
- 제조소등에 인접한 도로의 중심선
- 제조소등이 설치된 부지의 경계선
- 제조소등의 외벽과 동일 부지 내의 다른 건축물의 외벽 간의 중심선

76 제조소의 건축물 구조기준 중 연소의 우려가 있는 외벽은 출입구 외의 개구부가 없는 내화구조의 벽으로 하여야 한다. 이때 연소의 우려가 있는 외벽은 제조소가 설치된 부지의 경계선에서 몇 m 이내에 있는 외벽을 말하는가?(단, 단층건물일 경우이다.) (최근 1)

① 3　② 4
③ 5　④ 6

해설

연소의 우려가 있는 외벽은 제조소가 설치된 부지의 경계선에서 3m 이내에 있는 외벽을 말한다.

77 위험물제조소의 기준에 있어서 위험물을 취급하는 건축물의 구조로 적당하지 않은 것은?

① 지하층이 없도록 하여야 한다.
② 연소의 우려가 있는 외벽은 내화구조의 벽으로 하여야 한다.
③ 출입구는 연소의 우려가 있는 외벽에 설치하는 경우 을종방화문을 설치하여야 한다.
④ 지붕은 폭발력이 위로 방출될 정도의 가벼운 불연재료로 덮는다.

해설

③ 출입구는 연소의 우려가 있는 외벽에 설치하는 경우 자동폐쇄식의 갑종방화문을 설치하여야 한다.

78 위험물제조소의 위치 · 구조 및 설비의 기준에 대한 설명 중 틀린 것은?

① 벽 · 기둥 · 바닥 · 보 · 서까래는 내화재료로 하여야 한다.
② 제조소의 표지판은 한 변이 30cm, 다른 한 변이 60cm 이상의 크기로 한다.
③ "화기엄금"을 표시하는 게시판은 적색바탕에 백색문자로 한다.
④ 지정수량 10배를 초과한 위험물을 취급하는 제조소는 보유공지의 너비가 5m 이상이어야 한다.

해설

① 벽 · 기둥 · 바닥 · 보 · 서까래는 불연재료로 하여야 한다.

[채광 · 조명 및 환기설비]

79 위험물제조소의 환기설비기준에서 급기구에 설치된 실의 바닥면적 150m²마다 1개 이상 설치하는 급기구의 크기는 몇 cm² 이상이어야 하는가?(단, 바닥면적이 150m² 미만인 경우는 제외한다.)

① 200　② 400
③ 600　④ 800

해설

급기구는 당해 급기구가 설치된 실의 바닥면적 150m²마다 1개 이상으로 하되, 급기구의 크기는 800cm² 이상으로 할 것

정답 75 ① 76 ① 77 ③ 78 ① 79 ④

80 위험물제조소에서 국소방식의 배출설비 배출능력은 1시간당 배출장소 용적의 몇 배 이상인 것으로 하여야 하는가?

① 5 ② 10
③ 15 ④ 20

해설

배출능력은 1시간당 배출장소 용적의 20배 이상인 것(단, 전역방식의 경우에는 바닥면적 $1m^2$당 $18m^3$ 이상으로 할 것)으로 해야 한다.

81 위험물안전관리법령상 제조소의 위치, 구조 및 설비의 기준에 따르면 가연성 증기가 체류할 우려가 있는 건축물은 배출장소의 용적이 $500m^3$일 때 시간당 배출능력(국소방식)을 얼마 이상인 것으로 하여야 하는가?

① $5,000m^3$ ② $10,000m^3$
③ $20,000m^3$ ④ $40,000m^3$

해설

배출능력은 1시간당 배출장소 용적의 20배 이상인 것으로 해야 한다.

$\therefore 20 \times 500 = 10,000m^3$

[피뢰설비 및 정전기 제거방법]

82 위험물안전관리법에서 정한 정전기를 유효하게 제거할 수 있는 방법에 해당하지 않는 것은? (최근 2)

① 위험물 이송 시 배관 내 유속을 빠르게 하는 방법
② 공기를 이온화하는 방법
③ 접지에 의한 방법
④ 공기 중의 상대습도를 70% 이상으로 하는 방법

해설

① 위험물 이송 시 배관 내 유속을 빠르게 하면 정전기가 발생하기 쉽다.

83 위험물을 취급함에 있어서 정전기를 유효하게 제거하기 위한 설비를 설치하고자 한다. 위험물안전관리법령상 공기 중의 상대습도를 몇 % 이상 되게 하여야 하는가?

① 50 ② 60
③ 70 ④ 80

해설

공기 중의 상대습도를 70% 이상으로 하는 방법으로 정전기를 예방한다.

84 위험물 옥내저장소에서 지정수량의 몇 배 이상의 저장창고에는 피뢰침을 설치해야 하는가? (단, 제6류 위험물의 저장창고는 제외한다.)

① 10 ② 20
③ 50 ④ 100

해설

지정수량의 10배 이상의 위험물을 취급하는 제조소(제6류 위험물을 취급하는 위험물제조소 제외)에는 피뢰침(KS C 9609)을 설치하여야 한다. 단, 위험물제조소 주위의 상황에 따라 안전상 지장이 없는 경우에는 피뢰침을 설치하지 아니할 수 있다.

85 지정수량의 10배 이상의 위험물을 취급하는 제조소에는 피뢰침을 설치하여야 하지만, 제 몇 류 위험물을 취급하는 경우는 이를 제외할 수 있는가?

① 제2류 위험물
② 제4류 위험물
③ 제5류 위험물
④ 제6류 위험물

해설

④ 제6류 위험물을 취급하는 경우는 피뢰침을 설치하지 않아도 된다.

정답 80 ④ 81 ② 82 ① 83 ③ 84 ① 85 ④

86 제조소의 옥외에 모두 3기의 휘발유취급탱크를 설치하고 그 주위에 방유제를 설치하고자 한다. 방유제 안에 설치하는 각 취급탱크의 용량이 6만L, 2만L, 1만L일 때 필요한 방유제의 용량은 몇 L 이상인가? (최근 1)

① 66,000
② 60,000
③ 33,000
④ 30,000

해설

방유제의 용량
=(탱크의 최대용량×0.5)+(기타 탱크의 용량×0.1)
=(60,000×0.5)+(20,000×0.1)+(10,000×0.1)
=33,000

87 위험물제조소 내의 위험물을 취급하는 배관에 대한 설명으로 옳지 않은 것은?

① 배관을 지하에 매설하는 경우 결합부분에는 점검구를 설치하여야 한다.
② 배관을 지하에 매설하는 경우 금속성 배관의 외면에는 부식방지조치를 하여야 한다.
③ 최대상용압력의 1.5배 이상의 압력으로 수압시험을 실시하여 이상이 없어야 한다.
④ 지상에 설치하는 경우에는 안전한 구조의 지지물로 지면에 밀착하여 설치하여야 한다.

해설

④ 배관을 지상에 설치하는 경우에는 지진, 풍압, 지반침하, 온도변화에 안전한 구조의 지지물에 설치하되, 지면에 닿지 아니하도록 하고 배관의 외면에 부식방지를 위한 도장을 하여야 한다.

[기타 설비 및 특례기준]

88 위험물제조소에 설치하는 안전장치 중 위험물의 성질에 따라 안전밸브의 작동이 곤란한 가압설비에 한하여 설치하는 것은?

① 파괴판
② 안전밸브를 병용하는 경보장치
③ 감압 측에 안전밸브를 부착한 감압밸브
④ 연성계

해설

① 파괴판의 설명이다.

89 히드록실아민을 취급하는 제조소에 두어야 하는 최소한의 안전거리(D)를 구하는 산식으로 옳은 것은?(단, N은 당해 제조소에서 취급하는 히드록실아민의 지정수량 배수를 나타낸다.)

① $D=40\sqrt[3]{N}$
② $D=51.1\sqrt[3]{N}$
③ $D=55\sqrt[3]{N}$
④ $D=62.1\sqrt[3]{N}$

해설

안전거리(D) $=51.1\sqrt[3]{N}$

[옥내저장소]

90 위험물저장소에 해당하지 않는 것은?

① 옥외저장소
② 지하탱크저장소
③ 이동탱크저장소
④ 판매저장소

해설

위험물저장소의 종류
옥내저장소, 옥외저장소, 옥내탱크저장소, 옥외탱크저장소, 암반탱크저장소, 지하탱크저장소, 이동탱크저장소 등이 있다.

정답 86 ③ 87 ④ 88 ① 89 ② 90 ④

91 저장하는 위험물의 최대수량이 지정수량의 15배일 경우, 건축물의 벽 · 기둥 및 바닥이 내화구조로 된 위험물 옥내저장소의 보유공지는 몇 m 이상이어야 하는가?

① 0.5　　② 1
③ 2　　④ 3

해설

저장 또는 취급하는 위험물의 최대수량	공지의 너비	
	벽 · 기둥 및 바닥이 내화구조로 된 건축물	그 밖의 건축물
5배 이하	–	0.5m 이상
5배 초과 10배 이하	1m 이상	1.5m 이상
10배 초과 20배 이하	2m 이상	3m 이상
20배 초과 50배 이하	3m 이상	5m 이상
50배 초과 200배 이하	5m 이상	10m 이상
200배 초과	10m 이상	15m 이상

92 지정수량 20배 이상의 제1류 위험물을 저장하는 옥내저장소에서 내화구조로 하지 않아도 되는 것은?(단, 원칙적인 경우에 한한다.) (최근 1)

① 바닥　　② 보
③ 기둥　　④ 벽

해설

옥내저장소에서 내화구조로 하지 않아도 되는 것은 보, 서까래이다.

93 위험물의 성질에 따라 강화된 기준을 적용하는 지정과산화물을 저장하는 옥내저장소에서 지정과산화물에 대한 설명으로 옳은 것은?

① 지정과산화물이란 제5류 위험물 중 유기과산화물 또는 이를 함유한 것으로서 지정수량이 10kg인 것을 말한다.
② 지정과산화물에는 제4류 위험물에 해당하는 것도 포함된다.
③ 지정과산화물이란 유기과산화물과 알킬알루미늄을 말한다.
④ 지정과산화물이란 유기과산화물 중 소방방재청 고시로 지정한 물질을 말한다.

해설

지정과산화물
제5류 위험물 중 유기과산화물 또는 이를 함유한 것으로서 지정수량이 10kg인 것을 말한다.

94 옥내저장소의 저장창고에 150m^2 이내마다 일정 규격의 격벽을 설치하여 저장하여야 하는 위험물은?

① 제5류 위험물 중 지정과산화물
② 알킬알루미늄 등
③ 아세트알데히드 등
④ 히드록실아민 등

해설

제5류 위험물 중 지정과산화물은 옥내저장소의 저장창고에 150m^2 이내마다 일정 규격의 격벽을 설치하여 저장하여야 한다.

95 지정과산화물 옥내저장소의 저장창고 출입구 및 창의 설치기준으로 틀린 것은?

① 창은 바닥면으로부터 2m 이상의 높이에 설치한다.
② 하나의 창의 면적을 0.4m^2 이내로 한다.
③ 하나의 벽면에 두는 창의 면적의 합계가 해당 벽면 면적의 80분의 1이 초과되도록 한다.
④ 출입구에는 갑종방화문을 설치한다.

해설

③ 하나의 벽면에 두는 창의 면적의 합계가 해당 벽면 면적의 80분의 1 이내가 되도록 한다.

정답 91 ③ 92 ② 93 ① 94 ① 95 ③

96 지정과산화물을 저장 또는 취급하는 위험물 옥내저장소의 저장창고기준에 대한 설명으로 틀린 것은?

① 서까래의 간격은 30cm 이하로 할 것
② 저장창고의 출입구에는 갑종방화문을 설치할 것
③ 저장창고의 외벽을 철근콘크리트조로 할 경우 두께를 10cm 이상으로 할 것
④ 저장창고의 창은 바닥면으로부터 2m 이상의 높이에 둘 것

해설

③ 저장창고의 외벽을 철근콘크리트조로 할 경우 두께를 20cm 이상으로 할 것

97 지정과산화물을 저장하는 옥내저장소의 저장창고를 일정 면적마다 구획하는 격벽의 설치기준에 해당하지 않는 것은?

① 저장창고 상부의 지붕으로부터 50cm 이상 돌출하게 하여야 한다.
② 저장창고 양측의 외벽으로부터 1m 이상 돌출하게 하여야 한다.
③ 철근콘크리트조의 경우 두께가 30cm 이상이어야 한다.
④ 바닥면적 250m^2 이내마다 완전하게 구획하여야 한다.

해설

④ 바닥면적 150m^2 이내마다 격벽으로 완전하게 구획하여야 한다.

98 옥내저장소에 관한 위험물안전관리법령의 내용으로 옳지 않은 것은?

① 지정과산화물을 저장하는 옥내저장소의 경우 바닥면적 150m^2 이내마다 격벽으로 구획하여야 한다.
② 옥내저장소에는 원칙상 안전거리를 두어야 하나, 제6류 위험물을 저장하는 경우에는 안전거리를 두지 않을 수 있다.
③ 아세톤을 처마높이 6m 미만인 단층건물에 저장하는 경우 저장창고의 바닥면적은 1,000m^2 이하로 하여야 한다.
④ 복합용도의 건축물에 설치하는 옥내저장소는 해당 용도로 사용하는 부분의 바닥면적을 100m^2 이하로 하여야 한다.

해설

④ 복합용도의 건축물에 설치하는 옥내저장소는 해당 용도로 사용하는 부분의 바닥면적을 75m^2 이하로 하여야 한다.

99 옥내저장소 저장창고의 바닥은 물이 스며 나오거나 스며들지 아니하는 구조로 하여야 한다. 다음 중 반드시 이 구조로 하지 않아도 되는 위험물은?

① 제1류 위험물 중 알칼리금속의 과산화물
② 제4류 위험물
③ 제5류 위험물
④ 제2류 위험물 중 철분

해설

저장창고의 바닥은 물이 침투하지 아니하는 구조로 하여야 한다.

- 제1류 위험물 중 무기과산화물, 삼산화크롬
- 제2류 위험물 중 철분, 금속분, 마그네슘분
- 제3류 위험물, 제4류 위험물 또는 제6류 위험물

[옥외저장소]

100 옥외저장소에서 지정수량 200배 초과의 위험물을 저장할 경우 보유공지의 너비는 몇 m 이상으로 하여야 하는가?(단, 제4류 위험물과 제6류 위험물은 제외한다.) (최근 1)

정답 96 ③ 97 ④ 98 ④ 99 ③ 100 ④

① 0.5　② 2.5
③ 10　④ 15

해설

저장 또는 취급하는 위험물의 최대수량	공지의 너비
지정수량의 10배 이하	3m 이상
지정수량의 10배 초과 20배 이하	5m 이상
지정수량의 20배 초과 50배 이하	9m 이상
지정수량의 50배 초과 200배 이하	12m 이상
지정수량의 200배 초과	15m 이상

101 옥외저장소에 덩어리상태의 유황만을 지반면에 설치한 경계표시의 안쪽에서 저장할 경우 하나의 경계표시의 내부면적은 몇 m^2 이하이어야 하는가? (최근 1)

① 75　② 100
③ 300　④ 500

해설

하나의 경계표시의 내부면적은 $100m^2$ 이하일 것

102 위험물안전관리법령상 위험물 옥외저장소에 저장할 수 있는 품명은?(단, 국제해상위험물규칙에 적합한 용기에 수납하는 경우를 제외한다.)

① 특수인화물
② 무기과산화물
③ 알코올류
④ 칼륨

해설

옥외저장소에 저장할 수 있는 위험물
- 제2류 위험물 중 유황, 인화성 고체
- 제4류 위험물 중 특수인화물을 제외한 나머지(단, 제1석유류는 0℃ 이상)
- 제6류 위험물

※ 본 문제에서는 알코올류를 옥외저장소에 저장할 수 있다.

[옥내탱크저장소]

103 옥내저장탱크의 상호 간에는 특별한 경우를 제외하고 최소 몇 m 이상의 간격을 유지하여야 하는가? (최근 1)

① 0.1　② 0.2
③ 0.3　④ 0.5

해설

옥내저장탱크의 상호 간의 이격거리는 0.5m 이상이다.

104 옥내탱크저장소 중 탱크전용실을 단층건물 외의 건축물에 설치하는 경우 탱크전용실을 건축물의 1층 또는 지하층에만 설치하여야 하는 위험물이 아닌 것은?

① 제2류 위험물 중 덩어리 유황
② 제3류 위험물 중 황린
③ 제4류 위험물 중 인화점이 38℃ 이상인 위험물
④ 제6류 위험물 중 질산

해설

건축물의 1층 또는 지하층의 탱크전용실에 설치할 위험물
- 제2류 위험물 중 황화인, 적린 및 덩어리 유황
- 제3류 위험물 중 황린
- 제6류 위험물 중 황산 및 질산

[옥외탱크저장소]

105 옥외탱크저장소에 보유공지를 두는 목적과 가장 거리가 먼 것은?

① 위험물시설의 화염이 인근의 시설이나 건축물 등으로의 연소 확대방지를 위한 완충공간 기능을 하기 위함
② 위험물시설의 주변에 장애물이 없도록 공간을 확보함으로써 소화활동이 쉽도록 하기 위함
③ 위험물시설의 주변에 있는 시설과 50m 이상을 이격하여 폭발 발생 시 피해를 방지하기 위함

정답 101 ② 102 ③ 103 ④ 104 ③ 105 ③

④ 위험물시설의 주변에 장애물이 없도록 공간을 확보함으로써 피난자가 피난이 쉽도록 하기 위함

해설

③ 위험물시설의 주변에 있는 시설과 적절한 거리를 이격하여 폭발 발생 시 피해를 방지하기 위함

106 저장 또는 취급하는 위험물의 최대수량이 지정수량의 500배 미만일 때 옥외저장탱크의 측면으로부터 몇 m 이상의 보유공지를 유지하여야 하는가?(단, 제6류 위험물은 제외한다.)

① 1　② 2
③ 3　④ 4

해설

저장 또는 취급하는 위험물의 최대저장량	공지의 너비
지정수량의 500배 미만	3m 이상
지정수량의 500배 이상 1,000배 미만	5m 이상
지정수량의 1,000배 이상 2,000배 미만	9m 이상
지정수량의 2,000배 이상 3,000배 미만	12m 이상
지정수량의 3,000배 이상 4,000배 미만	15m 이상

107 위험물안전관리법령상 제4류 위험물을 지정수량의 3천 배 이상 4천 배 미만으로 저장하는 옥외탱크저장소의 보유공지는 얼마인가?

① 6m 이상　② 9m 이상
③ 12m 이상　④ 15m 이상

해설

문제 106번 해설 참조

108 높이 15m, 지름 20m인 옥외저장탱크에 보유공지의 단축을 위해서 물분무소화설비로 방호조치를 하는 경우 수원의 양은 약 몇 L 이상으로 하여야 하는가?　(최근 1)

① 46,496　② 58,090
③ 70,259　④ 95,880

해설

물분무소화설비로 방호조치를 하는 경우

- 탱크의 표면에 방사하는 물의 양은 탱크의 높이 15m 이하마다 원주길이 1m에 대하여 분당 37L 이상으로 할 것
- 수원의 양은 규정에 의한 수량으로 20분 이상 방사할 수 있는 수량으로 할 것

$\therefore\ 37\dfrac{\text{L}}{\text{min}} \times \dfrac{2\pi r}{1\text{m}} \times 20\text{min} = 46{,}495.6\text{L}$

109 위험물 옥외저장탱크의 통기관에 관한 사항으로 옳지 않은 것은?

① 밸브 없는 통기관의 직경은 30mm 이상으로 한다.
② 대기밸브 부착 통기관은 항시 열려 있어야 한다.
③ 밸브 없는 통기관의 선단은 수평면보다 45도 이상 구부려 빗물 등의 침투를 막는 구조로 한다.
④ 대기밸브 부착 통기관은 5kPa 이하의 압력차이로 작동할 수 있어야 한다.

해설

② 가연성의 증기를 회수하기 위한 밸브를 통기관에 설치하는 경우에 있어서는 당해 통기관의 밸브는 저장탱크에 위험물을 주입하는 경우를 제외하고는 항상 개방되어 있는 구조로 하는 한편, 폐쇄하였을 경우에 있어서는 10kPa 이하의 압력에서 개방되는 구조로 할 것. 이 경우 개방된 부분의 유효단면적은 777.15mm² 이상이어야 한다.

110 제4류 위험물의 옥외저장탱크에 대기밸브 부착 통기관을 설치할 때 몇 kPa 이하의 압력 차이로 작동하여야 하는가?

① 5kPa 이하　② 10kPa 이하
③ 15kPa 이하　④ 20kPa 이하

해설

대기밸브 부착 통기관은 5kPa 이하의 압력 차이로 작동할 수 있어야 한다.

정답　106 ③　107 ④　108 ①　109 ②　110 ①

111 옥외탱크저장소의 제4류 위험물 저장탱크에 설치하는 통기관에 관한 설명으로 틀린 것은?

① 제4류 위험물을 저장하는 압력탱크 외의 탱크에는 밸브 없는 통기관 또는 대기밸브 부착 통기관을 설치하여야 한다.
② 밸브 없는 통기관은 직경을 30mm 미만으로 하고, 선단은 수평면보다 45도 이상 구부려 빗물 등의 침투를 막는 구조를 한다.
③ 인화점 70℃ 이상의 위험물만을 해당 위험물의 인화점 미만의 온도로 저장 또는 취급하는 탱크에 설치하는 통기관에는 인화방지장치를 설치하지 않아도 된다.
④ 옥외저장탱크 중 압력탱크란 탱크의 최대상용압력이 부압 또는 정압 5kPa을 초과하는 탱크를 말한다.

해설

② 밸브 없는 통기관은 직경을 30mm 이상으로 하고, 선단은 수평면보다 45도 이상 구부려 빗물 등의 침투를 막는 구조를 한다.

112 옥외저장탱크 중 압력탱크 외의 탱크에 통기관을 설치하여야 할 때 밸브 없는 통기관인 경우 통기관의 직경은 몇 mm 이상으로 하여야 하는가? (최근 2)

① 10mm ② 20mm
③ 30mm ④ 40mm

해설

밸브 없는 통기관의 직경은 30mm 이상일 것

113 지정수량 20배의 알코올류 옥외탱크저장소에 펌프실 외의 장소에 설치하는 펌프설비의 기준으로 틀린 것은?

① 펌프설비 주위에는 3m 이상의 공지를 보유한다.
② 펌프설비 그 직하의 지반면 주위에 높이 0.15m 이상의 턱을 만든다.
③ 펌프설비 그 직하의 지반면의 최저부에는 집유설비를 만든다.
④ 집유설비에는 위험물이 배수구에 유입되지 않도록 유분리장치를 만든다.

해설

④ 제4류 위험물(온도 20℃의 물 100g에 용해되는 양이 1g 미만인 것)을 취급하는 펌프설비에 있어서는 당해 위험물이 직접 배수구에 유입되지 아니하도록 집유설비에 유분리장치를 설치할 것(알코올은 수용성이므로 유분리장치를 설치하지 않아도 된다.)

114 인화성 액체 위험물을 저장하는 옥외탱크저장소에 설치하는 방유제의 높이기준은?

① 0.5m 이상 1m 이하
② 0.5m 이상 3m 이하
③ 0.3m 이상 1m 이하
④ 0.3m 이상 3m 이하

해설

옥외탱크저장소의 방유제 높이는 0.5m 이상 3m 이하이다.

115 다음 그림은 옥외저장탱크와 흙방유제를 나타낸 것이다. 탱크의 지름이 10m이고 높이가 15m라고 할 때 방유제는 탱크의 옆판으로부터 몇 m 이상의 거리를 유지하여야 하는가?(단, 인화점 200℃ 미만의 위험물을 저장한다.)

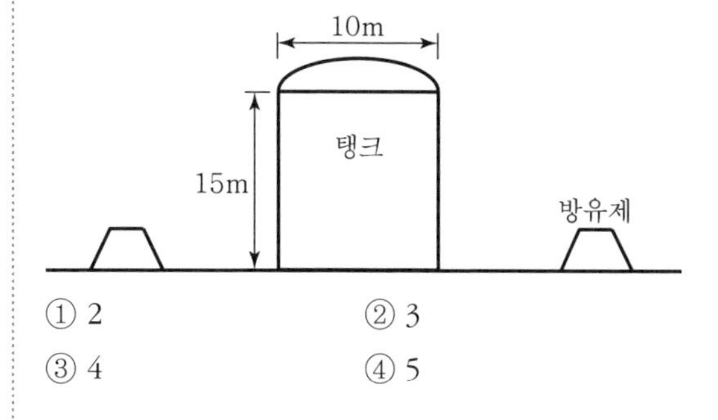

① 2 ② 3
③ 4 ④ 5

정답 111 ② 112 ③ 113 ④ 114 ② 115 ④

해설

방유제는 탱크의 지름에 따라 결정한다.

- 지름이 15m 미만인 경우 : 탱크높이의 3분의 1 이상
- 지름이 15m 이상인 경우 : 탱크높이의 2분의 1 이상

∴ 탱크높이의 3분의 1 이상이므로, 5m 이상이 된다.

116 인화점이 섭씨 200도 미만인 위험물을 저장하기 위하여 높이가 15m이고 지름이 18m인 옥외저장탱크를 설치하는 경우 옥외저장탱크와 방유제 사이에 유지하여야 하는 거리는?

① 5.0m 이상
② 6.0m 이상
③ 7.5m 이상
④ 9.0m 이상

해설

탱크높이의 2분의 1 이상이므로, 7.5m가 된다.

117 경유를 저장하는 옥외저장탱크의 반지름이 2m이고 높이가 12m일 때 탱크 옆판으로부터 방유제까지의 거리는 몇 m 이상이어야 하는가?

① 4 ② 5
③ 6 ④ 7

해설

탱크높이의 3분의 1 이상이므로, 4m가 된다.

118 인화성 액체 위험물 옥외탱크저장소의 탱크 주위에 방유제를 설치할 때 방유제 내의 면적은 몇 m^2 이하로 하여야 하는가?

① 20,000
② 40,000
③ 60,000
④ 80,000

해설

옥외탱크저장소의 방유제

- 방유제의 용량은 방유제 안에 설치된 탱크가 하나인 때에는 그 탱크의 용량 이상, 2 이상인 때에는 그 탱크 중 용량이 최대인 것의 용량 이상으로 하여야 한다. 이 경우 하나의 방유제 안에 2 이상의 탱크가 설치되고 그 탱크 중 지름이 45m 이상인 탱크가 있는 때에는 지름이 45m 이상인 탱크는 각각 다른 탱크와 분리될 수 있도록 칸막이둑을 설치하여야 한다.
- 방유제의 높이는 0.5m 이상 3m 이하로 하여야 한다.
- 방유제의 면적은 8만m^2 이하로 할 것

119 경유 옥외탱크저장소에서 10,000L 탱크 1기가 설치된 곳의 방유제용량은 얼마 이상이 되어야 하는가?

① 5,000L ② 10,000L
③ 11,000L ④ 20,000L

해설

방유제의 용량은 방유제 안에 설치된 탱크가 하나인 때에는 그 탱크용량의 110% 이상이다.

∴ $10,000 \times 1.1 = 11,000$L

120 옥외탱크저장소의 방유제 내에 화재가 발생한 경우의 소화활동으로 적당하지 않은 것은?

① 탱크화재로 번지는 것을 방지하는 데 중점을 둔다.
② 포에 의하여 덮어진 부분은 포의 막이 파괴되지 않도록 한다.
③ 방유제가 큰 경우에는 방유제 내의 화재를 제압한 후 탱크화재의 방어에 임한다.
④ 포를 방사할 때에는 방유제에서부터 가운데 쪽으로 포를 흘려보내듯이 방사하는 것이 원칙이다.

해설

④ 포를 방사할 때에는 탱크에서부터 방유제 쪽으로 포를 흘려보내듯이 방사하는 것이 원칙이다.

정답 116 ③ 117 ① 118 ④ 119 ③ 120 ④

121 인화점이 21℃ 미만인 액체위험물의 옥외저장탱크 주입구에 설치하는 "옥외저장탱크 주입구"라고 표시한 게시판의 바탕 및 문자색을 옳게 나타낸 것은? (최근 1)

① 백색바탕 – 적색문자
② 적색바탕 – 백색문자
③ 백색바탕 – 흑색문자
④ 흑색바탕 – 백색문자

해설

"옥외저장탱크 주입구" 게시판은 백색바탕 – 흑색문자로 표시한다.

122 알킬알루미늄 등 또는 아세트알데히드 등을 취급하는 제조소의 특례기준으로서 옳은 것은?

① 알킬알루미늄 등을 취급하는 설비에는 불활성 기체 또는 수증기를 봉입하는 장치를 설치한다.
② 알킬알루미늄 등을 취급하는 설비는 은, 수은, 동, 마그네슘을 성분으로 하는 것으로 만들지 않는다.
③ 아세트알데히드 등을 취급하는 탱크에는 냉각장치 또는 보랭장치 및 불활성기체 봉입장치를 설치한다.
④ 아세트알데히드 등을 취급하는 설비의 주위에는 누설범위를 국한하기 위한 설비와 누설되었을 때 안전한 장소에 설치된 저장실에 유입시킬 수 있는 설비를 갖춘다.

해설

① 아세트알데히드 등을 취급하는 설비에는 불활성기체 또는 수증기를 봉입하는 장치를 설치한다.
② 아세트알데히드 등을 취급하는 설비는 은, 수은, 동, 마그네슘을 성분으로 하는 것으로 만들지 않는다.
④ 알킬알루미늄 등을 취급하는 설비의 주위에는 누설범위를 국한하기 위한 설비와 누설되었을 때 안전한 장소에 설치된 저장실에 유입시킬 수 있는 설비를 갖춘다.

123 위험물안전관리법령에 명시된 아세트알데히드의 옥외저장탱크에 필요한 설비가 아닌 것은?

① 보랭장치
② 냉각장치
③ 동합금배관
④ 불활성기체를 봉입하는 장치

해설

옥외탱크저장소의 특례
옥외저장탱크에는 냉각장치, 보랭장치, 불활성기체의 봉입장치를 설치할 것

124 옥외탱크저장에 연소성 혼합기체의 생성에 의한 폭발을 방지하기 위하여 불활성기체를 봉입하는 장치를 설치하여야 하는 위험물질은?

① $CH_3COC_2H_5$　② C_5H_5N
③ CH_3CHO　④ C_6H_5Cl

해설

③ 아세트알데히드(CH_3CHO)에 대한 설명이다.

125 허가량이 1,000만L인 위험물 옥외저장탱크의 바닥판 전면 교체 시 법적 절차순서로 옳은 것은?

① 변경허가 – 기술검토 – 안전성능검사 – 완공검사
② 기술검토 – 변경허가 – 안전성능검사 – 완공검사
③ 변경허가 – 안전성능검사 – 기술검토 – 완공검사
④ 안전성능검사 – 변경허가 – 기술검토 – 완공검사

해설

법적 절차순서는 기술검토 – 변경허가 – 안전성능검사 – 완공검사의 순이다.

정답 121 ③ 122 ③ 123 ③ 124 ③ 125 ②

[지하탱크저장소]

126 지하탱크저장소에 대한 설명으로 옳지 않은 것은?

① 지하저장탱크와 탱크전용실 안쪽의 간격은 0.1m 이상의 간격을 유지한다.
② 지하저장탱크의 윗부분은 지면으로부터 0.6m 이상 아래에 있어야 한다.
③ 탱크전용실 벽의 두께는 0.3m 이상이어야 한다.
④ 지하저장탱크에는 두께 0.1m 이상의 철근콘크리트조로 된 뚜껑을 설치한다.

해설

④ 지하에 매설한 탱크 위에 두께가 0.3m 이상이고 길이 및 너비가 각각 당해 탱크의 길이 및 너비보다 0.6m 이상이 되는 철근콘크리트조의 뚜껑을 덮을 것. 이 경우 뚜껑의 중량이 직접 당해 탱크에 가하여지지 아니하도록 하여야 한다.

127 위험물의 지하저장탱크 중 압력탱크 외의 탱크에 대해 수압시험을 실시할 때 몇 kPa의 압력으로 하여야 하는가?(단, 소방방재청장이 정하여 고시하는 기밀시험과 비파괴시험을 동시에 실시하는 방법으로 대신하는 경우는 제외한다.) (최근 1)

① 40　　② 50
③ 60　　④ 70

해설

지하탱크저장소의 수압시험
압력탱크에 있어서는 최대상용압력의 1.5배의 압력으로, 압력탱크 외의 탱크에 있어서는 70kPa의 압력으로 10분간을 실시하여 새거나 변형되지 아니하는 것을 확인하는 시험을 말한다.

128 지하탱크저장소 탱크전용실의 안쪽과 지하저장탱크와의 사이는 몇 m 이상의 간격을 유지하여야 하는가? (최근 1)

① 0.1　　② 0.2
③ 0.3　　④ 0.5

해설

지하탱크저장소 탱크전용실의 안쪽과 지하저장탱크와의 사이는 0.1m 이상의 간격을 유지하여야 한다.

129 지하탱크저장소에서 인접한 2개의 지하저장탱크 용량의 합계가 지정수량이 100배일 경우 탱크 상호 간의 최소거리는?

① 0.1m　　② 0.3m
③ 0.5m　　④ 1m

해설

2 이상 인접해 설치하는 경우 그 상호 간의 1m(용량의 합계가 지정수량의 100배 이하인 때에는 0.5m) 이상의 간격을 유지할 것

130 위험물안전관리법령상 지하탱크저장소에 설치하는 강제이중벽탱크에 관한 설명으로 틀린 것은?

① 탱크본체와 외벽 사이에는 3mm 이상의 감지층을 둔다.
② 스페이스는 탱크본체와 재질을 다르게 하여야 한다.
③ 탱크전용실 없이 지하에 직접 매설할 수도 있다.
④ 탱크 외면에는 최대시험압력을 지워지지 않도록 표시하여야 한다.

해설

② 스페이스는 탱크본체와 재질을 같게 하여야 한다.

131 지하저장탱크에 경보음을 울리는 방법으로 과충전방지장치를 설치하고자 한다. 탱크용량의 최소 몇 %가 찰 때 경보음이 울리도록 하여야 하는가? (최근 1)

① 80　　② 85
③ 90　　④ 95

정답 126 ④ 127 ④ 128 ① 129 ③ 130 ② 131 ③

해설

탱크용량의 최소 90%가 찰 때 경보음이 울리도록 하여야 한다.

132 지중탱크 누액방지판의 구조에 관한 기준으로 틀린 것은?

① 두께는 4.5mm 이상의 강판으로 할 것
② 용접은 맞대기용접으로 할 것
③ 침하 등에 의한 지중탱크본체의 변위영향을 흡수하지 아니할 것
④ 일사 등에 의한 열의 영향 등에 대하여 안전할 것

해설

③ 침하 등에 의한 지중탱크본체의 변위영향을 흡수할 수 있도록 할 것

[이동탱크저장소]

133 다음은 위험물안전관리법령에 따른 이동저장탱크의 구조에 관한 기준이다. ( ) 안에 알맞은 수치는? (최근 1)

> 이동저장탱크는 그 내부에 (㉠)L 이하마다 (㉡) mm 이상의 강철판 또는 이와 동등 이상의 강도 · 내열성 및 내식성이 있는 금속성의 것으로 칸막이를 설치하여야 한다. 단, 고체인 위험물을 저장하거나 고체인 위험물을 가열하여 액체상태로 저장하는 경우에는 그러하지 아니한다.

① ㉠ : 2,000, ㉡ : 1.6
② ㉠ : 2,000, ㉡ : 3.2
③ ㉠ : 4,000, ㉡ : 1.6
④ ㉠ : 4,000, ㉡ : 3.2

해설

이동저장탱크는 그 내부에 4,000L 이하마다 3.2mm 이상의 강철판 또는 이와 동등 이상의 강도, 내열성 및 내식성이 있는 금속성의 것으로 칸막이를 설치하여야 한다. 단, 고체인 위험물을 저장하거나 고체인 위험물을 가열하여 액체상태로 저장하는 경우에는 그러하지 아니한다.

134 위험물안전관리법령에 따른 이동저장탱크의 구조기준에 대한 설명으로 틀린 것은?

① 압력탱크는 최대상용압력의 1.5배의 압력으로 10분간 수압시험을 하여 새지 말 것
② 상용압력이 20kPa을 초과하는 탱크의 안전장치는 상용압력의 1.5배 이하의 압력에서 작동할 것
③ 방파판은 두께 1.6mm 이상의 강철판 또는 이와 동등 이상의 강도, 내식성 및 내열성이 있는 금속성의 것으로 할 것
④ 탱크는 두께 3.2mm 이상의 강철판 또는 이와 동등 이상의 강도, 내식성 및 내열성을 갖는 재질로 할 것

해설

② 상용압력이 20kPa 이하인 탱크에 있어서는 20kPa 이상 24kPa 이하의 압력에서, 상용압력이 20kPa을 초과하는 탱크에 있어서는 상용압력의 1.1배 이하의 압력에서 작동하는 것으로 할 것

135 위험물의 이동탱크저장소 차량에 "위험물"이라는 표지를 설치할 때 표지의 바탕색은?

① 흰색 ② 적색
③ 흑색 ④ 황색

해설

"위험물" 표지판은 흑색바탕에 황색 반사도료 문자로 표시한다.

136 다음 ( ) 안에 해당하지 않는 것은?

> 위험물안전관리법령상 이동탱크저장소에 설치하는 게시판의 설치기준에서 "이동저장탱크의 뒷면 중 보기 쉬운 곳에는 해당 탱크에 저장 또는 취급하는 위험물의 ( ) · ( ) · ( ) 및 적재중량을 게시한 게시판을 설치하여야 한다."

정답 132 ③ 133 ④ 134 ② 135 ③ 136 ④

① 최대수량 ② 품명
③ 유별 ④ 관리자명

해설

이동탱크저장소에 설치하는 게시판의 설치기준에서 이동저장탱크의 뒷면 중 보기 쉬운 곳에는 해당 탱크에 저장 또는 취급하는 위험물의 품명, 최대수량, 유별 및 적재중량을 게시한 게시판을 설치하여야 한다.

137 위험물 이동저장탱크의 외부도장 색상으로 적합하지 않은 것은?

① 제2류 – 적색
② 제3류 – 청색
③ 제5류 – 황색
④ 제6류 – 회색

해설

유별	도장의 색상
제1류	회색
제2류	적색
제3류	청색
제5류	황색
제6류	청색

138 위험물안전관리법령에서 정한 제5류 위험물 이동저장탱크의 외부도장 색상은?

① 황색
② 적색
③ 청색
④ 회색

해설

문제 137번 해설 참조

[주유취급소]

139 주유취급소에 설치할 수 있는 위험물탱크는?

① 고정주유설비에 직접 접속하는 5기 이하의 간이탱크
② 보일러 등에 직접 접속하는 전용탱크로서 10,000L 이하의 것
③ 고정급유설비에 직접 접속하는 전용탱크로서 70,000L 이하의 것
④ 폐유, 윤활유 등의 위험물을 저장하는 탱크로서 4,000L 이하의 것

해설

① 고정주유설비에 직접 접속하는 3기 이하의 간이탱크
③ 고정급유설비에 직접 접속하는 전용탱크로서 50,000L 이하의 것
④ 폐유, 윤활유 등의 위험물을 저장하는 탱크로서 2,000L 이하의 것

140 주유취급소에 다음과 같이 전용탱크를 설치하였다. 최대로 저장 · 취급할 수 있는 용량은 얼마인가?(단, 고속도로 외의 도로변에 설치하는 자동차용 주유취급소인 경우이다.)

㉠ 간이탱크 : 2기
㉡ 폐유탱크 등 : 1기
㉢ 고정주유설비 및 급유설비에 접속하는 전용탱크 : 2기

① 103,200L ② 104,600L
③ 123,200L ④ 124,200L

해설

- 간이탱크 : 600L
- 폐유탱크 : 2,000L
- 고정주유설비 및 급유설비에 접속하는 전용탱크 : 50,000L

∴ $(600 \times 2) + (2,000 \times 1) + (50,000 \times 2) = 103,200L$

정답 137 ④ 138 ① 139 ② 140 ①

141 주유취급소에 설치하는 "주유 중 엔진정지"라는 표시를 한 게시판의 바탕과 문자의 색상을 차례대로 옳게 나타낸 것은?

① 황색, 흑색 ② 흑색, 황색
③ 백색, 흑색 ④ 흑색, 백색

해설

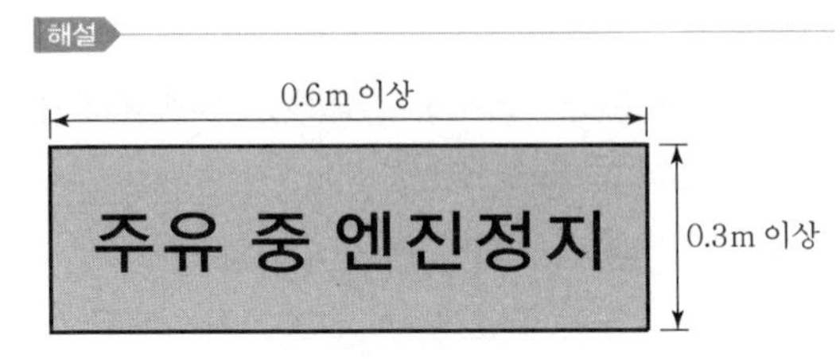

[황색바탕 · 흑색문자]

142 위험물안전관리법령상 고정주유설비는 주유설비의 중심선을 기점으로 하여 도로경계선까지 몇 m 이상의 거리를 유지해야 하는가?

① 1 ② 2
③ 4 ④ 6

해설

고정주유설비의 설치 이격거리
- 도로경계선까지 4m 이상
- 부지경계선 · 담 및 건축물의 벽까지 2m(개구부가 없는 벽까지는 1m) 이상

143 주유취급소의 고정주유설비 중 펌프기기의 주유관 선단에서의 최대토출량으로 틀린 것은?

① 휘발유는 분당 50L 이하
② 경유는 분당 180L 이하
③ 등유는 분당 80L 이하
④ 제1석유류(휘발유 제외)는 분당 50L 이하

해설

① 제1석유류의 경우 : 분당 50L 이하
② 경유의 경우 : 분당 180L 이하
③ 등유의 경우 : 분당 80L 이하
∴ ④는 ①에 위배된다.

144 고속국도 주유취급소의 특례기준에 따르면 고속국도 도로변에 설치된 주유취급소에 있어서 고정주유설비에 직접 접속하는 탱크의 용량은 몇 L까지 할 수 있는가?

① 1만L ② 5만L
③ 6만L ④ 8만L

해설

고속국도 주유취급소의 특례
고속국도의 도로변에 설치된 주유취급소에 있어서는 탱크의 용량을 60,000L까지 할 수 있다.

145 위험물의 취급소를 구분할 때 제조 이외의 목적에 따른 구분으로 볼 수 없는 것은?

① 판매취급소 ② 이송취급소
③ 옥외취급소 ④ 일반취급소

해설

위험물취급소, 주유취급소, 일반취급소, 판매취급소, 이송취급소 등이 있다.

146 위험물 판매취급소에 관한 설명 중 틀린 것은?

① 위험물을 배합하는 실의 바닥면적은 $6m^2$ 이상 $15m^2$ 이하이어야 한다.
② 제1종 판매취급소는 건축물의 1층에 설치하여야 한다.
③ 일반적으로 페인트점, 화공약품점이 이에 해당된다.
④ 취급하는 위험물의 종류에 따라 제1종과 제2종으로 구분된다.

해설

④ 취급하는 위험물의 지정수량에 따라 제1종과 제2종으로 구분된다.

정답 141 ① 142 ③ 143 ④ 144 ③ 145 ③ 146 ④

147 위험물 판매취급소에 대한 설명 중 틀린 것은?

① 제1종 판매취급소라 함은 저장 또는 취급하는 위험물의 수량이 지정수량의 20배 이하인 판매취급소를 말한다.
② 위험물을 배합하는 실의 바닥면적은 $6m^2$ 이상 $15m^2$ 이하이어야 한다.
③ 판매취급소에서는 도료류 외의 제1석유류를 배합하거나 옮겨 담는 작업을 할 수 없다.
④ 제1종 판매취급소는 건축물의 2층까지만 설치가 가능하다.

해설

④ 제1종 판매취급소는 건축물의 1층에 설치한다.

148 다음 ( ) 안에 알맞은 말은?

위험물안전관리법령에 따른 판매취급소라 함은 점포에서 위험물을 용기에 담아 판매하기 위하여 지정수량의 (㉠)배 이하의 위험물을 (㉡)하는 장소를 말한다.

① ㉠ 20, ㉡ 취급　② ㉠ 40, ㉡ 취급
③ ㉠ 20, ㉡ 저장　④ ㉠ 40, ㉡ 저장

해설

위험물안전관리법령에 따른 판매취급소라 함은 점포에서 위험물을 용기에 담아 판매하기 위하여 지정수량의 40배 이하의 위험물을 취급하는 장소를 말한다.

149 위험물 제1종 판매취급소의 위치, 구조 및 설비의 기준으로 틀린 것은?

① 천장을 설치하는 경우에는 천장을 불연재료로 할 것
② 창 및 출입구에는 갑종방화문 또는 을종방화문을 설치할 것
③ 건축물의 지하 또는 1층에 설치할 것
④ 위험물을 배합하는 실의 바닥면적은 $6m^2$ 이상 $15m^2$ 이하로 할 것

해설

③ 제1종 판매취급소는 건축물의 1층에 설치할 것

150 제1종 판매취급소에 설치하는 위험물배합실의 기준으로 틀린 것은?

① 바닥면적은 $6m^2$ 이상 $15m^2$ 이하일 것
② 내화구조 또는 불연재료로 된 벽으로 구획할 것
③ 출입구는 수시로 열 수 있는 자동폐쇄식의 갑종방화문으로 설치할 것
④ 출입구 문턱의 높이는 바닥면으로부터 0.2m 이상일 것

해설

④ 출입구 문턱의 높이는 바닥면으로부터 0.1m 이상일 것

151 이송취급소의 배관이 하천을 횡단하는 경우 하천 밑에 매설하는 배관의 외면과 계획하상(계획하상이 최심하상보다 높은 경우에는 최심하상)과의 거리는?

① 1.2m 이상　② 2.5m 이상
③ 3.0m 이상　④ 4.0m 이상

해설

이송취급소의 배관이 하천을 횡단하는 경우 하천 밑에 매설하는 배관의 외면과 계획하상(계획하상이 최심하상보다 높은 경우에는 최심하상)과의 거리는 4m 이상이다.

152 이송취급소의 교체밸브, 제어밸브 등의 설치기준으로 틀린 것은? (최근 1)

① 밸브는 원칙적으로 이송기지 또는 전용부지 내에 설치할 것

정답 147 ④ 148 ② 149 ③ 150 ④ 151 ④ 152 ④

② 밸브는 그 개폐상태를 설치장소에서 쉽게 확인할 수 있도록 할 것
③ 밸브를 지하에 설치하는 경우에는 점검상자 안에 설치할 것
④ 밸브는 해당 밸브의 관리에 관계하는 자가 아니면 수동으로만 개폐할 수 있도록 할 것

해설

④ 밸브는 해당 밸브의 관리에 관계하는 자가 아니면 수동으로 개폐할 수 없도록 할 것

153 보일러 등으로 위험물을 소비하는 일반취급소의 특례 적용에 관한 설명으로 틀린 것은?

① 일반취급소에서 보일러, 버너 등으로 소비하는 위험물은 인화점이 섭씨 38도 이상인 제4류 위험물이어야 한다.
② 일반취급소에서 취급하는 위험물의 양은 지정수량의 30배 미만이고 위험물을 취급하는 설비는 건축물에 있어야 한다.
③ 제조소의 기준을 준용하는 다른 일반취급소와 달리 일정한 요건을 갖추면 제조소의 안전거리, 보유공지 등에 관한 기준을 적용하지 않을 수 있다.
④ 건축물 중 일반취급소로 사용하는 부분은 취급하는 위험물의 양에 관계없이 철근콘크리트조 등의 바닥 또는 벽으로 당해 건축물의 다른 부분과 구획되어야 한다.

해설

④ 건축물 중 일반취급소로 사용하는 부분은 취급하는 지정수량의 10배 이상 위험물의 철근콘크리트조 등의 바닥 또는 벽으로 당해 건축물의 다른 부분과 구획되어야 한다.

3 제조소등의 저장 및 취급에 관한 기준

[공통기준]

154 위험물안전관리법령은 위험물의 유별에 따른 저장 · 취급상의 유의사항을 규정하고 있다. 이 규정에서 특히 과열, 충격, 마찰을 피하여야 할 유(類)에 속하는 위험물 품명을 옳게 나열한 것은?

① 히드록실아민, 금속의 아지화합물
② 금속의 산화물, 칼슘의 탄화물
③ 무기금속화합물, 인화성 고체
④ 무기과산화물, 금속의 산화물

해설

제5류 위험물(히드록실아민, 금속의 아지화합물)은 과열, 충격, 마찰을 피하여야 한다.

[저장의 기준]

155 다음 (　) 안에 들어갈 알맞은 단어는?

> 보랭장치가 있는 이동저장탱크에 저장하는 아세트알데히드 등 또는 디에틸에테르 등의 온도는 당해 위험물의 (　) 이하로 유지하여야 한다.

① 비점 ② 인화점
③ 융해점 ④ 발화점

해설

보랭장치가 있는 이동저장탱크에 저장하는 아세트알데히드 등 또는 디에틸에테르 등의 온도는 당해 위험물의 비점 이하로 유지하여야 한다.

156 위험물 옥외저장탱크 중 압력탱크에 저장하는 디에틸에테르 등의 저장온도는 몇 ℃ 이하이어야 하는가?

① 60 ② 40
③ 30 ④ 15

정답 153 ④ 154 ① 155 ① 156 ②

해설

옥내・외저장탱크 중 압력탱크에 저장하는 아세트알데히드 등 또는 디에틸에테르의 온도는 40℃ 이하로 유지하여야 한다.

157 다음 중 옥내저장소의 동일한 실에 서로 1m 이상의 간격을 두고 저장할 수 없는 것은?

① 제1류 위험물과 제3류 위험물 중 자연발화성 물질(황린 또는 이를 함유한 것에 한함)
② 제4류 위험물과 제2류 위험물 중 인화성 고체
③ 제1류 위험물과 제4류 위험물
④ 제1류 위험물과 제6류 위험물

해설

③ 제1류 위험물과 제4류 위험물은 저장하여서는 안 된다.

158 종류(유별)가 다른 위험물을 동일한 옥내저장소의 동일한 실에 같이 저장하는 경우에 대한 설명으로 틀린 것은? (최근 1)

① 제1류 위험물과 황린은 동일한 옥내저장소에 저장할 수 있다.
② 제1류 위험물과 제6류 위험물은 동일한 옥내저장소에 저장할 수 있다.
③ 제1류 위험물 중 알칼리금속의 과산화물과 제5류 위험물은 동일한 옥내저장소에 저장할 수 있다.
④ 유별을 달리하는 위험물을 유별로 모아서 저장하는 한편 상호 간에 1m 이상의 간격을 두어야 한다.

해설

③ 제1류 위험물(알칼리금속의 과산화물 또는 이를 함유한 것 제외)과 제5류 위험물은 동일한 옥내저장소에 저장할 수 있다.

159 위험물을 유별로 정리하여 상호 1m 이상의 간격을 유지하는 경우에도 동일한 옥내저장소에 저장할 수 없는 것은? (최근 1)

① 제1류 위험물(알칼리금속의 과산화물 또는 이를 함유한 것 제외)과 제5류 위험물
② 제1류 위험물과 제6류 위험물
③ 제1류 위험물과 제3류 위험물 중 황린
④ 인화성 고체를 제외한 제2류 위험물과 제4류 위험물

해설

④ 제2류 위험물 중 인화성 고체와 제4류 위험물

160 옥내저장소에서 위험물을 유별로 정리하고 서로 1m 이상의 간격을 두는 경우 유별을 달리하는 위험물을 동일한 저장소에 저장할 수 있는 것은?

① 과산화나트륨과 벤조일퍼옥사이드
② 과염소산나트륨과 질산
③ 황린과 트리에틸알루미늄
④ 유황과 아세톤

해설

유별을 달리하는 위험물을 동일한 저장소에 저장할 수 있는 경우

- 제1류 위험물(알칼리금속의 과산화물 제외)과 제5류 위험물
- 제1류 위험물과 제6류 위험물
- 제1류 위험물과 자연발화성 물품(황린에 한함)
- 제2류 위험물 중 인화성 고체와 제4류 위험물
- 제3류 위험물 중 알킬알루미늄 등과 제4류 위험물 중 알킬알루미늄 또는 알킬리튬을 함유한 것
- 제4류 위험물 중 유기과산화물 또는 이를 함유하는 것과 제5류 위험물 중 유기과산화물 또는 이를 함유한 것

※ ① 제1류 위험물과 제5류 위험물
② 제1류 위험물과 제6류 위험물
③ 제3류 위험물과 제3류 위험물
④ 제2류 위험물과 제4류 위험물

정답 157 ③ 158 ③ 159 ④ 160 ②

161 제조소등에 있어서 위험물을 저장하는 기준으로 잘못된 것은? (최근 1)

① 황린은 제3류 위험물이므로 물기가 없는 건조한 장소에 저장하여야 한다.
② 덩어리상태의 유황과 화약류에 해당하는 위험물은 위험물용기에 수납하지 않고 저장할 수 있다.
③ 옥내저장소에서는 용기에 수납하여 저장하는 위험물의 온도가 55℃를 넘지 아니하도록 필요한 조치를 강구하여야 한다.
④ 이동저장탱크에는 저장 또는 취급하는 위험물의 유별, 품명, 최대수량 및 적재중량을 표시하고 잘 보일 수 있도록 관리하여야 한다.

해설

① 황린은 제3류 위험물 중 금수성 물질이 아니라 자연발화성 물질이며, 물속에 저장한다.

162 다음 (　) 안에 알맞은 수치는?

> 위험물안전관리법령상 "옥내저장소에서 위험물을 저장하는 경우 기계에 의하여 하역하는 구조로 된 용기만을 겹쳐 쌓는 경우에 있어서는 (　)미터 높이를 초과하여 용기를 겹쳐 쌓지 아니하여야 한다."

① 2　　② 4
③ 6　　④ 8

해설

옥내저장소에서 위험물을 저장하는 경우 기계에 의하여 하역하는 구조로 된 용기만을 겹쳐 쌓는 경우에 있어서는 6m 높이를 초과하여 용기를 겹쳐 쌓지 아니하여야 한다.

163 이동저장탱크에 알킬알루미늄을 저장하는 경우에 불활성기체를 봉입하는데, 이때의 압력은 몇 kPa 이하이어야 하는가?

① 10　　② 20
③ 30　　④ 40

해설

이동저장탱크에 알킬알루미늄 등을 저장하는 경우에는 20kPa 이하의 압력으로 불활성기체를 봉입하여 둘 것

[취급의 기준]

164 주유취급소에서 자동차 등에 위험물을 주유할 때에 자동차 등의 원동기를 정지시켜야 하는 위험물의 인화점기준은?(단, 연료탱크에 위험물을 주유하는 동안 방출되는 가연성 증기를 회수하는 설비가 부착되지 않은 고정주유설비에 의하여 주유하는 경우이다.)

① 20℃ 미만　　② 30℃ 미만
③ 40℃ 미만　　④ 50℃ 미만

해설

자동차 등의 원동기를 정지시켜야 하는 위험물의 인화점 기준은 40℃ 미만이다.

165 위험물의 취급 중 폐기에 관한 기준으로 옳은 것은?

① 위험물의 성질에 따라 안전한 장소에서 실시하면 매몰할 수 있다.
② 재해의 발생을 방지하기 위한 적당한 조치를 강구한 때라도 절대로 바다에 유출시키거나 투하할 수 없다.
③ 안전한 장소에서 타인에게 위해를 미칠 우려가 없는 방법으로 소각할 경우에는 감시원을 배치할 필요가 없다.
④ 위험물제조소에서 지정수량 미만을 폐기하는 경우에는 장소에 상관없이 임의로 폐기할 수 있다.

정답 161 ① 162 ③ 163 ② 164 ③ 165 ①

해설

위험물을 폐기하는 작업의 취급기준
- 소각할 경우에는 안전한 장소에서 감시원의 감시하에 하되 연소 또는 폭발에 의하여 타인에게 위해나 손해를 주지 아니하는 방법으로 하여야 한다.
- 매몰할 경우에는 위험물의 성질에 따라 안전한 장소에서 하여야 한다.
- 위험물은 해중 또는 수중에 유출시키거나 투하하여서는 아니 된다. 단, 타인에게 위해나 손해를 줄 우려가 없거나 재해 및 환경오염의 방지를 위하여 적당한 조치를 한 때에는 그러하지 아니하다.

166 휘발유를 저장하던 이동저장탱크에 등유나 경유를 탱크 상부로부터 주입할 때 액 표면이 일정 높이가 될 때까지 위험물의 주입관 내 유속을 몇 m/s 이하로 하여야 하는가?

① 1　② 2
③ 3　④ 5

해설

이동저장탱크의 상부로부터 위험물을 주입할 때에는 위험물의 액 표면이 주입관의 선단을 넘는 높이가 될 때까지 그 주입관 내의 유속을 1m/s 이하로 한다.

4 위험물의 운반에 관한 기준

[운반용기/운반 및 적재방법]

167 위험물안전관리법에서 정한 위험물의 운반에 관한 다음 내용 중 (　) 안에 들어갈 용어가 아닌 것은?

> 위험물의 운반은 (　), (　) 및 (　)에 관해 법에서 정한 중요기준과 세부기준을 따라 행하여야 한다.

① 용기　② 적재방법
③ 운반방법　④ 검사방법

해설

위험물의 운반은 용기, 적재방법 및 운반방법에 관해 법에서 정한 중요기준과 세부기준을 따라 행하여야 한다.

168 위험물의 운반에 관한 기준에서 규정한 운반용기의 재질에 해당하지 않는 것은?

① 금속판　② 양철판
③ 짚　④ 도자기

해설

운반용기의 재질
강판, 알루미늄판, 양철판, 유리, 금속판, 종이, 플라스틱, 섬유판, 고무류, 합성섬유, 삼, 짚 또는 나무로 한다.

169 아염소산염류의 운반용기 중 적응성 있는 내장용기의 종류와 최대용적이나 중량을 옳게 나타낸 것은?(단, 외장용기의 종류는 나무상자 또는 플라스틱상자이고, 외장용기의 최대중량은 125kg으로 한다.) (최근 2)

① 금속제용기 : 20L
② 종이포대 : 55kg
③ 플라스틱 필름포대 : 60kg
④ 유리용기 : 10L

해설

① 금속제용기 : 30L
② 종이포대 : 125kg
③ 플라스틱 필름포대 : 125kg

170 액체위험물의 운반용기 중 금속제 내장용기의 최대용적은 몇 L인가?

① 5　② 10
③ 20　④ 30

해설

액체위험물의 운반용기 중 금속제 내장용기의 최대용적은 30L이다.

정답 166 ① 167 ④ 168 ④ 169 ④ 170 ④

171 위험물의 운반에 관한 기준에서 적재방법기준으로 틀린 것은?

① 고체위험물은 운반용기의 내용적 95% 이하의 수납률로 수납할 것
② 액체위험물은 운반용기의 내용적 98% 이하의 수납률로 수납할 것
③ 알킬알루미늄은 운반용기 내용적의 95% 이하의 수납률로 수납하되, 50℃의 온도에서 5% 이상의 공간용적을 유지할 것
④ 제3류 위험물 중 자연발화성 물질에 있어서는 불활성기체를 봉입하여 밀봉하는 등 공기와 접하지 아니하도록 할 것

해설

③ 자연발화성 물질 중 알킬알루미늄 등은 운반용기의 내용적의 90% 이하의 수납률로 수납하되, 50℃의 온도에서 5% 이상의 공간용적을 유지하도록 할 것

172 위험물안전관리법령의 위험물 운반에 관한 기준에서 고체위험물은 운반용기 내용적의 몇 % 이하의 수납률로 수납하여야 하는가?

① 80　② 85
③ 90　④ 95

해설

- 고체위험물 : 운반용기 내용적의 95% 이하
- 액체위험물 : 운반용기 내용적의 98% 이하

173 액체위험물을 운반용기에 수납할 때 내용적의 몇 % 이하의 수납률로 수납하여야 하는가?

① 95　② 96
③ 97　④ 98

해설

문제 172번 해설 참조

174 다음 (　) 안에 적합한 숫자를 차례대로 나열한 것은? (최근 1)

> 자연발화성 물질 중 알킬알루미늄 등은 운반용기 내용적의 (　)% 이하의 수납률로 수납하되, 50℃의 온도에서 (　)% 이상의 공간용적을 유지하도록 할 것

① 90, 5　② 90, 10
③ 95, 5　④ 95, 10

해설

자연발화성 물질 중 알킬알루미늄 등은 운반용기 내용적의 90% 이하의 수납률로 수납하되, 50℃의 온도에서 5% 이상의 공간용적을 유지하도록 할 것

175 위험물안전관리법령에 따른 위험물의 적재방법에 대한 설명으로 옳지 않은 것은?

① 원칙적으로는 운반용기를 밀봉하여 수납할 것
② 고체위험물은 용기내용적의 95% 이하의 수납률로 수납할 것
③ 액체위험물은 용기내용적의 99% 이상의 수납률로 수납할 것
④ 하나의 외장용기에는 다른 종류의 위험물을 수납하지 않을 것

해설

③ 액체위험물은 용기내용적의 98% 이하의 수납률로 수납할 것

176 위험물의 운반에 관한 기준에서 다음 (　) 안에 알맞은 온도는 몇 ℃인가?

> 적재하는 제5류 위험물 중 (　)℃ 이하의 온도에서 분해될 우려가 있는 것은 보랭 컨테이너에 수납하는 등 적정한 온도관리를 유지하여야 한다.

① 40　② 50
③ 55　④ 60

정답 171 ③ 172 ④ 173 ④ 174 ① 175 ③ 176 ③

해설

적재하는 제5류 위험물 중 55℃ 이하의 온도에서 분해될 우려가 있는 것은 보랭컨테이너에 수납하는 등 적정한 온도관리를 유지하여야 한다.

177 위험물안전관리법령의 규정에 따라 다음과 같이 예방조치를 하여야 하는 위험물은?

> ㉠ 운반용기의 외부에 "화기엄금" 및 "충격주의"를 표시한다.
> ㉡ 적재하는 경우 차광성 있는 피복으로 가린다.
> ㉢ 55℃ 이하에서 분해될 우려가 있는 경우 보랭 컨테이너에 수납하여 적정한 온도관리를 한다.

① 제1류　② 제2류
③ 제3류　④ 제5류

해설

④ 제5류 위험물에 대한 설명이다.

178 위험물의 운반용기 및 적재방법에 대한 기준으로 틀린 것은?

① 운반용기의 재질은 나무도 된다.
② 고체위험물은 운반용기 내용적의 90% 이하의 수납률로 수납한다.
③ 액체위험물은 운반용기 내용적의 98% 이하의 수납률로 수납하되 55℃의 온도에서 누설되지 아니하도록 충분한 공간용적을 유지한다.
④ 알킬알루미늄은 운반용기 내용적의 90% 이하의 수납률로 수납하되 50℃의 온도에서 5% 이상의 공간용적을 유지하도록 한다.

해설

② 고체위험물은 운반용기 내용적의 95% 이하의 수납률로 수납한다.

179 위험물의 운반에 관한 기준에 따라 다음의 (㉠)과 (㉡)에 적합한 것은?

> 액체위험물은 운반용기 내용적의 (㉠) 이하의 수납률로 수납하되 (㉡)의 온도에서 누설되지 않도록 충분한 공간용적을 두어야 한다.

① ㉠ 98%, ㉡ 40℃
② ㉠ 98%, ㉡ 55℃
③ ㉠ 95%, ㉡ 40℃
④ ㉠ 95%, ㉡ 55℃

해설

액체위험물은 운반용기 내용적의 98% 이하의 수납률로 수납하되, 55℃의 온도에서 누설되지 아니하도록 충분한 공간용적을 유지하도록 한다.

180 위험물을 운반용기에 수납하여 적재할 때 차광성이 있는 피복으로 가려야 하는 위험물이 아닌 것은? (최근 1)

① 제1류 위험물　② 제2류 위험물
③ 제5류 위험물　④ 제6류 위험물

해설

차광성 덮개가 필요한 위험물
- 제1류 위험물
- 제3류 위험물 중 자연발화성 물질
- 제4류 위험물 중 특수인화물
- 제5류 위험물
- 제6류 위험물

181 운반을 위하여 위험물을 적재하는 경우에 차광성이 있는 피복으로 가려주어야 하는 것은?

① 특수인화물　② 제1석유류
③ 알코올류　④ 동식물유류

해설

문제 180번 해설 참조

정답 177 ④ 178 ② 179 ② 180 ② 181 ①

182 적재 시 일광의 직사를 피하기 위하여 차광성 있는 피복으로 가려야 하는 위험물은?

① 아세트알데히드 ② 아세톤
③ 메틸알코올 ④ 아세트산

해설

제4류 위험물 중 특수인화물(아세트알데히드)에는 차광성 덮개를 필요로 한다.

183 위험물 적재방법 중 위험물을 수납한 운반용기를 겹쳐 쌓는 경우 높이는 몇 m 이하로 하여야 하는가?

① 2 ② 3
③ 4 ④ 6

해설

위험물을 수납한 운반용기를 겹쳐 쌓는 경우에는 그 높이를 3m 이하로 할 것

184 위험물의 운반기준에 있어서 차량 등에 적재하는 위험물의 성질에 따라 강구하여야 하는 조치로 적합하지 않은 것은?

① 제5류 위험물 또는 제6류 위험물은 방수성이 있는 피복으로 덮는다.
② 제2류 위험물 중 철분, 금속분, 마그네슘은 방수성이 있는 피복으로 덮는다.
③ 제1류 위험물 중 알칼리금속의 과산화물 또는 이를 함유한 것은 차광성과 방수성이 모두 있는 피복으로 덮는다.
④ 제5류 위험물 중 55℃ 이하의 온도에서 분해될 우려가 있는 것은 보랭 컨테이너에 수납하는 등의 방법으로 적정한 온도관리를 한다.

해설

① 제5류 위험물 또는 제6류 위험물은 화재 시 소화방법이 다량의 물이므로, 방수성이 있는 피복을 필요로 하지 않는다.

185 수납하는 위험물에 따라 위험물의 운반용기 외부에 표시하는 주의사항이 잘못된 것은?

① 제1류 위험물 중 알칼리금속의 과산화물 : 화기·충격주의, 물기엄금, 가연물접촉주의
② 제4류 위험물 : 화기엄금
③ 제3류 위험물 중 자연발화성 물질 : 화기엄금, 공기접촉엄금
④ 제2류 위험물 중 철분 : 화기엄금

해설

제2류 위험물 중 철분·금속분·마그네슘 또는 이들 중 어느 하나 이상을 함유한 것에 있어서는 "화기주의" 및 "물기엄금"을 표시한다.

186 제2류 위험물 중 철분 운반용기 외부에 표시하여야 하는 주의사항을 옳게 나타낸 것은?

① 화기주의 및 물기엄금
② 화기엄금 및 물기엄금
③ 화기주의 및 물기주의
④ 화기엄금 및 물기주의

해설

문제 185번 해설 참조

187 $NaClO_2$을 수납하는 운반용기의 외부에 표시하여야 할 주의사항으로 옳은 것은?

① 화기엄금 및 충격주의
② 화기주의 및 물기엄금
③ 화기·충격주의 및 가연물접촉주의
④ 화기엄금 및 공기접촉엄금

해설

제1류 위험물(아염소산나트륨)
알칼리금속의 과산화물 이외의 것은 화기·충격주의 및 가연물접촉주의를 표시한다.

정답 182 ① 183 ② 184 ① 185 ④ 186 ① 187 ③

188 제4류 위험물 운반용기 외부에 표시하여야 하는 주의사항은?

① 화기 · 충격주의
② 화기엄금
③ 물기엄금
④ 화기주의

해설

제4류 위험물 또는 제5류 위험물에 있어서는 "화기엄금"을 표시한다.

189 위험물안전관리법령에 따라 기계에 의하여 하역하는 구조로 된 운반용기의 외부에 표시하는 내용에 해당하지 않는 것은?(단, 국제해상위험물규칙에 정한 기준 또는 소방방재청장이 정하여 고시하는 기준에 적합한 표시를 한 경우는 제외한다.)

① 운반용기의 제조연월
② 제조자의 명칭
③ 겹쳐 쌓기 시험하중
④ 용기의 유효기간

해설

기계로 하역하는 구조로 된 운반용기의 외부 표시내용
㉠ 운반용기의 제조연월 및 제조자의 명칭
㉡ 겹쳐 쌓기 시험하중
㉢ 운반용기의 종류에 따른 규정에 의한 중량
- 플렉시블 외의 운반용기 : 최대총중량
- 플렉시블 운반용기 : 최대수용중량
㉣ 소방청장이 고시하는 것

190 제4류 위험물 운반용기의 외부에 표시해야 하는 사항이 아닌 것은?

① 규정에 의한 주의사항
② 위험물의 품명 및 위험등급
③ 위험물의 관리자 및 지정수량
④ 위험물의 화학명

해설

위험물의 운반용기 외부에 표시해야 할 사항
- 위험물의 수량
- 화학명 및 수용성 여부
- 수납위험물의 주의사항
- 위험물의 품명 및 위험등급

191 제2류 위험물을 수납하는 운반용기의 외부에 표시하여야 하는 주의사항으로 옳은 것은?

① 제2류 위험물 중 철분, 금속분, 마그네슘 또는 이들 중 어느 하나 이상을 함유한 것에 있어서는 "화기주의" 및 "물기주의", 인화성 고체에 있어서는 "화기엄금", 그 밖의 것에 있어서는 "화기주의"
② 제2류 위험물 중 철분, 금속분, 마그네슘 또는 이들 중 어느 하나 이상을 함유한 것에 있어서는 "화기주의" 및 "물기엄금", 인화성 고체에 있어서는 "화기주의", 그 밖의 것에 있어서는 "화기엄금"
③ 제2류 위험물 중 철분, 금속분, 마그네슘 또는 이들 중 어느 하나 이상을 함유한 것에 있어서는 "화기주의" 및 "물기엄금", 인화성 고체에 있어서는 "화기엄금", 그 밖의 것에 있어서는 "화기주의"
④ 제2류 위험물 중 철분, 금속분, 마그네슘 또는 이들 중 어느 하나 이상을 함유한 것에 있어서는 "화기엄금" 및 "물기엄금", 인화성 고체에 있어서는 "화기엄금", 그 밖의 것에 있어서는 "화기주의"

해설

제2류 위험물 중 철분, 금속분, 마그네슘 또는 이들 중 어느 하나 이상을 함유한 것에 있어서는 "화기주의" 및 "물기엄금", 인화성 고체에 있어서는 "화기엄금", 그 밖의 것에 있어서는 "화기주의"를 표시한다.

정답 188 ② 189 ④ 190 ③ 191 ③

192 위험물 운반에 관한 사항 중 위험물안전관리 법령에서 정한 내용과 틀린 것은?

① 운반용기에 수납하는 위험물이 디에틸에테르라면 운반용기 중 최대용적이 1L 이하라 하더라도 규정에 품명, 주의사항 등 표시사항을 부착하여야 한다.
② 운반용기에 담아 적재하는 물품이 황린이라면 파라핀, 경유 등 보호액으로 채워 밀봉한다.
③ 운반용기에 담아 적재하는 물품이 알킬알루미늄이라면 운반용기 내용적의 90% 이하의 수납률을 유지하여야 한다.
④ 기계에 의하여 하역하는 구조로 된 경질플라스틱제 운반용기는 제조된 때로부터 5년 이내의 것이어야 한다.

해설

② 운반용기에 담아 적재하는 물품이 황린이라면 물을 보호액으로 채워 밀봉한다.

193 제5류 위험물 운반용기의 외부에 표시하여야 하는 주의사항은?

① 물기주의 및 화기주의
② 물기엄금 및 화기엄금
③ 화기주의 및 충격엄금
④ 화기엄금 및 충격주의

해설

제5류 위험물에 있어서는 "화기엄금" 및 "충격주의"를 표시하여야 한다.

194 제6류 위험물 운반용기의 외부에 표시하여야 하는 주의사항은? (최근 1)

① 충격주의　② 가연물접촉주의
③ 화기엄금　④ 화기주의

해설

제6류 위험물에 있어서는 "가연물접촉주의"를 표시하여야 한다.

195 과산화수소의 운반용기 외부에 표시하여야 하는 주의사항은? (최근 1)

① 화기주의　② 충격주의
③ 물기엄금　④ 가연물접촉주의

해설

수납하는 제6류 위험물(과산화수소)에 있어서는 "가연물접촉주의"를 표시하여야 한다.

196 위험물안전관리법령상 위험물의 운반에 관한 기준에 따르면 지정수량 얼마 이하의 위험물에 대하여는 "유별을 달리하는 위험물의 혼재기준"을 적용하지 아니하여도 되는가?

① $\frac{1}{2}$　② $\frac{1}{3}$
③ $\frac{1}{5}$　④ $\frac{1}{10}$

해설

지정수량 $\frac{1}{10}$ 이하의 위험물에 대하여는 "유별을 달리하는 위험물의 혼재기준"을 적용하지 아니하여도 된다.

197 위험물의 운반 및 적재 시 혼재가 불가능한 것으로 연결된 것은?(단, 지정수량의 $\frac{1}{5}$ 이상이다.)

① 제1류와 제6류　② 제4류와 제3류
③ 제2류와 제3류　④ 제5류와 제4류

해설

혼재 가능 위험물

- 4 ⇨ 2 3 : 제4류와 제2류, 제4류와 제3류는 서로 혼재 가능하다.
- 5 ⇨ 2 4 : 제5류와 제2류, 제5류와 제4류는 서로 혼재 가능하다.
- 6 ⇨ 1 : 제6류와 제1류는 서로 혼재 가능하다.

정답 192 ② 193 ④ 194 ② 195 ④ 196 ④ 197 ③

198 물 운반 시 동일한 트럭에 제1류 위험물과 함께 적재할 수 있는 유별은?(단, 지정수량의 5배 이상인 경우이다.) (최근 1)

① 제3류　② 제4류
③ 제6류　④ 없음

해설

문제 197번 해설 참조

199 다음 중 함께 운반차량에 적재할 수 있는 유별을 옳게 연결할 것은?(단, 지정수량 이상을 적재한 경우이다.)

① 제1류 – 제2류　② 제1류 – 제3류
③ 제1류 – 제4류　④ 제1류 – 제6류

해설

문제 197번 해설 참조

200 유별을 달리하는 위험물을 운반할 때 혼재할 수 있는 것은?(단, 지정수량의 $\frac{1}{10}$을 넘는 양을 운반하는 경우이다.)

① 제1류와 제3류　② 제2류와 제4류
③ 제3류와 제5류　④ 제4류와 제6류

해설

문제 197번 해설 참조

201 위험물의 운반에 관한 기준에서 다음 위험물 중 혼재 가능한 것끼리 연결된 것은?(단, 지정수량의 10배이다.)

① 제1류 – 제6류　② 제2류 – 제3류
③ 제3류 – 제5류　④ 제5류 – 제1류

해설

문제 197번 해설 참조

202 위험물을 운반용기에 담아 지정수량의 $\frac{1}{10}$을 초과하여 적재하는 경우 위험물을 혼재하여도 무방한 것은?

① 제1류 위험물과 제6류 위험물
② 제2류 위험물과 제6류 위험물
③ 제2류 위험물과 제3류 위험물
④ 제3류 위험물과 제5류 위험물

해설

문제 197번 해설 참조

203 위험물의 운반 시 혼재가 가능한 것은?(단, 지정수량 10배의 위험물인 경우이다.)

① 제1류 위험물과 제2류 위험물
② 제2류 위험물과 제3류 위험물
③ 제4류 위험물과 제5류 위험물
④ 제5류 위험물과 제6류 위험물

해설

문제 197번 해설 참조

204 지정수량 10배의 위험물을 운반할 경우 제5류 위험물과 혼재 가능한 위험물에 해당하는 것은?

① 제1류 위험물　② 제2류 위험물
③ 제3류 위험물　④ 제6류 위험물

해설

문제 197번 해설 참조

205 지정수량 10배의 위험물을 운반할 때 혼재가 가능한 것은?

① 제1류 위험물과 제2류 위험물
② 제1류 위험물과 제4류 위험물
③ 제4류 위험물과 제5류 위험물
④ 제5류 위험물과 제3류 위험물

정답 198 ③ 199 ④ 200 ② 201 ① 202 ① 203 ③ 204 ② 205 ③

해설

문제 197번 해설 참조

206 지정수량 10배의 벤조일퍼옥사이드 운송 시 혼재할 수 있는 위험물류로 옳은 것은?

① 제1류 ② 제2류
③ 제3류 ④ 제6류

해설

벤조일퍼옥사이드(제5류 위험물)와 혼재 가능 위험물은 5 ⇨ 2 4이므로, 제2류 위험물과 제4류 위험물이다.

207 위험물의 운반에 관한 기준에서 제4석유류와 혼재할 수 없는 위험물은?(단, 위험물은 각각 지정수량의 2배인 경우이다.)

① 황화인 ② 칼륨
③ 유기과산화물 ④ 과염소산

해설

제4석유류는 제4류 위험물이므로 혼재 가능한 위험물은 제2류 위험물, 제3류 위험물 및 제5류 위험물이다(4 ⇨ 2 3, 5 ⇨ 2 4).

① 제2류 위험물 ② 제3류 위험물
③ 제5류 위험물 ④ 제6류 위험물

208 위험물안전관리법의 규정상 운반차량에 혼재해서 적재할 수 없는 것은?(단, 지정수량의 10배인 경우이다.)

① 염소화규소화합물 – 특수인화물
② 고형알코올 – 니트로화합물
③ 염소산염류 – 질산
④ 질산구아니딘 – 황린

해설

① 제3류 위험물 – 제4류 위험물 : 4 ⇨ 2 3
② 제2류 위험물 – 제5류 위험물 : 5 ⇨ 2 4
③ 제1류 위험물 – 제6류 위험물 : 6 ⇨ 1
④ 제5류 위험물 – 제3류 위험물 : 혼재 불가능

209 위험물안전관리법령에 따라 위험물 운반을 위해 적재하는 경우 제4류 위험물과 혼재가 가능한 액화석유가스 또는 압축천연가스의 용기내용적은 몇 L 미만인가?

① 120 ② 150
③ 180 ④ 200

해설

제4류 위험물과 혼재하는 경우로서 액화석유가스위험물은 고압가스와 함께 적재할 수 있다.

- 내용적이 120리터 미만의 용기에 충전한 불활성 가스
- 내용적이 120리터 미만의 용기에 충전한 액화석유가스 또는 압축천연가스

[위험등급]

210 다음의 위험물을 위험등급 I, 위험등급 II, 위험등급 III의 순서로 옳게 나열한 것은?

황린, 인화칼슘, 리튬

① 황린, 인화칼슘, 리튬
② 황린, 리튬, 인화칼슘
③ 인화칼슘, 황린, 리튬
④ 인화칼슘, 리튬, 황린

해설

- 위험등급 I : 제3류 위험물 중 칼륨, 나트륨, 알킬알루미늄, 알킬리튬, 황린, 그 밖에 지정수량이 10kg 또는 20kg인 위험물
- 위험등급 II : 제3류 위험물 중 알칼리금속(칼륨 및 나트륨 제외) 및 알칼리토금속, 유기금속화합물(알킬알루미늄 및 알킬리튬 제외), 그 밖에 지정수량이 50kg인 위험물
- 위험등급 III : 위험등급 I, II가 아닌 위험물

211 다음의 위험물을 위험등급 I, 위험등급 II, 위험등급 III의 순서로 옳게 나열한 것은?

황린, 수소화나트륨, 리튬

정답 206 ② 207 ④ 208 ④ 209 ① 210 ② 211 ②

① 황린, 수소화나트륨, 리튬
② 황린, 리튬, 수소화나트륨
③ 수소화나트륨, 황린, 리튬
④ 수소화나트륨, 리튬, 황린

해설

- 황린 : 위험등급 Ⅰ
- 리튬 : 위험등급 Ⅱ
- 수소화나트륨 : 위험등급 Ⅲ

212 다음 중 위험등급이 다른 하나는?

① 아염소산염류 ② 알킬리튬
③ 질산에스테르류 ④ 질산염류

해설

① 제1류 위험물 : 위험등급 Ⅰ
② 제3류 위험물 : 위험등급 Ⅰ
③ 제5류 위험물 : 위험등급 Ⅰ
④ 제1류 위험물 : 위험등급 Ⅱ

213 위험등급이 나머지 셋과 다른 것은?

① 알칼리토금속 ② 아염소산염류
③ 질산에스테르류 ④ 제6류 위험물

해설

① 제3류 위험물 : 위험등급 Ⅱ
② 제1류 위험물 : 위험등급 Ⅰ
③ 제5류 위험물 : 위험등급 Ⅰ
④ 제6류 위험물 : 위험등급 Ⅰ

214 위험물안전관리법령상 위험등급이 나머지 셋과 다른 하나는?

① 알코올류 ② 제2석유류
③ 제3석유류 ④ 동식물유류

해설

① 위험등급 Ⅰ
②, ③, ④ 위험등급 Ⅱ

215 위험물의 운반에 관한 기준 중 위험등급 Ⅰ에 해당하는 위험물은? (최근 1)

① 황화인 ② 피그르산
③ 벤조일퍼옥사이드 ④ 질산나트륨

해설

① 제2류 위험물 : 위험등급 Ⅱ
② 제5류 위험물(니트로화합물) : 위험등급 Ⅱ
③ 제5류 위험물(유기과산화물) : 위험등급 Ⅰ
④ 제1류 위험물(질산염류) : 위험등급 Ⅱ

216 위험물안전관리법령상 위험등급 Ⅰ의 위험물로 옳은 것은?

① 무기과산화물 ② 제1석유류
③ 황화인, 적린, 유황 ④ 알코올류

해설

① 위험등급 Ⅰ
②, ③, ④ 위험등급 Ⅱ

217 위험물안전관리법령에서 정하는 위험등급 Ⅰ에 해당하지 않는 것은?

① 제3류 위험물 중 지정수량이 20kg인 위험물
② 제4류 위험물 중 특수인화물
③ 제1류 위험물 중 무기과산화물
④ 제5류 위험물 중 지정수량이 100kg인 위험물

해설

④ 제5류 위험물 중 유기과산화물, 질산에스테르류, 그 밖에 지정수량이 10kg인 위험물(위험등급 Ⅰ)
※ ④는 위험등급 Ⅱ에 속한다.

218 위험등급이 나머지 셋과 다른 하나는?

① 니트로소화합물 ② 유기과산화물
③ 아조화합물 ④ 히드록실아민

정답 212 ④ 213 ① 214 ① 215 ③ 216 ① 217 ④ 218 ②

해설

- 위험등급 Ⅰ의 위험물 : ②
- 위험등급 Ⅱ의 위험물 : ①, ③, ④

219 위험물 중 위험등급 Ⅰ에 속하지 않는 것은?

① 제6류 위험물
② 제5류 위험물 중 니트로화합물
③ 제4류 위험물 중 특수인화물
④ 제3류 위험물 중 나트륨

해설

②는 위험등급 Ⅱ에 해당된다.

220 다음 중 위험등급 Ⅰ의 위험물이 아닌 것은?

① 무기과산화물 ② 적린
③ 나트륨 ④ 과산화수소

해설

①, ③, ④ 위험등급 Ⅰ
② 위험등급 Ⅱ

221 같은 위험등급의 위험물로만 이루어지지 않은 것은?

① Fe, Sb, Mg ② Zn, Al, S
③ 황화인, 적린, 칼슘 ④ 메탄올, 에탄올, 벤젠

해설

①, ③, ④ 위험등급 Ⅲ
② S : 위험등급 Ⅱ, Zn · Al : 위험등급 Ⅲ

222 위험물의 운반에 관한 기준에 따른 아세톤의 위험등급을 얼마인가?

① 위험등급 Ⅰ ② 위험등급 Ⅱ
③ 위험등급 Ⅲ ④ 위험등급 Ⅳ

해설

위험등급 Ⅱ
제4류 위험물 중 제1석유류(아세톤) 및 알코올류

223 위험물안전관리법령상 위험물의 운반에 관한 기준에 따르면 알코올류의 위험등급은 얼마인가?

① 위험등급 Ⅰ ② 위험등급 Ⅱ
③ 위험등급 Ⅲ ④ 위험등급 Ⅳ

해설

문제 222번 해설 참조

224 위험물의 위험등급을 구분할 때 위험등급 Ⅱ에 해당하는 것은?

① 적린 ② 철분
③ 마그네슘 ④ 인화성 고체

해설

① 위험등급 Ⅱ
②, ③, ④ 위험등급 Ⅲ

225 가연성 고체에 해당하는 물품으로서 위험등급 Ⅱ에 해당하는 것은?

① P_4S_3, P
② Mg, $(CH_3CHO)_4$
③ P_4, AlP
④ NaH, Zn

해설

위험등급 Ⅱ
제2류 위험물(가연성 고체) 중 황화인, 적린, 유황, 그 밖에 지정수량이 100kg인 위험물
∴ 보기에서는 삼황화인(P_4S_3), 적린(P), 마그네슘(Mg)이 여기에 속한다.

정답 219 ② 220 ② 221 ② 222 ② 223 ② 224 ① 225 ①

226 제4류 위험물 중 제2석유류의 위험등급기준은?

① 위험등급 Ⅰ의 위험물
② 위험등급 Ⅱ의 위험물
③ 위험등급 Ⅲ의 위험물
④ 위험등급 Ⅳ의 위험물

해설

위험등급 Ⅲ
제4류 위험물 중 제2석유류, 제3석유류, 제4석유류, 동식물유류

227 위험물안전관리법상 제5류 위험물의 위험등급에 대한 설명 중 틀린 것은?

① 유기과산화물과 질산에스테르류는 위험등급 Ⅰ에 해당한다.
② 지정수량 100kg인 히드록실아민과 히드록실아민염류는 위험등급 Ⅱ에 속한다.
③ 지정수량 200kg에 해당되는 품명은 모두 위험등급 Ⅲ에 해당한다.
④ 지정수량 10kg인 품명만 위험등급 Ⅰ에 해당한다.

해설

③ 지정수량 100kg, 200kg에 해당되는 품명은 모두 위험등급 Ⅱ에 해당한다.

[운송책임자의 감독 또는 지원의 방법과 운송]

228 위험물안전관리법령에 따른 위험물의 운송에 관한 설명 중 틀린 것은? (최근 2)

① 알킬리튬과 알킬알루미늄 또는 이 중 어느 하나 이상을 함유한 것은 운송책임자의 감독, 지원을 받아야 한다.
② 이동탱크저장소에 의하여 위험물을 운송할 때의 운송책임자는 법정의 교육을 이수하고 관련 업무에 2년 이상 경력이 있는 자도 포함된다.
③ 서울에서 부산까지 금속의 인화물 300kg을 1명의 운전자가 휴식 없이 운송해도 규정위반이 아니다.
④ 운송책임자의 감독 또는 지원방법에는 동승하는 방법과 별도의 사무실에서 대기하면서 규정된 사항을 이행하는 방법이 있다.

해설

③ 위험물운송자는 장거리(고속국도 340km 이상, 그 밖의 도로 200km 이상) 운송을 하는 때에는 2명 이상의 운전자로 할 것

229 위험물 운송책임자의 감독 또는 지원의 방법으로 운송의 감독 또는 지원을 위하여 마련한 별도의 사무실에 운송책임자가 대기하면서 이행하는 사항에 해당하지 않는 것은? (최근 1)

① 운송 후에 운송경로를 파악하여 관할경찰관서에 신고하는 것
② 이동탱크저장소의 운전자에 대하여 수시로 안전확보상황을 확인하는 것
③ 비상시 응급처치에 관하여 조언을 하는 것
④ 위험물의 운송 중 안전 확보에 관하여 필요한 정보를 제공하고 감독 또는 지원하는 것

해설

① 운송경로를 미리 파악하고 관할소방관서 또는 관련업체(비상대응에 관한 협력을 얻을 수 있는 업체)에 대한 연락체계를 갖추는 것

230 다음 (　) 안에 알맞은 용어를 모두 옳게 나타낸 것은?

> (　) 또는 (　)은(는) 위험물의 운송에 따른 화재의 예방을 위하여 필요하다고 인정하는 경우에는 주행 중의 이동탱크저장소를 정지시켜 당해 이동탱크저장소에 승차하고 있는 자에 대하여 위험물의 취급에 관한 국가기술자격증 또는 교육수료증의 제시를 요구할 수 있다.

정답 226 ③ 227 ③ 228 ③ 229 ① 230 ③

① 지방소방공무원, 지방행정공무원
② 국가소방공무원, 국가행정공무원
③ 소방공무원, 경찰공무원
④ 국가행정공무원, 경찰공무원

해설

소방공무원 또는 경찰공무원은 위험물의 운송에 따른 화재의 예방을 위하여 필요하다고 인정하는 경우에는 주행 중의 이동탱크저장소를 정지시켜 당해 이동탱크저장소에 승차하고 있는 자에 대하여 위험물의 취급에 관한 국가기술자격증 또는 교육수료증의 제시를 요구할 수 있다.

231 이동탱크저장소에 의한 위험물의 운송 시 준수하여야 하는 기준에서 다음 중 어떤 위험물을 운송할 때 위험물운송자는 위험물안전카드를 휴대하여야 하는가? (최근 1)

① 특수인화물 및 제1석유류
② 알코올류 및 제2석유류
③ 제3석유류 및 동식물유류
④ 제4석유류

해설

제4류 위험물에 있어서 특수인화물 및 제1석유류를 운송하게 하는 자는 위험물안전카드를 위험물운송자로 하여금 휴대하게 할 것

232 위험물의 운송에 관한 규정으로 틀린 것은? (최근 1)

① 이동탱크저장소에 의하여 위험물을 운송하는 자는 당해 위험물을 취급할 수 있는 국가기술자격자 또는 안전교육을 받은 자이어야 한다.
② 안전관리자 · 탱크시험자 · 위험물운송자 등 위험물의 안전관리와 관련된 업무를 수행하는 자는 시 · 도지사가 실시하는 안전교육을 받아야 한다.
③ 운송책임자의 범위, 감독 또는 지원의 방법 등에 관한 구체적인 기준은 행정안전부령으로 정한다.
④ 위험물운송자는 행정안전부령이 정하는 기준을 준수하는 등 당해 위험물의 안전 확보를 위해 세심한 주의를 기울여야 한다.

해설

② 안전관리자 · 탱크시험자 · 위험물운송자 등 위험물의 안전관리와 관련된 업무를 수행하는 자는 소방협회에서 실시하는 안전교육을 받아야 한다.

5 위험물안전관리에 관한 세부기준

233 위험물안전관리에 관한 세부기준에서 정한 위험물의 유별에 따른 위험성 시험방법을 옳게 연결한 것은?

① 제1류 – 가열분해성 시험, 낙구타격감도시험
② 제2류 – 작은 불꽃 착화시험
③ 제5류 – 충격민감성 시험
④ 제6류 – 낙구타격감도시험

해설

- 제1류 : 충격에 대한 민감성 시험
- 제2류 : 작은 불꽃 착화시험
- 제4류 : 인화점시험
- 제5류 : 가열분해성 시험
- 제6류 : 연소시간 측정시험

234 위험물안전관리법령상 제5류 위험물의 판정을 위한 시험의 종류로 옳은 것은?

① 폭발성 시험, 가열분해성 시험
② 폭발성 시험, 충격민감성 시험
③ 가열분해성 시험, 착화의 위험성 시험
④ 충격민감성 시험, 착화의 위험성 시험

해설

제5류 위험물의 판정을 위한 시험
- 폭발성 시험 : 폭발의 위험성을 판단하기 위한 시험(열분석시험)
- 가열분해성 시험 : 가열분해성으로 인한 위험물의 정도를 판단하기 위한 시험(압력용기시험)

정답 231 ① 232 ② 233 ② 234 ①

235 위험물안전관리법령상 제5류 자기반응성 물질로 분류함에 있어 폭발성에 의한 위험도를 판단하기 위한 시험방법은?

① 열분석시험 ② 철관파열시험
③ 낙구시험 ④ 연소속도 측정시험

해설

문제 234번 해설 참조

236 가연성 고체에 대한 착화의 위험성 시험방법에 관한 설명으로 옳은 것은?

① 시험장소는 온도 20℃, 습도 50%, 1기압, 무풍장소로 한다.
② 두께 5mm 이상의 무기질 단열판 위에 시험물품 30cm³를 둔다.
③ 시험물품에 30초간 액화석유가스의 불꽃을 접촉시킨다.
④ 시험을 2번 반복하여 착화할 때까지의 평균시간을 측정한다.

해설

② 두께 10mm 이상의 무기질 단열판 위에 시험물품 30cm³를 둔다.
③ 시험물품에 10초간 액화석유가스의 불꽃을 접촉시킨다.
④ 시험을 10번 이상 반복하여 착화할 때까지의 평균시간을 측정한다.

237 위험물안전관리법상 제4류 인화성 액체의 판정을 위한 인화점 시험방법에 관한 설명으로 틀린 것은?

① 태그밀폐식 인화점측정기에 의한 시험을 실시하여 측정결과가 0℃ 미만인 경우에는 당해 측정결과를 인화점으로 한다.
② 태그밀폐식 인화점측정기에 의한 시험을 실시하여 측정결과가 0℃ 이상 80℃ 이하인 경우에는 동점도를 측정하여 동점도가 10mm²/s 미만인 경우 당해 측정결과를 인화점으로 한다.
③ 태그밀폐식 인화점측정기에 의한 시험을 실시하여 측정결과가 0℃ 이상 80℃ 이하인 경우에는 동점도를 측정하여 동점도가 10mm²/s 이상인 경우 세타밀폐식 인화점측정기에 의한 시험을 한다.
④ 태그밀폐식 인화점측정기에 의한 시험을 실시하여 측정결과가 80℃를 초과하는 경우에는 클리블랜드밀폐식 인화점측정기에 의한 시험을 한다.

해설

④ 태그밀폐식 인화점측정기에 의한 시험을 실시하여 측정결과가 80℃를 초과하는 경우에는 클리블랜드개방식 인화점측정기에 의한 시험을 다시 한다.

238 위험물안전관리법령상 인화성 액체의 인화점 시험방법이 아닌 것은?

① 태그(Tag)밀폐식 인화점측정기에 의한 인화점 측정
② 신속평형법 인화점측정기에 의한 인화점 측정
③ 클리블랜드개방식 인화점측정기에 의한 인화점 측정
④ 펜스키 – 마르텐식 인화점측정기에 의한 인화점 측정

해설

인화성 액체의 인화점 시험방법은 태그(Tag)밀폐식, 신속평형법, 클리블랜드(Cleveland)개방식으로 3가지 방법이 있다.

239 제조소등의 관계인은 위험물제조소등에 대하여 기술기준에 적합한지의 여부를 정기적으로 점검하여야 하는 바 법적 최소점검주기에 해당하는 것은? (최근 1)

① 주 1회 이상 ② 월 1회 이상
③ 6개월 1회 이상 ④ 연 1회 이상

정답 235 ① 236 ① 237 ④ 238 ④ 239 ④

해설

제조소등의 관계인은 위험물제조소등에 대하여 기술기준에 적합한지의 여부를 정기적으로 점검하여야 하며, 법적 최소점검주기는 연 1회 이상이다.

240 "제조소 일반점검표"에 기재되어 있는 위험물 취급설비 중 안전장치의 점검내용이 아닌 것은?

① 회전부 등 급유상태의 적부
② 부식 · 손상의 유무
③ 고정상황의 적부
④ 기능의 적부

해설

위험물 취급설비(안전장치)의 점검내용
- 부식 · 손상의 유무
- 고정상황의 적부
- 기능의 적부

241 주유취급소 일반점검표의 점검항목에 따른 점검내용 중 점검방법이 육안점검이 아닌 것은?

① 가연성 증기 검지 · 경보설비 – 손상의 유무
② 피난설비의 비상전원 – 정전 시의 점등상황
③ 간이탱크의 가연성 증기 회수밸브 – 작동상황
④ 배관의 전기방식설비 – 단자의 탈락 유무

해설

피난설비

점검항목	점검내용	점검방법
유도등본체	점등상황 및 손상의 유무	육안
	시각장애물의 유무	육안
비상전원	정전 시의 점등상황	작동 확인

242 용량 50만L 이상의 옥외탱크저장소에 대하여 변경허가를 받고자 할 때 한국소방산업기술원으로부터 탱크의 기초, 지반 및 탱크본체에 대한 기술검토를 받아야 한다. 단, 소방방재청장이 고시하는 부분적인 사항을 변경하는 경우에는 기술검토가 면제되는데 다음 중 기술검토가 면제되는 경우가 아닌 것은?

① 노즐, 맨홀을 포함한 동일한 형태의 지붕판의 교체
② 탱크 밑판에 있어서 밑판 표면적의 50% 미만의 육성보수공사
③ 탱크의 옆판 중 최하단 옆판에 있어서 옆판 표면적의 30% 이내의 교체
④ 옆판 중심선의 600mm 이내의 밑판에 있어서 밑판의 원주길이 10% 미만에 해당하는 밑판의 교체

해설

③ 탱크의 옆판 중 최하단 옆판을 교체하는 경우에는 옆판 표면적의 30% 이상의 교체

정답 240 ① 241 ② 242 ③

PART 3

과년도 기출문제

- 2015년 1회
- 2015년 2회
- 2015년 3회
- 2015년 4회
- 2016년 1회
- 2016년 2회
- 2016년 3회

15년 01회 위험물기능사 필기

01 건조사와 같은 불연성 고체로 가연물을 덮는 것은 어떤 소화에 해당하는가?

① 제거소화 ② 질식소화
③ 냉각소화 ④ 억제소화

해설

건조사와 같은 불연성 고체로 가연물을 덮는 것은 산소를 차단하는 것으로 질식소화에 해당된다.

02 과산화칼륨의 저장창고에서 화재가 발생하였다. 다음 중 가장 적합한 소화약제는?

① 물 ② 이산화탄소
③ 마른 모래 ④ 염산

해설

제1류 위험물 중 알칼리금속과산화물(과산화칼륨)의 소화방법은 건조사, 탄산수소염류 분말소화약제가 적합하다.

03 위험물안전관리법령에 따른 스프링클러헤드의 설치방법에 대한 설명으로 옳지 않은 것은?

① 개방형 헤드는 반사판으로부터 하방으로 0.45m, 수평방향으로 0.3m 공간을 보유할 것
② 폐쇄형 헤드는 가연성 물질 수납부분에 설치 시 반사판으로부터 하방으로 0.9m, 수평방향으로 0.4m의 공간을 확보할 것
③ 폐쇄형 헤드 중 개구부에 설치하는 것은 해당 개구부의 상단으로부터 높이 0.15m 이내의 벽면에 설치할 것
④ 폐쇄형 헤드 설치 시 급배기용 덕트의 긴 변의 길이가 1.2m를 초과하는 것이 있는 경우에는 해당 덕트의 윗부분에만 헤드를 설치할 것

해설

④ 폐쇄형 헤드 설치 시 급배기용 덕트 등의 긴 변의 길이가 1.2m를 초과하는 것이 있는 경우에는 당해 덕트 등의 아랫면에도 스프링클러헤드를 설치할 것

04 할로겐화물의 소화약제 중 할론 2402의 화학식은?

① $C_2Br_4F_2$ ② $C_2Cl_4F_2$
③ $C_2Cl_4Br_2$ ④ $C_2F_4Br_2$

해설

할론 2402 소화약제
C : 2개, F : 4개, Cl : 0개, Br : 2개 ⇨ $C_2F_4Br_2$

05 Mg, Na의 화재에 이산화탄소소화기를 사용하였다. 화재현장에서 발생되는 현상은?

① 이산화탄소가 부착면을 만들어 질식소화가 된다.
② 이산화탄소가 방출되어 냉각소화가 된다.
③ 이산화탄소가 Mg, Na과 반응하여 화재가 확대된다.
④ 부촉매효과에 의해 소화된다.

해설

- $2Mg + CO_2 \rightarrow 2MgO + C$ / $Mg + CO_2 \rightarrow MgO + CO\uparrow$
- $4Na + CO_2 \rightarrow 2Na_2O + C$ / $2Na + CO_2 \rightarrow Na_2O + CO\uparrow$

∴ Mg, Na은 이산화탄소와 반응하여 화재가 확대된다.

06 금속칼륨과 금속나트륨은 어떻게 보관하여야 하는가?

① 공기 중에 노출하여 보관
② 물속에 넣어서 밀봉하여 보관
③ 석유 속에 넣어서 밀봉하여 보관
④ 그늘지고 통풍이 잘 되는 곳에 산소 분위기에서 보관

정답 01 ② 02 ③ 03 ④ 04 ④ 05 ③ 06 ③

해설

제3류 위험물 중 금수성 물질(금속칼륨, 금속나트륨)은 석유 속에 넣어서 밀봉하여 보관한다.

07 알코올류 20,000L에 대한 소화설비 설치 시 소요단위는?

① 5　② 10
③ 15　④ 20

해설

- 1소요단위는 지정수량의 10배이다.
- 알코올의 지정수량 : 400L

∴ 소요단위 $=\frac{20,000}{400\times10}=5$

08 위험물제조소등에 설치하는 고정식 포소화설비의 기준에서 포헤드방식의 포헤드는 방호대상물의 표면적 몇 m^2당 1개 이상의 헤드를 설치하여야 하는가?

① 3　② 9
③ 15　④ 30

해설

포소화설비의 화재안전기준(NFSC 105) 제12조(포헤드 및 고정포방출구)

- 포워터스프링클러헤드는 소방대상물의 천장 또는 반자에 설치하되, 바닥면적 $8m^2$마다 1개 이상으로 하여 당해 방호대상물의 화재를 유효하게 소화할 수 있도록 할 것
- 포헤드는 소방대상물의 천장 또는 반자에 설치하되, 바닥면적 $9m^2$마다 1개 이상으로 하여 당해 방호대상물의 화재를 유효하게 소화할 수 있도록 할 것

09 위험물안전관리법령상 제2류 위험물 중 지정수량이 500kg인 물질에 의한 화재는?

① A급 화재　② B급 화재
③ C급 화재　④ D급 화재

해설

제2류 위험물 중 지정수량이 500kg은 금속분, 철분, 마그네슘이며 이는 모두 금속이다. 그러므로 금속화재는 D급 화재에 속한다.

10 위험물안전관리법령상 제3류 위험물 중 금수성 물질의 화재에 적응성이 있는 소화설비는?

① 탄산수소염류의 분말소화설비
② 이산화탄소소화설비
③ 할로겐화물소화설비
④ 인산염류의 분말소화설비

해설

소화설비의 구분			제3류 위험물	
			금수성 물품	그 밖의 것
물분무등 소화설비	할로겐화물소화설비			
	분말 소화 설비	인산염류 등		
		탄산수소염류 등	○	
		그 밖의 것	○	
대형·소형 수동식 소화기	이산화탄소소화기			
	할로겐화물소화기			
	분말 소화기	인산염류소화기		
		탄산수소염류 소화기	○	
		그 밖의 것	○	

11 위험물제조소등에 설치하여야 하는 자동화재탐지설비의 설치기준에 대한 설명 중 틀린 것은?

① 자동화재탐지설비의 경계구역은 건축물, 그 밖의 공작물의 2 이상의 층에 걸치도록 할 것
② 하나의 경계구역에서 그 한 변의 길이는 50m (광전식 분리형 감지기를 설치할 경우에는 100m) 이하로 할 것
③ 자동화재탐지설비의 감지기는 지붕 또는 벽의 옥내에 면한 부분에 유효하게 화재의 발생을 감지할 수 있도록 설치할 것
④ 자동화재탐지설비에는 비상전원을 설치할 것

정답 07 ① 08 ② 09 ④ 10 ① 11 ①

해설

① 자동화재탐지설비의 경계구역은 건축물, 그 밖의 공작물의 2 이상의 층에 걸치지 않도록 할 것

12 플래시오버에 대한 설명으로 틀린 것은?

① 국소화재에서 실내의 가연물 등이 연소하는 대화재로의 전이
② 환기지배형 화재에서 연료지배형 화재로의 전이
③ 실내의 천장 쪽에 축적된 미연소 가연성 증기나 가스를 통한 화염의 급격한 전파
④ 내화건축물의 실내화재온도 상황으로 보아 성장기에서 최성기로의 진입

해설

화재의 형태
- 환기지배형 화재 : 산소공급원의 지배를 받는 화재로, 내화구조로 된 건물에서 발생하는 화재이다.
- 연료지배형 화재 : 연료, 즉 가연물의 지배를 받는 화재로, 목재건축물의 화재이다.

∴ 플래시오버(Flash Over)는 환기지배형 화재에 속한다.

13 제3종 분말소화약제의 열분해반응식을 옳게 나타낸 것은?

① $NH_4H_2PO_4 \rightarrow HPO_3 + NH_3 + H_2O$
② $2KNO_3 \rightarrow 2KNO_2 + O_2$
③ $KClO_4 \rightarrow KCl + 2O_2$
④ $2CaHCO_3 \rightarrow 2CaO + H_2CO_3$

해설

종별	열분해반응식
제1종 분말	$2NaHCO_3 \rightarrow CO_2 + H_2O + Na_2CO_3$
제2종 분말	$2KHCO_3 \rightarrow CO_2 + H_2O + K_2CO_3$
제3종 분말	$NH_4H_2PO_4 \rightarrow NH_3 + HPO_3 + H_2O$
제4종 분말	$2KHCO_3 + (NH_2)_2CO \rightarrow K_2CO_3 + 2NH_3 + 2CO_2$

14 소화효과에 대한 설명으로 틀린 것은?

① 기화잠열이 큰 소화약제를 사용할 경우 냉각소화효과를 기대할 수 있다.
② 이산화탄소에 의한 소화는 주로 질식소화로 화재를 진압한다.
③ 할로겐화물소화약제는 주로 냉각소화를 한다.
④ 분말소화약제는 질식효과와 부촉매효과 등으로 화재를 진압한다.

해설

③ 할로겐화물소화약제는 주로 부촉매효과로 소화된다.

15 가연성 액화가스의 탱크 주위에서 화재가 발생한 경우에 탱크의 가열로 인하여 그 부분의 강도가 약해져 탱크가 파열됨으로써 내부의 가열된 액화가스가 급속히 팽창하면서 폭발하는 현상은?

① 블레비(BLEVE)현상
② 보일오버(Boil Over)현상
③ 플래시백(Flash Back)현상
④ 백드래프트(Back Draft)현상

해설

BLEVE(Boiling Liquid Expanding Vapor Explosion, 비등액체팽창 증기폭발)현상
인화점이나 비점이 낮은 인화성 액체(유류)가 가득 차 있지 않는 저장탱크 주위에 화재가 발생하여 저장탱크 벽면이 장시간 화염에 노출되면 윗부분의 온도가 매우 상승하여 재질의 인장력이 저하되고, 내부의 비등현상으로 인한 압력 상승으로 저장탱크 벽면이 파열되는 현상이다.

16 위험물안전관리법령상 분말소화설비의 기준에서 규정한 전역방출방식 또는 국소방출방식 분말소화설비의 가압용 또는 축압용 가스에 해당하는 것은?

① 네온가스 ② 아르곤가스
③ 수소가스 ④ 이산화탄소가스

정답 12 ② 13 ① 14 ③ 15 ① 16 ④

해설

분말소화약제의 가압용 또는 축압용 가스에는 질소 또는 이산화탄소를 사용한다.

17 제1종, 제2종, 제3종 분말소화약제의 주성분에 해당하지 않는 것은?

① 탄산수소나트륨 ② 황산마그네슘
③ 탄산수소칼륨 ④ 인산암모늄

해설

종별	소화약제	약제의 착색
제1종 분말	탄산수소나트륨($NaHCO_3$)	백색
제2종 분말	탄산수소칼륨($KHCO_3$)	보라색
제3종 분말	제1인산암모늄($NH_4H_2PO_4$)	담홍색
제4종 분말	탄산수소칼륨+요소 [$KHCO_3+(NH_2)_2CO$]	회색

18 다음 중 수소, 아세틸렌과 같은 가연성 가스가 공기 중 누출되어 연소하는 형식에 가장 가까운 것은?

① 확산연소 ② 증발연소
③ 분해연소 ④ 표면연소

해설

확산연소
가연성 가스(기체)가 공기 중 누출되어 연소하는 형식으로 수소, 아세틸렌과 같은 가연성 가스의 연소방식이다.

19 위험물안전관리법령에 의해 옥외저장소에 저장을 허가받을 수 없는 위험물은?

① 제2류 위험물 중 유황(금속제 드럼에 수납)
② 제4류 위험물 중 가솔린(금속제 드럼에 수납)
③ 제6류 위험물
④ 국제해상위험물규칙(IMDG Code)에 적합한 용기에 수납된 위험물

해설

옥외저장소에 저장할 수 있는 위험물
- 제2류 위험물 중 유황, 인화성 고체
- 제4류 위험물 중 특수인화물을 제외한 나머지(단, 제1석유류는 0℃ 이상)
- 제6류 위험물
- 국제해상위험물규칙(IMDG Code)에 적합한 용기에 수납된 위험물

※ 가솔린은 제1석유류로서 인화점이 −43~−38℃로서 옥외저장소에 저장할 수 없다.

20 위험물제조소등의 용도폐지신고에 대한 설명으로 옳지 않은 것은?

① 용도폐지 후 30일 이내에 신고하여야 한다.
② 완공검사필증을 첨부한 용도폐지신고서를 제출하는 방법으로 신고한다.
③ 전자문서로 된 용도폐지신고서를 제출하는 경우에도 완공검사필증을 제출하여야 한다.
④ 신고의무의 주체는 해당 제조소등의 관계인이다.

해설

위험물안전관리법 제11조(제조소등의 폐지)
제조소등의 용도를 폐지한 때에는 용도폐지한 날부터 14일 이내에 시·도지사에게 신고하여야 한다.

21 질산칼륨에 대한 설명으로 옳은 것은?

① 유기물 및 강산에 보관할 때 매우 안정하다.
② 열에 안정하여 1,000℃를 넘는 고온에서도 분해되지 않는다.
③ 알코올에는 잘 녹으나 물, 글리세린에는 잘 녹지 않는다.
④ 무색, 무취의 결정 또는 분말로서 화약원료로 사용된다.

해설

질산칼륨(KNO_3, 초석)
- 무취, 무색 또는 백색 결정·분말이며 흑색화약의 원료로 사용된다.

정답 17 ② 18 ① 19 ② 20 ① 21 ④

- 유기물 및 강산에 불안정하므로 보관하지 말아야 한다.
- 열에 불안정하여 약 400℃에서 용융분해하여 산소와 아질산칼륨을 생성한다.
- 물에는 잘 녹으나, 알코올에는 잘 녹지 않는다.

22 트리니트로톨루엔의 성질에 대한 설명 중 옳지 않은 것은?

① 담황색의 결정이다.
② 폭약으로 사용된다.
③ 자연분해의 위험성이 작아 장기간 저장이 가능하다.
④ 조해성과 흡습성이 매우 크다.

해설

트리니트로톨루엔
- 강력한 폭약이다.
- 담황색의 결정이다.
- 조해성과 흡습성이 매우 작다.
- 자연분해의 위험성이 작아 장기간 저장이 가능하다.

23 위험물의 품명 분류가 잘못된 것은?

① 제1석유류 : 휘발유
② 제2석유류 : 경유
③ 제3석유류 : 포름산
④ 제4석유류 : 기어유

해설

③ 제2석유류 : 포름산(HCOOH)

24 이동탱크저장소에 의한 위험물의 운송 시 준수하여야 하는 기준에서 다음 중 어떤 위험물을 운송할 때 위험물운송자는 위험물안전카드를 휴대하여야 하는가?

① 특수인화물 및 제1석유류
② 알코올류 및 제2석유류
③ 제3석유류 및 동식물유류
④ 제4석유류

해설

위험물안전관리법 시행규칙 제52조(위험물의 운송기준)
제4류 위험물에 있어서는 특수인화물 및 제1석유류를 운송하게 하는 자는 별지 제48호 서식의 위험물안전카드를 위험물운송자로 하여금 휴대하게 할 것

25 제5류 위험물의 위험성에 대한 설명으로 옳지 않은 것은?

① 가연성 물질이다.
② 대부분 외부의 산소 없이도 연소하며, 연소속도가 빠르다.
③ 물에 잘 녹지 않으며 물과의 반응위험성이 크다.
④ 가열, 충격, 타격 등에 민감하며 강산화제 또는 강산류와 접촉 시 위험하다.

해설

③ 제5류 위험물은 수용성, 비수용성 모두 존재하나 물과의 반응위험성은 없기 때문에 소화제로 주로 이용된다.

26 다음 [보기]에서 설명하는 물질은 무엇인가?

[보기]
- 살균제 및 소독제로도 사용된다.
- 분해할 때 발생하는 발생기산소(O)는 난분해성 유기물질을 산화시킬 수 있다.

① $HClO_4$　② CH_3OH
③ H_2O_2　④ H_2SO_4

해설

과산화수소(H_2O_2)
- 36(중량)% 이상이면 제6류 위험물에 속한다.
- 산화제 및 환원제로도 사용된다.
- 소독, 표백, 살균작용을 한다.
- 분해할 때 발생하는 발생기산소(O)는 난분해성 유기물질을 산화시킬 수 있다.

정답 22 ④ 23 ③ 24 ① 25 ③ 26 ③

27 과산화칼륨과 과산화마그네슘이 염산과 각각 반응했을 때 공통으로 나오는 물질의 지정수량은?

① 50L ② 100L
③ 300kg ④ 1,000L

해설

과산화칼륨과 과산화마그네슘의 염산과 반응식
- $K_2O_2 + 2HCl \rightarrow 2KCl + H_2O_2$
- $MgO_2 + 2HCl \rightarrow MgCl_2 + H_2O_2$

∴ 공통으로 생성되는 물질은 과산화수소(H_2O_2)로 지정수량은 300kg이다.

28 지정수량 20배의 알코올류를 저장하는 옥외탱크저장소의 경우 펌프실 외의 장소에 설치하는 펌프설비의 기준으로 옳지 않은 것은?

① 펌프설비 주위에는 3m 이상의 공지를 보유한다.
② 펌프설비 그 직하의 지반면 주위에 높이 0.15m 이상의 턱을 만든다.
③ 펌프설비 그 직하의 지반면의 최저부에는 집유설비를 만든다.
④ 집유설비에는 위험물이 배수구에 유입되지 않도록 유분리장치를 만든다.

해설

위험물안전관리법 시행규칙 제30조(옥외탱크저장소의 기준)
펌프실 외의 장소에 설치하는 펌프설비에는 그 직하의 지반면의 주위에 높이 0.15m 이상의 턱을 만들고 당해 지반면은 콘크리트 등 위험물이 스며들지 아니하는 재료로 적당히 경사지게 하여 그 최저부에는 집유설비를 할 것. 이 경우 제4류 위험물(온도 20℃의 물 100g에 용해되는 양이 1g 미만인 것에 한함)을 취급하는 펌프설비에 있어서는 당해 위험물이 직접 배수구에 유입되지 아니하도록 집유설비에 유분리장치를 설치하여야 한다(알코올은 수용성이므로 유분리장치를 설치하지 않아도 된다).

29 위험물안전관리법령상 제2류 위험물의 위험등급에 대한 설명으로 옳은 것은?

① 제2류 위험물은 위험등급 Ⅰ에 해당되는 품명이 없다.
② 제2류 위험물 중 위험등급 Ⅲ에 해당되는 품명은 지정수량이 500kg인 품명만 해당된다.
③ 제2류 위험물 중 황화인, 적린, 유황 등 지정수량이 100kg인 품명은 위험등급 Ⅰ에 해당한다.
④ 제2류 위험물 중 지정수량이 1,000kg인 인화성 고체는 위험등급 Ⅱ에 해당한다.

해설

위험등급	지정수량(kg)	품명
Ⅱ	100	황화인, 적린, 유황
Ⅲ	500	금속분, 철분, 마그네슘
	1,000	인화성 고체

30 과염소산칼륨과 가연성 고체위험물이 혼합되는 것은 위험하다. 그 주된 이유는 무엇인가?

① 전기가 발생하고 자연 가열되기 때문이다.
② 중합반응을 하여 열이 발생되기 때문이다.
③ 혼합하면 과염소산칼륨이 연소하기 쉬운 액체로 변하기 때문이다.
④ 가열, 충격 및 마찰에 의하여 발화 · 폭발위험이 높아지기 때문이다.

해설

과염소산칼륨(제1류)과 가연성 고체(제2류) 위험물의 혼재는 가열, 충격 및 마찰에 의하여 발화 · 폭발위험이 높아지기 때문에 위험하다.

31 유황의 성질을 설명한 것으로 옳은 것은?

① 전기의 양도체이다.
② 물에 잘 녹는다.
③ 연소하기 어려워 분진폭발의 위험성은 없다.
④ 높은 온도에서 탄소와 반응하여 이황화탄소가 생긴다.

정답 27 ③ 28 ④ 29 ① 30 ④ 31 ④

해설

유황(S)
- 물에 녹지 않는다.
- 전기의 부도체이다.
- 연소가 쉬우며, 분진폭발의 위험성이 증대한다.
- 고온에서 용융된 유황은 탄소와 반응하여 이황화탄소가 생긴다($2S + C \rightarrow CS_2$ + 발열).

32 아세톤의 성질에 대한 설명으로 옳은 것은?

① 자연발화성 때문에 유기용제로서 사용할 수 없다.
② 무색, 무취이고 겨울철에 쉽게 응고한다.
③ 증기비중은 약 0.79이고 요오드포름반응을 한다.
④ 물에 잘 녹으며 끓는점이 60℃보다 낮다.

해설

아세톤[$(CH_3)_2CO$]
- 지정수량은 400L이다.
- 자연발화성이 있고, 유기용제로 사용할 수 있다.
- 무색의 독특한 냄새를 가지고, 인화점(−18℃)이 낮아서 겨울철에도 인화의 위험성이 있다.
- 증기비중은 2.0이고, 요오드포름반응을 한다.
- 물에 잘 녹으며 끓는점이 56.3℃로 60℃보다 낮다.

33 위험물안전관리법령상의 위험물 운반에 관한 기준에서 액체위험물은 운반용기 내용적의 몇 % 이하의 수납률로 수납하여야 하는가?

① 80　　② 85
③ 90　　④ 98

해설

위험물안전관리법 시행규칙 제50조(위험물의 운반기준)
- 고체위험물 : 운반용기 내용적의 95% 이하의 수납률로 수납할 것
- 액체위험물 : 운반용기 내용적의 98% 이하의 수납률로 수납하되, 55℃에서 누설되지 아니하도록 충분한 공간용적을 유지할 것

34 다음 중 발화점이 가장 낮은 것은?

① 이황화탄소　　② 산화프로필렌
③ 휘발유　　④ 메탄올

해설

① 이황화탄소(특수인화물) 발화점 : 100℃
② 산화프로필렌(특수인화물) 발화점 : 465℃
③ 휘발유(제1석유류) 발화점 : 300℃
④ 메탄올(알코올류) 발화점 : 464℃

35 트리메틸알루미늄이 물과 반응 시 생성되는 물질은?

① 산화알루미늄　　② 메탄
③ 메틸알코올　　④ 에탄

해설

물과 접촉하면 메탄기체를 생성시킨다.
$(CH_3)_3Al + 3H_2O \rightarrow Al(OH)_3 + 3CH_4$(메탄)

36 다음 중 위험성이 더욱 증가되는 경우는?

① 황린을 수산화나트륨수용액에 넣었다.
② 나트륨을 등유 속에 넣었다.
③ 트리에틸알루미늄 보관용기 내에 아르곤가스를 봉입시켰다.
④ 니트로셀룰로오스를 알코올수용액에 넣었다.

해설

황린은 강알칼리용액과 반응하여 가연성, 유독성의 포스핀(PH_3)가스를 발생시킨다.
$P_4 + 3NaOH + 3H_2O \rightarrow 3NaH_2PO_2 + PH_3\uparrow$

37 다음 물질 중 제1류 위험물이 아닌 것은?

① Na_2O_2　　② $NaClO_3$
③ NH_4ClO_4　　④ $HClO_4$

해설

① Na_2O_2(과산화나트륨) : 제1류 위험물
② $NaClO_3$(염소산나트륨) : 제1류 위험물

정답 32 ④ 33 ④ 34 ① 35 ② 36 ① 37 ④

③ NH_4ClO_4(과염소산암모늄) : 제1류 위험물
④ $HClO_4$(과염소산) : 제6류 위험물

38 칼륨을 물에 반응시키면 격렬한 반응이 일어난다. 이때 발생하는 기체는 무엇인가?

① 산소　　② 수소
③ 질소　　④ 이산화탄소

해설

칼륨은 공기 중의 수분 또는 물과 반응하여 발열하고 수소가 발생한다.
$2K + 2H_2O \rightarrow 2KOH + H_2\uparrow$

39 [보기]의 위험물 중 비중이 물보다 큰 것은 모두 몇 개인가?

[보기]
과염소산, 과산화수소, 질산

① 0　　② 1
③ 2　　④ 3

해설

위험물의 비중
- 과염소산 : 1.76
- 과산화수소 : 1.5
- 질산 : 1.49

40 메틸알코올의 위험성으로 옳지 않은 것은?

① 나트륨과 반응하여 수소기체를 발생한다.
② 휘발성이 강하다.
③ 연소범위가 알코올류 중 가장 좁다.
④ 인화점이 상온(25℃)보다 낮다.

해설

메틸알코올(CH_3OH)은 연소범위는 분자량이 작을수록 일반적으로 넓다.
알코올류 중에서 분자량이 가장 작으므로 연소범위(6.0~36.0)가 알코올류 중 가장 넓다.

41 다음 중 위험물안전관리법령상 제6류 위험물에 해당하는 것은?

① 황산　　② 염산
③ 질산염류　　④ 할로겐간화합물

해설

①, ② 위험물이 아니다.
③ 제1류 위험물이다.
④ 제6류 위험물 중 행정안전부령이 정하는 것에 해당된다.

42 과산화나트륨이 물과 반응하면 어떤 물질과 산소를 발생하는가?

① 수산화나트륨　　② 수산화칼륨
③ 질산나트륨　　④ 아염소산나트륨

해설

상온에서 물과 반응하여 열과 산소를 방출시킨다.
$Na_2O_2 + H_2O \rightarrow 2NaOH$(수산화나트륨)$ + \frac{1}{2}O_2\uparrow$

43 흑색화약의 원료로 사용되는 위험물의 유별을 옳게 나타낸 것은?

① 제1류, 제2류　　② 제1류, 제4류
③ 제2류, 제4류　　④ 제4류, 제5류

해설

흑색화약의 원료로 사용되는 위험물에는 질산칼륨(제1류), 황(제2류), 황린(제3류) 등이 있다.

44 칼륨이 에틸알코올과 반응할 때 나타나는 현상은?

① 산소가스를 생성한다.
② 칼륨에틸레이트를 생성한다.
③ 칼륨과 물이 반응할 때와 동일한 생성물이 나온다.
④ 에틸알코올이 산화되어 아세트알데히드를 생성한다.

정답 38 ② 39 ④ 40 ③ 41 ④ 42 ① 43 ① 44 ②

해설

칼륨은 에틸알코올과 반응하여 칼륨에틸레이트와 수소가스를 발생시킨다.
$2K + 2C_2H_5OH \rightarrow 2C_2H_5OK + H_2 \uparrow$

45 다음 중 위험물안전관리법령상 위험물제조소와의 안전거리가 가장 먼 것은?

① 「고등교육법」에서 정하는 학교
② 「의료법」에 따른 병원급 의료기관
③ 「고압가스안전관리법」에 의하여 허가를 받은 고압가스제조시설
④ 「문화재보호법」에 의한 유형문화재와 기념물 중 지정문화재

해설

③ 「고압가스안전관리법」에 의하여 허가를 받은 고압가스저장시설

46 위험물안전관리법령상의 제3류 위험물 중 금수성 물질에 해당하는 것은?

① 황린 ② 적린
③ 마그네슘 ④ 칼륨

해설

보기에서 제3류 위험물은 황린과 칼륨이 있으며, 이 중 금수성 물질은 칼륨이다.

47 질산이 직사일광에 노출되면 어떻게 되는가?

① 분해되지는 않으나 붉은색으로 변한다.
② 분해되지는 않으나 녹색으로 변한다.
③ 분해되어 질소를 발생한다.
④ 분해되어 이산화질소를 발생한다.

해설

진한 질산을 가열·분해 시 이산화질소(NO_2)가스가 발생한다.

48 위험물 저장탱크의 공간용적은 탱크내용적의 얼마 이상, 얼마 이하로 하는가?

① $\frac{2}{100}$ 이상 $\frac{3}{100}$ 이하
② $\frac{2}{100}$ 이상 $\frac{5}{100}$ 이하
③ $\frac{5}{100}$ 이상 $\frac{10}{100}$ 이하
④ $\frac{10}{100}$ 이상 $\frac{20}{100}$ 이하

해설

위험물 저장탱크의 공간용적은 탱크내용적의 $\frac{5}{100}$ 이상 $\frac{10}{100}$ 이하이다.

49 위험물안전관리법령상 위험물 운반 시 차광성이 있는 피복으로 덮지 않아도 되는 것은?

① 제1류 위험물
② 제2류 위험물
③ 제3류 위험물 중 자연발화성 물질
④ 제5류 위험물

해설

위험물안전관리법 시행규칙 제50조(위험물의 운반기준)
제1류 위험물, 제3류 위험물 중 자연발화성 물질, 제4류 위험물 중 특수인화물, 제5류 위험물 또는 제6류 위험물은 차광성이 있는 피복으로 가릴 것

50 제5류 위험물 중 유기과산화물 30kg과 히드록실아민 500kg을 함께 보관하는 경우 지정수량의 몇 배인가?

① 3배 ② 8배
③ 10배 ④ 18배

해설

- 유기과산화물의 지정수량 : 10kg
- 히드록실아민의 지정수량 : 100kg

∴ 지정수량 배수 $= \frac{30}{10} + \frac{500}{100} = 8$배

정답 45 ③ 46 ④ 47 ④ 48 ③ 49 ② 50 ②

51 위험물제조소에 설치하는 안전장치 중 위험물의 성질에 따라 안전밸브의 작동이 곤란한 가압설비에 한하여 설치하는 것은?

① 파괴판
② 안전밸브를 병용하는 경보장치
③ 감압 측에 안전밸브를 부착한 감압밸브
④ 연성계

해설

위험물안전관리법 시행규칙 제28조(제조소의 기준)
위험물을 가압하는 설비 또는 그 취급하는 위험물의 압력이 상승할 우려가 있는 설비에는 압력계 및 다음에 해당하는 안전장치를 설치하여야 한다. 단, 파괴판은 위험물의 성질에 따라 안전밸브의 작동이 곤란한 가압설비에 한한다.

- 자동적으로 압력의 상승을 정지시키는 장치
- 감압 측에 안전밸브를 부착한 감압밸브
- 안전밸브를 겸하는 경보장치
- 파괴판

52 소화난이도등급 I 의 옥내저장소에 설치하여야 하는 소화설비에 해당하지 않는 것은?

① 옥외소화전설비 ② 연결살수설비
③ 스프링클러설비 ④ 물분무소화설비

해설

소화난이도등급 I 의 제조소등에 설치하여야 하는 소화설비

제조소등의 구분	소화설비
처마높이가 6m 이상인 단층 건물 또는 다른 용도의 부분이 있는 건축물에 설치한 옥내저장소	스프링클러설비 또는 이동식 외의 물분무등소화설비
그 밖의 것	옥외소화전설비, 스프링클러설비, 이동식 외의 물분무등소화설비 또는 이동식 포소화설비(포소화전을 옥외에 설치하는 것에 한함)

※ ② 연결살수설비는 소화활동설비이다.

53 디에틸에테르에 대한 설명으로 옳은 것은?

① 연소하면 아황산가스를 발생시키고, 마취제로 사용한다.
② 증기는 공기보다 무거우므로 물속에 보관한다.
③ 에탄올을 진한 황산을 이용해 축합반응시켜 제조할 수 있다.
④ 제4류 위험물 중 연소범위가 좁은 편에 속한다.

해설

① 연소하면 이산화탄소와 물을 발생시키고, 마취제로 사용한다.
② 증기는 공기보다 무겁고(증기비중 2.55), 저장방법은 갈색병에 밀봉·밀전하여 냉암소에 보관한다.
③ 에탄올을 진한 황산을 이용해 축합반응시켜 제조할 수 있다.

$$C_2H_5OH + C_2H_5OH \xrightarrow{C-H_2SO_4} C_2H_5OC_2H_5 + H_2O$$

④ 연소범위 1.9~48%로서 제4류 위험물 중 연소범위가 넓은 편에 속한다.

54 위험물제조소의 건축물 구조기준 중 연소의 우려가 있는 외벽은 출입구 외의 개구부가 없는 내화구조의 벽으로 하여야 한다. 이때 연소의 우려가 있는 외벽은 제조소가 설치된 부지의 경계선에서 몇 m 이내에 있는 외벽을 말하는가?(단, 단층 건물일 경우이다.)

① 3 ② 4
③ 5 ④ 6

해설

연소의 우려가 있는 외벽은 제조소가 설치된 부지의 경계선에서 3m 이내에 있는 외벽을 말한다.

정답 51 ① 52 ② 53 ③ 54 ①

55 적린의 위험성에 관한 설명 중 옳은 것은?

① 공기 중에 방치하면 폭발한다.
② 산소와 반응하여 포스핀가스를 발생한다.
③ 연소 시 적색의 오산화인이 발생한다.
④ 강산화제와 혼합하면 충격·마찰에 의해 발화할 수 있다.

해설

적린(P)
- 자연발화성이 없으므로 공기 중에 방치하여도 안전하다.
- 연소 시(산소와 반응) 백색의 오산화인(P_2O_5)이 발생한다.
- 강산화제(제1류, 제6류)와 혼합하면 충격·마찰에 의해 발화할 수 있다.

56 다음 중 물에 녹고 물보다 가벼운 물질로 인화점이 가장 낮은 것은?

① 아세톤 ② 이황화탄소
③ 벤젠 ④ 산화프로필렌

해설

① 비중 0.79, 인화점 −18℃
② 비중 1.30, 인화점 −30℃
③ 비중 0.90, 인화점 −11℃
④ 비중 0.86, 인화점 −37℃

57 소화설비의 기준에서 용량 160L 팽창질석의 능력단위는?

① 0.5 ② 1.0
③ 1.5 ④ 2.5

해설

소화설비의 능력단위

소화설비	용량	능력단위
소화전용(專用)물통	8L	0.3
수조(소화전용물통 3개 포함)	80L	1.5
수조(소화전용물통 6개 포함)	190L	2.5
마른 모래(삽 1개 포함)	50L	0.5
팽창질석 또는 팽창진주암(삽 1개 포함)	160L	1.0

58 위험물안전관리법령상 품명이 금속분에 해당하는 것은?(단, 150μm의 체를 통과하는 것이 50(중량)% 이상인 경우이다.)

① 니켈분 ② 마그네슘분
③ 알루미늄분 ④ 구리분

해설

금속분
알칼리금속·알칼리토금속·철 및 마그네슘 외의 금속의 분말을 말하고, 구리분·니켈분 및 150μm의 체를 통과하는 것이 50(중량)% 미만인 것은 제외한다.

59 적린의 성질에 대한 설명 중 옳지 않은 것은?

① 황린과 성분원소가 같다.
② 발화온도는 황린보다 낮다.
③ 물, 이황화탄소에 녹지 않는다.
④ 브롬화인에 녹는다.

해설

② 발화온도는 황린보다 높다(적린 : 260℃, 황린 : 34℃).

60 위험물안전관리법령상 행정안전부령으로 정하는 제1류 위험물에 해당하지 않는 것은?

① 과요오드산
② 질산구아니딘
③ 차아염소산염류
④ 염소화이소시아눌산

해설

행정안전부령 제1류 위험물
과요오드산염류/과요오드산/크롬, 납 또는 요오드의 산화물/아질산염류/차아염소산염류/염소화이소시아눌산/퍼옥소이황산염류/퍼옥소붕산염류

※ ② 질산구아니딘은 행정안전부령 제5류 위험물에 속한다.

정답 55 ④ 56 ④ 57 ② 58 ③ 59 ② 60 ②

15년 02회 위험물기능사 필기

01 위험물안전관리법령에 따라 다음 ( ) 안에 알맞은 용어는?

> 주유취급소 중 건축물의 2층 이상의 부분을 점포 · 휴게음식점 또는 전시장의 용도로 사용하는 것에 있어서는 당해 건축물의 2층 이상으로부터 주유취급소의 부지 밖으로 통하는 출입구와 당해 출입구로 통하는 통로 · 계단 및 출입구에 ( ) 을(를) 설치하여야 한다.

① 피난사다리　② 경보기
③ 유도등　④ CCTV

해설

위험물안전관리법 시행규칙 제42조(피난설비의 기준)
- 주유취급소 중 건축물의 2층 이상의 부분을 점포 · 휴게음식점 또는 전시장의 용도로 사용하는 것에 있어서는 당해 건축물의 2층 이상으로부터 주유취급소의 부지 밖으로 통하는 출입구와 당해 출입구로 통하는 통로 · 계단 및 출입구에 유도등을 설치하여야 한다.
- 옥내주유취급소에 있어서는 당해 사무소 등의 출입구 및 피난구와 당해 피난구로 통하는 통로 · 계단 및 출입구에 유도등을 설치하여야 한다.
- 유도등에는 비상전원을 설치하여야 한다.

02 다음 중 물이 소화약제로 쓰이는 이유로 가장 거리가 먼 것은?

① 쉽게 구할 수 있다.
② 제거소화가 잘된다.
③ 취급이 간편하다.
④ 기화잠열이 크다.

해설

물이 소화약제로 쓰이는 이유
- 쉽게 구할 수 있다.
- 취급이 간편하다.
- 기화잠열(539kcal/kg)이 크다.

03 위험물안전관리법령상 전기설비에 적응성이 없는 소화설비는?

① 포소화설비
② 이산화탄소소화설비
③ 할로겐화물소화설비
④ 물분무소화설비

해설

소화설비의 구분	대상물 구분(전기설비)
물분무소화설비	○
할로겐화물소화설비	○
포소화설비	
이산화탄소소화설비	○

04 니트로셀룰로오스의 저장 · 취급방법으로 틀린 것은?

① 직사광선을 피해 저장한다.
② 되도록 장기간 보관하여 안정화된 후에 사용한다.
③ 유기과산화물류, 강산화제와의 접촉을 피한다.
④ 건조상태에 이르면 위험하므로 습한 상태를 유지한다.

해설

니트로셀룰로오스[NC, $C_6H_7O_2(ONO_2)_3$]
- 직사광선에 의해 분해될 수 있으므로 직사광선을 피해 저장한다.
- 자기반응성 물질이므로, 장시간 보관은 위험하다.
- 유기과산화물류, 강산화제(제1류, 제5류)와의 접촉을 피한다.
- 건조상태에 이르면 위험하므로 물 또는 알코올을 첨가하여 습한 상태를 유지한다.

정답 01 ③ 02 ② 03 ① 04 ②

05 위험물안전관리법령상 제3류 위험물의 금수성 물질 화재 시 적응성이 있는 소화약제는?

① 탄산수소염류 분말 ② 물
③ 이산화탄소 ④ 할로겐화물

해설

소화설비의 구분			제3류 위험물	
			금수성 물질	그 밖의 것
옥내 · 외소화전(물)				○
이산화탄소소화설비				
물분무등소화설비	할로겐화물소화설비			
	분말소화설비	인산염류 등		
		탄산수소염류 등	○	
		그 밖의 것	○	

06 할론 1301의 증기비중은?(단, 불소의 원자량은 19, 브롬의 원자량은 80, 염소의 원자량은 35.5이고 공기의 분자량은 29이다.)

① 2.14 ② 4.15
③ 5.14 ④ 6.15

해설

할론 1301(CF_3Br)의 분자량 $= 12 + (3 \times 19) + 80 = 149$

$\therefore$ 증기비중 $= \frac{149}{29} = 5.138$

07 위험물안전관리법령상 간이탱크저장소에 대한 설명 중 틀린 것은?

① 간이저장탱크의 용량은 600리터 이하여야 한다.
② 하나의 간이탱크저장소에 설치하는 간이저장탱크는 5개 이하여야 한다.
③ 간이저장탱크는 두께 3.2mm 이상의 강판으로 흠이 없도록 제작하여야 한다.
④ 간이저장탱크는 70kPa의 압력으로 10분간의 수압시험을 실시하여 새거나 변형되지 않아야 한다.

해설

간이탱크저장소의 설치기준
- 간이탱크저장소의 1개의 탱크용량은 600L 이하로 하여야 한다.
- 하나의 간이탱크저장소에 설치하는 간이저장탱크의 수는 3개 이하이다.
- 탱크의 두께 : 3.2mm 이상의 강철판으로 흠이 없도록 제작하여야 한다.
- 70kPa의 압력으로 10분간의 수압시험을 실시하여 새거나 변형되지 않아야 한다.

08 가연성 물질과 주된 연소형태의 연결이 틀린 것은?

① 종이, 섬유 – 분해연소
② 셀룰로이드, TNT – 자기연소
③ 목재, 석탄 – 표면연소
④ 유황, 알코올 – 증발연소

해설

③ 목재, 석탄 – 분해연소

09 B, C급 화재뿐만 아니라 A급 화재까지도 사용이 가능한 분말소화약제는?

① 제1종 분말소화약제
② 제2종 분말소화약제
③ 제3종 분말소화약제
④ 제4종 분말소화약제

해설

종류	주성분	착색	적응화재
제1종 분말	$NaHCO_3$ (탄산수소나트륨)	백색	B, C
제2종 분말	$KHCO_3$ (탄산수소칼륨)	보라색	B, C
제3종 분말	$NH_4H_2PO_4$ (제1인산암모늄)	담홍색	A, B, C
제4종 분말	$KHCO_3 + (NH_2)_2CO$ (탄산수소칼륨 + 요소)	회백색	B, C

정답 05 ① 06 ③ 07 ② 08 ③ 09 ③

10 식용유화재 시 제1종 분말소화약제를 이용하여 화재의 제어가 가능하다. 이때의 소화원리에 가장 가까운 것은?

① 촉매효과에 의한 질식소화
② 비누화반응에 의한 질식소화
③ 요오드화에 의한 냉각소화
④ 가수분해반응에 의한 냉각소화

해설

제1종 분말
식용유, 지방질유의 화재 소화 시 가연물과의 비누화반응으로 소화효과가 증대된다.

11 위험물안전관리법령에서 정한 자동화재탐지설비에 대한 기준으로 틀린 것은?(단, 원칙적인 경우에 한한다.)

① 경계구역은 건축물, 그 밖의 공작물의 2 이상의 층에 걸치지 아니하도록 할 것
② 하나의 경계구역의 면적은 600m² 이하로 할 것
③ 하나의 경계구역의 한 변 길이는 30m 이하로 할 것
④ 자동화재탐지설비에는 비상전원을 설치할 것

해설

③ 하나의 경계구역에서 그 한 변의 길이는 50m(광전식 분리형 감지기를 설치할 경우에는 100m) 이하로 할 것

12 다음 중 산화성 물질이 아닌 것은?

① 무기과산화물 ② 과염소산
③ 질산염류 ④ 마그네슘

해설

①, ③ 산화성 고체(제1류 위험물)
② 산화성 액체(제6류 위험물)
④ 가연성 고체(제2류 위험물)

13 위험물제조소에서 국소방식의 배출설비 배출능력은 1시간당 배출장소용적의 몇 배 이상인 것으로 하여야 하는가?

① 5 ② 10
③ 15 ④ 20

해설

위험물제조소에서 국소방식의 배출설비 배출능력은 1시간당 배출장소용적의 20배 이상인 것으로 할 것(단, 전역방식의 경우에는 바닥면적 $1m^2$당 $18m^3$ 이상으로 할 것)

14 유류화재 시 발생하는 이상현상인 보일오버(Boil Over)의 방지대책으로 가장 거리가 먼 것은?

① 탱크 하부에 배수관을 설치하여 탱크 저면의 수층을 방지한다.
② 적당한 시기에 모래나 팽창질석, 비등석을 넣어 물의 과열을 방지한다.
③ 냉각수를 대량 첨가하여 유류와 물의 과열을 방지한다.
④ 탱크 내용물의 기계적 교반을 통하여 에멀션 상태로 하여 수층 형성을 방지한다.

해설

보일오버(Boil Over)의 방지대책은 수분을 없애는 수단을 취하는 것이다. 그런데 냉각수를 첨가한다는 것은 보일오버를 방지하는 것이 아니라 오히려 보일오버가 발생할 가능성을 더 높게 한다.

15 20℃의 물 100kg이 100℃ 수증기로 증발하면 몇 kcal의 열량을 흡수할 수 있는가?(단, 물의 증발잠열은 540kcal이다.)

① 540 ② 7,800
③ 62,000 ④ 108,000

정답 10 ② 11 ③ 12 ④ 13 ④ 14 ③ 15 ③

해설

$Q = c \times m \times \Delta t$

$Q_1 = 1\text{kcal/kg℃} \times 100\text{kg} \times 80℃ = 8,000\text{kcal}$

$Q_2 = 100\text{kg} \times 540\text{kcal/kg} = 54,000\text{kcal}$

$Q = Q_1 + Q_2 = 62,000\text{kcal}$

16 제5류 위험물의 화재 시 적응성이 있는 소화설비는?

① 분말소화설비
② 할로겐화물소화설비
③ 물분무소화설비
④ 이산화탄소소화설비

해설

<table>
<tr><th colspan="3" rowspan="2">소화설비의 구분</th><th colspan="2">대상물 구분</th></tr>
<tr><th>제5류 위험물</th><th>제6류 위험물</th></tr>
<tr><td colspan="3">이산화탄소소화설비</td><td></td><td></td></tr>
<tr><td colspan="3">스프링클러설비</td><td>○</td><td>○</td></tr>
<tr><td rowspan="6">물분무등소화설비</td><td colspan="2">물분무소화설비</td><td>○</td><td>○</td></tr>
<tr><td colspan="2">포소화설비</td><td>○</td><td>○</td></tr>
<tr><td colspan="2">할로겐화물소화설비</td><td></td><td></td></tr>
<tr><td rowspan="3">분말소화설비</td><td>인산염류 등</td><td></td><td>○</td></tr>
<tr><td>탄산수소염류 등</td><td></td><td></td></tr>
<tr><td>그 밖의 것</td><td></td><td></td></tr>
</table>

17 위험물안전관리법에서 정한 정전기를 유효하게 제거할 수 있는 방법에 해당하지 않는 것은?

① 위험물 이송 시 배관 내 유속을 빠르게 하는 방법
② 공기를 이온화하는 방법
③ 접지에 의한 방법
④ 공기 중의 상대습도를 70% 이상으로 하는 방법

해설

위험물을 취급함에 있어서 정전기가 발생할 우려가 있는 설비에는 다음에 해당하는 방법으로 정전기를 유효하게 제거할 수 있는 설비를 설치하여야 한다.

- 접지에 의한 방법
- 공기 중의 상대습도를 70% 이상으로 하는 방법
- 공기를 이온화하는 방법

18 다음 중 가연물이 고체덩어리보다 분말가루일 때 위험성이 큰 이유로 가장 옳은 것은?

① 공기와의 접촉면적이 크기 때문이다.
② 열전도율이 크기 때문이다.
③ 흡열반응을 하기 때문이다.
④ 활성에너지가 크기 때문이다.

해설

가연물이 고체덩어리보다 분말가루일 때 위험성이 큰 이유 공기와의 접촉면적이 크기 때문에 폭발할 가능성이 높아진다.

19 소화약제로 사용할 수 없는 물질은?

① 이산화탄소 ② 제1인산암모늄
③ 탄산수소나트륨 ④ 브롬산암모늄

해설

④ 브롬산암모늄(NH_4BrO_3)은 제1류 위험물이다.

20 물과 접촉하면 열과 산소가 발생하는 것은?

① $NaClO_2$ ② $NaClO_3$
③ $KMnO_4$ ④ Na_2O_2

해설

과산화나트륨(Na_2O_2)

- 제1류 위험물로서, 알칼리금속 무기과산화물류에 속한다.
- 상온에서 물과 격렬하게 반응하여 열과 산소를 방출시킨다.

$Na_2O_2 + H_2O \rightarrow 2NaOH + \frac{1}{2}O_2 \uparrow$

21 위험물에 대한 설명으로 틀린 것은?

① 적린은 연소하면 유독성 물질이 발생한다.
② 마그네슘은 연소하면 가연성 수소가스가 발생한다.
③ 유황은 분진폭발의 위험이 있다.
④ 황화인에는 P_4S_3, P_2S_5, P_4S_7 등이 있다.

정답 16 ③ 17 ① 18 ① 19 ④ 20 ④ 21 ②

해설

① 적린은 연소하면 유독성 물질(오산화인)이 발생한다.
$4P + 5O_2 \rightarrow 2P_2O_5$
② 마그네슘이 연소하면 산화마그네슘을 생성한다.
$2Mg + O_2 \rightarrow 2MgO +$ 열
③ 유황은 제2류 위험물(가연성 고체)로서 분진폭발의 위험이 있다.
④ 황화인에는 삼황화인(P_4S_3), 오황화인(P_2S_5), 칠황화인(P_4S_7)이 있다.

22 위험물안전관리법령상 옥내저장탱크와 탱크전용실의 벽과의 사이 및 옥내저장탱크의 상호간에는 몇 m 이상의 간격을 유지하여야 하는가?

① 0.5 ② 1
③ 1.5 ④ 2

해설

옥내탱크저장소
탱크와 탱크전용실의 벽(기둥 등 돌출된 부분 제외) 및 탱크 상호 간에는 0.5m 이상의 간격을 두어야 한다. 단, 탱크의 점검 및 보수에 지장이 없는 경우에는 그러하지 아니하다.

23 벤조일퍼옥사이드에 대한 설명으로 틀린 것은?

① 무색, 무취의 투명한 액체이다.
② 가급적 소분하여 저장한다.
③ 제5류 위험물에 해당한다.
④ 품명은 유기과산화물이다.

해설

과산화벤조일[$(C_6H_5CO)_2O_2$]

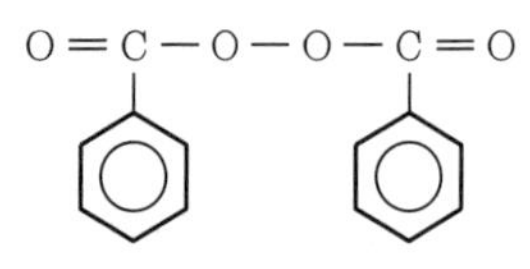

- 제5류 위험물 유기과산화물로서 벤조일퍼옥사이드라고도 한다.
- 무색, 무미의 결정 고체이다.
- 자기반응성 물질로서 폭발의 위험이 존재하므로, 가급적 소분하여 저장한다.

24 2가지 물질을 섞었을 때 수소가 발생하는 것은?

① 칼륨과 에탄올
② 과산화마그네슘과 염화수소
③ 과산화칼륨과 탄산가스
④ 오황화인과 물

해설

칼륨과 에탄올의 반응식
칼륨에탄올레이드와 수소가스를 발생시킨다.
$2K + 2C_2H_5OH \rightarrow 2C_2H_5OK + H_2 \uparrow$

25 다음 위험물의 지정수량 배수의 총합은 얼마인가?(단, 질산 150kg, 과산화수소수 420kg, 과염소산 300kg이다.)

① 2.5 ② 2.9
③ 3.4 ④ 3.9

해설

질산 · 과산화수소 · 과염소산의 지정수량은 300kg이다.
지정수량 배수의 총합

$$= \frac{\text{A품명의 저장수량}}{\text{A품명의 지정수량}} + \frac{\text{B품명의 저장수량}}{\text{B품명의 지정수량}} + \frac{\text{C품명의 저장수량}}{\text{C품명의 지정수량}} + \cdots$$

$$= \frac{150}{300} + \frac{420}{300} + \frac{300}{300} = 2.9$$

26 위험물안전관리법령상 운송책임자의 감독 · 지원을 받아 운송하여야 하는 위험물은?

① 알킬리튬 ② 과산화수소
③ 가솔린 ④ 경유

해설

위험물안전관리법 시행령 제19조(운송책임자의 감독 · 지원을 받아 운송하여야 하는 위험물)
- 알킬알루미늄
- 알킬리튬
- 알킬알루미늄 또는 알킬리튬의 물질을 함유하는 위험물

정답 22 ① 23 ① 24 ① 25 ② 26 ①

27 "자동화재탐지설비 일반점검표"의 점검내용이 '변형 · 손상의 유무, 표시의 적부, 경계구역일람도의 적부, 기능의 적부'인 점검항목은?

① 감지기　② 중계기
③ 수신기　④ 발신기

해설

수신기 점검내용
변형 · 손상의 유무, 표시의 적부, 경계구역일람도의 적부, 기능의 적부이다.

28 위험물안전관리법령상 지정수량 10배 이상의 위험물을 저장하는 제조소등에 설치하여야 하는 경보설비의 종류가 아닌 것은?

① 자동화재탐지설비
② 자동화재속보설비
③ 휴대용 확성기
④ 비상방송설비

해설

경보설비(지정수량의 10배 이상을 저장 또는 취급하는 제조소에 설치해야 하는 것)
자동화재탐지설비, 비상경보설비, 확성장치 또는 비상방송설비 중 1종 이상이다.

29 위험물안전관리법령상 특수인화물의 정의에 관한 내용이다. (　) 안에 알맞은 수치를 차례대로 나타낸 것은?

> '특수인화물'이라 함은 이황화탄소, 디에틸에테르, 그 밖에 1기압에서 발화점이 섭씨 (　)도 이하인 것 또는 인화점이 섭씨 영하 (　)도 이하이고 비점이 섭씨 40도 이하인 것을 말한다.

① 40, 20　② 100, 20
③ 20, 100　④ 40, 100

해설

특수인화물
이황화탄소, 디에틸에테르, 그 밖에 1atm에서 발화점이 100℃ 이하인 것 또는 인화점이 −20℃ 이하이고 비점이 40℃ 이하인 것을 말한다.

30 제4류 위험물의 옥외저장탱크에 설치하는 밸브 없는 통기관은 직경이 얼마 이상인 것으로 설치해야 되는가?(단, 압력탱크는 제외한다.)

① 10mm　② 20mm
③ 30mm　④ 40mm

해설

옥외저장탱크의 통기관
압력탱크 외의 탱크에 통기관을 설치하여야 할 때 밸브 없는 통기관인 경우 통기관은 직경은 30mm 이상이다.

31 위험물안전관리법령상 위험등급 Ⅰ의 위험물에 해당하는 것은?

① 무기과산화물
② 황화인, 적린, 유황
③ 제1석유류
④ 알코올류

해설

① 위험등급 Ⅰ : 제1류 위험물 중 아염소산염류, 염소산염류, 과염소산염류, 무기과산화물, 그 밖에 지정수량이 50kg인 위험물
② 위험등급 Ⅱ : 제2류 위험물 중 황화인, 적린, 유황, 그 밖에 지정수량이 100kg인 위험물
③, ④ 위험등급 Ⅱ : 제4류 위험물 중 제1석유류 및 알코올류

32 페놀을 황산과 질산의 혼산으로 니트로화하여 제조하는 제5류 위험물은?

① 아세트산　② 피크르산
③ 니트로글리콜　④ 질산에틸

정답 27 ③ 28 ② 29 ② 30 ③ 31 ① 32 ②

해설

트리니트로페놀[$C_6H_2(OH)(NO_2)_3$, 피크르산, 피크린산]
페놀[$C_6H_5(OH)$]은 질산과 반응하여 피크르산을 만든다. 여기서, 황산은 탈수작용을 한다.

$$C_6H_5OH + 3HNO_3 \xrightarrow{c-H_2SO_4} C_6H_2(OH)(NO_2)_3 + 3H_2O$$

33 금속염을 불꽃반응실험을 한 결과 노란색의 불꽃이 나타났다. 이 금속염에 포함된 금속은 무엇인가?

① Cu ② K
③ Na ④ Li

해설

금속의 불꽃반응

Li	Na	K	Cu
적색	노란색	보라색	청록색

34 위험물안전관리법령에서 정한 메틸알코올의 지정수량을 kg 단위로 환산하면 얼마인가? (단, 메틸알코올의 비중은 0.8이다.)

① 200 ② 320
③ 400 ④ 450

해설

메틸알코올의 지정수량은 400L이다.

$\therefore\ 0.8\frac{kg}{L} \times 400L = 320kg$

35 [보기]에서 나열한 위험물의 공통성질을 옳게 설명한 것은?

[보기]
나트륨, 황린, 트리에틸알루미늄

① 상온, 상압에서 고체의 형태를 나타낸다.
② 상온, 상압에서 액체의 형태를 나타낸다.
③ 금수성 물질이다.
④ 자연발화의 위험이 있다.

해설

[보기]의 모든 위험물은 제3류 위험물로서 나트륨, 트리에틸알루미늄은 금수성 및 자연발화성이고, 황린은 자연발화성 물질이다.

36 위험물안전관리법령상 제1류 위험물의 질산염류가 아닌 것은?

① 질산은 ② 질산암모늄
③ 질산섬유소 ④ 질산나트륨

해설

제1류 위험물의 질산염류(지정수량 300kg)
질산(HNO_3)의 수소이온이 떨어져 나가고 금속 또는 원자단(NH_4^+)으로 치환된 화합물로서 질산은, 질산암모늄, 질산나트륨 등이 여기에 속한다.

37 위험물안전관리법령상 제3류 위험물에 해당하지 않는 것은?

① 적린 ② 나트륨
③ 칼륨 ④ 황린

해설

제3류 위험물(금수성 및 자연발화성 물질)
- 칼륨, 나트륨, 알킬알루미늄, 알킬리튬
- 황린
- 알칼리금속(칼륨 및 나트륨 제외) 및 알칼리토금속, 유기금속화합물(알킬알루미늄 및 알킬리튬 제외)
- 칼슘 또는 알루미늄의 탄화물, 금속의 인화물, 금속의 수소화물
- 그 밖에 행정안전부령이 정하는 것(염소화규소화합물)

※ 적린은 제2류 위험물인 가연성 고체이다.

38 산화성 액체인 질산의 분자식으로 옳은 것은?

① HNO_2 ② HNO_3
③ NO_2 ④ NO_3

정답 33 ③ 34 ② 35 ④ 36 ③ 37 ① 38 ②

해설

질산은 비중이 1.49 이상이고 제6류 위험물에 속하며, 분자식은 HNO_3이다.

39 위험물안전관리법령상 제4류 위험물 운반용기의 외부에 표시해야 하는 사항이 아닌 것은?

① 규정에 의한 주의사항
② 위험물의 품명 및 위험등급
③ 위험물의 관리자 및 지정수량
④ 위험물의 화학명

해설

위험물안전관리법 시행규칙 제50조(위험물의 운반기준)
- 위험물의 품명 · 위험등급 · 화학명 및 수용성('수용성' 표시는 제4류 위험물로서 수용성인 것에 한함)
- 위험물의 수량
- 수납하는 위험물에 따라 규정에 의한 주의사항

40 그림과 같이 횡으로 설치한 원형 탱크의 용량은 약 몇 m^3인가?(단, 공간용적은 내용적의 10/100이다.)

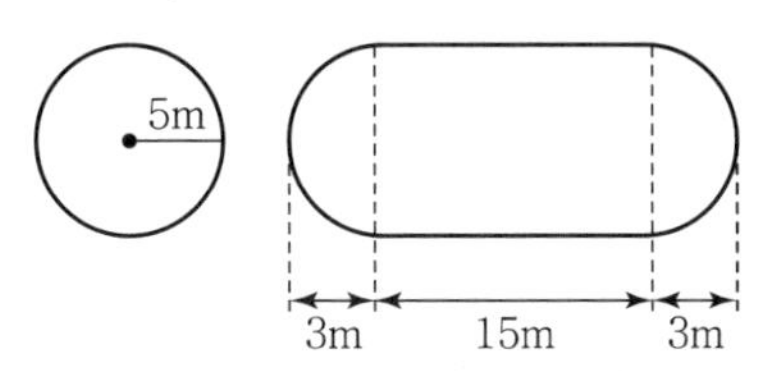

① 1,690.9 ② 1,335.1
③ 1,268.4 ④ 1,201.7

해설

$$\pi r^2 \times \left(l + \frac{l_1 + l_2}{3}\right) \times (1-0.1)$$
$$= \pi \times 5^2 \times \left(15 + \frac{3+3}{3}\right) \times 0.9 = 1,201.66$$

41 위험물안전관리법령에서 정한 아세트알데히드 등을 취급하는 제조소의 특례에 관한 내용이다. ( ) 안에 해당하는 물질이 아닌 것은?

> 아세트알데히드 등을 취급하는 설비는 ( ) · ( ) · ( ) · ( ) 또는 이들을 성분으로 하는 합금으로 만들지 아니할 것

① 동 ② 은
③ 금 ④ 마그네슘

해설

아세트알데히드 등을 취급하는 설비는 은, 수은, 동, 마그네슘을 성분으로 하는 것으로 만들지 않는다.

42 다음 반응식과 같이 벤젠 1kg이 연소할 때 발생되는 CO_2의 양은 약 몇 m^3인가?(단, 27℃, 750mmHg 기준이다.)

① 0.72 ② 1.22
③ 1.92 ④ 2.42

해설

벤젠의 연소반응식

$C_6H_6 + 7.5O_2 \rightarrow 6CO_2 + 3H_2O$

$$PV = \frac{W}{M}RT$$
$$V = \frac{W}{PM}RT$$
$$= \frac{1 \times 0.082 \times (273+27)}{\frac{750}{760} \times 78} \times 6 = 1.918\text{m}^3$$

43 등유에 관한 설명으로 틀린 것은?

① 물보다 가볍다.
② 녹는점은 상온보다 높다.
③ 발화점은 상온보다 높다.
④ 증기는 공기보다 무겁다.

해설

등유
- 제4류 위험물 제2석유류로서 물보다 가볍다.
- 녹는점은 −40℃, 발화점은 210℃, 증기비중은 4.5로 공기보다 무겁다.

정답 39 ③ 40 ④ 41 ③ 42 ③ 43 ②

44 벤젠(C_6H_6)의 일반성질로서 틀린 것은?

① 휘발성이 강한 액체이다.
② 인화점은 가솔린보다 낮다.
③ 물에 녹지 않는다.
④ 화학적으로 공명구조를 이루고 있다.

해설

벤젠(C_6H_6)
- 제4류 위험물 제1석유류인 휘발성이 강한 액체이다.
- 벤젠의 인화점은 −11℃이고, 가솔린의 인화점은 −43~−20℃이다.
- 벤젠고리는 화학적으로 공명구조를 이루며, 물에는 녹지 않는 구조이다.

45 위험물안전관리법령에 의한 위험물에 속하지 않는 것은?

① CaC_2 ② S
③ P_2O_5 ④ K

해설

① 탄화칼슘(제3류 위험물)
② 유황(제2류 위험물)
③ 오산화인은 적린 또는 황린의 연소생성물로서 위험물이 아니다.
④ 칼륨(제3류 위험물)

46 제4류 위험물을 저장 및 취급하는 위험물제조소에 설치한 '화기엄금' 게시판의 색상으로 올바른 것은?

① 적색바탕에 흑색문자
② 흑색바탕에 적색문자
③ 백색바탕에 적색문자
④ 적색바탕에 백색문자

해설

- 화기엄금, 화기주의 : 적색바탕에 백색문자
- 물기엄금, 물기주의 : 청색바탕에 백색문자

47 과염소산암모늄에 대한 설명으로 옳은 것은?

① 물에 용해되지 않는다.
② 청녹색의 침상결정이다.
③ 130℃에서 분해하기 시작하여 CO_2 가스를 방출한다.
④ 아세톤, 알코올에 용해된다.

해설

과염소산암모늄(NH_4ClO_4)
- 제1류 위험물로 산화성 고체이다.
- 물, 알코올, 아세톤에는 잘 녹고 에테르에는 녹지 않는다.
- 무색, 무취의 결정이다.
- 130℃에서 분해를 시작하여 산소를 방출한다.

48 휘발유의 일반적인 성질에 관한 설명으로 틀린 것은?

① 인화점이 0℃보다 낮다.
② 위험물안전관리법령상 제1석유류에 해당한다.
③ 전기에 대해 비전도성 물질이다.
④ 순수한 것은 청색이나 안전을 위해 검은색으로 착색해서 사용해야 한다.

해설

가솔린(휘발유)
- 제4류 위험물 제1석유류에 속한다.
- 인화점은 −43~−20℃로 낮다.
- 전기에 대해 비전도성 물질이므로, 정전기 발생에 유의하여야 한다.
- 순수한 것은 무색이나 사용용도에 따라 공업용(무색), 자동차용(오렌지색), 항공기용(청색)으로 착색하여 사용한다.

49 톨루엔에 대한 설명으로 틀린 것은?

① 휘발성이 있고 가연성 액체이다.
② 증기는 마취성이 있다.
③ 알코올, 에테르, 벤젠 등과 잘 섞인다.
④ 노란색 액체로 냄새가 없다.

정답 44 ② 45 ③ 46 ④ 47 ④ 48 ④ 49 ④

해설

톨루엔($C_6H_5CH_3$)

- 휘발성이 있고 가연성 액체이다.
- 증기는 마취성이 있고, 피부에 접촉 시 자극성, 탈지작용이 있다.
- 특유한 냄새가 나는 무색의 액체이며 비수용성이다.

50 위험물안전관리법령상 혼재할 수 없는 위험물은?(단, 위험물은 지정수량의 $\frac{1}{10}$을 초과하는 경우이다.)

① 적린과 황린
② 질산염류와 질산
③ 칼륨과 특수인화물
④ 유기과산화물과 유황

해설

혼재 가능 위험물은 4 ⇨ 2 3, 5 ⇨ 2 4, 6 ⇨ 1이다.
① 적린(제2류)과 황린(제3류) : 혼재 불가능
② 질산염류(제1류)와 질산(제6류) : 혼재 가능
③ 칼륨(제3류)과 특수인화물(제4류) : 혼재 가능
④ 유기과산화물(제5류)과 유황(제2류) : 혼재 가능

51 위험물의 품명과 지정수량이 잘못 짝지어진 것은?

① 황화인 – 50kg
② 마그네슘 – 500kg
③ 알킬알루미늄 – 10kg
④ 황린 – 20kg

해설

① 황화인 – 100kg(제2류 위험물)
② 마그네슘 – 500kg(제2류 위험물)
③ 알킬알루미늄 – 10kg(제3류 위험물)
④ 황린 – 20kg(제3류 위험물)

52 디에틸에테르의 성질에 대한 설명으로 옳은 것은?

① 발화온도는 400℃이다.
② 증기는 공기보다 가볍고, 액상은 물보다 무겁다.
③ 알코올에 용해되지 않지만 물에 잘 녹는다.
④ 연소범위는 1.9~48% 정도이다.

해설

디에틸에테르($C_2H_5OC_2H_5$)

- 발화온도는 180℃이다.
- 증기는 공기보다 무겁고(증기비중 2.55), 액상은 물보다 가볍다(액비중 0.72).
- 휘발성이 높은 물질로서 마취작용이 있고 무색투명한 특유의 향이 있는 액체이다.
- 물에 잘 녹지 않고, 알코올에 잘 녹는다.
- 연소범위는 1.9~48% 정도이다.
- 알코올의 축합반응에 의해 만들어진 화합물이다.

53 다음 물질 중 인화점이 가장 낮은 것은?

① CH_3COCH_3
② $C_2H_5OC_2H_5$
③ $CH_3(CH_2)_3OH$
④ CH_3OH

해설

① 아세톤(CH_3COCH_3) : –18℃
② 에테르($C_2H_5OC_2H_5$) : –45℃
③ 부틸알코올[$CH_3(CH_2)_3OH$] : 35℃
④ 메틸알코올(CH_3OH) : 11℃

54 과산화수소의 성질에 대한 설명으로 옳지 않은 것은?

① 산화성이 강한 무색투명한 액체이다.
② 위험물안전관리법령상 일정 비중 이상일 때 위험물로 취급한다.
③ 가열에 의해 분해하면 산소가 발생한다.
④ 소독약으로 사용할 수 있다.

정답 50 ① 51 ① 52 ④ 53 ② 54 ②

해설

② 위험물안전관리법령상 일정 (중량)% 이상일 때 위험물로 취급한다.

55 질산과 과염소산의 공통성질에 해당하지 않는 것은?

① 산소를 함유하고 있다.
② 불연성 물질이다.
③ 강산이다.
④ 비점이 상온보다 낮다.

해설

질산과 과염소산의 공통성질
- 제6류 위험물, 산화성 액체로서 산소를 함유하고 있다.
- 둘 다 강산이며, 불연성 물질이다.
- 질산의 비점은 86℃, 과염소산의 비점은 39℃로서 상온보다 높다.

56 다음 물질 중 위험물 유별에 따른 구분이 나머지 셋과 다른 하나는?

① 질산은 ② 질산메틸
③ 무수크롬산 ④ 질산암모늄

해설

질산메틸은 제5류 위험물이고, 나머지는 제1류 위험물에 해당된다.

57 니트로셀룰로오스의 안전한 저장을 위해 사용하는 물질은?

① 페놀 ② 황산
③ 에탄올 ④ 아닐린

해설

니트로셀룰로오스를 저장·운반 시 물 또는 에탄올에 습윤하고, 안정제를 가해서 냉암소에 저장한다.

58 1분자 내에 포함된 탄소의 수가 가장 많은 것은?

① 아세톤 ② 톨루엔
③ 아세트산 ④ 이황화탄소

해설

① 아세톤(CH_3COCH_3) : 3개
② 톨루엔($C_6H_5CH_3$) : 7개
③ 아세트산(CH_3COOH) : 2개
④ 이황화탄소(CS_2) : 1개

59 다음 중 위험물안전관리법령에 따라 정한 지정수량이 나머지 셋과 다른 것은?

① 황화인 ② 적린
③ 유황 ④ 철분

해설

제2류 위험물의 지정수량

품명	지정수량	위험등급
황화인, 적린, 유황	100kg	Ⅱ
금속분, 철분, 마그네슘	500kg	Ⅲ
인화성 고체	1,000kg	Ⅲ

60 위험물안전관리법령상 해당하는 품명이 나머지 셋과 다른 것은?

① 트리니트로페놀
② 트리니트로톨루엔
③ 니트로셀룰로오스
④ 테트릴

해설

①, ②, ④ 니트로화합물
③ 질산에스테르류

정답 55 ④ 56 ② 57 ③ 58 ② 59 ④ 60 ③

15년 03회 위험물기능사 필기

01 팽창진주암(삽 1개 포함)의 능력단위 1은 용량이 몇 L인가?

① 70 ② 100
③ 130 ④ 160

해설

소화설비에 따른 용량 및 능력단위

소화설비	용량	능력단위
소화전용(專用)물통	8L	0.3
수조(소화전용물통 3개 포함)	80L	1.5
수조(소화전용물통 6개 포함)	190L	2.5
마른 모래(삽 1개 포함)	50L	0.5
팽창질석 또는 팽창진주암(삽 1개 포함)	160L	1.0

02 다음 중 위험물 저장창고에 화재가 발생하였을 때 주수(注水)에 의한 소화가 오히려 더 위험한 것은?

① 염소산칼륨 ② 과염소산나트륨
③ 질산암모늄 ④ 탄화칼슘

해설

- ①, ②, ③은 제1류 위험물로서 소화방법이 주수소화가 일반적이다.
- ④ 탄화칼슘(CaC_2)은 물과 반응하여 수산화칼슘과 아세틸렌가스가 생성된다.
  $CaC_2 + 2H_2O \rightarrow Ca(OH)_2 + C_2H_2 \uparrow$

03 과산화나트륨의 화재 시 물을 사용한 소화가 위험한 이유는?

① 수소와 열을 발생하므로
② 산소와 열을 발생하므로
③ 수소를 발생하고 이 가스가 폭발적으로 연소하므로
④ 산소를 발생하고 이 가스가 폭발적으로 연소하므로

해설

과산화나트륨은 제1류 위험물 중 알칼리금속 과산화물로서 물과 격렬하게 반응하여 열을 발생하고 산소를 방출시킨다.

$Na_2O_2 + H_2O \rightarrow 2NaOH + \frac{1}{2}O_2 \uparrow$

04 피난설비를 설치하여야 하는 위험물제조소 등에 해당하는 것은?

① 건축물의 2층 부분을 자동차정비소로 사용하는 주유취급소
② 건축물의 2층 부분을 전시장으로 사용하는 주유취급소
③ 건축물의 1층 부분을 주유사무소로 사용하는 주유취급소
④ 건축물의 1층 부분을 관계자의 주거시설로 사용하는 주유취급소

해설

피난설비

- 주유취급소 중 건축물의 2층 이상의 부분을 점포, 휴게음식점 또는 전시장의 용도로 사용하는 것에 있어서는 당해 건축물의 2층 이상으로부터 직접 주유취급소의 부지 밖으로 통하는 출입구와 당해 출입구로 통하는 통로 · 계단 및 출입구에 유도등을 설치하여야 한다.
- 옥내주유취급소에 있어서는 당해 사무소 등의 출입구 및 피난구와 당해 피난구로 통하는 통로 · 계단 및 출입구에 유도등을 설치하여야 한다.
- 유도등에는 비상전원을 설치하여야 한다.

정답 01 ④ 02 ④ 03 ② 04 ②

05 제1종 분말소화약제의 적응화재 종류는?

① A급 ② B, C급
③ A, B급 ④ A, B, C급

해설

종류	주성분	착색	적응화재
제1종 분말	$NaHCO_3$ (탄산수소나트륨)	백색	B, C
제2종 분말	$KHCO_3$ (탄산수소칼륨)	보라색	B, C
제3종 분말	$NH_4H_2PO_4$ (제1인산암모늄)	담홍색	A, B, C
제4종 분말	$KHCO_3+(NH_2)_2CO$ (탄산수소칼륨+요소)	회백색	B, C

06 위험물안전관리법령상 위험물을 유별로 정리하여 저장하면서 서로 1m 이상의 간격을 두면 동일한 옥내저장소에 저장할 수 있는 경우는?

① 제1류 위험물과 제3류 위험물 중 금수성 물질을 저장하는 경우
② 제1류 위험물과 제4류 위험물을 저장하는 경우
③ 제1류 위험물과 제6류 위험물을 저장하는 경우
④ 제2류 위험물 중 금속분과 제4류 위험물 중 동식물유류를 저장하는 경우

해설

위험물안전관리법 시행규칙 제49조(제조소등에서의 위험물의 저장 및 취급의 기준)

- 제1류 위험물(알칼리금속의 과산화물 또는 이를 함유한 것 제외)과 제5류 위험물을 저장하는 경우
- 제1류 위험물과 제6류 위험물을 저장하는 경우
- 제1류 위험물과 제3류 위험물 중 자연발화성 물질(황린 또는 이를 함유한 것에 한함)을 저장하는 경우
- 제2류 위험물 중 인화성 고체와 제4류 위험물을 저장하는 경우
- 제3류 위험물 중 알킬알루미늄 등과 제4류 위험물(알킬알루미늄 또는 알킬리튬을 함유한 것에 한함)을 저장하는 경우
- 제4류 위험물 중 유기과산화물 또는 이를 함유하는 것과 제5류 위험물 중 유기과산화물 또는 이를 함유한 것을 저장하는 경우

07 연소의 3요소를 모두 포함하는 것은?

① 과염소산, 산소, 불꽃
② 마그네슘분말, 연소열, 수소
③ 아세톤, 수소, 산소
④ 불꽃, 아세톤, 질산암모늄

해설

① 과염소산(산소공급원), 산소(산소공급원), 불꽃(점화원)
② 마그네슘분말(가연물), 연소열(점화원), 수소(가연물)
③ 아세톤(가연물), 수소(가연물), 산소(산소공급원)
④ 불꽃(점화원), 아세톤(가연물), 질산암모늄(산소공급원)

08 위험물안전관리법령에서 정한 탱크안전성능검사의 구분에 해당하지 않는 것은?

① 기초 · 지반검사 ② 충수 · 수압검사
③ 용접부검사 ④ 배관검사

해설

위험물안전관리법 시행령 제8조(탱크안전성능검사의 대상이 되는 탱크 등)

- 기초 · 지반검사, 용접부검사 : 옥외탱크저장소의 액체위험물탱크 중 그 용량이 100만 리터 이상인 탱크
- 충수 · 수압검사 : 액체위험물을 저장 또는 취급하는 탱크
- 암반탱크검사 : 액체위험물을 저장 또는 취급하는 암반 내의 공간을 이용한 탱크

09 액화이산화탄소 1kg이 25℃, 2atm에서 방출되어 모두 기체가 되었다. 방출된 기체상의 이산화탄소 부피는 약 몇 L인가?

① 238 ② 278
③ 308 ④ 340

해설

$$PV=\frac{W}{M}RT$$

$$V=\frac{W}{PM}RT=\frac{1,000\times0.082\times(273+25)}{2\times44}=277.7$$

정답 05 ② 06 ③ 07 ④ 08 ④ 09 ②

10 위험물안전관리법령에서 정한 '물분무등소화설비'의 종류에 속하지 않는 것은?

① 스프링클러설비
② 포소화설비
③ 분말소화설비
④ 불활성가스소화설비

해설

물분무등소화설비
물분무소화설비, 포소화설비, 불활성가스소화설비, 할로겐화물소화설비, 분말소화설비가 있다.

11 혼합물인 위험물이 복수의 성상을 가지는 경우에 적용하는 품명에 관한 설명으로 틀린 것은?

① 산화성 고체의 성상 및 가연성 고체의 성상을 가지는 경우 : 산화성 고체의 성상
② 산화성 고체의 성상 및 자기반응성 물질의 성상을 가지는 경우 : 자기반응성 물질의 품명
③ 가연성 고체의 성상과 자연발화성 물질의 성상 및 금수성 물질의 성상을 가지는 경우 : 자연발화성 물질 및 금수성 물질의 품명
④ 인화성 액체의 성상 및 자기반응성 물질의 성상을 가지는 경우 : 자기반응성 물질의 품명

해설

① 산화성 고체의 성상 및 가연성 고체의 성상을 가지는 경우 : 가연성 고체의 성상

12 제3류 위험물 중 금수성 물질에 적응성이 있는 소화설비는?

① 할로겐화물소화설비
② 포소화설비
③ 이산화탄소소화설비
④ 탄산수소염류 등 분말소화설비

해설

소화설비의 구분			제3류 위험물	
			금수성 물품	그 밖의 것
이산화탄소소화설비				
포소화설비				○
물분무등소화설비	할로겐화물소화설비			
	분말소화설비	인산염류 등		
		탄산수소염류 등	○	
		그 밖의 것	○	

13 제6류 위험물을 저장하는 장소에 적응성이 있는 소화설비가 아닌 것은?

① 물분무소화설비
② 포소화설비
③ 이산화탄소소화설비
④ 옥내소화전설비

해설

소화설비의 구분	대상물 구분				
	제3류 위험물		제4류 위험물	제5류 위험물	제6류 위험물
	금수성 물품	그 밖의 것			
옥내소화전		○		○	○
이산화탄소소화기			○		△
포소화설비		○	○	○	○
물분무소화설비		○	○	○	○

• "△"표시 : 제6류 위험물 소화에서 폭발의 위험이 없는 장소에 한하여 적응성이 있음

14 $NH_4H_2PO_4$이 열분해하여 생성되는 물질 중 암모니아와 수증기의 부피비율은?

① 1 : 1
② 1 : 2
③ 2 : 1
④ 3 : 2

해설

제3종 분말소화약제($NH_4H_2PO_4$)

$$NH_4H_2PO_4 \xrightarrow[\triangle]{} HPO_3 + NH_3 + H_2O$$

정답 10 ① 11 ① 12 ④ 13 ③ 14 ①

15 소화약제에 따른 주된 소화효과로 틀린 것은?

① 수성막포소화약제 : 질식효과
② 제2종 분말소화약제 : 탈수탄화효과
③ 이산화탄소소화약제 : 질식효과
④ 할로겐화물소화약제 : 화학억제효과

해설

② 제2종 분말소화약제 : 질식효과

16 제5류 위험물을 저장 또는 취급하는 장소에 적응성이 있는 소화설비는?

① 포소화설비
② 분말소화설비
③ 이산화탄소소화설비
④ 할로겐화물소화설비

해설

소화설비의 구분	대상물 구분			
	제3류 위험물		제4류 위험물	제5류 위험물
	금수성 물품	그 밖의 것		
할로겐화물소화설비			○	
이산화탄소소화설비			○	
포소화설비		○	○	○
분말소화설비	○		○	

17 옥외저장소에 덩어리상태의 유황만을 지반면에 설치한 경계표시의 안쪽에서 저장할 경우 하나의 경계표시의 내부면적은 몇 m^2 이하여야 하는가?

① 75 ② 100
③ 150 ④ 300

해설

위험물안전관리법 시행규칙 제35조(옥외저장소의 기준)
옥외저장소 중 덩어리상태의 유황만을 지반면에 설치한 경계표시의 안쪽에서 저장 또는 취급하는 것의 위치 · 구조 및 설비의 기술기준은 다음과 같다.

- 하나의 경계표시의 내부면적은 $100m^2$ 이하일 것
- 2 이상의 경계표시를 설치하는 경우에 있어서는 각각의 경계표시 내부의 면적을 합산한 면적은 $1,000m^2$ 이하로 하고, 인접하는 경계표시와 경계표시와의 간격을 규정에 의한 공지의 너비의 2분의 1 이상으로 할 것. 단, 저장 또는 취급하는 위험물의 최대수량이 지정수량의 200배 이상인 경우에는 10m 이상으로 하여야 한다.
- 경계표시는 불연재료로 만드는 동시에 유황이 새지 아니하는 구조로 할 것
- 경계표시의 높이는 1.5m 이하로 할 것
- 경계표시에는 유황이 넘치거나 비산하는 것을 방지하기 위한 천막 등을 고정하는 장치를 설치하되, 천막 등을 고정하는 장치는 경계표시의 길이 2m마다 한 개 이상 설치할 것
- 유황을 저장 또는 취급하는 장소의 주위에는 배수구와 분리장치를 설치할 것

18 위험물시설에 설비하는 자동화재탐지설비의 하나의 경계구역 면적과 그 한 변의 길이의 기준으로 옳은 것은?(단, 광전식 분리형 감지기를 설치하지 않은 경우이다.)

① $300m^2$ 이하, 50m 이하
② $300m^2$ 이하, 100m 이하
③ $600m^2$ 이하, 50m 이하
④ $600m^2$ 이하, 100m 이하

해설

자동화재탐지설비
하나의 경계구역의 면적은 $600m^2$ 이하로 하고 그 한 변의 길이는 50m(광전식 분리형 감지기를 설치할 경우에는 100m) 이하로 할 것. 단, 당해 건축물, 그 밖의 공작물의 주요한 출입구에서 그 내부의 전체를 볼 수 있는 경우에 있어서는 그 면적을 $1,000m^2$ 이하로 할 수 있다.

정답 15 ② 16 ① 17 ② 18 ③

19 위험물안전관리법령상 경보설비로 자동화재탐지설비를 설치해야 할 위험물제조소의 규모의 기준에 대한 설명으로 옳은 것은?

① 연면적 500m² 이상인 것
② 연면적 1,000m² 이상인 것
③ 연면적 1,500m² 이상인 것
④ 연면적 2,000m² 이상인 것

해설

위험물안전관리법령상 경보설비로 자동화재탐지설비를 설치해야 할 위험물제조소의 규모는 연면적 2,000m² 이상이어야 한다.

20 화재의 종류와 가연물이 옳게 연결된 것은?

① A급 – 플라스틱 ② B급 – 섬유
③ A급 – 페인트 ④ B급 – 나무

해설

화재의 분류
- A급 화재(일반화재) : 목재, 종이, 섬유, 플라스틱 등
- B급 화재(유류 및 가스화재) : 에테르, 알코올, 석유, 가연성 액체가스 등
- C급 화재(전기화재) : 전기기구 · 기계 등에서 발생되는 화재
- D급 화재(금속분화재) : 마그네슘과 같은 금속화재

21 위험물안전관리법령상 위험물의 운송에 있어서 운송책임자의 감독 또는 지원을 받아 운송하여야 하는 위험물에 속하지 않는 것은?

① $Al(CH_3)_3$ ② CH_3Li
③ $Cd(CH_3)_2$ ④ $Al(C_4H_9)_3$

해설

위험물안전관리법 시행령 제19조(운송책임자의 감독 · 지원을 받아 운송하여야 하는 위험물)
- 알킬알루미늄
- 알킬리튬
- 알킬알루미늄 또는 알킬리튬의 물질을 함유하는 위험물

※ ① 트리메틸알루미늄 ② 메틸리튬
③ 디메틸카드뮴 ④ 트리부틸알루미늄

22 다음 위험물 중 비중이 물보다 큰 것은?

① 디에틸에테르 ② 아세트알데히드
③ 산화프로필렌 ④ 이황화탄소

해설

① 디에틸에테르 : 0.72 ② 아세트알데히드 : 0.8
③ 산화프로필렌 : 0.86 ④ 이황화탄소 : 1.3

23 위험물탱크의 용량은 탱크의 내용적에서 공간용적을 뺀 용적으로 한다. 이 경우 소화약제 방출구를 탱크 안의 윗부분에 설치하는 탱크의 공간용적은 당해 소화설비의 소화약제 방출구 아래의 어느 범위의 면으로부터 윗부분의 용적으로 하는가?

① 0.1미터 이상 0.5미터 미만 사이의 면
② 0.3미터 이상 1미터 미만 사이의 면
③ 0.5미터 이상 1미터 미만 사이의 면
④ 0.5미터 이상 1.5미터 미만 사이의 면

해설

위험물안전관리법 시행규칙 제5조(탱크용적의 산정기준)
탱크의 공간용적은 탱크의 내용적의 100분의 5 이상 100분의 10 이하의 용적으로 한다. 단, 소화설비(소화약제 방출구를 탱크 안의 윗부분에 설치하는 것에 한함)를 설치하는 탱크의 공간용적은 당해 소화설비의 소화약제 방출구 아래의 0.3미터 이상 1미터 미만 사이의 면으로부터 윗부분의 용적으로 한다.

24 과산화나트륨에 대한 설명 중 틀린 것은?

① 순수한 것은 백색이다.
② 상온에서 물과 반응하여 수소가스를 발생한다.
③ 화재 발생 시 주수소화는 위험할 수 있다.
④ CO 및 CO_2 제거제를 제조할 때 사용된다.

해설

상온에서 물과 격렬하게 반응하여 열을 발생하고 산소를 방출시킨다.

$$Na_2O_2 + H_2O \rightarrow 2NaOH + \frac{1}{2}O_2 \uparrow$$

정답 19 ④ 20 ① 21 ③ 22 ④ 23 ② 24 ②

25 위험물안전관리법령에서 정한 품명이 서로 다른 물질을 나열한 것은?

① 이황화탄소, 디에틸에테르
② 에틸알코올, 고형알코올
③ 등유, 경유
④ 중유, 크레오소트유

해설

① 특수인화물(이황화탄소, 디에틸에테르)
② 알코올류(에틸알코올), 인화성 고체(고형알코올)
③ 제2석유류(등유, 경유)
④ 제3석유류(중유, 크레오소트유)

26 위험물 옥내저장소에 과염소산 300kg, 과산화수소 300kg을 저장하고 있다. 저장창고에는 지정수량 몇 배의 위험물을 저장하고 있는가?

① 4　　② 3
③ 2　　④ 1

해설

지정수량의 배수
과염소산, 과산화수소 모두 지정수량은 300kg이다.
∴ 지정수량의 배수$=\frac{300}{300}+\frac{300}{300}=2$

27 위험물안전관리자를 해임할 때에는 해임한 날로부터 며칠 이내에 위험물안전관리자를 다시 선임하여야 하는가?

① 7　　② 14
③ 30　　④ 60

해설

위험물안전관리법 제15조(위험물안전관리자)
안전관리자를 선임한 제조소등의 관계인은 그 안전관리자를 해임하거나 안전관리자가 퇴직한 때에는 해임하거나 퇴직한 날부터 30일 이내에 다시 안전관리자를 선임하여야 한다.

28 염소산염류 250kg, 요오드산염류 600kg, 질산염류 900kg을 저장하고 있는 경우 지정수량의 몇 배가 보관되어 있는가?

① 5배　　② 7배
③ 10배　　④ 12배

해설

지정수량의 배수
- 염소산염류의 지정수량 : 50kg
- 요오드산염류의 지정수량 : 300kg
- 질산염류의 지정수량 : 300kg

∴ 지정수량의 배수$=\frac{250}{50}+\frac{600}{300}+\frac{900}{300}=10$

29 위험물안전관리법령상 품명이 '유기과산화물'인 것으로만 나열된 것은?

① 과산화벤조일, 과산화메틸에틸케톤
② 과산화벤조일, 과산화마그네슘
③ 과산화마그네슘, 과산화메틸에틸케톤
④ 과산화초산, 과산화수소

해설

유기과산화물
과산화벤조일, 과산화메틸에틸케톤, 과산화초산

※ 과산화마그네슘은 제1류 위험물, 과산화수소는 제6류 위험물이다.

30 위험물안전관리법령상 판매취급소에 관한 설명으로 옳지 않은 것은?

① 건축물의 1층에 설치하여야 한다.
② 위험물을 저장하는 탱크시설을 갖추어야 한다.
③ 건축물의 다른 부분과는 내화구조의 격벽으로 구획하여야 한다.
④ 제조소와 달리 안전거리 또는 보유공지에 관한 규제를 받지 않는다.

해설

② 판매취급소는 위험물을 저장하는 탱크시설을 갖추지 않아도 된다.

정답 25 ② 26 ③ 27 ③ 28 ③ 29 ① 30 ②

31 위험물안전관리법령에 의한 위험물 운송에 관한 규정으로 틀린 것은?

① 이동탱크저장소에 의하여 위험물을 운송하는 자는 당해 위험물을 취급할 수 있는 국가기술자격자 또는 안전교육을 받은 자이어야 한다.
② 안전관리자 · 탱크시험자 · 위험물운송자 등 위험물의 안전관리와 관련된 업무를 수행하는 자는 시 · 도지사가 실시하는 안전교육을 받아야 한다.
③ 운송책임자의 범위, 감독 또는 지원의 방법 등에 관한 구체적인 기준은 행정안전부령으로 정한다.
④ 위험물운송자는 이동탱크저장소에 의하여 위험물을 운송하는 때에는 행정안전부령으로 정하는 기준을 준수하는 등 당해 위험물의 안전확보를 위하여 세심한 주의를 기울여야 한다.

해설

② 안전관리자 · 탱크시험자 · 위험물운송자 등 위험물의 안전관리와 관련된 업무를 수행하는 자는 대통령령으로 정하는 안전교육을 받아야 한다.

32 과산화수소의 성질에 대한 설명 중 틀린 것은?

① 알칼리성 용액에 의해 분해될 수 있다.
② 산화제로 사용할 수 있다.
③ 농도가 높을수록 안정하다.
④ 열, 햇빛에 의해 분해될 수 있다.

해설

③ 농도가 높을수록 위험하다(특히, 과산화수소의 농도는 36(중량)% 이상이어야 위험물에 해당).

33 $C_6H_2CH_3(NO_2)_3$을 녹이는 용제가 아닌 것은?

① 물 ② 벤젠
③ 에테르 ④ 아세톤

해설

트리니트로톨루엔[$C_6H_2CH_3(NO_2)_3$]
비수용성, 아세톤, 벤젠, 알코올, 에테르에 잘 녹고, 가열이나 충격을 주면 폭발하기 쉽다.

34 제6류 위험물을 저장하는 옥내탱크저장소로서 단층건물에 설치된 것의 소화난이도등급은?

① Ⅰ등급 ② Ⅱ등급
③ Ⅲ등급 ④ 해당 없음

해설

소화난이도등급(옥내탱크저장소) 제외
제6류 위험물을 저장하는 것 및 고인화점 위험물만을 100℃ 미만의 온도에서 저장하는 것은 제외한다.

35 황린에 관한 설명 중 틀린 것은?

① 물에 잘 녹는다.
② 화재 시 물로 냉각소화할 수 있다.
③ 적린에 비해 불안정하다.
④ 적린과 동소체이다.

해설

① 물과는 반응도 하지 않고, 녹지도 않기 때문에 물속에 저장한다.
② 화재 시 주수소화에 의한 냉각소화를 할 수 있다.
③ 적린(제2류 위험물)에 비해 불안정하다.
④ 적린과 화학식이 같으므로 동소체이다.

36 위험물안전관리법령상 에틸렌글리콜과 혼재하여 운반할 수 없는 위험물은?(단, 지정수량의 10배일 경우이다.)

① 유황 ② 과망간산나트륨
③ 알루미늄분 ④ 트리니트로톨루엔

정답 31 ② 32 ③ 33 ① 34 ④ 35 ① 36 ②

해설

혼재 가능한 위험물은 4 ⇨ 2 3, 5 ⇨ 2 4, 6 ⇨ 1이고, 에틸렌글리콜은 제4류 위험물이다.

①, ③ 제2류 위험물
② 제1류 위험물
④ 제5류 위험물

37 그림의 시험장치는 제 몇 류 위험물의 위험성 판정을 위한 것인가?(단, 고체물질의 위험성 판정이다.)

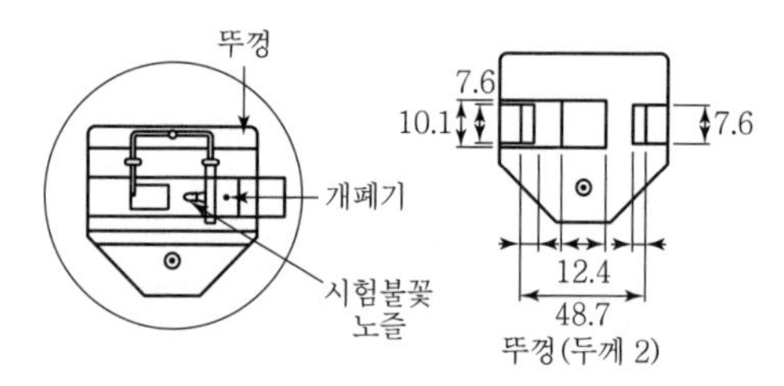

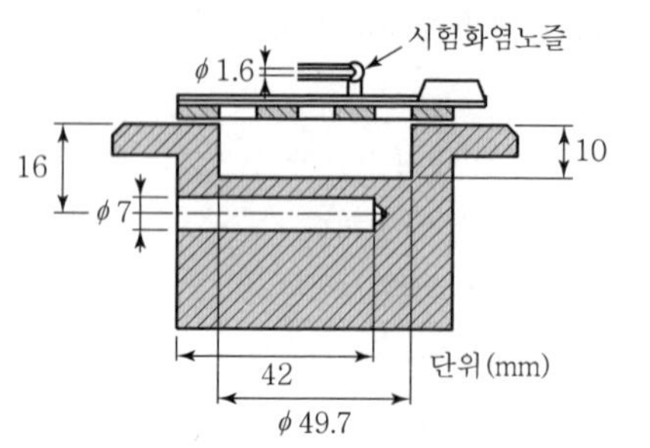

① 제1류　② 제2류
③ 제3류　④ 제4류

해설

제2류 위험물(가연성 고체)의 고체의 인화위험성 시험방법
본 그림은 고체의 인화위험성 시험방법으로 신속평형법(KS M ISO 3679)에 의한 인화점측정기를 설명하고 있다.

38 다음 중 제2석유류만으로 짝지어진 것은?

① 시클로헥산 – 피리딘
② 염화아세틸 – 휘발유
③ 시클로헥산 – 중유
④ 아크릴산 – 포름산

해설

① 시클로헥산(제1석유류) – 피리딘(제1석유류)
② 염화아세틸(제1석유류) – 휘발유(제1석유류)
③ 시클로헥산(제1석유류) – 중유(제3석유류)
④ 아크릴산(제2석유류) – 포름산(제2석유류)

39 다음 중 물과의 반응성이 가장 낮은 것은?

① 인화알루미늄　② 트리에틸알루미늄
③ 오황화인　④ 황린

해설

황린
물과 반응하지 않으므로, 보호액으로 사용한다. 이때 물은 pH 9 정도이다.

40 금속나트륨, 금속칼륨 등을 보호액 속에 저장하는 이유를 가장 옳게 설명한 것은?

① 온도를 낮추기 위하여
② 승화하는 것을 막기 위하여
③ 공기와의 접촉을 막기 위하여
④ 운반 시 충격을 작게 하기 위하여

해설

금속나트륨, 금속칼륨 등을 보호액(석유류) 속에 저장하는 이유는 공기와의 접촉을 막을 수 있기 때문이다.

41 위험물안전관리법령에서 정한 특수인화물의 발화점기준으로 옳은 것은?

① 1기압에서 100℃ 이하
② 0기압에서 100℃ 이하
③ 1기압에서 25℃ 이하
④ 0기압에서 25℃ 이하

해설

특수인화물
이황화탄소, 디에틸에테르, 그 밖에 1atm에서 발화점이 100℃ 이하인 것 또는 인화점이 –20℃ 이하이고 비점이 40℃ 이하인 것을 말한다.

정답 37 ② 38 ④ 39 ④ 40 ③ 41 ①

42 위험물의 지정수량이 잘못된 것은?

① $(C_2H_5)_3Al$: 10kg　② Ca : 50kg
③ LiH : 300kg　④ Al_4C_3 : 500kg

해설

④ 탄화알루미늄(Al_4C_3)은 칼슘 또는 알루미늄의 탄화물로서 지정수량은 300kg이다.

43 다음 중 요오드값이 가장 낮은 것은?

① 해바라기유　② 오동유
③ 아마인유　④ 낙화생유

해설

①, ②, ③은 건성유이고, ④ 불건성유이다. 그러므로 요오도값이 가장 낮은 것은 낙화생유(땅콩기름)이다.

44 탄소 80%, 수소 14%, 황 6%인 물질 1kg이 완전연소하기 위해 필요한 이론공기량은 약 몇 kg인가?(단, 공기 중 산소는 23(중량)%이다.)

① 3.31　② 7.05
③ 11.62　④ 14.41

해설

- $C + O_2 \rightarrow CO_2$: $x = \frac{0.8 \times 1}{12} \times 32 = 2.13333\text{kg}$
- $H_2 + \frac{1}{2}O_2 \rightarrow H_2O$: $x = \frac{0.14 \times 1}{2} \times 16 = 1.12\text{kg}$
- $S + O_2 \rightarrow SO_2$: $x = \frac{0.06 \times 1}{32} \times 32 = 0.06\text{kg}$

$\therefore$ 이론공기량 $= \frac{2.13333 + 1.12 + 0.06}{0.23} = 14.41\text{kg}$

45 다음 중 위험물 운반용기의 외부에 '제4류'와 '위험등급 Ⅱ'의 표시만 보이고 품명이 잘 보이지 않을 때 예상할 수 있는 수납위험물의 품명은?

① 제1석유류　② 제2석유류
③ 제3석유류　④ 제4석유류

해설

제4류 위험물의 위험등급
- 위험등급 Ⅰ : 특수인화물
- 위험등급 Ⅱ : 제1석유류, 알코올류
- 위험등급 Ⅲ : 나머지

46 질산의 저장 및 취급법이 아닌 것은?

① 직사광선을 차단한다.
② 분해방지를 위해 요산, 인산 등을 가한다.
③ 유기물과 접촉을 피한다.
④ 갈색병에 넣어 보관한다.

해설

② 과산화수소의 분해방지를 위해 요산, 인산 등을 가한다.

47 다음 아세톤의 완전연소반응식에서 (　) 안에 알맞은 계수를 차례대로 옳게 나타낸 것은?

$CH_3COCH_3 + (\quad)O_2 \rightarrow (\quad)CO_2 + 3H_2O$

① 3, 4　② 4, 3
③ 6, 3　④ 3, 6

해설

아세톤의 완전연소반응식
$CH_3COCH_3 + 4O_2 \rightarrow 3CO_2 + 3H_2O$

48 다음 중 위험등급 Ⅰ의 위험물이 아닌 것은?

① 무기과산화물　② 적린
③ 나트륨　④ 과산화수소

해설

위험등급 Ⅰ
- 제1류 위험물 중 아염소산염류, 염소산염류, 과염소산염류, 무기과산화물
- 제3류 위험물 중 칼륨, 나트륨, 알킬알루미늄, 알킬리튬, 황린
- 제4류 위험물 중 특수인화물
- 제5류 위험물 중 유기과산화물, 질산에스테르류
- 제6류 위험물

※ ② 적린은 위험등급 Ⅱ에 해당하는 물질이다.

정답 42 ④ 43 ④ 44 ④ 45 ① 46 ② 47 ② 48 ②

49 디에틸에테르의 보관 · 취급에 관한 설명으로 틀린 것은?

① 용기는 밀봉하여 보관한다.
② 환기가 잘 되는 곳에 보관한다.
③ 정전기가 발생하지 않도록 취급한다.
④ 저장용기에 빈 공간이 없게 가득 채워 보관한다.

해설

④ 저장용기에 안전공간 10% 정도 여유를 두고 보관한다.

50 시클로헥산에 관한 설명으로 가장 거리가 먼 것은?

① 고리형 분자구조를 가진 방향족 탄화수소화합물이다.
② 화학식은 C_6H_{12}이다.
③ 비수용성 위험물이다.
④ 제4류 제1석유류에 속한다.

해설

① 고리형 분자구조를 가진 포화탄화수소화합물이다.

51 옥외저장소에서 저장 또는 취급할 수 있는 위험물이 아닌 것은?(단, 국제해상위험물규칙에 적합한 용기에 수납된 위험물의 경우는 제외한다.)

① 제2류 위험물 중 유황
② 제1류 위험물 중 과염소산염류
③ 제6류 위험물
④ 제2류 위험물 중 인화점이 10℃인 인화성 고체

해설

옥외저장소에 저장할 수 있는 위험물
- 제2류 위험물 중 유황, 인화성 고체
- 제4류 위험물 중 특수인화물을 제외한 나머지(단, 제1석유류는 0℃ 이상)
- 제6류 위험물

52 시약(고체)의 명칭이 불분명한 시약병의 내용물을 확인하려고 뚜껑을 열어 시계접시에 소량을 담아놓고 공기 중에서 햇빛을 받는 곳에 방치하던 중 시계접시에서 갑자기 연소현상이 일어났다. 다음 물질 중 이 시약의 명칭으로 예상할 수 있는 것은?

① 황 ② 황린
③ 적린 ④ 질산암모늄

해설

햇빛에 의해 연소반응이 일어나는 것은 자연발화현상이며, 이에 해당되는 위험물은 황린이다.

53 무색의 액체로 융점이 −112℃이고 물과 접촉하면 심하게 발열하는 제6류 위험물은?

① 과산화수소 ② 과염소산
③ 질산 ④ 오불화요오드

해설

과염소산($HClO_4$)
- 무색, 무취의 산화성 액체로 제6류 위험물이다.
- 융점이 −112℃, 비점이 39℃, 비중이 1.76이다.
- 물과 접촉하면 심하게 발열한다.

54 히드라진에 대한 설명으로 틀린 것은?

① 외관은 물과 같이 무색투명하다.
② 가열하면 분해하여 가스를 발생한다.
③ 위험물안전관리법령상 제4류 위험물에 해당한다.
④ 알코올, 물 등의 비극성 용매에 잘 녹는다.

해설

히드라진(N_2H_4)
- 제4류 위험물 제2석유류이다.
- 알코올, 물 등의 극성 용매에 잘 녹는다.

정답 49 ④ 50 ① 51 ② 52 ② 53 ② 54 ④

55 황의 성상에 관한 설명으로 틀린 것은?

① 연소할 때 발생하는 가스는 냄새를 가지고 있으나 인체에 무해하다.
② 미분이 공기 중에 떠 있을 때 분진폭발의 우려가 있다.
③ 용융된 황을 물에서 급랭하면 고무상황을 얻을 수 있다.
④ 연소할 때 아황산가스가 발생한다.

해설

① 연소할 때 발생하는 아황산가스(SO_2)는 독특한 냄새를 가지고, 인체에 유해하다.
$S+O_2 \rightarrow SO_2$

56 이황화탄소를 화재예방상 물속에 저장하는 이유는?

① 불순물을 물에 용해시키기 위해
② 가연성 증기의 발생을 억제하기 위해
③ 상온에서 수소가스를 발생시키기 때문에
④ 공기와 접촉하면 즉시 폭발하기 때문에

해설

이황화탄소는 물보다 무겁고, 녹지 않으므로, 가연성 증기의 발생을 억제하기 위하여 용기나 탱크에 저장 시 물속에 보관해야 한다.

57 위험물제조소 및 일반취급소에 설치하는 자동화재탐지설비의 설치기준으로 틀린 것은?

① 하나의 경계구역은 $600m^2$ 이하로 하고, 한 변의 길이는 50m 이하로 한다.
② 주요한 출입구에서 내부 전체를 볼 수 있는 경우의 경계구역은 $1,000m^2$ 이하로 할 수 있다.
③ 광전식 분리형 감지기를 설치한 경우에는 하나의 경계구역을 $1,000m^2$ 이하로 할 수 있다.
④ 비상전원을 설치하여야 한다.

해설

자동화재탐지설비

- 설치기준은 하나의 경계구역의 면적은 $600m^2$ 이하로 하고 그 한 변의 길이는 50m(광전식 분리형 감지기를 설치할 경우에는 100m) 이하로 할 것. 단, 당해 건축물, 그 밖의 공작물의 주요한 출입구에서 그 내부의 전체를 볼 수 있는 경우에 있어서는 그 면적을 $1,000m^2$ 이하로 할 수 있다.
- 비상전원을 설치하여야 한다.

58 무기과산화물의 일반적인 성질에 대한 설명으로 틀린 것은?

① 과산화수소의 수소가 금속으로 치환된 화합물이다.
② 산화력이 강해 스스로 쉽게 산화한다.
③ 가열하면 분해되어 산소를 발생한다.
④ 물과의 반응성이 크다.

해설

② 산화력은 강하지만 쉽게 산화하지는 않는다.

59 알킬알루미늄 등 또는 아세트알데히드 등을 취급하는 제조소의 특례기준으로서 옳은 것은?

① 알킬알루미늄 등을 취급하는 설비에는 불활성 기체 또는 수증기를 봉입하는 장치를 설치한다.
② 알킬알루미늄 등을 취급하는 설비는 은·수은·동·마그네슘을 성분으로 하는 것으로 만들지 않는다.
③ 아세트알데히드 등을 취급하는 탱크에는 냉각장치 또는 보랭장치 및 불활성기체 봉입장치를 설치한다.
④ 아세트알데히드 등을 취급하는 설비의 주위에는 누설범위를 국한하기 위한 설비와 누설되었을 때 안전한 장소에 설치된 저장실에 유입시킬 수 있는 설비를 갖춘다.

정답 55 ① 56 ② 57 ③ 58 ② 59 ③

해설

① 알킬알루미늄 등을 취급하는 설비에는 불활성기체를 봉입하는 장치를 갖출 것
② 아세트알데히드 등을 취급하는 설비는 은 · 수은 · 동 · 마그네슘 또는 이들을 성분으로 하는 합금으로 만들지 아니할 것
④ 알킬알루미늄 등을 취급하는 설비의 주위에는 누설범위를 국한하기 위한 설비와 누설된 알킬알루미늄 등을 안전한 장소에 설치된 저장실에 유입시킬 수 있는 설비를 갖출 것

60 과염소산의 성질로 옳지 않은 것은?

① 산화성 액체이다.
② 무기화합물이며 물보다 무겁다.
③ 불연성 물질이다.
④ 증기는 공기보다 가볍다.

해설

④ 과염소산의 증기는 공기보다 무겁다.

정답 60 ④

15년 04회 위험물기능사 필기

01 제조소의 옥외에 모두 3기의 휘발유취급탱크를 설치하고 그 주위에 방유제를 설치하고자 한다. 방유제 안에 설치하는 각 취급탱크의 용량이 5만L, 3만L, 2만L일 때 필요한 방유제의 용량은 몇 L 이상인가?

① 66,000 ② 60,000
③ 33,000 ④ 30,000

해설

제조소의 방유제
방유제의 용량
=(최대탱크의 용량×0.5)+(기타 탱크의 용량×0.1)
=(50,000×0.5)+(50,000×0.1)=30,000L

02 위험물안전관리법령에 따라 위험물을 유별로 정리하여 서로 1m 이상의 간격을 두었을 때 옥내저장소에서 함께 저장하는 것이 가능한 경우가 아닌 것은?

① 제1류 위험물(알칼리금속의 과산화물 또는 이를 함유한 것 제외)과 제5류 위험물을 저장하는 경우
② 제3류 위험물 중 알킬알루미늄과 제4류 위험물(알킬알루미늄 또는 알킬리튬을 함유한 것에 한함)을 저장하는 경우
③ 제1류 위험물과 제3류 위험물 중 금수성 물질을 저장하는 경우
④ 제2류 위험물 중 인화성 고체와 제4류 위험물을 저장하는 경우

해설

위험물안전관리법 시행규칙 제49조(제조소등에서의 위험물의 저장 및 취급의 기준)
- 제1류 위험물(알칼리금속의 과산화물 또는 이를 함유한 것 제외)과 제5류 위험물을 저장하는 경우
- 제1류 위험물과 제6류 위험물을 저장하는 경우
- 제1류 위험물과 제3류 위험물 중 자연발화성 물질(황린 또는 이를 함유한 것에 한함)을 저장하는 경우
- 제2류 위험물 중 인화성 고체와 제4류 위험물을 저장하는 경우
- 제3류 위험물 중 알킬알루미늄 등과 제4류 위험물(알킬알루미늄 또는 알킬리튬을 함유한 것에 한함)을 저장하는 경우
- 제4류 위험물 중 유기과산화물 또는 이를 함유하는 것과 제5류 위험물 중 유기과산화물 또는 이를 함유한 것을 저장하는 경우

03 다음 중 스프링클러설비의 소화작용으로 가장 거리가 먼 것은?

① 질식작용 ② 희석작용
③ 냉각작용 ④ 억제작용

해설

스프링클러설비의 소화작용
질식작용, 희석작용, 냉각작용이 있다.

04 금속화재를 옳게 설명한 것은?

① C급 화재이고, 표시색상은 청색이다.
② C급 화재이고, 별도의 표시색상은 없다.
③ D급 화재이고, 표시색상은 청색이다.
④ D급 화재이고, 별도의 표시색상은 없다.

해설

화재의 분류
- A급 화재(일반화재) : 구분색은 백색이다.
- B급 화재(유류 및 가스화재) : 구분색은 황색이다.
- C급 화재(전기화재) : 구분색은 청색이다.
- D급 화재(금속분화재) : 구분색은 없다.

정답 01 ④ 02 ③ 03 ④ 04 ④

05 위험물안전관리법령상 개방형 스프링클러 헤드를 이용하는 스프링클러설비에서 수동식 개방밸브를 개방 · 조작하는 데 필요한 힘은 얼마 이하가 되도록 설치하여야 하는가?

① 5kg ② 10kg
③ 15kg ④ 20kg

해설

스프링클러설비
- 개방형 스프링클러헤드를 이용한 스프링클러설비의 방사구역(하나의 일제개방밸브에 의하여 동시에 방사되는 구역)은 150m² 이상(방호대상물의 바닥면적이 150m² 미만인 경우에는 당해 바닥면적)으로 할 것
- 개방형 스프링클러헤드를 이용하는 스프링클러설비에서 수동식 개방밸브를 개방 · 조작하는 데 필요한 힘은 15kg 이하가 되도록 설치

06 과산화바륨과 물이 반응하였을 때 발생하는 것은?

① 수소 ② 산소
③ 탄산가스 ④ 수성가스

해설

과산화바륨은 물과 반응하여 수산화바륨과 산소를 발생시킨다.

$$BaO_2 + H_2O \rightarrow Ba(OH)_2 + \frac{1}{2}O_2$$

07 트리에틸알루미늄의 화재 시 사용할 수 있는 소화약제(설비)가 아닌 것은?

① 마른 모래 ② 팽창질석
③ 팽창진주암 ④ 이산화탄소

해설

트리에틸알루미늄은 제3류 위험물 금수성 · 자연발화성 물질이므로 소화제로는 탄산수소염류 분말소화약제, 마른 모래, 팽창질석과 팽창진주암이 효과적이다.

08 다음 중 할로겐화물소화약제의 주된 소화효과는?

① 부촉매효과 ② 희석효과
③ 파괴효과 ④ 냉각효과

해설

할로겐화물소화약제

CH_4, C_2H_6과 같은 물질에 수소원자가 탈락되고 할로겐원소, 즉 불소(F_2), 염소(Cl_2), 브롬(Br_2)으로 치환된 물질로 주된 소화효과는 부촉매소화효과이다.

09 가연물이 되기 쉬운 조건이 아닌 것은?

① 산소와 친화력이 클 것
② 열전도율이 클 것
③ 발열량이 클 것
④ 활성화에너지가 작을 것

해설

가연물이 될 수 있는 조건
- 발열량이 클 것
- 열전도율이 작을 것
- 활성화에너지가 작을 것
- 산소와 친화력이 좋을 것
- 표면적이 넓을 것

10 위험물안전관리법령상 옥내주유취급소에 있어서 해당 사무소 등의 출입구 및 피난구와 당해 피난구로 통하는 통로, 계단 및 출입구에 무엇을 설치해야 하는가?

① 화재감지기
② 스프링클러설비
③ 자동화재탐지설비
④ 유도등

해설

위험물안전관리법 시행규칙 제42조(피난설비의 기준)
- 주유취급소 중 건축물의 2층 이상의 부분을 점포 · 휴게음식점 또는 전시장의 용도로 사용하는 것에 있어서

정답 05 ③ 06 ② 07 ④ 08 ① 09 ② 10 ④

는 당해 건축물의 2층 이상으로부터 주유취급소의 부지 밖으로 통하는 출입구와 당해 출입구로 통하는 통로·계단 및 출입구에 유도등을 설치하여야 한다.
- 옥내주유취급소에 있어서는 당해 사무소 등의 출입구 및 피난구와 당해 피난구로 통하는 통로·계단 및 출입구에 유도등을 설치하여야 한다.
- 유도등에는 비상전원을 설치하여야 한다.

11 철분, 금속분, 마그네슘에 적응성이 있는 소화설비는?

① 이산화탄소소화설비
② 할로겐화물소화설비
③ 포소화설비
④ 탄산수소염류 분말소화설비

해설

화재의 적응성

소화설비의 구분	대상물 구분				
	제1류 위험물		제2류 위험물		
	알칼리 금속과산화물 등	그 밖의 것	철분·금속분·마그네슘 등	인화성 고체	그 밖의 것
포소화설비		○		○	○
이산화탄소 소화설비				○	○
할로겐화물 소화설비				○	
탄산수소염류 분말소화설비	○		○	○	

12 제1종 분말소화약제의 주성분으로 사용되는 것은?

① $KHCO_3$
② H_2SO_4
③ $NaHCO_3$
④ $NH_4H_4PO_4$

해설

분말소화약제의 종류별 주성분, 착색된 색깔, 적응화재는 다음과 같다.

종류	주성분	착색	적응화재
제1종 분말	$NaHCO_3$ (탄산수소나트륨)	백색	B, C
제2종 분말	$KHCO_3$ (탄산수소칼륨)	보라색	B, C
제3종 분말	$NH_4H_2PO_4$ (제1인산암모늄)	담홍색	A, B, C
제4종 분말	$KHCO_3+(NH_2)_2CO$ (탄산수소칼륨+요소)	회백색	B, C

13 소화설비의 설치기준에서 유기과산화물 1,000kg은 몇 소요단위에 해당하는가?

① 10
② 20
③ 30
④ 40

해설

- 소요단위 : 지정수량의 10배
- 유기과산화물의 지정수량 : 10kg

$\therefore$ 소요단위 $=\frac{1,000}{10\times10}=10$

14 위험물안전관리법령상 주유취급소에서의 위험물 취급기준으로 옳지 않은 것은?

① 자동차에 주유할 때에는 고정주유설비를 이용하여 직접 주유할 것
② 자동차에 경유 위험물을 주유할 때에는 자동차의 원동기를 반드시 정지시킬 것
③ 고정주유설비에는 당해 주유설비에 접속한 전용탱크 또는 간이탱크의 배관 외의 것을 통하여서는 위험물을 공급하지 아니할 것
④ 고정주유설비에 접속하는 탱크에 위험물을 주입할 때에는 당해 탱크에 접속된 고정주유설비의 사용을 중지할 것

해설

위험물안전관리법 시행령 제49조(제조소등에서의 위험물의 저장 및 취급의 기준)

자동차 등에 인화점 40℃ 미만의 위험물을 주유할 때에는

정답 11 ④ 12 ③ 13 ① 14 ②

자동차 등의 원동기를 정지시킬 것. 단, 연료탱크에 위험물을 주유하는 동안 방출되는 가연성 증기를 회수하는 설비가 부착된 고정주유설비에 의하여 주유하는 경우에는 그러하지 아니하다.

※ 경유의 인화점은 50~70℃로서 40℃ 미만에 속하지 않는다.

15 위험물안전관리자에 대한 설명 중 옳지 않은 것은?

① 이동탱크저장소는 위험물안전관리자 선임대상에 해당하지 않는다.

② 위험물안전관리자가 퇴직한 경우 퇴직한 날부터 30일 이내에 다시 위험물안전관리자를 선임하여야 한다.

③ 위험물안전관리자를 선임한 경우에는 선임한 날로부터 14일 이내에 소방본부장 또는 소방서장에게 신고하여야 한다.

④ 위험물안전관리자가 일시적으로 직무를 수행할 수 없는 경우에는 6개월 이상 실무경력이 있는 사람을 대리자로 지정할 수 있다.

해설

④ 위험물안전관리자가 일시적으로 직무를 수행할 수 없는 경우에는 안전교육을 받은 사람을 대리자로 지정할 수 있다.

16 Halon 1211에 해당하는 물질의 분자식은?

① CBr_2FCl ② CF_2ClBr
③ CCl_2FBr ④ FC_2BrCl

해설

Halon소화약제의 Halon 1211 구성을 예로 들면 천의 자리 숫자는 C의 개수(1개), 백의 자리 숫자는 F의 개수(2개), 십의 자리 숫자는 Cl의 개수(1개), 일의 자리 숫자는 Br의 개수(1개)를 나타내므로, CF_2ClBr이 정답이 된다.

17 주유취급소의 벽(담)에 유리를 부착할 수 있는 기준에 대한 설명으로 옳은 것은?

① 유리 부착위치는 주입구, 고정주유설비로부터 2m 이상 이격되어야 한다.

② 지반면으로부터 50cm를 초과하는 부분에 한하여 설치하여야 한다.

③ 하나의 유리판 가로의 길이는 2m 이내로 한다.

④ 유리의 구조는 기준에 맞는 강화유리로 한다.

해설

위험물안전관리법 시행규칙 제37조(주유취급소의 위치 · 구조 및 설비의 기준)
다음의 기준에 모두 적합한 경우에는 담 또는 벽의 일부분에 방화상 유효한 구조의 유리를 부착할 수 있다.
㉠ 유리를 부착하는 위치는 주입구, 고정주유설비 및 고정급유설비로부터 4m 이상 거리를 둘 것
㉡ 유리를 부착하는 방법은 다음의 기준에 모두 적합할 것
- 주유취급소 내의 지반면으로부터 70cm를 초과하는 부분에 한하여 유리를 부착할 것
- 하나의 유리판의 가로길이는 2m 이내일 것
- 유리판의 테두리를 금속제의 구조물에 견고하게 고정하고 해당 구조물을 담 또는 벽에 견고하게 부착할 것
- 유리의 구조는 접합유리(두 장의 유리를 두께 0.76mm 이상의 폴리비닐부티랄필름으로 접합한 구조)로 하되, '유리구획부분의 내화시험방법(KS F 2845)'에 따라 시험하여 비차열 30분 이상의 방화성능이 인정될 것
㉢ 유리를 부착하는 범위는 전체의 담 또는 벽의 길이의 10분의 2를 초과하지 아니할 것

18 다음 중 위험물안전관리법령에서 정한 지정수량이 나머지 셋과 다른 물질은?

① 아세트산 ② 히드라진
③ 클로로벤젠 ④ 니트로벤젠

해설

① CH_3COOH : 제2석유류, 수용성, 지정수량 2,000L
② N_2H_4 : 제2석유류, 수용성, 지정수량 2,000L
③ C_6H_5Cl : 제2석유류, 비수용성, 지정수량 1,000L
④ $C_6H_5NO_2$: 제3석유류, 비수용성, 지정수량 2,000L

정답 15 ④ 16 ② 17 ③ 18 ③

19 제3류 위험물을 취급하는 제조소는 300명 이상을 수용할 수 있는 극장으로부터 몇 m 이상의 안전거리를 유지하여야 하는가?

① 5　　② 10
③ 30　　④ 70

해설

위험물안전관리법 시행규칙 제28조(제조소의 위치 · 구조 및 설비의 기준)

안전거리	건축물
3m 이상	사용전압이 7,000V 초과 35,000V 이하의 특고압가공전선
5m 이상	사용전압이 35,000V를 초과하는 특고압가공전선
10m 이상	건축물, 그 밖의 공작물로서 주거용으로 사용되는 것
20m 이상	고압가스, 액화석유가스 또는 도시가스를 저장 또는 취급하는 시설
30m 이상	학교·병원·극장, 그 밖에 다수인을 수용하는 시설
50m 이상	유형문화재, 지정문화재

20 표준상태에서 탄소 1몰이 완전히 연소하면 몇 L의 CO_2가 생성되는가?

① 11.2L　　② 22.4L
③ 44.8L　　④ 56.8L

해설

$C+O_2 \rightarrow CO_2$에서 탄소 1몰이 반응하여 이산화탄소 1몰이 생성된다.
∴ 1몰=22.4L

21 위험물안전관리법령에서 정한 알킬알루미늄 등을 저장 또는 취급하는 이동탱크저장소에 비치해야 하는 물품이 아닌 것은?

① 방호복　　② 고무장갑
③ 비상조명등　　④ 휴대용 확성기

해설

위험물안전관리법 시행규칙 제49조(제조소등에서의 위험물의 저장 및 취급에 관한 기준)
알킬알루미늄 등을 저장 또는 취급하는 이동탱크저장소에는 긴급 시의 연락처, 응급조치에 관하여 필요한 사항을 기재한 서류, 방호복, 고무장갑, 밸브 등을 죄는 결합공구 및 휴대용 확성기를 비치하여야 한다.

22 제4류 위험물에 대한 일반적인 설명으로 옳지 않은 것은?

① 대부분 연소하한값이 낮다.
② 발생증기는 가연성이며 대부분 공기보다 무겁다.
③ 대부분 무기화합물이므로 정전기 발생에 주의한다.
④ 인화점이 낮을수록 화재위험성이 높다.

해설

③ 대부분 유기화합물이므로 정전기 발생에 주의한다.

23 위험물안전관리법령에서 정한 아세트알데히드 등을 취급하는 제조소의 특례에 관한 내용이다. (　) 안에 해당하는 물질이 아닌 것은?

> 아세트알데히드 등을 취급하는 설비는 (　) · (　) · (　) · (　) 또는 이들을 성분으로 하는 합금으로 만들지 아니할 것

① 동　　② 은
③ 금　　④ 마그네슘

해설

위험물안전관리법 시행규칙 제28조(제조소의 위치 · 구조 및 설비의 기준)
아세트알데히드 등을 취급하는 설비는 은 · 수은 · 동 · 마그네슘 또는 이들을 성분으로 하는 합금으로 만들지 아니할 것

정답 19 ③ 20 ② 21 ③ 22 ③ 23 ③

24 위험물안전관리법령상 이동탱크저장소에 의한 위험물의 운송 시 장거리에 걸친 운송을 하는 때에는 2명 이상의 운전자로 하는 것이 원칙이다. 다음 중 예외적으로 1명의 운전자가 운송하여도 되는 경우의 기준으로 옳은 것은?

① 운송 도중에 2시간 이내마다 10분 이상씩 휴식하는 경우
② 운송 도중에 2시간 이내마다 20분 이상씩 휴식하는 경우
③ 운송 도중에 4시간 이내마다 10분 이상씩 휴식하는 경우
④ 운송 도중에 4시간 이내마다 20분 이상씩 휴식하는 경우

해설

위험물안전관리법 시행규칙 제52조(위험물의 운반기준)
위험물운송자는 장거리(고속국도에 있어서는 340km 이상, 그 밖의 도로에 있어서는 200km 이상)에 걸쳐 운송을 하는 때에는 2명 이상의 운전자로 할 것. 단, 다음 하나에 해당하는 경우에는 그러하지 아니하다.

- 규정에 의하여 운송책임자를 동승시킨 경우
- 운송하는 위험물이 제2류 위험물 · 제3류 위험물(칼슘 또는 알루미늄의 탄화물과 이것만을 함유한 것에 한함) 또는 제4류 위험물(특수인화물 제외)인 경우
- 운송 도중에 2시간 이내마다 20분 이상씩 휴식하는 경우

25 나트륨에 관한 설명 중 옳은 것은?

① 물보다 무겁다.
② 융점이 100℃보다 높다.
③ 물과 격렬히 반응하여 산소를 발생시키고 발열한다.
④ 등유는 반응이 일어나지 않아 저장에 사용된다.

해설

나트륨

- 비중은 0.97, 융점은 97.7℃이다.
- 물과 격렬히 반응하여 수소를 발생시키고 발열한다.
  $2Na + 2H_2O \rightarrow 2NaOH + H_2$
- 보호액으로 등유(석유), 경유 등이 사용된다.

26 다음 ( ) 안에 알맞은 수치를 차례대로 옳게 나열한 것은?

> 위험물 암반탱크의 공간용적은 당해 탱크 내에 용출하는 ( )일간의 지하수 양에 상당하는 용적과 당해 탱크내용적의 100분의 ( )의 용적 중에서 보다 큰 용적을 공간용적으로 한다.

① 1, 7 ② 3, 5
③ 5, 3 ④ 7, 1

해설

위험물 암반탱크의 공간용적은 당해 탱크 내에 용출하는 7일간의 지하수 양에 상당하는 용적과 당해 탱크내용적의 100분의 1의 용적 중에서 보다 큰 용적을 공간용적으로 한다.

27 위험물안전관리법령상 예방규정을 정하여야 하는 제조소등의 관계인은 위험물제조소등에 대하여 기술기준에 적합한지의 여부를 정기적으로 점검하여야 한다. 법적 최소점검주기에 해당하는 것은?(단, 100만 리터 이상의 옥외탱크저장소는 제외한다.)

① 주 1회 이상 ② 월 1회 이상
③ 6개월에 1회 이상 ④ 연 1회 이상

해설

위험물안전관리법 시행규칙 제64조(정기점검의 횟수)
제조소등의 관계인은 당해 제조소등에 대하여 연 1회 이상 정기점검을 실시하여야 한다.

28 $CH_3COC_2H_5$의 명칭 및 지정수량을 옳게 나타낸 것은?

① 메틸에틸케톤, 50L
② 메틸에틸케톤, 200L
③ 메틸에틸에테르, 50L
④ 메틸에틸에테르, 200L

정답 24 ② 25 ④ 26 ④ 27 ④ 28 ②

해설

메틸에틸케톤(MEK)
- 화학식은 $CH_3COC_2H_5$이며, 제1석유류이다.
- 물에는 잘 녹으나 비수용성으로 분류되며, 지정수량은 200L이다.

29 위험물안전관리법령상 제4석유류를 저장하는 옥내저장탱크의 용량은 지정수량의 몇 배 이하이어야 하는가?

① 20 ② 40
③ 100 ④ 150

해설

위험물안전관리법 시행규칙 제31조(옥내탱크저장소의 기준)
옥내저장탱크의 용량(동일한 탱크전용실에 옥내저장탱크를 2 이상 설치하는 경우에는 각 탱크용량의 합계)은 지정수량의 40배(제4석유류 및 동식물유류 외의 제4류 위험물에 있어서 당해 수량이 20,000L를 초과할 때에는 20,000L) 이하일 것

30 위험물제조소의 환기설비 중 급기구는 급기구가 설치된 실의 바닥면적 몇 m^2마다 1개 이상으로 설치하여야 하는가?

① 100 ② 150
③ 200 ④ 800

해설

위험물안전관리법 시행규칙 제28조(제조소의 기준)
환기설비는 다음의 기준에 의할 것
- 환기는 자연배기방식으로 할 것
- 급기구는 당해 급기구가 설치된 실의 바닥면적 $150m^2$마다 1개 이상으로 하되, 급기구의 크기는 $800cm^2$ 이상으로 할 것
- 급기구는 낮은 곳에 설치하고 가는 눈의 구리망 등으로 인화방지망을 설치할 것

31 위험물제조소등의 종류가 아닌 것은?

① 간이탱크저장소
② 일반취급소
③ 이송취급소
④ 이동판매취급소

해설

제조소등이라 함은 제조소 · 저장소 및 취급소를 말하며, 판매취급소는 있으나 이동판매취급소는 없다.

32 공기를 차단하고 황린을 약 몇 ℃로 가열하면 적린이 생성되는가?

① 60 ② 100
③ 150 ④ 250

해설

공기를 차단하고 황린을 약 250~260℃로 가열하면 적린이 된다.

33 위험물안전관리법령상 정기점검대상인 제조소등의 조건이 아닌 것은?

① 예방규정 작성대상인 제조소등
② 지하탱크저장소
③ 이동탱크저장소
④ 지정수량 5배의 위험물을 취급하는 옥외탱크를 둔 제조소

해설

정기점검 대상인 제조소등
- 예방규정대상에 해당하는 것
- 지하탱크저장소
- 이동탱크저장소
- 위험물을 취급하는 탱크로서 지하에 매설된 탱크가 있는 제조소 · 주유취급소 또는 일반취급소

정답 29 ② 30 ② 31 ④ 32 ④ 33 ④

34 다음 중 지정수량이 가장 큰 것은?

① 과염소산칼륨 ② 트리니트로톨루엔
③ 황린 ④ 유황

해설

① $KClO_4$: 50kg ② TNT : 200kg
③ P_4 : 20kg ④ S : 100kg

35 위험물에 대한 설명 중 옳지 않은 것은?

① 대부분 물보다 가벼우므로 주수소화는 어려움이 있다.
② 점화원으로부터 멀리하고 가열을 피한다.
③ 금속분은 물과의 접촉을 피한다.
④ 용기의 파손으로 인한 위험물의 누설에 주의한다.

해설

① 위험물 중 제4류 위험물에 대한 설명으로 볼 수 있으나, 위험물 전체가 이러한 성질을 가졌다고는 할 수 없다.

36 다음 물질 중 물에 대한 용해도가 가장 낮은 것은?

① 아크릴산 ② 아세트알데히드
③ 벤젠 ④ 글리세린

해설

① $C_3H_4O_2$: 제2석유류, 수용성
② CH_3CHO : 특수인화물, 수용성
③ C_6H_6 : 제1석유류, 비수용성
④ $C_3H_5(OH)_3$: 제3석유류, 수용성

37 분자량이 약 110인 무기과산화물로 물과 접촉하여 발열하는 것은?

① 과산화마그네슘 ② 과산화벤조일
③ 과산화칼슘 ④ 과산화칼륨

해설

① MgO_2의 분자량 = 24 + (16 × 2) = 56
② $(C_6H_5CO)_2O_2$의 분자량 = (105 × 2) + (16 × 2) = 242
③ Ca_2O_2의 분자량 = (20 × 2) + (16 × 2) = 72
④ K_2O_2의 분자량 = (39 × 2) + (16 × 2) = 110

38 1차 알코올에 대한 설명으로 가장 적절한 것은?

① OH기의 수가 하나이다.
② OH기가 결합된 탄소원자에 붙은 알킬기의 수가 하나이다.
③ 가장 간단한 알코올이다.
④ 탄소의 수가 하나인 알코올이다.

해설

- OH기의 수가 하나인 것 : 1가 알코올
- OH기가 결합된 탄소원자에 붙은 알킬기의 수가 하나인 것 : 1차 알코올

39 위험물안전관리법령상 산화성 액체에 대한 설명으로 옳은 것은?

① 과산화수소는 농도와 밀도가 비례한다.
② 과산화수소는 농도가 높을수록 끓는점이 낮아진다.
③ 질산은 상온에서 불연성이지만 고온으로 가열하면 스스로 발화한다.
④ 질산을 황산과 일정 비율로 혼합하여 왕수를 제조할 수 있다.

해설

② 과산화수소는 농도가 높을수록 끓는점이 높아진다.
③ 진한 질산을 가열하면 분해하여 산소를 발생하므로 강한 산화작용을 한다.
④ 진한 질산 1, 진한 염산 3의 비율로 혼합한 것을 왕수(王水)라고 한다.

정답 34 ② 35 ① 36 ③ 37 ④ 38 ② 39 ①

40 위험물안전관리법령상 제4류 위험물 운반용기의 외부에 표시하여야 하는 주의사항을 모두 옳게 나타낸 것은?

① 화기엄금 및 충격주의
② 가연물접촉주의
③ 화기엄금
④ 화기주의 및 충격주의

해설

위험물 운반용기의 외부에 표시하여야 하는 주의사항

- 제1류 위험물 중 무기과산화물류 및 삼산화크롬의 경우에는 '화기 · 충격주의', '물기엄금' 및 '가연물접촉주의', 그 밖의 것의 경우에는 '화기 · 충격주의' 및 '가연물접촉주의'가 있다.
- 제2류 위험물 중 철분, 금속분 또는 마그네슘의 경우에는 '화기주의' 및 '물기엄금', 그 밖의 것의 경우에는 '화기주의'가 있다.
- 제3류 위험물 중 자연발화성 물품의 경우에는 '화기엄금' 및 '공기노출엄금', 금수성 물품의 경우에는 '물기엄금'이 있다.
- 제4류 위험물의 경우에는 '화기엄금'이 있다.
- 제5류 위험물의 경우에는 '화기엄금' 및 '충격주의'가 있다.
- 제6류 위험물 중 과염소산, 과산화수소 및 질산의 경우에는 '가연물접촉주의'가 있다.

41 알루미늄분이 염산과 반응하였을 경우 생성되는 가연성 가스는?

① 산소 ② 질소
③ 메탄 ④ 수소

해설

알루미늄분은 산성 물질(염산)과 반응하여 수소를 발생시킨다.

$2Al + 6HCl \rightarrow 2AlCl_3 + 3H_2 \uparrow$

42 휘발유의 성질 및 취급 시의 주의사항에 관한 설명 중 틀린 것은?

① 증기가 모여 있지 않도록 통풍을 잘 시킨다.
② 인화점이 상온이므로 상온 이상에서는 취급 시 각별한 주의가 필요하다.
③ 정전기 발생에 주의해야 한다.
④ 강산화제 등과 혼촉 시 발화할 위험이 있다.

해설

② 가솔린, 즉 휘발유의 인화점이 −43 ~ −20℃로서 겨울철에도 화재가 발생할 수 있으므로, 취급 시 각별한 주의가 필요하다.

43 위험물안전관리법령에서 정한 주유취급소의 고정주유설비 주위에 보유하여야 하는 주유공지의 기준은?

① 너비 10m 이상, 길이 6m 이상
② 너비 15m 이상, 길이 6m 이상
③ 너비 10m 이상, 길이 10m 이상
④ 너비 15m 이상, 길이 10m 이상

해설

위험물안전관리법 시행규칙 제37조(주유취급소의 기준)

주유취급소의 고정주유설비[펌프기기 및 호스기기로 되어 위험물을 자동차 등에 직접 주유하기 위한 설비로서 현수식(매닮식)의 것 포함]의 주위에는 주유를 받으려는 자동차 등이 출입할 수 있도록 너비 15m 이상, 길이 6m 이상의 콘크리트 등으로 포장한 공지를 보유하여야 한다.

44 위험물안전관리법령상 벌칙의 기준이 나머지 셋과 다른 하나는?

① 제조소등에 대한 긴급 사용정지 · 제한명령을 위반한 자
② 탱크시험자로 등록하지 아니하고 탱크시험자의 업무를 한 자
③ 운반용기에 대한 검사를 받지 아니하고 운반용기를 사용하거나 유통시킨 자
④ 제조소등의 완공검사를 받지 아니하고 위험물을 저장 · 취급한 자

해설

①, ②, ③ 1년 이하의 징역 또는 1천만 원 이하의 벌금
④ 1,500만 원 이하의 벌금

정답 40 ③ 41 ④ 42 ② 43 ② 44 ④

45 위험물안전관리법령에서 정하는 위험등급 Ⅱ에 해당하지 않는 것은?

① 제1류 위험물 중 질산염류
② 제2류 위험물 중 적린
③ 제3류 위험물 중 유기금속화합물
④ 제4류 위험물 중 제2석유류

해설

위험등급 Ⅱ의 위험물

- 제1류 위험물 중 브롬산염류, 질산염류, 요오드산염류, 그 밖에 지정수량이 300kg인 위험물
- 제2류 위험물 중 황화인, 적린, 유황, 그 밖에 지정수량이 100kg인 위험물
- 제3류 위험물 중 알칼리금속(칼륨 및 나트륨 제외) 및 알칼리토금속, 유기금속화합물(알킬알루미늄 및 알킬리튬 제외), 그 밖에 지정수량이 50kg인 위험물
- 제4류 위험물 중 제1석유류 및 알코올류
- 제5류 위험물 중 위험등급 Ⅰ 외의 것

※ ④는 위험등급 Ⅲ이다.

46 니트로셀룰로오스의 위험성에 대하여 옳게 설명한 것은?

① 물과 혼합하면 위험성이 감소된다.
② 공기 중에서 산화되지만 자연발화의 위험은 없다.
③ 건조할수록 발화의 위험성이 낮다.
④ 알코올과 반응하여 발화한다.

해설

① 니트로셀룰로오스를 저장・운반 시 폭발과 같은 위험성을 감소시키기 위하여 물 또는 알코올에 습윤하고, 안정제를 가해서 냉암소에 저장한다.

47 $C_6H_2(NO_2)_3OH$과 CH_3NO_3의 공통성질에 해당하는 것은?

① 니트로화합물이다.
② 인화성과 폭발성이 있는 액체이다.
③ 무색의 방향성 액체이다.
④ 에탄올에 녹는다.

해설

① 트리니트로페놀은 니트로화합물이고, 질산메틸은 질산에스테르류이다.
② 트리니트로페놀은 고체이고, 질산메틸은 액체로서 인화성과 폭발성을 가진다.
③ 트리니트로페놀은 방향성을 가진 휘황색의 고체이고, 질산메틸은 무색투명한 방향성이 없는 액체이다.

※ 트리니트로페놀과 질산메틸은 에탄올에 녹는다.

48 위험물안전관리법령에서 정한 소화설비의 설치기준에 따라 다음 (   ) 안에 알맞은 숫자를 차례대로 나타낸 것은?

> 제조소등에 전기설비(전기배선, 조명기구 등 제외)가 설치된 경우에는 당해 장소의 면적 (   )m^2마다 소형 수동식 소화기를 (   )개 이상 설치할 것

① 50, 1　　② 50, 2
③ 100, 1　　④ 100, 2

해설

제조소등에 전기설비(전기배선, 조명기구 등 제외)가 설치된 경우에는 당해 장소의 면적 100m^2마다 소형 수동식 소화기를 1개 이상 설치해야 한다.

49 알루미늄분말의 저장방법 중 옳은 것은?

① 에틸알코올수용액에 넣어 보관한다.
② 밀폐용기에 넣어 건조한 곳에 저장한다.
③ 폴리에틸렌병에 넣어 수분이 많은 곳에 보관한다.
④ 염산수용액에 넣어 보관한다.

해설

알루미늄분말은 가연성 고체인 금속분으로 유리병에 넣어 건조한 곳에 저장하고, 분진폭발할 염려가 있기 때문에 화기에 주의해야 한다.

정답 45 ④ 46 ① 47 ④ 48 ③ 49 ②

50 다음 중 산을 가하면 이산화염소를 발생시키는 물질은?

① 아염소산나트륨 ② 브롬산나트륨
③ 옥소산칼륨 ④ 중크롬산나트륨

해설

아염소산나트륨과 염산과의 반응식
$3NaClO_2 + 2HCl \rightarrow 3NaCl + 2ClO_2$(이산화염소)$+ H_2O_2 \uparrow$

51 니트로글리세린에 관한 설명으로 틀린 것은?

① 상온에서 액체상태이다.
② 물에는 잘 녹지만 유기용매에는 녹지 않는다.
③ 충격 및 마찰에 민감하므로 주의해야 한다.
④ 다이너마이트의 원료로 쓰인다.

해설

② 물에는 잘 녹지 않으나 에탄올, 에테르, 벤젠 등 유기용매에 잘 녹는다.

52 아세트산에틸의 일반성질 중 틀린 것은?

① 과일냄새를 가진 휘발성 액체이다.
② 증기는 공기보다 무거워 낮은 곳에 체류한다.
③ 강산화제와의 혼촉은 위험하다.
④ 인화점은 −20℃ 이하이다.

해설

아세트산에틸($CH_3COOC_2H_5$)
- 제4류 위험물 제1석유류 초산에스테르류에 속한다.
- 인화점은 −2℃로 인화되기 쉽다.
- 강산화제와의 혼촉은 위험하다.
- 증기는 공기보다 무거워 낮은 곳에 체류한다.

53 위험물안전관리법령상 운송책임자의 감독, 지원을 받아 운송하여야 하는 위험물에 해당하는 것은?

① 알킬알루미늄, 산화프로필렌, 알킬리튬
② 알킬알루미늄, 산화프로필렌
③ 알킬알루미늄, 알킬리튬
④ 산화프로필렌, 알킬리튬

해설

운송책임자의 감독, 지원을 받아 운송하여야 하는 위험물은 알길알루미늄, 알킬리튬이다.

54 위험물안전관리법령상 다음 ( ) 안에 알맞은 수치를 모두 합한 값은?

> ㉠ 과염소산의 지정수량은 ( )kg이다.
> ㉡ 과산화수소는 농도가 ( )(중량)% 미만인 것은 위험물에 해당하지 않는다.
> ㉢ 질산은 비중이 ( ) 이상인 것만 위험물로 규정한다.

① 349.36 ② 549.36
③ 337.49 ④ 537.49

해설

제6류 위험물의 성상
- 과염소산의 지정수량은 300kg이다.
- 과산화수소는 농도가 36(중량)% 미만인 것은 위험물에 해당하지 않는다.
- 질산은 비중이 1.49 이상인 것만 위험물로 규정한다.

$\therefore$ $300 + 36 + 1.49 = 337.49$

55 살충제원료로 사용되기도 하는 암회색물질로 물과 반응하여 포스핀가스를 발생할 위험이 있는 것은?

① 인화아연 ② 수소화나트륨
③ 칼륨 ④ 나트륨

해설

인화아연(Zn_3P_2)
- 살충제원료로 사용되며 순수한 물질일 때 암회색의 결정이다.
- 물과 반응하여 포스핀가스(PH_3)를 발생시킨다.

$Zn_3P_2 + 6H_2O \rightarrow 3Zn(OH)_2 + 2PH_3$

정답 50 ① 51 ② 52 ④ 53 ③ 54 ③ 55 ①

56 유황의 특성 및 위험성에 대한 설명 중 틀린 것은?

① 산화성 물질이므로 환원성 물질과 접촉을 피해야 한다.
② 전기의 부도체이므로 전기절연제로 쓰인다.
③ 공기 중 연소 시 유해가스를 발생한다.
④ 분말상태인 경우 분진폭발의 위험성이 있다.

해설

유황(S)
- 가연성 고체이므로, 산화제 · 화기에 주의하여야 한다.
- 전기의 부도체이므로 전기절연제로 쓰이며, 정전기 발생에 유의하여야 한다.
- 공기 중 연소 시 유해가스인 이산화황(SO_2)을 발생한다.
- 물에는 불용이며, 분말상태인 경우 분진폭발의 위험성이 있다.

57 과산화벤조일 취급 시 주의사항에 대한 설명 중 틀린 것은?

① 수분을 포함하고 있으면 폭발하기 쉽다.
② 가열, 충격, 마찰을 피해야 한다.
③ 저장용기는 차고 어두운 곳에 보관한다.
④ 희석제를 첨가하여 폭발성을 낮출 수 있다.

해설

① 건조한 상태에서는 폭발의 위험이 존재한다.

58 과염소산칼륨의 성질에 관한 설명 중 틀린 것은?

① 무색, 무취의 결정이다.
② 알코올, 에테르에 잘 녹는다.
③ 진한 황산과 접촉하면 폭발할 위험이 있다.
④ 400℃ 이상으로 가열하면 분해하여 산소가 발생한다.

해설

과염소산칼륨($KClO_4$)
- 무색, 무취 사방정계 결정 또는 백색분말이다.
- 물, 알코올, 에테르에 잘 녹지 않는다.
- 분해온도가 400℃로, 분해하면 산소가 발생한다.
- 진한 황산과 접촉하면 폭발할 위험이 있다.

59 분말의 형태로서 150μm의 체를 통과하는 것이 50(중량)% 이상인 것만 위험물로 취급되는 것은?

① Zn ② Fe
③ Ni ④ Cu

해설

금속분의 성상
알칼리금속 · 알칼리토금속 · 철 및 마그네슘 외의 금속의 분말을 말하고, 구리분 · 니켈분 및 150μm의 체를 통과하는 것이 50(중량)% 이상인 것

※ 보기에서는 아연(Zn)이 정답이 된다.

60 다음 물질 중 인화점이 가장 높은 것은?

① 아세톤 ② 디에틸에테르
③ 메탄올 ④ 벤젠

해설

① CH_3COCH_3, −18℃
② $C_2H_5OC_2H_5$, −45℃
③ CH_3OH, 11℃
④ C_6H_6, −11℃

정답 56 ① 57 ① 58 ② 59 ① 60 ③

16년 01회 위험물기능사 필기

01 위험물제조소의 경우 연면적이 최소 몇 m^2이면 자동화재탐지설비를 설치해야 하는가?(단, 원칙적인 경우에 한한다.)

① 100 ② 300
③ 500 ④ 1,000

해설

지정수량 10배의 위험물을 저장 또는 취급하는 제조소에 있어서 연면적이 최소 $500m^2$이면 자동화재탐지설비를 설치해야 한다.

02 메틸알코올 8,000L에 대한 소화능력으로 삽을 포함한 마른 모래를 몇 L 설치하여야 하는가?

① 100 ② 200
③ 300 ④ 400

해설

소요단위

- 1소요단위 : 지정수량 10배
- 메틸알코올의 지정수량 : 400L
- 메틸알코올 소요단위 $= \frac{\text{저장수량}}{\text{지정수량} \times 10\text{배}}$

$$= \frac{8,000}{400 \times 10} = 2$$

∴ 마른 모래(50L)의 능력단위가 0.5이므로 소화능력은 50L × 4 = 200L가 된다.

03 지정수량의 몇 배 이상의 위험물을 취급하는 제조소에는 화재 발생 시 이를 알릴 수 있는 경보설비를 설치하여야 하는가?

① 5 ② 10
③ 20 ④ 100

해설

지정수량의 10배 이상의 위험물을 취급하는 제조소에는 화재 발생 시 이를 알릴 수 있는 경보설비를 설치한다.

04 피크르산의 위험성 및 소화방법에 대한 설명으로 틀린 것은?

① 금속과 화합하여 예민한 금속염이 만들어질 수 있다.
② 운반 시 건조한 것보다는 물에 젖게 하는 것이 안전하다.
③ 알코올과 혼합된 것은 충격에 의한 폭발위험이 있다.
④ 화재 시에는 질식소화가 효과적이다.

해설

④ 피크르산은 제5류 위험물로서 물질 자체에 다량의 산소를 함유하므로 질식소화는 소화효과가 없고 다량의 물로 냉각소화를 하는 것이 효과적이다.

05 단층건물에 설치하는 옥내탱크저장소의 탱크전용실에 비수용성의 제2석유류 위험물을 저장하는 탱크 1개를 설치할 경우, 설치할 수 있는 탱크의 최대용량은?

① 10,000L ② 20,000L
③ 40,000L ④ 80,000L

해설

위험물안전관리법 시행규칙 제31조(옥내탱크저장소의 기준)
옥내저장탱크의 용량(동일한 탱크전용실에 옥내저장탱크를 2 이상 설치하는 경우에는 각 탱크용량의 합계)은 지정수량의 40배(제4석유류 및 동식물유류 외의 제4류 위험물에 있어서 당해 수량이 20,000L를 초과할 때에는 20,000L) 이하일 것

정답 01 ③ 02 ② 03 ② 04 ④ 05 ②

06 위험물안전관리법령상 제6류 위험물에 적응성이 없는 것은?

① 스프링클러설비
② 포소화설비
③ 불활성 가스소화설비
④ 물분무소화설비

해설

소화설비의 구분		제6류 위험물
스프링클러설비		○
물분무등 소화설비	물분무소화설비	○
	포소화설비	○
	불활성 가스소화설비	

07 위험물안전관리법령상 위험물 옥외탱크저장소에 방화에 관하여 필요한 사항을 게시한 게시판에 기재하여야 하는 내용이 아닌 것은?

① 위험물의 지정수량의 배수
② 위험물의 저장 최대수량
③ 위험물의 품명
④ 위험물의 성질

해설

게시판에 기재하여야 하는 내용
- 저장 또는 취급하는 위험물의 유별 · 품명
- 저장 최대수량 또는 취급 최대수량
- 지정수량의 배수 및 안전관리자의 성명 또는 직명

08 주된 연소형태가 증발연소인 것은?

① 나트륨 ② 코크스
③ 양초 ④ 니트로셀룰로오스

해설

증발연소
나프탈렌, 장뇌, 유황, 양초(파라핀) 등의 연소이다.

※ ①, ②는 표면연소, ④는 자기연소에 속한다.

09 금속화재에 마른 모래를 피복하여 소화하는 방법은?

① 제거소화 ② 질식소화
③ 냉각소화 ④ 억제소화

해설

금속화재에 건조사로 피복하는 것은 산소공급의 차단으로 소화하는 것이므로 질식소화에 해당된다.

10 위험물안전관리법령상 위험등급 I의 위험물에 해당하는 것은?

① 무기과산화물 ② 황화인
③ 제1석유류 ④ 유황

해설

위험등급 I
- 제1류 위험물 중 아염소산염류, 염소산염류, 과염소산염류, 무기과산화물, 그 밖에 지정수량이 50kg인 위험물
- 제3류 위험물 중 칼륨, 나트륨, 알킬알루미늄, 알킬리튬, 황린, 그 밖에 지정수량이 10kg 또는 20kg인 위험물
- 제4류 위험물 중 특수인화물
- 제5류 위험물 중 유기과산화물, 질산에스테르류, 그 밖에 지정수량이 10kg인 위험물
- 제6류 위험물

※ ②, ③, ④는 위험등급 Ⅱ에 속한다.

11 위험물안전관리법령상 옥내저장소에서 기계에 의하여 하역하는 구조로 된 용기만을 겹쳐 쌓아 위험물을 저장하는 경우 그 높이는 몇 미터를 초과하지 않아야 하는가?

① 2 ② 4
③ 6 ④ 8

해설

옥내저장소에서 위험물을 저장하는 경우에는 다음의 규정에 의한 높이를 초과하여 용기를 겹쳐 쌓지 아니하여야 한다.
- 기계에 의하여 하역하는 구조로 된 용기만을 겹쳐 쌓는 경우에 있어서는 6m이다.
- 제4류 위험물 중 제3석유류, 제4석유류 및 동식물유류

정답 06 ③ 07 ④ 08 ③ 09 ② 10 ① 11 ③

를 수납하는 용기만을 겹쳐 쌓는 경우에 있어서는 4m 이다.
- 그 밖의 경우에 있어서는 3m이다.

12 연소가 잘 이루어지는 조건으로 거리가 먼 것은?

① 가연물의 발열량이 클 것
② 가연물의 열전도율이 클 것
③ 가연물과 산소의 접촉표면적이 클 것
④ 가연물의 활성화에너지가 작을 것

해설

② 가연물의 열전도율이 작을수록 연소가 잘 이루어진다.

13 위험물안전관리법령상 위험물의 운반에 관한 기준에서 적재 시 혼재가 가능한 위험물을 옳게 나타낸 것은?(단, 각각 지정수량의 10배 이상인 경우이다.)

① 제1류와 제4류　② 제3류와 제6류
③ 제1류와 제5류　④ 제2류와 제4류

해설

혼재 가능 위험물
- 4 ⇨ 2 3 : 제4류와 제2류, 제4류와 제3류는 서로 혼재가 가능하다.
- 5 ⇨ 2 4 : 제5류와 제2류, 제5류와 제4류는 서로 혼재가 가능하다.
- 6 ⇨ 1 : 제6류와 제1류는 서로 혼재가 가능하다.

14 위험물제조소 표지 및 게시판에 대한 설명이다. 위험물안전관리법령상 옳지 않은 것은?

① 표지는 한 변의 길이가 0.3m, 다른 한 변의 길이가 0.6m 이상으로 하여야 한다.
② 표지의 바탕은 백색, 문자는 흑색으로 하여야 한다.
③ 취급하는 위험물에 따라 규정에 의한 주의사항을 표시한 게시판을 설치하여야 한다.
④ 제2류 위험물(인화성 고체 제외)은 '화기엄금' 주의사항 게시판을 설치하여야 한다.

해설

④ 제2류 위험물(인화성 고체 제외)은 '화기주의' 주의사항 게시판을 설치하여야 한다.

15 석유류가 연소할 때 발생하는 가스로 강한 자극적인 냄새가 나며 취급하는 장치를 부식시키는 것은?

① H_2　② CH_4
③ NH_3　④ SO_2

해설

④ 이산화황(SO_2)에 대한 설명이다.

16 그림과 같이 횡으로 설치한 원통형 위험물탱크에 대하여 탱크의 용량을 구하면 약 몇 m^3인가?(단, 공간용적은 탱크내용적의 100분의 5로 한다.)

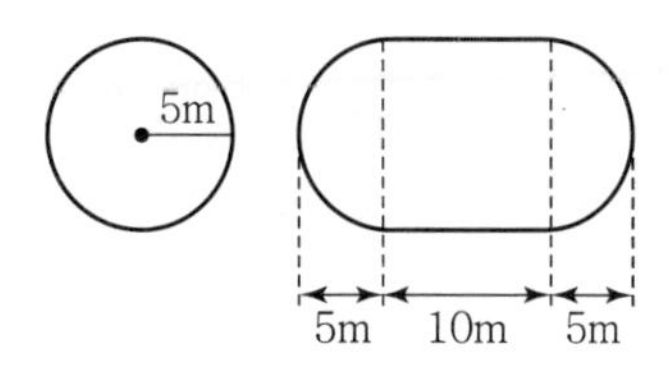

① 52.4　② 291.6
③ 994.8　④ 1,047.2

해설

$$\text{탱크용량} = \pi r^2 \times \left(l + \frac{l_1 + l_2}{3}\right) \times \left(1 - \frac{5}{100}\right)$$
$$= \pi \times 5^2 \times \left(10 + \frac{5+5}{3}\right) \times 0.95 = 994.84$$

17 위험물을 취급함에 있어서 정전기를 유효하게 제거하기 위한 설비를 설치하고자 한다. 위험물안전관리법령상 공기 중의 상대습도를 몇 % 이상 되게 하여야 하는가?

① 50　② 60
③ 70　④ 80

정답 12 ② 13 ④ 14 ④ 15 ④ 16 ③ 17 ③

해설

정전기방지법
• 접지에 의한 방법
• 공기 중의 상대습도를 70% 이상으로 하는 방법
• 공기를 이온화하는 방법

18 제3종 분말소화약제의 열분해 시 생성되는 메타인산의 화학식은?

① H_3PO_4　　② HPO_3
③ $H_4P_2O_7$　　④ $CO(NH_2)_2$

해설

종류	열분해반응식
제1종 분말	$2NaHCO_3 \rightarrow Na_2CO_3 + CO_2 + H_2O$
제2종 분말	$2KHCO_3 \rightarrow K_2CO_3 + CO_2 + H_2O$
제3종 분말	$NH_4H_2PO_4 \rightarrow HPO_3 + NH_3 + H_2O$
제4종 분말	$2KHCO_3 + (NH_2)_2CO \rightarrow K_2CO_3 + 2NH_3 + 2CO_2$

19 위험물안전관리법령상 제조소등의 관계인은 예방규정을 정하여 누구에게 제출하여야 하는가?

① 행정안전부장관　　② 소방서장
③ 시 · 도지사　　④ 한국소방안전원장

해설

위험물안전관리법 제17조(예방규정)
대통령령이 정하는 제조소등의 관계인은 당해 제조소등의 화재예방과 화재 등 재해 발생 시의 비상조치를 위하여 행정안전부령이 정하는 바에 따라 예방규정을 정하여 당해 제조소등의 사용을 시작하기 전에 시 · 도지사에게 제출하여야 한다. 예방규정을 변경한 때에도 또한 같다.

20 다음 중 연소의 3요소를 모두 갖춘 것은?

① 휘발유 + 공기 + 수소
② 적린 + 수소 + 성냥불
③ 성냥불 + 황 + 염소산암모늄
④ 알코올 + 수소 + 염소산암모늄

해설

③ 성냥불(점화원) + 황(가연물) + 염소산암모늄(산소공급원)

21 위험물의 저장방법에 대한 설명으로 옳은 것은?

① 황화인은 알코올 또는 과산화물 속에 저장하여 보관한다.
② 마그네슘은 건조하면 분진폭발의 위험성이 있으므로 물에 습윤하여 저장한다.
③ 적린은 화재예방을 위해 할로겐원소와 혼합하여 저장한다.
④ 수소화리튬은 저장용기에 아르곤과 같은 불활성기체를 봉입한다.

해설

① 황화인은 소량이면 유리병에 넣고 대량이면 양철통에 넣어 보관한다.
② 마그네슘은 건조하면 분진폭발의 위험성이 있으므로 밀폐시키고 습기나 빗물이 침투하지 않도록 해야 한다.
③ 적린은 직사광선을 피하여 냉암소에 보관하고, 물속에 저장하기도 한다.

22 다음은 P_2S_5과 물의 화학반응이다. (　) 안에 알맞은 숫자를 차례대로 나열한 것은?

$$P_2S_5 + (\quad)H_2O \rightarrow (\quad)H_2S + (\quad)H_3PO_4$$

① 2, 8, 5　　② 2, 5, 8
③ 8, 5, 2　　④ 8, 2, 5

해설

오황화인과 물의 화학반응식
$P_2S_5 + 8H_2O \rightarrow 5H_2S + 2H_3PO_4$

정답 18 ② 19 ③ 20 ③ 21 ④ 22 ③

23 위험물안전관리법령상 제조소에서 취급하는 제4류 위험물의 최대수량의 합이 지정수량의 12만 배 미만인 사업소에 두어야 하는 화학소방자동차 및 소방대원의 수의 기준으로 옳은 것은?

① 1대－5인　② 2대－10인
③ 3대－15인　④ 4대－20인

해설

제조소 및 일반취급소의 구분	화학소방 자동차	조작 인원
지정수량의 12만 배 미만	1대	5인
지정수량의 12만 배 이상 24만 배 미만	2대	10인
지정수량의 24만 배 이상 48만 배 미만	3대	15인
지정수량의 48만 배 이상	4대	20인

24 위험물안전관리법령상 위험물 운반용기의 외부에 표시하여야 하는 사항에 해당하지 않는 것은?

① 위험물에 따라 규정된 주의사항
② 위험물의 지정수량
③ 위험물의 수량
④ 위험물의 품명

해설

위험물 운반용기의 외부에 표시해야 할 사항
- 위험물의 품명 · 위험등급 · 화학명 및 수용성("수용성" 표시는 제4류 위험물로서 수용성인 것에 한함)
- 위험물의 수량
- 수납하는 위험물에 따라 규정에 의한 주의사항

25 염소산칼륨의 성질에 대한 설명으로 옳은 것은?

① 가연성 고체이다.
② 강력한 산화제이다.
③ 물보다 가볍다.
④ 열분해하면 수소를 발생한다.

해설

① 조연성 고체이다.
③ 물보다 무겁다(비중 2.33).
④ 열분해하면 산소를 발생한다.
$2KClO_3 \rightarrow 2KCl + 3O_2$

26 저장하는 위험물의 최대수량이 지정수량의 25배일 경우, 건축물의 벽 · 기둥 및 내화구조로 된 위험물 옥내저장소의 보유공지는 몇 m 이상이어야 하는가?

① 0.5　② 1
③ 2　④ 3

해설

옥내저장소의 보유공지

저장 또는 취급하는 위험물의 최대수량	공지의 너비	
	벽, 기둥 및 바닥이 내화구조로 된 건축물	기타의 건축물
지정수량의 5배 미만	－	0.5m 이상
지정수량의 5배 이상 20배 미만	1m 이상	1.5m 이상
지정수량의 20배 이상 50배 미만	2m 이상	3m 이상
지정수량의 50배 이상 100배 미만	3m 이상	5m 이상
지정수량의 100배 이상 200배 미만	5m 이상	10m 이상
지정수량의 200배 이상	10m 이상	15m 이상

27 가솔린의 연소범위(vol%)에 가장 가까운 것은?

① 1.4~7.6　② 8.3~11.4
③ 12.5~19.7　④ 22.3~32.8

정답 23 ① 24 ② 25 ② 26 ③ 27 ①

해설

가솔린
- 제4류 위험물 제1석유류
- 인화점 : −43∼−20℃
- 발화점 : 300℃
- 비중 : 0.65∼0.76
- 연소범위 : 1.4∼7.6vol%
- 유출온도 : 30∼210℃

28 위험물안전관리법령상 운반차량에 혼재해서 적재할 수 없는 것은?(단, 각각의 지정수량은 10배인 경우이다.)

① 염소화규소화합물 – 특수인화물
② 고형알코올 – 니트로화합물
③ 염소산염류 – 질산
④ 질산구아니딘 – 황린

해설

① 제3류 위험물 – 제4류 위험물 : 4 ⇨ 2 3
② 제2류 위험물 – 제5류 위험물 : 5 ⇨ 2 4
③ 제1류 위험물 – 제6류 위험물 : 6 ⇨ 1
④ 제5류 위험물 – 제3류 위험물 : 혼재 불가능

29 위험물의 저장방법에 대한 설명 중 틀린 것은?

① 황린은 공기와의 접촉을 피해 물속에 저장한다.
② 황은 정전기의 축적을 방지하여 저장한다.
③ 알루미늄분말은 건조한 공기 중에서 분진폭발의 위험이 있으므로 정기적으로 분무상의 물을 뿌려야 한다.
④ 황화인은 산화제와의 혼합을 피해 격리해야 한다.

해설

③ 알루미늄분말은 건조한 공기 중에서 분진폭발의 위험이 있으므로 주의하여야 한다(물과는 반응하여 가연성 가스(H_2)를 발생시키므로 물기가 없도록 하여야 한다).

30 제4류 위험물의 화재예방 및 취급방법으로 옳지 않은 것은?

① 이황화탄소는 물속에 저장한다.
② 아세톤은 일광에 의해 분해될 수 있으므로 갈색병에 보관한다.
③ 초산은 내산성 용기에 저장하여야 한다.
④ 건성유는 다공성 가연물과 함께 보관한다.

해설

④ 건성유는 다공성 가연물과 함께 보관하면 위험도는 더 증가한다.

31 위험물안전관리법령상 품명이 나머지 셋과 다른 하나는?

① 트리니트로톨루엔 ② 니트로글리세린
③ 니트로글리콜 ④ 셀룰로이드

해설

- ① 니트로화합물
- ②, ③, ④ 질산에스테르류

32 부틸리튬(n−Butyl Lithium)에 대한 설명으로 옳은 것은?

① 무색의 가연성 고체이며 자극성이 있다.
② 증기는 공기보다 가볍고 점화원에 의해 산화의 위험이 있다.
③ 화재 발생 시 이산화탄소소화설비는 적응성이 없다.
④ 탄화수소나 다른 극성의 액체에 용해가 잘되며 휘발성은 없다.

해설

부틸리튬(C_4H_9Li)
- 제3류 위험물 알킬리튬이다.
- 은백색의 연한 금속으로 물과 만나면 심하게 발열하고, 수소를 발생한다.
- 화재 시 이산화탄소소화설비는 적응성이 없고, 탄산수소염류 분말소화설비가 적당하다.

정답 28 ④ 29 ③ 30 ④ 31 ① 32 ③

33 니트로글리세린은 여름철(30℃)과 겨울철(0℃)에 어떤 상태인가?

① 여름 – 기체, 겨울 – 액체
② 여름 – 액체, 겨울 – 액체
③ 여름 – 액체, 겨울 – 고체
④ 여름 – 고체, 겨울 – 고체

해설

니트로글리세린은 여름에는 액체, 겨울에는 고체상태로 존재한다(융점 14℃).

34 정기점검대상 제조소등에 해당하지 않는 것은?

① 이동탱크저장소
② 지정수량 120배의 위험물을 저장하는 옥외저장소
③ 지정수량 120배의 위험물을 저장하는 옥내저장소
④ 이송취급소

해설

③ 지정수량의 150배 이상의 위험물을 저장하는 옥내저장소

35 위험물안전관리법령상 자동화재탐지설비의 설치기준으로 옳지 않은 것은?

① 경계구역은 건축물의 최소 2개 이상의 층에 걸치도록 할 것
② 하나의 경계구역의 면적은 $600m^2$ 이하로 할 것
③ 감지기는 지붕 또는 벽의 옥내에 면한 부분에 유효하게 화재의 발생을 감지할 수 있도록 설치할 것
④ 비상전원을 설치할 것

해설

자동화재탐지설비의 경계구역은 건축물, 그 밖의 공작물의 2 이상의 층에 걸치지 아니하도록 할 것

36 위험물에 대한 설명으로 틀린 것은?

① 과산화나트륨은 산화성이 있다.
② 과산화나트륨은 인화점이 매우 낮다.
③ 과산화바륨과 염산을 반응시키면 과산화수소가 생긴다.
④ 과산화바륨의 비중은 물보다 크다.

해설

② 과산화나트륨은 산화성 고체인 불연성 물질이므로, 인화점이 없지만, 가열하면 분해하여 산소를 방출한다.
$2Na_2O_2 \rightarrow 2Na_2O + O_2 \uparrow$

37 위험물안전관리법령상 지정수량이 50kg인 것은?

① $KMnO_4$　② $KClO_2$
③ $NaIO_3$　④ NH_4NO_3

해설

① 과망간산칼륨 : 1,000kg
② 아염소산칼륨 : 50kg
③ 요오드산나트륨 : 300kg
④ 질산암모늄 : 300kg

38 적린이 연소하였을 때 발생하는 물질은?

① 인화수소
② 포스겐
③ 오산화인
④ 이산화황

해설

적린이 연소하면 오산화인(P_2O_5)의 흰 연기가 생긴다.
$4P + 5O_2 \rightarrow 2P_2O_5$

정답 33 ③ 34 ③ 35 ① 36 ② 37 ② 38 ③

39 상온에서 액체물질로만 조합된 것은?

① 질산메틸, 니트로글리세린
② 피크르산, 질산메틸
③ 트리니트로톨루엔, 디니트로벤젠
④ 니트로글리콜, 테트릴

해설

① 질산메틸(액체), 니트로글리세린(액체)
② 피크르산(고체), 질산메틸(액체)
③ 트리니트로톨루엔(고체), 디니트로벤젠(고체)
④ 니트로글리콜(액체), 테트릴(고체)

40 제3류 위험물 중 금수성 물질을 제외한 위험물에 적응성이 있는 소화설비가 아닌 것은?

① 분말소화설비
② 스프링클러설비
③ 옥내소화전설비
④ 포소화설비

해설

소화설비의 구분			제3류 위험물	
			금수성 물품	그 밖의 것
옥내소화전설비				○
스프링클러설비				○
포소화설비				○
물분무등소화설비	할로겐화물소화설비			
	분말소화설비	인산염류 등		
		탄산수소염류 등	○	
		그 밖의 것	○	
팽창질석			○	○

41 니트로화합물, 니트로소화합물, 질산에스테르류, 히드록실아민을 각각 50kg씩 저장하고 있을 때 지정수량의 배수가 가장 큰 것은?

① 니트로화합물 ② 니트로소화합물
③ 질산에스테르류 ④ 히드록실아민

해설

① 니트로화합물 : $\frac{50}{200}=0.25$
② 니트로소화합물 : $\frac{50}{200}=0.25$
③ 질산에스테르류 : $\frac{50}{10}=5$
④ 히드록실아민 : $\frac{50}{100}=0.50$

42 위험물안전관리법령상 운송책임자의 감독 · 지원을 받아 운송하여야 하는 위험물에 해당하는 것은?

① 특수인화물
② 알킬리튬
③ 질산구아니딘
④ 히드라진 유도체

해설

운송책임자의 감독 · 지원을 받아 운송하여야 하는 것으로 대통령령이 정하는 위험물

- 알킬알루미늄
- 알킬리튬
- 알킬알루미늄, 알킬리튬을 함유하는 위험물

43 질산암모늄에 대한 설명으로 옳은 것은?

① 물에 녹을 때 발열반응을 한다.
② 가열하면 폭발적으로 분해하여 산소와 암모니아를 생성한다.
③ 소화방법으로 질식소화가 좋다.
④ 단독으로도 급격한 가열, 충격으로 분해 · 폭발할 수 있다.

해설

① 물을 흡수하면 흡열반응을 한다.
② 가열하면 폭발적으로 분해하여 산소를 발생한다.
$2NH_4NO_3 \rightarrow 4H_2O + 2N_2 + O_2$
③ 소화방법으로 주수소화에 의한 냉각소화가 좋다.

정답 39 ① 40 ① 41 ③ 42 ② 43 ④

44 다음 중 위험물안전관리법에서 정의한 '제조소'의 의미로 가장 옳은 것은?

① '제조소'라 함은 위험물을 제조할 목적으로 지정수량 이상의 위험물을 취급하기 위하여 허가를 받은 장소임
② '제조소'라 함은 지정수량 이상의 위험물을 제조할 목적으로 위험물을 취급하기 위하여 허가를 받은 장소임
③ '제조소'라 함은 지정수량 이상의 위험물을 제조할 목적으로 지정수량 이상의 위험물을 취급하기 위하여 허가를 받은 장소임
④ '제조소'라 함은 위험물을 제조할 목적으로 위험물을 취급하기 위하여 허가를 받은 장소임

해설

제조소
위험물을 제조할 목적으로 지정수량 이상의 위험물을 취급하기 위하여 허가를 받은 장소를 말한다.

45 탄화칼슘의 성질에 대하여 옳게 설명한 것은?

① 공기 중에서 아르곤과 반응하여 불연성 기체를 발생한다.
② 공기 중에서 질소와 반응하여 유독한 기체를 낸다.
③ 물과 반응하면 탄소가 생성된다.
④ 물과 반응하여 아세틸렌가스가 생성된다.

해설

④ 물과 반응하여 수산화칼슘과 아세틸렌가스가 생성된다.
$CaC_2 + 2H_2O \rightarrow Ca(OH)_2 + C_2H_2 \uparrow$

46 위험물안전관리법령상 '연소의 우려가 있는 외벽'은 기산점이 되는 선으로부터 3m(2층 이상의 층에 대해서는 5m) 이내에 있는 제조소등의 외벽을 말하는데 이 기산점이 되는 선에 해당하지 않는 것은?

① 동일 부지 내의 다른 건축물과 제조소 부지 간의 중심선
② 제조소등에 인접한 도로의 중심선
③ 제조소등이 설치된 부지의 경계선
④ 제조소등의 외벽과 동일 부지 내의 다른 건축물의 외벽 간의 중심선

해설

위험물제조소에서 연소 우려가 있는 외벽의 기산점이 되는 선
제조소등에 인접한 도로의 중심선, 부지의 경계선, 제조소등의 외벽과 동일 부지 내의 다른 건축물의 외벽 간의 중심선을 말한다.

47 위험물안전관리법령에 명기된 위험물의 운반용기 재질에 포함되지 않는 것은?

① 고무류 ② 유리
③ 도자기 ④ 종이

해설

운반용기의 재질
금속판, 고무류, 유리, 플라스틱, 파이버, 폴리에틸렌, 합성수지, 종이 또는 나무로 하여야 한다.

48 특수인화물 200L와 제4석유류 12,000L를 저장할 때 각각의 지정수량 배수의 합은 얼마인가?

① 3 ② 4
③ 5 ④ 6

해설

- 특수인화물의 지정수량 : 50L
- 제4석유류의 지정수량 : 6,000L

∴ 지정수량 배수의 합$= \frac{200}{50} + \frac{12,000}{6,000} = 6$

49 다음 위험물 중 착화온도가 가장 높은 것은?

① 이황화탄소 ② 디에틸에테르
③ 아세트알데히드 ④ 산화프로필렌

정답 44 ① 45 ④ 46 ① 47 ③ 48 ④ 49 ④

해설

① CS_2 : 100℃
② $C_2H_5OC_2H_5$: 180℃
③ CH_3CHO : 175℃
④ CH_3CH_2CHO : 465℃

50 동식물유류에 대한 설명 중 틀린 것은?

① 연소하면 열에 의해 액온이 상승하여 화재가 커질 위험이 있다.
② 요오드값이 낮을수록 자연발화의 위험이 높다.
③ 동유는 건성유이므로 자연발화의 위험이 있다.
④ 요오드값이 100~130인 것을 반건성유라고 한다.

해설

② 요오드값이 높을수록 자연발화의 위험이 높다.

51 위험물안전관리법령상 위험물 운반 시 방수성 덮개를 하지 않아도 되는 위험물은?

① 나트륨 ② 적린
③ 철분 ④ 과산화칼륨

해설

방수성 덮개를 하여야 할 위험물
- 제1류 위험물 중 무기과산화물류; 삼산화크롬
- 제2류 위험물 중 철분, 금속분, 마그네슘
- 제3류 위험물(황린 제외)

52 연소할 때 연기가 거의 나지 않아 밝은 곳에서 연소상태를 잘 느끼지 못하는 물질로 독성이 매우 강해 먹으면 실명 또는 사망에 이를 수 있는 것은?

① 메틸알코올 ② 에틸알코올
③ 등유 ④ 경유

해설

메틸알코올의 성상
- 무색투명한 액체로서 물, 에테르에 잘 녹는다.
- 독성이 강하여 실명 또는 사망에 이를 수 있다.

53 질산과 과산화수소의 공통적인 성질을 옳게 설명한 것은?

① 물보다 가볍다.
② 물에 녹는다.
③ 점성이 큰 액체로서 환원제이다.
④ 연소가 매우 잘된다.

해설

① 물보다 무겁다(질산 1.49), 과산화수소(1.5)
③ 점성이 큰 액체로서 산화제이다.
④ 모두 제6류 위험물(산화성 액체)로서 조연성 물질이다.

54 제조소등의 위치 · 구조 또는 설비의 변경 없이 해당 제조소등에서 저장하거나 취급하는 위험물의 품명 · 수량 또는 지정수량의 배수를 변경하고자 하는 자는 변경하고자 하는 날의 며칠 전까지 행정안전부령이 정하는 바에 따라 시 · 도지사에게 신고하여야 하는가?

① 1일 ② 14일
③ 21일 ④ 30일

해설

위험물안전관리법 제6조(위험물시설의 설치 및 변경 등)
제조소등의 위치 · 구조 또는 설비의 변경 없이 당해 제조소등에서 저장하거나 취급하는 위험물의 품명 · 수량 또는 지정수량의 배수를 변경하고자 하는 자는 변경하고자 하는 날의 1일 전까지 행정안전부령이 정하는 바에 따라 시 · 도지사에게 신고하여야 한다.

55 과산화벤조일과 과염소산의 지정수량의 합은 몇 kg인가?

① 310 ② 350
③ 400 ④ 500

해설

- 과산화벤조일은 제5류 위험물 유기과산화물로 지정수량은 10kg이다.
- 과염소산은 제6류 위험물로 지정수량은 300kg이다.

∴ 지정수량의 합 = 10 + 300 = 310kg

정답 50 ② 51 ② 52 ① 53 ② 54 ① 55 ①

56 황가루가 공기 중에 떠 있을 때의 주된 위험성에 해당하는 것은?

① 수증기 발생　　② 전기감전
③ 분진폭발　　④ 인화성 가스 발생

해설

분진폭발
황가루가 공기 중에서 떠 있을 때, 정전기 발생에 따른 분진폭발의 위험성이 존재한다.

57 위험물의 인화점에 대한 설명으로 옳은 것은?

① 톨루엔이 벤젠보다 낮다.
② 피리딘이 톨루엔보다 낮다.
③ 벤젠이 아세톤보다 낮다.
④ 아세톤이 피리딘보다 낮다.

해설

① 톨루엔(4℃)이 벤젠(−11℃)보다 높다.
② 피리딘(20℃)이 톨루엔(4℃)보다 높다.
③ 벤젠(−11℃)이 아세톤(−18℃)보다 높다.
④ 아세톤(−18℃)이 피리딘(20℃)보다 낮다.

58 저장 또는 취급하는 위험물의 최대수량이 지정수량의 500배 미만일 때 옥외저장탱크의 측면으로부터 몇 m 이상의 보유공지를 유지하여야 하는가?(단, 제6류 위험물은 제외한다.)

① 1　　② 2
③ 3　　④ 4

해설

옥외저장탱크의 보유공지

위험물의 최대수량	공지의 너비
500배 이하	3m 이상
500배 초과 1,000배 이하	5m 이상
1,000배 초과 2,000배 이하	9m 이상
2,000배 초과 3,000배 이하	12m 이상
3,000배 초과 4,000배 이하	15m 이상
4,000배 초과	당해 탱크의 수평단면의 최대지름(횡형은 긴 변)과 높이 중 큰 것과 같은 거리 이상(단, 30m 초과의 경우에는 30m 이상으로, 15m 미만의 경우에는 15m 이상으로 할 것)

59 위험물안전관리법령상 옥내저장소 저장창고의 바닥은 물이 스며 나오거나 스며들지 아니하는 구조로 하여야 한다. 다음 중 반드시 이 구조로 하지 않아도 되는 위험물은?

① 제1류 위험물 중 알칼리금속의 과산화물
② 제4류 위험물
③ 제5류 위험물
④ 제2류 위험물 중 철분

해설

옥내저장소 저장창고의 바닥은 물이 스며 나오거나 스며들지 아니하는 구조로 하는 위험물은 다음과 같다.

- 제1류 위험물 중 알칼리금속의 과산화물
- 제2류 위험물 중 철분
- 제3류 위험물(황린 제외)
- 제4류 위험물

60 다음 중 산화성 고체위험물에 속하지 않는 것은?

① Na_2O_2　　② $HClO_4$
③ NH_4ClO_4　　④ $KClO_3$

해설

산화성 고체위험물은 제1류 위험물이다.
① 과산화나트륨(제1류 위험물)
② 과염소산(제6류 위험물)
③ 과염소산암모늄(제1류 위험물)
④ 아염소산칼륨(제1류 위험물)

정답 56 ③ 57 ④ 58 ③ 59 ③ 60 ②

16년 02회 위험물기능사 필기

01 다음 중 제4류 위험물의 화재 시 물을 이용한 소화를 시도하기 전에 고려해야 하는 위험물의 성질로 가장 옳은 것은?

① 수용성, 비중 ② 증기비중, 끓는점
③ 색상, 발화점 ④ 분해온도, 녹는점

해설

제4류 위험물의 화재에서 소화 전 고려할 항목
- 수용성 여부 : 물로서 소화 가능 · 불가능을 판단할 수 있다.
- 비중 : 물보다 가벼운가, 무거운가에 따라 물의 소화능력을 알 수 있다.

02 다음 점화에너지 중 물리적 변화에서 얻어지는 것은?

① 압축열 ② 산화열
③ 중합열 ④ 분해열

해설

점화에너지
- 물리적 변화 : 압축열
- 화학적 에너지 : 산화열, 분해열, 중합열

03 금속분의 연소 시 주수소화를 하면 위험한 원인으로 옳은 것은?

① 물에 녹아 산이 된다.
② 물과 작용하여 유독가스를 발생한다.
③ 물과 작용하여 수소가스를 발생한다.
④ 물과 작용하여 산소가스를 발생한다.

해설

금속분은 물과 작용하여 열과 수소가스를 발생시키므로 주수소화는 곤란하다.

04 다음 중 유류저장탱크 화재에서 일어나는 현상으로 거리가 먼 것은?

① 보일오버 ② 플래시오버
③ 슬롭오버 ④ BELVE

해설

플래시오버
가스저장탱크에서 일어나는 현상으로 절연물을 끼워 놓은 두 도체 간 전압이 어떤 전압 이상이 되었을 때 아크방전이 지속되는 현상을 말한다.

05 다음 중 정전기의 방지대책으로 가장 거리가 먼 것은?

① 접지를 한다.
② 공기를 이온화한다.
③ 21% 이상의 산소농도를 유지하도록 한다.
④ 공기의 상대습도를 70% 이상으로 한다.

해설

정전기의 방지대책
- 접지에 의한 방법
- 공기를 이온화하는 방법
- 공기 중의 상대습도를 70% 이상으로 하는 방법

※ ③ 산소농도는 정전기와 관련성이 없으며, 질식소화와 관련이 있다.

06 폭발의 종류에 따른 물질이 잘못 짝지어진 것은?

① 분해폭발 – 아세틸렌, 산화에틸렌
② 분진폭발 – 금속분, 밀가루
③ 중합폭발 – 시안화수소, 염화비닐
④ 산화폭발 – 히드라진, 과산화수소

정답 01 ① 02 ① 03 ③ 04 ② 05 ③ 06 ④

해설

히드라진은 제4류 위험물 제2석유류로서 분해폭발을 일으키는 물질이다.

※ 산화폭발은 산화성 고체 또는 액체이다.

07 착화온도가 낮아지는 원인과 가장 관계가 있는 것은?

① 발열량이 작을 때
② 압력이 높을 때
③ 습도가 높을 때
④ 산소와의 결합력이 나쁠 때

해설

① 발열량이 클 때
③ 습도가 낮을 때
④ 산소와의 결합력이 좋을 때

08 제5류 위험물의 화재예방상 유의사항 및 화재 시 소화방법에 관한 설명으로 옳지 않은 것은?

① 대량의 주수에 의한 소화가 좋다.
② 화재 초기에는 질식소화가 효과적이다.
③ 일부 물질의 경우 운반 또는 저장 시 안정제를 사용해야 한다.
④ 가연물과 산소공급원이 같이 있는 상태이므로 점화원의 방지에 유의하여야 한다.

해설

② 제5류 위험물은 산소를 함유하고 있으므로, 화재 초기라 하더라도 질식소화는 효과가 없다.

09 과염소산의 화재예방에 요구되는 주의사항에 대한 설명으로 옳은 것은?

① 유기물과 접촉 시 발화의 위험이 있기 때문에 가연물과 접촉시키지 않는다.
② 자연발화의 위험이 높으므로 냉각시켜 보관한다.
③ 공기 중 발화하므로 공기와의 접촉을 피해야 한다.
④ 액체상태는 위험하므로 고체상태로 보관한다.

해설

② 자연발화의 위험은 없다.
③ 산화성 액체는 가연성이 아니므로 공기 중 발화하지 않는다.
④ 상온에서 폭발할 위험은 없으므로, 열이 가해지지 않도록 주의하여야 한다.

10 15℃의 기름 100g에 8,000J의 열량을 주면 기름의 온도는 몇 ℃가 되겠는가?(단, 기름의 비열은 2J/g · ℃이다.)

① 25 ② 45
③ 50 ④ 55

해설

$Q = c \times m \times \Delta t$

$8{,}000\,\text{J} = 2\dfrac{\text{J}}{\text{g}\cdot℃} \times 100\text{g} \times (x-15)℃$

$\therefore\ x = 55℃$

11 제6류 위험물의 화재에 적응성이 없는 소화설비는?

① 옥내소화전설비 ② 스프링클러설비
③ 포소화설비 ④ 불활성 가스소화설비

해설

제6류 위험물의 소화적응성

소화설비의 구분	제6류 위험물
옥내소화전설비	○
스프링클러설비	○
포소화설비	○
불활성 가스소화설비	

12 소화약제로서 물의 단점인 동결현상을 방지하기 위하여 주로 사용되는 물질은?

① 에틸알코올 ② 글리세린
③ 에틸렌글리콜 ④ 탄산칼슘

해설

자동차 부동액의 주원료는 에틸렌글리콜이다.

정답 07 ② 08 ② 09 ① 10 ④ 11 ④ 12 ③

13 다음 중 B급 화재에 해당하는 것은?

① 플라스틱화재　　② 휘발유화재
③ 나트륨화재　　④ 전기화재

해설

① A급 화재－일반화재(플라스틱화재)
② B급 화재－유류 및 가스화재(휘발유화재)
③ D급 화재－금속화재(나트륨화재)
④ C급 화재－전기화재

14 위험물안전관리법령상 철분, 금속분, 마그네슘에 적응성이 있는 소화설비는?

① 불활성 가스소화설비
② 할로겐화물소화설비
③ 포소화설비
④ 탄산수소염류소화설비

해설

소화설비의 구분	제2류 위험물		
	철분 · 금속분 · 마그네슘 등	인화성 고체	그 밖의 것
포소화설비		○	○
할로겐화물소화설비		○	
불활성 가스소화설비		○	
탄산수소염류소화설비	○	○	

15 위험물안전관리법령상 제4류 위험물에 적응성이 없는 소화설비는?

① 옥내소화전설비
② 포소화설비
③ 불활성 가스소화설비
④ 할로겐화물소화설비

해설

소화설비의 구분	제4류 위험물
옥내소화전설비	
포소화설비	○
할로겐화물소화설비	○
불활성 가스소화설비	○

16 물은 냉각소화의 주된 대표적인 소화약제이다. 물의 소화효과를 높이기 위하여 무상주수를 함으로써 부가적으로 작용하는 소화효과로 이루어진 것은?

① 질식소화작용, 제거소화작용
② 질식소화작용, 유화소화작용
③ 타격소화작용, 유화소화작용
④ 타격소화작용, 피복소화작용

해설

무상주수소화에 의한 질식소화작용과 화재 내에 물입자의 침투에 의한 유화소화작용을 기대할 수 있다.

17 다음 중 소화약제 강화액의 주성분에 해당하는 것은?

① K_2CO_3　　② K_2O_2
③ CaO_2　　④ $KBrO_3$

해설

강화액소화기
물의 소화능력을 향상시키고 어는점을 낮추어 한랭지역, 겨울철에 사용할 수 있도록 물에 탄산칼륨(K_2CO_3)을 보강시켜 만든 소화기를 말한다.

18 위험물안전관리법령상 소화설비의 적응성에 관한 내용이다. 옳은 것은?

① 마른 모래는 대상물 중 제1류～제6류 위험물에 적응성이 있다.
② 팽창질석은 전기설비를 포함한 모든 대상물에 적응성이 있다.
③ 분말소화약제는 셀룰로이드류의 화재에 가장 적당하다.
④ 물분무소화설비는 전기설비에 사용할 수 없다.

정답 13 ② 14 ④ 15 ① 16 ② 17 ① 18 ①

해설

① 마른 모래는 일명 만능소화제로서 제1류~제6류 위험물에 적응성이 있다.
② 팽창질석은 전기설비를 제외한 모든 대상물(제1류~제6류 위험물)에 적응성이 있다.
③ 분말소화약제는 셀룰로이드류의 화재에 부적당하다.
④ 물분무소화설비는 전기설비에 사용할 수 있다.

19 다음 중 공기포소화약제가 아닌 것은?

① 단백포소화약제
② 합성계면활성제포소화약제
③ 화학포소화약제
④ 수성막포소화약제

해설

포소화약제
㉠ 화학포소화약제
㉡ 기계포(공기포)소화약제
- 단백포소화약제
- 합성계면활성제포소화약제
- 수성막포소화약제
- 내알코올포소화약제

20 분말소화약제 중 제1종과 제2종 분말이 각각 열분해될 때 공통적으로 생성되는 물질은?

① N_2, CO_2　　② N_2, O_2
③ H_2O, CO_2　　④ H_2O, N_2

해설

종류	열분해반응식
제1종 분말	$2NaHCO_3 \rightarrow Na_2CO_3+CO_2+H_2O$
제2종 분말	$2KHCO_3 \rightarrow K_2CO_3+CO_2+H_2O$
제3종 분말	$NH_4H_2PO_4 \rightarrow HPO_3+NH_3+H_2O$
제4종 분말	$2KHCO_3+(NH_2)_2CO \rightarrow K_2CO_3+2NH_3+2CO_2$

21 포름산에 대한 설명으로 옳지 않은 것은?

① 물, 알코올, 에테르에 잘 녹는다.
② 개미산이라고도 한다.
③ 강한 산화제이다.
④ 녹는점이 상온보다 낮다.

해설

① 물, 알코올, 에테르에 잘 녹는다.
② 개미산, 의산(HCOOH)이라고도 한다.
③ 강한 환원제이다.
④ 녹는점이 상온보다 낮다(융점 8.3℃).

22 제3류 위험물에 해당하는 것은?

① NaH　　② Al
③ Mg　　④ P_4S_3

해설

① 수소화나트륨(제3류 위험물)
② 알루미늄(제2류 위험물)
③ 마그네슘(제2류 위험물)
④ 삼황화인(제2류 위험물)

23 지방족 탄화수소가 아닌 것은?

① 톨루엔　　② 아세트알데히드
③ 아세톤　　④ 디에틸에테르

해설

① 톨루엔은 방향족 탄화수소이다.

24 위험물안전관리법령상 위험물의 지정수량으로 옳지 않은 것은?

① 니트로셀룰로오스 : 10kg
② 히드록실아민 : 100kg
③ 아조벤젠 : 50kg
④ 트리니트로페놀 : 200kg

정답 19 ③ 20 ③ 21 ③ 22 ① 23 ① 24 ③

해설

① 질산에스테르유 : 10kg
② 히드록실아민 : 100kg
③ 아조화합물 : 200kg
④ 니트로화합물 : 200kg

25 셀룰로이드에 대한 설명으로 옳은 것은?

① 질소가 함유된 무기물이다.
② 질소가 함유된 유기물이다.
③ 유기의 염화물이다.
④ 무기의 염화물이다.

해설

셀룰로이드는 질소가 함유된 유기물, 즉 탄소가 함유된 화합물이다.

26 에틸알코올의 증기비중은 약 얼마인가?

① 0.72　② 0.91
③ 1.13　④ 1.59

해설

- 공기의 분자량 = 28.84 ≒ 29
- 에틸알코올(C_2H_5OH)의 분자량
  $=(2\times12)+(1\times5)+17=46$

$$\therefore \text{에틸알코올의 증기비중} = \frac{\text{에틸알코올의 분자량}}{\text{공기의 분자량}} = \frac{46}{29} = 1.59$$

27 과염소산나트륨의 성질이 아닌 것은?

① 물과 급격히 반응하여 산소를 발생한다.
② 가열하면 분해되어 조연성 가스를 방출한다.
③ 융점은 400℃보다 높다.
④ 비중은 물보다 무겁다.

해설

과염소산나트륨은 물과 반응하지 않기 때문에 화재 시 다량의 물을 사용한다.

28 인화칼슘이 물과 반응할 경우에 대한 설명 중 틀린 것은?

① 발생가스는 가연성이다.
② 포스겐가스가 발생한다.
③ 발생가스는 독성이 강하다.
④ $Ca(OH)_2$가 생성된다.

해설

① 발생가스는 포스핀(PH_3)으로 가연성이다.
② 포스핀(인화수소)가스가 발생한다.
③ 발생가스는 독성이 강하다.
④ 물과 반응하여 $Ca(OH)_2$과 포스핀이 생성된다.
$Ca_3P_2 + 6H_2O \rightarrow 3Ca(OH)_2 + 2PH_3\uparrow$

29 화학적으로 알코올을 분류할 때 3가 알코올에 해당하는 것은?

① 에탄올　② 메탄올
③ 에틸렌글리콜　④ 글리세린

해설

① C_2H_5OH : 1가 알코올　② CH_3OH : 1가 알코올
③ CH_2-OH / CH_2-OH : 2가 알코올　④ CH_2-OH / $CH-OH$ / CH_2-OH : 3가 알코올

30 위험물안전관리법령상 품명이 다른 하나는?

① 니트로글리콜　② 니트로글리세린
③ 셀룰로이드　④ 테트릴

해설

①, ②, ③ 제5류 질산에스테르류
④ 제5류 니트로화합물

31 주수소화를 할 수 없는 위험물은?

① 금속분　② 적린
③ 유황　④ 과망간산칼륨

정답 25 ② 26 ④ 27 ① 28 ② 29 ④ 30 ④ 31 ①

해설

금속분은 물과 결합하면 가연성 가스인 수소기체를 발생하므로 주수소화가 부적당하다.

32 제1류 위험물 중 흑색화약의 원료로 사용되는 것은?

① KNO_3 ② $NaNO_3$
③ BaO_2 ④ NH_4NO_3

해설

흑색화약의 원료
질산칼륨(KNO_3), 숯가루, 황가루, 황린이다.

33 다음 중 제6류 위험물에 해당하는 것은?

① IF_5 ② $HClO_3$
③ NO_3 ④ H_2O

해설

제6류 위험물(산화성 액체)
- 과염소산, 과산화수소, 질산
- 할로겐간화합물(BrF_3, BrF_5, IF_5)

34 다음 중 제4류 위험물에 해당하는 것은?

① $Pb(N_3)_2$ ② CH_3ONO_2
③ N_2H_4 ④ NH_2OH

해설

① 질화납(아지화납) : 제5류 위험물
② 질산메틸 : 제5류 위험물
③ 히드라진 : 제4류 위험물 제2석유류
④ 하이드록실아민 : 제5류 위험물

35 다음의 분말은 모두 150μm의 체를 통과하는 것이 50(중량)% 이상이 된다. 이들 분말 중 위험물안전관리법령상 품명이 '금속분'으로 분류되는 것은?

① 철분 ② 구리분
③ 알루미늄분 ④ 니켈분

해설

금속분
알칼리금속 · 알칼리토금속 · 철 및 마그네슘 외의 금속의 분말을 말하고, 구리분 · 니켈분 및 150μm의 체를 통과하는 것이 50(중량)% 미만인 것은 제외한다.

36 다음 중 분자량이 가장 큰 위험물은?

① 과염소산 ② 과산화수소
③ 질산 ④ 히드라진

해설

① $HClO_4$: $1+35.5+(4\times16)=100.5$
② H_2O_2 : $(1\times2)+(2\times16)=34$
③ HNO_3 : $1+14+(3\times16)=63$
④ N_2H_4 : $(2\times14)+(1\times4)=32$

37 인화칼슘, 탄화알루미늄, 나트륨이 물과 반응하였을 때 발생하는 가스에 해당하지 않는 것은?

① 포스핀가스 ② 수소
③ 이황화탄소 ④ 메탄

해설

① $Ca_3P_2+6H_2O \rightarrow 3Ca(OH)_2+2PH_3\uparrow$
② $2Na+2H_2O \rightarrow 2NaOH+H_2\uparrow$
④ $Al_4C_3+12H_2O \rightarrow 4Al(OH)_3+3CH_4\uparrow$

38 연소 시 발생하는 가스를 옳게 나타낸 것은?

① 황린 - 황산가스
② 황 - 무수인산가스
③ 적린 - 아황산가스
④ 삼황화인(삼황화인) - 아황산가스

해설

① 황린 - 오산화인($P_4+5O_2 \rightarrow 2P_2O_5\uparrow$)
② 황 - 아황산가스($S+O_2 \rightarrow SO_2\uparrow$)
③ 적린 - 오산화인($4P+5O_2 \rightarrow 2P_2O_5\uparrow$)
④ 삼황화인(삼황화인) - 아황산가스
($P_4S_3+8O_2 \rightarrow 2P_2O_5\uparrow+3SO_2\uparrow$)

정답 32 ① 33 ① 34 ③ 35 ③ 36 ① 37 ③ 38 ④

39 염소산나트륨에 대한 설명으로 틀린 것은?

① 조해성이 크므로 보관용기는 밀봉하는 것이 좋다.
② 무색, 무취의 고체이다.
③ 산과 반응하여 유독성의 이산화나트륨가스가 발생한다.
④ 물, 알코올, 글리세린에 녹는다.

해설

③ 산과 반응하여 유독성의 이산화염소(ClO_2)가 발생한다.
$2NaClO_3 + 2HCl \rightarrow 2NaCl + H_2O_2 + 2ClO_2 \uparrow$

40 질산칼륨을 약 400℃에서 가열하여 열분해시킬 때 주로 생성되는 물질은?

① 질산과 산소
② 질산과 칼륨
③ 아질산칼륨과 산소
④ 아질산칼륨과 질소

해설

질산칼륨을 약 400℃에서 가열하여 열분해시킬 때 산소와 아질산칼륨을 생성한다.

$$2KNO_3 \xrightarrow[\Delta]{400℃} 2KNO_2 + O_2 \uparrow$$

41 위험물안전관리법령에서 정한 피난설비에 관한 내용이다. ( ) 안에 알맞은 것은?

> 주유취급소 중 건축물의 2층 이상의 부분을 점포·휴게음식점 또는 전시장의 용도로 사용하는 것에 있어서는 해당 건축물의 2층 이상으로부터 주유취급소의 부지 밖으로 통하는 출입구와 해당 출입구로 통하는 통로·계단 및 출입구에 ( )을(를) 설치하여야 한다.

① 피난사다리　　② 유도등
③ 공기호흡기　　④ 시각경보기

해설

위험물안전관리법 시행규칙 제42조(피난설비의 기준)

- 주유취급소 중 건축물의 2층 이상의 부분을 점포·휴게음식점 또는 전시장의 용도로 사용하는 것에 있어서는 당해 건축물의 2층 이상으로부터 주유취급소의 부지 밖으로 통하는 출입구와 당해 출입구로 통하는 통로·계단 및 출입구에 유도등을 설치하여야 한다.
- 옥내주유취급소에 있어서는 당해 사무소 등의 출입구 및 피난구와 당해 피난구로 통하는 통로·계단 및 출입구에 유도등을 설치하여야 한다.
- 유도등에는 비상전원을 설치하여야 한다.

42 옥내저장소에 제3류 위험물인 황린을 저장하면서 위험물안전관리법령에 의한 최소한의 보유공지로 2m를 옥내저장소 주위에 확보하였다. 이 옥내저장소에 저장하고 있는 황린의 수량은?(단, 옥내저장소의 구조는 벽·기둥 및 바닥이 내화구조로 되어 있고 그 외의 다른 사항은 고려하지 않는다.)

① 100kg 초과 500kg 이하
② 200kg 초과 400kg 이하
③ 500kg 초과 5,000kg 이하
④ 1,000kg 초과 40,000kg 이하

해설

저장 또는 취급하는 위험물의 최대수량	공지의 너비	
	벽·기둥 및 바닥이 내화구조로 된 건축물	그 밖의 건축물
지정수량의 5배 이하	-	0.5m 이상
지정수량의 5배 초과 10배 이하	1m 이상	1.5m 이상
지정수량의 10배 초과 20배 이하	2m 이상	3m 이상
지정수량의 20배 초과 50배 이하	3m 이상	5m 이상
지정수량의 50배 초과 200배 이하	5m 이상	10m 이상
지정수량의 200배 초과	10m 이상	15m 이상

- 황린의 지정수량 : 20kg
- 보유공지 : 2m ⇨ 지정수량의 10배 초과 20배 이하

∴ 200kg 초과 400kg 이하

정답 39 ③ 40 ③ 41 ② 42 ②

43 위험물안전관리법령상 이동탱크저장소에 의한 위험물의 운송 시 위험물운송자는 장거리에 걸쳐 운송을 하는 때에는 2명 이상의 운전자로 하여야 한다. 다음 중 그러하지 않아도 되는 경우가 아닌 것은?

① 적린을 운송하는 경우
② 알루미늄의 탄화물을 운송하는 경우
③ 이황화탄소를 운송하는 경우
④ 운송 도중에 2시간 이내마다 20분 이상씩 휴식하는 경우

해설

이동탱크저장소에 의한 위험물의 운송 시 준수하여야 하는 기준
위험물운송자는 장거리(고속국도에 있어서는 340km 이상, 그 밖의 도로에 있어서는 200km 이상)에 걸쳐 운송을 하는 때에는 2명 이상의 운전자로 할 것. 단, 다음의 경우에는 그러하지 아니하다.

- 운송책임자를 동승시킨 경우
- 운송하는 위험물이 제2류 위험물 · 제3류 위험물(칼슘 또는 알루미늄의 탄화물과 이것만을 함유한 것에 한함) 또는 제4류 위험물(특수인화물 제외)인 경우
- 운송 도중에 2시간 이내마다 20분 이상씩 휴식하는 경우

44 각각 지정수량의 10배인 위험물을 운반할 경우 제5류 위험물과 혼재 가능한 위험물에 해당하는 것은?

① 제1류 위험물
② 제2류 위험물
③ 제3류 위험물
④ 제6류 위험물

해설

혼재 가능 위험물

- 4 ⇨ 2 3 : 제4류와 제2류, 제4류와 제3류는 서로 혼재가 가능하다.
- 5 ⇨ 2 4 : 제5류와 제2류, 제5류와 제4류는 서로 혼재가 가능하다.
- 6 ⇨ 1 : 제6류와 제1류는 서로 혼재가 가능하다.

45 위험물안전관리법령상 옥외탱크저장소의 기준에 따라 다음의 인화성 액체위험물을 저장하는 옥외저장탱크 1~4호를 동일의 방유제 내에 설치하는 경우 방유제에 필요한 최소용량으로서 옳은 것은?(단, 암반탱크 또는 특수액체위험물탱크의 경우는 제외한다.)

㉠ 1호 탱크－등유 1,500kL
㉡ 2호 탱크－가솔린 1,000kL
㉢ 3호 탱크－경유 500kL
㉣ 4호 탱크－중유 250kL

① 1,650kL　② 1,500kL
③ 500kL　④ 250kL

해설

- 하나의 저장탱크 : 당해 탱크용량의 110% 이상
- 2기 이상의 저장탱크 : 용량이 최대인 것의 용량의 110% 이상으로 할 것

∴ 방유제에 필요한 최소용량
$=$가장 큰 탱크의 용량$\times 1.1$
$= 1{,}500 \times 1.1 = 1{,}650$kL

46 위험물안전관리법령상 사업소의 관계인이 자체소방대를 설치하여야 할 제조소등의 기준으로 옳은 것은?

① 제4류 위험물을 지정수량의 3천 배 이상 취급하는 제조소 또는 일반취급소
② 제4류 위험물을 지정수량의 5천 배 이상 취급하는 제조소 또는 일반취급소
③ 제4류 위험물 중 특수인화물을 지정수량의 3천 배 이상 취급하는 제조소 또는 일반취급소
④ 제4류 위험물 중 특수인화물을 지정수량의 5천 배 이상 취급하는 제조소 또는 일반취급소

해설

자체소방대의 설치대상
지정수량 3천 배 이상의 제4류 위험물을 취급하는 제조소 또는 일반취급소이다.

정답　43 ③　44 ②　45 ①　46 ①

47 소화난이도등급 Ⅱ의 제조소에 소화설비를 설치할 때 대형 수동식 소화기와 함께 설치하여야 하는 소형 수동식 소화기 등의 능력단위에 관한 설명으로 옳은 것은?

① 위험물의 소요단위에 해당하는 능력단위의 소형 수동식 소화기 등을 설치할 것
② 위험물의 소요단위의 $\frac{1}{2}$ 이상에 해당하는 능력단위의 소형 수동식 소화기 등을 설치할 것
③ 위험물의 소요단위의 $\frac{1}{5}$ 이상에 해당하는 능력단위의 소형 수동식 소화기 등을 설치할 것
④ 위험물의 소요단위의 10배 이상에 해당하는 능력단위의 소형 수동식 소화기 등을 설치할 것

해설

소화난이도등급 Ⅱ의 제조소등에 설치하여야 하는 소화설비

구분	소화설비
제조소, 옥내저장소, 옥외저장소, 주유취급소, 판매취급소, 일반취급소	방사능력범위 내에 당해 건축물, 그 밖의 공작물 및 위험물이 포함되도록 대형 수동식 소화기를 설치하고, 당해 위험물의 소요단위의 $\frac{1}{5}$ 이상에 해당되는 능력단위의 소형 수동식 소화기 등을 설치할 것
옥외탱크저장소, 옥내탱크저장소	대형 수동식 소화기 및 소형 수동식 소화기 등을 각각 1개 이상 설치할 것

48 다음 중 위험물안전관리법이 적용되는 영역은?

① 항공기에 의한 대한민국 영공에서의 위험물의 저장, 취급 및 운반
② 궤도에 의한 위험물의 저장, 취급 및 운반
③ 철도에 의한 위험물의 저장, 취급 및 운반
④ 자가용 승용차에 의한 지정수량 이하의 위험물의 저장, 취급 및 운반

해설

위험물안전관리법의 적용제외영역
항공기, 선박, 철도 및 궤도에 의한 위험물의 저장·취급 및 운반은 적용하지 않는다.

49 위험물안전관리법령상 위험물의 운반 시 운반용기는 기준에 따라 수납·적재하여야 한다. 다음 중 틀린 것은?

① 수납하는 위험물과 위험한 반응을 일으키지 않아야 한다.
② 고체위험물은 운반용기 내용적의 95% 이하로 수납하여야 한다.
③ 액체위험물은 운반용기 내용적의 95% 이하로 수납하여야 한다.
④ 하나의 외장용기에는 다른 종류의 위험물을 수납하지 않는다.

해설

③ 액체위험물은 운반용기 내용적의 98% 이하로 수납하여야 한다.

50 위험물안전관리법령상 위험물을 운반하기 위해 적재할 때, 예를 들어 제6류 위험물은 1가지 유별(제1류 위험물)하고만 혼재할 수 있다. 다음 중 가장 많은 유별과 혼재가 가능한 것은?(단, 지정수량의 $\frac{1}{10}$을 초과하는 위험물이다.)

① 제1류　② 제2류
③ 제3류　④ 제4류

해설

혼재 가능 위험물
- 4 ⇨ 2 3 : 제4류와 제2류, 제4류와 제3류는 서로 혼재가 가능하다.
- 5 ⇨ 2 4 : 제5류와 제2류, 제5류와 제4류는 서로 혼재가 가능하다.
- 6 ⇨ 1 : 제6류와 제1류는 서로 혼재가 가능하다.

∴ 가장 많은 유별과 혼재가 가능한 것은 제4류 위험물(제2류, 제3류, 제5류)이다.

정답 47 ③ 48 ④ 49 ③ 50 ④

51 다음 위험물 중 옥외저장소에서 저장 · 취급할 수 없는 것은?(단, 특별시 · 광역시 또는 도의 조례에서 정하는 위험물과 IMDG Code에 적합한 용기에 수납된 위험물의 경우는 제외한다.)

① 아세트산 ② 에틸렌글리콜
③ 크레오소트유 ④ 아세톤

해설

옥외저장소에 저장할 수 있는 위험물
- 제2류 위험물 중 유황, 인화성 고체
- 제4류 위험물 중 특수인화물을 제외한 나머지(단, 제1석유류는 0℃ 이상)
- 제6류 위험물

※ 아세톤은 제1석유류에 해당되지만 인화점이 −18℃이므로 저장할 수 없는 위험물이다.

52 디에틸에테르에 대한 설명으로 틀린 것은?

① 일반식은 R−CO−R′이다.
② 연소범위는 약 1.9~48%이다.
③ 증기비중값이 비중값보다 크다.
④ 휘발성이 높고 마취성을 가진다.

해설

① 일반식은 R−O−R′이다($C_2H_5-O-C_2H_5$).

53 위험물안전관리상 지하탱크저장소 탱크전용실의 안쪽과 지하저장탱크 사이는 몇 m 이상의 간격을 유지하여야 하는가?

① 0.1 ② 0.2
③ 0.3 ④ 0.5

해설

탱크전용실의 설치기준
- 지하의 가장 가까운 벽 · 피트 · 가스관 등의 시설물과 대지경계선으로부터 0.1m 이상 떨어진 곳에 설치한다.
- 지하저장탱크와 탱크전용실의 안쪽과의 간격은 0.1m 이상이다.
- 탱크 주위에 마른 모래 또는 습기 등에 의하여 응고되지 않는 입자지름 5mm 이하의 마른 자갈분을 채워야 한다.

54 다음 ( ) 안에 들어갈 수치를 순서대로 바르게 나열한 것은?(단, 제4류 위험물에 적응성을 갖기 위한 살수밀도기준을 적용하는 경우를 제외한다.)

위험물제조소등에 설치하는 폐쇄형 헤드의 스프링클러설비는 30개의 헤드를 동시에 사용할 경우 각 선단의 방사압력이 ( )kPa 이상이고 방수량이 1분당 ( )L 이상이어야 한다.

① 100, 80 ② 120, 80
③ 100, 100 ④ 120, 100

해설

위험물제조소등에 설치하는 폐쇄형 헤드의 스프링클러설비는 30개의 헤드를 동시에 사용할 경우 각 선단의 방사압력이 100kPa 이상이고 방수량이 1분당 80L 이상이어야 한다.

55 위험물안전관리법령상 제조소등의 위치 · 구조 또는 설비 가운데 시 · 도지사가 정하는 사항을 변경허가를 받지 아니하고 제조소등의 위치 · 구조 또는 설비를 변경한 때 1차 행정처분기준으로 옳은 것은?

① 사용정지 15일
② 경고 또는 사용정지 15일
③ 사용정지 30일
④ 경고 또는 업무정지 30일

해설

제조소등의 위치 · 구조 및 설비기준을 위반하여 사용한 때의 시 · 도지사 행정처분
- 1차 : 경고 또는 사용정지 15일
- 2차 : 사용정지 60일
- 3차 : 허가취소

정답 51 ④ 52 ① 53 ① 54 ① 55 ②

56 위험물안전관리법령상 제조소등의 관계인이 정기적으로 점검하여야 할 대상이 아닌 것은?

① 지정수량의 10배 이상의 위험물을 취급하는 제조소
② 지하탱크저장소
③ 이동탱크저장소
④ 지정수량의 100배 이상의 위험물은 저장하는 옥외탱크저장소

해설

정기점검대상인 제조소등
- 지정수량 10배 이상의 위험물을 취급하는 제조소
- 지정수량 200배 이상의 위험물을 저장하는 옥외탱크저장소
- 지하탱크저장소
- 이동탱크저장소

57 위험물안전관리법령상 위험물제조소의 옥외에 있는 하나의 액체위험물 취급탱크 주위에 설치하는 방유제의 용량은 해당 탱크용량의 몇 % 이상으로 하여야 하는가?

① 50% ② 60%
③ 100% ④ 110%

해설

위험물제조소의 방유제
- 하나의 취급탱크 : 당해 탱크용량의 50% 이상
- 2기 이상의 취급탱크 : (용량이 최대인 것의 50%) + (나머지 탱크용량 합계의 10%) 이상

58 위험물안전관리법령상 이송취급소에 설치하는 경보설비의 기준에 따라 이송기지에 설치하여야 하는 경보설비로만 이루어진 것은?

① 확성장치, 비상벨장치
② 비상방송설비, 비상경보설비
③ 확성장치, 비상방송설비
④ 비상방송설비, 자동화재탐지설비

해설

이송취급소에 설치하는 경보설비
- 이송기지에는 비상벨장치 및 확성장치를 설치할 것
- 가연성 증기가 발생하는 위험물을 취급하는 펌프실 등에는 가연성 증기 경보설비를 설치할 것

59 위험물안전관리법령상 위험물의 탱크내용적 및 공간용적에 관한 기준으로 틀린 것은?

① 위험물을 저장 또는 취급하는 탱크의 용량은 해당 탱크의 내용적에서 공간용적을 뺀 용적으로 한다.
② 탱크의 공간용적은 탱크의 내용적의 100분의 5 이상 100분의 10 이하의 용적으로 한다.
③ 소화설비(소화약제 방출구를 탱크 안의 윗부분에 설치하는 것에 한함)를 설치하는 탱크의 공간용적은 해당 소화설비의 소화약제 방출구 아래의 0.3m 이상 1m 미만 사이의 면으로부터 윗부분의 용적으로 한다.
④ 암반탱크에 있어서는 해당 탱크 내에 용출하는 30일간의 지하수의 양에 상당하는 용적과 해당 탱크의 내용적의 100분의 1의 용적 중에서 보다 큰 용적을 공간용적으로 한다.

해설

④ 암반탱크에 있어서는 해당 탱크 내에 용출하는 7일간의 지하수의 양에 상당하는 용적과 해당 탱크의 내용적의 100분의 1의 용적 중에서 보다 큰 용적을 공간용적으로 한다.

60 위험물안전관리법령상 위험등급의 종류가 나머지 셋과 다른 하나는?

① 제1류 위험물 중 중크롬산염류
② 제2류 위험물 중 인화성 고체
③ 제3류 위험물 중 금속의 인화물
④ 제4류 위험물 중 알코올류

해설

①, ②, ③ 위험등급 Ⅲ
④ 위험등급 Ⅱ

정답 56 ④ 57 ① 58 ① 59 ④ 60 ④

16년 03회 위험물기능사 필기

01 다음과 같은 반응에서 $5m^3$의 탄산가스를 만들기 위해 필요한 탄산수소나트륨의 양은 약 몇 kg인가?(단, 표준상태이고, 나트륨의 원자량은 23이다.)

$$2NaHCO_3 \rightarrow Na_2CO_3 + CO_2 + H_2O$$

① 18.75　② 37.5
③ 56.25　④ 75

해설

$2NaHCO_3 \rightarrow Na_2CO_3 + CO_2 + H_2O$
$NaHCO_3(x\text{kg}) : CO_2(5m^3) = (2 \times 84\text{kg}) : (22.4m^3)$
$\therefore x = 37.5\text{kg}$

02 연소의 3요소인 산소공급원이 될 수 없는 것은?

① H_2O_2　② KNO_3
③ HNO_3　④ CO_2

해설

산소공급원
위험물에서 산소공급원은 제1류 위험물인 산화성 고체(질산칼륨), 제6류 위험물인 산화성 액체(과산화수소, 질산)를 의미한다.

03 탄화칼슘은 물과 반응 시 위험성이 증가하는 물질이다. 주수소화 시 물과 반응하면 어떤 가스가 발생하는가?

① 수소　② 메탄
③ 에탄　④ 아세틸렌

해설

탄화칼슘은 물과 반응하여 수산화칼슘과 아세틸렌가스가 발생한다.
$CaC_2 + 2H_2O \rightarrow Ca(OH)_2 + C_2H_2 \uparrow$

04 위험물의 자연발화를 방지하는 방법으로 가장 거리가 먼 것은?

① 통풍을 잘 시킬 것
② 저장실의 온도를 낮출 것
③ 습도가 높은 곳에서 저장할 것
④ 정촉매작용을 하는 물질과의 접촉을 피할 것

해설

③ 습도가 (적당히) 높은 곳에 저장하면 자연발화가 잘 일어난다.

05 공기 중의 산소농도를 한계산소량 이하로 낮추어 연소를 중지시키는 소화방법은?

① 냉각소화　② 제거소화
③ 억제소화　④ 질식소화

해설

질식소화는 산소농도를 15% 이하로 낮추어 연소를 중단시키는 방법이다.

06 다음 중 제5류 위험물의 화재 시 가장 적당한 소화방법은?

① 물에 의한 냉각소화
② 질소에 의한 질식소화
③ 사염화탄소에 의한 부촉매소화
④ 이산화탄소에 의한 질식소화

해설

제5류 위험물인 자기반응성 물질은 질식소화, 부촉매소화 등은 부적당하고, 물에 의한 냉각소화가 가장 효과적이다.

정답 01 ② 02 ④ 03 ④ 04 ③ 05 ④ 06 ①

07 인화칼슘이 물과 반응하였을 때 발생하는 가스는?

① 수소 ② 포스겐
③ 포스핀 ④ 아세틸렌

해설

인화칼슘(Ca_3P_2)이 물과 반응하면 포스핀(PH_3)을 생성한다.
$Ca_3P_2 + 6H_2O \rightarrow 3Ca(OH)_2 + 2PH_3$

08 위험물안전관리법령상 제3류 위험물 중 금수성 물질의 제조소에 설치하는 주의사항 게시판의 바탕색과 문자색을 옳게 나타낸 것은?

① 청색바탕에 황색문자
② 황색바탕에 청색문자
③ 청색바탕에 백색문자
④ 백색바탕에 청색문자

해설

금수성 물질은 청색바탕에 백색문자로 물기엄금을 표시한다.

09 폭굉유도거리(DID)가 짧아지는 경우는?

① 정상 연소속도가 작은 혼합가스일수록 짧아진다.
② 압력이 높을수록 짧아진다.
③ 관지름이 넓을수록 짧아진다.
④ 점화원의 에너지가 약할수록 짧아진다.

해설

① 정상 연소속도가 큰 혼합가스일수록 짧아진다.
③ 관 속에 방해물이 있거나 관경이 좁을수록 짧아진다.
④ 점화원의 에너지가 강할수록 짧아진다.

10 연소에 대한 설명으로 옳지 않은 것은?

① 산화되기 쉬운 것일수록 타기 쉽다.
② 산소와의 접촉면적이 큰 것일수록 타기 쉽다.
③ 충분한 산소가 있어야 타기 쉽다.
④ 열전도율이 큰 것일수록 타기 쉽다.

해설

④ 열전도율이 작은 것일수록 타기 쉽다.

11 위험물안전관리법령상 제4류 위험물에 적응성이 있는 소화기가 아닌 것은?

① 이산화탄소소화기
② 봉상강화액소화기
③ 포소화기
④ 인산염류 분말소화기

해설

소화설비의 구분	제4류 위험물
봉상강화액소화기	
이산화탄소소화기	○
인삼염류 분말소화기	○
포소화기	○

12 위험물안전관리법령상 알칼리금속 과산화물에 적응성이 있는 소화설비는?

① 할로겐화물소화설비
② 탄산수소염류 분말소화설비
③ 물분무소화설비
④ 스프링클러설비

해설

소화설비의 구분	제1류 위험물	
	알칼리금속 과산화물 등	그 밖의 것
스프링클러설비		○
물분무소화설비		○
할로겐화물소화설비		
탄산수소염류 분말소화설비	○	

정답 07 ③ 08 ③ 09 ② 10 ④ 11 ② 12 ②

13 수성막포소화약제에 사용되는 계면활성제는?

① 염화단백포 계면활성제
② 산소계 계면활성제
③ 황산계 계면활성제
④ 불소계 계면활성제

해설

수성막포소화약제에 사용되는 계면활성제는 불소계 계면활성제이다.

14 다음 중 강화액소화약제의 주된 소화원리에 해당하는 것은?

① 냉각소화 ② 절연소화
③ 제거소화 ④ 발포소화

해설

강화액소화약제
한랭지 또는 겨울철에 사용할 수 있도록 물에 탄산칼륨을 보강시킨 것으로 소화원리는 냉각소화이다.

15 Halon 1001의 화학식에서 수소원자의 수는?

① 0 ② 1
③ 2 ④ 3

해설

Halon 1001에서 천의 자리 숫자는 C의 개수(1개), 백의 자리 숫자는 F의 개수(0개), 십의 자리 숫자는 Cl의 개수(0개), 일의 자리 숫자는 Br의 개수(1)를 나타낸다.
∴ 수소원자의 수 = 4 − 1(Br의 수) = 3

16 다음 중 탄산칼륨을 물에 용해시킨 강화액소화약제의 pH에 가장 가까운 값은?

① 1 ② 4
③ 7 ④ 12

해설

강화액소화약제는 한랭지 또는 겨울철에 사용할 수 있는 소화약제로 pH 12 이상의 알칼리성을 띤다.

17 이산화탄소소화약제에 관한 설명 중 틀린 것은?

① 소화약제에 의한 오손이 없다.
② 소화약제 중 증발잠열이 가장 크다.
③ 전기절연성이 있다.
④ 장기간 저장이 가능하다.

해설

② 증발잠열이 가장 큰 소화약제는 539kcal kg인 물소화약제이며 이산화탄소의 증발잠열은 56.13kcal/kg이다.

18 질소와 아르곤과 이산화탄소의 용량비가 52 : 40 : 8인 혼합물소화약제에 해당하는 것은?

① IG − 541 ② HCFC − BLEND A
③ HFC − 125 ④ HFC − 23

해설

할로겐화물 및 불활성기체

소화약제	화학식
IG − 01	Ar : 100%
IG − 100	N_2 : 100%
IG − 541	N_2 : 52%, Ar : 40%, CO_2 : 8%
IG − 55	N_2 : 50%, Ar : 50%

19 할로겐화물 및 불활성기체 소화설비의 기본 성분이 아닌 것은?

① 헬륨 ② 질소
③ 불소 ④ 아르곤

해설

문제 18번 해설 참조

정답 13 ④ 14 ① 15 ④ 16 ④ 17 ② 18 ① 19 ③

20 물과 친화력이 있는 수용성 용매의 화재에 보통의 포소화약제를 사용하면 포가 파괴되기 때문에 소화효과를 잃게 된다. 이와 같은 단점을 보완한 소화약제로 가연성인 수용성 용매의 화재에 유효한 효과를 가지고 있는 것은?

① 알코올형 포소화약제
② 단백포소화약제
③ 합성계면활성제포소화약제
④ 수성막포소화약제

해설

① 알코올형 포소화약제에 대한 설명이다.

21 질산과 과염소산의 공통성질이 아닌 것은?

① 가연성이며 강산화제이다.
② 비중이 1보다 크다.
③ 가연물과의 혼합으로 발화의 위험이 있다.
④ 물과 접촉하면 발열한다.

해설

① 제6류 위험물(산화성 액체)로서 불연성이며 강산화제이다.

22 물과 반응하여 가연성 가스를 발생하지 않는 것은?

① 칼륨　　② 과산화칼륨
③ 탄화알루미늄　　④ 트리에틸알루미늄

해설

① $K-H_2$　　② $K_2O_2-O_2$
③ $Al_4C_3-C_2H_2$　　④ $(C_2H_5)_3Al-C_2H_6$

23 다음 (　) 안에 알맞은 말은?

> 위험물안전관리법령에서는 특수인화물을 1기압에서 발화점이 100℃ 이하인 것 또는 인화점이 (　) 이하이고 비점이 40℃ 이하인 것으로 정의한다.

① −10℃　　② −20℃
③ −30℃　　④ −40℃

해설

특수인화물
1기압에서 발화점이 100℃ 이하인 것 또는 인화점이 −20℃ 이하이고 비점이 40℃ 이하인 것을 말한다.

24 다음 중 제6류 위험물이 아닌 것은?

① 할로겐간화합물　　② 과염소산
③ 아염소산　　④ 과산화수소

해설

제6류 위험물 산화성 액체
- 과염소산, 과산화수소, 질산
- 할로겐간화합물(BrF_3, BrF_5, IF_5)

※ 아염소산($HClO_2$)은 위험물이 아니다.

25 다음 중 제1류 위험물에 해당되지 않는 것은?

① 염소산칼륨　　② 과염소산암모늄
③ 과산화바륨　　④ 질산구아니딘

해설

④ 질산구아니딘은 제5류 위험물(행정안전부령이 정하는 것)이다.

26 니트로글리세린에 대한 설명으로 옳은 것은?

① 물에 매우 잘 녹는다.
② 공기 중에서 점화하면 연소하나 폭발의 위험은 없다.
③ 충격에 대하여 민감하여 폭발을 일으키기 쉽다.
④ 제5류 위험물의 니트로화합물에 속한다.

해설

① 물에 녹지 않고 알코올, 벤젠 등에 녹는다.
② 공기 중에서 점화하면 연소하고 폭발의 위험이 있다.
④ 제5류 위험물의 질산에스테르류에 속한다.

정답 20 ① 21 ① 22 ② 23 ② 24 ③ 25 ④ 26 ③

27 과산화나트륨에 대한 설명으로 틀린 것은?

① 알코올에 잘 녹아서 산소와 수소를 발생시킨다.
② 상온에서 물과 격렬하게 반응한다.
③ 비중이 약 2.8이다.
④ 조해성 물질이다.

해설
① 알코올에는 잘 녹지 않고, 물과 반응하여 산소를 발생시킨다.

28 다음 위험물 중 지정수량이 나머지 셋과 다른 하나는?

① 마그네슘 ② 금속분
③ 철분 ④ 유황

해설
제2류 위험물 가연성 고체의 지정수량
• 황화인, 적린, 유황 : 100kg
• 금속분, 철분, 마그네슘 : 500kg

29 제4류 위험물의 일반적인 성질에 대한 설명 중 틀린 것은?

① 대부분 유기화합물이다.
② 액체상태이다.
③ 대부분 물보다 가볍다.
④ 대부분 물에 녹기 쉽다.

해설
④ 제4류 위험물은 유류이며, 대부분 물에 녹기 어렵다.

30 다음 물질 중 과염소산칼륨과 혼합하였을 때 발화, 폭발의 위험이 가장 높은 것은?

① 석면 ② 금
③ 유리 ④ 목탄

해설
과염소산칼륨(산화성 고체)은 가연물(목탄 등)과의 혼합 시 가열, 마찰, 외부적 충격에 의해 폭발한다. 이때 산화성 고체는 산소공급원 역할을 한다.

31 피리딘의 일반적인 성질에 대한 설명 중 틀린 것은?

① 순수한 것은 무색액체이다.
② 약알칼리성을 나타낸다.
③ 물보다 가볍고, 증기는 공기보다 무겁다.
④ 흡습성이 없고, 비수용성이다.

해설
④ 피리딘은 수용성 물질이다.

32 메틸리튬과 물의 반응 시 생성물로 옳은 것은?

① 메탄, 수소화리튬 ② 메탄, 수산화리튬
③ 에탄, 수소화리튬 ④ 에탄, 수산화리튬

해설
메틸리튬과 물의 반응 시 생성물
$CH_3Li + H_2O \rightarrow CH_4 + LiOH$

33 위험물의 성질에 대한 설명 중 틀린 것은?

① 황린은 공기 중에서 산화할 수 있다.
② 적린은 $KClO_3$과 혼합하면 위험하다.
③ 황은 물에 매우 잘 녹는다.
④ 황화인은 가연성 고체이다.

해설
③ 황은 물에 녹지 않는다.

34 다음 중 인화점이 가장 높은 것은?

① 등유 ② 벤젠
③ 아세톤 ④ 아세트알데히드

해설
① 제2석유류(등유) : 40~70℃
② 제1석유류(C_6H_6) : −11℃
③ 제1석유류(CH_3COCH_3) : −18℃
④ 특수인화물(CH_3CHO) : −39℃

정답 27 ① 28 ④ 29 ④ 30 ④ 31 ④ 32 ② 33 ③ 34 ①

35 다음 위험물 중 물보다 가벼운 것은?

① 메틸에틸케톤 ② 니트로벤젠
③ 에틸렌글리콜 ④ 글리세린

해설

① 제1석유류($CH_3COC_2H_5$) : 비중 0.8
② 제3석유류($C_6H_5NO_2$) : 비중 1.20
③ 제3석유류[$C_2H_4(OH)_2$] : 비중 1.10
④ 제3석유류[$C_3H_5(OH)_3$] : 비중 1.26

36 트리니트로톨루엔의 작용기에 해당하는 것은?

① $-NO$ ② $-NO_2$
③ $-NO_3$ ④ $-NO_4$

해설

트리니트로톨루엔[$C_6H_2CH_3(NO_2)_3$]의 작용기는 니트로기($-NO_2$)이다.

37 다음 중 제5류 위험물로만 나열된 것은?

① 과산화벤조일, 질산메틸
② 과산화초산, 디니트로벤젠
③ 과산화수소, 니트로글리콜
④ 아세토니트릴, 트리니트로톨루엔

해설

① 과산화벤조일(제5류 유기과산화물), 질산메틸(제5류 질산에스테르류)
② 과산화초산(위험물 아님), 디니트로벤젠(제5류 니트로화합물)
③ 과산화수소(제6류 위험물), 니트로글리콜(제5류 질산에스테르류)
④ 아세토니트릴(제4류 제1석유류), 트리니트로톨루엔(제5류 니트로화합물)

38 제4류 위험물인 클로로벤젠의 지정수량으로 옳은 것은?

① 200L ② 400L
③ 1,000L ④ 2,000L

해설

클로로벤젠(C_6H_5Cl)은 제2석유류의 비수용성 물질이므로 지정수량은 1,000L이다.

39 알루미늄분의 성질에 대한 설명으로 옳은 것은?

① 금속 중에서 연소열량이 가장 적다.
② 끓는 물과 반응해서 수소를 발생한다.
③ 수산화나트륨 수용액과 반응해서 산소를 발생한다.
④ 안전한 저장을 위해 할로겐원소와 혼합한다.

해설

① 금속 중에서 연소열량이 많은 편에 속한다.
② 물(수증기)과 반응하여 수소를 발생시킨다.
$2Al + 6H_2O \rightarrow 2Al(OH)_3 + 3H_2$
③ 수산화나트륨 수용액과 반응해서 수소를 발생한다.
④ 할로겐과 반응하여 할로겐화물을 형성한다.

40 위험물안전관리법령상 위험물제조소에 설치하는 배출설비에 대한 내용으로 틀린 것은?

① 배출설비는 예외적인 경우를 제외하고는 국소방식으로 하여야 한다.
② 배출설비는 강제배출방식으로 한다.
③ 급기구는 낮은 장소에 설치하고 인화방지망을 설치한다.
④ 배출구는 지상 2m 이상 높이에 연소의 우려가 없는 곳에 설치한다.

해설

③ 급기구는 높은 장소에 설치하고 인화방지망을 설치한다.

41 아조화합물 800kg, 히드록실아민 300kg, 유기과산화물 40kg의 총량은 지정수량의 몇 배에 해당하는가?

① 7배 ② 9배
③ 10배 ④ 11배

정답 35 ① 36 ② 37 ① 38 ③ 39 ② 40 ③ 41 ④

해설

- 아조화합물의 지정수량 : 200kg
- 히드록실아민의 지정수량 : 100kg
- 유기과산화물의 지정수량 : 10kg

∴ 지정수량의 배수 = $\frac{800}{200}+\frac{300}{100}+\frac{40}{10}=11$

42 위험물안전관리법령상 주유취급소 중 건축물의 2층을 휴게음식점의 용도로 사용하는 것에 있어 해당 건물의 2층으로부터 직접 주유취급소의 부지 밖으로 통하는 출입구와 해당 출입구로 통하는 통로계단에 설치하여야 하는 것은?

① 비상경보설비
② 유도등
③ 비상조명등
④ 확성장치

해설

유도등
위험물안전관리법령상 주유취급소 중 건축물의 2층을 휴게음식점의 용도로 사용하는 것에 있어 해당 건물의 2층으로부터 직접 주유취급소의 부지 밖으로 통하는 출입구와 해당 출입구로 통하는 통로계단에 설치하여야 한다.

43 아염소산나트륨의 저장 및 취급 시 주의사항으로 가장 거리가 먼 것은?

① 물속에 넣어 냉암소에 저장한다.
② 강산류와의 접촉을 피한다.
③ 취급 시 충격, 마찰을 피한다.
④ 가연성 물질의 접촉을 피한다.

해설

① 아염소산나트륨은 물에 잘 녹기 때문에 물속에 저장하지 말고, 서늘한 곳에 밀폐하여 냉암소에 저장한다.

44 인화점이 21℃ 미만인 액체위험물의 옥외저장탱크 주입구에 설치하는 "옥외저장탱크 주입구"라고 표시한 게시판의 바탕 및 문자색을 옳게 나타낸 것은?

① 백색바탕 – 적색문자
② 적색바탕 – 백색문자
③ 백색바탕 – 흑색문자
④ 흑색바탕 – 백색문자

해설

"옥외저장탱크 주입구"라고 표시한 게시판은 백색바탕 – 흑색문자로 나타낸다.

45 위험물의 운반에 관한 기준에서 다음 (　　) 안에 알맞은 온도는 몇 ℃인가?

적재하는 제5류 위험물 중 (　　)℃ 이하의 온도에서 분해될 우려가 있는 것은 보랭 컨테이너에 수납하는 등 적정한 온도관리를 유지하여야 한다.

① 40　　② 50
③ 55　　④ 60

해설

적재하는 제5류 위험물 중 55℃ 이하의 온도에서 분해될 우려가 있는 것은 보랭 컨테이너에 수납하는 등의 방법으로 적정한 온도관리를 유지하여야 한다.

46 위험물안전관리법령상 배출설비를 설치하여야 하는 옥내저장조의 기준에 해당하는 것은?

① 가연성 증기가 액화할 우려가 있는 장소
② 모든 장소의 옥내저장소
③ 가연성 미분이 체류할 우려가 있는 장소
④ 인화점이 70℃ 미만인 위험물의 옥내저장소

해설

저장창고에는 규정에 준하여 위험물을 저장 · 취급하기 위하여 필요한 채광, 조명, 환기 및 배출설비를 설치하여야 한다. 단, 인화점이 70℃ 이상인 위험물의 저장창고에는 배출설비를 설치하지 아니할 수 있다.

정답 42 ② 43 ① 44 ③ 45 ③ 46 ④

47 위험물안전관리법령상 연면적이 450m²인 저장소의 건축물 외벽이 내화구조가 아닌 경우 이 저장소의 소화기 소요단위는?

① 3　　② 4.5
③ 6　　④ 9

해설

- 저장소 외벽이 내화구조인 경우 : $150m^2$
- 저장소 외벽이 내화구조가 아닌 경우 : $75m^2$

$\therefore \frac{450}{75}=6$단위

48 위험물안전관리법령상 위험물안전관리자의 책무에 해당하지 않는 것은?

① 화재 등의 재난이 발생한 경우 소방관서 등에 대한 연락업무
② 화재 등의 재난이 발생한 경우 응급조치
③ 위험물의 취급에 관한 일지의 작성, 기록
④ 위험물안전관리자의 선임신고

해설

④ 위험물안전관리자의 선임신고는 소방본부장 또는 소방서장에게 신고하여야 하나, 이는 위험물안전관리자의 책무와는 무관하다.

49 위험물안전관리법령상 옥내소화전설비의 기준에 따르면 펌프를 이용한 가압송수장치에서 펌프의 토출량은 옥내소화전의 설치개수가 가장 많은 층에 대해 해당 설치개수(5개 이상인 경우에는 5개)에 얼마를 곱한 양 이상이 되도록 하여야 하는가?

① 260L/min　　② 360L/min
③ 460L/min　　④ 560L/min

해설

옥내소화전설비
펌프의 토출량은 옥내소화전의 설치개수가 가장 많은 층에 대해 당해 설치개수(설치개수가 5개 이상인 경우에는 5개로 한다)에 260L/min을 곱한 양 이상이 되도록 한다.

50 위험물안전관리법령상 주유취급소에 설치·운영할 수 없는 건축물 또는 시설은?

① 주유취급소를 출입하는 사람을 대상으로 하는 그림전시장
② 주유취급소를 출입하는 사람을 대상으로 하는 일반음식점
③ 주유원 주거시설
④ 주유취급소를 출입하는 사람을 대상으로 하는 휴게음식점

해설

위험물안전관리법 시행규칙 제37조(주유취급소의 기준)
주유취급소에는 주유 또는 그에 부대하는 업무를 위하여 사용되는 다음의 건축물 또는 시설 외에는 다른 건축물, 그 밖의 공작물을 설치할 수 없다.

- 주유 또는 등유·경유를 옮겨 담기 위한 작업장
- 주유취급소의 업무를 행하기 위한 사무소
- 자동차 등의 점검 및 간이정비를 위한 작업장
- 자동차 등의 세정을 위한 작업장
- 주유취급소에 출입하는 사람을 대상으로 한 점포·휴게음식점 또는 전시장
- 주유취급소의 관계자가 거주하는 주거시설
- 전기자동차용 충전설비(전기를 동력원으로 하는 자동차에 직접 전기를 공급하는 설비)
- 그 밖의 소방청장이 정하여 고시하는 건축물 또는 시설

51 제2류 위험물 중 인화성 고체의 제조소에 설치하는 주의사항 게시판에 표시할 내용을 옳게 나타낸 것은?

① 적색바탕에 백색문자로 "화기엄금" 표시
② 적색바탕에 백색문자로 "화기주의" 표시
③ 백색바탕에 적색문자로 "화기엄금" 표시
④ 백색바탕에 적색문자로 "화기주의" 표시

정답 47 ③ 48 ④ 49 ① 50 ② 51 ①

해설

위험물 종류	주의사항	바탕색	문자색
• 제1류 위험물 중 알칼리금속의 과산화물 • 제3류 위험물 중 금수성 물질	물기엄금	청색	백색
• 제2류 위험물(인화성 고체 제외)	화기주의	적색	백색
• 제2류 위험물 중 인화성 고체 • 제3류 위험물 중 자연발화성 물질 • 제4류 위험물 • 제5류 위험물	화기엄금	적색	백색

52 위험물안전관리법령상 옥내탱크저장소의 기준에서 옥내저장탱크 상호 간에는 몇 m 이상의 간격을 유지하여야 하는가?

① 0.3 ② 0.5
③ 0.7 ④ 1.0

해설

옥내탱크저장소
탱크와 탱크전용실의 벽(기둥 등 돌출된 부분 제외) 및 탱크 상호 간에는 0.5m 이상의 간격을 두어야 한다. 단, 탱크의 점검 및 보수에 지장이 없는 경우에는 그러하지 아니하다.

53 위험물안전관리법령상 소화전용물통 8L의 능력단위는?

① 0.3 ② 0.5
③ 1.0 ④ 1.5

해설

간이소화설비의 능력단위

소화설비	용량	능력단위
소화전용(專用)물통	8L	0.3
마른 모래(삽 1개 포함)	50L	0.5

54 위험물안전관리법령상 제4류 위험물의 품명에 따른 위험등급과 옥내저장소 하나의 저장창고 바닥면적기준을 옳게 나열한 것은?(단, 전용의 독립된 단층건물에 설치하며, 구획된 실이 없는 하나의 저장창고인 경우에 한한다.)

① 제1석유류 : 위험등급 Ⅰ, 최대바닥면적 1,000m^2
② 제2석유류 : 위험등급 Ⅰ, 최대바닥면적 2,000m^2
③ 제3석유류 : 위험등급 Ⅱ, 최대바닥면적 2,000m^2
④ 알코올류 : 위험등급 Ⅱ, 최대바닥면적 1,000m^2

해설

① 제1석유류 : 위험등급 Ⅱ, 최대바닥면적 1,000m^2
② 제2석유류 : 위험등급 Ⅲ, 최대바닥면적 2,000m^2
③ 제3석유류 : 위험등급 Ⅲ, 최대바닥면적 2,000m^2

55 위험물 옥외저장탱크의 통기관에 관한 사항으로 옳지 않은 것은?

① 밸브 없는 통기관의 직경은 30mm 이상으로 한다.
② 대기밸브 부착 통기관은 항시 열려 있어야 한다.
③ 밸브 없는 통기관의 선단은 수평면보다 45도 이상 구부려 빗물 등의 침투를 막는 구조로 한다.
④ 대기밸브 부착 통기관은 5kPa 이하의 압력차로 작동할 수 있어야 한다.

해설

② 대기밸브 부착 통기관은 항시 닫혀 있어야 한다.

56 다음 중 위험물안전관리법령상 지정수량의 $\frac{1}{10}$을 초과하는 위험물을 운반할 때 혼재할 수 없는 경우는?

① 제1류 위험물과 제6류 위험물
② 제2류 위험물과 제4류 위험물
③ 제4류 위험물과 제5류 위험물
④ 제5류 위험물과 제3류 위험물

정답 52 ② 53 ① 54 ④ 55 ② 56 ④

해설

혼재 가능 위험물

- [4] ⇨ 2 3 : 제4류와 제2류, 제4류와 제3류는 서로 혼재가 가능하다.
- [5] ⇨ 2 4 : 제5류와 제2류, 제5류와 제4류는 서로 혼재가 가능하다.
- [6] ⇨ 1 : 제6류와 제1류는 서로 혼재가 가능하다.

57 이동저장탱크에 알킬알루미늄을 저장하는 경우에 불활성기체를 봉입하는데 이때의 압력은 몇 kPa 이하이어야 하는가?

① 100　　② 200
③ 300　　④ 400

해설

알킬알루미늄 등의 이동탱크저장소에 있어서 이동저장탱크로부터 알킬알루미늄 등을 꺼낼 때에는 동시에 200kPa 이하의 압력으로 불활성기체를 봉입할 것

58 위험물 옥외저장소에서 지정수량 200배를 초과하는 위험물을 저장할 경우 경계표시 주위의 보유공지 너비는 몇 m 이상으로 하여야 하는가? (단, 제4류 위험물과 제6류 위험물이 아닌 경우이다.)

① 0.5　　② 2.5
③ 10　　④ 15

해설

옥외저장소의 보유공지

저장 또는 취급하는 위험물의 최대수량	공지의 너비
지정수량의 10배 이하	3m 이상
지정수량의 10배 초과 20배 이하	5m 이상
지정수량의 20배 초과 50배 이하	9m 이상
지정수량의 50배 초과 200배 이하	12m 이상
지정수량의 200배 초과	15m 이상

제4류 위험물 중 제4석유류와 제6류 위험물을 저장 또는 취급하는 옥외저장소의 보유공지는 표에 의한 공지의 너비의 3분의 1 이상의 너비로 할 수 있다.

59 위험물안전관리법령상 옥외저장소 중 덩어리상태의 유황만을 지반면에 설치한 경계표시의 안쪽에서 저장 또는 취급할 때 경계표시의 높이는 몇 m 이하로 하여야 하는가?

① 1　　② 1.5
③ 2　　④ 2.5

해설

위험물안전관리법령상 옥외저장소 중 덩어리상태의 유황만을 지반면에 설치한 경계표시의 안쪽에서 저장 또는 취급할 때 경계표시의 높이는 1.5m 이하로 하여야 한다.

60 그림과 같은 위험물저장탱크의 내용적은 약 몇 m^3인가?

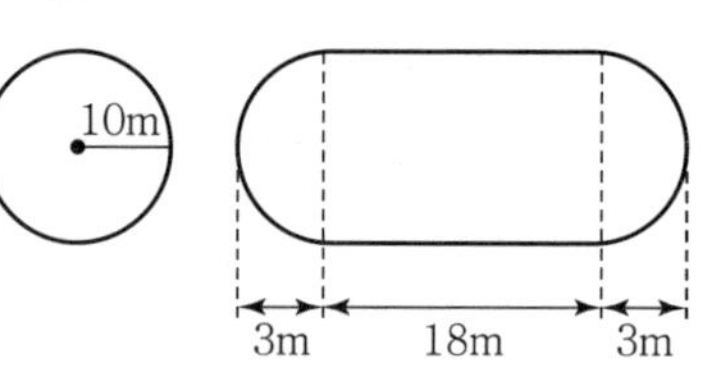

① 4,681　　② 5,482
③ 6,283　　④ 7,080

해설

위험물저장탱크의 내용적

$$\pi r^2 \times \left(l + \frac{l_1 + l_2}{3}\right) = \pi \times 10^2 \times \left(18 + \frac{3+3}{3}\right) = 6,283m^3$$

정답 57 ② 58 ④ 59 ② 60 ③

PART 04

CBT 모의고사

01회 CBT 모의고사

01 제3류 위험물 중 금수성 물질에 적응성 있는 소화설비는?

① 할로겐화물소화설비
② 포소화설비
③ 이산화탄소소화설비
④ 탄산수소염류 등 분말소화설비

02 옥외저장소에 덩어리상태의 유황만을 지반면에 설치한 경계표시의 안쪽에서 저장할 경우 하나의 경계표시의 내부면적은 얼마 이하여야 하는가?

① $75m^2$　　② $100m^2$
③ $300m^2$　　④ $500m^2$

03 제3석유류 40,000L를 저장하고 있는 곳에 소화설비를 설치할 때, 소요단위는 몇 단위인가?(단, 비수용성이다.)

① 1단위　　② 2단위
③ 3단위　　④ 4단위

04 일반적으로 제4류 위험물 화재에 직접 물로 소화하는 것은 적당하지 않다. 그 이유에 대한 설명으로 가장 옳은 것은?

① 인화점이 낮아진다.
② 화재면의 확대위험성이 있다.
③ 가연성 가스를 발생한다.
④ 중화반응을 일으킨다.

05 화재의 종류에 따른 분류 중 유류화재에 해당하는 것은?

① A급　　② B급
③ C급　　④ D급

06 화학포소화약제를 만들 때 기포안정제로 적당한 것은?

① 황산알루미늄　　② 인산염류
③ 수용성 단백질　　④ 탄산수소나트륨

07 다음 위험물의 화재 발생 시 주수에 의한 소화가 오히려 더 위험한 것은?

① 염소산칼륨　　② 과염소산나트륨
③ 질산암모늄　　④ 탄화칼슘

08 위험물제조소에 "화기주의"라는 게시판을 설치해야 하는 위험물은?

① 과산화나트륨　　② 휘발유
③ 니트로글리세린　　④ 적린

09 할로겐화물소화설비에 있어서 할론 1301 소화약제 저장용기의 충전비는?

① 0.51 이상 0.67 이하
② 0.67 이상 2.75 이하
③ 0.7 이상 1.4 이하
④ 0.9 이상 1.6 이하

10 대형 수동식 소화기는 방호대상물의 각 부분으로부터 하나의 대형 수동식 소화기까지의 보행거리가 몇 m 이하가 되도록 설치하여야 하는가? (단, 옥내소화전설비, 옥외소화전설비, 스프링클러설비 또는 물분무등소화설비와 함께 설치하는 경우는 제외한다.)

① 20m ② 30m
③ 40m ④ 50m

11 탄산수소나트륨을 녹인 물에 진한 황산을 가했을 때 일어나는 현상은?

① 산소가 발생한다.
② 아무런 변화도 일어나지 않는다.
③ 탄산가스가 발생한다.
④ 가연성 수소가스가 발생한다.

12 자연발화의 조건으로 옳은 것은?

① 주위의 온도가 낮을 것
② 표면적이 작을 것
③ 열전도율이 클 것
④ 발열량이 클 것

13 위험물제조소 내의 위험물을 취급하는 배관에 대한 설명으로 옳지 않은 것은?

① 배관을 지하에 매설하는 경우 접합부분에는 점검구를 설치하여야 한다.
② 배관을 지하에 매설하는 경우 금속성 배관의 외면에는 부식방지조치를 하여야 한다.
③ 최대상용압력의 1.5배 이상의 압력으로 수압시험을 실시하여 이상이 없어야 한다.
④ 지상에 설치하는 경우에는 안전한 구조의 지지물로 지면에 밀착하여 설치하여야 한다.

14 다음 물질 중 소화제로 쓸 수 없는 것은?

① HCN ② CF_3Br
③ CO_2 ④ 마른 모래

15 화학포소화약제의 화학반응식으로 옳은 것은?

① $2NaHCO_3 \rightarrow Na_2CO_3 + H_2O + CO_2$
② $2KHCO_3 \rightarrow K_2CO_3 + H_2O + CO_2$
③ $4KMnO_4 \rightarrow 2K_2SO_4 + 4MnSO_4 + 6H_2O + SO_2$
④ $6NaHCO_3 + Al_2(SO_4)_3 + 18H_2O$
$\rightarrow 6CO_2 + 2Al(OH)_3 + 3Na_2SO_4 + 18H_2O$

16 다음 화학식의 할론번호가 잘못 연결된 것은?

① CCl_4 − 104
② CH_2ClBr − 1011
③ CF_3Br − 1301
④ $C_2F_4Br_2$ − 1202

17 금속분, 목탄, 코크스 등의 연소형태에 해당하는 것은?

① 자기연소 ② 증발연소
③ 분해연소 ④ 표면연소

18 옥내저장소에 황린 20kg, 적린 100kg, 유황 100kg을 저장하고 있다. 각 물질의 지정수량 배수의 합은 얼마인가?

① 1 ② 2
③ 3 ④ 4

19 분말소화약제의 주성분이 아닌 것은?

① $NaHCO_3$ ② $KHCO_3$
③ K_2CO_3 ④ $NH_4H_2PO_4$

20 마른 모래를 삽과 함께 준비하는 경우 능력단위 3단위에 해당하는 양은?

① 150L ② 240L
③ 300L ④ 480L

21 다음 물질 중 저장 시 물속에 보관하는 것은?

① Na ② 철분
③ CS_2 ④ LiH

22 디에틸에테르의 성질 중 맞는 것은?

① 착화점이 약 350℃이다.
② 공기와 장시간 접촉 시 과산화물이 생성된다.
③ 정전기에 대한 위험성은 없다.
④ 상온에서 고체이다.

23 염소산나트륨의 저장 및 취급에 관한 설명 중 틀린 것은?

① 가열, 충격, 마찰을 피한다.
② 가연성 물질의 혼입을 방지한다.
③ 공기와의 접촉을 피하기 위하여 물속에 저장한다.
④ 철제용기의 사용은 피한다.

24 다음 중 일반적으로 트리니트로톨루엔을 녹일 수 없는 것은?

① 물 ② 벤젠
③ 아세톤 ④ 알코올

25 황린과 적린을 비교 설명한 것이다. 옳은 것은?

① 황린은 적갈색액체이고, 적린은 담황색고체이다.
② 황린은 공기와 접촉을 피하고, 적린은 산화제와 접촉을 피한다.
③ 황린과 적린은 착화온도가 비슷하다.
④ 황린은 적린에 비해 화학적 활성이 작고 안정하다.

26 다음 중 물에 분해되어 H_2S 가스를 생성하는 물질은?

① 황린 ② 적린
③ 황 ④ 오황화인

27 다음 중 위험물안전관리법상의 위험물이 아닌 것은?

① 황산
② 금속분
③ 디아조화합물
④ 히드록실아민

28 트리에틸알루미늄(TEA)에 대한 설명으로 옳은 것은?

① 상온에서 고체이다.
② 자연발화의 위험성이 있다.
③ 저장 시 밀봉하고 아세틸렌가스를 충전한다.
④ 물과 접촉하면 폭발적으로 반응하여 산소와 수소가 발생한다.

29 다음 알코올류 중 분자량이 약 32이고, 인화점이 약 11℃이며 시신경을 마비시키는 위험성이 있는 물질은?

① 메틸알코올
② 에틸알코올
③ 아밀알코올
④ n-부틸알코올

30 다음 중 공기에 가장 많이 포함된 성분 2가지를 옳게 나열한 것은?

① 산소, 질소
② 산소, 아르곤
③ 질소, 이산화탄소
④ 산소, 이산화탄소

31 다음 중 위험물안전관리법에 따른 인화성 고체의 정의를 올바르게 표현한 것은?

① 고형알코올, 그 밖에 1기압에서 인화점이 섭씨 40도 미만인 고체
② 고형알코올, 그 밖에 1기압 및 섭씨 0도에서 고체상태인 것
③ 고형알코올, 그 밖에 섭씨 25도 이상 40도 이하에서 고체상태인 것
④ 1기압에서 발화점이 섭씨 50도 이상인 고체

32 옥외탱크저장소에서 제4류 위험물의 탱크에 설치하는 통기장치 중 밸브 없는 통기관은 직경이 얼마 이상인 것으로 설치해야 되는가?(단, 압력탱크는 제외한다.)

① 10mm ② 20mm
③ 30mm ④ 40mm

33 과염소산칼륨($KClO_4$) 1몰을 가열하여 완전분해시키면 몇 몰의 산소가 발생하는가?

① 0.5 ② 1
③ 2 ④ 4

34 질산에틸의 분자량은?

① 76 ② 82
③ 91 ④ 105

35 과산화수소의 저장방법에 대한 설명으로 옳은 것은?

① 분해방지를 위해 되도록이면 고농도로 보관한다.
② 투명유리병에 넣어 햇빛이 잘 드는 곳에 보관한다.
③ 인산, 요산 등의 분해방지안정제를 사용한다.
④ 금속보관용기를 사용하여 밀전한다.

36 질산의 성질에 대한 설명으로 옳은 것은?

① 금, 백금을 잘 부식시킨다.
② 푸른색의 액체이다.
③ 톱밥 등과 섞이면 안정화된다.
④ 물과 반응하여 발열한다.

37 제4류 위험물의 일반적인 성질에 대한 설명 중 틀린 것은?

① 대부분 유기화합물이다.
② 액체상태이다.
③ 대부분 물보다 가볍다.
④ 대부분 물에 녹기 쉽다.

38 칠황화인에 관한 설명 중 틀린 것은?

① 담황색의 결정이다.
② 융점이 약 310℃이고, 비중은 약 2.19이다.
③ 온수와 반응해서 산소와 수소가스를 발생시킨다.
④ 조해성이 있다.

39 피크르산에 대한 설명 중 옳지 않은 것은?

① 푸른색이고 맛을 느낄 수가 없다.
② 독성이 있다.
③ 벤젠에 녹는다.
④ 단독으로는 충격, 마찰 등에 비교적 안정하다.

40 니트로셀룰로오스의 저장 및 취급에 관한 설명 중 틀린 것은?

① 타격, 마찰 등을 피한다.
② 일광이 잘 드는 곳에 저장한다.
③ 열원을 멀리하고 냉암소에 저장한다.
④ 알코올로 습윤해서 저장한다.

41 제6류 위험물의 공통적인 성질 중 틀린 것은?

① 산소를 함유하고 있다.
② 산화성 액체이다.
③ 대부분 물보다 가볍다.
④ 물에 녹는다.

42 이동저장탱크는 그 내부에 4,000L 이하마다 몇 mm 이상의 강철판 칸막이를 설치하여야 하는가?

① 0.7　② 1.2
③ 2.4　④ 3.2

43 위험물의 화재 시 소화방법에 대한 다음 설명 중 옳은 것은?

① 아연분은 주수소화가 적당하다.
② 마그네슘은 봉상주수소화가 적당하다.
③ 알루미늄은 건조사로 피복하여 소화하는 것이 좋다.
④ 황화인은 산화제로 피복하여 소화하는 것이 좋다.

44 황의 성질에 대한 설명으로 틀린 것은?

① 전기의 불량도체이다.
② 물에 잘 녹는다.
③ 연소 시 유해한 가스를 발생한다.
④ 연소하기 쉬운 가연성 고체이다.

45 제3류 위험물 중 탄화칼슘의 지정수량은 얼마인가?

① 20kg
② 50kg
③ 100kg
④ 300kg

46 벤젠에 관한 설명 중 틀린 것은?

① 인화점은 약 −11℃ 정도이다.
② 이황화탄소보다 착화온도가 높다.
③ 벤젠의 증기는 마취성은 있으나 독성은 없다.
④ 취급할 때 정전기 발생을 조심해야 한다.

47 다음 중 질산암모늄에 대한 설명으로 틀린 것은?

① 무색의 결정이다.
② 조해성이 강하다.
③ 물에 녹을 때 발열반응을 일으킨다.
④ 가열, 충격 등이 가해지면 단독으로도 폭발할 수 있다.

48 다음 중 착화온도가 가장 낮은 것은?

① 등유 ② 가솔린
③ 아세톤 ④ 톨루엔

49 금속나트륨의 저장방법으로 옳은 것은?

① 물속에 저장한다.
② 등유 속에 넣어 저장한다.
③ 모래 속에 넣어 저장한다.
④ 나무상자 속에 넣어 저장한다.

50 질산의 비중과 과산화수소의 농도를 기준으로 할 때 제6류 위험물로 볼 수 없는 것은?

① 비중이 1.2인 질산
② 비중이 1.5인 질산
③ 농도가 36(중량)%인 과산화수소
④ 농도가 40(중량)%인 과산화수소

51 질산메틸의 성질에 대한 설명으로 틀린 것은?

① 비점은 약 66℃이다.
② 증기는 공기보다 가볍다.
③ 무색투명한 액체이다.
④ 자기반응성 물질이다.

52 다음 중 제4류 위험물에 해당되지 않는 것은?

① 휘발유 ② 아세톤
③ 아세트알데히드 ④ 니트로글리세린

53 다음 중 산화성 고체의 품명이 아닌 것은?

① 고형알코올 ② 아염소산염류
③ 질산염류 ④ 무기과산화물

54 다음 중 비중이 가장 작은 금속은?

① 마그네슘 ② 알루미늄
③ 칼륨 ④ 리튬

55 질산나트륨에 대한 설명 중 잘못된 것은?

① 조해성이 있다.
② 칠레초석이라고도 부른다.
③ 무수알코올에 잘 녹는다.
④ 일정 온도 이상 가열하면 분해되어 산소를 방출한다.

56 다음 중 물보다 무거운 위험물은?

① 이황화탄소 ② 휘발유
③ 톨루엔 ④ 메틸에틸케톤

57 과산화나트륨에 대한 설명 중 틀린 것은?

① 순수한 것은 백색이다.
② 상온에서 물과 반응하여 수소가스를 발생시킨다.
③ 화재 발생 시 주수소화는 위험할 수 있다.
④ CO 및 CO_2 제거제를 제조할 때 사용된다.

58 메틸알코올의 연소범위는 약 몇 vol%인가?

① 0.1~2
② 2.1~5
③ 6.0~36
④ 40.1~62

59 칼륨에 관한 설명 중 옳지 않은 것은?

① 석유 속에 저장한다.
② 은백색 광택이 있는 무른 경금속이다.
③ 물과 반응하여 수소를 발생시킨다.
④ 에탄올과 반응하면 주로 수산화칼륨이 생성된다.

60 휘발유를 저장하던 이동저장탱크에 등유나 경유를 탱크 상부로부터 주입할 때 액 표면이 일정 높이가 될 때까지 위험물의 주입관 내 유속을 몇 m/s 이하로 하여야 하는가?

① 1
② 2
③ 3
④ 5

01회 CBT 모의고사 정답 및 해설

정답

01	02	03	04	05	06	07	08	09	10
④	②	②	②	②	③	④	④	④	②
11	**12**	**13**	**14**	**15**	**16**	**17**	**18**	**19**	**20**
③	④	④	①	④	④	④	③	③	③
21	**22**	**23**	**24**	**25**	**26**	**27**	**28**	**29**	**30**
③	②	③	①	②	④	①	②	①	①
31	**32**	**33**	**34**	**35**	**36**	**37**	**38**	**39**	**40**
①	③	③	③	③	④	④	③	①	②
41	**42**	**43**	**44**	**45**	**46**	**47**	**48**	**49**	**50**
③	④	③	②	④	③	③	①	②	①
51	**52**	**53**	**54**	**55**	**56**	**57**	**58**	**59**	**60**
②	④	①	④	③	①	②	③	④	①

해설

01

소화설비의 구분		대상물 구분									
		제1류 위험물		제2류 위험물			제3류 위험물		제4류 위험물	제5류 위험물	제6류 위험물
		알칼리금속과산화물 등	그 밖의 것	철분·금속분·마그네슘 등	인화성 고체	그 밖의 것	금수성 물품	그 밖의 것			
포소화설비			○		○	○		○	○	○	○
이산화탄소 소화설비					○				○		△
할로겐화물 소화설비					○				○		
분말 소화 설비	탄산수소염류 소화설비	○		○	○		○		○		

02

옥외저장소에 덩어리상태의 유황만을 지반면에 설치한 경계표시의 안쪽에서 저장할 경우 하나의 경계표시의 내부면적은 100m^2 이하여야 한다.

03

- 위험물 1소요단위 : 지정수량의 10배
- 제3석유류의 지정수량 : 2,000L

$$\therefore \text{소요단위} = \frac{40{,}000\text{L}}{2{,}000\text{L} \times 10} = 2\text{단위}$$

04

제4류 위험물은 인화성 액체로 화재에 직접 물로 소화하는 것은 비중이 물보다 작기 때문에 화재면의 확대 위험성이 있다.

05

구분	색상	화재의 종류
A급 화재	백색	일반화재
B급 화재	황색	유류·가스화재
C급 화재	청색	전기화재
D급 화재	정해지지 않음	금속화재

06

포소화약제의 기포안정제

단백질분해물, 사포닌, 계면활성제, 젤라틴, 카세인 등이 있다.

07

- ①, ②, ③은 제1류 위험물(산화성 고체)로서 화재 시 주수소화가 적당하다.
- ④는 물과 반응하여 수산화칼슘(소석회)과 아세틸렌가스가 생성된다.
  $CaC_2 + 2H_2O \rightarrow Ca(OH)_2 + C_2H_2 \uparrow$

08

① 제1류 위험물 중 무기과산화물 : 물기엄금

② 제4류 위험물 : 화기엄금
③ 제5류 위험물 : 화기엄금
④ 제2류 위험물 : 화기주의

09

소화약제	충전비	
할론 1301	0.9～1.6 이하	
할론 1211	0.7～1.4 이하	
할론 2402	가압식	0.51～0.67 미만
	축압식	0.67～2.75 이하

10

- 소형 수동식 소화기 : 20m 이내
- 대형 수동식 소화기 : 30m 이내

11

$2NaHCO_3 + H_2SO_4 \rightarrow Na_2SO_4 + 2CO_2 \uparrow + 2H_2O$

12

① 주위의 온도가 높을 것
② 표면적이 클 것
③ 열전도율이 작을 것

13

④ 지상에 설치하는 경우에는 지지물로 지면에 밀착하여 설치하여서는 안 된다.

14

시안화수소(HCN)는 제4류 위험물 제1석유류 수용성 · 인화성 액체물질이다.

15

④ $6NaHCO_3 + Al_2(SO_4)_3 + 18H_2O$
$\rightarrow 3Na_2SO_4 + 2Al(OH)_3 + 6CO_2 + 18H_2O$

16

할론소화약제의 구성
천의 자리 숫자는 C의 개수, 백의 자리 숫자는 F의 개수, 십의 자리 숫자는 Cl의 개수, 일의 자리 숫자는 Br의 개수를 나타낸다.
∴ ④ $C_2F_4Br_2$ − 2402

17

표면연소
목탄(숯), 코크스, 금속분 등이 열분해하여 고체 표면이 고온을 유지하면서 가연성 가스를 발생하지 않고 그 물질 자체의 표면이 빨갛게 연소하는 형태이다.

18

- 황린의 지정수량 : 20kg
- 적린의 지정수량 : 100kg
- 유황의 지정수량 : 100kg

∴ 지정수량 배수의 합$=\frac{20}{20}+\frac{100}{100}+\frac{100}{100}=3$

19

종류	주성분	착색	적응화재
제1종 분말	$NaHCO_3$ (탄산수소나트륨)	백색	B, C
제2종 분말	$KHCO_3$ (탄산수소칼륨)	보라색	B, C
제3종 분말	$NH_4H_2PO_4$ (제1인산암모늄)	담홍색	A, B, C
제4종 분말	$KHCO_3 + (NH_2)_2CO$ (탄산수소칼륨 + 요소)	회백색	B, C

※ 탄산칼륨(K_2CO_3)은 강화액소화기에서 사용되는 소화약제이다.

20

간이소화용구		능력단위
마른 모래	삽을 상비한 50L 이상의 것 1포	0.5단위
팽창질석 또는 팽창진주암	삽을 상비한 160L 이상의 것 1포	1단위

※ 50L가 0.5단위이므로, 3단위에 해당되는 양
$50L \times 6 = 300L$

21

이황화탄소(CS_2)는 물보다 무겁고, 녹지 않으므로 용기나 탱크에 저장 시 물속에 보관하면, 가연성 증기의 발생을 억제할 수 있다.

22

① 착화점은 180℃, 인화점은 −45℃, 폭발범위는 1.9~48%이다.
② 공기와 장시간 접촉 시 과산화물이 생성된다. 과산화물이 생성되면 제5류 위험물과 같은 위험성을 갖는다.
③ 전기에 부도체이므로, 정전기 발생의 위험성이 존재한다.
④ 상온에서 액체이다(인화성 액체).

23

염소산나트륨은 물(온수)에 녹고, 저장 및 취급방법은 가열, 충격, 마찰을 피하고, 환기가 잘 되는 냉암소에 밀전하여 저장한다.

24

트리니트로톨루엔은 물에는 녹지 않지만 아세톤, 벤젠, 알코올, 에테르에는 잘 녹는다.

25

위험물	색상	착화온도(℃)	화학적 성질
적린 (제2류 위험물)	백색 또는 담황색	260	안전
황린 (제3류 위험물)	백색 또는 담황색	34	불안정

26

- ①, ②, ③은 물에 분해되지 않는다.
- ④는 습한 공기 중에 분해하여 황화수소를 발생시킨다.
  $P_2S_5 + 8H_2O \rightarrow 5H_2S + 2H_3PO_4$

27

① 황산, 염산은 강산이지 위험물이 아니다.
② 제2류 위험물
③, ④ 제5류 위험물

28

① 상온에서 액체이다(녹는점 −52.5℃).
② 금수성 물질이면서, 자연발화의 위험성이 있다.
③ 저장 시 밀봉하고 불활성기체를 봉입하는 장치를 갖추어야 한다.
④ 물과 접촉하면 에탄기체를 생성시킨다.
$(C_2H_5)_3Al + 3H_2O \rightarrow Al(OH)_3 + 3C_2H_6$

29

메틸알코올
- CH_3OH의 분자량 $= 12 + (4 \times 1) + 16 = 32$
- 인화점은 11℃이다.
- 시신경을 마비시킬 수 있다(소량만 마셔도 눈이 멀게 된다).

30

공기 중에서 질소 78%, 산소 21%, 아르곤 1%가 포함되어 있다.

31

인화성 고체
상온에서 고체인 것으로, 고형알코올과 그 밖의 1atm에서 인화점이 40℃ 미만인 것을 말한다.

32

옥외탱크저장소에서 제4류 위험물의 탱크에 설치하는 통기장치 중 밸브 없는 통기관은 직경 30mm 이상인 것으로 설치한다.

33

$KClO_4 \rightarrow KCl + 2O_2 \uparrow$
∴ 과염소산칼륨 1몰에 2몰의 산소가 발생한다.

34

질산에틸($C_2H_5ONO_2$)의 분자량
$= (2 \times 12) + (1 \times 5) + 16 + 14 + (2 \times 16) = 91$

35

① 분해방지를 위해 되도록이면 저농도로 보관한다.
② 갈색유리병에 넣어 햇빛이 없는 장소에 보관한다.
③ 분해방지안정제[인산(H_3PO_4), 요산($C_5H_4N_4O_3$), 인산나트륨, 글리세린 등]를 첨가하여 산소분해를 억제한다.
④ 철제금속용기를 사용하지 말아야 한다.

36

① 질산은 부식성이 강하지만, 금(Au), 백금(Pt), 은(Ag)은 부식시키지 못한다.
② 무색의 산화성 액체이다.
③ 가연성 물질(톱밥 등)과 혼합되어서는 안 된다.
④ 강한 산성이며, 물과 반응하여 발열한다.

37
④ 제4류 위험물은 산화성 액체로 대부분 물에 녹기 어렵다.

38
③ 온수와 반응해서 유독한 H_2S를 발생시킨다.

39
① 황색의 침상결정으로 쓴맛이 있다.
② 독성이 있다.
③ 에테르, 벤젠, 알코올에 잘 녹는다.
④ 단독으로는 마찰, 충격에 둔감하여 폭발하지 않는다.

40
② 일광이 들지 않고 냉암소에 알코올로 습윤하여 저장한다.

41
제6류 위험물
- 산화성 액체이다.
- 물에 잘 녹는다.
- 과염소산, 과산화수소, 질산 모두 물보다 무겁다.
- 산소를 함유하며, 불연성 물질이다.

42
이동저장탱크는 그 내부에 4,000L 이하마다 3.2mm 이상의 강철판 칸막이를 설치하여야 한다.

43
① 아연분은 물과 반응하여 수소를 발생시킨다.
② 마그네슘은 물과 반응하여 수소를 발생시킨다.
④ 황화인은 산화제의 접촉을 피하고, 탄산수소염류 분말 소화가 좋다.

44
② 물에 잘 녹지 않으므로, 소화약제로 사용이 가능하다.

45
제3류 위험물 중 칼슘 또는 알루미늄 탄화물의 지정수량은 300kg이다.

46
벤젠(C_6H_6)
- 인화점은 약 −11℃ 정도이다.
- 이황화탄소는 100℃, 벤젠은 498℃로서 착화온도는 벤젠이 높다.
- 벤젠의 증기는 독성 · 마취성이 있다.
- 전기에 부도체이므로, 취급할 때 정전기 발생을 조심해야 한다.

47
질산암모늄(NH_4NO_3)
- 무색, 무취의 백색결정이다.
- 조해성이 강하다.
- 물을 흡수하여 흡열반응을 한다.
- 급격히 가열하면 산소를 발생시키고, 충격을 주면 단독으로도 폭발한다.

  $2NH_4NO_3 \rightarrow 4H_2O + 2N_2 + O_2$

48
① 제2석유류 : 210℃
② 제1석유류 : 300℃
③ 제1석유류 : 538℃
④ 제1석유류 : 480℃

49
공기 중의 수분과 반응하여 수소가 발생하고 자연발화를 일으키기 쉬우므로 석유, 유동파라핀 속에 저장한다.

$2Na + 2H_2O \rightarrow 2NaOH + H_2$

50
제6류 위험물 성상
- 비중이 1.49 이상인 질산
- 농도가 36(중량)% 이상인 과산화수소

51
질산메틸(CH_3ONO_2)
- 제5류 위험물로 자기반응성 물질, 질산에스테르류에 속한다.
- 무색투명한 향긋한 냄새가 나는 액체로 단맛이 있다.
- 비점은 66℃, 증기비중은 2.65로 공기보다 무겁다.

52

①, ② 제4류 위험물 제1석유류
③ 제4류 위험물 특수인화물
④ 제5류 위험물 질산에스테르류

53

- ①은 인화성 고체로 제2류 위험물이다.
- ②, ③, ④는 산화성 고체로 제1류 위험물이다.

54

① Mg : 1.74
② Al : 2.70
③ K : 0.86
④ Li : 0.53

55

질산나트륨($NaNO_3$)
- 칠레초석이라고도 한다.
- 물, 글리세린에 녹고 무수알코올에는 불용이며, 조해성을 가진다.
- 가열하며 약 380℃에서 열분해하여 산소를 방출한다.
  $2NaNO_3 \rightarrow 2NaNO_2 + O_2 \uparrow$

56

① 비중 1.26으로 물속에 저장한다.
② 비중 0.65~0.76
③ 비중 0.90
④ 비중 0.80

57

② 상온에서 물과 반응하여 열과 산소를 방출시킨다.
$Na_2O_2 + H_2O \rightarrow 2NaOH + \frac{1}{2}O_2 \uparrow$

58

메틸알코올의 연소범위는 6.0~36vol%이다.

59

④ 에탄올과 반응하면 칼륨알코올레이트와 수소를 발생시킨다.
$2K + 2C_2H_5OH \rightarrow 2C_2H_5OK + H_2 \uparrow$

60

휘발유를 저장하던 이동저장탱크에 위험물의 주입관 내 유속을 1m/s 이하로 하여야 한다.

02회 CBT 모의고사

01 유류화재에 해당하는 표시색상은?

① 백색 ② 황색
③ 청색 ④ 흑색

02 분말소화설비의 기준에서 규정한 전역방출방식 또는 국소방출방식 분말소화설비의 가압용 또는 축압용 가스에 해당하는 것은?

① 네온가스 ② 아르곤가스
③ 수소가스 ④ 이산화탄소가스

03 소화효과에 대한 설명으로 옳지 않은 것은?

① 산소공급 차단에 의한 소화는 제거효과이다.
② 물에 의한 소화는 냉각효과가 대표적이다.
③ 가스화재 시 가연성 가스 공급 차단에 의한 소화는 제거효과이다.
④ 소화약제의 증발잠열을 이용한 소화는 냉각효과이다.

04 다음과 같은 반응에서 $10m^3$의 탄산가스를 만들기 위해 필요한 탄산수소나트륨의 양은 약 몇 kg인가?(단, 표준상태이고, 나트륨의 원자량은 23이다.)

$$2NaHCO_3 \rightarrow Na_2CO_3 + CO_2 + H_2O$$

① 18.75 ② 37.5
③ 56.25 ④ 75

05 다음 중 소화약제로 사용할 수 없는 물질은?

① 이산화탄소 ② 제1인산암모늄
③ 황산알루미늄 ④ 브롬산암모늄

06 소화기에 "A－2"로 표시되어 있다면 숫자 "2"가 의미하는 것은 무엇인가?

① 소화기의 제조번호
② 소화기의 소요단위
③ 소화기의 능력단위
④ 소화기의 사용순위

07 다음 물질 중 증발연소를 하는 것은?

① 목탄 ② 나무
③ 양초 ④ 니트로셀룰로오스

08 동식물유류 400,000L에 대한 소화설비 설치 시 소요단위는 몇 단위인가?

① 2단위 ② 3단위
③ 4단위 ④ 5단위

09 다음 중 자연발화의 위험성이 가장 낮은 것은?

① 표면적이 넓은 것
② 열전도율이 높은 것
③ 주위온도가 높은 것
④ 다습한 환경인 것

10 분말소화설비의 기준에서 분말소화약제 중 제1종 분말에 해당하는 것은?

① 탄산수소칼륨을 주성분으로 한 분말
② 탄산수소나트륨을 주성분으로 한 분말
③ 인산염을 주성분으로 한 분말
④ 탄산수소칼륨과 요소가 혼합된 분말

11 방호대상물의 바닥면적이 150m^2 이상인 경우에 개방형 스프링클러헤드를 이용한 스프링클러설비의 방사구역은 얼마 이상으로 하여야 하는가?

① 100m^2　② 150m^2
③ 200m^2　④ 400m^2

12 다음 중 니트로셀룰로오스 화재 시 가장 적합한 소화방법은?

① 할로겐화물소화기를 사용한다.
② 분말소화기를 사용한다.
③ 이산화탄소소화기를 사용한다.
④ 다량의 물을 사용한다.

13 탱크화재현상 중 BLEVE(Boiling Liquid Expanding Vapor Explosion)에 대한 설명으로 옳은 것은?

① 기름탱크에서의 수증기 폭발현상이다.
② 비등상태의 액화가스가 기화하여 팽창하고 폭발하는 현상이다.
③ 화재 시 기름 속의 수분이 급격히 증발하여 기름거품이 되고 팽창해서 기름탱크에서 밖으로 내뿜어져 나오는 현상이다.
④ 고점도의 기름 속에 수증기를 포함한 볼형태의 물방울이 형성되어 탱크 밖으로 넘치는 현상이다.

14 인화성 액체위험물의 저장 및 취급 시 화재 예방상 주의사항에 대한 설명 중 틀린 것은?

① 증기가 대기 중에 누출된 경우 인화의 위험성이 크므로 증기의 누출을 예방할 것
② 액체가 누출된 경우 확대되지 않도록 주의할 것
③ 전기전도성이 좋을수록 정전기 발생에 유의할 것
④ 다량 저장 · 취급 시에는 배관을 통해 입출고할 것

15 유기과산화물을 저장할 때 일반적인 주의사항에 대한 설명으로 틀린 것은?

① 인화성 액체류와 접촉을 피하여 저장한다.
② 다른 산화제와 격리하여 저장한다.
③ 습기방지를 위해 건조한 상태로 저장한다.
④ 필요한 경우 물질의 특성에 맞는 적당한 희석제를 첨가하여 저장한다.

16 분진폭발 시 소화방법에 대한 설명으로 틀린 것은?

① 금속분에 대하여는 물을 사용하지 말아야 한다.
② 분진폭발 시 직사주수에 의하여 순간적으로 소화하여야 한다.
③ 분진폭발은 보통 단 한 번으로 끝나지 않을 수 있으므로 제2 · 3차의 폭발에 대비하여야 한다.
④ 이산화탄소와 할로겐화물의 소화약제는 금속분에 대하여 적절하지 않다.

17 산 · 알칼리소화기에서 소화약을 방출하는데 방사압력원으로 이용되는 것은?

① 공기　② 탄산가스
③ 아르곤　④ 질소

18 일반적으로 유류화재에 물을 사용한 소화가 적합하지 않은 이유에 대한 설명으로 옳은 것은?

① 화재면을 확대시키기 때문에
② 공기의 접촉을 차단시키기 때문에
③ 가연성 가스를 발생시키기 때문에
④ 인화점이 낮아지기 때문에

19 고온체의 색깔이 휘적색일 경우의 온도는 약 몇 ℃ 정도인가?

① 500 ② 950
③ 1,300 ④ 1,500

20 지정수량의 100배 이상을 저장 또는 취급하는 옥내저장소에 설치하여야 하는 경보설비는? (단, 고인화점 위험물만을 저장 또는 취급하는 것은 제외한다.)

① 비상경보설비
② 자동화재탐지설비
③ 비상방송설비
④ 확성장치

21 다음 중 산화성 고체위험물에 속하지 않는 것은?

① Na_2O_2 ② $HClO_4$
③ NH_4ClO_4 ④ $KClO_3$

22 다음 중 오황화인이 물과 작용해서 주로 발생하는 기체는?

① 포스겐 ② 아황산가스
③ 인화수소 ④ 황화수소

23 분진폭발이 대형화되는 경우가 아닌 것은?

① 밀폐된 공간 내 고온, 고압상태가 유지될 때
② 밀폐된 공간 내 인화성 가스가 존재할 때
③ 분진 자체가 폭발성 물질인 경우
④ 공기 중 질소의 농도가 증가된 경우

24 다음 중 제2류 위험물만으로 나열된 것이 아닌 것은?

① 철분, 황화인
② 마그네슘, 적린
③ 유황, 철분
④ 아연분, 나트륨

25 다음 황린의 성질에 대한 설명으로 옳은 것은?

① 분자량은 약 108이다.
② 융점은 약 120℃이다.
③ 비점은 약 150℃이다.
④ 비중은 약 1.83이다.

26 알루미늄분의 성질에 대한 설명 중 옳은 것은?

① 금속 중에서 연소열량이 매우 작다.
② 끓는 물과 반응하여 수소를 발생시킨다.
③ 알칼리수용액과 반응해서 산소를 발생시킨다.
④ 할로겐원소와 혼합은 안전하다.

27 다음 중 인화점이 가장 높은 물질은?

① 이황화탄소 ② 디에틸에테르
③ 아세트알데히드 ④ 산화프로필렌

28 아마인유에 대한 설명 중 틀린 것은?

① 건성유이다.
② 공기 중 산소와 결합하기 쉽다.
③ 요오드값이 올리브유보다 작다.
④ 자연발화의 위험이 있다.

29 질산에틸의 성질에 대한 설명 중 옳지 않는 것은?

① 비점은 약 88℃이다.
② 무색의 액체이다.
③ 증기는 공기보다 무겁다.
④ 물에 잘 녹는다.

30 제5류 위험물에 대한 설명으로 옳지 않은 것은?

① 자기반응성 물질이다.
② 피크르산은 니트로화합물이다.
③ 모두 산소를 포함하고 있다.
④ 니트로화합물은 니트로기가 많을수록 폭발력이 커진다.

31 니트로셀룰로오스에 대한 설명 중 틀린 것은?

① 천연 셀룰로오스를 염기와 반응시켜 만든다.
② 함유하는 질소량이 많을수록 위험성이 크다.
③ 질화도에 따라 크게 강면약과 약면약으로 구분할 수 있다.
④ 약 130℃에서 분해하기 시작한다.

32 $HClO_4$, HNO_3, H_2O_2 각각의 지정수량을 모두 합하면 얼마인가?

① 200kg ② 500kg
③ 900kg ④ 1,200kg

33 다음 중 제6류 위험물의 공통된 성질에 해당하는 것은?

① 물에 잘 녹지 않는다.
② 물보다 무겁다.
③ 유기화합물이다.
④ 가연성이므로 다른 위험물과 혼합 시 주의하여야 한다.

34 과산화수소의 성질에 대한 설명 중 틀린 것은?

① 알코올에 용해한다.
② MnO_2 첨가 시 분해가 촉진된다.
③ 농도 약 30%에서는 단독으로 폭발할 위험이 있다.
④ 분해 시 산소가 발생한다.

35 질산의 성질에 대한 설명 중 틀린 것은?

① 분해하면 산소를 발생한다.
② 분자량은 약 63이다.
③ 물과 반응하여 발열한다.
④ 금, 백금 등을 부식시킨다.

36 다음 제3류 위험물의 지정수량이 잘못된 것은?

① $(C_2H_5)_3Al$: 10kg ② Ca : 50kg
③ LiH : 300kg ④ AlP : 500kg

37 저장 또는 취급하는 위험물의 최대수량이 지정수량의 500배 미만일 때 옥외저장탱크의 측면으로부터 몇 m 이상의 보유공지 너비를 가져야 하는가?(단, 제6류 위험물은 제외한다.)

① 1 ② 2
③ 3 ④ 4

38 다음 중 염소산나트륨의 저장 및 취급에 대한 설명으로 틀린 것은?

① 건조하고 환기가 잘 되는 곳에 저장한다.
② 방습에 유의하여 용기를 밀전시킨다.
③ 유리용기는 부식되므로 철제용기를 사용한다.
④ 금속분류의 혼입을 방지한다.

39 일반적으로 위험물 저장탱크의 공간용적은 탱크내용적의 얼마 이상, 얼마 이하로 하는가?

① $\frac{2}{100}$ 이상 $\frac{3}{100}$ 이하
② $\frac{2}{100}$ 이상 $\frac{5}{100}$ 이하
③ $\frac{5}{100}$ 이상 $\frac{10}{100}$ 이하
④ $\frac{10}{100}$ 이상 $\frac{20}{100}$ 이하

40 인화칼슘이 포스핀가스와 수산화칼슘을 발생하는 경우에 해당하는 것은?

① 가열에 의한 열분해
② 수분의 접촉
③ 햇빛에 노출
④ 충격 및 마찰

41 위험물 운반용기의 외부에 표시하여야 하는 사항에 해당하지 않는 것은?

① 위험물에 따라 규정된 주의사항
② 위험물의 지정수량
③ 위험물의 수량
④ 위험물의 품명

42 휘발유의 성질 및 취급 시 주의사항에 관한 설명 중 틀린 것은?

① 증기가 모여 있지 않도록 통풍을 잘 시킨다.
② 인화점이 상온이므로 상온 이상에서는 화기 접근을 금지시켜야 한다.
③ 정전기 발생에 주의해야 한다.
④ 강산화제 등과 혼촉 시 발화할 위험이 있다.

43 유황의 지정수량은 얼마인가?

① 20kg ② 50kg
③ 100kg ④ 300kg

44 디에틸에테르에 대한 설명 중 잘못된 것은?

① 강산화제와 혼합 시 안전하게 사용할 수 있다.
② 대량으로 저장 시 불활성 가스를 봉입하여야 한다.
③ 정전기 발생방지를 위해 주의를 기울여야 한다.
④ 통풍, 환기가 잘 되는 곳에 저장한다.

45 트리니트로페놀에 대한 설명으로 옳은 것은?

① 발화방지를 위해 휘발유에 저장한다.
② 구리용기에 넣어 보관한다.
③ 무색투명한 액체이다.
④ 알코올, 벤젠 등에 녹는다.

46 금속나트륨을 보호액 속에 저장하는 가장 큰 이유는?

① 탈수를 막기 위해서
② 화기를 피하기 위해서
③ 습기와의 접촉을 막기 위해서
④ 산소 발생을 막기 위해서

47 다음 위험물 중 물과 접촉하면 발열하면서 산소를 방출하는 것은?

① 과산화칼륨
② 염소산암모늄
③ 염소산칼륨
④ 과망간산칼륨

48 다음 물질 중 과산화나트륨과 혼합되었을 때 수산화나트륨과 산소를 발생하는 것은?

① 온수
② 일산화탄소
③ 이산화탄소
④ 초산

49 다음 물질 중 제3류 위험물에 속하는 것은?

① CaC_2 ② S
③ P_2O_5 ④ Mg

50 다음 중 두 가지 물질을 섞었을 때 수소가 발생하는 것은?

① 칼륨과 에탄올
② 과산화마그네슘과 염화수소
③ 과산화칼륨과 탄산가스
④ 오황화인과 물

51 다음 중 제1류 위험물의 질산염류가 아닌 것은?

① 질산은 ② 질산암모늄
③ 질산섬유소 ④ 칠레초석

52 다음 제1류 위험물의 지정수량이 틀린 것은?

① 아염소산나트륨 : 50kg
② 염소산칼륨 : 50kg
③ 과산화나트륨 : 100kg
④ 브롬산칼륨 : 300kg

53 무색 · 무취의 결정이고 분자량이 약 138, 비중이 약 2.5이며 융점이 약 610℃인 물질로 에탄올, 에테르에 녹지 않는 것은?

① 과염소산칼륨 ② 과염소산나트륨
③ 염소산나트륨 ④ 염소산칼륨

54 특수인화물 200L와 제4석유류 12,000L를 저장할 때 각각의 지정수량 배수의 합은 얼마인가?

① 3 ② 4
③ 5 ④ 6

55 위험물안전관리자를 해임할 때에는 해임한 날로부터 며칠 이내에 위험물안전관리자를 다시 선임하여야 하는가?

① 7 ② 14
③ 30 ④ 60

56 삼황화인은 다음 중 어느 물질에 녹는가?

① 물 ② 염산
③ 질산 ④ 황산

57 과산화수소 분해방지안정제로 사용할 수 있는 물질은?

① Ag ② HBr
③ MnO_2 ④ H_3PO_4

58 "위험물제조소"라는 표시를 한 표지는 백색 바탕에 어떤 색상의 문자를 사용해야 하는가?

① 황색 ② 적색
③ 흑색 ④ 청색

59 다음 그림은 옥외저장탱크와 흙방유제를 나타낸 것이다. 탱크의 지름이 10m이고 높이가 15m라고 할 때 방유제는 탱크의 옆판으로부터 몇 m 이상의 거리를 유지하여야 하는가?(단, 인화점 200℃ 미만의 위험물을 저장한다.)

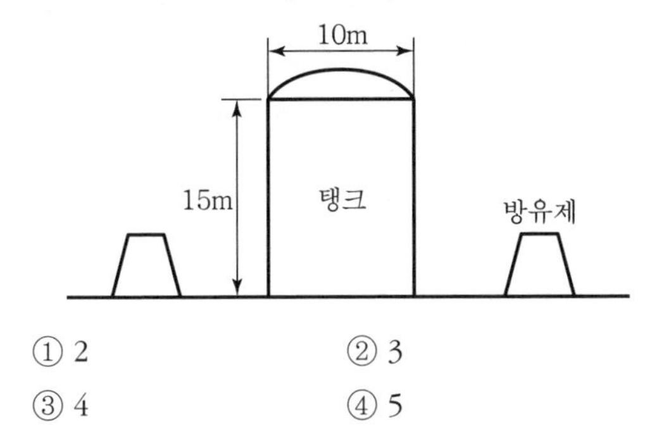

① 2 ② 3
③ 4 ④ 5

60 다음 중 자체소방대를 반드시 설치하여야 하는 곳은?

① 지정수량 2천 배 이상의 제6류 위험물을 취급하는 제조소가 있는 사업소
② 지정수량 3천 배 이상의 제6류 위험물을 취급하는 제조소가 있는 사업소
③ 지정수량 2천 배 이상의 제4류 위험물을 취급하는 제조소가 있는 사업소
④ 지정수량 3천 배 이상의 제4류 위험물을 취급하는 제조소가 있는 사업소

02회 CBT 모의고사 정답 및 해설

정답

01	02	03	04	05	06	07	08	09	10
②	④	①	④	④	③	③	③	②	②
11	12	13	14	15	16	17	18	19	20
②	④	②	③	③	②	②	①	②	②
21	22	23	24	25	26	27	28	29	30
②	④	④	④	④	②	①	③	④	③
31	32	33	34	35	36	37	38	39	40
①	③	②	③	④	④	③	③	③	②
41	42	43	44	45	46	47	48	49	50
②	②	③	①	④	③	①	①	①	①
51	52	53	54	55	56	57	58	59	60
③	③	①	④	③	③	④	③	④	④

해설

01

- A급 화재(일반화재) : 백색
- B급 화재(유류화재) : 황색
- C급 화재(전기화재) : 청색
- D급 화재(금속화재) : 없음

02

가압용 또는 축압용 가스에 해당하는 것은 불연성 가스인 질소나 이산화탄소를 사용한다.

03

① 산소공급 차단에 의한 소화는 질식효과이다.

04

$2NaHCO_3 \rightarrow Na_2CO_3 + CO_2 + H_2O$

$NaHCO_3(x\text{kg}) : CO_2(10\text{m}^3) = (2\times 84\text{kg}) : (22.4\text{m}^3)$

$\therefore x = 75$

05

④는 소화약제가 아니라 제1류 위험물 브롬산염류에 속한다.

06

A－2

A는 일반화재, 2는 능력단위를 의미한다.

07

① 표면연소 ② 분해연소
③ 증발연소 ④ 자기연소

08

- 위험물 1소요단위 : 지정수량의 10배
- 동식물유류의 지정수량 : 10,000L

$\therefore$ 소요단위$=\dfrac{400,000}{10,000\times 10}=4$단위

09

자연발화가 일어날 조건

- 표면적이 넓을 것
- 열전도율이 낮을 것
- 주위온도가 높을 것
- 다습한 환경일 것

열전도율이 낮을수록 자연발화의 위험이 높다.

10

종류	주성분	열분해 반응식
제1종 분말	$NaHCO_3$ (탄산수소나트륨)	$2NaHCO_3 \rightarrow Na_2CO_3 + CO_2 + H_2O$
제2종 분말	$KHCO_3$ (탄산수소칼륨)	$2KHCO_3 \rightarrow K_2CO_3 + CO_2 + H_2O$
제3종 분말	$NH_4H_2PO_4$ (제1인산암모늄)	$NH_4H_2PO_4 \rightarrow HPO_3 + NH_3 + H_2O$
제4종 분말	$KHCO_3 + (NH_2)_2CO$ (탄산수소칼륨＋요소)	$2KHCO_3 + (NH_2)_2CO \rightarrow K_2CO_3 + 2NH_3 + 2CO_2$

11

개방형 스프링클러헤드를 이용한 스프링클러설비의 방사구역은 150m^2 이상으로 해야 한다.

12

니트로셀룰로오스는 제5류 위험물에 해당된다.

<table>
<tr><th colspan="3">소화설비의 구분</th><th>제5류 위험물</th></tr>
<tr><td colspan="3">이산화탄소소화설비</td><td></td></tr>
<tr><td rowspan="5">물분무등소화설비</td><td colspan="2">물분무소화설비</td><td>○</td></tr>
<tr><td colspan="2">할로겐화물소화설비</td><td></td></tr>
<tr><td rowspan="3">분말소화설비</td><td>인산염류 등</td><td></td></tr>
<tr><td>탄산수소염류 등</td><td></td></tr>
<tr><td>그 밖의 것</td><td></td></tr>
</table>

13

BLEVE(Boiling Liquid Expanding Vapor Explosion, **비등액체팽창 증기폭발**)

인화성 액체 또는 액화가스 저장탱크 주변에서 화재가 발생할 경우 탱크 내부의 기상부가 국부적으로 가열되면 그 부분의 강도가 약해져 결국 탱크가 파열된다. 이때 탱크 내부의 액화된 가스 또는 인화성 액체가 급격히 외부로 유출되고 팽창이 이루어지며, 화구(Fireball)를 형성하여 폭발하는 형태를 말한다.

14

③ 인화성 액체위험물은 전기전도성이 좋지 않아, 정전기 발생이 일어날 가능성이 매우 크다.

15

③ 건조한 상태이면, 발화의 위험성이 존재하므로 습기가 많은 상태로 저장한다.

16

② 분진폭발 시 직사주수를 하면 화재면을 확대시킬 수 있다.

17

산・알칼리소화기는 방사압력원으로 CO_2를 사용한다.

18

유류에 의한 화재는 물보다 비중이 작기 때문에 물을 사용하면 화재면을 확대시킬 우려가 있다.

19

고온체의 색깔과 온도

- 담암적색 : 522℃
- 휘적색 : 950℃
- 백적색 : 1,300℃
- 휘백색 : 1,500℃

20

자동화재탐지설비 설기치준(옥내저장소)

- 지정수량의 100배 이상을 저장 또는 취급하는 것
- 저장창고의 연면적이 150m^{2}를 초과하는 것
- 처마높이가 6m 이상인 단층건물의 것

21

① 과산화나트륨(제1류 위험물)
② 과염소산(제6류 위험물)
③ 과염소산암모늄(제1류 위험물)
④ 염소산칼륨(제1류 위험물)

※ 산화성 고체는 제1류 위험물이다.

22

$P_2S_5 + 8H_2O \rightarrow 5H_2S$(황화수소)$+ 2H_3PO_4$

23

④ 질소는 흡열반응을 하므로, 공기 중 질소의 농도가 증가하게 되면, 분진폭발의 위험성이 감소한다.

24

- 아연분 : 제2류 위험물 금속분으로 지정수량은 500kg이다.
- 나트륨 : 제3류 위험물로 지정수량은 10kg이다.

25

① 분자량은 $4 \times 31 = 124$이다.
② 융점은 약 44℃이다.
③ 비점은 약 280℃이다.

26

① 금속 중에서 연소열량이 매우 크다.
② 끓는 물과 반응하여 수소를 발생시킨다.
$2Al + 6H_2O \rightarrow 2Al(OH)_3 + 3H_2$
③ 알칼리수용액과 반응해서 수소를 발생시킨다.
$2Al + 2NaOH + 2H_2O \rightarrow 2NaAlO_2 + 3H_2$
④ 할로겐과 반응하여 할로겐화물을 형성하고, 할로겐원소와 접촉하면 발화의 위험이 있다.

27

① −30℃
② −45℃
③ −39℃
④ −37℃

28

- 건성유(아마인유) : 요오드값이 130 이상인 것
- 불건성유(올리브유) : 요오드값이 100 미만인 것

29

질산에틸($C_2H_5ONO_2$)
- 제5류 위험물로 질산에스테르류이다.
- 비점은 88℃, 증기비중은 3.14이다.
- 무색투명한 향긋한 냄새가 나는 액체이다.
- 물에는 녹지 않으나 알코올, 에테르에는 잘 녹는다.

30

③ 제5류 위험물 중에서 아조벤젠, 디아조벤젠 등은 산소를 포함하고 있지 않다.

31

① 셀룰로오스에 진한 질산과 진한 황산을 3 : 1의 비율로 혼합작용시켜 만든다.

32

과염소산($HClO_4$), 질산(HNO_3), 과산화수소(H_2O_2)는 모두 제6류 위험물로 지정수량은 각각 300kg이다.
∴ 300 + 300 + 300 = 900kg

33

제6류 위험물의 공통된 성질
- 산화성 액체이고 무기화합물이며, 모두 불연성 물질이다.
- 비중이 1보다 크고, 과산화수소를 제외하고 강산성 물질이며 물에 녹기 쉽다.
- 위험물 자체는 불연성 물질이나 조연성 가스인 산소를 발생시켜 가연물, 유기물 등과의 혼합으로 발화한다.

34

③ 과산화수소가 36% 이상이어야 위험물에 속한다.

35

④ 질산은 부식성이 강하나 금, 백금 등을 부식시키지는 않는다.

36

① 트리에틸알루미늄 : 10kg
② 칼슘 : 50kg
③ 수소화리튬 : 300kg
④ 인화알루미늄 : 300kg

37

옥외탱크저장소의 보유공지

저장 또는 취급하는 위험물의 최대수량	공지의 너비
지정수량의 500배 미만	3m 이상
지정수량의 500배 이상 1,000배 미만	5m 이상
지정수량의 1,000배 이상 2,000배 미만	9m 이상
지정수량의 2,000배 이상 3,000배 미만	12m 이상
지정수량의 3,000배 이상 4,000배 미만	15m 이상
지정수량의 4,000배 이상	당해 탱크의 최대지름과 탱크의 높이 또는 길이 중 큰 것과 같은 거리 이상이어야 한다. 단, 30m 초과의 경우에는 30m 이상으로 할 수 있고, 15m 미만의 경우에는 15m 이상으로 하여야 한다.

38

③ 용기는 차고 건조하며 환기가 잘 되는 곳에 저장하되, 철제용기는 부식되므로 유리용기를 사용한다.

39

위험물 저장탱크의 공간용적은 탱크내용적의 $\frac{5}{100}$ 이상 $\frac{10}{100}$ 이하로 하여야 한다.

40

인화칼슘(Ca_3P_2)과 물이 반응하면 수산화칼슘[$Ca(OH)_2$]과 포스핀(PH_3)을 생성시킨다.

$Ca_3P_2 + 6H_2O \rightarrow 3Ca(OH)_2 + 2PH_3$

41

위험물 운반용기의 외부 표시사항

- 위험물의 품명, 화학명 및 수용성("수용성" 표시는 제4류 위험물로서 수용성인 것에 한함)
- 위험물의 수량
- 위험물에 따라 규정된 주의사항

42

가솔린의 인화점은 −43～−20℃이다.

43

유황은 제2류 위험물이며, 지정수량은 100kg이다.

44

① 강산화제와 혼합 시 위험하다.

45

트리니트로페놀(피크르산)

- 휘황색의 침상결정이다.
- 냉수에는 녹기 힘들고 더운물, 에테르, 벤젠, 알코올에는 잘 녹는다.
- 드럼통에 넣어 밀봉시켜 저장하고, 건조할수록 위험성이 증가한다.

46

공기 중의 수분과 반응하여 수소(H)가 발생하므로 석유, 유동파라핀 속에 저장한다.

47

과산화칼륨(K_2O_2)과 물이 반응하여 산소를 방출시킨다.

$2K_2O_2 + 2H_2O \rightarrow 4KOH + O_2 \uparrow$

48

과산화나트륨은 물과 반응하여 수산화나트륨과 산소를 방출시킨다.

$2Na_2O_2 + 2H_2O \rightarrow 4NaOH + O_2 \uparrow$

49

① 칼슘 또는 알루미늄의 탄화칼슘(탄화물) : 제3류 위험물
② 유황(가연성 고체) : 제2류 위험물
③ 오산화인 : 적린 또는 황린의 연소 시 생성물
④ 마그네슘(가연성 고체) : 제2류 위험물

50

① 알코올과 반응하여 칼륨알코올레이트와 수소가스를 발생시킨다.
$2K + 2C_2H_5OH \rightarrow 2C_2H_5OK + H_2 \uparrow$

51

제1류 위험물의 질산염류

- 질산나트륨($NaNO_3$, 칠레초석)
- 질산칼륨(KNO_3, 초석)
- 질산암모늄(NH_4NO_3)
- 질산은($AgNO_3$)

※ 질산섬유소는 셀룰로오스의 하이드록시기(−OH)를 질산에스터($RONO_2$)로 변화시킨 화합물이다.

52

품명	지정수량	위험등급
무기과산화물(과산화나트륨)	50kg	Ⅰ
아염소산염류(아염소산나트륨)		
염소산염류(염소산칼륨)		
브롬산염류(브롬산칼륨)	300kg	Ⅱ

53

과염소산칼륨($KClO_4$)

분자량	비중	융점(℃)	분해온도(℃)
138.5	2.5	610	400～610

- 무색 · 무취 사방정계 결정이다.
- 물, 알코올, 에테르에 잘 녹지 않는다.
- $KClO_4 \rightarrow KCl + 2O_2 \uparrow$
- 가연물과의 혼합 시 가열, 마찰, 외부적 충격에 의해 폭발한다.

54

- 특수인화물의 지정수량 : 50L
- 제4석유류의 지정수량 : 6,000L

∴ 지정수량 배수의 합= $\frac{200}{50}+\frac{12,000}{6,000}=6$

55

위험물안전관리자를 해임할 때에는 해임한 날로부터 30일 이내에 위험물안전관리자를 다시 선임하여야 한다.

56

삼황화인은 이황화탄소(CS_2), 질산, 알칼리에는 녹지만 물, 염산, 황산 등에는 녹지 않는다.

57

과산화수소의 분해방지안정제

인산나트륨, 인산(H_3PO_4), 요산($C_5H_4N_4O_3$), 글리세린 등이 있다.

58

"위험물제조소"라는 표시를 한 표지판의 색상은 백색바탕에 흑색문자로 표시한다.

59

방유제

- 지름이 15m 미만인 경우 : 탱크높이의 3분의 1 이상
- 지름이 15m 이상인 경우 : 탱크높이의 2분의 1 이상

∴ 탱크의 지름이 15m 미만에 해당하므로 탱크높이의 3분의 1 이상으로 계산해야 한다.

$15\times\frac{1}{3}=5m$

60

자체소방대의 설치기준

- 지정수량 3천 배 이상의 제4류 위험물을 저장 · 취급하는 제조소, 일반취급소
- 지정수량 2만 배 이상의 제4류 위험물을 저장 · 취급하는 저장취급소

03회 CBT 모의고사

01 소화난이도등급 Ⅰ인 옥외탱크저장소에 있어서 제4류 위험물 중 인화점이 섭씨 70도 이상인 것을 저장·취급하는 경우 어느 소화설비를 설치해야 되는가?(단, 지중탱크 또는 해상탱크 외의 것)

① 스프링클러설비
② 물분무소화설비
③ 이산화탄소소화설비
④ 분말소화설비

02 다음 중 할론 1211 소화약제에 해당되는 것은?

① $C_2F_4Br_2$　② CF_3Br
③ CH_2ClBr　④ CF_2ClBr

03 이산화탄소가 소화약제로 사용되는 이유에 대한 설명으로 가장 옳은 것은?

① 산소와의 반응이 느리기 때문이다.
② 산소와 반응하지 않기 때문이다.
③ 착화되어도 곧 불이 꺼지기 때문이다.
④ 산화반응이 되어도 열 발생이 없기 때문이다.

04 가연물의 종류에 따른 화재의 분류에서 목재에 의한 화재에 해당되는 것은?

① A급　② B급
③ C급　④ D급

05 다음 위험물의 화재 시 주수소화에 대한 위험성이 증가하는 것은?

① 황　② 염소산칼륨
③ 인화칼슘　④ 질산칼륨

06 다음 중 연소의 형태가 표면연소에 해당하는 것은?

① 코크스　② 목재
③ 나프탈렌　④ 피크르산

07 다음 중 제3종 분말소화약제의 주성분은?

① 탄산수소나트륨
② 인산암모늄
③ 탄산수소나트륨과 수소
④ 탄산수소칼륨

08 제3류 위험물 금수성 물질에 적응할 수 있는 소화설비는?

① 포소화설비
② 이산화탄소소화설비
③ 탄산수소염류 분말소화설비
④ 할로겐화물소화설비

09 분말소화약제 중 제1종과 제2종 분말이 각각 열분해될 때 공통적으로 생성되는 가스는?

① H_2　② O_2
③ CO_2　④ N_2

10 위험물취급소의 건축물은 외벽이 내화구조인 경우 연면적 몇 m^2를 1소요단위로 보는가?

① 50 ② 100
③ 150 ④ 200

11 산화성 액체위험물에 적응성이 있는 소화설비가 아닌 것은?

① 스프링클러설비
② 포소화설비
③ 할로겐화물소화설비
④ 물분무소화설비

12 다음 중 위험물과 그 보호액이 잘못 짝지어진 것은?

① 황린 – 물
② 칼륨 – 에탄올
③ 이황화탄소 – 물
④ 나트륨 – 유동파라핀

13 자연발화를 방지하기 위한 방법으로 옳지 않은 것은?

① 습도가 낮은 곳을 피한다.
② 열축적을 방지한다.
③ 저장실의 온도를 낮춘다.
④ 정촉매작용을 하는 물질을 피한다.

14 표준상태에서 탄소 1몰이 완전히 연소하면 몇 L의 CO_2가 생성하는가?

① 11.2L ② 22.4L
③ 44.8L ④ 56.8L

15 다음 중 분말소화약제를 방출시키기 위해 주로 사용되는 가압용 가스는?

① 산소 ② 질소
③ 헬륨 ④ 아르곤

16 부채를 이용하여 촛불을 바람으로 끄는 경우에 해당하는 소화원리는?

① 억제효과 ② 가연물 제거
③ 산소공급원 차단 ④ 냉각에 의한 효과

17 [보기]에서 올바른 정전기방지법으로 나열된 것은?

[보기]
㉠ 접지를 할 것
㉡ 공기를 이온화할 것
㉢ 공기 중의 상대습도를 70% 이하로 할 것

① ㉠, ㉡ ② ㉠, ㉢
③ ㉡, ㉢ ④ ㉠, ㉡, ㉢

18 다음 고온체의 색깔을 낮은 온도부터 옳게 나열한 것은?

① 암적색 < 황적색 < 백적색 < 휘적색
② 휘적색 < 백적색 < 황적색 < 암적색
③ 휘적색 < 암적색 < 황적색 < 백적색
④ 암적색 < 휘적색 < 황적색 < 백적색

19 제조소등의 소요단위 산정 시 위험물은 지정수량의 몇 배를 1소요단위로 하는가?

① 5배 ② 10배
③ 20배 ④ 50배

20 다음 위험물의 화재 시 질식소화가 가장 효과가 좋은 것은?

① 디니트로톨루엔　② 질산메틸
③ 마그네슘　④ 염소산칼륨

21 위험물 운반차량의 어느 곳에 "위험물"이라는 표지를 게시하여야 하는가?

① 전면 및 후면의 보기 쉬운 곳
② 운전석 옆 유리
③ 이동저장탱크 좌우 측면의 보기 쉬운 곳
④ 차량의 좌우 문

22 비중은 약 2.5, 무색 · 무취이며 알코올, 에테르, 물에 잘 녹고 조해성이 있으며 산과 반응하여 유독한 ClO_2를 발생하는 위험물은 어느 것인가?

① 염소산염류　② 과염소산암모늄
③ 염소산나트륨　④ 과염소산칼륨

23 과산화나트륨의 성질에 대한 설명으로 옳은 것은?

① 순수한 것은 투명하지만 보통은 회색
② 염산과 반응하여 과산화수소 생성
③ 조해성이 있고, 물과 반응하여 주로 수소 발생
④ 가열하면 주로 산소와 나트륨이 생성

24 과염소산나트륨의 성질 중 거리가 먼 것은?

① 황색의 분말로 물과 반응하여 산소를 발생한다.
② 가열하면 분해되어 산소를 방출한다.
③ 융점은 약 482℃이며 물에 잘 녹는다.
④ 비중은 약 2.5로 물보다 무겁다.

25 제6류 위험물의 공통성질 중 옳은 설명은?

① 물보다 가볍다.
② 물에 녹는다.
③ 점성이 큰 액체로서 환원제이다.
④ 연소가 매우 잘 된다.

26 니트로셀룰로오스의 저장 · 취급방법으로 옳은 것은?

① 건조한 상태로 보관하여야 한다.
② 물 또는 알코올 등을 첨가하여 습윤한다.
③ 물기에 접촉하면 자연발화의 위험이 있으므로 주의하여야 한다.
④ 알코올에 접촉하면 자연발화의 위험이 있으므로 주의한다.

27 과망간산칼륨의 일반적인 성질에 관한 설명 중 틀린 것은?

① 강한 살균력과 산화력이 있다.
② 금속성 광택이 있는 무색결정이다.
③ 가열 · 분해시키면 산소를 방출한다.
④ 비중은 약 2.7이다.

28 유황의 성질을 설명한 것으로 옳은 것은?

① 전기의 양도체이다.
② 물에 잘 녹는다.
③ 연소하기 어려워 분진폭발의 위험성은 없다.
④ 높은 온도에서 탄소와 반응하여 CS_2를 생성한다.

29 벤젠증기의 비중은 약 얼마인가?

① 0.72　② 0.95
③ 2.69　④ 3.76

30 벤젠에 대한 설명 중 틀린 것은?

① 무색의 액체로서 방향성을 가지고 있다.
② 물에 잘 녹으며 인화점이 낮다.
③ 융점은 약 5~6℃이다.
④ 증기는 공기보다 무겁다.

31 다음 위험물 중 물보다 가볍고 비수용성인 것은 어느 것인가?

① 메틸에틸케톤　② 니트로벤젠
③ 에틸렌글리콜　④ 글리세린

32 질산에틸의 성상에 대한 설명 중 가장 거리가 먼 것은?

① 물에 전혀 녹지 않는다.
② 과실과 비슷한 냄새를 가지는 액체이다.
③ 발화점은 약 462℃이다.
④ 비점은 약 77℃이다.

33 과산화벤조일의 지정수량은 얼마인가?

① 10kg　② 50L
③ 100kg　④ 1,000L

34 다음 중 인화점이 25℃ 이상인 것은?

① $C_6H_5CH_3$
② $CH_3COOC_2H_5$
③ C_2H_5OH
④ $C_6H_5CHCH_2$

35 과산화수소의 성질을 설명한 것 중 옳은 것은?

① 분해해서 산소를 발생한다.
② 가장 안정한 화합물이다.
③ 피부 접촉 시 물과의 반응성 때문에 물로 씻는 것은 위험하다.
④ 16(중량)% 정도면 단독 폭발위험이 있다.

36 질산에틸의 관한 설명으로 옳은 것은?

① 인화점이 낮아 인화되기 쉽다.
② 증기는 공기보다 가볍다.
③ 물에 잘 녹는다.
④ 비점은 약 28℃ 정도이다.

37 다음 위험물 중 발화점이 가장 낮은 것은?

① 피크르산　② TNT
③ 과산화벤조일　④ 니트로셀룰로오스

38 다음 중 질산염류에 속하지 않는 것은?

① 질산에틸　② 질산구리
③ 질산나트륨　④ 질산암모늄

39 다음 그림과 같이 횡으로 설치한 원통형 탱크의 내용적을 계산하는 공식은 어느 것인가?

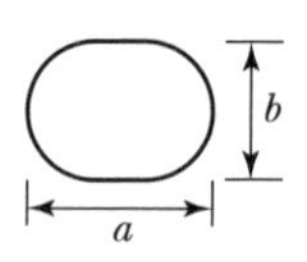

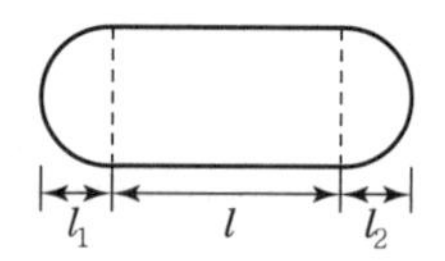

① $\frac{\pi ab}{4}\left(l+\frac{l_1-l_2}{3}\right)$　② $\pi r^2\left(l+\frac{l_1+l_2}{3}\right)$
③ $\frac{\pi ab}{4}\left(l+\frac{l_1+l_2}{3}\right)$　④ $\pi r^2 l$

40 마그네슘분말에 대한 설명으로 옳은 것은?

① 수소와 반응하여 연소 및 발화한다.
② 브롬과 혼합하여 보관할 수 있다.
③ 화재 시 물, CO_2, 포를 사용하여 소화한다.
④ 무기과산화물류와 혼합한 것은 마찰 또는 수분에 의해 발화한다.

41 다음 에테르의 안전관리에 대한 설명 중 틀린 것은?

① 증기는 마취성이 있으므로 증기 흡입에 주의하여야 한다.
② 폭발성의 과산화물 생성을 요오드화칼륨수용액으로 확인한다.
③ 물에 잘 녹으므로 대규모 화재 시 집중주수하여 소화한다.
④ 정전기 불꽃에 의한 발화에 주의하여야 한다.

42 다음 물질 중 반건성유에 해당되는 것은?

① 야자유 ② 참기름
③ 아마인유 ④ 동유

43 알칼리금속의 과산화물에 해당되지 않는 것은?

① 과산화나트륨 ② 과산화칼륨
③ 과산화리튬 ④ 과산화바륨

44 다음 위험물 중 비중이 물보다 큰 것은?

① 디에틸에테르
② 아세트알데히드
③ 산화프로필렌
④ 이황화탄소

45 다음 물질 중 콜로디온의 일반적인 제조방법에 해당되는 것은?

① 질화면을 질산과 황산 혼합액에 녹인다.
② 목탄분을 질산과 황산 혼합액에 녹인다.
③ 질화면을 에탄올과 에테르의 혼합액에 녹여 만든다.
④ 목탄분을 에탄올과 에테르의 혼합액에 녹여 만든다.

46 질산에 대한 다음 설명 중 틀린 것은?

① 금, 백금을 부식시키지 못한다.
② 물과 접촉하면 격렬히 흡열반응을 한다.
③ 가열에 의해서 유독가스가 발생한다.
④ 암모니아를 원료로 제조할 수 있다.

47 2몰의 브롬산칼륨이 모두 열분해되어 생긴 산소의 양은 2기압, 27℃에서 약 몇 L인가?

① 32.42 ② 36.92
③ 41.34 ④ 45.64

48 다음 중 산화프로필렌에 대한 설명으로 옳은 것은?

① 연소범위가 가솔린보다 좁아 인화가 어렵다.
② 구리, 은과 반응하여 폭발성의 아세틸리드를 생성한다.
③ 물에 잘 녹지 않는 황색의 휘발성 액체이다.
④ 접촉 시 피부에는 영향이 없으나 증기 흡입은 두통, 현기증, 구토증을 일으키는 물질이다.

49 질산칼륨의 성질에 대한 설명으로 틀린 것은?

① 비중은 1보다 작다.
② 열분해하면 산소를 발생한다.
③ 물에 잘 녹는다.
④ 분해온도는 약 400℃이다.

50 다음은 어떤 위험물에 대한 설명인가?

> • 맹독성이므로 고무장갑, 보호복을 반드시 착용하고 취급한다.
> • 공기에 닿지 않도록 물속에 저장한다.
> • 연소하면 오산화인의 흰 연기가 발생한다.

① 적린 ② 황화인
③ 황린 ④ 금속분

51 다음 과염소산칼륨에 대한 설명 중 틀린 것은?

① 제1류 위험물이며 지정수량은 50kg이다.
② 소화방법으로 주수소화가 가능하다.
③ 유기물과 혼합되어 있을 때 충격이나 마찰에 의해서 폭발할 수 있다.
④ 1몰을 가열하여 완전 열분해하면 4몰의 산소가 발생된다.

52 다음 중 제5류 위험물 품명에 속하지 않는 것은?

① 질산에스테르류
② 디아조화합물
③ 아크릴로니트릴류
④ 니트로화합물

53 위험물제조소의 기준에 있어서 위험물을 취급하는 건축물의 구조로 적당하지 않은 것은?

① 지하층이 없도록 하여야 한다.
② 연소의 우려가 있는 외벽은 개구부가 없는 내화구조의 벽으로 하여야 한다.
③ 출입구는 연소의 우려가 있는 외벽에 설치하는 경우 을종방화문을 설치하여야 한다.
④ 지붕은 폭발력이 위로 방출될 정도의 가벼운 불연재료로 덮는다.

54 다음 중 질산암모늄을 취급하는 과정에서 화재나 폭발 등의 위험성이 가장 작은 것은?

① 황린을 섞는 경우
② 마찰시키는 경우
③ 가열하는 경우
④ 물에 용해시키는 경우

55 적린의 저장 및 취급에 대한 설명 중 틀린 것은?

① 산화제와의 접촉을 피한다.
② 염소산염류와의 혼합을 피한다.
③ 일광이 잘 드는 곳에 보관한다.
④ 인화성 물질과 격리하여 저장한다.

56 제2류 위험물 중 인화성 고체의 제조소에 설치하는 주의사항 게시판에 표시할 내용을 옳게 나타낸 것은?

① 적색바탕에 백색문자로 화기엄금 표시
② 적색바탕에 백색문자로 화기주의 표시
③ 백색바탕에 적색문자로 화기엄금 표시
④ 백색바탕에 적색문자로 화기주의 표시

57 다음 중 제2류 위험물은?

① 황린　　② 리튬
③ 칼슘　　④ 유황

58 위험물제조소의 위치 · 구조 및 설비의 기준에 대한 설명으로 틀린 것은?

① 벽, 기둥, 바닥, 보, 서까래는 내화재료로 하여야 한다.
② 제조소의 표시판은 한 변이 30cm, 다른 한 변이 60cm 이상의 크기로 한다.
③ 제4류와 제5류 위험물을 취급하면 게시판의 내용에 화기엄금이라 기재한다.
④ 지정수량 10배를 초과하여 취급하는 제조소는 보유공지의 너비가 5m 이상이어야 한다.

59 위험물 판매취급소에 관한 설명 중 틀린 것은?

① 위험물을 배합하는 실의 바닥면적은 6～15m^2 이하이어야 한다.
② 제1종 판매취급소는 건축물의 1층에 설치한다.
③ 일반적으로 페인트점, 화공약품점이 위험물 판매취급소에 해당한다.
④ 취급하는 위험물의 종류에 따라 제1종과 제2종으로 구분된다.

60 다음 위험물 중에서 제3석유류로만 짝지어진 것은?

① 중유, 테레빈유
② 중유, 아세트산
③ 크레오소트유, 에틸렌글리콜
④ 크레오소트유, 윤활유

03회 CBT 모의고사 정답 및 해설

정답

01	02	03	04	05	06	07	08	09	10
②	④	②	①	③	①	②	③	③	②
11	12	13	14	15	16	17	18	19	20
③	②	①	②	②	②	①	④	②	③
21	22	23	24	25	26	27	28	29	30
①	③	②	①	②	②	②	④	③	②
31	32	33	34	35	36	37	38	39	40
①	④	①	④	①	①	③	①	③	④
41	42	43	44	45	46	47	48	49	50
③	②	④	④	③	②	②	②	①	③
51	52	53	54	55	56	57	58	59	60
④	③	③	④	③	①	④	①	④	③

해설

01

소화난이도등급 Ⅰ인 옥외탱크저장소

구분	소화설비
유황만을 저장 · 취급하는 것	물분무소화설비
인화점 70℃ 이상의 제4류 위험물만을 저장 · 취급하는 것	물분무소화설비 또는 고정식 포소화설비
그 밖의 것	고정식 포소화설비 (포소화설비가 적응성이 없는 경우 분말소화설비)

02

할론 1211

C	F	Cl	Br
1개	2개	1개	1개

∴ CF_2ClBr

03

이산화탄소(CO_2)는 산소와 더 이상 반응하지 않기 때문에 소화약제로 사용되며, 이에 따른 소화효과는 질식소화이다.

04

A급 화재(일반화재)

목재, 종이, 섬유 등의 화재가 이에 속하며, 구분색은 백색이다.

05

①, ②, ④ 물과 반응하지 않는다.

③ 물과 반응하여 포스핀(PH_3)을 생성시킨다.

$Ca_3P_2 + 6H_2O \rightarrow 3Ca(OH)_2 + 2PH_3$

06

① 표면 연소 ② 분해연소

③ 증발연소 ④ 자기연소

07

종류	주성분
제1종 분말	$NaHCO_3$(탄산수소나트륨)
제2종 분말	$KHCO_3$(탄산수소칼륨)
제3종 분말	$NH_4H_2PO_4$(제1인산암모늄)
제4종 분말	$KHCO_3 + (NH_2)_2CO$(탄산수소칼륨 + 요소)

08

제3류 위험물(금수성 및 자연발화성 물질)

구분		금수성 물질	그 밖의 것
포소화설비			○
이산화탄소소화설비			
분말소화설비	인산염류		
	탄산수소염류	○	○
	그 밖의 것		

09

종류	열분해반응식
제1종 분말	$2NaHCO_3 \rightarrow Na_2CO_3 + CO_2 + H_2O$
제2종 분말	$2KHCO_3 \rightarrow K_2CO_3 + CO_2 + H_2O$

10

제조소 또는 취급소용 건축물(1소요단위)

- 외벽이 내화구조로 된 것 : 연면적 $100m^2$
- 외벽이 내화구조가 아닌 것 : 연면적 $50m^2$

11

제6류 위험물(산화성 액체위험물)

스프링클러 설비	물분무소화 설비	포소화설비	할로겐화물 소화설비
○	○	○	

12

① 황린(제3류 위험물) – 물
② 칼륨(제3류 위험물) – 등유, 경유, 유동파라핀 등
③ 이황화탄소(제4류 위험물) – 물
④ 나트륨(제3류 위험물) – 유동파라핀

13

① '습도를 낮추는 것'이 자연발화를 방지하기 위한 방법이다.

14

$C + O_2 \rightarrow CO_2$에서 탄소 1몰이 산소 1몰과 반응하여 1몰의 이산화탄소가 생성된다.
∴ 표준상태의 이산화탄소(CO_2) 1몰=22.4L

15

분말소화약제를 방출시키기 위한 가압용 가스는 질소가스이다.

16

바람을 일으키는 경우는 촛불에서 순간적으로 가연성 가스(가연물)를 제거하는 것이다.

17

정전기방지방법

- 접지에 의한 방법
- 공기를 이온화하는 방법
- 상대습도를 70% 이상 높이는 방법

18

암적색(700℃) < 휘적색(950℃) < 황적색(1,100℃) < 백적색(1,300℃)

19

위험물은 지정수량의 10배를 1소요단위로 한다.

20

①, ②는 제5류 위험물(자기반응성 물질), ④는 제1류 위험물(산화성 고체)로 산소를 자체적으로 함유하고 있으므로 질식효과가 없다. 그러나 ③은 제2류 위험물(가연성 고체)로 화재 시 질식효과가 있다.

21

"위험물" 표지판

- 흑색바탕에 황색의 반사도료의 색상으로 게시한다.
- 위험물 운반차량의 진면 및 후면의 보기 쉬운 곳에 설치한다.

22

염소산나트륨은 산과 반응하여 유독한 이산화염소(ClO_2)를 발생하고 폭발위험이 있다.
$2NaClO_3 + 2HCl \rightarrow 2NaCl + H_2O_2 + 2ClO_2 \uparrow$

23

① 순수한 것은 백색이지만 보통 황색의 분말 또는 과립상이다.
② 염산과 반응하여 과산화수소를 발생시킨다.
$Na_2O_2 + 2HCl \rightarrow H_2O_2 + 2NaCl$
③ 조해성이 있고, 물과 반응하여 주로 산소를 발생시킨다.
④ 가열하면 주로 산소와 산화나트륨이 생성된다.

24

① 무색 · 무취 사방정계 결정으로 물과는 반응하지 않고, 가열하면 분해되어 산소를 방출한다.

25

제6류 위험물의 공통성질

- 물보다 무겁고, 물에 잘 녹는다.
- 산화성 액체인 산화제로, 자체로는 연소하지 않으며, 연소에 도움을 준다.

26

니트로셀룰로오스의 저장 · 취급은 물 또는 알코올 등을 첨가하여 습윤한다.

27

과망간산칼륨($KMnO_4$)

- 흑자색 또는 적자색 사방정계 결정이다.
- 비중이 2.7이고 강한 살균력과 산화력이 있다.
- 가열하면 분해하여 산소를 방출시킨다.

28

① 전기에는 부도체이다.
② 물에 녹지 않는다.
③ 분진폭발의 위험성이 존재한다.
④ 높은 온도에서 탄소와 반응하여 CS_2를 생성한다.
$2S + C \rightarrow CS_2$

29

벤젠(C_6H_6)의 분자량은 78이다.

$\therefore$ 증기비중 $= \frac{\text{성분기체의 분자량}}{\text{공기의 평균분자량}} = \frac{78}{29} = 2.689$

30

② 벤젠(C_6H_6)의 인화점은 −11℃로 낮으나, 물에는 잘 녹지 않는다.

31

① $CH_3COC_2H_5$: 비수용성, 비중 0.8
② $C_6H_5NO_2$: 비수용성, 비중 1.2
③ $C_2H_4(OH)_2$: 수용성, 비중 1.1
④ $C_3H_5(OH)_3$: 수용성, 비중 1.1

32

질산에틸($C_2H_5ONO_2$)

- 제5류 위험물로 질산에스테르류이다.
- 무색투명한 향긋한 냄새가 나는 액체이다.
- 발화점은 약 462℃, 비점은 약 88℃이다.

33

과산화벤조일은 제5류 위험물 유기과산화물로서 지정수량은 10kg이다.

34

① 톨루엔, 인화점 4℃
② 아세트산에틸, 인화점 −4.4℃
③ 에틸알코올, 인화점 13℃
④ 스티렌, 인화점 31℃

35

과산화수소

- 분해해서 산소를 발생시킨다.
$2H_2O_2 \rightarrow 2H_2O + O_2$
- 36(중량)% 이상인 경우 위험물이고, 단독 폭발위험이 있다.
- 피부 접촉 시 화상을 입을 위험이 있으므로, 최대한 빨리 씻어야 한다.

36

질산에틸($C_2H_5ONO_2$)

- 제5류 위험물로 질산에스테르류에 속한다.
- 비점은 약 88℃이고, 물에는 녹지 않는다.
- 증기비중이 3.14로 증기는 공기보다 무겁다.
- 인화점(−10℃)이 낮아 인화되기 쉽다.

37

① 니트로화합물, 발화점 300℃
② 니트로화합물, 발화점 230℃
③ 유기과산화물, 발화점 125℃
④ 질산에스테르류, 발화점 180℃

38

질산염류

질산(HNO_3)에서 수소이온이 떨어져 나가고 금속 또는 원자단(구리, 나트륨, 암모늄기)으로 치환된 화합물을 말한다.

※ 질산에틸($C_2H_5ONO_2$)은 제5류 위험물 질산에스테르류에 속한다.

39

타원(원통)형 탱크의 내용적

• 양쪽이 볼록한 것

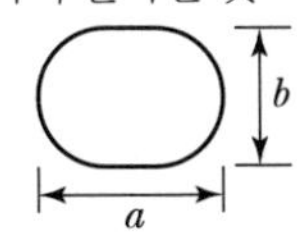
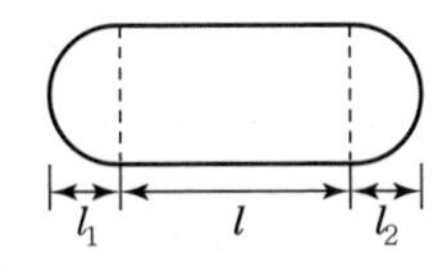

$$용량 = \frac{\pi ab}{4}\left(l + \frac{l_1 + l_2}{3}\right)$$

• 한쪽은 볼록하고 다른 한쪽은 오목한 것

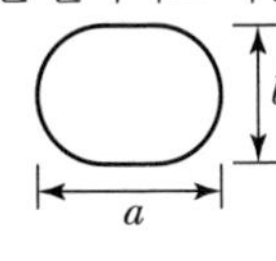
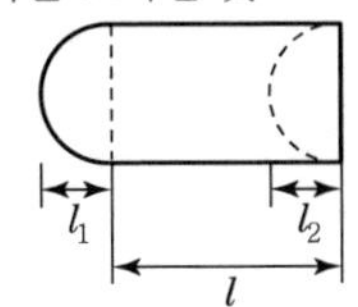

$$용량 = \frac{\pi ab}{4}\left(l + \frac{l_1 - l_2}{3}\right)$$

40

① 물과 반응하여 가연성 가스를 발생시킨다.
② 불활성 물질(브롬)과 혼합하면 폭발할 수 있다.
③ 화재 시 탄산수소염류 분말소화약제로 소화한다.

41

③ 물에 잘 녹으므로 대규모 화재 시 집중주수하면 화재면이 확대될 수 있다.

42

반건성유

• 요오드값이 100 이상 130 미만인 것을 말한다.
• 청어유, 옥수수기름, 쌀겨기름, 콩기름, 참기름, 채종유, 면실유 등이 있다.

43

알칼리금속의 과산화물

• 과산화수소(H_2O_2)의 수소이온이 떨어져 나가고 알칼리금속으로 치환된 화합물이다.
• 알칼리금속은 리튬, 나트륨, 칼륨 등이 있다.

※ 바륨은 알칼리토금속에 해당된다.

44

① $C_2H_5OC_2H_5$, 비중 0.7
② CH_3CHO, 비중 0.8
③ CH_3CHCH_2O, 비중 0.86
④ CS_2, 비중 1.26

45

콜로디온은 질화도가 낮은 질화면(니트로셀룰로오스)에 부피비 에탄올 3과 에테르 1의 혼합용액으로 녹여 교질 상태로 만든 것을 말한다.

46

① 질산은 부식성이 강하지만 금(Au), 백금(Pt), 은(Ag)은 부식시키지 못한다.
② 강한 산성이며, 물과 반응하여 발열한다.
③ 가열에 의해서 유독가스(NO_2)가 발생한다.
④ 암모니아를 원료로 제조할 수 있다.

47

$2KBrO_3 \rightarrow 2KBr + 3O_2$

$$PV = \frac{W}{M}RT$$

$$V = \frac{W}{PM}RT = \frac{32 \times 0.082 \times (273+27)}{2 \times 32} \times 3 = 36.90L$$

48

① 연소범위는 산화프로필렌 2.3~36%, 가솔린 1.4~7.6%를 가진다.
② 산화프로필렌의 용기는 구리, 은, 수은, 마그네슘 또는 이의 합금을 사용하지 말 것(아세틸리드를 생성하기 때문)
③ 물에 잘 녹는 무색의 휘발성 액체이다.
④ 접촉 시 피부에 화상을 입을 수 있고, 증기 흡입은 심하면 폐부종을 일으키는 물질이다.

49

질산칼륨(KNO_3)

• 비중은 2.1이고 조해성이 있으며, 물에 잘 녹는다.
• 약 400℃에서 분해하고, 열분해하면 산소를 발생한다.

50

③ 황린에 대한 설명이다.

51

④ 과염소산칼륨 1몰을 가열하여 완전 열분해하면 2몰의 산소가 발생된다.
$KClO_4 \rightarrow KCl + 2O_2 \uparrow$

52

③ 아크릴로니트릴류는 제4류 위험물 제1석유류(비수용성)에 해당된다.

53

③ 출입구는 연소의 우려가 있는 외벽에 설치하는 경우 갑종방화문을 설치하여야 한다.

54

질산암모늄(NH_4NO_3)

- 제3류 위험물(황린)과 혼합하면 위험성이 증대된다.
- 물을 흡수하면 흡열반응을 하므로 위험성이 감소한다.
- 마찰, 가열하면 산소를 발생하고, 충격을 주면 단독으로도 폭발한다.
  $2NH_4NO_3 \rightarrow 4H_2O + 2N_2 + O_2$

55

③ 직사광선을 피하여 냉암소에 보관하고, 물속에 저장하기도 한다.

56

- 제2류 위험물 중 인화성 고체 : 적색바탕에 백색문자로 화기엄금을 표시한다.
- 제2류 위험물(인화성 고체 제외) : 적색바탕에 백색문자로 화기주의를 표시한다.

57

① 황린 : 제3류 위험물
② 알칼리금속 : 제3류 위험물
③ 알칼리토금속 : 제3류 위험물
④ 유황 : 제2류 위험물

58

제조소의 위치 · 구조 및 설비의 기준

벽, 기둥, 바닥, 보, 서까래 및 계단은 불연재로 하고, 연소의 우려가 있는 외벽은 내화구조로 할 것. 단, 제6류 위험물을 취급하는 건축물에 있어서 위험물이 침윤될 우려가 있는 부분에 대하여는 아스팔트, 기타 부식되지 아니하는 재료로 피복할 수 있다.

59

저장 또는 취급하는 위험물의 수량에 따라 판매취급소를 분류한다.

- 제1종 판매취급소 : 지정수량의 20배 이하인 판매취급소
- 제2종 판매취급소 : 지정수량의 40배 이하인 판매취급소

60

①, ② 제3석유류, 제2석유류
③ 제3석유류, 제3석유류
④ 제3석유류, 제4석유류

04회 CBT 모의고사

01 다음 중 연소반응이 일어날 수 있는 가능성이 가장 큰 물질은 어느 것인가?

① 산소와 친화력이 작고, 활성화에너지가 작은 물질
② 산소와 친화력이 크고, 열전도율이 큰 물질
③ 활성화에너지는 크고, 발열량이 작은 물질
④ 활성화에너지는 작고, 열전도율이 작은 물질

02 산 · 알칼리소화기에 있어서 탄산수소나트륨과 황산의 반응 시 생성되는 물질을 모두 옳게 나타낸 것은?

① 황산나트륨, 탄산가스, 질소
② 황산나트륨, 탄산가스, 염소
③ 황산나트륨, 탄산가스, 물
④ 염화나트륨, 탄산가스, 물

03 다음 중 B급 화재에 해당하는 것은?

① 섬유 및 목재화재
② 반고체유지화재
③ 금속분화재
④ 전기화재

04 화학포소화약제 중 내약제의 주성분에 해당하는 것은?

① 탄산수소나트륨
② 수용성 단백질
③ 황산알루미늄
④ 사포닌

05 할로겐화물의 소화약제 중 할론 2402의 화학식은?

① CBr_2F_2　② $CBrClF_2$
③ $CBrF_3$　④ $C_2Br_2F_4$

06 다음 물질 중 분진폭발의 위험이 가장 낮은 것은?

① 마그네슘가루　② 아연가루
③ 밀가루　④ 시멘트가루

07 고정주유설비는 주유설비의 중심선을 기점으로 하여 도로경계선까지 몇 m 이상의 거리를 유지해야 하는가?

① 1　② 3
③ 4　④ 5

08 "특정옥외탱크저장소"라 함은 옥외탱크저장소 중 저장 또는 취급하는 액체위험물의 최대수량이 몇 L 이상인 것을 말하는가?

① 50만　② 100만
③ 200만　④ 300만

09 소화설비의 기준에서 이산화탄소소화설비가 적응성이 있는 대상물은 다음 중 무엇인가?

① 알칼리금속과산화물
② 철분
③ 인화성 고체
④ 금수성 물품

10 화재 시 주수에 의해 오히려 위험성이 증대되는 것은?

① 황린
② 적린
③ 칼륨
④ 니트로셀룰로오스

11 위험물제조소에서 국소방식의 배출설비 배출능력은 1시간당 배출장소용적의 몇 배 이상인 것으로 하여야 하는가?

① 5 ② 10
③ 15 ④ 20

12 이산화탄소소화기 사용 시 줄－톰슨효과에 의해서 생성되는 물질은?

① 포스겐 ② 일산화탄소
③ 드라이아이스 ④ 수성가스

13 분말소화설비의 기준에서 분말소화약제의 가압용 가스로 사용할 수 있는 것은?

① 헬륨 ② 네온
③ 아르곤 ④ 질소

14 다음 소화약제 중 제3종 분말소화약제의 주성분에 해당하는 것은?

① 탄산수소칼륨
② 인산암모늄
③ 탄산수소나트륨
④ 탄산수소칼륨과 요소의 반응생성물

15 정전기의 제거방법이 아닌 것은?

① 마찰계수를 작게 한다.
② 공기를 이온화한다.
③ 습도를 낮춘다.
④ 접지를 한다.

16 다음 위험물 중 품명이 나머지 셋과 다른 것은?

① 산화프로필렌 ② 아세톤
③ 이황화탄소 ④ 디에틸에테르

17 제조소등에 있어서 경보설비는 지정수량의 몇 배 이상의 위험물을 저장 또는 취급할 때 설치하여야 하는가?(단, 이동탱크저장소는 제외한다.)

① 10 ② 20
③ 30 ④ 40

18 제3류 위험물을 취급하는 제조소는 300명 이상을 수용할 수 있는 극장으로부터 몇 m 이상의 안전거리를 유지하여야 하는가?

① 5 ② 10
③ 30 ④ 70

19 위험물안전관리에 관한 세부기준에서 이산화탄소소화설비 저장용기의 설치장소로 옳지 않은 것은?

① 방호구역 내의 장소에 설치해야 한다.
② 온도가 40℃ 이하이고 온도변화가 적은 곳에 설치해야 한다.
③ 직사일광을 피하여 설치해야 한다.
④ 빗물이 침투할 우려가 적은 곳에 설치해야 한다.

20 자연발화가 잘 일어나는 경우와 가장 거리가 먼 것은?

① 주변의 온도가 높을 것
② 습도가 높을 것
③ 표면적이 넓을 것
④ 열전도율이 클 것

21 다음 물질 중 인화점이 가장 높은 것은?

① 톨루엔
② 클로로아세톤
③ 트리메틸알루미늄
④ 아세톤

22 다음 중 요오드값이 130 이상인 것은?

① 야자유 ② 올리브유
③ 아마인유 ④ 채종유

23 $KClO_4$의 지정수량은 얼마인가?

① 10kg ② 50kg
③ 500kg ④ 1,000kg

24 경유의 성질에 대한 설명 중 틀린 것은?

① 물에 녹기 어렵다.
② 비중은 1 이하이다.
③ 인화점과 착화점은 중유보다 높다.
④ 보통 시판되는 것은 담갈색의 액체이다.

25 오황화인이 물과 반응해서 발생하는 가스는?

① CS_2 ② H_2S
③ P_4 ④ HCl

26 결정성 황의 성질에 대한 설명 중 틀린 것은?

① 물에 녹지 않으나 이황화탄소에 녹는다.
② 공기 중에서 연소하여 아황산가스를 발생한다.
③ 전도성 물질이므로 정전기 발생에 유의하여야 한다.
④ 분진폭발의 위험성에 주의하여야 한다.

27 다음 화학물질 중 저장 시 물을 이용하여 저장하는 위험물은?

① 황린 ② 탄화칼슘
③ 나트륨 ④ 생석회

28 다음 중 위험물의 저장방법에 대한 설명으로 옳은 것은?

① 황화인은 가열을 금지하고, 알코올 또는 과산화물 속에 저장하여 보관한다.
② 마그네슘은 건조하면 분진폭발의 위험성이 있으므로 물에 습윤하여 저장한다.
③ 적린은 화재예방을 위해 할로겐원소와 혼합하여 저장한다.
④ 수소화리튬은 대용량의 저장용기에는 아르곤과 같은 불활성기체를 봉입한다.

29 액체위험물의 수납률은 운반용기 내용적의 얼마 이하이어야 하는가?

① 85% ② 90%
③ 95% ④ 98%

30 다음 제4류 위험물 중 착화온도가 가장 낮은 것은?

① 이황화탄소 ② 디에틸에테르
③ 아세톤 ④ 아세트알데히드

31 다음 중 위험물저장탱크의 용량을 구하는 계산식을 옳게 나타낸 것은?

① 탱크의 공간용적 – 탱크의 내용적
② 탱크의 내용적 × 0.05
③ 탱크의 내용적 – 탱크의 공간용적
④ 탱크의 공간용적 × 0.95

32 다음 염소산염류에 대한 설명 중 옳은 것은?

① 염소산칼륨은 환원제이다.
② 염소산나트륨은 조해성이 강하다.
③ 염소산암모늄은 위험물이 아니다.
④ 염소산칼륨은 알코올에 매우 잘 녹는다.

33 알루미늄분의 성질에 대한 설명 중 틀린 것은?

① 대부분의 산과 반응하여 수소를 발생시킨다.
② 끓는 물과의 반응은 비교적 안전하다.
③ 산화제와 혼합시키면 착화의 위험이 있다.
④ 은백색의 광택이 있고 물보다 무거운 금속이다.

34 다음 위험물 중 지정수량이 50kg인 것은?

① 칼륨 ② 리튬
③ 나트륨 ④ 알킬알루미늄

35 다음 질산의 위험성에 대한 설명 중 가장 옳은 것은?

① 산화성 물질과의 접촉을 피하고 환원성 물질과 혼합하여 안정화시킨다.
② 물과 격렬하게 반응하여 흡열반응을 한다.
③ 불연성이지만 산화력이 강하다.
④ 부식성이 매우 강해 금, 백금 등도 부식시킨다.

36 제2류 위험물인 마그네슘분의 성질에 관한 설명 중 틀린 것은?

① 뜨거운 물과 반응하여 수소를 발생시킨다.
② 강산과 반응하여 수소가스를 발생시킨다.
③ 알칼리토금속에 속하는 은백색의 경금속이다.
④ 공기 중 연소 시 CO_2가스로 소화한다.

37 피크르산 제조에 사용되는 물질과 가장 관계가 있는 것은?

① C_6H_6 ② $C_6H_5CH_3$
③ $C_3H_5(OH)_3$ ④ C_6H_5OH

38 옥외저장탱크 중 압력탱크에 저장하는 디에틸에테르 등의 저장온도는 몇 ℃ 이하이어야 하는가?

① 60 ② 40
③ 30 ④ 15

39 제6류 위험물의 일반적인 성질로 옳은 것은?

① 다른 물질을 산화시키고 산소를 함유하고 있다.
② 물보다 가볍고 물과 반응하기 어렵다.
③ 연소하기 쉬운 가연성 물질이다.
④ 가열하여도 분해되지 않는다.

40 다음 위험물 중 지정수량이 나머지 셋과 다른 것은?

① 벤즈알데히드
② 클로로벤젠
③ 니트로벤젠
④ 트리부틸아민

41 금속나트륨과 금속칼륨의 공통적인 성질에 대한 설명으로 옳은 것은?

① 불연성 고체이다.
② 물과 반응해서 산소를 발생한다.
③ 은백색의 매우 단단한 금속이다.
④ 물보다 가벼운 금속이다.

42 다음 벤조일퍼옥사이드에 관한 설명 중 틀린 것은?

① 물과 반응하여 가연성 가스가 발생하므로 주수소화는 위험하다.
② 무색, 무취의 결정 또는 백색분말이다.
③ 진한 황산, 질산 등에 의하여 분해폭발의 위험이 있다.
④ 발화점은 약 125℃이고 비중은 약 1.33이다.

43 연소범위가 1.4~7.6%로 낮은 농도의 혼합증기에서 점화원에 의하여 연소가 일어나는 제4류 위험물은?

① 가솔린　　② 에테르
③ 이황화탄소　　④ 아세톤

44 무색, 무취의 결정이며 분자량이 약 122, 녹는점이 약 482℃이고 산화제, 폭약 등에 사용되는 위험물은?

① 염소산바륨
② 과염소산나트륨
③ 아염소산나트륨
④ 과산화바륨

45 염소산칼륨에 대한 설명으로 옳은 것은?

① 흑색분말이다.
② 비중은 4.32이다.
③ 글리세린과 에테르에 잘 녹는다.
④ 가열에 의해 분해하여 산소를 방출한다.

46 다음 질산칼륨에 대한 설명 중 틀린 것은?

① 물에 녹는다.
② 흑색화약의 원료로 사용된다.
③ 가열하면 분해하여 산소를 방출한다.
④ 단독 폭발방지를 위해 유기물 중에 보관시킨다.

47 다음 물질 중에서 비점이 가장 높은 것은?

① C_6H_6
② $C_6H_5CH_3$
③ $C_6H_5CHCH_2$
④ $CH_3-CH_2-CH_2-CH_2-CH_3$

48 다음 물질 중 제5류 위험물에 해당하는 것은?

① 초산에틸　　② 질산에틸
③ 의산에틸　　④ 아크릴산에틸

49 제2류 위험물의 일반적 성질에 대한 설명으로 가장 거리가 먼 것은?

① 대부분 비중이 1보다 크다.
② 대부분 연소하기 쉽다.
③ 대부분 산화되기 쉽다.
④ 대부분 물에 잘 녹는다.

50 이황화탄소의 성질에 대한 설명 중 틀린 것은?

① 연소할 때 주로 황화수소를 발생한다.
② 물보다 무겁다.
③ 보호액으로 물을 사용한다.
④ 인화점이 약 −30℃이다.

51 산화성 고체위험물에 속하지 않는 것은?

① $KClO_3$
② $NaClO_4$
③ KNO_3
④ $HClO_4$

52 니트로글리세린에 대한 설명 중 틀린 것은?

① 무색 또는 담황색의 액체이다.
② 충격, 마찰에 비교적 둔감하나 동결품은 예민하다.
③ 비중은 약 1.6, 비점은 약 160℃이다.
④ 알코올, 벤젠 등에 녹는다.

53 제조소의 게시판사항 중 위험물의 종류에 따른 주의사항이 옳게 연결된 것은?

① 제2류 위험물(인화성 고체 제외) − 화기엄금
② 제3류 위험물 중 금수성 물질 − 물기엄금
③ 제4류 위험물 − 화기주의
④ 제5류 위험물 − 물기엄금

54 과산화칼륨의 위험성에 대한 설명 중 틀린 것은?

① 가연물과 혼합 시 충격이 가해지면 폭발할 위험이 있다.
② 접촉 시 피부를 부식시킬 위험이 있다.
③ 물과 반응하여 산소를 방출한다.
④ 가연성 물질이므로 화기접촉에 주의하여야 한다.

55 다음 제4류 위험물 중 제1석유류로 지정되어 있는 물질이 아닌 것은?

① 포름산
② 디부틸아민
③ 아크릴산
④ 글리세린

56 과산화나트륨의 위험성에 대한 설명 중 틀린 것은?

① 물과 접촉하면 수소를 발생하여 위험하다.
② 가연성 물질과 접촉하면 발화하기 쉽다.
③ 가열하면 분해되어 산소가 생긴다.
④ 수분이 있는 피부에 닿으면 화상의 위험이 있다.

57 인화칼슘이 물과 반응할 때 주로 발생하는 기체는?

① 이산화탄소
② 수소
③ 포스핀
④ 아세틸렌

58 위험물 적재 시 운반용기의 외부에 표시해야 하는 사항이 아닌 것은?

① 수납하는 위험물의 주의사항
② 위험물의 품명 및 위험등급
③ 위험물의 관리자 및 지정수량
④ 위험물의 화학명 및 수용성

59 다음 중 안전을 위해 운반 시 물 또는 알코올을 첨가하여 습윤하는 위험물은?

① 질산에틸
② 니트로셀룰로오스
③ 니트로글리세린
④ 피크르산

60 적린에 대한 설명 중 틀린 것은?

① 암적색의 분말이다.
② 착화점이 약 260℃, 융점이 약 590℃, 비중이 약 2.2이다.
③ 연소하면 오산화인이 발생한다.
④ 독성이 강하고 치사량이 0.05g이다.

04회 CBT 모의고사 정답 및 해설

정답

01	02	03	04	05	06	07	08	09	10
④	③	②	③	④	④	③	②	③	③
11	12	13	14	15	16	17	18	19	20
④	③	④	②	③	②	①	③	①	④
21	22	23	24	25	26	27	28	29	30
②	③	②	③	②	③	①	④	④	①
31	32	33	34	35	36	37	38	39	40
③	②	②	②	③	④	④	②	①	③
41	42	43	44	45	46	47	48	49	50
④	①	①	②	④	④	③	②	④	①
51	52	53	54	55	56	57	58	59	60
④	②	②	④	④	①	③	③	②	④

해설

01

연소반응이 잘 일어날 조건
- 발열량이 클 것
- 열전도율이 작을 것
- 산소와 친화력이 클 것
- 활성화에너지가 작을 것

02

산 · 알칼리소화기의 반응식
$2NaHCO_3 + H_2SO_4 \rightarrow Na_2SO_4 + 2CO_2 + 2H_2O$

03

① A급 화재(일반화재)
② B급 화재(유류 및 가스화재)
③ D급 화재(금속화재)
④ C급 화재(전기화재)

04

화학포소화약제
- 외약제 : $NaHCO_3$
- 내약제 : $Al_2(SO_4)_3$

05

할론 2402
C : 2, F : 4, Cl : 0, Br : 2
$\therefore C_2F_4Br_2 = C_2Br_2F_4$

06

분진폭발을 일으키지 않는 물질
모래, 생석회, 시멘트분말 등이 있다.

07

고정주유설비는 주유설비의 중심선을 기점으로 하여 도로경계선까지 4m 이상의 거리를 유지해야 한다.

08

특정옥외탱크저장소
옥외탱크저장 중 저장 또는 취급하는 액체위험물의 최대수량이 100만L 이상인 것을 말한다.

09

이산화탄소소화설비의 적응성 있는 대상물

제1류 위험물		제2류 위험물			제3류 위험물	
알칼리금속과 산화물 등	그 밖의 것	철분 · 금속분 · 마그네슘 등	인화성 고체	그 밖의 것	금수성 물품	그 밖의 것
			○			

10

③ 칼륨은 물과 반응하여 발열하고 수소를 발생한다.
$2K + 2H_2O \rightarrow 2KOH + H_2 \uparrow$ + 열

11

위험물제조소에서 국소방식의 배출설비 배출능력은 1시간당 배출장소용적의 20배 이상인 것으로 할 것(단, 전역방식의 경우에는 바닥면적 $1m^2$당 $18m^3$ 이상으로 할 것)

12

이산화탄소소화약제(이산화탄소소화기)
줄-톰슨효과에 의해 드라이아이스 생성으로 질식·냉각소화이다.

13

분말소화약제의 가압용 가스는 이산화탄소, 질소를 많이 사용한다.

14

종류	주성분	적응화재
제1종 분말	$NaHCO_3$(탄산수소나트륨)	B, C급
제2종 분말	$KHCO_3$(탄산수소칼륨)	B, C급
제3종 분말	$NH_4H_2PO_4$(제1인산암모늄)	A, B, C급
제4종 분말	$KHCO_3+(NH_2)_2CO$ (탄산수소칼륨+요소)	B, C급

15

③ 정전기 제거를 위해서는 습도를 높인다.

16

①, ③, ④ 특수인화물
② 제1석유류

17

경보설비
지정수량의 10배 이상의 위험물을 저장 또는 취급할 때 설치하여야 한다.

18

안전거리	건축물
3m 이상	사용전압이 7,000V 초과 35,000V 이하의 특고압가공전선
5m 이상	사용전압이 35,000V를 초과하는 특고압가공전선
10m 이상	건축물, 그 밖의 공작물로서 주거용으로 사용되는 것
20m 이상	고압가스, 액화석유가스 또는 도시가스를 저장 또는 취급하는 시설
30m 이상	학교·병원·극장, 그 밖에 다수인을 수용하는 시설
50m 이상	유형문화재, 지정문화재

19

① 방호구역 외의 장소에 설치해야 한다.

20

자연발화가 잘 일어나기 위해서는 열전도율이 작아야 한다.

21

① 제1석유류($C_6H_5CH_3$) : 4℃
② 제2석유류(CH_3CHOCH_2Cl) : 28℃
③ 제3류 위험물[$(C_2H_5)_3Al$] : −18℃
④ 제1석유류(CH_3COCH_3) : −18℃

22

건성유
- 요오드값이 130 이상인 것을 말한다.
- 동유, 해바라기기름, 아마인유, 들기름, 대구유, 상어기름, 정어리기름 등이 있다.

※ ①, ②는 불건성유이고 ④는 반건성유이다.

23

과염소산칼륨($KClO_4$)은 과염소산염류에 해당되며, 지정수량은 50kg이다.

24

- 경유 : 인화점은 50~70℃, 착화점은 200℃이다.
- 중유 : 인화점은 60~150℃, 착화점은 254~405℃이다.

※ 인화점과 착화점은 중유보다 낮다.

25

오황화인(P_2S_5)과 물과의 반응식
$P_2S_5+8H_2O \rightarrow 5H_2S+2H_3PO_4$

26

③ 비전도성 물질이므로 정전기 발생에 유의하여야 한다.

27

황린은 약알칼리성 물(pH 9)에 저장이 가능하나, 탄화칼슘은 아세틸렌가스, 나트륨은 수소, 생석회는 열을 발생시킨다.

28

① 황화인은 가열을 금지하고, 알코올 또는 과산화물을 피하고, 차고 통풍이 잘 되는 곳에 저장한다.
② 마그네슘은 물과 반응하여 수소와 열을 발생시키므로 주의하여야 한다.
③ 적린은 할로겐과 화학적 반응을 하므로, 함께 저장하는 것은 금해야 한다.

29

운반 시 위험물의 수납률
- 고체위험물 : 운반용기 내용적의 95% 이하의 수납률로 수납할 것
- 액체위험물 : 운반용기 내용적의 98% 이하의 수납률로 수납할 것

30

① 특수인화물(100℃)
② 특수인화물(180℃)
③ 제1석유류(538℃)
④ 특수인화물(175℃)

31

저장탱크의 용량＝탱크의 내용적－탱크의 공간용적

32

① 염소산칼륨은 산화제이다.
② 염소산나트륨은 알코올, 에테르, 물에 잘 녹고, 조해성과 흡습성이 있다.
③ 염소산암모늄은 제1류 위험물 염소산염류이다.
④ 온수, 글리세린에 잘 녹고, 냉수・알코올에는 잘 녹지 않는다.

33

② 물(수증기)과 반응하여 수소를 발생시킨다.
$2Al + 6H_2O \rightarrow 2Al(OH)_3 + 3H_2$

34

①, ③, ④ 10kg
② 50kg

35

① 환원성 물질과 혼합하면 발화할 수 있다.
② 물을 가하면 발열한다.
④ 부식성은 강하나, 백금・금을 부식시키지 못한다.

36

④ 공기 중 연소 시 CO_2 소화약제는 적응성이 없고 탄산수소염류 분말소화가 효과적이다.

37

피크르산[$C_6H_2OH(NO_2)_3$]의 제조방정식

$$C_6H_5OH + 3HNO_3 \xrightarrow{H_2SO_4} C_6H_2OH(NO_2)_3 + 3H_2O$$

38

옥외저장탱크 중 압력탱크에 저장하는 디에틸에테르 등의 저장온도는 40℃ 이하이어야 한다.

39

② 물보다 무겁고 물에 녹는다.
③ 연소를 도와주는 조연성 물질이다.
④ 가열하면 분해된다.

40

①, ②, ④ 제2석유류(비수용성) : 1,000L
③ 제3석유류(비수용성) : 2,000L

41

① 가연성 고체이다.
② 물과 반응하여 수소를 발생시킨다.
③ 은백색의 무른 경금속이다.

42

① 물과 반응하지 않으므로 화재 시 다량의 물로 주수소화를 하는 것이 가장 좋다.

43

① 제1석유류 : 1.4~7.6%
② 특수인화물 : 1.9~48%
③ 특수인화물 : 1.0~44%
④ 제1석유류 : 2.5~12.8%

44

과염소산나트륨($NaClO_4$)
- 무색 · 무취의 사방정계 결정이다.
- 분자량=23+35.5+(4×16)=122.5
- 비중이 2.5이고 융점이 482℃이며, 분해온도는 400℃이다.
- 산화제, 폭약 등에 사용된다.

45

염소산칼륨($KClO_3$)
- 무색 · 무취의 사방정계 결정 또는 백색분말이다.
- 비중이 2.5이고 융점이 610℃이며, 분해온도는 400~610℃이다.
- 물, 글리세린, 에테르에 잘 녹지 않는다.
- 촉매 없이 400℃ 부근에서 분해한다.
  $2KClO_3 \rightarrow 2KCl + 3O_2$

46

④ 단독으로는 폭발하지 않지만 가열하면 분해하여 산소와 아질산칼륨을 생성한다.
  $2KNO_3 \rightarrow 2KNO_2 + O_2\uparrow$

47

① 벤젠 : 80.1℃
② 톨루엔 : 110.6℃
③ 스티렌 : 146℃
④ 펜탄 : 9.5℃

48

①, ③, ④ 제4류 위험물 제1석유류
② 제5류 위험물

49

④ 대부분 물에 잘 녹지 않으며, 금속류는 물과 반응하여 가연성 가스를 발생시킨다.

50

① 연소 시 이산화탄소와 이산화황(아황산가스)을 발생한다.
  $CS_2 + 3O_2 \rightarrow CO_2 + 2SO_2$

51

① 염소산칼륨 : 제1류 위험물(산화성 고체위험물)
② 과염소산나트륨 : 제1류 위험물(산화성 고체위험물)
③ 질산칼륨 : 제1류 위험물(산화성 고체위험물)
④ 과염소산 : 제6류 위험물(산화성 액체위험물)

52

니트로글리세린[NG, $C_3H_5(ONO_2)_3$]
- 무색 또는 담황색 기름모양의 액체이다.
- 비중이 1.6, 비점이 160℃이고, 융점이 28℃, 증기비중이 7.84이다.
- 알코올, 벤젠 등에 잘 녹는다.
- 충격, 마찰에 민감하며, 겨울철에는 동결할 위험이 존재한다.

53

제조소등의 위험물 종류별 게시판

위험물 종류	주의사항
• 제1류 위험물 중 알칼리금속의 과산화물 • 제3류 위험물 중 금수성 물질	물기엄금
• 제2류 위험물(인화성 고체는 제외)	화기주의
• 제2류 위험물 중 인화성 고체 • 제3류 위험물 중 자연발화성 물질 • 제4류 위험물 • 제5류 위험물	화기엄금

54

④ 과산화칼륨은 가연성 물질이 아니라 조연성 물질이다.

55

① HCOOH : 제1석유류, 수용성
② $(CH_3(CH_2)_3)_2NH$: 제1석유류, 비수용성
③ $CH_2=CHCOOH$: 제1석유류, 수용성
④ $CH_2CHCH(OH)_3$: 제3석유류, 수용성

56

① 물과 접촉하면 열과 산소를 방출시킨다.

$$Na_2O_2 + H_2O \rightarrow 2NaOH + \frac{1}{2}O_2 \uparrow$$

57

인화칼슘(Ca_3P_2)이 물과 반응하면 포스핀(PH_3, 기상인 화수소)을 생성시킨다.

$Ca_3P_2 + 6H_2O \rightarrow 3Ca(OH)_2 + 2PH_3$

58

위험물의 포장 외부에 표시사항

- 위험물의 품명
- 위험물의 화학명 및 수용성
- 위험물의 수량
- 수납위험물의 주의사항
- 위험물의 위험등급

59

니트로셀룰로오스는 안전한 운반을 위해 물 또는 알코올을 첨가하여 습윤한다.

60

④ 적린(P)은 황린에 비해 화학적 활성이 작으며, 독성이 없고, 조해성이 있다.

05회 CBT 모의고사

01 다음 중 제3종 분말소화약제를 사용할 수 있는 모든 화재의 급수를 옳게 나타낸 것은?

① A급, B급
② B급, C급
③ A급, C급
④ A급, B급, C급

02 제5류 위험물의 화재 시 소화방법에 대한 설명으로 옳은 것은?

① 가연성 물질로서 연소속도가 빠르므로 질식소화가 효과적이다.
② 할로겐화물소화기가 적응성이 있다.
③ CO_2 및 분말소화기가 적응성이 있다.
④ 다량의 주수에 의한 냉각소화가 효과적이다.

03 인화성 액체의 증기가 공기보다 무거운 것은 다음 중 어떤 위험성과 가장 관계가 있는가?

① 인화점이 낮다.
② 발화점이 낮다.
③ 물에 의한 소화가 어렵다.
④ 예측하지 못한 장소에서 화재가 발생할 수 있다.

04 다음 중 화재의 급수에 따른 화재의 종류와 표시색상이 옳게 연결된 것은?

① A급 – 일반화재, 황색
② B급 – 일반화재, 황색
③ C급 – 전기화재, 청색
④ D급 – 금속화재, 청색

05 소화기에 표시한 "A – 2", "B – 3"에서 숫자가 의미하는 것은?

① 소화기의 소요단위 ② 소화기의 사용순위
③ 소화기의 제조번호 ④ 소화기의 능력단위

06 불에 대한 제거소화방법의 적용이 잘못된 것은?

① 유전의 화재 시 다량의 물을 이용하였다.
② 가스화재 시 밸브 및 콕을 잠갔다.
③ 산불화재 시 벌목을 하였다.
④ 촛불을 바람으로 불어 가연성 증기를 날려 보냈다.

07 다음 위험물의 화재 시 주수소화가 가능한 것은?

① 철분 ② 마그네슘
③ 나트륨 ④ 황

08 이산화탄소소화기에서 수분의 중량은 일정량 이하이어야 하는데 그 이유를 가장 옳게 설명한 것은?

① 줄 – 톰슨효과 때문에 수분이 동결되어 관이 막히므로
② 수분이 이산화탄소와 반응하여 폭발하기 때문에
③ 에너지보존법칙 때문에 압력 상승으로 관이 파손되므로
④ 액화탄산가스는 승화성이 있어서 관이 팽창하여 방사압력이 급격히 떨어지므로

09 화학포소화약제의 반응에서 황산알루미늄과 탄산수소나트륨의 반응 몰비는?(단, 황산알루미늄 : 탄산수소나트륨의 비이다.)

① 1 : 4　② 1 : 6
③ 4 : 1　④ 6 : 1

10 질소가 가연물이 될 수 없는 이유를 가장 옳게 설명한 것은?

① 산소와 반응하지만 반응 시 열을 방출하기 때문에
② 산소와 반응하지만 반응 시 열을 흡수하기 때문에
③ 산소와 반응하지 않고 열의 변화가 없기 때문에
④ 산소와 반응하지 않고 열을 방출하기 때문에

11 위험물의 착화점이 낮아지는 경우가 아닌 것은?

① 압력이 클 때
② 발열량이 클 때
③ 산소농도가 낮을 때
④ 산소와 친화력이 좋을 때

12 탄산칼륨을 물에 용해시킨 강화액소화약제의 pH에 가장 가까운 것은?

① 1　② 4
③ 7　④ 12

13 자연발화에 대한 다음 설명 중 틀린 것은?

① 열전도가 낮을 때 잘 일어난다.
② 공기와의 접촉면적이 큰 경우에 잘 일어난다.
③ 수분이 높을수록 발생을 방지할 수 있다.
④ 열의 축적을 막을수록 발생을 방지할 수 있다.

14 화학포소화기에서 기포안정제로 사용되는 것은?

① 사포닌　② 질산
③ 황산알루미늄　④ 질산칼륨

15 이송취급소의 소화난이도등급에 관한 설명 중 옳은 것은?

① 모든 이송취급소의 소화난이도는 등급 Ⅰ에 해당한다.
② 지정수량 100배 이상을 취급하는 이송취급소만 소화난이도등급 Ⅰ에 해당한다.
③ 지정수량 200배 이상을 취급하는 이송취급소만 소화난이도등급 Ⅰ에 해당한다.
④ 지정수량 10배 이상의 제4류 위험물을 취급하는 이송취급소만 소화난이도등급 Ⅰ에 해당한다.

16 다음 중 제1종 · 제2종 · 제3종 분말소화약제의 주성분에 해당하지 않는 것은?

① 탄산수소나트륨
② 황산마그네슘
③ 탄산수소칼륨
④ 인산암모늄

17 다음 중 화재가 발생하였을 때 물로 소화하면 위험한 것은?

① KNO_3　② $NaClO_3$
③ $KClO_3$　④ K

18 팽창진주암(삽 1개 포함)의 능력단위 1은 용량이 몇 L인가?

① 70　② 100
③ 130　④ 160

19 소화약제의 분해반응식에서 다음 (   ) 안에 알맞은 것은?

$$2NaHCO_3 \rightarrow Na_2CO_3 + H_2O + (\quad)$$

① CO ② NH_3
③ CO_2 ④ H_2

20 다음 중 증발연소를 하는 물질이 아닌 것은?

① 황 ② 석탄
③ 파라핀 ④ 나프탈렌

21 과산화칼륨에 관한 설명으로 틀린 것은?

① 융점은 약 490℃이다.
② 가연성 물질이며 가열하면 격렬히 연소한다.
③ 비중은 약 2.9로 물보다 무겁다.
④ 물과 접촉하면 수산화칼륨과 산소가 발생한다.

22 가연성 고체위험물의 저장 및 취급법으로 옳지 않은 것은?

① 환원성 물질이므로 산화제와 혼합하여 저장할 것
② 점화원으로부터 멀리하고 가열을 피할 것
③ 금속분은 물과의 접촉을 피할 것
④ 용기 파손으로 인한 위험물의 누설에 주의할 것

23 위험물에 물이 접촉하여 주로 발생되는 가스의 연결이 틀린 것은?

① 나트륨 – 수소
② 탄화칼슘 – 포스핀
③ 칼륨 – 수소
④ 인화석회 – 인화수소

24 다음 위험물 중 발화점이 가장 낮은 것은?

① 가솔린
② 이황화탄소
③ 에테르
④ 황린

25 과망간산칼륨의 위험성에 대한 설명 중 틀린 것은?

① 진한 황산과 접촉하면 폭발적으로 반응한다.
② 알코올, 에테르, 글리세린 등 유기물과 접촉을 금한다.
③ 가열하면 약 60℃에서 분해하여 수소를 방출한다.
④ 목탄, 황과 접촉 시 충격에 의해 폭발할 위험성이 있다.

26 위험물의 취급 중 폐기에 관한 기준으로 옳은 것은?

① 위험물의 성질에 따라 안전한 장소에서 실시하면 매몰할 수 있다.
② 재해의 발생을 방지하기 위한 적당한 조치를 강구한 때라도 절대로 바다에 유출시키거나 투하할 수 없다.
③ 안전한 장소에서 타인에게 위해를 미칠 우려가 없는 방법으로 소각할 경우는 감시원을 배치할 필요가 없다.
④ 위험물제조소에서 지정수량 미만을 폐기하는 경우에는 장소에 상관없이 임의로 폐기할 수 있다.

27 과염소산의 성질에 대한 설명으로 옳은 것은?

① 무색의 산화성 물질이다.
② 점화원에 의해 쉽게 단독으로 연소한다.
③ 흡습성이 강한 고체이다.
④ 증기는 공기보다 가볍다.

28 알루미늄분말의 저장방법 중 옳은 것은?

① 에틸알코올수용액에 넣어 보관한다.
② 밀폐용기에 넣어 건조한 곳에 저장한다.
③ 폴리에틸렌병에 넣어 수분이 많은 곳에 보관한다.
④ 염산수용액에 넣어 보관한다.

29 다음 중 황린이 완전연소할 때 발생하는 가스는?

① PH_3 ② SO_2
③ CO_2 ④ P_2O_5

30 다음 제4류 위험물 중 특수인화물에 해당하고 물에 잘 녹지 않으며 비중이 0.71, 비점이 약 34℃인 위험물은?

① 아세트알데히드 ② 산화프로필렌
③ 디에틸에테르 ④ 니트로벤젠

31 제1석유류의 일반적인 성질로 틀린 것은?

① 물보다 가볍다.
② 가연성이다.
③ 증기는 공기보다 가볍다.
④ 인화점이 21℃ 미만이다.

32 황린을 취급할 때의 주의사항으로 틀린 것은?

① 피부에 닿지 않도록 주의할 것
② 산화제와의 접촉을 피할 것
③ 물의 접촉을 피할 것
④ 화기의 접근을 피할 것

33 고속도로 주유취급소의 특례기준에 따르면 고속국도 도로변에 설치된 주유취급소에 있어서 고정주유설비에 직접 접속하는 탱크의 용량은 몇 L까지 할 수 있는가?

① 1만 ② 5만
③ 6만 ④ 8만

34 다음 물질 중 분진폭발의 위험이 없는 것은?

① 황 ② 알루미늄분
③ 과산화수소 ④ 마그네슘분

35 알킬리튬 10kg, 황린 100kg 및 탄화칼슘 300kg을 저장할 때 각 위험물의 지정수량 배수의 총합은 얼마인가?

① 5 ② 7
③ 8 ④ 10

36 탄화칼슘의 안전한 저장 및 취급방법으로 가장 거리가 먼 것은?

① 습기와의 접촉을 피한다.
② 석유 속에 저장해 둔다.
③ 장기 저장할 때는 질소가스를 충전한다.
④ 화기로부터 격리하여 저장한다.

37 황화인에 대한 설명 중 옳지 않은 것은?

① 삼황화인은 황색결정으로 공기 중 약 100℃에서 발화할 수 있다.
② 오황화인은 담황색결정으로 조해성이 있다.
③ 오황화인의 화재 시에는 물에 의한 냉각소화가 가장 좋다.
④ 삼황화인은 통풍이 잘 되는 냉암소에 저장한다.

38 다음 위험물 품명 중 지정수량이 나머지 셋과 다른 것은?

① 염소산염류 ② 질산염류
③ 무기과산화물 ④ 과염소산염류

39 법령에 정의하는 제2석유류의 1기압에서의 인화점범위를 옳게 나타낸 것은?

① 21℃ 이상 70℃ 미만
② 70℃ 이상 200℃ 미만
③ 200℃ 이상 300℃ 미만
④ 300℃ 이상 400℃ 미만

40 다음 물질 중 제1류 위험물이 아닌 것은?

① Na_2O_2 ② $NaClO_3$
③ NH_4ClO_4 ④ $HClO_4$

41 다음 물질 중 상온에서 고체인 것은?

① 질산메틸
② 질산에틸
③ 니트로글리세린
④ 디니트로톨루엔

42 위험물의 성질에 관한 다음 설명 중 틀린 것은?

① 초산메틸은 유기화합물이다.
② 피리딘은 물에 녹지 않는다.
③ 초산에틸은 무색투명한 액체이다.
④ 이소프로필알코올은 물에 녹는다.

43 위험물안전관리법상 제3석유류의 액체상태의 판단기준은?

① 1기압과 섭씨 20도에서 액상인 것
② 1기압과 섭씨 25도에서 액상인 것
③ 기압에 무관하게 섭씨 20도에서 액상인 것
④ 기압에 무관하게 섭씨 25도에서 액상인 것

44 다음 위험물 중 분자식을 C_3H_6O로 나타내는 것은?

① 에틸알코올 ② 에틸에테르
③ 아세톤 ④ 아세트산

45 다음 위험물 중 질산에스테르류에 속하지 않는 것은?

① 니트로셀룰로오스
② 질산메틸
③ 트리니트로페놀
④ 펜트리트

46 다음 물질 중 물과 반응 시 독성이 강한 가연성 가스가 생성되는 적갈색 고체위험물은?

① 탄산나트륨 ② 탄산칼슘
③ 인화칼슘 ④ 수산화칼륨

47 다음 중 제2석유류만으로 짝지어진 것은?

① 시클로헥산 – 피리딘
② 염화아세틸 – 휘발유
③ 시클로헥산 – 중유
④ 아크릴산 – 포름산

48 위험물 옥내저장소에서 지정수량의 몇 배 이상의 저장창고에는 피뢰침을 설치해야 하는가? (단, 제6류 위험물의 저장창고는 제외한다.)

① 10 ② 20
③ 50 ④ 100

49 제6류 위험물의 일반적인 성질에 대한 설명으로 옳은 것은?

① 강한 환원성 액체이다.
② 물과 접촉하면 흡열반응을 한다.
③ 가연성 액체이다.
④ 과산화수소를 제외하고 강산이다.

50 다음 위험물에 대한 설명 중 틀린 것은?

① $NaClO_3$은 조해성, 흡수성이 있다.
② H_2O_2는 알칼리용액에서 안정화되어 분해가 어렵다.
③ $NaNO_3$의 열분해온도는 약 380℃이다.
④ $KClO_3$은 화약류 제조에 쓰인다.

51 $C_6H_2CH_3(NO_2)_3$을 녹이는 용제가 아닌 것은?

① 물 ② 벤젠
③ 에테르 ④ 아세톤

52 다음 위험물 중 인화점이 가장 낮은 것은?

① 메틸에틸케톤 ② 에탄올
③ 초산 ④ 클로로벤젠

53 위험물의 취급소를 구분할 때 제조 이외의 목적에 따른 구분으로 볼 수 없는 것은?

① 판매취급소 ② 이송취급소
③ 옥외취급소 ④ 일반취급소

54 트리니트로톨루엔에 대한 설명 중 틀린 것은?

① 피크르산에 비하여 충격 · 마찰에 둔감하다.
② 발화점은 약 300℃이다.
③ 자연분해의 위험성이 매우 높아 장기간 저장이 불가능하다.
④ 운반 시 10%의 물을 넣어 운반하면 안전하다.

55 제5류 위험물의 일반적인 성질에 대한 설명으로 가장 거리가 먼 것은?

① 가연성 물질이다.
② 대부분 유기화합물이다.
③ 점화원의 접근은 위험하다.
④ 대부분 오래 저장할수록 안정하게 된다.

56 이황화탄소의 성질에 대한 설명 중 틀린 것은?

① 이황화탄소의 증기는 공기보다 무겁다.
② 순수한 것은 강한 자극성 냄새가 나고 적색액체이다.
③ 벤젠, 에테르에 녹는다.
④ 생고무를 용해시킨다.

57 비스코스레이온원료로서 비중이 약 1.3, 인화점이 약 −30℃이고, 연소 시 유독한 아황산가스를 발생시키는 위험물은?

① 황린 ② 이황화탄소
③ 테레빈유 ④ 장뇌유

58 크레오소트유에 대한 설명으로 틀린 것은?

① 제3석유류에 속한다.
② 무취이고 증기는 독성이 없다.
③ 상온에서 액체이다.
④ 물보다 무겁고 물에 녹지 않는다.

59 위험물의 저장방법에 대한 다음 설명 중 잘못된 것은?

① 황은 정전기 축적이 없도록 저장한다.
② 니트로셀룰로오스는 건조하면 발화위험이 있으므로 물 또는 알코올로 습윤시켜 저장한다.
③ 칼륨은 유동파라핀 속에 저장한다.
④ 마그네슘은 차고 건조하면 분진폭발하므로 온수 속에 저장한다.

60 Mg, Na의 화재에 이산화탄소소화기를 사용하였다. 화재현장에서 발생되는 현상은?

① 이산화탄소가 부착면을 만들어 질식소화된다.
② 이산화탄소가 방출되어 냉각소화된다.
③ 이산화탄소가 Mg, Na과 반응하여 화재가 확대된다.
④ 부촉매효과에 의해 소화된다.

05회 CBT 모의고사 정답 및 해설

정답

01	02	03	04	05	06	07	08	09	10
④	④	④	③	④	①	④	①	②	②
11	12	13	14	15	16	17	18	19	20
③	④	③	①	①	②	④	④	③	②
21	22	23	24	25	26	27	28	29	30
②	①	②	④	③	①	①	②	④	③
31	32	33	34	35	36	37	38	39	40
③	③	③	③	②	②	③	②	①	④
41	42	43	44	45	46	47	48	49	50
④	②	①	③	③	③	④	①	④	②
51	52	53	54	55	56	57	58	59	60
①	①	③	③	④	②	②	②	④	③

해설

01

종류	주성분	착색	적응화재
제1종 분말	$NaHCO_3$	백색	B, C
제2종 분말	$KHCO_3$	보라색	B, C
제3종 분말	$NH_4H_2PO_4$	담홍색	A, B, C
제4종 분말	$KHCO_3+(NH_2)_2CO$	회백색	B, C

02

④ 제5류 위험물의 화재 시 소화방법은 자기반응성 물질이므로, 다량의 주수에 의한 냉각소화가 효과적이다.

03

예측하지 못한 장소에서 가연성 증기가 공기보다 무거우면, 화재가 발생할 수 있다.

04

① A급 – 일반화재, 백색
② B급 – 유류 및 가스화재, 황색
④ D급 – 금속화재, 정해지지 않음

05

"A – 2", "B – 3"에서 숫자가 의미하는 것은 소화기의 능력단위이다.

06

유전의 화재 시 다량의 물을 사용하면 기름은 물보다 가볍기 때문에 화재가 확대될 수 있으며, 만일 소화가 가능하더라도 이는 냉각소화에 해당된다.

07

철분, 마그네슘, 나트륨은 물과 반응하여 수소기체를 발생시키고 황은 물과 반응하지 않는다.

08

이산화탄소소화기에서 수분의 중량은 일정량 이하이어야 하는데 그 이유는 수분이 동결되어 관이 막히기 때문이다.

09

포말소화기의 화학반응식

$6NaHCO_3+Al_2(SO_4)_3+18H_2O$
$\rightarrow 3Na_2SO_4+2Al(OH)_3+6CO_2+18H_2O$

10

질소가 가연물이 될 수 없는 이유는 산소와 반응하지만 반응 시 열을 흡수하기 때문이다.

11

③ 산소농도가 높을 때

12

강화액소화약제

- pH 12 이상
- 응고점 : –17～–30℃
- 독성, 부식성이 없다.

13

③ 습도를 낮게 할 것(수분량이 적당하지 않도록 할 것)

14

기포안정제
단백질 분해물, 사포닌, 계면활성제, 젤라틴, 카세인 등이 있다.

15

소화난이도등급 I 에 해당하는 제조소등

제조소등의 구분	제조소등의 규모, 저장 또는 취급하는 위험물의 품명 및 최대수량 등
이송 취급소	모든 대상

16

종별	주성분	착색
제1종 분말	$NaHCO_3$ (탄산수소나트륨)	백색
제2종 분말	$KHCO_3$ (탄산수소칼륨)	보라색
제3종 분말	$NH_4H_2PO_4$ (제1인산암모늄)	담홍색
제4종 분말	$KHCO_3+(NH_2)_2CO$ (탄산수소칼륨+요소)	회백색

17

④ $2K+2H_2O \rightarrow 2KOH+H_2\uparrow$

18

간이소화용구 능력단위

소화설비	용량	능력단위
마른 모래 (삽 1개 포함)	50L	0.5
팽창질석 또는 팽창진주암 (삽 1개 포함)	160L	1.0

19

종별	열분해반응식
제1종 분말	$2NaHCO_3 \rightarrow CO_2+H_2O+Na_2CO_3$
제2종 분말	$2KHCO_3 \rightarrow CO_2+H_2O+K_2CO_3$
제3종 분말	$NH_4H_2PO_4 \rightarrow NH_3+HPO_3+H_2O$
제4종 분말	$2KHCO_3+(NH_2)_2CO \rightarrow K_2CO_3+2NH_3+2CO_2$

20

석탄, 목재, 종이, 플라스틱 등은 분해연소하는 물질이다.

21

② 제1류 위험물인 과산화칼륨은 조연성 물질이다.

22

① 가연성 고체위험물은 제2류 위험물 및 환원제로서, 산화제와 혼합하면 화학적 반응을 하므로 위험하다.

23

② 물과 반응하여 수산화칼슘과 아세틸렌가스가 생성된다.
$CaC_2+2H_2O \rightarrow Ca(OH)_2+C_2H_2\uparrow$

24

① 제4류 제1석유류 : 300℃
② 제4류 특수인화물 : 100℃
③ 제4류 특수인화물 : 180℃
④ 제3류 위험물 : 34℃

25

③ 가열하면 약 240℃에서 분해하여 산소를 방출시킨다.
$2KMnO_4 \rightarrow K_2MnO_4+MnO_2+O_2\uparrow$

26

위험물을 폐기하는 작업에 있어서의 취급기준은 다음과 같다.

- 소각할 경우에는 안전한 장소에서 감시원의 감시하에 하되, 연소 또는 폭발에 의하여 타인에게 위해나 손해를 주지 아니하는 방법으로 하여야 한다.
- 매몰할 경우에는 위험물의 성질에 따라 안전한 장소에서 하여야 한다.
- 위험물은 해중 또는 수중에 유출시키거나 투하해서는 아니 된다. 단, 타인에게 위해나 손해를 줄 우려가 없거나 재해 및 환경오염의 방지를 위하여 적당한 조치를 한 때에는 그러하지 아니하다.

27

과염소산의 성질

- 무색, 무취의 산화성 액체이다.
- 단독으로 연소하지는 않는다.
- 흡습성이 강한 액체이다.
- 증기는 공기보다 무겁다(증기비중 3.47).

28

알루미늄분말은 유리병에 넣어 건조한 곳에 저장하고, 분진폭발할 염려가 있기 때문에 화기에 주의해야 한다.

29

④ $P_4 + 5O_2 \rightarrow 2P_2O_5$

30

디에틸에테르($C_2H_5OC_2H_5$)

- 비중은 0.71, 비점은 34℃이다.
- 착화점은 180℃, 인화점은 −45℃이다.
- 증기비중은 2.55, 연소범위는 1.9~48%이다.

31

③ 증기는 공기보다 무겁다.

32

③ 황린은 물과는 반응도 하지 않고, 녹지도 않기 때문에 물속에 저장한다.

33

고속국도 주유취급소의 특례

고속국도의 도로변에 설치된 주유취급소에 있어서는 탱크의 용량을 60,000L까지 할 수 있다.

34

③ 과산화수소는 제6류 위험물로서 분진폭발의 위험은 없다.

35

- 알킬리튬의 지정수량 : 10kg
- 황린의 지정수량 : 20kg
- 탄화칼슘의 지정수량 : 300kg

지정수량 배수의 총합$= \frac{10}{10} + \frac{100}{20} + \frac{300}{300} = 7$

36

탄화칼슘의 저장방법

건조하고 환기가 잘 되는 장소에 밀폐용기로 저장하고 용기에는 질소가스 등과 같은 불연성 가스를 봉입한다.

37

③ 오황화인(P_2S_5)는 담황색결정으로 조해성과 흡습성이 있고, 습한 공기 중에 분해하여 황화수소를 발생하므로, 물에 의한 냉각소화는 적당하지 않고, 건조분말, CO_2, 건조사 등으로 질식소화가 효과적이다.

38

① 제1류 위험물 염소산염류(50kg)
② 제1류 위험물 질산염류(300kg)
③ 제1류 위험물 무기과산화물(50kg)
④ 제1류 위험물 과염소산염류(50kg)

39

제2석유류는 인화점이 21℃ 이상 70℃ 미만인 것이다.

40

④ 과염소산($HClO_4$)은 제6류 위험물이다.

41

①, ②, ③ 액체
④ 고체

42

② 피리딘은 제4류 제1석유류로서 수용성 위험물이다.

43

제3석유류의 지정성상

- 1기압 20℃에서 액체인 것
- 인화점이 70℃ 이상 200℃ 미만인 것

44

① 에틸알코올 : C_2H_5OH
② 에틸에테르 : $C_2H_5OC_2H_5$
③ 아세톤 : CH_3COCH_3
④ 아세트산 : CH_3COOH

45

①, ②, ④ 질산에스테르류
③ 니트로화합물

46

인화칼슘(Ca_3P_2)
- 독성이 강하고 적갈색의 고체위험물(제3류 위험물)이다.
- 인화칼슘(Ca_3P_2)과 물이 반응하면 독성이 강한 가연성 가스인 포스핀(PH_3)을 생성시킨다.
  $Ca_3P_2 + 6H_2O \rightarrow 3Ca(OH)_2 + 2PH_3$

47

① 시클로헥산(제1석유류) – 피리딘(제1석유류)
② 염화아세틸(제1석유류) – 휘발유(제1석유류)
③ 시클로헥산(제1석유류) – 중유(제3석유류)
④ 아크릴산(제2석유류) – 포름산(제2석유류)

48

지정수량의 10배 이상의 위험물을 취급하는 제조소(제6류 위험물을 취급하는 위험물제조소 제외)에 피뢰침을 설치해야 한다.

49

① 강한 산화성 액체이다.
② 물과 접촉하면 발열반응을 한다.
③ 조연성 액체이다.
④ 제6류 위험물은 과염소산, 과산화수소, 질산이며, 이 중 과산화수소를 제외하고 강산이다.

50

② 과산화수소는 물보다 무겁고 수용액이 불안정하여 금속가루나 수산이온이 있으면 분해한다.

51

트리니트로톨루엔은 비수용성, 아세톤, 벤젠, 알코올, 에테르에 잘 녹고, 가열이나 충격을 주면 폭발하기 쉽다.

52

① 제1석유류, 인화점 $-1℃$
② 알코올류, 인화점 13℃
③ 제2석유류, 인화점 39℃
④ 제2석유류, 인화점 29℃

53

위험물의 취급소를 목적에 따라 위험물취급소, 주유취급소, 일반취급소, 판매취급소, 이송취급소 등으로 구분한다.

54

③ 자연분해의 위험성은 낮고, 충격 · 마찰에 둔감하며, 기폭약을 쓰지 않으면 폭발하지 않는다.

55

④ 대부분 오래 저장할수록 불안정하게 된다.

56

② 순수한 것은 무색투명한 액체이고, 불순물이 존재하면 황색을 띠며 냄새가 난다.

57

이황화탄소
- 비스코스레이온의 원료이다.
- 인화점은 $-30℃$, 발화점은 100℃이다.
- 비점은 46℃, 비중은 1.3이고, 연소범위는 1.3~50%이다.

58

② 독특한 냄새가 나고 증기는 독성이 있다.

59

④ 마그네슘은 분진폭발뿐만 아니라, 물과 반응하여 수소가스를 발생시키므로 유의하여야 한다.
$Mg + 2H_2O \rightarrow Mg(OH)_2 + H_2 \uparrow$

60

- $2Mg + CO_2 \rightarrow 2MgO + C$ / $Mg + CO_2 \rightarrow MgO + CO \uparrow$
- $4Na + CO_2 \rightarrow 2Na2O + C$ / $2Na + CO_2 \rightarrow Na2O + CO \uparrow$

∴ Mg, Na은 이산화탄소와 반응하여 화재가 확대된다.

06회 CBT 모의고사

01 산 · 알칼리소화기는 탄산수소나트륨과 황산의 화학반응을 이용한 소화기이다. 이때 탄산수소나트륨과 황산이 반응하여 나오는 물질이 아닌 것은?

① Na_2SO_4　　② Na_2O_2
③ CO_2　　④ H_2O

02 피크르산의 위험성과 소화방법에 대한 설명으로 틀린 것은?

① 피크르산의 금속염은 위험하다.
② 운반 시 건조한 것보다는 물에 젖게 하는 것이 안전하다.
③ 알코올과 혼합된 것은 충격에 의한 폭발위험이 있다.
④ 화재 시에는 질식소화가 효과적이다.

03 우리나라에서 C급 화재에 부여된 표시색상은?

① 황색　　② 백색
③ 청색　　④ 무색

04 유류화재 시 물을 사용한 소화가 오히려 위험할 수 있는 이유를 가장 옳게 설명하는 것은?

① 화재면이 확대되기 때문이다.
② 유독가스가 발생하기 때문이다.
③ 착화온도가 낮아지기 때문이다.
④ 폭발하기 때문이다.

05 위험물안전관리법에서 정한 정전기를 유효하게 제거할 수 있는 방법에 해당하지 않는 것은?

① 위험물 이송 시 배관 내 유속을 빠르게 하는 방법
② 공기를 이온화하는 방법
③ 접지에 의한 방법
④ 공기 중의 상대습도를 70% 이상으로 하는 방법

06 다음 중 화학포소화약제의 구성 성분이 아닌 것은?

① 탄산수소나트륨　　② 황산알루미늄
③ 수용성 단백질　　④ 제1인산암모늄

07 물의 소화능력을 강화시키기 위해 개발된 것으로 한랭지 또는 겨울철에 사용하는 소화기에 해당하는 것은?

① 산 · 알칼리소화기
② 강화액소화기
③ 포소화기
④ 할로겐화물소화기

08 다음 중 소화기의 사용방법으로 잘못된 것은?

① 적응화재에 따라 사용할 것
② 성능에 따라 방출거리 내에서 사용할 것
③ 바람을 마주 보며 소화할 것
④ 양옆으로 비로 쓸듯이 방사할 것

09 화학포소화약제의 주된 소화효과에 해당하는 것은?

① 희석소화 ② 질식소화
③ 억제소화 ④ 제거소화

10 다음 중 분진폭발의 위험이 가장 낮은 것은?

① 아연분 ② 석회분
③ 알루미늄분 ④ 밀가루

11 다음 중 "물분무등소화설비"의 종류에 속하지 않는 것은?

① 스프링클러설비
② 포소화설비
③ 분말소화설비
④ 이산화탄소소화설비

12 분말소화약제에 관한 일반적인 특성에 대한 설명으로 틀린 것은?

① 분말소화약제 자체는 독성이 없다.
② 질식효과에 의한 소화효과가 있다.
③ 이산화탄소와는 달리 별도의 추진가스가 필요하다.
④ 칼륨, 나트륨 등에 대해서는 인산염류소화기의 효과가 우수하다.

13 대형 수동식 소화기의 설치기준은 방호대상물의 각 부분으로부터 하나의 대형 수동식 소화기까지의 보행거리가 몇 m 이하가 되도록 설치하여야 하는가?

① 10 ② 20
③ 30 ④ 40

14 착화온도가 낮아지는 원인과 가장 관계가 있는 것은?

① 발열량이 적을 때
② 압력이 높을 때
③ 습도가 높을 때
④ 산소와의 결합력이 나쁠 때

15 제1종 분말소화약제의 주성분으로 사용되는 것은?

① $NaHCO_3$
② $KHCO_3$
③ CCl_4
④ $NH_4H_2PO_4$

16 니트로셀룰로오스의 저장 · 취급방법으로 틀린 것은?

① 직사광선을 피해 저장한다.
② 되도록 장기간 보관하여 안정화된 후에 사용한다.
③ 유기과산화물류, 강산화제와의 접촉을 피한다.
④ 건조상태에 이르면 위험하므로 습한 상태를 유지한다.

17 어떤 물질을 비커에 넣고 알코올램프로 가열하였더니 어느 순간 비커 안에 있는 물질에 불이 붙었다. 이때의 온도를 무엇이라고 하는가?

① 인화점
② 발화점
③ 연소점
④ 확산점

18 이산화탄소소화약제에 관한 설명 중 틀린 것은?

① 소화약제에 의한 오손이 없다.
② 소화약제 중 증발잠열이 가장 크다.
③ 전기절연성이 있다.
④ 장기간 저장이 가능하다.

19 탄화알루미늄이 물과 반응하면 폭발의 위험이 있다. 어떤 가스 때문인가?

① 수소
② 메탄
③ 아세틸렌
④ 암모니아

20 위험물안전관리법상 전기설비에 적응성이 없는 소화설비는?

① 포소화설비
② 이산화탄소소화설비
③ 할로겐화물소화설비
④ 물분무소화설비

21 제4류 위험물의 일반적 성질에 대한 설명 중 틀린 것은?

① 물보다 무거운 것이 많으며 대부분 물에 용해된다.
② 상온에서 액체로 존재한다.
③ 가연성 물질이다.
④ 증기는 대부분 공기보다 무겁다.

22 위험물제조소에서 게시판에 기재할 사항이 아닌 것은?

① 저장 최대수량 또는 취급 최대수량
② 위험물의 성분 · 함량
③ 위험물의 유별 · 품명
④ 안전관리자의 성명 또는 직명

23 다음 위험물 중 산 · 알칼리수용액에 모두 반응해 수소를 발생하는 양쪽성 원소는?

① Pt ② Au
③ Al ④ Na

24 칼륨에 물을 가했을 때 일어나는 반응은?

① 발열반응
② 에스테르화반응
③ 흡열반응
④ 부가반응

25 철과 아연분이 염산과 반응하여 공통적으로 발생하는 기체는?

① 산소 ② 질소
③ 수소 ④ 메탄

26 질화면을 강질화면과 약질화면으로 구분할 때 어떤 차이를 기준으로 하는가?

① 분자의 크기에 의한 차이
② 질소함유량에 의한 차이
③ 질화할 때의 온도에 의한 차이
④ 입자의 모양에 의한 차이

27 다음 중 제2류 위험물의 공통적인 성질은?

① 가연성 고체이다.
② 물에 용해된다.
③ 융점이 상온 이하로 낮다.
④ 유기화합물이다.

28 염소산칼륨의 물리 · 화학적 위험성에 관한 설명으로 옳은 것은?

① 가연성 물질로 상온에서도 단독으로 연소한다.
② 강력한 환원제로 다른 물질을 환원시킨다.
③ 열에 의해 분해되어 수소를 발생한다.
④ 유기물과 접촉 시 충격이나 열을 가하면 연소 또는 폭발의 위험이 있다.

29 다음 중 물과 반응하여 발열하고 산소를 방출하는 위험물은?

① 과산화칼륨
② 과망간산칼륨
③ 과산화수소
④ 염소산칼륨

30 질산에틸의 성질 및 취급방법에 대한 설명으로 틀린 것은?

① 통풍이 잘 되는 찬 곳에 저장한다.
② 물에 녹지 않으나 알코올에 녹는 무색액체이다.
③ 인화점이 30℃이므로 여름에 특히 조심해야 한다.
④ 액체는 물보다 무겁고 증기도 공기보다 무겁다.

31 TNT의 성질에 대한 설명 중 틀린 것은?

① 담황색의 결정이다.
② 폭약으로 사용된다.
③ 자연분해의 위험성이 작아 장기간 저장이 가능하다.
④ 조해성과 흡습성이 매우 크다.

32 다음 중 요오드값이 가장 낮은 것은?

① 해바라기유　② 오동유
③ 아마인유　④ 낙화생유

33 제1류 위험물제조소의 게시판에 "물기엄금"이라고 쓰여 있다. 다음 중 어떤 위험물의 제조소인가?

① 염소산나트륨　② 요오드산나트륨
③ 중크롬산나트륨　④ 과산화나트륨

34 마그네슘분의 성질에 대한 설명 중 틀린 것은?

① 산이나 염류에 침식당한다.
② 염산과 작용하여 산소를 발생한다.
③ 연소할 때 열이 발생한다.
④ 미분상태의 경우 공기 중 습기와 반응하여 자연발화할 수 있다.

35 제2류 위험물 중 철분 운반용기 외부에 표시하여야 하는 주의사항을 옳게 나타낸 것은?

① 화기주의 및 물기엄금
② 화기엄금 및 물기엄금
③ 화기주의 및 물기주의
④ 화기엄금 및 물기주의

36 다음 위험물 중 품명이 나머지 셋과 다른 하나는?

① 스티렌 ② 산화프로필렌
③ 황화디메틸 ④ 이소프로필아민

37 다음 중 자기반응성 물질로만 나열된 것이 아닌 것은?

① 과산화벤조일, 질산메틸
② 숙신산퍼옥사이드, 디니트로벤젠
③ 아조디카본아미드, 니트로글리콜
④ 아세토니트릴, 트리니트로톨루엔

38 다음 위험물 중에서 물에 가장 잘 녹는 것은?

① 디에틸에테르 ② 가솔린
③ 톨루엔 ④ 아세트알데히드

39 수소화리튬이 물과 반응할 때 생성되는 것은?

① LiOH과 H_2 ② LiOH과 O_2
③ Li과 H_2 ④ Li과 O_2

40 다음 위험물 중 끓는점이 가장 높은 것은?

① 벤젠 ② 에테르
③ 메탄올 ④ 아세트알데히드

41 이황화탄소에 대한 설명 중 틀린 것은?

① 이황화탄소의 증기는 공기보다 무겁다.
② 액체상태이고 물보다 무겁다.
③ 증기는 유독하여 신경에 장애를 줄 수 있다.
④ 비점이 물의 비점과 같다.

42 질산의 성상에 대한 설명 중 틀린 것은?

① 톱밥, 솜뭉치 등과 혼합하면 발화의 위험이 있다.
② 부식성이 강한 산성이다.
③ 백금 · 금을 부식시키지 못한다.
④ 햇빛에 의해 분해하여 유독한 일산화탄소를 만든다.

43 다음의 제1류 위험물 중 과염소산염류에 속하는 것은?

① K_2O_2 ② $NaClO_3$
③ $NaClO_2$ ④ NH_4ClO_4

44 다음은 각 위험물의 인화점을 나타낸 것이다. 인화점을 틀리게 나타낸 것은?

① CH_3COCH_3 : −18℃
② C_6H_6 : −11℃
③ CS_2 : −30℃
④ C_6H_5N : −20℃

45 황의 특성 및 위험성에 대한 설명 중 틀린 것은?

① 산화력이 강하므로 되도록 산화성 물질과 혼합하여 저장한다.
② 전기의 부도체이므로 전기절연제로 쓰인다.
③ 공기 중 연소 시 유해가스를 발생한다.
④ 분말상태인 경우 분진폭발의 위험성이 있다.

46 다음 중 제3석유류에 속하는 것은?

① 벤즈알데히드 ② 등유
③ 글리세린 ④ 염화아세틸

47 과염소산에 대한 설명 중 틀린 것은?

① 비중이 물보다 크다.
② 부식성이 있어서 피부에 닿으면 위험하다.
③ 가열하면 분해될 위험이 있다.
④ 비휘발성 액체이고 에탄올에 저장하면 안전하다.

48 메틸알코올은 몇 가 알코올인가?

① 1가 ② 2가
③ 3가 ④ 4가

49 과염소산칼륨의 성질에 관한 설명 중 틀린 것은?

① 무색 · 무취의 결정이다.
② 알코올, 에테르에 잘 녹는다.
③ 진한 황산과 접촉하면 폭발할 위험이 있다.
④ 400℃ 이상으로 가열하면 분해하여 산소가 발생한다.

50 제5류 위험물의 연소에 관한 설명 중 틀린 것은?

① 연소속도가 빠르다.
② CO_2 소화기에 의한 소화가 적응성이 있다.
③ 가열, 충격, 마찰 등에 의해 발화할 위험이 있는 물질이 있다.
④ 연소 시 유독성 가스가 발생할 수 있다.

51 다음과 같은 성상을 갖는 물질은?

㉠ 은백색 광택의 무른 경금속으로 포타슘이라고 도 부른다. ㉡ 공기 중에서 수분과 반응하여 수소가 발생한다. ㉢ 융점이 약 63.5℃이고, 비중은 약 0.86이다.

① 칼륨 ② 나트륨
③ 부틸리튬 ④ 트리메틸알루미늄

52 피크르산(Picric Acid)의 성질에 대한 설명 중 틀린 것은?

① 착화온도는 약 300℃이고 비중은 약 1.8이다.
② 페놀을 원료로 제조할 수 있다.
③ 찬물에는 잘 녹지 않으나 온수, 에테르에는 잘 녹는다.
④ 단독으로도 충격 · 마찰에 매우 민감하여 폭발한다.

53 금속나트륨, 금속칼륨 등을 보호액 속에 저장하는 이유를 가장 옳게 설명한 것은?

① 온도를 낮추기 위하여
② 승화하는 것을 막기 위하여
③ 공기와의 접촉을 막기 위하여
④ 운반 시 충격을 작게 하기 위하여

54 다음 중 위험물과 그 저장액(또는 보호액)의 연결이 틀린 것은?

① 황린 – 물
② 인화석회 – 물
③ 금속나트륨 – 경유
④ 니트로셀룰로오스 – 함수알코올

55 제6류 위험물의 공통된 특성으로 옳지 않은 것은?

① 산화성 액체이다.
② 무기화합물이며 물보다 무겁다.
③ 불연성 물질이다.
④ 물에 녹지 않는다.

56 과산화수소가 이산화망간 촉매하에서 분해가 촉진될 때 발생하는 가스는?

① 수소 ② 산소
③ 아세틸렌 ④ 질소

57 위험물안전관리법에서 정의하는 제2석유류의 인화점범위에 해당하는 것은?(단, 1기압이다.)

① −20℃ 이하
② 20℃ 미만
③ 21℃ 이상 70℃ 미만
④ 70℃ 이상 200℃ 미만

58 메틸에틸케톤에 대한 설명 중 틀린 것은?

① 냄새가 있는 휘발성 무색액체이다.
② 연소범위는 약 12～46%이다.
③ 탈지작용이 있으므로 피부접촉을 금해야 한다.
④ 인화점은 0℃보다 낮으므로 주의하여야 한다.

59 다음 위험물 중 혼재 가능한 것끼리 연결된 것은?(단, 지정수량의 10배이다.)

① 제1류－제6류 ② 제2류－제3류
③ 제3류－제5류 ④ 제5류－제1류

60 다음 중 니트로화합물은 어느 것인가?

① 트리니트로톨루엔
② 니트로글리세린
③ 니트로글리콜
④ 니트로셀룰로오스

06회 CBT 모의고사 정답 및 해설

정답

01	02	03	04	05	06	07	08	09	10
②	④	③	①	①	④	②	③	②	②
11	12	13	14	15	16	17	18	19	20
①	④	③	②	①	②	②	②	②	①
21	22	23	24	25	26	27	28	29	30
①	②	③	①	③	②	①	④	①	③
31	32	33	34	35	36	37	38	39	40
④	④	④	②	①	①	④	④	①	①
41	42	43	44	45	46	47	48	49	50
④	④	④	④	①	③	④	①	②	②
51	52	53	54	55	56	57	58	59	60
①	④	③	②	④	②	③	②	①	①

해설

01

포말소화기의 화학반응식

$2NaHCO_3 + H_2SO_4 \rightarrow Na_2SO_4 + 2CO_2 + 2H_2O$

⇨ 탄산수소나트륨(중조)+황산
→ 황산나트륨+탄산가스+물

02

④ 화재 시 질식소화는 효과가 없고, 다량의 물로 냉각소화를 하여야 한다.

03

- A급 화재 : 일반화재, 백색
- B급 화재 : 유류 및 가스화재, 황색
- C급 화재 : 전기화재, 청색
- D급 화재 : 금속분화재, 지정색 없음

04

① 비중이 물보다 가벼워서 화재 시 화재면이 확대되기 때문이다.

05

① 위험물 이송 시 배관 내 유속을 느리게 하면 정전기를 유효하게 제거할 수 있다.

06

④ 분말소화약제에 해당된다.

07

강화액소화기
물의 소화능력을 향상시키고 한랭지역, 겨울철에 사용할 수 있도록 어는점을 낮춘 물에 탄산칼륨(K_2CO_3)을 보강시켜 만든 소화기이다.

08

③ 바람을 등지고 풍상에서 풍하의 방향으로 소화할 것

09

화학포는 화재면을 거품으로 덮어 외부와의 산소공급을 차단하여 소화시키는 방법으로 질식소화에 해당한다.

10

② 석회분은 분진폭발을 일으키지 않는다.

11

물분무등소화설비
물분무소화설비, 포소화설비, 이산화탄소소화설비, 할로겐화물소화설비, 분말소화설비가 해당된다.

12

④ 칼륨, 나트륨 등에 대해서는 탄산칼슘분말의 혼합물로 피복하여 질식소화한다.

13

수동식 소화기의 설치간격
- 소형 소화기 : 보행거리 20m 이내마다
- 대형 소화기 : 보행거리 30m 이내마다

14

① 발열량이 많을 때
③ 습도가 낮을 때
④ 산소와의 결합력이 좋을 때

15

종별	주성분	약제의 착색
제1종 분말	탄산수소나트륨($NaHCO_3$)	백색
제2종 분말	탄산수소칼륨($KHCO_3$)	보라색
제3종 분말	제1인산암모늄($NH_4H_2PO_4$)	담홍색
제4종 분말	탄산수소칼륨 + 요소 [$KHCO_3 + (NH_2)_2CO$]	회백색

16

② 되도록 단기간 보관하고, 안정화된 후에 사용한다.

17

발화점
어떤 물질을 비커에 넣고 알코올램프로 가열하였더니 어느 순간 점화원 없이 스스로 불이 붙는 최저온도를 말한다.

18

② 소화약제 중 증발잠열이 가장 큰 것은 물(539kcal/kg)이다.

19

$Al_4C_3 + 12H_2O \rightarrow 4Al(OH)_3 + 3CH_4 \uparrow$ (메탄)

20

소화설비의 구분	전기설비
물분무소화설비	○
할로겐화물소화설비	○
포소화설비	
이산화탄소소화설비	○

21

① 물보다 가벼운 것이 많으며 대부분 물에 녹지 않는다.

22

게시판에 기재해야 할 사항
- 위험물의 유별 및 품명
- 저장 최대수량 또는 취급 최대수량
- 안전관리자의 성명 또는 직명

23

양쪽성 원소
Al, Zn, Sn, Pb이 있다.

24

공기 중의 수분 또는 물과 반응하여 발열하고 수소를 발생한다.
$2K + 2H_2O \rightarrow 2KOH + H_2 \uparrow + 92.8kcal$

25

- $Zn + 2HCl \rightarrow ZnCl_2 + H_2 \uparrow$ (수소)
- $Fe + 2HCl \rightarrow FeCl_2 + H_2 \uparrow$ (수소)

26

질화면을 강면약과 약면약으로 구분하는 기준은 질산기의 수이다.

27

제2류 위험물
- 가연성 고체이고, 물에는 불용이다.
- 융점이 상온보다 높고, 무기화합물이다.

28

① 조연성 물질이다.
② 강력한 산화제로 다른 물질을 산화시킨다.
③ 열에 의해 분해되어 산소를 발생한다.

29

① 과산화칼륨과 물이 반응하여 산소를 방출시킨다.
$2K_2O_2 + 2H_2O \rightarrow 4KOH + O_2$(산소)

30

③ 인화점이 −10℃이므로 겨울철에 특히 조심해야 한다.

31

④ 조해성과 흡습성이 작다.

32

①, ②, ③ 건성유
④ 불건성유

※ 건성유는 요오드값이 130 이상이고 반건성유는 요오드값이 100 이하이다.

33

제1류 위험물 중 무기과산화물(과산화나트륨), 삼산화크롬 및 제3류 위험물에 있어서는 "물기엄금"이라고 표시한다.

34

② 염산과 작용하여 수소를 발생시킨다.
$Mg+2HCl \rightarrow MgCl_2+H_2\uparrow$

35

① 제2류 위험물 중 철분·금속분·마그네슘 또는 이들 중 어느 하나 이상을 함유한 것에 있어서는 "화기주의" 및 "물기엄금"을 표시한다.

36

① 제2석유류
②, ③, ④ 특수인화물

37

① 과산화벤조일(제5류 유기과산화물), 질산메틸(제5류 유기과산화물)
② 숙신산퍼옥사이드(제5류 유기과산화물), 디니트로벤젠(제5류 니트로화합물)
③ 아조디카본아미드(제5류 아조화합물), 니트로글리콜(제5류 질산에스테르류)
④ 아세토니트릴(제4류 제1석유류), 트리니트로톨루엔(제5류 니트로화합물)

38

① 특수인화물, 비수용성
②, ③ 제1석유류, 비수용성
④ 특수인화물, 수용성

39

$LiH+H_2O \rightarrow LiOH+H_2\uparrow$

40

① C_6H_6(제1석유류) : 80℃
② $C_2H_5OC_2H_5$(특수인화물) : 34.48℃
③ CH_3OH(알코올류) : 65℃
④ CH_3CHO(특수인화물) : 21℃

41

④ 이황화탄소의 비점은 36℃, 물의 비점은 100℃로 비점이 다르다.

42

④ 진한 질산을 가열·분해 시 NO_2 가스가 발생한다.

43

과염소산염류
과염소산($HClO_4$)의 수소이온이 떨어져 나가고 금속 또는 다른 양이온(NH_4^+)으로 치환된 형태의 염을 말한다.

44

① 아세톤 : −18℃
② 벤젠 : −11℃
③ 이황화탄소 : −30℃
④ 피리딘 : 20℃

45

① 황은 제2류 위험물(가연성 고체)이므로, 산화성 물질(제1류, 제6류)과 혼합하면 급격한 연소 및 폭발할 가능성이 있다.

46

①, ② 제2석유류
④ 제1석유류

47

④ 휘발성 액체이나, 알코올류와의 접촉을 방지한다.

48

알코올의 분류(OH수에 따른 분류)
- 1가 알코올(−OH기가 1개인 것) : 메틸알코올, 에틸알코올
- 2가 알코올(−OH기가 2개인 것) : 에틸렌글리콜
- 3가 알코올(−OH기가 3개인 것) : 글리세린

49

② 물, 알코올, 에테르에 잘 녹지 않는다.

50

② 제5류 위험물은 산소를 함유하고 있으므로, CO_2 소화기에 의한 소화는 적응성이 없고, 다량의 주수소화가 효과적이다.

51

칼륨(K)
- 비중이 0.86, 융점이 63.5℃이다.
- 은백색의 무른 경금속이다.
- 불꽃색깔은 연보라색이다.

52

④ 단독으로는 마찰·충격에 둔감하여 폭발하지 않는다.

53

공기와의 접촉을 막기 위해서 금속나트륨, 금속칼륨 등을 보호액(등유, 경유 등) 속에 저장한다.

54

인화칼슘(Ca_3P_2, 인화석회)과 물이 반응하면 포스핀(PH_3, 인화수소)이 생성된다.

55

④ 물에 녹는다.

56

② $2H_2O_2 \xrightarrow[MnO_2]{촉매} 2H_2O + O_2$

57

제2석유류의 인화점은 21℃ 이상 70℃ 미만인 것이다.

58

메틸에틸케톤(MEK, $CH_3COC_2H_5$)
- 무색·무취의 휘발성 액체이다.
- 인화점은 −1℃, 발화점은 516℃, 비중은 0.8이고, 연소범위는 1.8~10%이다.
- 탈지작용이 있으므로 피부접촉을 금해야 한다.
- 직사광선을 피하고 통풍이 잘 되는 냉암소에 저장한다.

59

"○" 표시는 혼재 가능, "×" 표시는 혼재 불가능이다.

구분	제1류	제2류	제3류	제4류	제5류	제6류
제1류		×	×	×	×	○
제2류	×		×	○	○	×
제3류	×	×		○	×	×
제4류	×	○	○		○	×
제5류	×	○	×	○		×
제6류	○	×	×	×	×	

60

① 니트로화합물류
②, ③, ④ 질산에스테르류

07회 CBT 모의고사

01 소화기에 "A−2"라고 표시되어 있다면 숫자 "2"가 의미하는 것은?

① 사용순위 ② 능력단위
③ 소요단위 ④ 화재등급

02 제1종 분말소화약제의 적응화재급수는?

① A급 ② B, C급
③ A, B급 ④ A, B, C급

03 지정수량 10배의 위험물을 저장 또는 취급하는 제조소에 있어서 연면적이 최소 몇 m^2이면 자동화재탐지설비를 설치해야 하는가?

① 100 ② 300
③ 500 ④ 1,000

04 인화성 액체위험물 옥외탱크저장소의 탱크 주위에 방유제를 설치할 때 방유제 내의 면적은 몇 m^2 이하로 하여야 하는가?

① 20,000 ② 40,000
③ 60,000 ④ 80,000

05 소화난이도등급 Ⅰ의 옥내탱크저장소에 유황만을 저장할 경우 설치하여야 하는 소화설비는?

① 물분무소화설비
② 스프링클러설비
③ 포소화설비
④ 이산화탄소소화설비

06 소화에 대한 설명 중 틀린 것은?

① 소화작용을 기준으로 크게 물리적 소화와 화학적 소화로 나눌 수 있다.
② 주수소화의 주된 소화효과는 냉각효과이다.
③ 공기 차단에 의한 소화는 제거소화이다.
④ 불연성 가스에 의한 소화는 질식소화이다.

07 다음 중 제5류 위험물에 적응성 있는 소화설비는?

① 분말소화설비
② 이산화탄소소화설비
③ 할로겐화물소화설비
④ 스프링클러설비

08 화재의 종류와 급수의 분류가 잘못 연결된 것은?

① 일반화재−A급 화재
② 유류화재−B급 화재
③ 전기화재−C급 화재
④ 가스화재−D급 화재

09 인화점에 대한 설명으로 가장 옳은 것은?

① 가연성 물질을 산소 중에서 가열할 때 점화원 없이 연소하기 위한 최저온도
② 가연성 물질이 산소 없이 연소하기 위한 최저온도
③ 가연성 물질을 공기 중에서 가열할 때 가연성 증기가 연소범위 하한에 도달하는 최저온도
④ 가연성 물질이 공기 중 가압하에서 연소하기 위한 최저온도

10 물질의 일반적인 연소형태에 대한 설명으로 틀린 것은?

① 파라핀의 연소는 표면연소이다.
② 산소공급원을 가진 물질이 연소하는 것을 자기연소라고 한다.
③ 목재의 연소는 분해연소이다.
④ 공기와 접촉하는 표면에서 연소가 일어나는 것을 표면연소라고 한다.

11 가연물이 되기 쉬운 조건이 아닌 것은?

① 산소와 친화력이 클 것
② 열전도율이 클 것
③ 발열량이 클 것
④ 활성화에너지가 작을 것

12 자연발화의 방지대책으로 틀린 것은?

① 통풍이 잘 되게 한다.
② 저장실의 온도를 낮게 한다.
③ 습도를 낮게 유지한다.
④ 열을 축적시킨다.

13 소화약제의 종별 구분 중 인산염류를 주성분으로 한 분말소화약제는 제 몇 종 분말이라 하는가?

① 제1종 분말 ② 제2종 분말
③ 제3종 분말 ④ 제4종 분말

14 소화전용 물통 8L의 능력단위는 얼마인가?

① 0.1 ② 0.3
③ 0.5 ④ 1.0

15 저장소의 건축물 중 외벽이 내화구조인 것은 연면적 몇 m^2를 1소요단위로 하는가?

① 50 ② 75
③ 100 ④ 150

16 다음 중 자연발화의 형태가 아닌 것은?

① 산화열에 의한 발화 ② 분해열에 의한 발화
③ 흡착열에 의한 발화 ④ 잠열에 의한 발화

17 포소화약제의 혼합장치에서 펌프의 토출관에 압입기를 설치하여 포소화약제 압입용 펌프로 포소화약제를 압입시켜 혼합하는 방식은?

① 라인 프로포셔너 방식
② 프레셔 프로포셔너 방식
③ 프레셔 사이드 프로포셔너 방식
④ 펌프 프로포셔너 방식

18 위험물제조소에 설치하는 표지 및 게시판에 관한 설명으로 옳은 것은?

① 표지나 게시판은 잘 보이게만 설치한다면 그 크기는 제한이 없다.
② 표지에는 위험물의 유별 · 품명의 내용 외의 다른 기재사항은 제한하지 않는다.
③ 게시판의 바탕과 문자의 명도대비가 클 경우에는 색상을 제한하지 않는다.
④ 표지나 게시판을 보기 쉬운 곳에 설치하여야 하는 것 외에 위치에 대해 다른 규정은 두고 있지 않다.

19 유류나 전기설비화재에 적합하지 않은 소화기는?

① 이산화탄소소화기
② 분말소화기
③ 봉상수소화기
④ 할로겐화물소화기

20 이산화탄소소화약제의 주된 소화원리는?

① 가연물 제거　② 부촉매작용
③ 산소공급 차단　④ 점화원 파괴

21 브롬산칼륨과 요오드산아연의 공통적인 성질에 해당하는 것은?

① 갈색의 결정이고 물에 잘 녹는다.
② 융점이 섭씨 600도 이상이다.
③ 열분해하면 산소를 방출한다.
④ 비중이 5보다 크고 알코올에 잘 녹는다.

22 다음 물질 중 위험물 유별에 따른 구분이 나머지 셋과 다른 하나는?

① 질산은　② 질산메틸
③ 무수크롬산　④ 질산암모늄

23 금속칼륨의 저장 및 취급상 주의사항에 대한 설명으로 틀린 것은?

① 물과의 접촉을 피한다.
② 피부에 닿지 않도록 한다.
③ 알코올 속에 저장한다.
④ 가급적 소량으로 나누어 저장한다.

24 다음 중 제2류 위험물이 아닌 것은?

① 적린　② 황린
③ 유황　④ 황화인

25 적린의 일반적인 성질에 대한 설명으로 틀린 것은?

① 비금속원소이다.
② 암적색의 분말이다.
③ 승화온도가 약 섭씨 260도이다.
④ 이황화탄소에 녹지 않는다.

26 니트로셀룰로오스의 안전한 저장을 위해 사용되는 물질은?

① 페놀　② 황산
③ 에탄올　④ 아닐린

27 다음 중 증기의 밀도가 가장 큰 것은?

① 디에틸에테르　② 벤젠
③ 가솔린(옥탄 100%)　④ 에틸알코올

28 이황화탄소가 완전연소하였을 때 발생하는 물질은?

① CO_2, O_2　② CO_2, SO_2
③ CO, S　④ CO_2, H_2O

29 인화칼슘이 물과 반응하였을 때 발생하는 가스에 대한 설명으로 옳은 것은?

① 폭발성인 수소를 발생한다.
② 유독한 인화수소를 발생한다.
③ 조연성인 산소를 발생한다.
④ 가연성인 아세틸렌을 발생한다.

30 과염소산암모늄에 대한 설명으로 옳은 것은?

① 물에 용해되지 않는다.
② 청녹색의 침상결정이다.
③ 섭씨 130도에서 분해하기 시작하여 CO_2 가스를 방출한다.
④ 아세톤, 알코올에 용해된다.

31 질산칼륨의 저장 및 취급 시 주의사항에 대한 설명 중 틀린 것은?

① 공기와의 접촉을 피하기 위하여 석유 속에 보관한다.
② 직사광선을 차단하고 가열, 충격, 마찰을 피한다.
③ 목탄분, 유황 등과 격리하여 보관한다.
④ 강산류와의 접촉을 피한다.

32 분자량이 약 106.5이며, 조해성과 흡습성이 크고 산과 반응하여 유독한 ClO_2를 발생시키는 것은?

① $KClO_4$ ② $NaClO_3$
③ NH_4ClO_4 ④ $AgClO_3$

33 질산에틸의 성질에 대한 설명 중 틀린 것은?

① 물에 녹지 않는다.
② 상온에서 인화하기 어렵다.
③ 증기는 공기보다 무겁다.
④ 무색투명한 액체이다.

34 다음 위험물 중 저장할 때 보호액으로 물을 사용하는 것은?

① 삼산화크롬 ② 아연
③ 나트륨 ④ 황린

35 질산에 대한 설명 중 틀린 것은?

① 불연성이지만 산화력을 가지고 있다.
② 순수한 것은 갈색의 액체이나 보관 중 청색으로 변한다.
③ 부식성이 강하다.
④ 물과 접촉하면 발열한다.

36 다음 중 제3류 위험물의 품명이 아닌 것은?

① 금속의 수소화물
② 유기금속화합물
③ 황린
④ 금속분

37 제1류 위험물의 일반적인 성질이 아닌 것은?

① 강산화제이다.
② 불연성 물질이다.
③ 유기화합물에 속한다.
④ 비중이 1보다 크다.

38 다음 위험물 중 제3석유류에 속하고 지정수량이 2,000L인 것은?

① 아세트산 ② 글리세린
③ 에틸렌글리콜 ④ 니트로벤젠

39 위험물안전관리법에서 정한 제6류 위험물의 성질은?

① 자기반응성 물질
② 금수성 물질
③ 산화성 액체
④ 인화성 액체

40 특수인화물의 일반적인 성질에 대한 설명으로 가장 거리가 먼 것은?

① 비점이 높다.
② 인화점이 낮다.
③ 연소하한값이 낮다.
④ 증기압이 높다.

41 순수한 것은 무색이지만 공업용은 휘황색의 침상결정으로 마찰, 충격에 비교적 둔감하고 공기 중에서 자연분해하지 않기 때문에 장기간 저장할 수 있으며 쓴맛과 독성이 있는 것은?

① 피크르산　② 니트로글리콜
③ 니트로셀룰로오스　④ 니트로글리세린

42 과염소산칼륨의 성질에 관한 설명 중 틀린 것은?

① 무색, 무취의 결정이다.
② 비중은 1보다 크다.
③ 섭씨 400도 이상으로 가열하면 분해하여 산소를 발생한다.
④ 알코올 및 에테르에 잘 녹는다.

43 가솔린의 연소범위는 약 몇 vol%인가?

① 1.4～7.6　② 8.3～11.4
③ 12.5～19.7　④ 22.3～32.8

44 유별을 달리하는 위험물에서 다음 중 혼재할 수 없는 것은?(단, 지정수량의 $\frac{1}{5}$ 이상이다.)

① 제2류와 제4류　② 제1류와 제6류
③ 제3류와 제4류　④ 제1류와 제5류

45 지정과산화물 옥내저장소의 저장창고 출입구 및 창의 설치기준으로 틀린 것은?

① 창은 바닥면으로부터 2m 이상의 높이에 설치한다.
② 하나의 창의 면적을 $0.4m^2$ 이내로 한다.
③ 하나의 벽면에 두는 창의 면적의 합계를 당해 벽면면적의 80분의 1이 초과되도록 한다.
④ 출입구에는 갑종방화문을 설치한다.

46 다음 중 인화점이 가장 낮은 것은?

① 톨루엔
② 테레빈유
③ 에틸렌글리콜
④ 아닐린

47 분자량은 227, 발화점이 약 섭씨 330도, 비점이 약 섭씨 240도이며, 햇빛에 의해 다갈색으로 변하고 물에 녹지 않으나 벤젠에는 녹는 물질은?

① 니트로글리세린
② 니트로셀룰로오스
③ 트리니트로톨루엔
④ 트리니트로페놀

48 과산화수소의 성질에 대한 설명 중 틀린 것은?

① 열, 햇빛에 의해서 분해가 촉진된다.
② 불연성 물질이다.
③ 물, 석유, 벤젠에 잘 녹는다.
④ 농도가 진한 것은 피부에 닿으면 수종을 일으킨다.

49 다음 중 특수인화물에 해당하는 위험물은?

① 벤젠 ② 염화아세틸
③ 이소프로필아민 ④ 아세토니트릴

50 $KClO_3$의 일반적인 성질에 관한 설명으로 옳은 것은?

① 비중은 약 3.74이다.
② 황색이고 향기가 있는 결정이다.
③ 글리세린에 잘 용해된다.
④ 인화점이 약 섭씨 −17도인 가연성 물질이다.

51 알칼리금속의 성질에 대한 설명 중 틀린 것은?

① 칼륨은 물보다 가볍고 공기 중에서 산화되어 금속광택을 잃는다.
② 나트륨은 매우 단단한 금속이므로 다른 금속에 비해 몰 용해열이 큰 편이다.
③ 리튬은 고온으로 가열하면 적색불꽃을 내며 연소한다.
④ 루비듐은 물과 반응하여 수소를 발생시킨다.

52 다음 중 자기반응성 물질인 제5류 위험물에 해당하는 것은?

① $CH_3(C_6H_4)NO_2$ ② CH_3COCH_3
③ $C_6H_2(NO_2)_3OH$ ④ $C_6H_5NO_2$

53 다음 중 방수성이 있는 피복으로 덮어야 하는 위험물로만 구성된 것은?

① 과염소산염류, 삼산화크롬, 황린
② 무기과산화물, 과산화수소, 마그네슘
③ 철분, 금속분, 마그네슘
④ 염소산염류, 과산화수소, 금속분

54 다음 물질 중 품명이 니트로화합물로 분류되는 것은?

① 니트로셀룰로오스
② 니트로벤젠
③ 니트로글리세린
④ 트리니트로톨루엔

55 과산화나트륨에 대한 설명으로 틀린 것은?

① 수증기와 반응하여 금속나트륨과 수소, 산소를 발생시킨다.
② 순수한 것은 백색이다.
③ 융점은 약 섭씨 460도이다.
④ 아세트산과 반응하여 과산화수소를 발생한다.

56 위험등급 Ⅰ의 위험물에 해당하지 않는 것은?

① 아염소산칼륨 ② 황화인
③ 황린 ④ 과염소산

57 벤조일퍼옥사이드의 성질에 대한 설명으로 옳은 것은?

① 건조상태의 것은 마찰, 충격에 의한 폭발위험이 있다.
② 유기물과 접촉하면 화재 및 폭발의 위험성이 감소한다.
③ 수분을 함유하면 폭발이 더욱 용이하다.
④ 강력한 환원제이다.

58 알루미늄분말이 NaOH 수용액과 반응하였을 때 발생하는 것은?

① CO_2 ② Na_2O
③ H_2 ④ Al_2O_3

59 산화프로필렌을 용기에 저장할 때 인화폭발의 위험을 막기 위하여 충전시키는 가스로 다음 중 가장 적합한 것은?

① N_2　　② H_2
③ O_2　　④ CO

60 옥내저장탱크의 상호 간에는 특별한 경우를 제외하고 최소 몇 m 이상의 간격을 유지하여야 하는가?

① 0.1　　② 0.2
③ 0.3　　④ 0.5

07회 CBT 모의고사 정답 및 해설

정답

01	02	03	04	05	06	07	08	09	10
②	②	③	④	①	③	④	④	③	①
11	12	13	14	15	16	17	18	19	20
②	④	③	②	④	④	③	④	③	③
21	22	23	24	25	26	27	28	29	30
③	②	③	②	③	③	③	②	②	④
31	32	33	34	35	36	37	38	39	40
①	②	②	④	②	④	③	④	③	①
41	42	43	44	45	46	47	48	49	50
①	④	①	④	③	①	③	③	③	③
51	52	53	54	55	56	57	58	59	60
②	③	③	④	①	②	①	③	①	④

해설

01

A는 일반화재, 2는 능력단위를 의미한다.

02

종별	주성분	착색	적응화재
제1종 분말	$NaHCO_3$(탄산수소나트륨)	백색	B, C급

03

지정수량 10배의 위험물을 저장 또는 취급하는 제조소에 있어서 연면적이 500m²이면 자동화재탐지설비를 설치해야 한다.

04

옥외탱크저장소의 방유제

- 방유제의 용량은 방유제 안에 설치된 탱크가 하나인 때에는 그 탱크의 용량 이상, 2 이상인 때에는 그 탱크 중 용량이 최대인 것의 용량 이상으로 하여야 한다. 이 경우 하나의 방유제 안에 2 이상의 탱크가 설치되고 그 탱크 중 지름이 45m 이상인 탱크가 있는 때에는 지름이 45m 이상인 탱크는 각각 다른 탱크와 분리될 수 있도록 칸막이둑을 설치하여야 한다.
- 방유제의 높이는 0.5m 이상 3m 이하로 하여야 한다.
- 방유제의 면적은 8만m² 이하로 할 것

05

① 유황만을 저장 · 취급할 경우 물분무소화설비를 설치하여야 한다.

06

③ 공기 차단에 의한 소화는 질식소화이다.

07

소화설비의 구분			제5류 위험물
스프링클러설비			○
이산화탄소소화설비			
물분무등소화설비	할로겐화물소화설비		
	분말소화설비	인산염류 등	
		탄산수소염류 등	
		그 밖의 것	

08

④ 가스화재 – B급 화재, 금속화재 – D급 화재

09

인화점

가연성 물질에 점화원에 의해 불이 붙는 최저온도로서 연소범위 하한에 도달하는 최저온도를 말한다.

10

① 파라핀의 연소는 증발연소이다.

11

② 열전도율이 작을 것

12

④ 열을 축적시키면 자연발화가 일어날 조건이다.

13

종별	주성분	적응화재
제1종 분말	$NaHCO_3$(탄산수소나트륨)	B, C급
제2종 분말	$KHCO_3$(탄산수소칼륨)	B, C급
제3종 분말	$NH_4H_2PO_4$(제1인산암모늄)	A, B, C급
제4종 분말	$KHCO_3+(NH_2)_2CO$ (탄산수소칼륨+요소)	B, C급

14

소화설비	용량	능력단위
소화전용(專用)물통	8L	0.3
마른 모래(삽 1개 포함)	50L	0.5

15

저장소의 1소요단위

- 내화구조인 경우 : 150m^2
- 내화구조가 아닌 경우 : 75m^2

16

자연발화의 형태

- 산화열에 의한 발화 : 석탄, 고무분말, 건성유
- 분해열에 의한 발화 : 니트로셀룰로오스
- 흡착열에 의한 발화 : 목탄, 활성탄
- 미생물에 의한 발화 : 퇴비, 먼지

17

포소화약제의 혼합장치

- 펌프 프로포셔너 방식(Pump Proportioner Type) : 펌프의 토출관과 흡입관 사이의 배관 도중에 흡입기를 설치하여 펌프에서 토출된 물의 일부를 보내고 농도조절밸브에서 조정된 포소화약제의 필요량을 포소화약제탱크에서 펌프흡입 측으로 보내어 이를 혼합하는 방식이다.

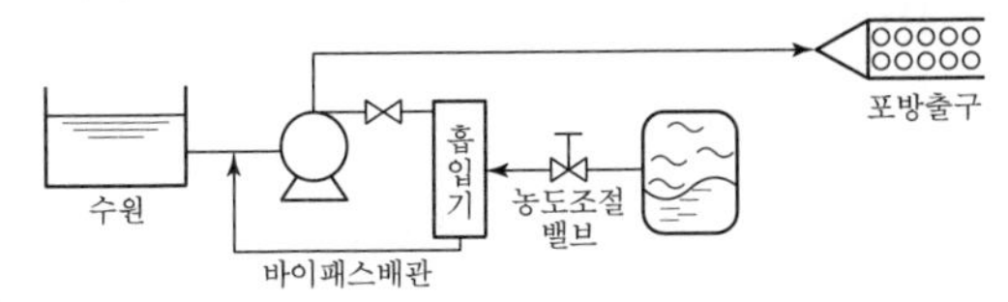

- 프레셔 프로포셔너 방식(Pressure Proportioner Type) : 펌프와 발포기 중간에 설치된 벤투리관의 벤투리작용과 펌프 가압수의 압력에 의하여 포소화약제를 흡입·혼합하는 방식이다.

※ 벤투리작용 : 관의 도중을 가늘게 하여 흡인력으로 약제와 물을 혼합하는 작용

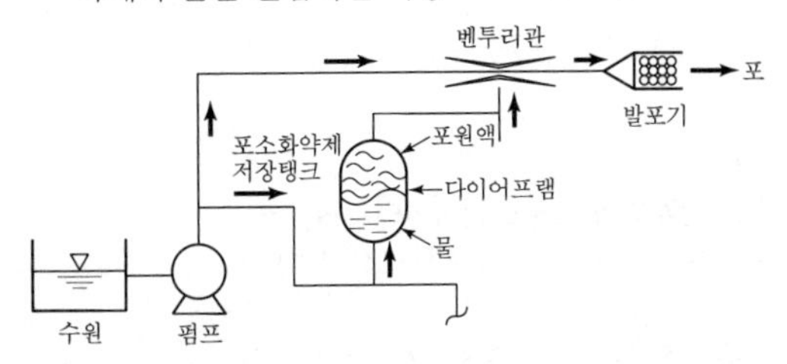

- 라인 프로포셔너 방식(Line Proportioner Type) : 펌프와 발포기 중간에 설치된 벤투리관의 벤투리작용에 의해 포소화약제를 흡입, 혼합하는 방식이다.

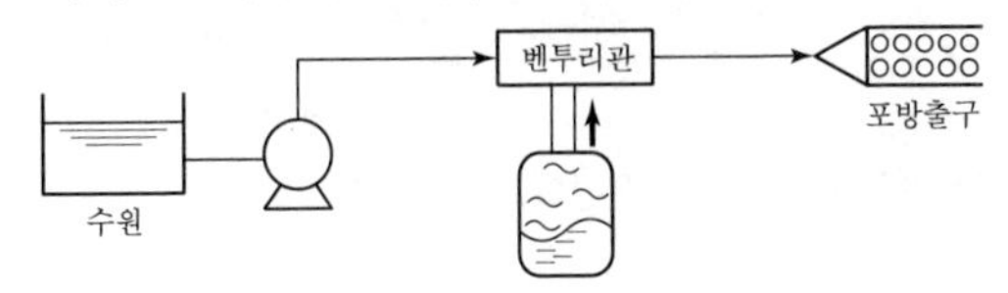

- 프레셔 사이드 프로포셔너 방식(Pressure Side Proportioner Type) : 펌프의 토출배관에 압입기를 설치하여 포소화약제 압입용 펌프로 포소화약제를 압입시켜 혼합하는 방식이다.

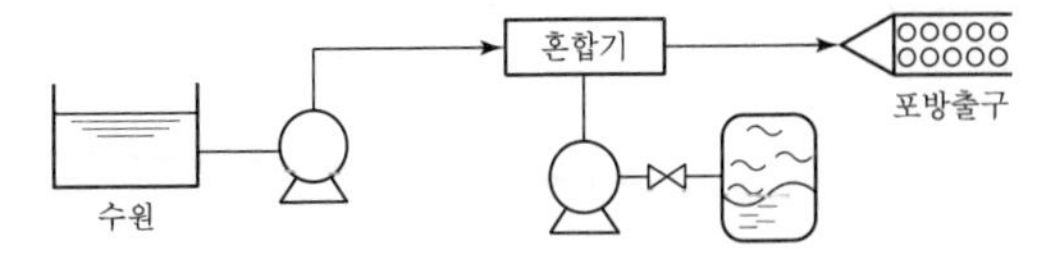

18

① 표지나 게시판은 잘 보이게 설치하고, 그 크기는 한 변의 길이는 0.3m, 다른 한 변의 길이는 0.6m로 한다.
② 표지에는 위험물의 유별·품명의 내용 외의 다른 기재사항(저장 최대수량, 안전관리자의 성명 등)을 기재한다.
③ 게시판의 바탕과 문자의 색상은 위험물의 종류에 따라 정해져 있다.

19

<table>
<tr><th colspan="3" rowspan="2">소화설비의 구분</th><th colspan="2">대상물 구분</th></tr>
<tr><th>전기설비</th><th>제4류 위험물</th></tr>
<tr><td colspan="3">봉상수소화기</td><td></td><td></td></tr>
<tr><td colspan="3">이산화탄소소화기</td><td>○</td><td>○</td></tr>
<tr><td rowspan="4">물분무등 소화기</td><td colspan="2">할로겐화물소화기</td><td>○</td><td>○</td></tr>
<tr><td rowspan="3">분말 소화기</td><td>인산염류 등</td><td>○</td><td>○</td></tr>
<tr><td>탄산수소염류 등</td><td>○</td><td>○</td></tr>
<tr><td>그 밖의 것</td><td></td><td></td></tr>
</table>

20

이산화탄소소화약제는 산소공급원의 차단에 따른 질식소화와 드라이아이스에 의한 냉각소화가 있다.

21

브롬산칼륨과 요오드산아연의 성질

- 브롬산칼륨의 무색, 요오드산아연의 백색 결정은 물에 잘 녹는다.
- 융점은 브롬산칼륨 381℃, 요오드산아연 446℃이다.
- 둘 다 산화성 고체로 열분해하면 산소를 방출한다.
- 비중은 브롬산칼륨 3.27, 요오드산아연 5.08이다.

22

①, ③, ④ 제1류 위험물로 산화성 고체이다.
② 제5류 위험물로 질산에스테르류이다.

23

금속칼륨의 저장 및 취급

- 물과는 반응하여 수소와 열을 발생시키므로, 가급적 접촉을 피한다.
- 알코올과도 반응하므로, 가급적 접촉을 피한다.
- 공기와의 접촉을 피하기 위하여 석유 속에 저장한다.

24

② 황린은 제3류 위험물이다.

25

③ 적린의 승화온도는 400℃이고 착화온도는 260℃이다.

26

니트로셀룰로오스를 저장이나 운반 시 물 또는 알코올(에탄올)에 습윤하고, 안정제를 가해서 냉암소에 저장한다.

27

① 2.6　② 2.8
③ 3~4　④ 1.10

28

연소 시 이산화탄소와 이산화황(아황산가스)의 유독가스를 발생한다.

$CS_2 + 3O_2 \rightarrow CO_2 + 2SO_2$

29

인화칼슘(Ca_3P_2)과 물이 반응하면 포스핀(PH_3)을 생성한다.

$Ca_3P_2 + 6H_2O \rightarrow 3Ca(OH)_2 + 2PH_3$

30

과염소산암모늄(NH_4ClO_4)

- 무색, 무취의 결정이다.
- 분해온도 130℃에서 분해하기 시작하여 O_2를 방출시킨다.
- 물, 알코올, 아세톤에는 잘 녹고 에테르에는 녹지 않는다.

31

① 단독으로는 분해하지 않으므로 공기와의 접촉과는 무관하다. 단, 직사광선은 차단되어야 한다.

32

염소산나트륨($NaClO_3$)

- 분자량 $= 23 + 35.5 + (3 \times 16) = 106.5$
- 조해성이 크고 흡습성이 강하므로 습도에 주의한다.
- $2NaClO_3 + 2HCl \rightarrow 2NaCl + H_2O_2 + 2ClO_2 \uparrow$

33

질산에틸($C_2H_5ONO_2$)

- 제5류 위험물로 질산에스테르류이다.
- 무색투명한 향긋한 냄새가 나는 액체로서 비점 이상으로 가열하면 폭발한다.
- 인화점 −10℃로 상온에서 인화할 수 있다.
- 증기비중은 3.14, 비중은 1.11 정도이다.

34

- ①, ②, ③은 물과 반응하여, 산소 또는 수소를 발생시킨다.
- ④는 물과 반응하지 않고, 녹지도 않기 때문에 물속에 저장한다.

35

② 순수한 것은 무색의 산화성 액체이나 자외선을 쪼이면 분해되어 황갈색의 이산화질소가 된다.

36

④ 금속분은 제2류 위험물이다.

37

③ 유기화합물이란 탄소(C)를 함유하고 있는 화합물이므로, 제1류 위험물은 산화성 고체로 일반적으로 탄소를 함유하고 있지 않다.

38

① CH_3COOH(제2석유류, 수용성) : 2,000L
② $C_3H_5(OH)_3$(제3석유류, 수용성) : 4,000L
③ $C_2H_4(OH)_2$(제3석유류, 수용성) : 4,000L
④ $C_6H_5NO_2$(제3석유류, 비수용성) : 2,000L

39

① 제5류 위험물
② 제3류 위험물
④ 제4류 위험물

40

특수인화물
제4류 위험물 중 가장 위험한 물질로 비점이 다른 물질보다 낮다(비점이 40℃ 이하인 것).

41

트리니트로페놀[$C_6H_2(OH)(NO_2)_3$]
- 순수한 것은 무색이나 공업용은 황색의 침상결정으로 피크르산 또는 피크르산이라고도 한다.
- 마찰, 충격에 비교적 둔감하며, 공기 중에서 자연분해하지 않는다.
- 장기간 저장 가능하며, 쓴맛과 독성이 있는 위험물이다.

42

④ 물, 알코올, 에테르에 잘 녹지 않는다.

43

가솔린의 연소범위는 1.4~7.6vol%이다.

44

구분	제1류	제2류	제3류	제4류	제5류	제6류
제1류		×	×	×	×	○
제2류	×		×	○	○	×
제3류	×	×		○	×	×
제4류	×	○	○		○	×
제5류	×	○	×	○		×
제6류	○	×	×	×	×	

[비고] "○" 표시는 혼재할 수 있음을 나타내고, "×" 표시는 혼재할 수 없음을 나타낸다.

45

지정과산화물 옥내저장소
- 창은 바닥으로부터 2m 이상의 높이에 설치한다.
- 하나의 창의 면적은 $0.4m^2$ 이내로 한다.
- 출입구에는 갑종방화문을 설치한다.
- 하나의 벽면에 두는 창의 면적의 합계가 해당 벽면면적의 80분의 1 이내가 되도록 한다.

46

① 제1석유류, 4℃
② 제2석유류, 24℃
③ 제3석유류, 111℃
④ 제3석유류, 70℃

47

트리니트로톨루엔[$C_6H_2CH_3(NO_2)_3$]
- 분자량 $= (6 \times 12) + (1 \times 2) + 12 + (1 \times 3) + (3 \times 46) = 227$
- 발화점은 330℃, 융점은 81℃, 비점은 240℃이다.
- 담황색의 결정이나 햇빛에 의해 다갈색으로 변한다.
- 물에는 녹지 않으나 벤젠에는 녹는다.

48

③ 물, 알코올, 에테르에는 녹지만, 벤젠 · 석유에는 녹지 않는다.

49

①, ②, ④ 제1석유류
③ 특수인화물

50

염소산칼륨($KClO_3$)

- 비중은 2.32이다.
- 무색 · 무취의 단사정계 판상결정이다.
- 산성 물질로 온수, 글리세린에 잘 녹는다.
- 분해온도 400℃인 조연성 물질이다.

51

② 나트륨은 은백색의 무른 경금속으로 물보다 가볍고 (비중 0.97), 융점(97.8℃)이 낮다.

52

① 니트로톨루엔 : 제4류 제3석유류
② 아세톤 : 제4류 제1석유류
③ 트리니트로페놀 : 제5류 니트로화합물
④ 니트로벤젠 : 제4류 제3석유류

53

방수성이 있는 피복으로 덮어야 할 위험물

- 제1류 위험물 : 무기과산화물류, 삼산화크롬
- 제2류 위험물 : 철분, 금속분, 마그네슘
- 제3류 위험물 : 금수성 물질

54

①, ③ 제5류 질산에스테르류
② 제4류 제3석유류
④ 제5류 니트로화합물

55

과산화나트륨은 수증기와 반응하여 열과 산소를 방출시킨다.

$$Na_2O_2 + H_2O \rightarrow 2NaOH + \frac{1}{2}O_2 \uparrow$$

56

위험등급 Ⅰ의 위험물

- 제1류 위험물 중 아염소산염류, 염소산염류, 과염소산염류, 무기과산화물, 그 밖에 지정수량이 50kg인 위험물
- 제3류 위험물 중 칼륨, 나트륨, 알킬알루미늄, 알킬리튬, 황린, 그 밖에 지정수량이 10kg 또는 20kg인 위험물
- 제4류 위험물 중 특수인화물
- 제5류 위험물 중 유기과산화물, 질산에스테르류, 그 밖에 지정수량이 10kg인 위험물
- 제6류 위험물

※ 황화인(제2류 위험물)은 위험등급 Ⅱ의 위험물이다.

57

② 유기물과 접촉하면 화재 및 폭발의 위험성이 증가한다.
③ 수분을 함유하면 안정제 역할을 하여 폭발의 위험성이 감소한다.
④ 강력한 산화제이다.

58

알루미늄분말은 알칼리와 반응하여 수소(H_2)를 발생한다.

$$2Al + 2NaOH + 2H_2O \rightarrow 2NaAlO_2 + 3H_2$$

59

산화프로필렌을 용기에 저장할 때, 용기의 상부는 불연성 가스(N_2) 또는 수증기로 봉입하여 저장한다.

60

위험물을 옥내저장소에 저장할 경우에는 용기에 수납하여 품명별로 구분하여 저장하고, 위험물의 품명별마다 0.5m 이상의 간격을 두어야 한다.

토마토패스
국제무역사 1급 초단기완성

초판발행 2020년 07월 15일
개정3판1쇄 2024년 05월 20일

편 저 자 변달수, 남형우
발 행 인 정용수
발 행 처 (주)예문아카이브
주 소 서울시 마포구 동교로 18길 10 2층
T E L 02) 2038-7597
F A X 031) 955-0660

등록번호 제2016-000240호

정 가 30,000원

홈페이지 http://www.yeamoonedu.com

I S B N 979-11-6386-278-9 [13320]

강의 수강 방법 모바일

탭 · 아이패드 · 아이폰 · 안드로이드 가능

01 토마토패스 모바일 페이지 접속

WEB · 안드로이드 인터넷, ios safari에서 www.tomatopass.com 으로 접속하거나

Samsung Internet (삼성 인터넷)

Safari (사파리)

APP · 구글 플레이 스토어 혹은 App store에서 합격통 혹은 토마토패스 검색 후 설치

Google Play Store

앱스토어 tomato 패스 합격통

02 존플레이어 설치 (버전 1.0)

· 구글 플레이 스토어 혹은 App store에서 '존플레이어' 검색 후 버전 1.0 으로 설치 (***2.0 다운로드시 호환 불가)

03 토마토패스로 접속 후 로그인

04 좌측 아이콘 클릭 후 '나의 강의실' 클릭

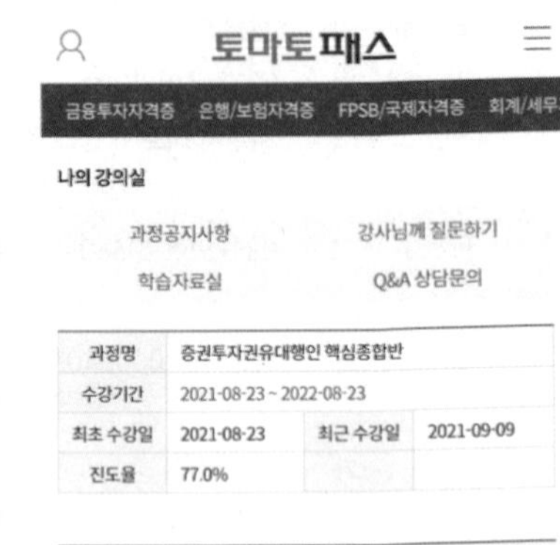
토마토패스

금융투자자격증 은행/보험자격증 FPSB/국제자격증 회계/세무

나의 강의실

과정공지사항 강사님께 질문하기
학습자료실 Q&A 상담문의

과정명	증권투자권유대행인 핵심종합반		
수강기간	2021-08-23 ~ 2022-08-23		
최초 수강일	2021-08-23	최근 수강일	2021-09-09
진도율	77.0%		

강의명	재생	다운로드	진도율	PDF
1강 금융투자상품01			0%	
2강 금융투자상품02			100%	
3강 금융투자상품03			100%	
4강 유가증권시장, 코스닥시장01			94%	
5강 유가증권시장, 코스닥시장02			71%	
6강 유가증권시장, 코스닥시장03			0%	
7강 채권시장01			96%	
8강 채권시장02			0%	
9강 기타 증권시장			93%	

05 강좌 '재생' 버튼 클릭

· 기능소개

과정공지사항 : 해당 과정 공지사항 확인
강사님께 질문하기 : 1:1 학습질문 게시판
Q&A 상담문의 : 1:1 학습외 질문 게시판
재생 : 스트리밍, 데이터 소요량 높음, 수강 최적화
다운로드 : 기기 내 저장, 강좌 수강 시 데이터 소요량 적음
PDF : 강의 PPT 다운로드 가능

강의 수강 방법
PC

01 토마토패스 홈페이지 접속

www.tomatopass.com

02 회원가입 후 자격증 선택

· 회원가입시 본인명의 휴대폰 번호와 비밀번호 등록
· 자격증은 홈페이지 중앙 카테고리 별로 분류되어 있음

03 원하는 과정 선택 후 '자세히 보기' 클릭

04 상세안내 확인 후 '수강신청' 클릭하여 결제

· 결제방식 [무통장입금(가상계좌) / 실시간 계좌이체 / 카드 결제] 선택 가능

05 결제 후 '나의 강의실' 입장

06 '학습하기' 클릭

07 강좌 '재생' 클릭

· IMG Tech 사의 Zone player 설치 필수
· 재생 버튼 클릭시 설치 창 자동 팝업

04 가장 빠른 1:1 수강생 학습 지원

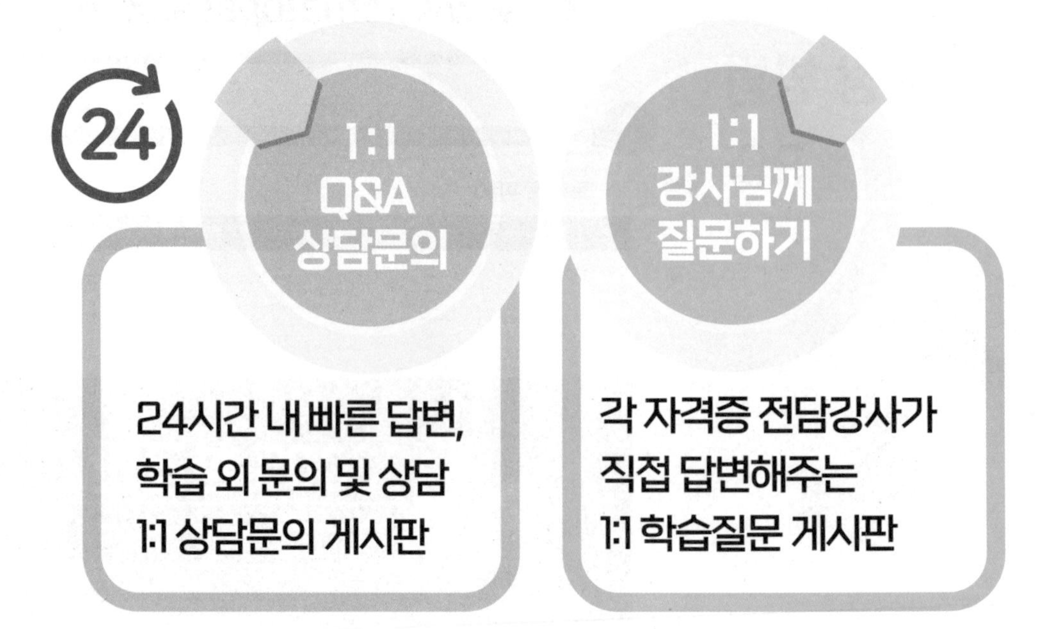

토마토패스에서는 가장 빠른 학습지원 및 피드백을 위해 다음과 같이 1:1 게시판을 운영하고 있습니다.

· Q&A 상담문의 (1:1) | 학습 외 문의 및 상담 게시판, 24시간 이내 조치 후 답변을 원칙으로 함 (영업일 기준)

· 강사님께 질문하기(1:1) | 학습 질문이 생기면 즉시 활용 가능, 각 자격증 전담강사가 직접 답변하는 시스템

이 외 자격증 별 강사님과 함께하는 오픈카톡 스터디, 네이버 카페 운영 등 수강생 편리에 최적화된 수강 환경 제공을 위해 최선을 다하고 있습니다.

05 100% 리얼 후기로 인증하는 수강생 만족도

96.4

2020 하반기 수강후기 별점 기준 (100으로 환산)

토마토패스는 결제한 과목에 대해서만 수강후기를 작성할 수 있으며,
합격후기의 경우 합격증 첨부 방식을 통해 100% 실제 구매자 및 합격자의 후기를 받고 있습니다.
합격선배들의 생생한 수강후기와 만족도를 토마토패스 홈페이지 수강후기 게시판에서 만나보세요!
또한 푸짐한 상품이 준비된 합격후기 작성 이벤트가 상시로 진행되고 있으니,
지금 이 교재로 공부하고 계신 예비합격자분들의 합격 스토리도 들려주시기 바랍니다.